D1663377

Das große Kosmos-Buch der Mikroskopie

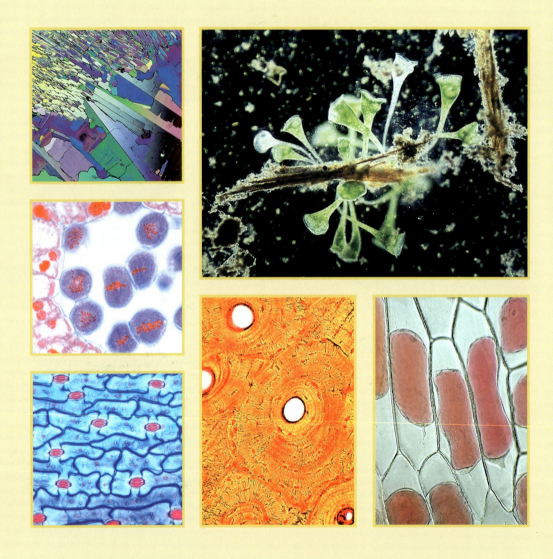

Das große
Kosmos-Buch der
Mikroskopie

BRUNO P. KREMER

KOSMOS

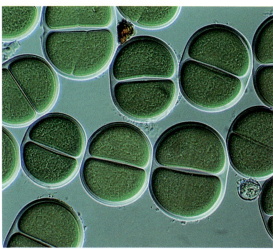

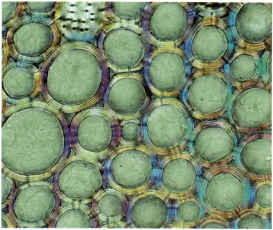

Neben wenigen Makroaufnahmen im Maßstab um 25:1 entstand die Mehrzahl der Mikroaufnahmen in diesem Buch bei 400-facher Vergrößerung. Ausschnitte oder Verkleinerungen einzelner Aufnahmen können geringfügig von diesem Maßstab abweichen. Auf genaueste Größenangaben wurde daher verzichtet.

Zum Geleit

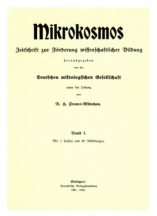

MIKROKOSMOS, Jahrgang 1907

MIKROKOSMOS, Jahrgang 1977

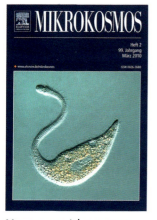

MIKROKOSMOS, Jahrgang 2010

Mikroskopieren: Kleines sehen und Kleines erkennen, was ohne technische Hilfsmittel nicht möglich ist. Natürlich sind wir heutzutage aufgeklärt und wissen, dass in der mikroskopischen Dimension, die sich unserem unbewaffneten Auge entzieht, Welten für sich existieren: In jeder Blumenvase, in jeder Freilandwasserprobe, in jeder Pfütze gibt es ein munteres Gewimmel von einzelligen Organismen, die man wegen ihrer Kleinheit allerdings nur dann erkennen kann, wenn man ein Mikroskop zu Hilfe nimmt. Aber nicht nur dort gibt es erstaunliche Mikrodimensionen: Schneidet man einen Pflanzenstängel, ein Blatt oder ein Stück einer Flechte beispielsweise mit einer scharfen Rasierklinge in dünne Scheiben und schaut sich diese mit dem Mikroskop an, wird man Zugang finden zu einer Welt wunderbarer Ordnung. Ohne großen Aufwand kann man sich so die pflanzliche Anatomie erschließen. Ebenfalls relativ leicht ist es, wenn man weiß, wie man vorzugehen hat, in die Welt der Mineralien und Kristalle einzutauchen.

Allerdings ist das alles eben nicht ganz ohne einen gewissen Aufwand und ohne Hilfe umsetzbar. Man benötigt außer einem guten, d. h. nicht ganz billigen Mikroskop schon eine fundierte Anleitung. Und genau an dieser Stelle sieht das vorliegende *Große Kosmos-Buch der Mikroskopie* von Dr. Bruno P. Kremer, einem ausgewiesenen Mikroskopie-Praktiker, seinen Einsatzbereich. Es möchte Einstiegshilfe in die phantastische Welt der kleinen Strukturen sein, möchte Anleitung zu relativ schnell beherrschbaren Präparationsschritten geben, kurzum, es soll in erster Linie ein Vademecum sein für die an der mikroskopischen Dimension interessierten Novizen, die sich für den Einblick in die Welt des Kleinen, in den Mikrokosmos, begeistern möchten. Dass dieses Buch seine Aufgabe vorzüglich erfüllt, ist aus der Tatsache abzulesen, dass eine erneute, aktualisierte Auflage des 2002 erstmals erschienenen Werkes notwendig ist.

Das Stichwort Mikrokosmos bietet willkommenen Anlass, auf eine im deutschen Sprachraum einmalige Zeitschrift gleichen Namens aufmerksam zu machen, nämlich auf den MIKROKOSMOS. Gegründet wurde er durch R. H. Francé im Jahre 1907 in der damaligen Franckh'schen Verlagshandlung, dem heutigen Kosmos-Verlag, Stuttgart. Unterdessen erscheint er im Elsevier-Verlag (www.elsevier.de/mikrokosmos). Diese Zeitschrift versteht sich bis heute als Bindeglied zwischen wissenschaftlicher und privater Mikroskopie. Nach wie vor ist es ihr ein ausgesprochenes Bestreben, diese beiden Bereiche, nämlich den möglicherweise zu wissenschaftlichen Elfenbeinturm und das heimische, in der Privatwohnung etablierte Mikrolabor zusammenzuführen und die beiderseitigen Ergebnisse zu ihrem Recht kommen zu lassen.

Sie sollten keine Hemmungen haben, uns, der MIKROKOSMOS-Redaktion, Manuskripte mit Ihren Beobachtungen zuzusenden. Wenn redaktionelle Hilfe notwendig erscheint, werden wir gerne behilflich sein. Sie können kaum das beglückende Gefühl erahnen, das in Ihnen aufkommt, wenn Sie einen eigenen Artikel schwarz (farbig) auf weiß gedruckt in unserer Zeitschrift wiederfinden.

Möge Ihnen das vorliegende Buch nützen bei Ihren Bemühungen, sich die mikroskopische Dimension zu eröffnen. Das wünscht Ihnen

Prof. Dr. Klaus Hausmann
Herausgeber des MIKROKOSMOS seit 1993

Einladung zum Grenzüberschreiten

Beim Kleingedruckten stößt die Erkennbarkeit sichtlich an ihre Grenzen: Der schmale Raum zwischen Punkt und Strich eines kleinen i liegt oft bereits nahe bei den natürlichen Auflösungsgrenzen des menschlichen Auges. An dieser Stelle ist die Welt jedoch längst noch nicht zu Ende. Mit der Lupe und erst recht mit dem Mikroskop kann man die Grenzen leicht überschreiten und zu den noch kleineren Größenordnungen vordringen. Was man sonst nicht sieht und sich auch nicht so recht vorstellen kann, erweist sich gleichsam als eine parallele Welt, die auch nach Jahren und Jahrzehnten der intensiven Beschäftigung nichts von ihrer Faszination verliert. Mehr noch: Ohne die wohl geordneten Strukturen und Abläufe im sehr Kleinen könnte auch unsere makroskopisch erfahrbare Welt nicht bestehen.

Dieses Buch führt schrittweise und anhand vieler praktischer Beispiele in solche Erlebnisbereiche ein. Es beginnt mit sehr einfachen Präparaten, hält dann Umschau bei den Kristallen und Mineralien, regt zu Untersuchungen an Bakterien sowie anderen Einzellern an und wendet sich dann der Mikroskopie von Pilzen, Pflanzen und Tieren zu. Zu jedem Thema bieten die einzelnen Binnenkapitel das nötige Hintergrundwissen, empfehlen bewährte und neue Arbeitsverfahren und benennen weitere lohnende Objekte. In einer ausführlichen Methodensammlung sind alle wichtigen Techniken vom Färben, Eindecken und Untersuchen der Objekte bis zur Anzucht von Kleinstorganismen zusammengestellt. Die technisch sehr aufwändige und für den Amateurmikroskopiker meist nicht leistbare Mikrotomie nach Objekteinbettung in Paraffin oder Kunstharz wird hier allerdings nicht behandelt – dafür gibt es ausführliche, im Literaturverzeichnis benannte Spezialdarstellungen. Daher bleibt auch die recht schwierige Histologie der Tiere weitgehend ausgeblendet. Die reine Geräte- und Fototechnik gehören ebenfalls nicht zu den eigentlichen Themenfeldern dieses Buches. Auf detaillierte weiterführende Anleitungen zur Theorie und Praxis verweist die empfohlene Literaturzusammenstellung.

In dieses Buch sind die Erfahrungen aus zahlreichen Mikroskopiekursen mit unterschiedlichen Lerngruppen eingeflossen. Allen, die Anregungen und Empfehlungen, Hilfen und Hinweise, Tipps oder Tricks, Bilder sowie sonstige wertvolle Bausteine beigesteuert haben, danke ich sehr für ihre vielfältigen Beiträge. Vor allem gilt mein Dank den zahlreichen Rezensenten der ersten Auflage, die das Buch zu meiner größten Freude in seltener Einmütigkeit überaus positiv besprochen haben. Für substanzielle Verbesserungsvorschläge bin ich vor allem DR. EKKEHARD GESSNER, DR. FRIEDRICH K. MÖLLRING sowie DR. ERICH LÜTHJE zu großem Dank verpflichtet. Ein besonderes Dankeschön richte ich wiederum an den Lektor auch der zweiten Auflage, RAINER GERSTLE. Seine Kompetenz und ideenreiche Mitarbeit war mir in allen Phasen dieses Projektes außerordentlich wertvoll.

Von den Amöben über Bakterien, Blutzellen, Chromosomen, Kleinkrebse, Nervenzellen, Pflanzenviren und Wurzelgewebe bis zu den Zackenrädchenalgen werden Sie auf den folgenden Seiten eine Fülle leicht erreichbarer und spannender Objekte aus der Natur kennen lernen. Viele interessante Beobachtungen und Erlebnisse in neuen Grenzen der Wahrnehmung wünscht Ihnen

Dr. Bruno P. Kremer

1 Aufbruch in kleine Welten
1.1 Expeditionen ins Unsichtbare

Die Natur gibt ihre Geheimnisse nicht ein für allemal preis.
SENECA, *Naturales quaestiones*, 7. Buch

Mit dem Mikroskop hat der Mensch die Grenzen seiner Erfahrungswelt im Gegensatz zur Astrophysik zwar nur im Bereich von Bruchteilen eines Millimeters verlagert, damit jedoch Welten erobert, die sich nicht nur in Quantitäten ausdrücken lassen. Wer den Mond mit einem Teleskop betrachtet, sieht immer noch den Mond und zusätzlich ein paar hundert Einschlagkrater von Meteoriten, die mit bloßem Auge vielleicht nicht genau zu erkennen sind. Möglicherweise ist dieser Erkenntnisgewinn weitgehend unnütz.

Nur durch das Kennenlernen des Kleinen lässt sich auch die Größe begreifen.

Größenordnungen in der Zellbiologie. Die Betrachtungsebenen reichen von der molekularen bis in die organismische Dimension. Die Skala ist logarithmisch geteilt.

Die Vertiefung in eine lebende Zelle mithilfe selbst eines einfachen Mikroskops stellt sich dagegen als gänzlich andere Erfahrungsqualität dar, denn die Zelle ist mit bloßem Auge nicht erkennbar. Wir nehmen lediglich einen großen, zusammenhängenden Zellverband wahr, verwenden dafür eine völlig andere, nämlich am Makrokosmos ausgerichtete Begrifflichkeit und sprechen von Blatt, Stängel, Haut oder Haar. Dass es tatsächlich eine Unzahl von Lebewesen gibt, die wesentlich kleiner sind als die Staubläuse, die manchmal als braungraue Punkte über vergilbte Bücher huschen, gehört für jeden, der zum ersten Mal mit der Mikroskopie in Kontakt kommt, zu den aufregendsten Sehabenteuern überhaupt.

Verlagerung der Erfahrungsgrenzen Das Lichtmikroskop und seine technische Erweiterung, der Bereich der Elektronenmikroskopie, überwinden viele Stufen auf der Treppe der natürlichen Ordnungsebenen, geleiten damit ganz tief in den Mikrokosmos und führen uns wörtlich vor Augen, dass die Dinge und die Lebewesen in der kleinen Dimension ganz anders beschaffen sind, als es sich der Erfahrung im makroskopischen Maßstab mitteilt. Anders als der Blick zum Mond oder das Herumstapfen im Mondstaub betrifft uns die mikroskopische Einblicknahme ganz unmittelbar auch selbst, denn der Mensch ist ebenso aus Zellen und ihren bewundernswert kooperierenden Teilen aufgebaut wie das Laubblatt einer Blütenpflanze.

Größenordnungen in der Biologie Die natürliche Auflösungsgrenze des menschlichen Auges liegt – mit individuellen Schwankungen – bei etwa 0,3 bis 0,1 mm. Auflösung bedeutet, dass einfache Objektstrukturen wie Punkte oder Linien nur dann noch als getrennte Bildelemente wahrgenommen werden können, wenn ihr Abstand größer ist als mindestens 0,1–0,3 mm. Sitzen sie enger aufeinander, kann man sie nicht mehr als zwei Gebilde erkennen, denn sie fließen optisch gleichsam zu einem einheitlichen Bildbestandteil zusammen. Eine Strecke von 1 mm kann man sich im Allgemeinen noch gut vorstellen, denn sie entspricht einem Teilstrich auf dem Lineal oder Geodreieck. Bruchteile davon, die den Arbeitsbereich der Mikroskopie bilden, sind schon schwerer realisierbar, weil sie nicht mehr dem üblichen Erfahrungsraum angehören. Das zunächst Unsichtbare ist daher auch gleichzeitig das Unanschauliche. Mit diesem Problem hat jeder zu kämpfen, der zum ersten Mal in ein Mikroskop schaut und darin eine höchst detailreiche Fülle von Kleinwelten

Dimension										
10^{15}	10^{12}	10^{9}	10^{6}	10^{3}	$10^{0}=1$	10^{-3}	10^{-6}	10^{-9}	10^{-12}	10^{-15}
Bezeichnung										
peta	tera	giga	mega	kilo		milli	mikro	nano	pico	femto
Abkürzung										
P	T	G	M	k		m	µ	n	p	f
Einheit				km*	Meter	mm	µm	nm		

* Zwischenschritte außerhalb der Faktorenreihe 10^3 sind im Fall der Längenangaben:
10^{-1} = Dezimeter (dm) sowie 10^{-2} = Zentimeter (cm)

wahrnimmt. Aus diesem Grunde mag es hilfreich sein, in einer Lupe und dann im Lichtmikroskop zunächst einmal Strecken bekannter Länge zu betrachten.

Die üblicherweise verwendete SI-Einheit für das Messen und Vergleichen von Strecken ist die Größe Meter (m) oder deren Bruchteile (1 m = 100 cm = 1000 mm; 1 mm = 0,001 m oder 10^{-3} m). Für die praktische Arbeit ist es sinnvoll, unnötige Komma-stellen ebenso zu vermeiden wie Exponentialangaben. Zur genauen Bezeichnung der Größenordnung, in der man sich gerade bewegt, verwenden Wissenschaft und Technik griechische Vorsilben, die in Stufen des Faktors 1000 (10^3) von astronomischen Reichweiten bis in die subatomaren Winkel der Materie reichen und daher auf alle naturwissenschaftlichen Fragestellungen anwendbar sind.

Innerhalb der Naturwissenschaften erstreckt sich die Zuständigkeit der Biologie über mehrere Größenordnungen. Die mit dem Lichtmikroskop zugänglichen Strukturen beginnen im Allgemeinen bei den Bakterien, die im Durchschnitt nur etwa ein Tausendstel Millimeter oder ein Mikrometer (µm, früher auch Mikron genannt) groß sind. Für die Umrechnung auf bekannte Streckenlängen ergibt sich aus der Tabelle 1 µm = 10^{-3} mm = 10^{-6} m. Eine durchschnittliche pflanzliche oder tierische Zelle ist etwa 10–50 µm groß. Bei 0,3 µm liegt die praktische Auflösungsgrenze auch der besten Lichtmikroskope. Sie lässt sich mit technischen Mitteln aus grundsätzlichen Gründen nicht unterschreiten, weil die Auflösung eine Funktion der Wellenlänge des verwendeten Lichtes ist und nicht kleiner sein kann als die des Informationsträgers. Das sichtbare Licht erstreckt sich über den Wellenlängenbereich λ = 380 (blau) bis 700 nm (rot).

Das Elektronenmikroskop verwendet als Informationsträger an Stelle von Licht stark beschleunigte Elektronen mit deutlich kleineren Wellenlängen um 0,004 nm. Es kann damit Strukturen bis etwa 0,1 nm auflösen und tatsächlich bis in die Größenordnung von Wasserstoffatomen vordringen.

Schöne neue Welt Selbst im Zeitalter technisch hochgerüsteter Elektronenmikroskopie hat das klassische Lichtmikroskop seinen festen Platz in der Forschung. Mehr noch: Wie kein zweites der Wissenschaft dienendes Instrument ist es – eigentlich schon von Anbeginn seiner Entwicklung an – auch bei den so genannten Amateuren außerordentlich beliebt und bietet insofern nach wie vor unglaublich ergiebige Betätigungsfelder für Hobby bzw. Liebhaberei. Jede(r) Neugierige kann sich die unbekannten Kleinwelten unter der Oberfläche des Alltags durch eigene Praxis erobern. Was sich dabei vor den eige-

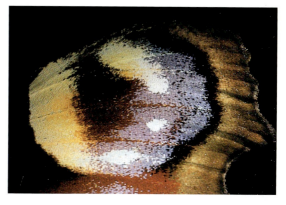

Die Nähe zum Objekt erweitert die Wahrnehmung: Schuppenmuster im Augenfleck eines Tagpfauenauges.

In der Elektronenmikroskopie misst man gelegentlich mit der älteren, nach einem schwedischen Physiker benannten Einheit Ångström; 1 Å entspricht 0,1 nm. Die lichtmikroskopisch erkennbare Bakterienzelle ist bei 1 µm Länge daher 10 000 Å groß.

nen Augen abspielt, ist mit der Vokabel interessant nur reichlich untertrieben wiederzugeben. So manches Machwerk der Unterhaltungsindustrie verblasst angesichts der aufregenden Sehabenteuer, zu denen ein Mikroskop verführt. Besonders packend ist beispielsweise die Durchmusterung eines Tropfens Tümpelwasser, im dem seltsame Winzlinge umher wimmeln, die mit ihren futuristisch anmutenden Formen in der sonst erfahrbaren Makrowelt keinerlei Entsprechung haben. Überraschungen sind bei jeder mikroskopischen Untersuchung garantiert. Dabei sind auch Neuentdeckungen keinesfalls ausgeschlossen oder unwahrscheinlich. Noch längst nicht ist alles, was die Natur uns an Betrachtenswertem anbietet, auch tatsächlich schon bis in alle Einzelheiten untersucht worden. Die Geschichte der Mikroskopie lehrt, dass die Wissenschaft oft genug von den Liebhabern gelernt hat. Mit jedem Präparat öffnet sich also ein weites Feld.

Weit unterhalb der normalen Schranken des Erfahrbaren lässt sie uns nicht nur ungewöhnliche Formen und Funktionen erkunden, sondern zeigt uns dort erstaunlicherweise auch eine unerwartete Schönheit des Organischen.

Letztlich ist dieses unadressiert, weil es in der Natur keine Augen gibt, deren Seh- und Auflösungstechnik ausreicht, um so tief in die unglaublich klein bemessenen Strukturräume unbelebter und belebter Systeme vorzudringen. Die besondere Faszination der Mikroskopie besteht sicherlich nicht nur darin, punktuell besonders genau hinsehen und Formen besser verstehen zu können. Vielmehr gerät die mikroskopische Bilderfahrt oft genug zu einem fast unwirklichen Farbenrausch wie beim Besuch einer Gemäldegalerie oder einer Wanderung durch die sommerbunte Landschaft.

Formale Ästhetik Räumliche oder zeitliche Ordnung von Formelementen, aus denen die aufregendsten Muster oder Zeichnungen der Lebewesen im makroskopischen wie im mikroskopischen Bereich entstehen, ist auffallend eng mit dem Empfinden von Ästhetik verknüpft. Die Schönheit der natürlichen Formen und Gestalten lebt gleichsam aus den Raum- und Projektionsbildern von Konstruktionen, deren Harmonieregeln der Mensch bezeichnenderweise schon im klassischen Altertum entdeckte. Wir finden sie heute voller Erstaunen auch in den mikroskopischen und sogar in submikroskopischen Strukturen wieder. Je geordneter und regelhafter sich eine bestimmte Grundstruktur oder deren gestalterische Abwandlung zeigen, um so ästhetischer wirkt sie auch gleichzeitig. Ungeordnete Vielfalt produziert nur wirre Haufen. Bezeichnenderweise sucht unser Auge auch im kompletten Chaos immer wieder nach Inseln der Ordnung, in denen es vergleichsweise einfache (vielleicht auch deswegen besonders verständliche)

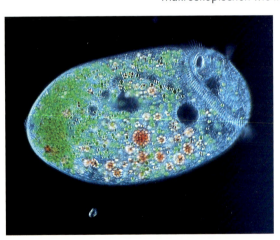

Unterhalb der Grenze des natürlich Sichtbaren offenbart sich gleichsam eine Parallelwelt mit seltsamen Gestalten: Mikroskopisch kleines Trompetentier (Stentor polymorphus).

Grundstrukturen wiederfindet. Nicht selten ist die Wahrnehmung von Ordnung auch eine Frage der Betrachtungsebene.

Die wie zufällig hingestreuten Lichtpunkte am Sternenhimmel einer mondlosen Nacht lassen uns wohl erstaunen, vermitteln aber kaum den Eindruck formvollendeter Schönheit. Erst auf die Gestalt einer galaktischen Spirale verdichtet, zeigen die Sternenmassen eine geordnete und zudem auch noch mathematisch formulierbare Harmonie von besonderer Schönheit.

Wahrnehmung in neuen Grenzen Verständlicherweise haben die antiken Naturphilosophen beim Ausformulieren ihrer Harmonielehren kaum je einmal den Blick nach unten gerichtet, um sich etwa in einen strukturierten

Mikrokosmos hinein zu denken oder nach dem möglichen Fortgang makroskopischer Ästhetik in noch kleineren Strukturgefügen zu fragen. Statt dessen schauten sie weit hinaus und versuchten, das Geschehen am Sternenhimmel in Einklang mit spekulierten Sphären oder berechneten Bahnen zu bringen. So traf die Entdeckung des Mikrokosmos, die mit der Entwicklung leistungsfähiger Mikroskope eigentlich erst im 17. Jahrhundert und damit unverhältnismäßig spät möglich wurde, den forschend-fragenden Menschen ziemlich unvorbereitet.

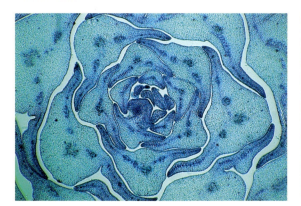 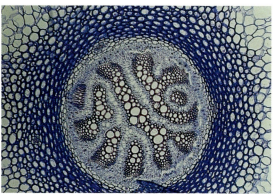

Die Begeisterung war vor allem bei den Pionieren der Lichtmikroskopie besonders groß, denn schon in den frühesten schriftlichen Berichten lesen wir vom großen Erstaunen der Beobachter. Der Jenaer Biologe ERNST HAECKEL riskierte erstmals auch den Brückenschlag zu einer gänzlich anderen Erfahrungswelt, als er 1899–1904 in Einzellieferungen sein Tafelwerk mit hinreißend akribisch gezeichneten Einzellern und etlichen anderen, oft nur im Mikroskop zugänglichen organismischen Strukturen unter dem Titel „Kunstformen der Natur" veröffentlichte.

Harmonische Proportionen, klare Symmetrien und hoch geordnete Vielfalt beherrschen unzweifelhaft das Erscheinungsbild der sehr kleinen Lebewesen, die man sonst nicht sieht. Sie offenbaren uns aber nicht immer nur eine lineare Übersetzung bekannter Maßverhältnisse oder Strukturen in noch kleinere Dimensionen. Da es zum Standardrepertoire der Mikroskopie und Mikrofotografie gehört, den Objekten innewohnende Materialeigenschaften durch besondere Beobachtungsverfahren überhaupt erst richtig sichtbar zu machen und sie dabei gleichsam in völlig anderem Licht erscheinen zu lassen, verfremdet die mikroskopische Beobachtungs- und Darstellungstechnik mitunter auch in beachtlichem Maße. Der Zusammenhang mit der sonst durch die Sinne erlebten und verarbeiteten Welt kann dabei vollends verloren gehen.

So erweist sich die Mikroskopie nicht nur als äußerst lehrreich, weil sie Strukturen und Funktionen der Natur im Bereich des sehr klein Bemessenen verstehen lässt, sondern im sonst Unsichtbaren auch wunderschöne Formen erleben lässt – eine erstaunliche und geradezu überwältigende Horizonterweiterung von enormem Bildungswert, obwohl sie sich nur in Bruchteilen eines Millimeters abspielt. Kann man sich eigentlich ein schöneres Hobby vorstellen?

Links: Bis in die kleinsten Dimensionen überrascht die Natur mit erstaunlichen Ordnungsgefügen: Querschnitt durch eine Knospe vom Gemüse-Kohl (*Brassica oleracea*).

Rechts: Querschnitt durch das Leitbündel eines Keulen-Bärlapps (*Lycopodium clavatum*): formale Ästhetik durch hochgradige Ordnung

Zum Weiterlesen AIKEN (1998), DOCZI (1987), FRANKE (1990), HAECKEL (1998), KREMER (1991), LEIENDECKER (1994), NACHTIGALL (1980, 1997), RICHTER (1999), SITTE (1992, 1999), STAUDACHER (1995)

1.2 Zur Geschichte eines Durchblicks

Jeder Blick in das Mikroskop ist ein Gottesdienst.
WILHELM BÖLSCHE 1909 in einem Nachruf auf den Histologen JAKOB HENLE

Die Sehschärfe ist die einzige menschliche Sinnesleistung, die man mit vergleichsweise einfachen physikalischen Mitteln beträchtlich verbessern kann, obwohl das Auge als solches bereits ein bemerkenswert leistungsfähiges Sinnesorgan ist. Immerhin kann es im normalen Leseabstand (ca. 25 cm) etwa sieben Linien/mm unterscheiden, bei optimaler Beleuchtung und aus geringerem Abstand fallweise sogar noch mehr. Somit werden also Objekte unterscheidbar, die minimal um 0,1 mm voneinander entfernt sind. Das entspricht einem Sehwinkel von etwa zwei Bogenminuten (2') oder dem 30. Teil eines Winkelgrades.

Bis man diese natürliche Grenze der Sichtbarkeit mit technischen Mitteln noch weiter unterschreiten konnte und zur Praxisreife entwickelte Instrumente verfügbar hatte, war es jedoch ein langer und stationenreicher Weg. Obwohl schon den Menschen der Antike die vergrößernde Wirkung eines Wassertropfens auf einem Laubblatt, der die Blattnervatur und fallweise sogar das Zellmuster der Epidermis erkennen lässt, sicherlich nicht entgangen sein kann, setzte man dieses darstellende Verfahren lange Zeit nicht zur Untersuchung von Objekten aus der unbelebten oder belebten Umwelt ein. Dennoch war dieser einfache Fingerzeig der Natur irgendwann einmal der Ausgangspunkt einer technischen Entwicklung, die uns heute sogar die molekulare Dimension erschließt. Immerhin nutzte man schon im Altertum die Lichtbrechung durch Glaskugeln, die mit Wasser gefüllt sind. So finden sich in den naturgeschichtlichen Schriften des römischen Gelehrten PLINIUS d. Ä. ausführliche Beschreibungen von Insektendetails, die er eigentlich nur mit Lupenhilfe gewinnen konnte, obwohl er solche nicht ausdrücklich erwähnt.

Wassertropfen als natürliche Lupe: Am Beginn technischer Sehhilfen stehen Anleihen bei der Natur.

Den Anfang setzt die Brille Aus der Zeit um 1000 n. Chr. ist aus dem arabischen Kulturraum überliefert, dass IBN AL-HAITAM optische Experimente mit Glaskugelsegmenten durchführte. Der englische Naturforscher und Franziskaner ROGER BACON wies 1267 in seinem Werk *Opus majus* darauf hin, dass solche Kugelsegmente schwachsichtigen Personen als Sehhilfe dienen können. Damit war gegen Ende des 13. Jahrhunderts die Brille erfunden. Das älteste bekannte Exemplar mit hölzerner Fassung wurde unter dem Fußboden im niedersächsischen Nonnenkloster Wienhusen entdeckt. Der Philosoph NIKOLAUS VON KUES schrieb 1488 einen Essay mit dem Titel „de beryllo", in dem er über die Wirkung von Vergrößerungslinsen nachdenkt. Die Bezeichnung des damals üblicherweise verwendeten Materials Beryll (ein Beryllium-Aluminium-Silicat) wurde sprachlich zum neuhochdeutschen Wort Brille umgeformt.

Lichtbrechende Vorrichtungen waren zur Verbesserung der Sehschärfe sicherlich eine willkommene Errungenschaft. Die Natur als solche war im Mittelalter und in der frühen Neuzeit jedoch noch kein Gegenstand der

Betrachtung oder gar Untersuchung. Erst im 16. Jahrhundert wandelte sich allmählich die Einstellung der Menschen zu ihrem natürlichen Umfeld. Das Interesse an den kosmischen Weiten war dabei zunächst deutlich größer. Obwohl schon der griechische Naturphilosoph DEMOKRIT VON ABDERA (ca. 460–375 v. Chr.) sich mit dem Wesen der Dinge befasste und deren Grundstoffe als Gebilde aus kleinsten, von ihm ausdrücklich als Atome bezeichneten Teilchen darstellte, richtete auch er den Blick recht häufig nach oben und kam dabei als Erster zu der Überzeugung, dass die Milchstraße aus zahlreichen Einzelsternen bestehen muss. Um die entferntesten Objekte des Makrokosmos aus der Nähe betrachten zu können, baute sich GALILEO GALILEI (1564–1642) im Jahre 1609 ein etwa 30fach vergrößerndes Fernrohr, dessen technischer Vorläufer aus den Niederlanden stammte – vermutlich erfunden um 1608 vom Brillenmacher HANS LIPPERSHEY in Middelburg.

Vom Teleskop zum Mikroskop Kurioserweise verdankt nun auch der Mikrokosmos, die ganze ungeahnte, unvermutete und daher schlicht überhaupt nicht vorstellbare Welt unterhalb der natürlichen Sichtbarkeitsgrenzen, seine Entdeckung der intensiv betriebenen Erforschung des Sternenhimmels und der kosmischen Erscheinungen. Jedes Fernrohr lässt sich – mit etwas verändertem Linsenabstand und umgekehrt eingesetzt – auch als Mikroskop verwenden. Die Entdeckung dieser Möglichkeit wird den ebenfalls in Middelburg wirkenden Linsenschleifern HANS JANSEN und seinem Sohn ZACHARIAS zugeschrieben. Vermutlich hatten sie Kenntnis von den Teleskopen LIPPERSHEYS. Um 1610 sollen sie durch Umrüstung eines Fernrohrs erstmals ein Mikroskop konstruiert haben. So stellt es jedenfalls ein 1655 in Den Haag erschienener Bericht dar. Die Herstellung eines brauchbaren Mikroskops war technisch allerdings wesentlich schwieriger als die eines astronomischen Fernrohres, weil man für das Objektiv eine kurzbrennweitige Linse mit sehr kleinem Radius schleifen muss.

Tatsache ist jedoch, dass auch GALILEI ein solches aus dem Fernrohrbau hervorgegangenes Mikroskop benutzte. Die *Academia dei Lincei* („Die Luchsäugigen") in Rom, deren Mitglied er nachweislich war, benutzte dieses Instrument und führte dafür auch den Begriff Mikroskop ein. Eines ihrer Mitglieder entdeckte damit die Facetten im Komplexauge der Honigbiene. Dennoch sorgten die ersten Erfolge der Mikroskopie in der Öffentlichkeit kaum für Aufsehen und blieben auch bei der kirchlichen Obrigkeit weithin unbeachtet, weil die Betrachtung kleiner Dinge nicht grundsätzlich neu war, im Gegensatz zur Wahrnehmung der sehr entfernten Objekte im Makrokosmos. Sie löste auch keine Revolution in der Physik oder Naturphilosphie aus wie GALILEIS Entdeckung der vier hellsten Jupitermonde (1610). Außerdem war der praktische Nutzen zunächst noch nicht erkennbar.

Venezianisches Glas und britische Linsen So blieb die Anwendung der zusammengesetzten, mit Objektiv und Okular ausgestatteten Mikroskope für naturforschende Fragestellungen zunächst noch auf Einzelfälle beschränkt. Eine der ersten brillanten Persönlichkeiten, die das Mikroskop für eine weite Umschau verwendeten, war der englische Architekt und Physiker ROBERT HOOKE (1635–1703), von 1677 bis 1683 Sekretär der angesehenen Royal Society in London. Im Instrumentenbau war er offensichtlich recht versiert, denn es gelangen ihm in kurzer Zeit entscheidende technische Verbesserungen von Barometer, Thermometer, Luftpumpe, Uhrwerken und etlichen anderen Apparaten. Daher konnte HOOKE sich seine Mikroskope selbst bauen und

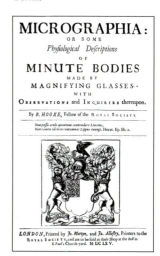

Titelseite der berühmten, 1665 in London erschienenen Micrographia, in der Robert Hooke unter anderem auch ausführlich die Anfertigung seiner Mikroskope beschreibt. Eines der seltenen Originale befindet sich in der Staatsbibliothek Preußischer Kulturbesitz in Berlin.

Die frühen Mikroskope wie das von Robert Hooke benutzte Instrument sind noch mit allerhand barockem Zierrat ausgestattet.

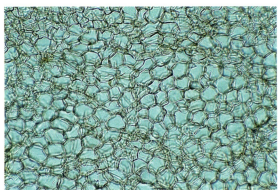

Links: Robert Hooke entdeckte die zelluläre Struktur des Flaschenkorks am Auflichtbild, wie es heute beispielsweise im Stereomikroskop zugänglich ist.

Rechts: Erst ein dünner Querschnitt – im Durchlicht betrachtet – zeigt den genaueren Verlauf der Zellwände. Der vom toten Gewebe abgeleitete Zellbegriff bezog sich zunächst nur auf die pflanzliche Zellverpackung.

Während GALILEI mit seinen Entdeckungen im Makrokosmos zur gleichen Zeit heftig bekämpft wurde, blieb die junge Mikroskopie der Inquisition völlig unverdächtig.

konstruierte dazu sogar eine eigene Linsenschleifmaschine. Für kurzbrennweitige Linsen zog er venezianisches Glas, den besten damals erhältlichen Werkstoff, in der Flamme zu langen Fäden aus, rollte diese zu kleinen Kugeln zusammen und schliff sie dann auf die benötigten Abmessungen zurecht. Mit seinen Instrumenten erreichte er immerhin Vergrößerungen bis etwa 170fach. Seine zahlreichen Beobachtungen hielt er minutiös im ersten populären Buch über die Mikroskopie fest, der berühmten 1665 in London erschienenen „Micrographia". Darin beschreibt er unter anderem die Scharten in Rasiermessern und an Nadelspitzen, das Aussehen von Haaren, Federn und Schuppen sowie viele andere Objekte aus dem Alltag. Für kompaktere Objekte entwickelte er die Anfertigung dünner, ebener Schnitte. Auf diese Weise gelang ihm die Entdeckung einer Struktur im Flaschenkork, für die er erstmals die Bezeichnung Zelle einführte. HOOKE untersuchte alle seine Objekte im Auflichtverfahren.

Zur gleichen Zeit, als HOOKE in London seine mikroskopischen Untersuchungen durchführte, verwendeten auch italienische Naturforscher zusammengesetzte Mikroskope, die zum Teil mit englischen Linsen bestückt waren. So erhielt der in Bologna wirkende Arzt MARCELLO MALPIGHI (1628–1694) von der Royal Society einige Linsen zur Konstruktion eines Mikroskops. Er entdeckte damit beispielsweise die Blutkapillaren in der Froschlunge. Sein 1686 in London erschienenes zweibändiges Werk „Opera omnia" enthält eine überraschende Fülle von Einzelbeobachtungen und Neufunden. Er beschreibt das Tracheensystem und die Ausscheidungsorgane der Insekten, die nach ihm bis heute Malpighische Schläuche heißen, und sah als Erster auch die eigenartigen Spaltöffnungen auf der Blattunterseite der Landpflanzen. Papst INNOZENZ XII. berief ihn nach Rom und interessierte sich sehr für die mikroskopischen Forschungen.

Die Mücke zum Elefanten machen Zu den ersten Forschungserfolgen und Weltsichterweiterungen, die mit dem zusammengesetzten Mikroskop möglich wurden, gab es in der ersten Hälfte des 17. Jahrhunderts nahezu gleichzeitig eine bemerkenswerte Entwicklung, die vom einfachen Mikroskop mit nur einer Linse ausging. Unerreichter Pionier dieser Instrumententechnik und Entdeckungen im Mikrokosmos war der in Delft (Niederlande) wirkende Tuchhändler ANTONI VAN LEEUWENHOEK (1632–1723). Sein Mikroskop, eigentlich eine stark vergrößernde Lupe, bestand aus einer Linse in der Bohrung einer kleinen Metallplatte, hinter der auf einer Nadelspitze das jeweilige Objekt befestigt wird. Mit einer Metallschraube ließ sich der Abstand zur Linse verändern. Das Leeuwenhoek-Instrument arbeitete also erstmals mit der Durchlichttechnik, denn man hielt das Objekt gegen das einfallende Licht. LEEUWEN-

HOEK fertigte für seine umfangreichen Untersuchungen zahlreiche Versionen mit unterschiedlichen Vergrößerungen zwischen etwa 40- und knapp 270fach, verschwieg aber beharrlich die Einzelheiten ihrer technischen Fertigung. Mit diesen im Grunde genommen äußerst einfachen, den damaligen zusammengesetzten Mikroskopen in der Auflösung (bis etwa 1,35 μm) jedoch deutlich überlegenen Instrumenten untersuchte er nun nahezu alles, was der Beobachtung überhaupt zugänglich war. So entdeckte er damit die Kleinlebewesen im Wassertropfen, die er in einer Glaskapillare untersuchte, oder auch winzigste Bestandteile im Zahnbelag, von denen man heute annehmen darf, dass es Bakterien waren. Er sah als Erster Spermatozoiden und die Querstreifung der Skelettmuskulatur, aber auch Blutzellen und Schimmelpilze. Die Handhabung der Lupenmikroskope muss jedoch sehr mühsam und für die Augen enorm anstrengend gewesen sein, denn die Bohrung in den beiden die Linse tragenden Metallplatten hatte nur einen Durchmesser von 0,8 mm. Immerhin war ihm dessen Funktionsweise bekannt, denn er stand im Kontakt zu den Brüdern HUYGENS, die neuartige und bemerkenswert funktionstüchtige Okulare auch für den Teleskopbetrieb konstruiert hatten.

Leeuwenhoek-Durchlichtmikroskop – im Prinzip noch eine Klemmlupe

LEEUWENHOEKS aufregende Neufunde blieben in der Öffentlichkeit nicht ohne Echo. Aus seinem Briefwechsel ist bekannt, dass ihn Hunderte interessierter Zeitgenossen aufsuchten, um sich mikroskopische Präparate vorführen zu lassen. Auch der böhmische Theologe und Pädagoge JOHANN AMOS COMENIUS (1592–1670) muss von den neuen Seherlebnissen mit dem Leeuwenhoek-Mikroskop gehört haben, denn er schwärmt in seinem damals weit verbreiteten und in viele Sprachen übersetzten Lesebuch *Orbis Pictus* (Gemalte Welt) von den erstaunlichen Möglichkeiten der neuen Geräte, die „Flöhe so groß wie Spanferkel" betrachten lassen. Von dem französischen Naturwissenschaftler und Philosophen RENÉ DESCARTES (1596–1650), der sich um 1630 intensiv mit der Theorie der Lichtbrechung und der Wirkung vergrößernder Linsen befasste, stammt das hübsche Bild von der Mücke, die man im Mikroskop zum Elefanten macht. Von allen, die sich im ausgehenden 17. Jahrhundert den neuen Beobachtungsmöglichkeiten verschrieben hatten, wurde LEEUWENHOEK der erste richtig populäre Mikroskopiker, dessen Ansehen auch nicht nur auf seine Heimatstadt Delft beschränkt blieb, obwohl er offenbar ein ziemlicher Eigenbrötler war. Im Jahre 1680 ehrte ihn die seit ROBERT HOOKE auf erstaunliche mikroskopische Errungenschaften bereits vorbereitete Royal Society in London mit der Ernennung zum Mitglied. In deren Publikationsorgan, den ehrwürdigen und bis heute noch erscheinenden „Philosphical Transactions", veröffentlichte er fortan seine Entdeckungen in Form von Briefen. Von seinen vermutlich vielen hundert Instrumenten sind weltweit nur neun erhalten. Das LEEUWENHOEKsche Spitzenmodell mit einer Linse unter 1 mm Brennweite und einer Vergrößerungsleistung um 270fach wird in Utrecht aufbewahrt.

Kritische Nachprüfungen der einfachen Leeuwenhoek-Mikroskope kommen daher zu dem Ergebnis, dass diese allenfalls der Demonstration dienten, während LEEUWENHOEK für seine eigenen Untersuchungen vermutlich doch ein zusätzliches Okular benutzte und sein Instrument somit zum zusammengesetzten Mikroskop aufrüstete.

Das Deutsche Museum in München besitzt zwei Leeuwenhoek-Mikroskope. OSKAR VON MILLER, der Gründer der Institution, hat sie 1905 persönlich in den Niederlanden erworben.

Durchlicht statt Aufsicht Im Jahre 1685 richtete der Italiener CARLO ANTONIO TORTONI auch das zusammengesetzte Mikroskop erstmals für die Durchlichtbeobachtung ein. Die zu betrachtenden Gegenstände legte man auf schmale Schieber aus Holz oder Elfenbein, die mit mehreren Bohrungen versehen waren. In jeder dieser Bohrungen befand sich ein hauchdünnes, durchsichtiges Glimmerplättchen, das letztlich das Objekt (Käferbein, Flöhe, Fischschuppen, Federteile u. ä.) trug. Oben wurde die Bohrung mit einem zweiten Glimmerplättchen in einem Sprengring verschlossen. Solche Trockendauerpräparate waren bis ins 19. Jahrhundert auch bei Amateurmikroskopi-

Im Jahre 1839 legte übrigens die unterdessen gegründete Microscopical Society of London die Objektträgergröße auf 3 x 1 Inch (= 76 x 26 mm) fest – ein Maß, das sich weltweit durchgesetzt hat und bis heute auch in der Amateurmikroskopie üblich ist.

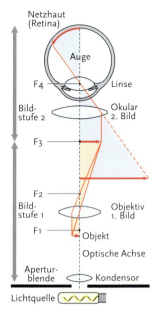

Netzhaut (Retina)
Auge
F4 — Linse
Bildstufe 2 — Okular / 2. Bild
F3
F2
Bildstufe 1 — Objektiv / 1. Bild
F1 — Objekt
Optische Achse
Aperturblende — Kondensor
Lichtquelle

Vereinfachter Strahlengang im konventionellen Lichtmikroskop. Das Bild des Objektes entsteht zweistufig a) als Projektion hinter dem Objektiv und b) durch Nachvergrößerung mit dem Okular sowie auf der Netzhaut des betrachtenden Auges. F1 bis F4 sind die Brennpunkte der beteiligten Linsen(systeme).

Glaslinsen weisen systemische Abbildungsfehler auf: Für randliche Strahlen ergeben sich andere Bildorte (Brennpunktdurchgänge) als für solche nahe der optischen Achse (= sphärische Aberration).

verschiedene Bildorte

1) Sphärische Aberration

kern außerordentlich beliebt. Entsprechend sind sie in den Spezialsammlungen auch in großer Zahl erhalten. Die heute routinemäßig verwendeten Objektträger aus Glas waren damals nämlich noch nicht herstellbar. Sie standen erst um 1820 zur Verfügung.

Die meisten übrigen technischen Verbesserungen der Mikroskope im Laufe der nächsten Jahrzehnte betrafen im Wesentlichen nur die Mechanik der Instrumente und die Beleuchtungsvorrichtungen. So montierte JOHN MARSHALL um 1700 Tubus und Tisch erstmals an einer gemeinsamen, kippbaren Säule, die einen bequemeren Schrägeinblick gestattete und gleichzeitig die optische Achse sicherte. Von JAMES WILSON stammt eine nennenswerte Verbesserung zur Fokussierung der Objekte, die er seit 1702 in seinen Geräten verwendete. CHRISTIAN GOTTLIEB HERTEL führte 1716 den Planspiegel zur besseren Beleuchtung der Objekte ein. Der Londoner Optiker BENJAMIN MARTIN erfand 1776 den Objektivrevolver. LEEUWENHOEKS Zeitgenosse, der niederländische Physiker CHRISTIAAN HUYGENS (1629–1695) ging in Den Haag erstmals der Natur des Lichtes nach, untersuchte dazu Brechung, Doppelbrechung sowie Spiegelung und entwickelte zusammen mit seinem Bruder CONSTANTIJN ein neues Okular für Fernrohre mit Feldlinse und eingebautem Blendenring, das man schon bald auch für den Bau zusammengesetzter Mikroskope verwendete.

Bis zum Ende des 17. Jahrhunderts war das Mikroskop als Instrument neuer Wege zur Erkenntnis fast überall in Europa etabliert, überwiegend jedoch in England, Italien und den Niederlanden. Auch in Deutschland hielt das neue Instrument vielfach Einzug, obwohl hier – wohl eine Folge des kulturellen Niedergangs nach dem Dreißigjährigen Krieg – zunächst noch keine nennenswerten technischen Neuerungen entwickelt wurden. So benutzte man vor allem die teuren Importgeräte.

Teilweise verwendeten die Instrumentenbauer äußerst edle Werkstoffe, neben Ebenholz und Elfenbein auch Gold und Silber. Diese sind heute die Zierde zahlreicher Sammlungen historischer Instrumente, u.a. auch derjenigen in der Abteilung Optik des Deutschen Museums in München. In etlichen Fürstenhäusern wurde die Mikroskopie zum gern aufgegriffenen Zeitvertreib. Noch in der Zeit ALEXANDER VON HUMBOLDTS galt es am preußischen Hof durchaus nicht als unschicklich, den feinen Damen der Gesellschaft zur Erbauung aller Beteiligten mit Präpariernadel und einfachem Mikroskop die eigenen Flöhe vorzuführen.

Fehlerhaft und begrenzt Obwohl man durch konstruktive Verbesserungen eine gewisse Bildqualität erreicht hatte, blieben als Hauptproblem der mikroskopischen Abbildung die systemischen Linsenfehler – bis ins frühe 18. Jahrhundert litten praktisch alle verfügbaren Mikroskope unter der sphärischen und der chromatischen Aberration. Die sphärische Aberration, die zu Unschärfen führt, stört vor allem bei sehr dicken und kurzbrennweitigen Linsen, wie sie für die Objektive benötigt wurden. Die durchtretenden Lichtstrahlen werden im Zentrum der Linse nur wenig, zum Rand hin jedoch stärker gebrochen. Die Folge sind Abbilder des Gegenstands in verschiedenen Ebenen hinter dem Objektiv – das Bildfeld erscheint zudem gewölbt. Mit verschiedenen technischen Tricks, beispielsweise dem Ausblenden der Randstrahlen (aber unter Verlust von Lichtstärke), lässt sich dieses Problem teilweise beheben. Eine andere Lösung, die Kombination mehrerer Linsen unterschiedlicher Brechungswerte, gelang jedoch erst in mehreren Schüben im 19. Jahrhundert.

In einem Nebengebäude der Abtei Benediktbeuern im bayerischen Voralpenland erschmolz Joseph von Fraunhofer die besten optischen Gläser seiner Zeit. Die technikgeschichtlich bedeutsame Glashütte ist zu besichtigen.

Bei der chromatischen Aberration entstehen am beobachteten Gegenstand dagegen randliche Farbsäume, weil auch die einzelnen Wellenlängenbereiche des Lichtes unterschiedlich stark gebrochen werden. Langwelliges rotes Licht verhält sich anders als kurzwelliges blaues. Folglich liegen die jeweiligen Farbbilder des Objektes in verschiedenen Ebenen hinter dem Objektiv. Diese Schwierigkeit lässt sich nur durch Verwendung von Linsen aus verschiedenen Glassorten beheben, die die verschiedenen Brechungswerte für blaues und rotes Licht ausgleichen. Flintglas enthält viel Blei, Kronglas weist dagegen einen höheren Alkalianteil auf. Durch geschickte Kombination von Linsen beider Glassorten erzielt man die so genannten für Blau und Rot korrigierten Achromaten. Um 1770 hatte der Delfter Optiker HERMANN VAN DEYL erstmals ein entsprechendes Mikroskopobjektiv gefertigt, nachdem der Londoner Instrumentenbauer JOHN DILLARD bereits 1758 ein solches Objektiv zum Einsatz in Teleskopen entwickelt hatte. Auf dieser Basis wurden fortan die Mikroskope vieler Hersteller ausgerüstet.

Die Entwicklung achromatischer Objektive und Okulare setzte die Verfügbarkeit technisch brauchbarer Glassorten mit verschiedenen Brechungsindices voraus. Deren Entwicklung hat erst JOSEPH VON FRAUNHOFER (1787–1826) wesentlich vorangebracht. FRAUNHOFER hatte in München das Handwerk des Spiegelmachers erlernt und trat 1806 in die Glashütte der Instrumentenbauerfirma UTZSCHNEIDER, REICHENBACH und LIEBHERR ein, die im säkularisierten Kloster Benediktbeuern betrieben wurde (und dort heute noch zu sehen ist). Ab 1809 übernahm er hier eigenverantwortlich das Glasschmelzen und erreichte durch systematische Verbesserung des Herstellungsprozesses hochreine, schlierenfreie Flint- und Krongläser, die eine bessere Qualität aufwiesen als jedes andere Glas in Europa. Fraunhofer befasste sich jedoch nicht nur mit den Gläsern, sondern entwickelte auch ein sehr erfolgreiches Mikroskop, mit dem erstmals Präzisionsmessungen möglich wurden. Für die Berechnung der Brechkraft seiner Gläser verwendete er als Messlatte erstmals die dunklen Absorptionslinien im Sonnenlicht, die man heute zu seinen Ehren als Fraunhofersche Linien bezeichnet.

Auch GOETHE verwendete Mikroskope mit Achromaten, neben einem Gerät aus der angesehenen Werkstatt DELLEBARRE (Leiden) unter anderem auch eines von ADAMS (London).

Unterschiedliche Bildorte entstehen auch für Lichtwellen verschiedener Wellenlänge (= chromatische Aberration). Durch konstruktiv geschickte Kombination von Linsen aus verschiedenen Glassorten lassen sich beide Fehler weitgehend ausgleichen.

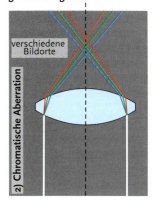

verschiedene Bildorte

2) Chromatische Aberration

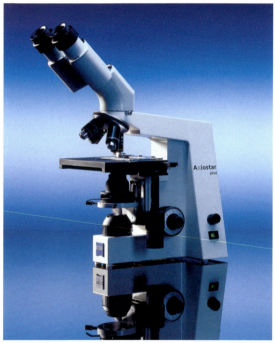

Oben: Zu den frühesten Triumphen der Mikroskopie gehörten die Entdeckungen gefährlicher Krankheitserreger: Mit einem solchen Mikroskop forschte der Arzt und Bakteriologe Robert Koch.

Unten: Moderne Lichtmikroskope faszinieren nicht nur durch eine enorm ausgereifte Technik, sondern auch mit ihrem funktionalen Design.

Auf dem Weg zum Hightech-Instrument Letztlich blieben die Qualität der besten optischen Gläser aus der Fraunhofer-Hütte und die Leistungsfähigkeit der daraus gefertigten Linsen eine Frage der jeweiligen Werkstatttradition und des persönlichen Geschicks der Instrumentenbauer. Nach wie vor war man weit davon entfernt, die geforderten Eigenschaften der optischen Bauteile exakt und zuverlässig vorausberechnen zu können. Noch 1858 vertrat PIETER HARTING – an der Universität Utrecht hielt er ab 1843 Vorlesungen in der neuen Disziplin Mikroskopie und erfand außerdem das Deckglas – in seinem Standardwerk *Das Mikroskop* die Ansicht, eine solche theoretische Annäherung sei gänzlich ausgeschlossen.

Dem Physiker und Mathematiker ERNST ABBE (1840–1905), bis 1891 Direktor der Sternwarte in Jena, gelang jedoch der entscheidende Durchbruch – fast 200 Jahre nach der Pionierzeit der Mikroskopie. ABBE stellte den Bau optischer Geräte erstmals auf eine rechnerisch nachvollziehbare, wissenschaftliche Basis und veröffentlichte grundlegende Arbeiten zur Theorie der Abbildung. Im Jahre 1860 konnte ihn der Mechaniker und Optiker CARL ZEISS (1816–1888) zur Mitarbeit in seiner 1845 gegründeten Werkstätte gewinnen, bei der ABBE gelegentlich Apparate für seine Experimentalvorlesung an der Universität Jena bauen ließ. Das weltweit erste Mikroskop, dessen Optik auf der Basis vorausberechneter Daten und Eigenschaften gefertigt wurde, kam 1872 auf den Markt. Weil geeignete Gläser nicht in genügender Menge und Reinheit zur Verfügung standen, gründeten ZEISS und ABBE zusammen mit dem Glaschemiker OTTO SCHOTT (1851–1935) eine eigene Glashütte, das „Glastechnische Laboratorium Schott und Genossen". Schon im Gründungsjahr 1884 konnte der Betrieb mehrere Dutzend Glassorten anbieten, darunter die neuartigen Boratgläser. Mit dieser Werkstoffpalette entwickelte ABBE bis 1886 eine neue Objektivgeneration, die Apochromate, bei denen außer Blau und Rot auch Gelb an nur einem Bildort hinter dem Objektiv zum Schnitt gebracht wird und damit die Farbfehler weitgehend korrigiert waren. Diese Objektive gab es bald auch als Planapochromate mit geebnetem Bildfeld. Damit erreichte die Mikroskopie ein beachtliches Niveau, das sich in einem entsprechenden Aufstieg der Mikrobiologie und Zellbiologie spiegelt. Insofern verdankt unsere moderne Wissenschaftskultur dem Mikroskop mehr als jedem anderen Instrument.

An der Grenze – Elektronenmikroskopie In seiner 1871 veröffentlichten *Beugungstheorie der mikroskopischen Abbildung* kam ERNST ABBE zu dem Ergebnis, dass Strukturen in mikroskopischen Präparaten dann nicht mehr aufgelöst und abgebildet werden können, wenn sie kleiner als die halbe Wellenlänge des verwendeten Lichtes sind – bei Verwendung von Blaulicht mit einer Wellenlänge von $\alpha = 400$ nm theoretisch also nur noch etwa 0,2 μm messen. Diese theoretische Leistungsgrenze war mit den zum Ende des 19. Jahrhunderts zur Verfügung stehenden Mikroskopen auch praktisch erreicht.

Damit war der weitere technische Weg im Prinzip vorgezeichnet, wenn auch konkret noch nicht beschreitbar: Der zu verwendende Informationsträger musste ganz einfach deutlich kleinere Wellenlängen aufweisen als das bisher eingesetzte sichtbare Licht. In den 1880er Jahren hatte man davon jedoch noch keine Kenntnis – WILHELM CONRAD RÖNTGEN entdeckte die von ihm so bezeichneten extrem kurzwelligen X-Strahlen erst im November 1895. Erst nach 1920 deutete sich eine weitere Möglichkeit an. Der geniale französische Physiker LOUIS DE BROGLIE hatte 1925 die Idee, fliegende Elektronen nicht weiter als Teilchen aufzufassen, sondern jeder bewegten Masse und logischerweise auch Strahlen aus bewegten Elektronen eine Wellennatur zuzumessen. Auf dieser Grundlage und einem von DENNIS GABOR entwickelten Kathodenstrahl-Oszillographen begann ERNST RUSKA 1928 mit der Entwicklung magnetischer und elektrostatischer Linsen, die 1931 zum ersten, gemeinsam mit dem damaligen Arbeitsgruppenleiter MAX KNOLL konstruierten funktionstüchtigen Elektronenmikroskop führte. Im Jahre 1933 erreichte ihr dreilinsig ausgerüstetes Gerät – damals Übermikroskop genannt – schon eine Vergrößerung von 12 000fach bei einer Auflösung von nur 50 nm. Serienreif war das bei Siemens gebaute Elektronenmikroskop im Jahre 1939.

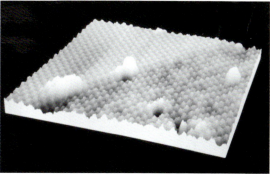

Auf die Vorarbeiten von MAX KNOLL geht auch das zunächst so bezeichnete Abtast-Elektronenmikroskop (heute Raster- oder Scanning-Elektronenmikroskop genannt) zurück – 1937 zur Praxisreife entwickelt von MANFRED VON ARDENNE, einem Autodidakten, der auch die Funk- und Fernsehtechnik mit genialen Pionierkonstruktionen bereicherte. Damit standen etwa in der Mitte des 20. Jahrhunderts im Wesentlichen als überaus leistungsfähige optische Sonden alle Gerätetypen zur Verfügung, denen vor allem die medizinisch-biologische Forschung ihre beträchtlichen Fortschritte verdankt.

Die Rastertunnelmikroskopie markiert den vorerst letzten Entwicklungsstand der (Elektronen-)Mikroskopie – sie kann sogar einzelne Atome darstellen. Die damit gewonnene Information ist aufschlussreich, aber nicht mehr besonders anschaulich.
Das Bild zeigt den Übergang von Galliumarsenid (oben links) zu „reinerem" Aluminiumgalliumarsenid (unten rechts) mit atomarer Auflösung. Die drei hellen Erhöhungen sind einzelne Sauerstoffatome.

Zum Weiterlesen BECK (1993), BERG und FREUND (1963), BEYER und RIESENBERG (1988), BRADBURY (1967), DREWS (1996), FORD (1991), FREUND (1974), GERLACH (2009), GLOEDE (1986), GÖKE (1994), HENDEL (1994, 1996), LEMMERICH u. SPRING (1980), MEYER (1999), NOWAK (1984), RUSKA (1980), SANG (1995), SCHMITZ (1989), SEEBERGER (1995), VÄTH (1999), WILSON (1995)

2 Erkundungen der unbelebten Natur
2.1 Einfachste Präparate

Die Zacken in der Briefmarkensammlung auf ihre Regelmäßigkeit zu überprüfen, macht wenig Umstände. Man nimmt eine Leselupe zur Hand und vertieft sich in die Betrachtung. Eine mikroskopische Untersuchung kommt nicht ganz so rasant ans Ziel, denn man benötigt zunächst einmal ein taugliches Präparat. Dieses kann ein Trocken-, Nass-, Frisch- oder Dauerpräparat sein. Die genauen Unterschiede erläutert der technische Anhang ab S. 252. Hier befassen wir uns mit sehr einfachen ersten Präparaten, mit denen man die Handhabung des Mikroskops, das räumliche Erfassen und die Vermeidung bestimmter Fehler trainieren kann.

Die ersten Schritte

Für eine erste Einblicknahme in die mikroskopischen Kleinwelten benötigt man weder einen aufwändigen Präparationsgang noch ein exotisches Objekt – einige haushaltsübliche Utensilien oder solche aus dem Werkzeugkasten des Mikroskopikers tun es für die Startphase auch.

Gräben auf Glas Der scharfkantige Schraubenzieher oder ein Glasschneider hinterlassen auf einem Objektträger eine weißliche Scharte – fertig ist ein erstaunlich ergiebiges Trockenpräparat. Schon bei geringer Vergrößerung

(Lupenobjektiv, 3,5fach oder vergleichbar) erweist sich die simple Ritze als komplex ausgestalteter Canyon, in dem es weder rechte Winkel noch gerade Kanten gibt: Von den Talschultern bis zur Grabensohle sind zahlreiche Vertiefungen überwiegend muschelförmig ausgebrochen. Sie zeigen in ihrer chaotischen, unregelmäßigen Anordnung einen Formenschatz, wie er so bei der natürlichen Erosion von Eintalungen kaum auftritt. Insofern muss die Glascanyon-Landschaft unwirklich und fremdartig wirken.

Sie zeigt aber eindrucksvoll wichtige Sachverhalte: Volle Beleuchtung lässt die feinsten Randbrüche der Scharte oder ihre genaue Begrenzung kaum erkennen. Erst das Schließen der Aperturblende am

Schramme auf dem Objektträger – ein chaotisches Talsystem

Kondensor drosselt die eingestrahlte Lichtmenge und verbessert die Abbildung der Konturen. Gleichzeitig nimmt auch die Tiefenschärfe (manchmal auch Schärfentiefe genannt) zu. Jetzt erst kann man das gesamte Feinrelief der Scharte überblicken. Beim Umschalten auf die nächste Vergrößerung (Objektiv 10fach) wird der dargestellte Ausschnitt aus dem Präparat kleiner. Auch stärkeres Abblenden reicht jetzt nicht mehr aus, um alle Höhen und Tiefen des Talzugs mit einem Blick zu erfassen – der Abstieg zur Talsohle führt nur noch über das Fokussieren am Feintrieb.

Nach dem Übergang auf ein noch stärkeres Objektiv (40fach) kann es vorkommen, dass man überhaupt keine scharfe Kontur mehr zu sehen bekommt. Dann wäre zu überprüfen, ob die Scharte auf dem Objektträger auch wirklich oben liegt, d.h. dem Objektiv zugewandt ist.

Zitterpartie: Die Brownsche Bewegung Der schottische Botaniker ROBERT BROWN (1773–1858), dem die Wissenschaft eine Menge fundamentaler Beiträge verdankt, befasste sich mit der Befruchtung von Pflanzen und mikroskopierte dazu im Sommer 1827 eine Aufschwemmung von Pollen der Zierpflanze *Clarkia pulchella*. Zu seinem Erstaunen stellte er fest, dass alle

Projekt	Brownsche Bewegung kleiner Partikel
Material	Weizenmehl
Was geht ähnlich?	Toner aus Trockenkopierer, Wasserfarbe aus dem Malkasten, Gesteinsmehl (Gartencenter), Zeichentusche, Bakterienkultur, Töpferton
Methode	Stark verdünnte Aufschwemmung in Wasser
Beobachtung	Die aufgeschwemmten, suspendierten Teilchen bewegen sich auf unregelmäßigen Bahnen durch das Untersuchungsmedium.

Pollenkörner im Präparat eine auffallende Zitterbewegung durchführten. Er ging der Sache nach und untersuchte auch feine anorganische Substanzen, unter anderem pulverisierten Granit von einer ägyptischen Sphinx aus dem Britischen Museum. In allen Proben fand er die eigenartige Zitterbewegung. Seine Deutung war, dass die Teilchen sich tatsächlich von selbst und aktiv bewegen.

ROBERT BROWNS Beobachtung führte seine Zeitgenossen erheblich in die Irre, denn viele glaubten, in diesen bewegten Teilchen die so genannten Monaden gefunden zu haben, die schon von PLATON angedacht waren und später in der idealistischen Philosophie von LEIBNIZ als Ureinheiten der Materie eine besondere Rolle spielten. Eine überraschende Deutung des Phänomens gab erst ALBERT EINSTEIN in seiner ersten theoretischen Abhandlung 1905. Danach geht die unablässige Zitterbewegung auf minimale, schlierenartige, letztlich aber noch nicht genügend geklärte Dichteschwankungen in

Brownsche Bewegung eines Partikels im mikroskopischen Präparat. Die Bahn wurde nach einer Videoaufzeichnung rekonstruiert.

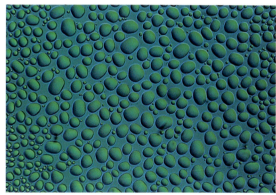

Links: Deckglaskante – eine Folge von Macken und Zacken

Rechts: Angehauchtes, beschlagenes Deckglas mit Wassertröpfchen

der Untersuchungsflüssigkeit zurück. Die häufig zu lesende und stark vereinfachende Erklärung, wonach ein Billard in kleinstem Maßstab, ausgehend von der ständigen Wärmebewegung der Wassermoleküle, den auf der mikroskopischen Ebene klar sichtbaren Effekt auslöst, trifft dagegen nicht zu. Wenn das ständige Anstoßen durch die Teilchen des Eindeckmediums die Ursache der Zitterpartie wäre, müsste sich auch ein starrer Betonklotz in eine bestimmte Richtung bewegen, wenn er allseitig von Tausenden Tennisbällen getroffen wird. Das herkömmliche und einfache Gedankenmodell, wärmebedingte Teilchenstöße auf der submikroskopischen Ebene würden sich in der Zitterbewegung der tänzelnden Partikel abbilden, ist zwar anschaulich, aber bedauerlicherweise nicht korrekt. Die beteiligten Vorgänge sind weitaus komplexerer Natur.

Viele weitere Mikroskopiker überprüften und bestätigten die Beobachtung BROWNS. Das Phänomen nennt man seither Brownsche Bewegung.

Zum Weiterlesen RÜHENBECK (1998)

2.2 Luftblasen im Präparat

Für den Mikroskopiker sind Luftblasen Kunstfehler im Präparat. Besonders ärgerlich sind sie, wenn sie genau über der Stelle eines Objektes liegen, die man genauer betrachten möchte. So wenig erwünscht größere oder kleinere Luftblasen im Objekt oder im Einbettungsmedium sind, so interessant erscheinen sie als optische Gebilde.

Schwarze Ränder, helle Säume

Das mikroskopische Bild einer eingeschlossenen Luftblase zeigt genau genommen nicht die Luft der einzelnen Luftbläschen, sondern die Phasengrenze zwischen Gaseinschluss und umgebendem flüssigem oder festem Einschlussmedium. Bei mittlerer bis starker Vergrößerung stellt sie sich als breiter, schwarzer Saum dar. Bei sehr kleinen Luftblasen bleibt oft nur ein winziger, heller Lichtpunkt im Zentrum erkennbar. Obwohl beide Komponenten des Präparates, Glycerin und Luft, glasklare und durchsichtige Medien darstellen, grenzen sie sich mit einer breiten, dunklen, nahezu schwarzen Kontur gegeneinander ab. Der beobachtete Ring eines Luftbläschens kann nicht durch Lichtabsorption zu Stande kommen.

Wenn für Luft der Brechungsindex $n_L = 1{,}0$ angenommen wird, beträgt der entsprechende Wert für Glycerin $n_G = 1{,}47$; für das Glas von Objektträger und Deckglas liegt er bei 1,5.

Gewölbt nach allen Seiten Wenn man mit Grob- und Feintrieb den Objekttisch des Mikroskops aus dem Unterfokus anhebt, um eine kleine Blase im Gesichtsfeld abzubilden, wird bei weit geöffneter Aperturblende zuerst ihr Außenrand scharf dargestellt. Erst bei weiterer Betätigung des Feintriebs lässt sich auch ihr Innenrand scharf abbilden. Bei kleiner Aperturblendenöffnung werden dagegen die Außen- und Innenränder wegen der größeren Schärfentiefe in jedem Fall mit klaren Konturen erscheinen, sofern man nicht ein sehr stark vergrößerndes Objektiv gewählt hat. Schon aus dieser Beobachtung folgt, dass ein Lufteinschluss in einem viskosen Medium an der Phasengrenze eine bestimmte räumliche Struktur aufweisen muss. Eine Luftblase ist im gedachten Querschnittbild nicht rechteckig, sondern ähnelt eher einer zweiseitig abgeflachten Kugel und ist folglich ein Gebilde mit vielen Rundungen. Lichtstrahlen, die auf die gerundeten Randbereiche eines Lufteinschlusses auftreffen, werden diese Region nicht unbeeinflusst passieren. Parallel einfallende Lichtstrahlen erreichen hier Körper unterschiedlicher Dichte und folglich unterschiedlicher Brechkraft.

Sofern das Einfallslot eines auftreffenden Lichtstrahls von der optischen Achse abweicht, wird er beim Übergang in ein Medium anderer Dichte und Brechkraft nach den Gesetzen der geometrischen Optik gebrochen. Tritt er aus höherer Dichte in ein Medium mit kleinerem Brechungsindex über, wird er vom Einfallslot weg gebrochen und umgekehrt. Je weiter randlich die Lichtstrahlen auf die Luftblase auftreffen, um so stärker unterliegen sie der Brechung.

Luftblasen überraschen mit vielen optischen Eigenschaften.

Total reflektiert Ab einem bestimmten Einfallswinkel können die Lichtstrahlen jedoch nicht mehr eindringen, sondern werden an der Phasengrenze wie an einem Spiegel reflektiert. Dieser Effekt ist in der Optik als Totalreflexion

Projekt	Luftblase im Einschlussmittel
Material	Sprudelwasser
Was geht ähnlich?	Im Reagenzglas stark geschüttelte Suspension von 1–2 ml Glycerin in Wasser
Methode	Blasige Suspension mit Pasteur-Pipette entnehmen und unter dem Deckglas einschließen
Beobachtung	Luftblasen weisen im Durchlicht und im Dunkelfeld interessante Eigenschaften auf.

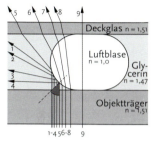

bekannt – und auch dafür verantwortlich, dass die ausperlenden Gasbläschen im Sprudelwasser (oder Champagner …) wie silbrige Kugeln aussehen. Aus dem Randbereich eines Lufteinschlusses, in dem Totalreflexion der auftreffenden Lichtstrahlen eintritt, gelangen nun keine Informationsträger in das Objektiv bzw. den bildaufbauenden Strahlengang. Die entsprechende Zone bleibt deswegen im Bild schwarz. Der Grenzwinkel, unter dem Totalreflexion eintritt, hängt nur von den Brechungsindices der beteiligten Medien ab und ist rechnerisch durch die Beziehung $\sin \alpha = n_1/n_2$ festgelegt. Setzt man für n_1, und n_2 die Brechzahlen für Luft ($n_L = 1{,}0$) und für Glycerin ($n_G = 1{,}47$) ein, beträgt der zugehörige Grenzwinkel $\alpha = 43°$. Alle Lichtstrahlen, die in einem Winkel $\alpha > 43°$ zum Einfallslot auftreffen, werden nicht mehr gebrochen, sondern reflektiert. Für Wasser mit dem Brechungsindex $n_W = 1{,}33$ ergibt sich an der Phasengrenze Luft/Wasser ein Grenzwinkel der Totalreflexion bei 48°. Insofern fallen die schwarzen Randsäume an den Phasengrenzen Luft/Wasser etwas breiter aus als in Medien höherer optischer Dichte, die wegen ihrer größeren Brechkraft auch noch randlich vorbeistreichende Lichtstrahlen einfangen und für den Bildaufbau nutzen.

Strahlengang im Bereich einer Luftblase: Die schwarzen Randbereiche einer in Wasser oder Glycerin eingeschlossenen Kleinstportion ergeben sich aus der Ablenkung (Reflexion) der randlich auftreffenden Lichtstrahlen 1–4. Nur die Strahlen 5–9 treten in die Frontlinse des Objektivs ein.

Beugungssäume Je nach Geometrie der eingeschlossenen Luftblase können weitere, zum Teil recht komplizierte optische Ereignisse stattfinden. Dies zeigt sich beispielsweise bei weit geöffneter Aperturblende, wenn auch schräg zur optischen Achse gestellte Lichtstrahlen die Luftblase erreichen. Jetzt verschwimmt ihr innerer Rand, und außerdem können Lichtstrahlen, die an der Innenseite der Luftbläschen gespiegelt werden, Teilbereiche der schwarzen Säume wieder aufhellen. Besonders bei Beobachtung mit stärkeren Objektiven scheint sich der schwarze Begrenzungsring in mehrere konzentrische Ringe unterschiedlicher Helligkeit aufzulösen. Sie gehen auf Lichtbeugung und – wie bei den Newtonschen Farbringen auf zusammenhaftenden Objektträgern – auf Interferenz der Wellenzüge mit gegenseitiger Auslöschung oder Verstärkung zurück.

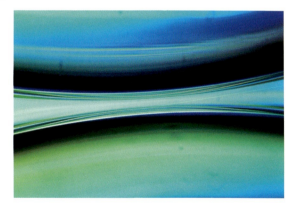

Zur komplexen Optik einer Luftblase gehören Beugungssäume ebenso wie Interferenzeffekte.

Zum Weiterlesen DIETLE (1974), ESCHRICH (1976), GERLACH (1976), MICHEL (1981)

2.3 Mikroskopie winziger Kristalle

Nicht nur Blumen und Schmetterlinge erfreuen mit lebhaften Farben und ausgefallenen Formen, auch die unbelebte Natur der Stoffe kann manchen Zauber entfachen. Kristalle bieten dafür besonders eindrucksvolle Beispiele. Für die mikroskopische Untersuchung verwendet man im Allgemeinen nicht die fertigen Kristalle der betreffenden Pulverchemikalien, sondern züchtet sie auf dem Objektträger durch Auskristallisieren aus konzentrierten Lösungen.

Mikrokristalle

Im technischen Maßstab oder zur Gewinnung von Demonstrationsobjekten züchtet man Kristalle aus übersättigten Lösungen (nach Zugabe kleiner, so genannter Impfkristalle, die gleichsam als Kristallkeime dienen). Das Ergebnis wochenlangen Wachsens und Wartens sind wunderschöne, ebenmäßige Einzelstücke. Für die Technik kann man heute solche Mono- oder Einkristalle züchten, die mehrere Dezimeter lang und viele Kilogramm schwer sind. Für die mikroskopische Beobachtung reichen jedoch minimale Substanzmengen aus. Hierzu lässt man das Kristallwachstum in einem sehr engen Raum, nämlich in der dünnen Fuge zwischen Objektträger und Deckglas stattfinden. Unter solchen Bedingungen kann sich jedoch der substanztypische dreidimensionale Kristall einer bestimmten Verbindung nicht oder nur ansatzweise entwickeln. Statt dessen scheiden sich aus der Substanzlösung sehr häufig dendritische Strukturen aus – vielästige Verzweigungen, die an Federkonturen oder auch an pflanzliche Formen erinnern.

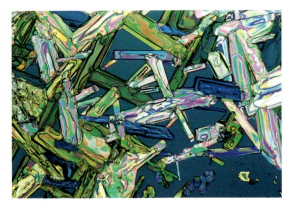

Feuerwerk: Auskristallisierter Blumendünger

Kristalle aus konzentrierten Lösungen Als Ausgangssubstanz kann man praktisch mit allem experimentieren, was die Chemie beispielsweise an Salzen oder salzähnlichen Verbindungen hergibt – vorausgesetzt, die verwendeten Substanzen sind in den eingesetzten Mengen ungiftig und wasserlöslich. Man stellt von den betreffenden Stoffen wässrige, nicht allzu konzentrierte Lösungen her (eine kleine Spatelspitze Substanz auf 1–2 ml H_2O), gibt davon ein paar Tropfen auf einen mit dem Substanznamen beschrifteten Objektträger und lässt die Lösung mit oder ohne Deckglas an einem staubfreien Ort eintrocknen. Bei Verwendung erwärmter ethanolischer Lösungen (etwa 30- bis 50 %ig in H_2O) erfolgt die Kristallisation bei vielen Verbindungen ebenfalls rascher, beispielsweise bei dem auch in der Mikroskopie gelegentlich eingesetzten Farbstoff Orange G. Aussichtsreich und voller Überraschungen ist ferner die Verwendung von Lösungsmischungen, beispielsweise von 30 % Kupfersulfat, 35 % Chlorzinkiod und 45 % Phloroglucin.

Ohne Deckglas geht es schneller, mit Deckglas erhält man jedoch dünnere Kristallgefüge.

Kristallisation aus der Schmelze Besonders schöne Ergebnisse lassen sich beispielsweise mit elementarem Schwefel erzielen: Eine Spatelspitze gelbes Schwefelpulver gibt man auf einen trockenen, sauberen Objektträger, bedeckt mit einem Deckglas und erwärmt vorsichtig über einer Flamme (das Glas sollte nicht zerspringen) bis zum Schmelzen des Schwefels (Schmelzpunkt bei 119 °C). Die Pulverprobe wird im Augenblick des Schmelzens honig-

Projekt	Flächige Mikrokristalle
Material	Ascorbinsäure (Vitamin C)
Was geht ähnlich?	Magnesiumsulfat, Kaliumeisen(II)cyanid (= Kaliumferrocyanid), Kupfersulfat, Natriumhydrogencarbonat (Backpulver), Natriumthiosulfat (Fixiernatron), Orange G, Zitronensäure, Haushaltszucker, Süßstoff, Schwefel, Weinsäure, Malonsäure, Salicylsäure Asparagin, Glutaminsäure, Acetylsalicylat (Aspirin), Coffein, Diethylbarbiturat (Veronal)
Methode	Verdünnte wässrige oder ethanolische Lösung auf dem Objektträger eintrocknen lassen
Beobachtung	Kristalline Strukturen im polarisierten Licht (zur Polarisation vgl. S. 287)

Links: Nahezu alle kristallisierbaren Substanzen (eine Ausnahme bilden beispielsweise die regulär aufgebauten Kochsalzkristalle) sind doppelbrechend.

Rechts: In dünner Schicht unter dem Deckglas gewachsene Kristalle wie die der Ascorbinsäure (Vitamin C) ordnen sich mitunter zu radiärsymmetrischen Gebilden an. Gelegentlich bilden sich in den Dünnschichtkristallen auch spiralig verlaufende Trockenrisse.

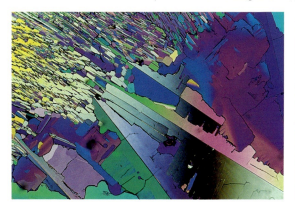

gelb und klar durchscheinend. In diesem Moment nimmt man den Objektträger sofort aus der Flamme und lässt an der Luft erkalten. Dabei bilden sich rasch in alle Richtungen wachsende, überwiegend monokline Kristalle (Kristalle mit drei ungleichen Raumachsen) aus. Erneutes Aufschmelzen und Erkaltenlassen liefert jedes Mal andere Bilder. Die Winkelkonstanz bei Verzweigungen oder andere periodisch auftretende Musterelemente der flächig gewachsenen Schwefelkristalle legen die Annahme nahe, dass bei ihrer Ausbildung eine hochgradige Ordnung eingehalten wurde.

Mikrosublimation – Kristalle gehen an die Decke Eine andere Möglichkeit, einen Naturstoff in kristalliner Form zu gewinnen, ist die Trockendestillation oder Mikrosublimation. Dabei treibt man die gesuchte Verbindung mit Wärme aus einer Probe aus und lässt sie sich auf einem kalten Objektträger kristallin niederschlagen. Dieses Verfahren funktioniert zuverlässig mit Pulverkaffee oder frisch gemahlenem Kaffee: Nach dem Erwärmen einer kleinen Probe finden sich schöne, schmal nadelförmige Coffein-Kristalle auf der Unterseite des oberen Objektträgers. Bei dieser Art der Stoffgewinnung schmelzen die betreffenden Verbindungen meist nicht, sondern gehen aus dem festen sofort in den gasförmigen Zustand über, um daraus wieder in die feste Kristallgestalt zurückzukehren. Diese Eigenart der Stoffe nennt man Sublimation – im Unterschied zur Destillation, bei der die Stoffe nicht aus dem festen, sondern aus dem flüssigen Zustand in den gasförmigen übergehen.

Entsprechende Versuche lohnen sich auch mit Schwarzem Tee, Mate-Tee oder anderen Genussdrogen, die Coffein enthalten. Auch andere Arzneistoffe

Geringfügige Verunreinigungen in der Ausgangssubstanz stören die Ordnung und führen zu Löchern oder anderen Unregelmäßigkeiten im Aufbau, die jedoch der Gesamtästhetik kaum schaden.

Sublimation gelingt besonders einfach auch mit Kaliumpermanganat ($KMnO_4$) oder elementarem Iod.

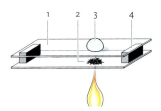

Zur Mikrosublimation über der Flamme genügen kleine Substanzmengen. 1 Objektträger, 2 Materialprobe (Pulver o. ä.), 3 kühlender Wassertropfen, 4 Abstandhalter zwischen den Objektträgern

sind mit dieser Methode zu erfassen, beispielsweise α-Juglon aus der frischen, grünen Walnussschale, Emodin aus der gelagerten Faulbaumrinde, Chinin aus der Chinarinde oder Anthrachinone aus der getrockneten Rhabarberwurzel. Diese Arzneidrogen kann man aus der Apotheke beschaffen. Auch Versuche mit Flechten sind lohnend, vor allem mit der häufigen Wand-Gelbflechte (*Xanthoria parietina*), die sehr komplex aufgebaute Flechtensäuren enthält.

Für die Mikrosublimation geeignet sind viele weitere organische Verbindungen, darunter die Azo- und Indanthren-Farbstoffe, sofern sie keine schwefelhaltigen Gruppen tragen. Solche Farbstoffe wie etwa Sudan I, Sudan III, Sudanorange oder Oil Yellow OB verwendet man in der mikroskopischen Technik zur Darstellung von Fetttröpfchen in Gewebeschnitten. Etliche dieser Verbindungen haben Schmelzpunkte oberhalb 150 °C – mit Objektträgern über der Bunsenflamme ist ihre Mikrosublimation daher eventuell schwierig. Für Routineuntersuchungen lässt sie sich aber mit einem Metallblock (Aluminium oder Messing) in den Abmessungen 30x30x80 mm durchführen, in dessen Oberseite man eine etwa 8 mm tiefe und 12 mm weite Bohrung zur Aufnahme der zu untersuchenden Substanz einfräst.

Für Stoffe, die bei noch höheren Temperaturen (etwa 300 °C) sublimieren, verwendet man als Unterlage eine laborübliche Ceranplatte und erhitzt diese von unten mit der Bunsenflamme. Auf die Ceranplatte legt man – schräg gekippt über eine Tonscherbe als Abstandhalter – einen sauberen Objektträger. Mit dieser Vorrichtung kann man aus Blue Jeans (etwa 1 cm² blauer Jeansstoff genügt) plattige Indigokristalle gewinnen, die zwar keine Doppelbrechung zeigen, aber wegen ihrer tiefblauen Färbung sehr ansprechen. Da sie schwer löslich sind, kann sie man sie sofort in beliebigen Eindeckmitteln einschließen.

Honig ist ein Gemisch aus Traubenzucker (Glucose) und Fruchtzucker (Fructose). Bei kühler Lagerung verfestigt er sich zu einer undurchsichtigen Masse aus zahllosen Kleinstkristallen.

Zaubern mit Zucker Zucker sind niedermolekulare Kohlenhydrate mit der Summenformel $C_n(H_2O)_n$, wobei für n im Allgemeinen die Zahlen 5 (Pentosen) oder 6 (Hexosen) stehen.

Nicht zu konzentrierte (etwa 1–3%ige) wässrige Lösungen von Glucose, Fructose, Saccharose oder einem anderen Zucker (Galactose, Lactose, Maltose) lässt man auf einem Objektträger durch Eintrocknen auskristallisieren. Eine gewisse Vielfalt der auftretenden Kristallgefüge erhält man, wenn man die betreffenden Zucker umkristallisiert, d.h. mit Ethanol oder einem anderen polaren Lösungsmittel erneut auflöst und wiederum eintrocknen lässt. Auf diese Weise gelingt meist auch die Darstellung von Zuckerkristallen aus Blütennektar, den man mit Glaskapillaren entnimmt.

Zuckermoleküle sind auch dann optisch aktiv und drehen die Schwingungsebene des polarisierten Lichtes, wenn sie nicht in kristalliner Form vorliegen, sondern noch in Wasser gelöst sind. Auch diesen besonderen Effekt kann man am Lichtmikroskop verfolgen, das zum Polarisationsmikroskop nachgerüstet ist: Mit einem Wassertropfen als Objekt werden Polarisator und Analysator (vgl. S. 288) so eingestellt, dass das Gesichtsfeld in maximaler Helligkeit erscheint. Eine auf den Objektträger aufgetropfte (höher konzentrierte) Zuckerlösung führt sichtlich zu Helligkeitsverlusten. Erst durch Nachführen des Analysators um einen bestimmten Winkelbetrag wird wieder die Ausgangssituation erreicht. Die Drehrichtung, in der man den Analysator zu

Eine technisch ausgereifte Variante dieses Verfahrens, die Polarimetrie, verwendet man zur Zuckerbestimmung beispielsweise in Weintrauben oder Traubenmost.

bewegen hat, ist stoffspezifisch, der Winkelbetrag, um den man drehen muss, hängt von der Zuckerkonzentration ab.

Mit polarisiertem Licht kann man auch sehr erfolgreich nach kleineren oder größeren Zuckerkristallen in Fruchtsirup und in Honig fahnden. Dazu empfiehlt es sich, von den jeweiligen Proben verdünnte, rein ethanolische Lösungen herzustellen.

Gewöhnlicher Haushaltszucker (Saccharose) bildet beim flächigen Auskristallisieren blumige Muster.

Kristalle im Urin Aus einer Urinprobe kann man die festen Bestandteile mit einer Handzentrifuge abschleudern und entnimmt danach eine Probe des Sediments mit der Pasteur-Pipette. Wenn keine Zentrifuge zur Verfügung steht, kann auch längeres Stehenlassen einer Probe im Reagenzglas eine gewisse Sedimentation der Harnbestandteile leisten. In diesem Zusammenhang interessieren neben den fast immer vorhanden Zellresten und sonstigen Körperchen ausschließlich die Kristalle. Feiner, griesartiger und in der Wärme auflösbarer Kristallsand besteht gewöhnlich aus den Alkalisalzen der Harnsäure (Urate). Formen wie kleine Briefumschläge sind gewöhnlich Calciumoxalat. Längliche, wegen ihrer eigenartigen Form auch als Sargdeckelkristalle bezeichnete Gebilde bestehen aus Ammonium-Magnesium-Phosphat; sie lösen sich in Essigsäure auf. Harnsäure kristallisiert in Form von Täfelchen oder Stäbchen aus.

Aus dem Repertoire der KTU Zur Aufklärung von Straftaten setzt die kriminaltechnische Untersuchung (KTU) zahlreiche hoch empfindliche Verfahren ein, unter denen auch die Mikroskopie eine prominente Rolle spielt. Die Analyse von Blutresten ist dabei geradezu ein Klassiker. Völlig verkrustete Blutreste, die man eventuell gar nicht mehr als solche erkennen kann, lassen sich mit einer einfachen mikrokristallinen Methode zuverlässig und auch in sehr kleinen Mengen erfassen: Man behandelt die betreffende Verdachtsprobe mit konzentrierter Essigsäure und lässt die entstehende Lösung auf einem Objektträger verdampfen. Im Rückstand kristallisieren charakteristische rhombische Hämin-Kristalle aus, die durch chemische Umwandlung des roten Blutfarbstoffs Hämoglobin entstanden sind.

Die mikroskopische Untersuchung von Urinproben erfordert äußerst sauberes Arbeiten, um etwaige Infektionen zu vermeiden. Alle verwendeten Geräte müssen anschließend mit heißem Wasser gründlich gespült werden.

Wiederholungsmuster Eigenartigerweise zeigen viele der mikroskopischen Strukturen der Flächenkristalle das Phänomen der Selbstähnlichkeit: Würde man manche Teilbereiche der dendritisch gestalteten Kristallgebilde sehr stark nachvergrößern und erneut abbilden, kämen wiederum fast die gleichen Bilder zustande. Ähnliches beobachtete man auch bei komplexen Strukturen, die von Rechnern erzeugt werden (nach ihrem Entdecker Mandelbrot-Bilder genannt). Und noch etwas fällt auf: Obwohl die zugehörigen Kristallsysteme bekannt sind, ist das formale Geschehen des Kristallwachstums auf dem Objektträger weder beim Schwefel noch bei anderen leicht kristallisierbaren Substanzen vorherbestimmbar. Wie viele Verzweigungen sich letztlich ausbilden werden, ob überhaupt höhere Verzweigungsgrade auftreten oder gar gegenseitige Durchwachsungen vorkommen, ist trotz der starren Naturgesetzlichkeit der Kristallisation überhaupt nicht vorherzusagen. Mehrfaches Schmelzen und Auskristallisieren einer minimalen Schwefelprobe liefert jedes Mal ein völlig anderes Arrangement. Die entstehenden Bilder sind nicht wiederholbar.

Zum Weiterlesen BANNWARTH u. a. (2010), CRAMER (1988), FROHNE (1974), GÖKE (1988), HALLER (1991), HEYDEMANN U. MÜLLER-KARCH (1989), KRAUTER (1974), RICHTER (1994), SCHNEPF (2006)

2.4 Hartmaterial dünn schleifen

Die an der Erdoberfläche zugänglichen Festgesteine sind gewöhnlich nicht nur aus einem bestimmten Stoff wie Calciumcarbonat (Kalk, $CaCO_3$) oder Magnesiumcarbonat (Dolomit, $CaMgCO_3$) aufgebaut, sondern stellen komplizierte Gemenge aus mehreren bis zahlreichen Mineralien dar, die ihrerseits meist aus unübersichtlichen Komplexsalzen bestehen. Die Zusammensetzung aus verschiedenen, unterschiedlich gefärbten und geformten Bestandteilen sind beim grobkörnigen Granit (von lat. granum = Korn) bereits mit bloßem Auge zu erkennen. Genauere Einzelheiten enthüllt jedoch erst das mikroskopische Bild.

Steine, Stachel, Schalen

Gesteinsproben unter dem Mikroskop Nach Augenschein ist eine sichere Bestimmung der an der Gesteinsbildung beteiligten Mineralien kaum möglich. In der Mineralogie und Petrographie verwendet man daher Gesteinsproben, die so dünn geschliffen sind, dass man sie wie ein gewöhnliches Präparat

Für die Gesteinsbestimmung (Petrographie) liefert die polarisationsoptische Untersuchung von Dünnschliffen wichtige Grunddaten zum Mineralgefüge: Granodiorit mit verzahnten mineralischen Bestandteilen.

im Durchlichtverfahren mikroskopieren kann. Jedes mineralische Hartsubstrat lässt sich mit Siliciumcarbid (SiC, Korund) bis auf wenige Mikrometer (µm) herunter schleifen und wird dabei ebenso durchsichtig wie ein normaler Dünnschnitt durch organisches Material. Die Herstellung solcher Schliffe ist zwar etwas aufwändig, doch lässt sie sich mit etwas Geduld und Ausdauer auch im Eigenverfahren leisten. Ein etwas einfacherer Weg führt sofort zum Fertigpräparat: Alle namhaften Anbieter von mikroskopischen Präparaten können auch fertige Dünnschliffe durch die wichtigsten Gesteine liefern.

Scheibchenweise und hauchdünn Das Ausgangsmaterial kann man beliebig wählen. Die meisten Schicht- oder Sedimentgesteine, aber auch Vulkanite wie Basalt oder Diabas ergeben dankbare Objekte. Selbst relativ hartes Material wie Granit lässt sich erstaunlich gut bearbeiten, sofern man Schleifpulver aus Siliciumcarbid (eventuell auch mit SiC beschichtetes Schleifpapier) verwendet. Diese Verbindung ist so hart (Härtegrad 9), dass sie alle Materialien angreift, die weicher sind als Diamant (Härtegrad 10 auf der Mohsschen Skala von 1812). Zunächst richtet man kleinere, etwa 10×10 mm große Proben auf einer Schleifmaschine zu Scheibchen von etwa 1 mm Schichtdicke. Hierzu ist – wenn man nicht selbst als Mineralien- oder Gesteinssammler über eine geeignete Maschine verfügt – professionelle Hilfe sinnvoll (Gemmologe,

Nass-Schleifpulver der Körnung 600 bei mittlerer Vergrößerung: viele Ecken und Kanten für die glättende Attacke.

Projekt	Dünnschliff durch Gestein
Material	Beliebiges Ausgangsmaterial selbst gesammelter Proben oder käufliche Fertigpräparate
Was geht ähnlich?	Klinker, Keramik, Ziegel, Korallen, Mikrofossilien, Sand, anorganische Hartteile wie Muscheln und Seeigelstachel, Schwammnadeln
Methode	Nass-Schleifverfahren mit Siliciumcarbid-Schleifpulver, SiC-Pulver in den Körnungen 320, 500 und 800
Beobachtung	Mikrokristallines Gefüge im polarisierten Licht

Mineralienfachhandel, geowissenschaftliches Institut einer Hochschule o. Ä.). Die so vorbereiteten Scheibchen klebt man mit einem konventionellen Zweikomponentenkleber (je einen Tropfen auf einem anderen Objektträger anmischen) auf Objektträgerhälften von 38x26 mm Abmessung – diese lassen sich beim anschließenden Nassschleifen besser halten und über die Fläche führen als übliche Objektträger. Verletzte Fingerkuppen drohen jedoch auch dann noch. Empfehlenswert ist daher als Haltevorrichtung ein Stempelrohling, in dessen Unterseite man in der Größe des Objektträgerstücks eine Vertiefung von 1 mm fräst.

Mit Gesteinsdünnschliffen kommt man auch zahlreichen, sonst eventuell nur schwer freilegbaren Mikrofossilien auf die Spur: Die seltsamen Conodonten sind zahnartige Gebilde in kambrischen bis triassischen Meeresablagerungen, deren systematische und anatomische Zuordnung umstritten ist.

Schleifunterlage ist eine genügend große Glasplatte (ca. 20x20 cm) aus mindestens 6 mm starkem Fensterglas, die sich unter Druck nicht verbiegt. Von Hand führt man die aufgeklebten Scheibchen nun in unaufhörlich kreisender Bewegung über das nasse, mit Wasser angefeuchtete SiC-Schleifpulver, und zwar nacheinander in den Körnungen 180, 320, 600, 800 und eventuell noch Körnung 1000. Alternativ kann man auch Nassschleifpapier entsprechender Körnungen aus dem Fachhandel verwenden.

Bei relativ weicheren Objekten, beispielsweise pflanzlichen Hartteilen wie Nussschalen und Steinkernen (vgl. S. 226) kann man gleich mit Körnung 320 beginnen. Für jede Körnung sollte man eine eigene Schleifunterlage aus Glas benutzen. Als rutschfeste Unterlage empfehlen sich eine Gummimatte oder einige Lagen Zeitungspapier. Bei jedem Wechsel der Körnung muss man den Schleifblock sehr gründlich mit Wasser abspülen, weil die Schlifffläche sonst schartig wird. Bei der (vor)letzten Körnung 800 kontrolliert man das Ergebnis, das bis dahin mehrere Stunden in Anspruch genommen haben wird, im Mikroskop.

Der Lohn stundenlanger Plackerei sind wunderschöne patchwork-Muster des mineralischen Gefüges, die mitunter wie bunte Landkarten aussehen.

Im ▸ polarisierten Licht zeigen sich ab Schichtdicken von etwa 50 μm erstmals blasse Farben, die unter 30 μm klar und brillant erscheinen. Die so auf hauchdünne Filme zugeschliffenen Gesteinsproben kann man nach mehrfachem gründlichem Abspülen in destilliertem Wasser in ▸ Euparal (mit Isopropanol als Zwischenmedium) als Dauerpräparate einbetten.

Polarisiertes Licht S. 287
Euparal S. 268

Spuren frühen Lebens Fossilien gibt es nicht nur als spektakuläre Dinosaurierknochen oder Urpferdschädel, sondern auch als winzige versteinerte Dokumente in der Lupendimension oder sogar noch weit darunter. Sie aus dem einbettenden Gestein herauszulösen, ist oftmals extrem schwierig oder sogar unmöglich. Daher wählt man zur Dokumentation des Formenbestandes nicht selten den Dünnschliff. Gesteinsvorkommen mit entsprechendem Fossilinhalt sind beispielsweise Trochitenkalke (mit Stielgliedern von Seelilien; der Stuttgarter Hauptbahnhof ist aus solchem Gestein erbaut), Nummulitenkalke (mit Foraminiferen) oder Radiolarite (mit Radiolarien). Die Wettersteinkalke aus den Nordalpen bestehen beispielsweise überwiegend aus den Res-

Querschliffe von Seeigelstacheln legen deren oft überraschend komplexe Binnenstrukturen frei. Lohnend sind vor allem die Stachel von Arten aus warmen Meeresgebieten oder fossile Formen.

Flächig dünn geschliffene Schneckenschale mit lückenlos aneinander schließenden Kalkprismen

Dünnschliff durch einen Röhrenknochen mit Lamellenstruktur

Histologie eines Säugetierknochens: 1 Haversscher Kanal, 2 Osteozyt (Knochenzelle), 3 Intermediärlamelle, 4 Schaltlamelle, 5 Primärlamelle

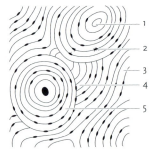

ten von Kalkrotalgen. Man sammelt sie als Proben aus den entsprechenden Schichtverbänden oder bezieht sie als Rohlinge aus dem Fachhandel bei Mineralien- und Fossilienbörsen oder ähnlichen Gelegenheiten. Entsprechend getrimmte Blöckchen bzw. dünne Scheibchen, die man sich wiederum zuschneiden lässt, verarbeitet man nach dem oben angegebenen Verfahren. Für die mikroskopische Untersuchung empfiehlt sich die Beobachtung im polarisierten Licht. Außerordentlich formschöne Gebilde, die ihren komplizierten Aufbau erst im Dünnschliff erkennen lassen, sind Seeigelstachel. Von den europäischen, relativ kurzstacheligen Arten schleift man am besten die Stachelbasis an.

Dünnschliffe von Molluskenschalen Ein zertrümmertes Gehäuse der großen Wellhornschnecke, das man am Strand aufliest, lässt bereits vermuten, dass der inneren Wendeltreppe dieser Behausung besonders ansprechende Formgebungen zu Grunde liegen. Dafür interessiert sich zunehmend auch die Bionik, die gelungene Konstruktionsprinzipien in der Natur und speziell in der *Bio*logie für Anwendungen in der Tech*nik* sucht und übersetzt. Solche Gestaltungen, in denen sich gewöhnlich mathematisch exakte Kurvengebilde und eine erstaunliche Materialökonomie bei größtmöglicher Stabilität nachweisen lassen, sind natürlich auch in kleinen und sehr kleinen Schalen festgelegt. Am schönsten zeigen sie sich in medianen Längsschliffen, welche die Spindel erfasst. Im Schliffpräparat werden sie der Beobachtung mit der Lupe oder der Übersichtsvergrößerung am Mikroskop zugänglich. Schnecken- und Muschelschalen sind im Allgemeinen nicht so hart wie ein reines Mineralgefüge von Festgestein. Man kann sich daher Scheiben für die Schleifprozedur auch mit einer gewöhnlichen Laubsäge zurechtschneiden.

Schleift man eine Schnecken- oder Muschelschale oberflächenparallel an, verrät sie etwas von ihrer mikroskopischen Konstruktion. Das Baumaterial Kalk (Aragonit) ist darin nicht homogen oder strukturlos verbaut, sondern weist einen klar gefelderten Feinbau auf. Beim Wachstum bilden sich nach und nach säulige, hochkant stehende Kalkprismen, die im Querschliff wie Zellen aussehen und auch deren Abmessungen aufweisen, aber lediglich die Zellen abbilden, aus denen sie abgeschieden wurden.

Knochenarbeit Knochen gehören ebenso wie Zähne zu den tierischen Hartstrukturen, von denen man nur über Dünnschliffe ein Bild ihres mikroskopischen Aufbaus gewinnen kann. Sie werden nach dem beschriebenen Verfahren mit Schleifpulver oder Nassschleifpapier der empfohlenen Körnungen bis zur Transparenz verdünnt, wobei auch in diesem Fall eine häufigere mikroskopische Kontrolle erforderlich ist. Eine spezielle Einfärbung ist entbehrlich. Schon bei kleiner bis mittlerer Vergrößerung eines Querschliffs erkennt man den regelmäßigen Aufbau der in konzentrischen Kreisen angeordneten Knochenlamellen, deren Knochensubstanz (= überwiegend Calciumapatit) von den Knochenzellen (= Osteocyten) abgeschieden wird. Der Längsschliff durch einen Röhrenknochen zeigt dagegen die in Spitzbögen verlaufenden Spangen, die – ähnlich wie in einer gotischen Kathedrale – bei geringem Materialverbrauch eine optimale Statik gewährleisten.

Zum Weiterlesen ADAMS u.a. (1986), BOVARD (1979), GANGLOFF (1984, 1989, 1991), GÖKE (1963), MACKENZIE u. GUILFORD (1981), MACKENZIE u.a. (1989), PATZELT (1985), PUHAN (1994), THORMANN (1990), TROGER (1969, 1971), VANGEROW (1981)

2.5 Kunststoffe und Gespinste

Obwohl sie einfach nur glatt und rund sind, bieten viele Kunstfasern anschauenswerte Objekte, vor allem wenn sie nach allerhand Verstrickungen zu zarten Geweben und lockermaschigen Netzen verarbeitet sind. Gerade für die Lupenvergrößerung findet man hier sehr hübsche Anschauungsstücke. Auch Fadenstücke natürlicher Gespinste lohnen eine genauere Untersuchung.

Die ersten zu festen Garnen verspinnbaren Fäden und Fasern bezog der Mensch als Rohmaterial direkt aus der Natur: Tierische Haare oder die langen, dickwandigen Festigungselemente aus Pflanzenstängeln und anderen Pflanzenorganen sind bis heute wichtige, unersetzliche Ausgangsmaterialien für eine reich verzweigte Technologie geblieben. Wir werden sie an anderer Stelle (vgl. S. 180) genauer kennen lernen und bearbeiten. Hier stehen zunächst nur die so genannten Chemie- bzw. Synthetikfasern im Vordergrund. Ihre Produktion übertrifft heute die Lieferung von Wolle durch alle Schafe dieser Welt um ein Mehrfaches. Chemisch gehören die synthetischen Fasern verschiedenen Stoffklassen an, die mit einfachen Methoden nicht ohne weiteres zu unterscheiden sind. Polyamide sind beispielsweise Perlon und Nylon, Polyester Diolen, Trevira und Terylene, Polyacryle Dralon, Orlon sowie Redon, während zu den Polyvinylen PeCe und Rhovyl gehören.

Fäden, Fasern, Folien

Fadenkreuz zur Raumorientierung Die Erfahrung mit der Schramme auf dem Objektträger zeigt, dass die Optik des Mikroskopes selbst bei kleiner Aperturblende (Kondensorblende) nicht alle räumlichen Bereiche eines Objektes gleichzeitig scharf abbilden kann. Nur die ständige Verlagerung der Schärfeebene innerhalb des Objektes durch vorsichtiges Drehen am Feintrieb durchlotet die Höhen und Tiefen und ergibt somit ein Bild der räumlichen Beschaffenheit.

Nach Einbetten in Kunstharz erhält man Fadenkreuz-Dauerpräparate, die sich für Kurszwecke oder Schulunterricht eignen und das Einüben des räumlichen Erkundens im Mikroskop erleichtern.

Dabei mag es für den weniger Geübten zunächst schwierig sein festzustellen, ob eine beobachtete Struktur im Objekt oben oder unten liegt. Ein einfaches Präparat bietet die Möglichkeit zum gezielten Training: Legen Sie zwei ca. 3–5 mm lange und mit der Präpariernadel leicht aufgefaserte Stückchen Nähseide verschiedener Farbe kreuzweise übereinander in Wasser und legen Sie ein Deckglas auf. Beim Beobachten mit mittlerer und erst recht bei stärkerer Vergrößerung (10er bzw. 40er Objektiv) zeigt sich die Räumlichkeit des Fadenarrangements. Beim Scharfstellen (= Anheben des Objekttisches) tritt zunächst der oben liegende (beispielsweise rote) Seidenfaden scharf in den Blick, während der unten liegende grüne sich lediglich in verschwommenen Konturen abzeichnet. Erst beim weiteren Anheben des Objekttisches mithilfe des Feintriebs wird auch er scharf konturiert erkennbar, während der obere rote Fadenabschnitt allmählich verschwimmt.

Nylon oder Perlon? Während Naturfasern pflanzlicher und tierischer Herkunft genügend charakteristische Strukturen und unterschiedliche Färbbarkeit aufweisen, bieten die vollsynthetischen Kunstfasern kaum strukturelle Erken-

Gewöhnliche Alltagsobjekte wie ein Klettverschluss lassen erst aus der Nahperspektive gänzlich neue Seiten erkennen. Makro, ca. 25:1

Chlorzinkiodlösung S. 276
Alkalisches Kupferglycerin S. 284

Rechts: Flachs oder Lein (*Linum usitatissimum*) liefert Sklerenchymfasern aus dem Stängel, die gewöhnlich aus mehreren Zellen bestehen. Im polarisierten Licht zeigen sich mancherlei Knicke oder sonstige von der Verarbeitung herrührende Spuren mechanischer Belastung.

Projekt	Kunstfasern aus Textilien
Material	Beliebiges Ausgangsmaterial, beispielsweise Kunstseide, Damenstrümpfe, feine Gaze, Gardinen, Netze zum Verpacken von Lebensmitteln, Kunstseide, Rohseide, Spinnennetze
Methode	Frischpräparate oder Einbettung zum Dauerpräparat
Beobachtung	Verhalten im polarisierten Licht

nungsmerkmale. Mit einem vergleichsweise einfachen Verfahren kann man allerdings eine ziemlich sichere Unterscheidung der beiden klassischen Faserkunststoffe Nylon und Perlon treffen. Man verwendet dazu ▸ Chlorzinkiod-Lösung, wie sie auch zum Anfärben pflanzlicher Zellwände aus Zellulose benutzt wird. Fadenstücke oder kleine, etwa 5×5 mm große Proben dünnfädiger Gewebe (Damenstrümpfe o. ä.) bringt man in einige Tropfen Chlorzinkiod-Lösung, legt ein Deckglas auf und erwärmt vorsichtig auf etwa 50 °C (für den Handrücken gerade noch erträglich). Nylonfasern buchten sich bei dieser Behandlung an den Rändern zunächst nur leicht ein. Bei stärkerer Erwärmung bilden sich grobe Kerben, und außerdem wird im Inneren der Faser eine kanalartige Struktur erkennbar. Perlon ist dagegen schon bei sehr mäßiger Erwärmung stark gelappt und gebuchtet. Nach noch stärkerer Erwärmung glättet sich das Material aber wieder, bevor es schließlich schmilzt.

Kunstseide oder Rohseide? Reine Seide ist ein natürliches Material – die Raupe des Seidenspinners (*Bombyx mori*) sondert den Faden zum Bau des Puppenkokons ab. Aus ihren Spinndrüsen lässt die Raupe zwei Fibroinfäden austreten, die sofort miteinander verkleben und von einer weiteren Proteinlage umhüllt werden. Die beiden Fibroinfäden kann man in Rohseidefäden leicht erkennen. Verarbeitete Naturseide, bei der die Hülle entfernt und die beiden Fäden getrennt wurden, zeigt sich dagegen nur noch glatt wie eine Synthetikfaser. In ▸ alkalischem Kupferglycerin kann man sie auflösen und so von der Kunstseide unterscheiden.

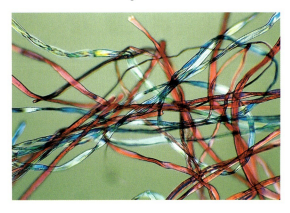

Links: Die verspinnbaren Fasern der Baumwolle (*Gossypium*) bestehen aus einzelnen, lang gestreckten Haaren, deren Zellnatur am verarbeiteten Produkt nicht mehr erkennbar ist.

Feuerwerk in Folien Glasklar durchsichtige und farblose Folien aus unterschiedlichen Kunststoffen sind weit verbreitete alltägliche Verpackungsmaterialien für Lebens- und Genussmittel, Wäsche, Bücher und andere Gebrauchsgüter. Man findet sie aber auch als Aktenhüllen, Brat- und Gefrierfolien, Abfalltüten oder Selbstklebebänder. Erstaunlicherweise lassen sich damit beeindruckende Lichtspiele veranstalten, wenn man die Proben im polarisierten Licht betrachtet. Häufig sind die Folien bereits beim Herstellungsprozess gestreckt worden und von daher optisch aktiv – d. h. sie verändern die Schwingungsrichtung des eingestrahlten polarisierten Lichtes und lassen flammende Interferenzfarben entstehen. Oft kann man diese Eigenschaft verstärken, indem man Folienstücke auf einem Objektträger vorsichtig erwärmt und an den Enden auseinander zerrt.

Drücken, Falten, Knittern, Anritzen, Löchern mit Nadelstichen und ähnliche Manipulation führen zu höchst eigenartigen Bilddokumenten. Für Experimentierfreudige öffnet sich hier ein reiches Untersuchungsgebiet.

Spinnennetz unter dem Mikroskop

Große, senkrecht aufgehängte Radnetze sind die bekanntesten Bauwerke der Spinnen. Die zarten Fäden bestehen aus einem speziellen Protein, der Seidensubstanz Fibroin. In den Spinndrüsen, die bei den Spinnen im hinteren Abschnitt des Abdomens sitzen und mit mehreren Spinnwarzen nahe der Hinterleibsspitze münden, ist das Fibroin noch flüssig, erstarrt an der Luft jedoch in kürzester Zeit zu einem hoch elastischen, unlöslichen Faden.

Um Spinnennetzteile zu mikroskopieren, geht man folgendermaßen vor: Man kittet einen sauberen Objektträger auf einen Joghurtbecher, damit man ihn von hinten gegen ein Netz drücken kann, ohne dieses zuvor mit den Fingern zu berühren und eventuell zu zerstören. Die den Objektträger überragenden Netzteile kappt man mit Rasierklinge oder Skalpell. Das so gewonnene Netzstück – einen Teil der Nabe oder der weiter außen liegenden Fangspirale – mikroskopiert man am besten als Trockenpräparat, vorzugsweise im polarisierten Licht oder im Phasenkontrast. Die Weiterverarbeitung zum Dauerpräparat nach Einschließen in ein ▸ wasserlösliches Kunstharz ist möglich.

Wasserlösliches Kunstharz
S. 267

Verschiedene Fadentypen

Während die Speichen des Radnetzes ebenso wie die Nabenkonstruktion aus trockenen Fäden bestehen, rüstet die Spinne die in Spiralbögen verlaufenden Fangfäden mit einer speziellen Klebsubstanz aus, die sich perlschnurartig als Leimtröpfchen anordnet. Nach Kontakt mit dem Objektträger zerfließen sie häufig. Bei stärkerer Vergrößerung zeigt sich dann, dass der Zentralstrang

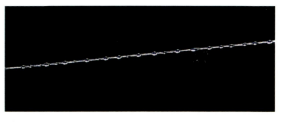

des Fangfadens meist aus zwei sehr dünnen Achsenfäden besteht. Besonderes Interesse verdienen die Kreuzungspunkte zwischen Fang- und Speichenfäden. Bisher ist unklar, ob die Spinnen hier zum Verschweißen eine besondere Kittsubstanz einsetzen oder einfach das erstarrende normale Fadenmaterial verwenden.

Aus Objektträgern und Papierstreifen lässt sich ein kleiner Spinnenkäfig zusammenbauen – je drei Objektträger für die Längs-, je einer für die Kopfseiten und das Dach. Eine Spinne (gut geeignet sind beispielsweise Zitterspinnen), die man für ein paar Stunden oder allenfalls wenige Tage in diesem Behälter inhaftiert, beginnt in ihrem neuen Ambiente wahrscheinlich schon bald mit Netzkonstruktionen. Dabei wird sie die freien Fadenenden an die Objektträger kleben, so dass man diese anschließend mikroskopieren kann. Die Klebepunkte sehen aus wie hoch komplexe Wurzelwerke von Gehölzen und weisen jeweils Dutzende kleinerer Haftpunkte auf.

Die Fangfäden sind im Prinzip Leimruten mit feinsten Klebetröpfchen.

Außer Beutetieren fangen Spinnennetze auch allerhand unnützen Kleinkram: Ausbeute von Luftplankton mit Tierhaaren, Pollen und Anderem.

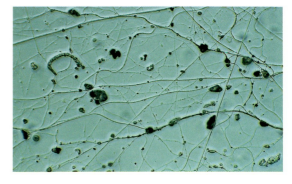

Zum Weiterlesen FOELIX (1992), HIPPE (1988), KRAUTER (1974), ROTHERMEL (1987), SCHÜTT (1996)

2.6 Schnee- und Reifkristalle

Der amerikanische Fotograf Wilson Bentley hat viele frostige Tage des kontinentalen Westens einer bemerkenswerten Leidenschaft geopfert: Er mikroskopierte und fotografierte – mit tiefkaltem Gerät – mehrere tausend frisch gefallene Schneekristalle und dokumentierte mit seinen bis heute unerreichten Bildern, was viele Beobachter vor ihm nur vermuten konnten: Keine zwei Schneekristalle, die vom Himmel fallen, sind völlig identisch.

Vergängliche Schönheit

Vorsicht: Nitro-Verdünnung und Xylol sind giftig. Dämpfe nicht einatmen und mit diesen Lösungsmitteln nur im Freien arbeiten!

Eukitt S. 268

Besonders schöne Bildeindrücke gewinnt man durch schiefe Beleuchtung oder durch Rheinberg-Beleuchtung (s. S. 286).

Links und rechts: Schneekristalle gehören zu den faszinierendsten Strukturen der unbelebten Natur. Man konserviert sie am besten als Lackabdruckpräparate. Die Strahlen der hexagonalen Sternchen liegen immer in einer Ebene.

Eiskristalle ganz aus der Nähe zu bewundern, ist verständlicherweise ein äußerst kurzfristiges Vergnügen. Schon der Atem des Beobachters, eine nicht genügend kalte Unterlage oder die Wärme des Beobachtungslichtes lassen die eisigen Prachtstücke in kürzester Zeit zusammensinken. Ein anderer Weg führt eher zur Freude: Man kann von Schneeflocken Dauerpräparate herstellen, indem man bei Schneefall einzelne Flocken auf vorbereiteten Objektträgern auffängt und als Lackabdrucke konserviert. MARTIN DECKART hat in den 1970er Jahren dazu eine erstaunlich einfache und gut funktionierende Methode ausgearbeitet.

Flocken auf Lack abbilden Auf Außentemperatur abgekühlte Objektträger (am besten sind Temperaturen unter −5 °C) beschichtet man bei Schneefall mit ebenfalls vorgekühltem Klarlack. Dazu eignet sich Zaponlack, den man mit Nitro-Verdünnung aus dem Farbenfachhandel auf mäßige Viskosität (etwa von Tubenkleber) eingestellt hat. Ebenso tauglich ist das Einbettungsmittel
▸ Eukitt, das man mit Xylol bis zur erwünschten Dünnflüssigkeit vermischt.
  Bei Schneefall gibt man einen größeren Tropfen des Flüssiglacks auf das Ende eines Objektträgers und verstreicht ihn bei gleichmäßigem Druck und mäßiger Geschwindigkeit mit einem zweiten zu einem dünnen Film. Die so vorbereiten Objektträger legt man mit der beschichteten Seite nach oben aus und lässt den Schnee darauf sinken.
  Nach etwa 1 h ist der Lack erstarrt. Jetzt kann man die Objektträger ins Zimmer holen. Verbliebener Schnee taut ab und stört nicht weiter. Nur die Kristalle, die auf den halbflüssigen Lack gesunken sind, haben bleibende Eindrücke hinterlassen. Man mikroskopiert die Präparate ohne Deckglas.

Schnee direkt Originalbeobachtung ist letztlich immer besser als die Ersatzlösung. Für die Direktmikroskopie der faszinierenden Schneekristalle bzw.

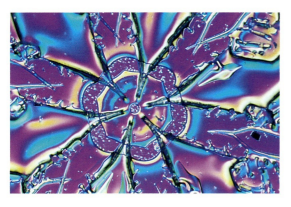

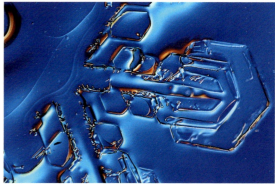

Projekt	Abdruckfilme von Eiskristallen
Material	Frisch fallende Schneeflocken
Was geht ähnlich?	Raureif von frei stehenden Strukturen
Methode	Abdruckmasse (Klarlack) auf vorgekühlte Objektträger verstreichen und fallende Schneeflocken einfangen
Beobachtung	Hexagonale Strukturen im gewöhnlichen Durchlicht oder im polarisierten Licht

-flocken im Freien stellt man das Mikroskop (dem der Aufenthalt in der Kälte ebenso wenig schadet wie einer teuren Spiegelreflexkamera, mit der man im Winter Außenaufnahmen macht) auf einem überdachten Nordbalkon oder im schattigen Carport auf. Um die kristalline Pracht nicht mit dem Atem anzutauen, befestigt man am Mikroskopstativ zum Umlenken der Gasströme ein Stück Karton. Bevor man das Instrument nach längerem Aufenthalt wieder ins Haus bringt, wird es mit einer Schutzfolie oder einer Decke umhüllt und in dieser Verpackung wieder auf Zimmertemperatur adaptiert. Damit vermeidet man die Bildung des unerwünschten Kondenswassers an sensiblen Funktionsteilen.

Bis heute ist die mehrere tausend Mikroaufnahmen umfassende Bilddokumentation des amerikanischen Farmers William Bentley unübertroffen.

Raureif zeigt in der Lupenansicht den gleichen hexagonalen Grundaufbau wie die frei und flockig fallenden Eiskristalle.

Raureif: Eis am Stiel Im glasig durchsichtigen Eiswürfel ist die Kristallstruktur von Wasser nicht erkennbar. Dagegen zeigt auch Raureif sehr schön das hexagonale Grundmuster, besonders wenn die Reifkristallgefüge während des Wachstums durch Wind etwas fahnenartig auseinander gezogen wurden. Auch solche filigranen Gebilde eignen sich zur Anfertigung von Lackabdrucken – vorausgesetzt man erntet sie buchstäblich vor Tau und Tag, wenn die Sonnenstrahlen die Kanten noch nicht gerundet haben.

Zum Weiterlesen BENTLEY u. HUMPHRIES (1931), BLANCHARD (1986), DECKART, M. (1972, 1979), MANDELBROT (1991), MATHIAS (2003)

3 An der Schwelle des Lebens
3.1 Pflanzenviren

In der Ära der reinen Lichtmikroskopie waren Viren völlig rätselhafte Gebilde, die weitgehend unverstanden blieben, obwohl man ihre meist fatalen Effekte recht genau kannte. Erst nach der Einführung der Elektronenmikroskopie konnte man Viren tatsächlich sehen. Ausnahmen bestätigen die Regel: In speziellen Fällen kann man Viren auch im gewöhnlichen Lichtmikroskop auf die Spur kommen.

Aus dem Vorfeld des Lebendigen

Viele Kakteen enthalten in ihren Zellen das so genannte Cactus-Virus x (= CaVX), ohne äußerlich erkennbare Krankheitssymptome oder sonstige Veränderungen zu zeigen. Die Viruspartikel schließen sich in den Oberflächenzellen zu großen, spindelförmigen Virusaggregaten zusammen, die man im Lichtmikroskop gut erkennen kann. Sie sind bereits dem Tübinger Botaniker HANS MOLISCH im Jahre 1885 aufgefallen, doch erkannte man ihre wahre Natur erst etliche Jahrzehnte später.

Durch die abgeflachten Sprossglieder eines Weihnachtskaktus, die blattartig gestaltete Stängelglieder (= Phyllokladien) darstellen, führt man oberflächenparallele Schnitte und sucht in den oberflächennahen Zellen (Epidermis und Subepidermis) nach spindelförmigen Einschlusskörpern. Behandelt man die Schnitte mit Alkohol (Ethanol), zerfallen die spindelförmigen Aggregate innerhalb weniger Minuten. Anhand dieser Reaktion sind sie von echten Kristallen leicht zu unterscheiden. Mit ▸ Alizarinviridin-Chromalaun lassen sie sich kontrastreich anfärben.

Alizarinviridin-Chromalaun
S. 270

Bei Beobachtung im polarisierten Licht zeigen sie eindrucksvolle Farbspiele.

Pflanzenviren sind für andere Lebewesen völlig unbedenklich. Virenbefall zeigt sich – wie beim Tabakmosaikvirus (TMV) – als fleckiges Muster auf den Laubblättern.

Mosaikviren im Tabak Mit Viren infizierte Tabakpflanzen erkennt man an ihrer charakteristischen gelbgrünen Blattscheckung (Panaschierung). Nach diesem Erscheinungsbild hat man den Verursacher Tabakmosaikvirus (TMV) genannt. Auch diese Viren lagern sich manchmal in riesiger Anzahl zu lichtmikroskopisch sichtbaren kristallösen Körpern zusammen. Vor allem in den Zellen von Blatthaaren lassen sie sich nach Färbung mit ▸ Alizarinviridin-Chromalaun klar beobachten. Aus dem ausgepressten Saft befallener Blätter kann man die Virenaggregate regelrecht auskristallisieren lassen.

Viren sind keine Lebewesen Die lange Zeit völlig rätselhaften Viren (Singular: das Virus) sind nichtzelluläre, äußerst kleine Partikel mit Nukleinsäuren, die die Information zu ihrer Vermehrung und zum Zusammenbau tragen. Die einzelnen Viruspartikel nennt man auch Virionen. Ihr spezfischer Durchmesser liegt zwischen etwa 30 und 300 nm. Würde man einen erwachsenen Menschen im gleichen Maßstab vergrößert abbilden wie einen mit etwa 2 cm Länge dargestellten T4-Phagen, käme eine Gestalt von fast 300 km Höhe zu Stande! T4-Phagen sind besonders gut untersuchte Viren, die ausschließlich Bakterien befallen. Sie haben eine recht komplexe Struktur, die vom Aussehen anderer Viren deutlich abweicht.

Der einzelne Viruspartikel ist die extrazelluläre Transportform eines Virus. Er besteht aus einer Capsid genannten Proteinhülle mit Dutzenden einzelner Bauteile (Capsomeren), die sich selbsttätig zu regelmäßigen Mustern zusammenfügen – ein Vorgang, den man in der molekularen Welt als Selbstorgani-

Projekt	Viren-Aggregate in Pflanzen
Material	Weihnachtskaktus (*Epiphyllum truncatum*)
Was eignet sich ähnlich?	Tabak (*Nicotiana tabacum* var. Samsung oder *Nicotiana sylvestris*)
Methode	Flächenschnitt durch Stängel (Weihnachts-kaktus), Haare von Tabakpflanze, Anfärbung mit Alizarinviridin-Chromalaun
Beobachtung	Kristallähnliche Strukturen im polarisierten Licht

sation oder self assembly bezeichnet. Manche Viren sind zusätzlich von einer Membran umhüllt, die jedoch immer ein Mitbringsel aus der befallenen Wirtszelle ist, aus der die Viren nach beträchtlicher Selbstvermehrung wieder ausbrechen.

Parasiten im Kleinstformat Viren sind die kleinsten Parasiten überhaupt – und sogar so klein, dass sie selbst Bakterien befallen und zerstören. Im Unterschied zu vielen anderen Parasiten, die ihren Wirt zwar schädigen, aber nicht zwangsläufig töten, endet das Verhältnis zwischen Virus und Wirtszelle fast immer tödlich. Den Begriff Virus (lateinisch, Gift) verwendet man etwa seit 1900. Bis dahin war lediglich in groben Umrissen bekannt, dass Viren selbst durch die feinsten Bakterienfilter schlüpfen und sich im Unterschied zu den damals bekannten Bakterien nicht auf Nährböden im Labor kultivieren lassen. Eine giftige Substanz im Sinne einer chemischen Einzelverbindung konnten sie andererseits jedoch auch nicht sein, da sie sich in Lebewesen rasant vermehren. Im Jahre 1936 gelang dem amerikanischen Biochemiker WENDELL M. STANLEY in Berkeley die Kristallisierung des Tabakmosaikvirus (TMV). Da bekanntlich nur Moleküle kristallisieren, lag es nahe, Viren als „lebende Moleküle" zu verstehen. Der Genetiker HERMANN J. MULLER (Nobelpreis 1946) sah darin den Beweis dafür, dass Viren und Gene im Prinzip dasselbe sind – eine äußerst fruchtbare Vorstellung, der die Wissenschaft letztendlich die Aufdeckung der molekularen Wege verdankt, wie sich Lebewesen überhaupt reproduzieren.

Latent vorhandene Viren sind nicht immer an äußerlichen Veränderungen erkennbar. In den flach geschnittenen Zellen von Sprossgliedern des Weihnachtskaktus (*Epiphyllum truncatum* = *Schlumbergera truncata*) finden sich auch lichtmikroskopisch sichtbare, kristallähnliche Virenkomplexe.

Der auf dem Objektträger auskristallisierte Extrakt von Tabakblättern mit TMV bildet fischgrätähnliche Strukturen aus.

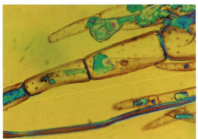

Auch in Haarzellen von infizierten Tabakpflanzen lassen sich durch Polarisations- bzw. Interferenzoptik Kristallkomplexe von TM-Viren darstellen.

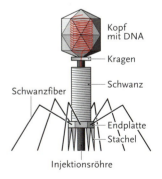

Kopf mit DNA
Kragen
Schwanz
Schwanzfiber
Endplatte
Stachel
Injektionsröhre

Molekulare Anatomie eines Virus: Beispiel T4-Phage, der Bakterien parasitiert

Zum Weiterlesen DETHLOFF (1993), WETTER (1985)

3.2 Bakterien – die kleinsten Lebewesen

In der öffentlichen Einschätzung haben Bakterien meist überhaupt keinen guten Ruf: Beim Gespräch über „Bazillen" denken die meisten Menschen sofort an gefährliche Krankheitserreger oder vergleichbar unangenehme Attacken. Mit den Bakterien ist es aber wie mit vielen anderen Sachverhalten auch: Außer dem Wehe gibt es zweifellos auch das Wohl. Bakterien sind in unserer Umwelt völlig unentbehrlich, und außerdem verdanken wir ihnen viele wertvolle Lebensmittel. Nur mit bakterieller Hilfe ist es beispielsweise möglich, die leicht verderbliche Milch in haltbaren Käse umzuwandeln.

Nicht nur Keime und Erreger

Außer den Formen, die bei Pflanze, Tier und Mensch bestimmte Krankheiten hervorrufen, finden sich überall in der Natur auch weniger auffällige und sogar völlig harmlose Formen, die dennoch in den Ökosystemen alle ihren festen Platz haben. Entdeckt hat sie der berühmte ANTONI VAN LEEUWENHOEK aus Delft in einer Aufschwemmung von Pfefferkörnern – in seinem Brief vom 17. September 1683 an die Royal Society in London sind eindeutige Zeichnungen von verschiedenen Bakterienformen wie Kugeln und Stäbchen enthalten. Später untersuchte er auch den Zahnbelag bzw. den Schleim aus den Zahnzwischenräumen und fand auch hier eine Menge winziger Formen, die er als „kleine Tierchen" bezeichnet. Erst im Laufe des 19. Jahrhunderts konnte sich mithilfe technisch wesentlich verbesserter Mikroskope die Bakteriologie etablieren. Auf den Spuren LEEUWENHOEKS, aber mit ungleich besserer Untersuchungstechnik, präparieren wir zunächst einmal die Bakterien aus der Mundhöhle.

Bacillus mycoides **mit typischer Stäbchenform vieler Bakterien**

Zahn- und Zungenbelag Mit einem Streichholz oder stumpfen Zahnstocher schabt man ein wenig weißliche Masse aus den Zwischenräumen ausnahmsweise ungeputzter Zähne und streift sie am Ende eines sauberen, vor allem fettfreien Objektträgers ab. Nun gibt man einen Tropfen Zeichentusche sowie einen kleinen Tropfen Wasser hinzu, verrührt die Masse und zieht sie mit einem zweiten, um etwa 45–30° gewinkelten Objektträger in dünner Schicht aus, wie es die Abbildung zeigt. Den so erhaltenen Ausstrich lässt man an der Luft trocknen. Das Präparat ist danach viele Jahre haltbar. Untersucht wird ohne Deckglas. Für eine Untersuchung mit ▶ Ölimmersion ist jedoch eine Einbettung in ▶ Kunstharz (Eukitt o. ä.) unter Deckglas empfehlenswert.

Auf die gleiche Weise kann man einen Überblick der Bakterienbesiedlung im Zungenbelag gewinnen. Dazu streift man mit einem sauberen Spatel ein wenig Belag von der hinteren Zungenmitte ab und verarbeitet sie zum Ausstrich, wie oben beschrieben.

Schwarze Zeichentusche ist im Unterschied zur Schreibtinte keine Farbstofflösung, sondern eine Aufschwemmung (Suspension) feinster Partikel. Sie dringt daher nicht in die Zellen ein, sondern umlagert die Bakterienzellen und lässt sie leuchtend hell in der braunschwarz wolkigen Umgebung der Tuschepartikeln erkennen, da sie im Durchlicht durchstrahlt werden (Negativkontrastierung). Was sich an hellen Bildpunkten zeigt, sind ausschließlich

Ölimmersion S. 289
Einbettung in Kunstharz S. 268

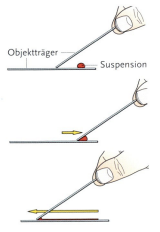

Objektträger

Suspension

Herstellung eines (Bakterien-)Ausstriches

Projekt	Einfache Präparate nichtpathogener Bakterien
Material	Zahn- und Zungenbelag
Was geht ähnlich?	Viele andere Isolate verschiedener, mehrheitlich leicht zugänglicher Quellen: Bakterien aus der Kahmhaut, gesäuerte Lebensmittel (Abschaben saurer Gurken, Sauerkraut, saurer Hering), Gewinnung von Bakterien aus gezielten Kulturen
Methode	Ausstriche mit Negativkontrastierung nach dem Burrischen Tuscheverfahren, Methylenblau-, Gram-, Carbolfuchsin-, Methylenblau-Fuchsin-, Feulgen- oder Giemsa-Färbung, Fluorochromierung mit Acridinorange
Beobachtung	Zellgestalten und Kolonieformen verschiedener Bakterien

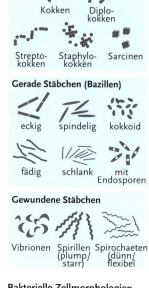

Bakterielle Zellmorphologien

die Mikroorganismen. Etwaige Schmutzteilchen versinken optisch im schwärzlichen Hintergrund. Dieses so genannte ▸ Burrische Tuscheverfahren ist auch für die Untersuchung von Bakterien aus anderen Materialquellen brauchbar.

Die mikroskopische Kontrolle zeigt Bakterien fast aller Grundformen – von kugeligen Kokken bis zu stäbchenförmigen Bazillen. Scheinbar verzweigte Formen kommen meist durch Zusammenlagerung von Einzelzellen zustande. Zu den häufigsten Formen im Zahn- und Zungenbelag gehören der leicht längsovale *Streptococcus pneumoniae* sowie *Streptococcus salivarius*, dessen Einzelzellen im Doppelpack zusammenhängen (Diplococcen) und in dieser Form eventuell auch noch lange Ketten bilden können. Fast immer zeigen sich auch die an beiden Zellenden zugespitzten und nach Art der Vibrionen kom-

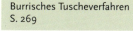 Burrisches Tuscheverfahren S. 269

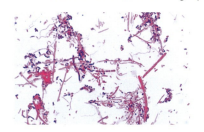

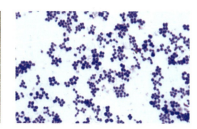

maförmig gekrümmten Zellen der Gattung *Fusobacterium*, dazu häufig auch spiralig gedrehte und vergleichsweise starre Vertreter der Gattungen *Spirillum* bzw. *Borrelia*. Vor allem bei entzündlichen Prozessen kann man schraubig gedrehte Bakterien gehäuft beobachten. Erstaunlich sind auch die beteiligten Zahlen: Zuverlässige Zählungen und Hochrechnungen gehen davon aus, dass in der Mundhöhle und insbesondere in den Zahntaschen bzw. Interdentalräumen ständig mehr Bakterien leben als Menschen in Eurasien. Man ist also in keinem Augenblick allein … Bei jedem zärtlichen Tête-à-tête wechseln mindestens 10^7 Mundhöhlenbewohner ihr vorheriges Quartier.

Protocyten sind die einfachsten Zellen Viel mehr als die Umrisse haben die ersten Bakteriologen des 19. Jahrhunderts von den Bakterien auch nach komplizierten Anfärbungen nicht gesehen, denn die meist unter 0,01 mm messenden Zellen sind die kleinsten Lebewesen und zeigen sich im Lichtmikroskop relativ strukturarm. Die weitaus meisten Bakterien weisen sogar nur Zellabmessungen von durchweg < 1 μm (0,001 mm) auf. Nimmt man als

Links: Zahn- und Zungenbelag, von dem sich leicht Abstriche herstellen lassen, enthält fast alle Bakteriengestalten von kugelig bis stäbchenförmig.

Mitte: Das Ausstrichverfahren nach Burri in schwarzer Zeichentusche zeigt die Bakterien als helle Höfe bzw. Lichtpunkte auf dunklerem Hintergrund (Negativkontrastierung).

Rechts: *Micrococcus luteus* (= *Sarcina lutea*) besteht aus tafelig angeordneten Kokken.

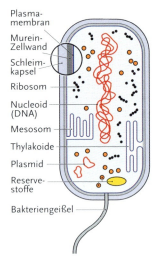

- Plasma-membran
- Murein-Zellwand
- Schleim-kapsel
- Ribosom
- Nucleoid (DNA)
- Mesosom
- Thylakoide
- Plasmid
- Reserve-stoffe
- Bakteriengeißel

Strukturschema einer Bakterienzelle

Protocyten sind intern kaum oder überhaupt nicht gekammert, da es im Allgemeinen keine von der Plasmamembran unabhängigen Membranen gibt. Die Zelle besteht mithin nur aus einem einzigen Zellraum.

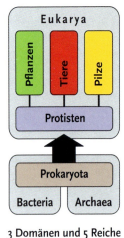

Eukarya

Pflanzen | Tiere | Pilze

Protisten

Prokaryota

Bacteria | **Archaea**

3 Domänen und 5 Reiche

Domänenkonzept und Organismenreiche

Richtwert einmal einen Zelldurchmesser von 10^{-7} m (0,1 µm) an, dann entspricht das Größenverhältnis zwischen einer Bakterienzelle und einem Menschen (reduziert auf 1 m Körpergröße) in etwa demjenigen zwischen Mensch und Erdkugel (rund 12 000 km Durchmesser = etwa 10^7 m). Der Dimensionssprung umfasst in beiden Fällen sieben Zehnerpotenzen. Die Winzigkeit lässt sich auch anders veranschaulichen: Rund eine Milliarde (10^9) Bakterienzellen finden bequem in nur einem Kubikmillimeter Platz. Mit dieser Kleinheit weisen die Bakterien auch das bei weitem größte Oberflächen-Volumen-Verhältnis aller Lebewesen auf: In einen Würfel von 1 cm Kantenlänge passen 10^{12} kubisch geformte Bakterien von 1 µm Länge; sie weisen dabei eine Gesamtoberfläche von 6 m² auf.

Ausnahmsweise können Bakterien auch relativ groß ausfallen – *Thiospirillum jenense* wird etwa 50 µm lang, *Achromatium oxaliferum* bis 100 µm und die erst 1999 im Meeresboden vor Namibia entdeckte *Thiomargarita namibiensis* gar bis 750 µm. Aber selbst bei diesen Relationen ist der lebensnotwendige Stoffaustausch mit der Umgebung sehr erleichtert. Bakterien benötigen daher auch keine besonderen Vorrichtungen, um Stoffe innerhalb der Zellen zu transportieren, denn die normalen Diffusionsraten reichen dafür völlig aus: Die wärmebedingte Eigenbewegung der Moleküle (vgl. S. 26) genügt, um alle Substanzen in kurzer Zeit in alle Winkel einer Bakterienzelle schwimmen zu lassen.

Die kleinen, artspezifisch rundlichen, gebogenen, gekrümmten oder gestreckten, kompakt kugeligen oder spindeldürren Zellen besitzen keinen Zellkern und keine sonstigen Zellkörperchen. Man nennt diese Zellform Protocyt – sie repräsentiert die einfachste vollständige Zelle und stellt die Zellform der Prokaryoten („Vorkernlebewesen") dar, zu denen alle Bakterien gehören. Da ihr Erbgut nicht durch eine Membran verpackt ist wie beim Zellkern der Eukaryoten (alle übrigen Lebewesen) oder durch andere Hüllen vom Rest des Zellbinnenraums abgesondert, liegt es als Kernäquivalent (= Nucleoid) frei im Zellplasma oder ist häufig an der Innenseite der Zellmembran angeheftet.

> Methylenblaulösung S. 270

In saurer Milch oder in Milchprodukten ist unter anderen der Milchsäuregärer *Streptococcus lactis* zu finden.

Milchsäurebakterien Eindrucksvolle Bakterienpopulationen finden sich in kleinen Proben, die man mit einer Pipette einem Sauermilchprodukt entnimmt – beispielsweise der Flüssigkeit auf einem Naturjoghurt oder dem flüssigen Überstand gesäuerter Milch. Die Bakterien – überwiegend stäbchenförmige Vertreter der Gattung *Lactobacillus* oder kugelige aus dem Formenkreis *Streptococcus* – schwimmen hier zwischen kleinsten Portionen ausgeflockter Milchproteine. Zur kontrastreicheren Darstellung verwendet man ▸ Methylenblau-Lösung. Im einfachsten Fall kann man eine solche Bakteriensuspension auch mit gewöhnlicher blauer Tinte aus dem Patronenfüller anfärben, die meist ebenfalls den Farbstoff Methylenblau enthält. Die Bakterien zeigen sich dann als schwarzblaue Punkte oder Striche auf einem himmelblauen Hintergrund.

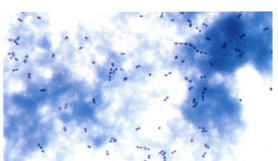

Die in der Milch oder ihren Säuerungsprodukten nachweisbaren Bakterien ernähren sich überwiegend von dem (eigenartigerweise nicht süß schmeckenden) Milchzucker Lactose (Disaccharid), der in der Kuhmilch zu etwa 5 % enthalten ist und seinerseits aus je einem Molekül Galactose und Glucose zusammengesetzt ist. Die Milchsäurebakterien bauen dieses Kohlenhydrat durch Gärung unvollständig bis zur Stufe der Milchsäure ab. Die entstehende Säure („die Milch wird sauer") lässt den pH-Wert absinken, so dass zunehmend die Milchproteine ausflocken. In einem anderen Präparat kann man die Proteinnatur dieser Flöckchen mit ▸ Lugolscher Lösung nachweisen – sie färben sich charakteristisch gelbbraun an.

Bei der Untersuchung von Ausstrichpräparaten, die mit saurer Milch oder anderen Milchprodukten hergestellt wurden, können die zahlreich vorhandenen Fettkügelchen stören, weil sie bei Färbungen zur Bildung unschöner Farbklecks neigen oder die Bakterien einfach überdecken. Objektträger mit hitzefixierten Bakteriensuspensionen stellt man daher zum Entfetten vor der Färbung für etwa 30–60 min in eine Küvette mit Diethylether oder Chloroform. Anschließend lässt man das Lösungsmittel am offenen Fenster vom Objektträger abdampfen und nimmt dann die Färbung vor.

Bakterien kultivieren Auch wenn die Zellen der Bakterien enorm klein und insgesamt viel einfacher aufgebaut sind als die Eukaryoten, zeigen diese Prokaryoten neben ihren erstaunlichen Stoffwechselleistungen eine geradezu überwältigende Eigenschaft: Sie sind in allen Bereichen der Biosphäre und in den ausgefallensten Lebensräumen in meist beträchtlichen Individuenzahlen vorhanden. Mit anderen Worten: Bakterien gibt es immer und überall. Man muss sie aber dennoch suchen, denn ihre Kleinheit verrät sie nicht sofort. Ein sehr geeigneter Weg, bestimmte Bakterienformen als Untersuchungsmaterial verfügbar zu machen, ist die gezielte Anzucht auf bestimmten einfachen Nährmedien.

Zur Ankultur von Bodenbakterien setzt man einen einfachen Wasser-Agar an – etwa 5 g käuflichen Agar ohne Zusatz weiterer Nährstoffe in 250 ml Wasser kurz aufkochen (Vorsicht – Aufschäumen vermeiden), Petrischalen (10 cm Durchmesser) damit etwa halb voll ausgießen und abgedeckt erkalten lassen. Zum Animpfen streut man je eine kleine Spatelspitze angetrockneter, eventuell fein gesiebter Garten- oder Komposterde in dünner Lage auf. Nach etwa 10 Tagen zeigen sich zahlreiche Bakterienkolonien. Unter dem Mikroskop sehen sie bei schwacher Vergrößerung aus wie weißliche Wattebäusche. Erst bei stärkerer Vergrößerung und Färbung mit Methylenblau kann man die einzelnen Bakterienzellen erkennen. Es sind Formen, die man unzutreffend auch als Strahlenpilze oder Aktinomyzeten bezeichnet hat.

Wenn man saubere Objektträger flach auf die Erde von Blumentöpfen legt oder feuchte (nicht nasse!) Blumenerde in eine Petrischale gibt, etwas andrückt und dann Objektträger darauf legt, siedeln sich auf der Kontaktseite nach wenigen Tagen zahlreiche Mikroorganismen an. Neben eukaryotischen Einzellern (vgl. S. 94 f.) finden sich zahlreiche Bakterien ein. Zur mikroskopischen Kontrolle entnimmt man ein Glas, entfernt mit einer spitzen Pinzette etwaige anhaftende Bodenteilchen, gibt einen Tropfen Wasser dazu und deckt mit einem sauberen Deckglas ab. Am ungefärbten Präparat sind sie mit einer Phasenkontrasteinrichtung besonders gut zu beobachten. Man kann auch mit der Pipette kleinste Flüssigkeitsmengen entnehmen und diese auf dem Objektträger ausstreichen. Als Färbung empfiehlt sich die ▸ Methylenblau-Fuchsin-Methode.

Die Milchsäurebakterien vertragen im Unterschied zu vielen anderen obligaten Gärern den Luftsauerstoff und sind deswegen aerotolerant.

Lugolsche Lösung S. 271

Ein ganz gewöhnlicher Gartenboden enthält genügend Startkapital. Wenn es nach längerer Trockenheit regnet und der Boden seinen typischen Geruch freisetzt, riecht man im Grunde genommen die Duftwolken, die von Milliarden Bodenbakterien abgegeben werden und die das eindringende Wasser aus den Porenräumen verdrängt. Ähnlich verhält es sich auch, wenn die Märzsonne den Boden erwärmt und es sprichwörtlich nach Frühling riecht.

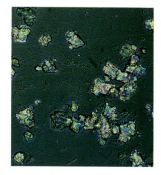

In Kulturen von Bodenproben tauchen nach kurzer Zeit große Mengen Bakterien auf.

Methylenblau-Fuchsin S. 270

Noch rascher wachsen die Kolonien, wenn man die Ansätze in einem Wärmeschrank bebrütet: Bei 30 °C liegt die Generationszeit dieser Art bei rund 50 min. In etwa 17 h (= 20 Generationen) hat sich demnach eine Ausgangszelle zu rund 10^9 Bakterienzellen vermehrt.

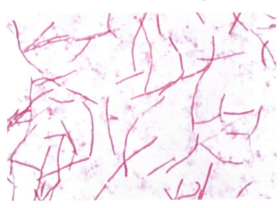

Bacillus mesentericus gehört zu den größeren Stäbchenbakterien.

Methylenblau S. 270
Methylenblau-Fuchsin S. 270
Burrisches Tuscheverfahren S. 269
Feulgen-Färbung S. 273
Ölimmersion S. 289
Färbung nach Giemsa S. 273

Der Heubazillus (**Bacillus subtilis**) tritt zuverlässig in der Kahmhaut von Heuaufgüssen auf.

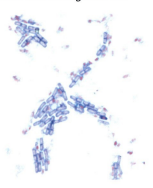

Riesenbakterien auf Mohrrübenscheiben Auch unter den Bakterien gibt es so genannte Riesenformen. Eine leicht aufzufindende Form ist *Bacillus megaterium*; die Zellgrößen liegen bei 1,5 µm Durchmesser und um 5 µm Länge. Sie sind daher auch in sehr einfachen Mikroskopen gut erkennbar. Ausgangsmaterial zur Gewinnung einer *megaterium*-Reinkultur sind Mohrrüben. Man schneidet eine Mohrrübe in 3 – 5 mm dicke Scheibchen und blanchiert diese etwa 3 min lang durch Eintauchen in siedendem Wasser. Anschließend legt man sie auf angefeuchtetes Filtrierpapier in einer Petrischale aus und lässt sie bei Zimmertemperatur (25 °C) einige Tage stehen. Auf der Oberfläche der Mohrrübenscheibchen entwickeln sich bald schleimige, klare oder trüb weißliche Beläge aus *Bacillus megaterium*. Zum Mikroskopieren entnimmt man mit der Präpariernadel eine kleine Probe des schleimigen Belags und färbt mit ▸ Methylenblau bzw. ▸ Methylenblau-Fuchsin an oder kontrastiert mit dem ▸ Burrischen Tuscheverfahren.

Gewöhnlich wird man im Präparat auch etliche Teilungsstadien finden. Im Unterschied zu den Eukaryoten zeigen die Bakterien keine deutlich unterscheidbaren Entwicklungsstadien mit Jugend- und Erwachsenenformen. Eine stoffwechselaktive Bakterienzelle wächst normalerweise rasch zur spezifischen Zellgröße heran und teilt sich dann durch eine einfache Einschnürung in zwei kleinere Tochterzellen. Da den Protocyten der Zellkern fehlt, kann die Zellteilung direkt, d.h. ohne vorherige Kernteilung, ablaufen. Diese Teilungsform nennt man auch Amitose oder binäre Spaltung.

Zellen ohne Zellkerne Die besonders großen Zellen von *Bacillus megaterium* eignen sich recht gut zur Darstellung des Kernäquivalents oder Nucleoids der Bakterien – als Prokaryoten weisen sie keinen Zellkern auf, sondern lagern ihre DNA frei in der Zelle. Nachweismittel für das genetische Material ist die klassische ▸ Feulgen-Färbung (Feulgensche Nuclealreaktion) mit fuchsinschwefliger Säure, die man auch für den DNA-Nachweis in Zellkernen einsetzt. Man verwendet dafür entweder die käufliche Fertiglösung oder stellt das Reagenz nach der Rezeptur im Anhang selbst her. Man überschichtet den lufttrockenen Ausstrich 5 min lang mit der Farblösung und spült anschließend mit Wasser gründlich ab.

Die intensiv purpurn gefärbten bakteriellen Nukleoide sind nur etwa 0,5 mm groß und liegen somit klar an der Auflösungsgrenze auch eines sehr guten Lichtmikroskops. Zur Untersuchung setzt man daher vorteilhaft eine ▸ Ölimmersion mit einem 100er Objektiv ein.

Falls das Feulgen-Verfahren versagt oder zu aufwändig erscheint, kann man statt dessen auch die recht eindrucksvolle Färbung nach ▸ GIEMSA vornehmen.

Gram-Färbung: Mehr oder weniger dickhäutig Ein in der Mikrobiologie für Demonstrationszwecke vielfach verwendetes Bakterium ist der sehr einfach zu handhabende Heubazillus (*Bacillus subtilis*). Man beschafft sich den Organismus durch eine Anreicherungskultur nach dem folgenden Verfahren: Eine Hand voll trockenes Heu, eventuell zwei zusätzliche Blätter Kopfsalat, übergießt man mit Leitungswasser und lässt alles bei Zimmertemperatur ca. 6 h lang stehen. Anschließend gießt man das Wasser dieses Ansatzes ab, füllt mit Leitungswasser etwa auf das doppelte Volumen auf und erhitzt (nicht kochen!) etwa 15 min lang. Auf dem abgekühlten und lose mit einer Kartonscheibe abgedeckten Ansatz entwickelt sich innerhalb der nächsten 2–5 Tage ein weißlich-grau schillernder Belag, die so genannte Kahmhaut. Davon entnimmt man mit der Spatelspitze ein Stück von wenigen mm² Fläche, verrührt es mit einem Tropfen Wasser aus der Kultur und legt ein Deckglas auf. Überschüssiges Wasser wird abgesaugt. Die mikroskopische Kontrolle zeigt eine Unzahl stäbchenförmiger Bakterien.

Einen Ausstrich von *Bacillus subtilis* lässt man an der Luft trocknen und zieht ihn anschließend mit der Schichtseite nach unten zweimal kurz durch eine Spiritusflamme. Dadurch werden die Bakterien hitzefixiert. Mit einem solchen Präparat lässt sich eine klassische und sehr spezifische Bakterienfärbung durchführen, die der dänische Arzt und Mikrobiologe HANS CHRISTIAN GRAM im Jahre 1884 entwickelt hat, um bestimmte pathogene Bakterien in infiziertem Gewebe besser von kleinen Zellbestandteilen unterscheiden zu können. Die nach ihm benannte ▸ Gram-Färbung umfasst zunächst eine Färbung in Gentiana- oder Kristallviolett. Die anschließende Behandlung mit Lugolscher Lösung wandelt die aufgenommene Farblösung in einen dunkelblauen Farblack um. Mit bestimmten Lösungsmitteln kann man ihn wieder herauslösen. Ob diese Farbauswaschung relativ rasch oder nur sehr langsam erfolgt, hängt von der Dicke der bakteriellen Zellwand ab. Entsprechend unterscheidet man dünnwandige Gram-positive (auch gram+ geschrieben) von dickwandigen Gram-negativen (gram-) Formen. Die Letzteren kann man gegebenenfalls mit Safranin gegenfärben und damit in einer Mischpopulation die Zellwanddicken verschiedener Bakterien farblich kennzeichnen. Eine weitere gute Darstellung gelingt durch die technisch sehr einfache Fluorochromierung mit ▸ Acridinorange.

Kapseln sind keine Zellwände Zusätzlich zur Zellwand umgeben sich manche Bakterienarten mit einer Schleimschicht, die einen erstaunlich komplizierten chemischen Aufbau aufweisen kann. Je nach Dicke und Festigkeit dieser Zusatzverpackung unterscheidet man Mikro- und Makrokapseln einerseits und einer Schleimhülle andererseits. Im Lichtmikroskop kann man sie färberisch gut darstellen. Geeignete Objekte sind der bekannte Abwasser-„pilz" *Sphaerotilus natans*, der vor allem in der kühleren Jahreszeit schmutziggraue, etwas pelzig erscheinende Beläge in Abwässern bildet, oder das Abwasserbakterium *Zoogloea ramigera*, das in Abwasserleitungen, manchmal auch am Kondenswasserauslass von Klimaanlagen oder Kühlschränken, schleimige Beläge bildet. Man entfernt etwas vom Belag, verrührt in Wasser und stellt wie oben beschrieben einen Ausstrich her. Zur Darstellung der Schleimhülle verwendet man das oben bereits erwähnte ▸ Burrische Tuscheverfahren – die Tuschepartikel dringen nicht in die Kapsel ein. Innerhalb der Kapseln lassen sich die eigentlichen Bakterienzellen durch eine vorherige ▸ Carbolfuchsin-Färbung kontrastreich rot darstellen.

Der Star unter den Mikroben Beinahe unzählbar sind die Bakterienpopulationen der so genannten Darmflora. Eine dieser Formen ist *Escherichia coli*, der Spitzenreiter der modernen biologischen Forschung. THEODOR ESCHERICH (1857–1911), Kinderarzt an einer Münchener Klinik, entdeckte und beschrieb dort im Jahre 1885 ein neues aus Windeln isoliertes *Bacterium coli communale*. Er konnte nicht ahnen, dass diese seit 1919 nach ihm benannte

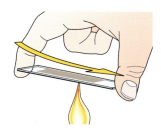

Hitzefixierung eines Bakterienausstrichs: Den Objektträger bewegt man (gegebenenfalls mehrfach) zügig durch die Flammenspitze.

Bacillus subtilis gehört ebenso zu den Gram-positiven Bakterien wie *Bacillus megaterium*. Eine Gram-negative Art ist das berühmte Darmbakterium *Escherichia coli*.

Gram-Färbung S. 277
Acridinorange S. 271
Burrisches Tuscheverfahren S. 269
Carbolfuchsin-Färbung S. 273

Das Darmbakterium *Escherichia coli* ist die vielleicht berühmteste Bakterienart überhaupt. Es ist oft Bestandteil von Präparaten zur Stabilisierung bzw. Wiederbegründung der Darmflora nach Verabreichung von Antibiotika.

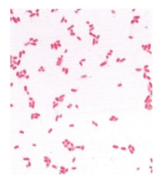

Bakterienkolonien bestehen aus Millionen einzelner Bakterienzellen, die man als solche nur bei stärkerer Vergrößerung und in einem verdünnenden Ausstrich erkennt.

Escherichia coli Bakterienart zum Weltstar der Molekularbiologie aufsteigen würde. Das Gram-negative *E. coli*, wie man die Form heute vereinfacht nennt, ist stäbchenförmig und um 6 µm lang.

Obwohl in Massen im Dickdarm vertreten, können manche Stämme durchaus pathogen wirken und außerhalb ihrer normalen Umgebung eiterige Entzündungen hervorrufen. Im Wasser gelten die „coliformen" Keime als Nachweis der Verunreinigung mit Fäkalien und dienen schon seit Jahren als Leitformen im mikrobiologischen Monitoring von Badegewässern und Stränden. Völlig ungefährlich ist dagegen der gerne für Schulversuche eingesetzte Stamm *E. coli* K12, den man bei der Deutschen Sammlung für Mikroorganismen beziehen und für Vergleichsuntersuchungen nach den oben beschriebenen Verfahren einsetzen kann.

Bakterien auf Bestellung Im Jahre 1969 wurde am Institut für Mikrobiologie der Universität Göttingen die „Deutsche Sammlung von Mikroorganismen und Zellkulturen" (DSMZ) gegründet. Seit 1987 in Braunschweig angesiedelt. Sie bietet für Forschung und Lehre neben über 1000 verschiedenen pflanzlichen Zellkulturen auch 400 Pflanzenviren, nahezu 9000 verschiedene Bakterienstämme aus etwa 3000 Arten und weitere ca. 2500 Hefen bzw. andere Mikropilze aus knapp 1500 Arten an. Mit ihrem Sammlungsbestand von derzeit annähernd 14000 verschiedenen Kulturen (mit einem jährlichen Zuwachs von etwa 1000 Stämmen) ist die DSMZ in Europa die größte Institution ihrer Art.

Phasenkontrast S. 287
Schiefe Beleuchtung S. 286
Carbolfuchsin-Färbung S. 273

Bakteriengeißeln – die kleinsten Motoren An unfixierten und ungefärbten Präparaten von Bakterienkulturen, die man am besten im ▸ Phasenkontrast oder gegebenenfalls auch bei ▸ schiefer Beleuchtung betrachtet, fällt die Beweglichkeit der Zellen auf. Ein großer Teil des ungerichteten Tänzelns geht auf die bekannte Brownsche Bewegung zurück (vgl. S. 26). Einzelne Bakterien, beispielsweise auch solche aus Sauermilcherzeugnissen, zeigen jedoch im Gewaber der Brownschen Bewegung eine ziemlich rasche gerichtete Ortsveränderung, die auf Eigenbeweglichkeit schließen lässt.

Die äußerst beweglichen Bakteriengeißeln können einzeln oder schopfartig an den Zellenden sitzen oder über die gesamte Zelloberfläche verteilt sein. Sie sind im Lichtmikroskop nur ausnahmsweise bei wenigen Formen darstellbar.

Viele Bakterienzellen können sich tatsächlich fortbewegen. Dazu setzen sie besondere Bakteriengeißeln ein, die aus einfachen Proteinröhren bestehen und mit einer hakenförmigen Struktur frei drehbar in der Zellwand verankert sind. Die Bakteriengeißeln drehen sich mit etwa 3000 Umdrehungen/Minute und stellen somit die kleinsten organismischen Motoren dar. Man untersucht sie gegenwärtig intensiv für verschiedene industrielle Anwendungen in der so genannten Nanotechnologie, die technische Anwendungen in der (sub)-mikroskopischen Dimension verfolgt.

Spirillum volutans mit Geißelbüscheln an den Zellpolen. Vermutlich hat bereits Antoni van Leeuwenhoek diese Form beobachtet.

Ein geeignetes Objekt sind die Spirillen, die sich – neben vielen anderen Bakterienformen – meist massenhaft in abgestandener Schweinejauche finden. Dazu lässt man eine kleine Jaucheprobe vom Bauernhof einige Tage in einem lose abgedeckten Glasgefäß bei Zimmertemperatur stehen und fertigt von einem Tropfen dieses Ansatzes Ausstriche an, die an der Luft getrocknet und anschließend über der Flamme hitzefixiert werden. Auf diese Weise vorbereitete Ausstriche sind haltbar und können eventuell auch später weiterverarbeitet werden. Nach Färbung mit ▸ Carbolfuchsin zeigen sich die an den Zellpolen angebrachten Bakteriengeißeln der Spirillen als dünne Fortsätze oder

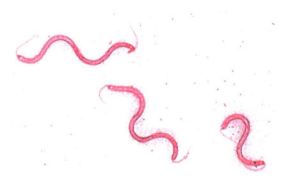

Schöpfe, in denen die einzelnen Fadengebilde präparationsbedingt allerdings verklebt sind. Mitunter findet man im Präparat auch abgestoßene Büschel von Bakteriengeißeln. Bei diesem Präparat ist auch eine Untersuchung im Dunkelfeld oder im Phasenkontrast empfehlenswert. Andere erprobte und zuverlässige Methoden der Geißelfärbung verwenden ▸ Eisenhämatoxylin oder verfahren nach der Methode von ▸ Leifson.

Eisenhämatoxylin (9.3.2)
S. 274
Geißelfärbung nach Leifson
S. 269

Die Buttersäure-Bakterien sind mithilfe der benannten Methoden durch Tuscheausstrich oder Direktfärbung nachweisbar.

Stoffwechselvielfalt Keine andere Organismengruppe weist so viele grundverschiedene Stoffwechseltypen und Ernährungsweisen auf wie die Bakterien. Sämtliche bei den Eukaryoten betriebenen Grundwege des Energiestoffwechsels durch Photosynthese oder Atmung sind bereits von den Bakterien „erfunden" und in beachtlichem Maße auf optimale Leistung gebracht worden.

Ein leicht beschaffbares Beispiel für einen vergleichsweise ungewöhnlichen Stoffwechsel bieten die Buttersäuregärer, die häufig der Bakteriengattung *Clostridium* angehören. Man gewinnt sie sehr einfach, indem man eine kleinere, rohe Kartoffel (an der noch Bodenteilchen haften sollten) mit einem Messer mehrfach ansticht, sie in einen locker verschlossenen Glasbehälter legt und mit Wasser überschichtet. Die zu erwartenden Bakterien sind strikte Anaerobier und vertragen keinen Luftsauerstoff. Die Wasserbedeckung sperrt diesen weitgehend aus. Schon nach wenigen Tagen beginnt das Gewebe im Inneren der Kartoffel in einen rahmartigen Brei zu zerfallen – das Stoffwechselprodukt der weißlichen Bakterienmassen, welche die Kohlenhydratvorräte der Kartoffelstücke durch Gärung zu Buttersäure abgebaut haben, ist an seinem üblen Geruch klar erkennbar.

Wie viele andere Bakterien bilden auch die Buttersäurebakterien unter bestimmten Voraussetzungen als Dauerstadien mittelständige, rundliche, gegen rigorose Umweltbedingungen (Hitze, Trockenheit, Strahlung) außerordentlich resistente Sporen, die im mikroskopischen Präparat leicht zu erkennen sind. Sie entstehen durch eine Art „interner Zellteilung", bei der sich das Zellplasma in einen kleineren Raum zurückzieht und diesen gleichsam mit einer dicken Sporenmembran versiegelt. Diese auch Endosporen genannten Strukturen kann man gezielt anfärben, allerdings nicht mit den konventionellen Methoden, da die stabile Sporenhülle die Farbstoffe nicht passieren lässt. Sie gelingt jedoch mit einer besonderen Variante der ▸ Carbolfuchsin-Färbung. Man streicht eine Bakterienprobe auf einem ▸ fettfreien Objektträger aus und lässt sie an der Luft trocknen. Dann zieht man den Ausstrich mehrfach durch eine Flamme und fixiert damit die Bakterien. Anschließend hält man den so vorbehandelten Objektträger etwa 5 min lang in 5%ige Chromsäure und spült diese anschließend mit Wasser ab. Nun bedeckt man den Ausstrich mit Carbolfuchsin-Lösung und erhitzt 1–2 min in der Flamme, ohne jedoch die Farblösung eintrocknen zu lassen. Überschüssige Farblösung wird mit Wasser abgespült. Nun taucht man den gefärbten Objektträger für einige Sekunden in 5%ige Schwefelsäure (Vorsicht: Die

Die Sauerteig-Bakterien gehören überwiegend zu den Milchsäurebakterien (Lactobacillen). Man findet sie im Natursauerteig ebenso wie in speziellen Mischkulturen zur Sauerteigherstellung.

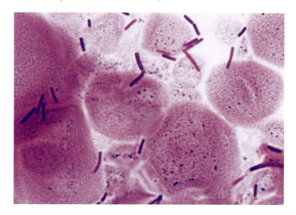

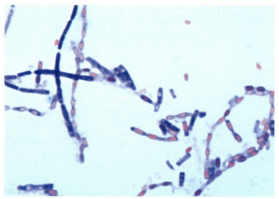

Die Dauerstadien der Bakterien nennt man Endosporen. Lage in der Mutterzelle und Größe sind diagnostisch wichtig.

Carbolfuchsin-Färbung S. 273
Fettfreie Objektträger S. 254

Lösung ist ätzend!), um die Bakterien – nicht jedoch ihre Sporen – wieder zu entfärben. Die genaue Zeitdauer muss man durch Ausprobieren herausfinden – sie hängt wesentlich von der Ausstrichdichte ab. Den Entfärbungsprozess kann man durch Abspülen in Wasser jederzeit unterbrechen, das Ergebnis im Mikroskop kontrollieren und gegebenenfalls mit der Säurebehandlung fortfahren. Nach gründlichem Abspülen auch der letzten Schwefelsäurereste mit Wasser kann man eventuell noch mit Methylenblau nachfärben, wäscht wiederum mit Wasser aus und lässt an der Luft trocknen. Die trockenen Ausstriche untersucht man direkt oder bettet sie in Kunstharz ein. Die Zellkörper der Bakterien zeigen sich blau, die Endosporen kräftig rot.

Einzelne Bakteriengruppen mit besonders ausgefallenen Stoffwechselleistungen hat man auf diesem Hintergrund auch als „lebende Chemofossilien" bezeichnet.

Bakterieller Eisenniederschlag Die Buttersäurebildner gehören zu denjenigen Bakterien, die ähnlich wie die Milchsäuregärer organische Stoffe verarbeiten. Etwas exotischer muten im Vergleich dazu die Stoffwechselwege an, bei denen die Bakterien durch Oxidation von Schwefel oder mit Nitratbildung aus Ammoniak Energie für ihren Zellbetrieb gewinnen. Einzigartig ist die Synthese von Methan, die man in Biogasanlagen auch praktisch-technisch nutzt.

In diese Gruppe der Stoffwechselspezialisten gehören auch die Eisenbakterien der Gattung *Gallionella*, die zweiwertiges, lösliches Eisen (Fe^{2+}) zu dreiwertigem Eisen (Fe^{3+}) oxidieren und dieses als unlösliches Eisen(III)hydroxid ($Fe(OH)_3$) ausfällen. Diesen Eisenniederschlag findet man im Frühjahr häufig als rost- bzw. ockerfarbenen Belag auf Steinen und Pflanzenstängeln an schattigen Stellen in kleinen Bächen und Drainagegräben. Proben davon werden in etwas Standortwasser gesammelt und möglichst bald untersucht. Man kann auch an entsprechenden Kleingewässern Objektträger in das Wasser hängen und den Bewuchs darauf ansiedeln. *Gallionella* scheidet eine schleimige, stielförmige, schraubig gedrehte Hülle aus, in der unlösliches Eisenhydroxid als Baustoff verwendet wird. Auf der Stielspitze thront die bohnenförmige Bakterienzelle – sie fällt aber bei der Präparation leicht ab.

Einzelne Bakterien kann man in der Natur nicht mit bloßem Auge sehen, wohl aber große Bakterienkolonien und ihre Wirkung: Eisenfällung durch Eisenbakterien in einem Kleingewässer.

Dieser Umsteuerung der Pflanzenzellen liegt eine gezielte genetische Manipulation durch die Bakterien zu Grunde, die man in vielen Einzelheiten genau kennt. In den Knöllchenzellen wandeln sich die Bakterien in Bakteroide um, die sich in Größe und Gestalt von den frei lebenden Formen unterscheiden.

Wurzelknöllchen Wenn man einen Weiß-Klee (*Trifolium repens*), eine Lupine (*Lupinus polyphyllus*) oder einen anderen Vertreter der Schmetterlingsblütengewächse vorsichtig ausgräbt, findet man an seinen Wurzeln auffällige knotige Verdickungen oder Anhängsel von etlichen Millimetern Durchmesser. Diese Wurzelknöllchen sind schon lange bekannt – 90 % aller Arten aus der Ordnung *Fabales*, zu der die Schmetterlingsblütengewächse gehören, tragen sie und beherbergen darin überwiegend Bakterien der Gattung *Rhizobium*, die man heute nach ihrem jeweiligen Wirtsspektrum auf mehrere Arten verteilt: Der Formenkreis *Rhizobium leguminosarum* kommt beispielsweise in den Knöllchen der Ackerbohne (*Vicia faba*) vor, *Rhizobium loti* im Wiesen-Hornklee (*Lotus corniculatus*) und *Rhizobium meliloti* in der Saat-Luzerne (*Medicago sativa*). Die Bakterien befallen die Rindenzellen der Pflanzenwurzeln, nachdem sie ihre Wirtspflanzen anhand besonderer Signalstoffe erkannt haben, und lösen die kennzeichnende Knöllchenbildung (Nodulation) durch Gewebewucherungen aus.

Methylenblau-Färbung S. 270

Zur mikroskopischen Untersuchung fertigt man dünne Querschnitte durch ein Wurzelknöllchen an und färbt mit ▶ Methylenblau. Die gut erkenn-

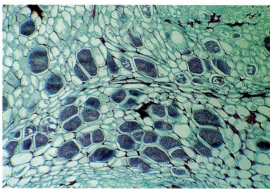

baren Knöllchenzellen sind dicht angefüllt von zahlreichen Körperchen, die einzelne oder mehrere Bakteroiden enthalten. Man nennt diese Körperchen Symbiosomen. Die darin eingepackten Bakteroiden können sich nicht mehr teilen. Sie ernähren sich von den Stärkelieferungen durch die Wirtspflanze und versorgen sie ihrerseits mit Stickstoffverbindungen. Nur als Zellgäste ihrer Wirtspflanze können die Knöllchenbakterien mit beträchtlichem Energieaufwand die Dreifachbindung zwischen den beiden Atomen des Luftstickstoffs (N_2) aufbrechen und die Stickstoffatome zu Ammonium-Ionen (NH_4^+) reduzieren. Diesen Vorgang nennt man Stickstofffixierung. Die Ammonium-Ionen gelangen in die pflanzlichen Knöllchenzellen, und diese bauen sie in Aminosäuren bzw. Proteine ein. Die Beziehung zwischen Knöllchenbakterien und Wirtspflanze nutzt beiden Beteiligten – es ist eine geradezu klassische Symbiose.

Tiefe Gabel am Stammbaum der Organismen Der amerikanische Biophysiker CARL WOESE, der sich zunächst für die Evolution des genetischen Codes interessierte und sich dann der vergleichenden Analyse bakterieller RNA zuwandte, elektrisierte die Fachwelt 1979 mit der neuen Erkenntnis, dass die bisher einheitlich als Bakterien bezeichneten Prokaryoten tatsächlich zwei grundverschiedene Entwicklungslinien am Stammbaum des Lebens bilden. Grundlage dieser das herkömmliche Bild radikal erweiternden Sicht sind vor allem vergleichende Untersuchungen der RNA. Auf dieser Basis ergibt sich ein molekularer Stammbaum, der alle Lebewesen auf drei organismische Urreiche oder Domänen verteilt, nämlich die beiden prokaryotischen *Archaea* (Urbakterien, früher auch Archaebakterien genannt) neben den *Bacteria* (Echte Bakterien, gelegentlich auch als Eubakterien zitiert) sowie den kernhaltigen *Eukarya*, die sich ihrerseits in die Organismenreiche Protisten, Pilze, Pflanzen und Tiere gliedern. Archaeen und Bakterien repräsentieren damit zwei von den insgesamt drei zelltypologischen Grundversionen. Sie unterscheiden sich außer in molekularen Details (beispielsweise in der Baustein-Reihung ihrer Ribosomen) auch in zahlreichen weiteren Merkmalen, die allerdings im Lichtmikroskop so ohne weiteres nicht zugänglich sind.

Links: An den Wurzeln der Klee-Arten und anderer Vertretern der Schmetterlingsblütengewächsen sitzen die ohne Lupe erkennbaren Wurzelknöllchen.

Rechts: Im Schnittpräparat sind die in den Knöllchenzellen zahlreich und dicht gedrängten Massen von Knöllchenbakterien (Rhizobien) zu erkennen.

Die Wirtspflanzen werden dadurch von anderen anorganischen Quellen reduzierter Stickstoffverbindungen unabhängig und können auch auf sehr nährstoffarmen Böden üppig gedeihen.

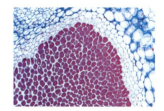

Knöllchenbakterien aus der Lupine: In den Knöllchenzellen haben sich die Rhizobien in wandlose Bakteroide umgewandelt.

Zum Weiterlesen BAYRHUBER u. LUCIUS (1997), BLECH (2000), BRAUNE u. a. (1999), CYPIONKA (1999), DUSENBFRY (1998), DUVE (1992), FISCHER (1998), FLEMMING u. WINGENDER (2001), FRITSCHE (2002), GOTTSCHALK (2009), KÖHLER u. VÖLSGEN (1997), KREMER (2001, 2002), MADIGAN u. a. (2000), MALZACHER (1978), MOCHMANN u. KÖHLER (1997), MARGULIS u. SAGAN (1987, 1997), POSTGATE (1994), SCHLEIFER u. a. (2000), SCHLEGEL (1992), SCHÖN (1999), WENNICKE (1993), WERNER (1987), WHITMAN u. a. (1998), WOESE u. a. (1990)

3.3 Cyanobakterien

In den Gebirgen finden sich auf dem blanken Gestein von Felswänden fast immer breite, schwarze, senkrecht verlaufende Bänder, die man sogar in der internationalen Fachliteratur als Tintenstriche bezeichnet.

Photosynthetisch aktive, einzellige oder fädig aufgebaute Lebewesen bezeichnet man konventionell als Algen. Auch die wegen ihrer eigenartig türkis- bis bläulichgrünen, mitunter auch rötlichen Färbung als Blaualgen bezeichneten Arten hat man Jahrzehnte lang zusammen mit den übrigen grünen, braunen und roten Algen gruppiert und ihnen sogar eine eigene Klasse *Cyanophyceae* eingerichtet. Schon vor Jahrzehnten stellte man mit den besten Lichtmikroskopen fest, dass mit den Blaualgen irgendetwas nicht stimmt – man fand keinen Zellkern und auch keine Plastiden. Erst die Detailuntersuchung der Zellen brachte Aufschluss: Die Blaualgen sind Prokaryoten und gehören folglich zu den Bakterien.

Die Basis des Pflanzenreichs

Die schwärzlich-grünen Beläge feuchter Mauerfüße oder schattiger Gebäudefundamente sind zwar recht unansehnlich, lohnen aber unbedingt eine genauere Inspektion: Man entnimmt eine kleine Schabeprobe, überführt eine kleine Portion davon auf einen Objektträger und zerzupft das Material mit zwei Präpariernadeln in einem Tropfen Wasser. Die mikroskopische Kontrolle zeigt vermutlich ein Gewirr schlanker, fädiger Gebilde, in denen sich rundliche oder kubische Einzelzellen zu langen, unverzweigten Ketten aufgereiht haben. Charakteristisch erscheint die ziemlich einheitliche Färbung der Zellketten: Sie zeigen ein besonderes bläuliches Grün, fallweise auch mit Nuancen zum lichten Türkisblau oder zu bräunlichen und blaurötlichen Farben. Ähnlich ergiebig sind auch Kratzproben von ständig überrieselten Gerinnen oder von größeren Bachkieseln, auf denen sich glitschige bräunliche Beläge ausgebreitet haben.

Links: Die auffälligen Tintenstriche an senkrechten Felswänden sind Mikrobenmatten überwiegend aus Cyanobakterien.

Rechts: In den Streifen dieses über 1,5 Milliarden Jahre alten Bändererzes bilden sich frühere Oxidationshorizonte ab, die auf Cyanobakterienmatten zurückgehen.

Zellen verändern die Welt Die moderne Benennung Cyanobakterien betont einerseits die Tatsache, dass die betreffenden Gattungen und Arten zweifelsfrei Prokaryoten sind, und greift andererseits die typische, unverkennbare Färbung der Zellen auf, die so bei anderen einzelligen oder fädigen Algen nicht vorkommt: Blaugrünbakterien enthalten das hellgrüne Chlorophyll a, das auch in allen eukaryotischen Algen sowie in den Höheren Pflanzen vorkommt, daneben aber außer einigen gelblichen Carotenoiden größere Mengen der bläulichen oder rötlichen Phycobiliproteine, die chemisch mit den Gallenfarbstoffen verwandt sind. Gerade diese Farbstoffe bestimmen in ihren Mischungsverhältnissen letztlich das Erscheinungsbild und die Farbpalette der Organismen. Formen, die unter Grünlicht gewachsen sind, neigen eher dazu, stärker rötlich zu sein als solche, die sich in einem Gewässer unter blauem Tiefenlicht entwickelt haben. Diese Erscheinung nennt man chromatische Adaptation. Sie erklärt aber letztlich nicht alle Farbnuancen, die man bei Cyanobakterien findet.

Der atmosphärische Sauerstoff, von dem die gesamte Biosphäre abhängt, geht ausschließlich auf die oxygene Photosynthese der Pflanzen zurück. In der Evolution des Lebens

Projekt	Cyanobakterien (Blau„algen")
Material	Boden- und Planktonproben
Was eignet sich ähnlich?	Mauerüberzüge, Beläge in Rieselfluren, Überzüge an Blumentöpfen und Aquarienwänden, einfache Reagenzglaskulturen
Methode	Ungefärbte oder mit Tusche behandelte Frischpräparate
Beobachtung	Zellmorphologie und Fadenaufbau in Durchlicht, Dunkelfeld und Phasenkontrast

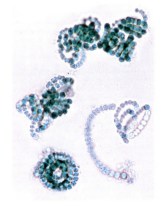

waren die Cyanobakterien die ersten Vertreter einer Vegetation, die die Chemie der Atmosphäre auf die heutigen oxidierenden Bedingungen umgestellt hat. Bereits in mehr als 1,5 Milliarden Jahre alten Gesteinen lassen sich ihre Spuren nachweisen: Cyanobakterien bildeten schon in der Frühzeit der Biosphäre ausgedehnte Mikrobenmatten, die man in der Geologie bzw. Paläontologie als Stromatolithen kennt.

Manche *Anabaena*-Arten bilden spiralige Ketten.

Lockere und feste Verbände Gewöhnliche Bakterien leben meist als winzige Einzeller oder bilden allenfalls als (lockere) Zusammenschlüsse einzelner Zellen, die meist nur von einer gemeinsamen Schleimhülle zusammengehalten werden. Viele Cyanobakterien sind – von den winzigen *Microcystis*-Arten abgesehen – im Vergleich zu den übrigen Bakterien relativ große Formen, die entweder kugelige Einzelzellen (kokkale Formen) darstellen oder sich zu langen, relativ stabilen Zellfäden (Trichome) zusammenschließen.

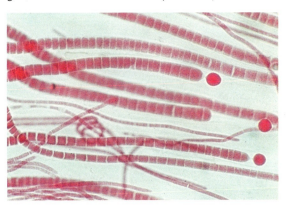
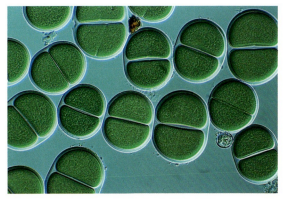

Im mikroskopischen Bild von Cyanobakterien einer Kratzprobe oder einem Planktonfang aus einem beliebigen Gewässer kann man die Zellwände klar erkennen. Sie bestehen wie bei den übrigen Bakterien aus dem nur bei Prokaryoten vorkommenden Zellwandbaustoff Murein. Dessen Synthese wird von dem Antibiotikum Penicillin gestört – auch Cyanobakterien sind folglich gegen diese Substanz recht empfindlich. Bei Beobachtung einer Probe in verdünnter Zeichentusche (eventuell 1:1 mit Wasser verdünnt) zeigen sich bei vielen Arten Schleimhüllen oder – vor allem bei den fädigen Formen – kompaktere Scheiden. Die scheidigen, röhrig aufgebauten Hüllen um die Zellfäden kann man bei vielen Arten mit wässriger (etwa 10%iger) Methylenblau-Lösung anfärben.

Links: Vertreter der Gattung *Rivularia* sind in krustigen Mikrobenmatten von Fließgewässern häufig.

Rechts: Beim schwimmenden Cyanobakterium *Chroococcus limneticus* aus dem Plankton nährstoffreicher Stillgewässer bleiben die großen Tochterzellen lange Zeit in einer gemeinsamen Gallerthülle.

Heterocysten sind anders Wenn sich gewöhnliche Bakterien zu Kolonien zusammenfinden, sind alle beteiligten Zellen untereinander gleich. Bei den fadenförmigen Cyanobakterien treten dagegen fallweise in Größe und Färbung

Nostoc commune mit
Heterocysten

Methylenblau-Färbung S. 270

von der Norm abweichende Einzelzellen auf, die in die Zellketten eingefügt oder an den Kettenenden angebracht sind. Wegen ihres andersartigen Aussehens nennt man sie Heterocysten. Meist erscheinen sie durch den Verlust der Phycobiliproteine gelblich und grenzen sich gegen die in der Kette benachbarten, normal bläulichgrünen Zellen mit einem zusätzlichen, auch im lichtmikroskopischen Bild klar erkennbaren, ins Zellinnere vorspringenden Höcker ab. Man nennt ihn polaren Nodulus. Bei endständigen Heterocysten wie in der Gattungen *Rivularia* und *Scytonema* ist er nur an der Kettenseite vorhanden.

Die Heterocysten tragen die Enzyme für den molekularen Einbau von Luftstickstoff (N_2; Stickstoff-Fixierung, N-Reduktion) in bestimmte Verbindungen – eine beachtliche Syntheseleistung, die es so nur bei Prokaryoten gibt.

Nach Anfärbung mit ▸ Methylenblau zeigen viele einzellige und fädige Cyanobakterien kräftig dunkelblau gefärbte Zelleinschlüsse, die mitunter fast ein Drittel des Zelldurchmessers einnehmen. Es handelt sich dabei um Polyphosphate (zahlreiche Phosphorsäurereste in langer Molekülkette), die den Zellen als Energiespeicher dient. Diese Zelleinschlüsse nennt man Volutin-Körnchen. Sie kommen auch bei farblosen Bakterien vor.

Vermehren durch Zerbrechen Bei den kettenförmigen Vertretern mit extrazellulärer Scheide, beispielsweise in den artenreichen und häufigen Gattungen *Lyngbya*, *Plectonema* oder *Phormidium*, findet man nicht selten eine Portionierung des Zellfadens in einzelne, durch kleinere oder größere Abstände getrennte Zellgruppen. Sie haben sich, ohne Zerstörung der beteiligten Zellen, an den Zellquerwänden voneinander getrennt und können nun die röhrige Scheide verlassen, um ihrerseits durch Zellteilungen wieder zu langen Fäden bzw. Ketten auszuwachsen. Man nennt diese Zellgruppen, die sich verselbständigen, Hormogonien. Manchmal umgeben sie sich mit einer besonders dicken Hülle und heißen dann Hormocysten. Sie können in dieser Form im Bodensediment der Gewässer gegebenenfalls viele Jahre überdauern. Noch resistenter sind die aus normalen vegetativen Zellen entstehenden, besonders verdickten und meist auch stark vergrößerten Akineten, die als Dauerzellen nachweislich mehrere Jahrzehnte überstehen, bis günstigere Umweltbedingungen ihnen wieder Keimung und Wachstum erlauben.

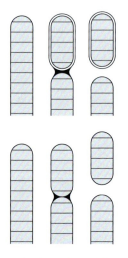

Vegetative Vermehrung bei fädigen Cyanobakterien: Hormocysten (oben) und Hormogonien (unten).

Hormocysten und Akineten lassen verstehen, warum es in den Gewässern mitunter zum plötzlichen Auftreten bestimmter Arten kommt.

Wasserblüte Cyanobakterien treten regelmäßig, gewöhnlich auch in großer Menge und Artenfülle, in allen möglichen Gewässern auf. In besonders nährstoffreichen Gewässern kann es vor allem im (Früh-)Sommer zur Massenentfaltung einzelner Arten kommen – die Algen treiben in großen Flocken oder Fladen an der Wasseroberfläche und können ein stehendes Gewässer nahezu vollständig bedecken. Diese Erscheinung nennt man in der Limnologie etwas blumig Algen-, Plankton- oder Wasserblüte. Echte Blütenpflanzen sind daran natürlich nicht beteiligt.

Am Aussehen der umherdriftenden Fladen kann man meist schon abschätzen, ob es sich um eine Blaualgenblüte handelt: Wenn grasgrüne Farbtöne fehlen und statt dessen eher ein schmutziges Braungelb oder Schwarzgrün zu sehen ist, kann man zuverlässig von einer Massenentwicklung bestimmter Cyanobakterien ausgehen. Sehr oft bestehen die driftenden Matten nur aus einer Cyanobakterien-Art. Da sie an der Wasseroberfläche optimal dem Licht ausgesetzt sind und photosynthetisch auf Hochtouren laufen, bleibt der freigesetzte Sauerstoff in den Fadenmatten portionsweise hängen und treibt diese blasig auf. Andererseits findet sich aber auch bei vielen Cyanobakterien die einzigartige Einrichtung der Gasvakuolen: Die Zellen von *Microcystis* enthalten einzelne bis sehr zahlreiche zylindrische Körper, die mit Gas (überwiegend Sauerstoff) gefüllt sind. Im lichtmikroskopischen Präparat fallen sie als stark lichtbrechende Zelleinschlüsse auf.

Cyanobakterien aus Böden Als entwicklungsgeschichtliche Oldtimer, von denen die Evolution der eukaryotischen Algen ausging, haben Cyanobakterien nahezu alle erdenklichen Lebensräume zwischen Arktis und Antarktis erobert. Sie kommen auch in jedem Garten- und Waldboden vor, wie man durch ein einfaches Kulturexperiment nachweisen kann: Man füllt eine Petrischale etwa zur Hälfte mit einer Bodenprobe beliebiger Herkunft (Ackerboden, Blumentopferde, Pflasterfugenfüllung), befeuchtet sie (Staunässe vermeiden), drückt sie etwas an und legt zwei saubere Objektträger darauf. Die mit Deckel verschlossene Petrischale stellt man an einem hellen Fenster ohne direktes Sonnenlicht auf. Nach 2 – 3 Wochen haben sich auf der Bodenkontaktseite der Objektträger grünliche Rasen angesiedelt. Jetzt sind sie reif für die mikroskopische Untersuchung. Man entnimmt sie, entfernt mit einer spitzen Pinzette etwaige anhaftende Bodenpartikel, trägt einen Tropfen Wasser auf und legt ein größeres Deckglas auf. In der Probe werden – neben Kieselalgen und grasgrünen Chlorophyceen – fast mit Sicherheit auch zahlreiche Cyanobakterien vertreten sein, vor allem fädige Formen.

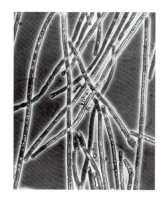

Fäden von *Aphanizomenon flos-aquae* mit Gallerthülle

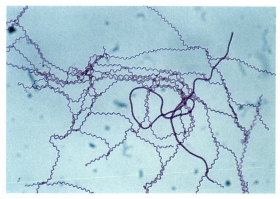

In seltenen Fällen können auch die im Boden lebenden Cyanobakterien – ähnlich wie die Wasserblüten – makroskopische Dimensionen erreichen: Nach anhaltenden Niederschlägen findet man auf feuchten Wiesen und Wegen sowie in Dünentälern weltweit die gallertigen, schwarzgrünen, etwas faltigen Massen von *Nostoc commune*, die die Phantasie der Naturbeobachter schon immer stark beschäftigt haben. In Frankreich nennt man sie „beurre magique", im deutschen Sprachraum war die Bezeichnung Meteorgallerte verbreitet. Eingetrocknet sind die *Nostoc*-Massen krümelig grau und fallen überhaupt nicht auf. Die Zellketten weisen gewöhnlich zahlreiche Heterocysten auf.

Links: Die Zellketten der formenreichen Gattung *Lyngbya* sind fädig organisiert und sitzen in meist geraden, relativ festen und farblosen Scheiden.

Rechts: Die schraubig gewundenen *Spirulina*-Arten vertreten bei den Cyanobakterien die bakterielle Spiralgestalt.

Kriechende Fäden In diesen Bodenproben sind sehr häufig schlanke, zylindrische Fäden zu sehen, die zwischen den einzelnen Fadenzellen keine Einschnürungen aufweisen: Sie gehören meist zur artenreichen Gattung *Oscilla-*

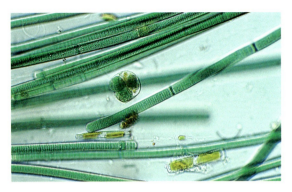

In Kulturen von Bodenproben treten häufig die schlanken Fäden von *Oscillatoria*-Arten auf.

Da die Fadenzellen nicht selten kleine Einschlusskörperchen aufweisen, ist bei stärkerer Vergrößerung zusätzlich zu beobachten, dass *Oscillatoria* sich beim Kriechen langsam um die Längsachse dreht.

In Ost- und Südostasien wächst *Azolla* massenhaft in den Reisfeldern. Nach dem Absterben der einjährigen Farnpflänzchen steht der reduzierte Stickstoff den Reiskulturen zur Verfügung.

toria. Relativ frei liegenden Fäden sehen wir uns bei mittlerer Vergrößerung genauer an: Die Fäden gleiten bzw. kriechen mit Geschwindigkeiten von 2–10 µm/sec aneinander entlang, wobei benachbarte Exemplare durchaus unterschiedlich schnell sein können. Sie können auch recht plötzlich die Bewegungsrichtung wechseln und wieder rückwärts davongleiten. Bei allen Bewegungsmanövern bleiben sie jedoch erstaunlich starr und zeigen keinerlei schlängelnde Verbiegung. Nur an den Fadenenden ist zu sehen, dass auch leichte Krümmungen in die eine oder andere Richtung möglich sind. Angesichts dieser hin und her pendelnden, gleichsam oszillierenden Fäden wird deutlich, dass der Gattungsname *Oscillatoria* sehr trefflich gewählt ist.

An einzelnen Fäden aus einer solchen Probe oder aus einer Reinkultur ist eine weitere aufschlussreiche Beobachtung möglich, die den zunächst rätselhaften Bewegungsmechanismus verstehen hilft. Bei Zusatz von stark verdünnter Zeichentusche zu einem Präparat kann man einzelne Tuschepartikel in spiraligen Wellen über die Fadenspitzen huschen sehen. Offenbar ist eine spezielle, im Lichtmikroskop nicht weiter auflösbare extrazelluläre Struktur für den Bewegungsablauf zuständig. Aus elektronenmikroskopischen Aufnahmen weiß man, dass die Fäden von zahlreichen Mikrofibrillen schraubig umwunden sind, deren Bewegung und Reibung mit der Unterlage offenbar die Gleitmanöver verursachen.

Wasserfarn mit Untermieter In fast allen botanischen Gärten finden sich auf Warmwasserbecken dichte grünlich-rote Schwimmdecken des Algenfarns (*Azolla filiculoides*) oder nahe verwandter Arten. In den wärmsten Gebieten Mitteleuropas und in Südeuropa tritt dieser Schwimmfarn auch auf stehenden Gewässern im Freiland auf. Der Farnthallus besteht aus kleinen, nur wenige Millimeter großen schuppenförmigen Blättern, die zweigeteilt sind: Der untere Lappen ist eingetaucht und dient als Floß, der obere ragt in den Luftraum und zeigt auf seiner Unterseite eine grubenartige Höhlung. In Schnitt- oder Quetschpräparaten sieht man sofort, dass diese Höhlung von fadenförmigen Cyanobakterien bewohnt wird, und zwar nur von der Art *Anabaena azollae*. In die perlschnurartig gegliederten Ketten sind regelmäßig große Heterocysten eingelassen.

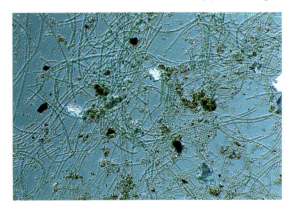

Neben Grün- und Kieselalgen stellen gerade die Cyanobakterien in den meisten Bodentypen einen großen Teil der photoautotrophen Mikroorganismen.

Bakterien aus dem Katalog Obwohl es wirklich kein nennenswertes Problem ist, von diversen Mikrobenmatten an Freilandstandorten oder aus Gewässern ausreichend typenreiches Ausgangsmaterial für die mikroskopische Untersuchung zu gewinnen, kann man verschiedene Arten Cyanobakterien auch über die Göttinger Sammlung von Algenkulturen (SAG) in Reagenzglaskulturen beziehen. Meist erhält man die Proben aufgeimpft auf Schrägagar.

Zum Weiterlesen BELLMANN u. a. (1991), BRAUNE u. a. (1999), CANTER-LUND u. LUND (1995), ESSER (2000), HOEK u. a. (1993), SAUER (1995), SCHLÖSSER (1994), SOMMER (1994, 1996), STREBLE u. KRAUTER (2006)

4   Die Zelle und ihre Bestandteile
4.1 Grundbauplan Zelle

Die kleinste unteilbare Struktur- und Funktionseinheit aller Lebewesen ist die Zelle. Nur sie besitzt alle Kennzeichen eines lebendigen Systems und ist fähig, sämtliche zur Selbsterhaltung notwendigen Leistungen zu erbringen, beispielsweise Stoffwechsel fernab vom chemischen Gleichgewicht zu betreiben. Viele Zellen sind zwar stark spezialisiert, weisen aber dennoch grundlegende Gemeinsamkeiten auf. Nach den kennzeichnenden Unterschieden ihrer Zellorganisation lassen sich die Lebewesen einer der drei Domänen Archaea, Bacteria und Eucarya zuordnen. Im mikroskopischen Bild sind klare Unterschiede zwischen Tier- und Pflanzenzellen erkennbar.

Methylenblau-Färbung S. 270

Mit einem sauberen Finger fährt man an der Innenseite der Wange entlang, streift die daran haftende Speichelflüssigkeit auf einem Objektträger ab, gibt einen kleinen Tropfen Wasser dazu und untersucht nach Anfärbung mit
▸ Methylenbau.

Einheit in der Vielfalt

Die menschliche Mundschleimhaut ist ein Abschlussgewebe (= Epithel), das als Decklage eine innere Oberfläche überkleidet. Sie besteht aus ziemlich flachen, plattigen Zellen von wenig festgelegtem Umriss, die in Mengen abschilfern und daher im Präparat entweder einzeln verstreut liegen oder noch kleine Zellgruppen bilden. Jede Einzelzelle repräsentiert eine typische tierische Zelle: Die Zelle wird durch die Plasmamembran (= Plasmalemma) begrenzt und ist als feine Linie zu erkennen. Da die einzelnen Zellen durch die Präparation etwas unsanft behandelt wurden, sind in der zarten Membran fast überall Falten und Knicke entstanden. Die Zellform

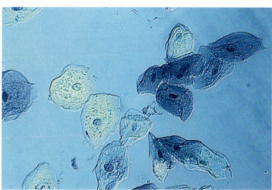

Plattige Epithelzellen der Mundschleimhaut

hat darunter aber kaum gelitten. Im Zellinneren ist der Zellkern mit seinem Kernkörperchen (Nucleolus) gut zu sehen. Eine solche Zelle mit Zellkern nennt man Eucyt. Bei Beobachtung im Phasenkontrast heben sich die Zellränder und der Kern neben feineren, zunächst nicht weiter bestimmbaren Zellkörperchen reliefartig ab. Die rasch zu gewinnenden Zellen der Mundschleimhaut verwendet man gerne als Testpräparat für dieses Beobachtungsverfahren.

Oftmals findet man im Präparat auch Zelltrümmer und auf den Zelloberflächen in jedem Fall eine größere Menge Bakterien, die sich mit Methylenblau tief dunkelblau gefärbt haben (vgl. S. 46 f.). So bietet dieses einfache Präparat gleichzeitig willkommene Gelegenheit, die beachtlichen Größenunterschiede zwischen den recht winzigen Protocyten und einem durchschnittlichen Eucyten zu sehen.

Alle Lebewesen sind Zellwesen Die im Schleimhautpräparat gesehene Zelle ist die funktionelle Grundeinheit der Lebewesen. Alle kennzeichnenden Basisfunktionen des Lebendigen sind unlösbar, ausnahmslos und gesamthaft an die intakte Zelle gebunden. Unterhalb der Organisationsstufe einer Zelle, in der subzellulären Dimension ihrer Bestandteile und sonstigen Ordnungs-

Das Präparat eignet sich hervorragend, um die Technik der zeichnerischen Darstellung gesehener Objekte zu üben. Zur Anlage einer Zeichnung und Grundtechnik der vereinfachenden Wiedergabe siehe Anleitung im Anhang (S. 263 f.).

Bei den Vielzellern verlieren die Einzelzellen ihre Autonomie nicht grundsätzlich, schränken diese aber gegebenenfalls zu Gunsten des Ganzen stärker ein und werden mit zunehmender Spezialisierung abhängig voneinander.

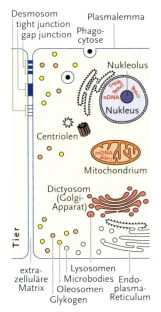

Desmosom
tight junction
gap junction
Plasmalemma
Phago-
cytose

Nukleolus

nDNA
Nukleus

Centriolen

mDNA

Mitochondrium

Dictyosom
(Golgi-
Apparat)

Tier

extra-
zelluläre
Matrix
Lysosomen
Microbodies
Oleosomen
Glykogen
Endo-
plasma-
Reticulum

Strukturschema einer tierischen
Zelle unter Berücksichtigung
ihrer Feinstruktur. Die verschiedenen Vorrichtungen zur Zell-
verknüpfung (z.B. Desmosom
und tight junction) sind im
Lichtmikroskop nicht erkennbar.

Methylenblau-Lösung S. 270
Hämatoxylin-Hämalaun-
Eosin S. 274 + 270

Zellen der oberen Epidermis
von Schuppenblättern der
Küchen-Zwiebel (*Allium cepa*).
Lugolsche Lösung (bzw. Iodtinktur) zeigt den cytoplasmatischen Wandbelag.

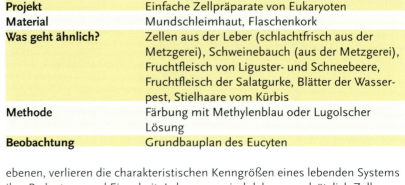

Projekt	Einfache Zellpräparate von Eukaryoten
Material	Mundschleimhaut, Flaschenkork
Was geht ähnlich?	Zellen aus der Leber (schlachtfrisch aus der Metzgerei), Schweinebauch (aus der Metzgerei), Fruchtfleisch von Liguster- und Schneebeere, Fruchtfleisch der Salatgurke, Blätter der Wasser-pest, Stielhaare vom Kürbis
Methode	Färbung mit Methylenblau oder Lugolscher Lösung
Beobachtung	Grundbauplan des Eucyten

ebenen, verlieren die charakteristischen Kenngrößen eines lebenden Systems ihre Bedeutung und Eigenheit. Lebewesen sind daher grundsätzlich Zell-wesen. Die Zelle verkörpert demnach den Elementarorganismus und kann bei einzelligen Lebewesen als solcher selbstständig bestehen.

Tierische Zellen – einfach und dennoch komplex Ein weiteres einfaches und recht aufschlussreiches Zellpräparat, das die Grundzüge eines tierischen Eucyten demonstriert, aber eine andere Zellgestalt darstellt, liefert eine kleine Probe von rohem Schweinebauchspeck aus der Metzgerei. Zur Untersuchung legt man herausgezupfte Kleinstportionen aus dem Fettgewebe in einen mit gleichen Teilen Wasser verdünnten Tropfen haushaltsübliches Geschirrspül-mittel (Detergens). Die Fett- bzw. Bindegewebszellen breiten sich darin opti-mal aus und zeigen die Membrangrenzen, ihren Zellkern und zahlreiche eingeschlossene Fettkügelchen (Oleosomen).

Eine vergleichbar einfache und übersichtliche Grundstruktur zeigen die Zellen aus schlachtfrischer Schweine- oder Rinderleber, die man ebenfalls aus der Metzgerei besorgt. Für den Einsatz im Schulunterricht kann man Würfel von etwa 1 cm Kantenlänge in Alu-Folie tiefgefrieren und auch nach längerer Aufbewahrung verwenden. Eine frische Schnittfläche tupft man vorsichtig 1–3-mal auf einen zuvor entfetteten Objektträger und lässt an der Luft trock-nen. Das trockene Präparat überschichtet man für 1–2 min mit ▸ Methylen-blau-Lösung und spült dann mit Wasser ab. Nach Auflegen des Deckglases zeigen sich die Zellen aus dem Lebergrundgewebe (Leberparenchym) als kubische Gebilde von ungefähr gleichem Durchmesser (etwa 15–30 μm) in allen Richtungen. Solche Zellen bezeichnet man als isodiametrisch. In den Zellen erkennt man die vergleichsweise großen Zellkerne. Ausnahmsweise können einzelne Zellen auch zwei oder drei Kerne enthalten. Außerdem wird das Präparat auch immer Zelltrümmer enthalten. Bei Färbung mit ▸ Haema-toxylin-/Haemalaun-Eosin sind das Cytoplasma hellrötlich und die Zellkerne dunkelblau gefärbt.

Ein Klassiker der Mikroskopie: Die Zwie-belschuppenepidermis Eine gewöhnliche Küchenzwiebel besteht aus dicken, dicht gepackten Schuppenblättern. Beim Längs-schneiden kann man sie als konkav gewölbte Gebilde aus dem festen Schuppenverband lösen. Dabei hebt sich auf der Oberseite der noch in der Zwiebel steckenden Blätter ein feines, durchsichtiges Häutchen ab. Es stellt ebenfalls ein Abschlussgewebe dar, das man

bei Pflanzen Epidermis nennt. Man schneidet davon ein etwa 5 x 5 mm großes Stück heraus, legt es eben und ohne randliche Überlappungen in Wasser und beobachtet unter einem Deckglas. Etwaige störende Luftblasen kann man durch leichten Druck auf das Deckglas austreiben.

Die Epidermiszellen sind in Längsrichtung der Schuppenblätter gestreckt und laufen meist spitzwinklig zu. Ein auffälliger Unterschied zu den oben angeregten Präparaten tierischer Zellen ist die allseitige Zellwand, die man zunächst nur als dickere Kontur, bei stärkerer Vergrößerung auf beiden Seiten mit je einer feinen Kontur begrenzt sieht. Das Plasmalemma ist auch in diesem Fall die eigentliche Zellgrenze, aber nicht sichtbar, weil es der Innenseite der Zellwand wie eine Tapete eng anliegt. Als wichtigster Zellbestandteil fällt der große, gewöhnlich wandständige Zellkern in den Blick, der häufig auch ein Kernkörperchen (Nucleolus) enthält. Man findet ihn als rundliches Oval irgendwo in der Zellmitte (Flächenansicht) oder als schmal ovale Struktur an eine Zellwand geschmiegt (Profilansicht).

Die Vakuole braucht den meisten Platz

Im Bereich der spitzen Winkel an den Zellenden zeigt sich, dass nicht das gesamte Zellvolumen von Cytoplasma eingenommen wird, sondern nur ein schmaler Randsaum. Der größte Teil des Zellvolumens, gewöhnlich mehr als 90 %, entfällt auf die Zentralvakuole, deren Membrangrenze (= Tonoplast) zum Cytoplasma sich als feine Linie abzeichnet. Bei starker Abblendung kann man in den Cytoplasmaansammlungen an den Zellenden zahlreiche kleine Einschlusskörperchen erkennen, die man wegen ihrer Kleinheit meist nicht genauer benennen kann. Am ungefärbten, unbehandelten Präparat ist hier und an den Längswänden nicht selten eine Cytoplasmaströmung zu sehen, die alle Einschlusskörperchen mit sich fortträgt. Aber auch ohne Plasmaströmung sind die Körperchen gewöhnlich ständig in Bewegung – Ausdruck der bekannten Brownschen Bewegung kleiner Partikel in flüssigen Medien (vgl. S. 26). Alle im Cytoplasma eingeschlossenen Bestandteile werden noch etwas deutlicher sichtbar, wenn man das Präparat mit ▸ Lugolscher Lösung anfärbt. Die Kerne nehmen dann eine bräunliche Färbung an, das proteinreiche Cytoplasma erscheint kräftig gelblich. Da Lugolsche Lösung meist Alkohol enthält, werden die Zellen dadurch fixiert (abgetötet). Die Plasmaströmung kommt augenblicklich zum Stillstand, das Cytoplasma nimmt durch Ausflockung seiner Proteine eine feine körnige Struktur an.

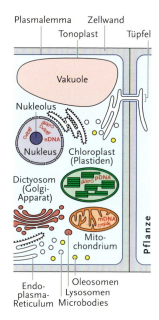

Strukturschema einer pflanzlichen Zelle unter Berücksichtigung ihrer Feinstruktur. Auffällig ist das von der Zellwand gebildete Strukturgerüst.

Fruchtfleischzellen des Liguster (*Ligustrum vulgare*) mit großer, von Natur aus gefärbter Vakuole

Eine Scheibchen zum Abschneiden – von der Salatgurke

An der Zwiebelepidermis sind mit der Zellwand und der großen Zentralvakuole bereits zwei typische Strukturmerkmale einer Pflanzenzelle deutlich geworden, die es so bei der tierischen Zelle nicht gibt.

Zum Kennenlernen der Komplettausstattung einer gewöhnlichen Pflanzenzelle bietet sich die im Gemüsehandel ganzjährig beschaffbare Salatgurke an. Man schneidet die Gurke quer durch und hebt mit der unter flachem Winkel geführten frischen Rasierklinge ein sehr dünnes Scheibchen aus dem Fruchtfleisch im Randbereich zur grünen Schale ab. Die mikroskopische Kontrolle des ungefärbten Präparates zeigt neben den schon bekannten Inventarstücken einer Pflanzenzelle die zahlreich vorhandenen, relativ kleinen Chloro-

Lugolsche Lösung S. 271

Das Präparat benötigt keine besondere Färbung. Man kann jedoch das Cytoplasma, das die Zentralvakuole mitunter strangartig durchzieht, mit der hier als Plasmafarbstoff eingesetzten Lugolschen Lösung etwas kontrastieren.

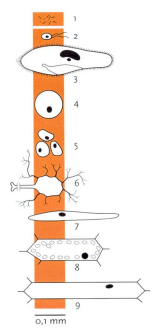

Messlatte Menschenhaar: 1 Prokaryoten (Bakterien), 2 einzellige Alge (Flagellat), 3 Pantoffeltier, 4 Säugetier-Eizelle, 5 Mundschleimhautzelle des Menschen, 6 Nervenzellkörper, 7 Zelle aus der glatten Muskulatur, 8 Moosblättchenzelle, 9 Epidermiszelle des Zwiebelhäutchens

Ab 1970 setzte sich in den Lehrbüchern der Biologie allmählich die Überzeugung durch, dass die wichtigste organismische Trennlinie nicht zwischen Pflanzen und Tieren verläuft, sondern innerhalb der Mikroorganismen.

An solchen und vergleichbaren pflanzlichen Präparaten entdeckte man außer der Zellwand schrittweise die eigentlichen und ungleich wichtigeren Bestandteile einer Zelle wie Zellplasma, Zellkern und Zellorganellen. Da man solche Details nur in technisch ausgereifteren Mikroskopen sehen kann, sind die Basisbestandteile der lebenden Zelle allesamt Entdeckungen des 19. Jahrhunderts.

plasten. Chloroplasten sind die grüne Variante der Plastiden und in allen grünen Geweben einer Pflanze vorhanden.

Die Basisbestandteile einer Pflanzenzelle sind ebenfalls sehr gut in den Fruchtfleischzellen von reifen Beeren des Ligusters zu erkennen. Die Vakuole ist mit Farbstoff beladen. Das bleiche Cytoplasma hebt sich davon deutlich ab und enthält locker eingestreute Chloroplasten.

Der Eucyt verkörpert die höhere Zelle Der Zelltyp Eucyt umfasst im Gegensatz zu den gewöhnlich recht kleinen Bakterien (Prokaryoten) größere, meist über 0,01 mm lange Zellen mit Zellkern und zahlreiche, hinsichtlich ihrer Aufgaben im Zellbetrieb spezialisierte Organellen, die jeweils eigene Reaktionsräume (Kompartimente) darstellen. Der Eucyt bildet die Grundeinheit der Eukaryoten („Zellkernlebewesen") und damit aller Organismen, die nicht zu den Bakterien gehören. Die Eukaryotenzelle enthält ferner ein aus röhrigen (tubulären) oder fädigen (filamentären) Strukturen aufgebautes Cytoskelett, das einerseits Stützfunktionen ausübt, aber auch der Zellkontraktion und damit der Beweglichkeit dient, aber im lichtmikroskopischen Präparat nicht so ohne weiteres darzustellen ist. In der heutigen Biosphäre gibt es keine fließenden oder stufig verbindenden Übergänge zwischen Pro- und Eukaryoten, sondern nur eine tiefe Kluft. Mit der Endosymbiontentheorie (vgl. S. 98) bietet die moderne Zellenlehre jedoch ein Konzept zur Zellevolution an, das den tiefen Trenngraben auf höchst elegante Weise überbrückt.

Historische Objekte: Flaschenkork und Wasserpflanzen Der heute allgemein geläufige Zellbegriff reicht bis in die Mitte des 17. Jahrhunderts zurück. ROBERT HOOKE, der sich lange Zeit mit der Konstruktion von Luftpumpen befasste, betrachtete um 1660 bei etwa 30facher Vergrößerung im Auflicht dünne Scheibchen von gewöhnlichem Flaschenkork und nahm darin zu seinem Erstaunen Strukturen wahr, die ihn an kleine Kämmerchen oder Schachteln („little boxes") erinnerten. Von diesem Bildeindruck leitete er den Begriff Zelle ab und verwendete ihn so in seiner 1665 in London erschienenen „Micrographia", in der er alle seine mikroskopischen Beobachtungen zusammengetragen hatte. Streng genommen hatte ROBERT HOOKE in den dünnen quer und längs geschnittenen Flaschenkorkscheibchen nur die Zellwände gesehen. Flaschenkork ist ein totes Gewebe; lebendiger Zellinhalt ist hier nicht mehr zu erwarten. Insofern verwundert es auch nicht, dass über den zelligen Aufbau aller Lebewesen zunächst überhaupt keine Vorstellungen bestanden.

Erst die Untersuchung lebender Objekte brachte näheren Aufschluss. Schon in der Frühzeit der Mikroskopie betrachtete man gerne die dünnen, durchscheinenden Blätter verschiedener Wasserpflanzen, die man nicht eigens schneiden muss. Heute nimmt man dazu die schmalen, dünnen Blätter der Wasserpest, die man entweder dem Gartenteich entnimmt oder aus dem Aquarienfachhandel bezieht – sie ist ganzjährig leicht zu beschaffen. Die etwa 1,5 cm langen Blätter sind gewöhnlich nur zweischichtig, so dass man das komplette Organ mikroskopieren kann. Bei schwacher Vergrößerung sucht man zunächst den im Durchlicht etwas dunkler erscheinenden Bereich der Mittelrippe auf. Hier sind die Zellen in Längsrichtung auffallend gestreckt. Schon nach einigen Minuten intensiver Reizung durch den Lichtkegel des Mikroskopierlichtes beginnt hier das Cytoplasma mit einer eindrucksvollen Cytoplasmaströmung, die auch die großen, linsenförmigen Chloroplasten auf offensichtlich festgelegten Bahnen mit sich reißt. Am Zustandekommen der

Strömung sind die im Lichtmikroskop nicht leicht darstellbaren erkennbaren Bestandteile des Cytoskelets beteiligt. Zellkerne sind wegen des dichten Besatzes mit Chloroplasten meist nicht zu sehen.

Der schottische Botaniker ROBERT BROWN, ehemaliger Militärchirurg, sah 1831 im Britischen Museum London in Epidermiszellen von Orchideen erstmals Strukturen, die er Nucleus nannte. Dieser Begriff wurde in der deutschen Übersetzung eines seiner Briefe durch NEES VON ESENBECK als Kern bezeichnet. Die zentrale Bedeutung des Zellkerns war zu diesem Zeitpunkt jedoch noch völlig unklar. Der in Prag lehrende Physiologe JOHANNES EVANGELISTA PURKINJE prägte 1837 den Begriff Protoplasma. In Jena erkannte der Botaniker MATTHIAS SCHLEIDEN um 1838, dass sämtliche Organe einer Pflanze aus Zellen aufgebaut sind. Da er auch in Knorpelzellen von Kaulquappen Zellkerne gefunden hatte, veranlasste er seinen Studienfreund, den Berliner Zoologen THEODOR SCHWANN, diesen Sachverhalt an tierischen Geweben generell nachzuprüfen. Im Jahre 1839 veröffentlichte SCHWANN tatsächlich eine wissenschaftshistorisch bedeutsame Arbeit mit dem Titel „Mikroskopische Untersuchungen über die Uebereinstimmungen in der Struktur und dem Wachsthum der Thiere und Pflanzen". Der Tübinger Botaniker HUGO VON MOHL unterschied 1846 das lebende Protoplasma vom wässrigen „toten" Zellsaft der Pflanzenvakuolen und definierte 1851 die Zelle als ein elementares Gebilde, das aus einem Zellkern und das ihn umgebende Protoplasma besteht. Auf solchen Grundlagen formulierte der in Paris lehrende Physiologe CLAUDE BERNARD 1865, dass sich alle Leistungen eines Lebewesens nur aus den Funktionen seiner Zellen erklären lassen. Damit war die epochemachende Zellenlehre als wichtiger Arbeitsbereich der Biologie begründet.

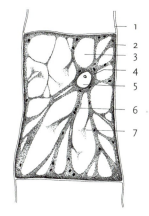

Zelle aus einem Blattstielhaar des Garten-Kürbis (*Cucurbita pepo*): 1 Zellwand, 2 Plasmawandbelag, 3 Vakuole, 4 Kerntasche, 5 Zellkern mit Kernkörperchen, 6 Cytoplasmastrang meist in lebhafter Fließbewegung) mit Zellorganellen, 7 Plasmastrang zur rückwärtigen Zellwand

Kompartimente durchgliedern die Zelle An den Blatt- und Blütenstielen des Kürbis fallen mehrzellige, etwas borstige Haare auf. Auch die an den Staubblättern der Blüten von Tradescantien (häufigste Art unter den Zimmerpflanzen: *Tradescantia fluminalis*) zahlreich vorhandenen Haare sind außerordentlich spannende Objekte, zumal sie eine enorm lebhafte Plasmaströmung zeigen. Man schneidet ein solches Haar mit der Rasierklinge möglichst nahe an der Basis ab, überträgt es in einen Tropfen Leitungswasser und beobachtet eine größere, unverletzte Haarzelle. Beim Abblenden oder im Phasenkontrast fallen zahlreiche Plasmastränge auf, welche die Zelle kreuz und quer durchziehen. Sie vermitteln einen starken Eindruck davon, wie sehr eine lebende Zelle untergliedert ist. Eine solche Zelle ist in Wirklichkeit noch viel komplexer. Das zeigt sich auf der strukturellen Ebene außer in der starken Zerklüftung des Protoplasmas vor allem in der weiteren und feineren Durchgliederung des Zellbinnenraums, dessen verschiedene Reaktionsräume, auch Kompartimente genannt, man im Lichtmikroskop nur in Teilen erkennen kann.

Die Kürbishaarzelle zeigt davon den Zellkern, etliche Chloroplasten und eine größere Anzahl kleiner, aber recht verschiedener Plasmaeinschlüsse, die man erst nach elektronenmikroskopischer Untersuchung genauer kennzeichnen konnte. Alle Zellkompartimente grenzen sich gegenseitig durch Membranen ab, die vom Plasmalemma unabhängig und im mikroskopischen Bild der Zelle bestenfalls als dünne Linie zu sehen sind. Eine solche Binnengliederung kommt bei den Prokaryoten nicht vor. Sie ist daher ein kennzeichnendes Bauplanmerkmal des Eucyten.

Die an den Staubblattstielchen von *Tradescantia*-Arten sitzenden Haare sind einzellreihig.

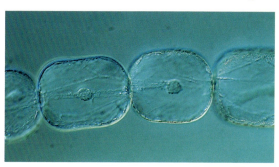

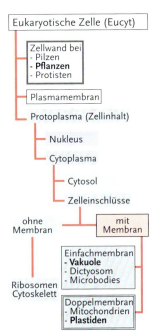

Struktur einer eukaryotischen Zelle (Eucyt):

- Eukaryotische Zelle (Eucyt)
  - Zellwand bei
    - Pilzen
    - **Pflanzen**
    - Protisten
  - Plasmamembran
  - Protoplasma (Zellinhalt)
    - Nukleus
    - Cytoplasma
      - Cytosol
      - Zelleinschlüsse
        - ohne Membran
        - mit Membran
          - Einfachmembran
            - **Vakuole**
            - Dictyosom
            - Microbodies
          - Doppelmembran
            - Mitochondrien
            - **Plastiden**
    - Ribosomen
    - Cytoskelett

Strukturkomponenten einer eukaryotischen Zelle (Eucyt)

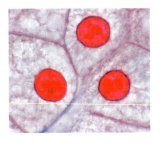

Zellmuster ohne gliedernde Zellwand: Hautstück vom Feuersalamander

Sternmoos-Arten (*Mnium*) besitzen große, nur eine Zellschicht dicke Blättchen. Sie lassen besonders gut ihre linsenförmigen Chloroplasten erkennen.

Basiskennzeichen eines Eucyten Die folgenden Kompartimente, von denen wir einige wichtige in den nachfolgenden Präparaten genauer kennen lernen werden, sind für den Eucyten kennzeichnend:

• Das Cytoplasma, häufig auch als Cytosol bezeichnet, stellt die Grundmasse des lebenden Zellinhalts. Hier läuft der nicht an Membranen gebundene oder auf andere Kompartimente beschränkte Stoffwechsel ab.

• Das Plasmalemma (Plasmamembran) ist schon von der Mikroskopie der Mundschleimhaut- und Leberzellen bekannt. Es umgibt das Cytoplasma der Zelle als Ganzes und könnte als dessen äußere Kompartimentsgrenze aufgefasst werden. Wegen seiner exponierten Lage am Zellrand stellt es einen eigenen Reaktionsort dar, der die Stoffpassagen zwischen innen und außen der Zelle kontrolliert. Das Plasmalemma ist auch Ort der Erkennung und der Signalaufnahme.

• Das Endoplasmatische Reticulum (ER) ist ein im Lichtmikroskop normalerweise nicht darstellbares Membransystem, das das gesamte Cytoplasma durchzieht und vielfältige Syntheseleistungen erbringt.

• Der Golgi-Apparat besteht aus mehreren, als Dictyosomen bezeichneten Bauteilen, in dem beispielsweise Membranbausteine und Exportsubstanzen der Zelle chemisch bearbeitet werden. Er ist im Lichtmikroskop gewöhnlich nicht eindeutig zu sehen. Man kann aber davon ausgehen, dass man unter den winzigen, nicht weiter auflösbaren Einschlusskörperchen des Plasmas immer auch Teile des Golgi-Apparates vor Augen hat.

• Als Microbodies fasst man die ebenfalls sehr kleinen, nur von einer Membran umschlossenen Körperchen zusammen, die man manchmal auch Mikrosomen nennt. Sie sind meist mit Enzymen beladen und kommen vor allem im abbauenden Stoffwechsel zum Einsatz. Auch sie sind wegen ihrer Kleinheit innerhalb der zahlreichen kleinen Plasmaeinschlüsse im Lichtmikroskop nicht eindeutig als solche erkennbar.

• Zellkern (= Nucleus): Steuerzentrale und wichtigstes Definitionskriterium der eukaryotischen Zelle. Er ist von einer doppelten Membranhülle umgeben, enthält das zelluläre Genom und besorgt die Vermehrung der DNA, deren Ablesung (Transkription) sowie die Bearbeitung der RNA.

• Mitochondrien sind von einer doppelten Membranhülle umgebene Zellbestandteile, die ein eigenes kleines Genom aufweisen und wichtige Teilbereiche der Zellatmung beherbergen. Mitochondrien verfügen über ein Nucleoid mit genetischer Information, das wie bei den Bakterien frei im Cytoplasma liegt.

• Die Vakuole nimmt in den meisten Pflanzenzellen den größten Raum ein. Sie ist ein mit Wasser und darin gelösten Substanzen gefülltes Kompartiment und dient als Stoffdepot.

• Die schon bekannten Chloroplasten gehören zu einer Gruppe von Zellbestandteilen, die man allgemein Plastiden nennt. Sie kommen ebenfalls nur in Pflanzenzellen vor und sind von einer doppelten Membranhülle umgeben. Ihre unterschiedliche Gestalt und Aufgabenstellung werden wir in speziellen Präparaten genauer analysieren. Auch sie enthalten ein eigenes Erbgut vom gleichen Aufbau wie bei den Bakterien. Plastiden und Mitochondrien bezeichnet man zusammen auch als Zellorganellen. Mitunter wird dieser Begriff nur auf diese beiden Zelleinschlüsse eingeschränkt.

Zum Weiterlesen DIETLE (1974), DUVE (1992), GERLACH (1987), GOODSELL (1994), GUNNING u. STEER (1996), HAUCK u. QUICK (1986), KLEINIG u. MAIER (1999), MUNK (2000), PLATTNER u. HENTSCHEL (1997), RENSING u. CORNELIUS (1988)

4.2 Die pflanzliche Zellwand

Schon die winzigen Bakterien leben gleichsam im Container: Ein von der Zelle im extrazellulären Raum aufgebauter und meist rundum geschlossener Panzer verleiht eine die Form bewahrende Stabilität und schützt vor äußeren Einwirkungen. Die Tradition einer festigenden Zellwand haben unter den Eukaryoten die einzelligen Algen übernommen und bis zu den Geweben der höheren Pflanzen beibehalten. Vor allem die Zellwände bedingen in vielfacher Hinsicht die Andersartigkeit der Pflanzen im Vergleich zu den Tieren, vor allem im Blick auf Gestalt, Wachstum, Ernährung und Kommunikation zwischen den Zellen.

Als ROBERT HOOKE im Jahre 1665 den Begriff Zelle prägte, hatte er tatsächlich nur den maschenartigen Verbund von pflanzlichen Zellwänden gesehen. Zweifellos sind die Wände das wichtigste strukturbietende Gefüge, das bei der Betrachtung eines Schnitts durch eines der pflanzlichen Grundorgane auffällt. Zellwände sind aber nicht nur abschließende Grenzen, sondern gleichzeitig wichtige Durchgangsstationen.

Verstärkung von außen

Modellhaft klar: Zellwände aus dem Stängelmark Die Waldrebe ist eine der häufigsten heimischen Lianen. An Waldrändern und Gebüschsäumen, aber auch an Flussufern und Bahndämmen bildet sie dichte Vorhänge. Für ein orientierendes Präparat zum Aufbau einer typischen Zellwand wählt man am besten ein kräftig verholztes älteres Sprossachsenstück von mindestens 5 mm Durchmesser. Auch entsprechend kräftige Stängelstücke von Gartenformen (*Clematis montana, C. jackmanni* u. a.) sind zum Präparieren hervorragend geeignet. Solche Sprossachsenstücke kann man zu allen Jahreszeiten entnehmen und beispielsweise für Kurszwecke in 70 % Ethanol aufbewahren.

Mit Rasiermesser oder Rasierklinge schneidet man ein solches Stück möglichst genau rechtwinklig zur Längsachse des Stängels quer. Die glatte Schnittfläche lässt jetzt den für zweikeimblättrige Pflanzen recht ungewöhnlichen sechskantigen Aufbau erkennen. Unterhalb der Rinde erkennt man schon mit bloßem Auge den dunklen Ring der einzelnen Leitbündel, die sich vom helleren Markbereich deutlich abheben. Für unser Präparat wählen wir einen Dünnschnitt, der einen Teil des Übergangsbereichs vom Leitbündelring zum Mark erfasst.

Schon bei schwacher Vergrößerung erkennt man, dass sich zwischen dem Mark und der Innenflanke der Leitbündel (die wir hier noch nicht näher betrachten, Details S. 176) eine Anzahl Zellen befindet, die nahezu kreisrund sind und durch ihre Reifenform auffallen. Wenn der Schnitt genügend dünn ist, sind sie fast völlig durchstrahlbar und daher praktisch farblos.

Interzellularen – Lücken zwischen den Zellen Bei kleiner bis mittlerer Vergrößerung ist zu sehen, wie die Waldrebe das Problem gelöst hat, nahezu kreisrunde Zellen zu einem dichten Verband zusammenzuschließen. Ganz ohne Lücken geht es nicht. Zwischen je drei Zellen bleibt daher an der gemeinsamen Berührungsstelle ein Zellzwischenraum (= Interzellularraum oder Interzellulare) übrig. Die Verbindungslinie zwischen zwei Interzellularen zeichnet sich deutlich ab. Sie markiert das früheste Entwicklungsstadium der Zellwand zwischen zwei benachbarten Zellen und heißt Mittellamelle. Von beiden Zellen, die nach der Teilung eine Mittellamelle zwischen sich errichtet

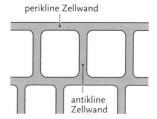

perikline Zellwand

antikline Zellwand

Richtungsbezeichnung pflanzlicher Zellwände

Mit einer sehr einfachen und rasch eintretenden Farbreaktion kann man die Zellwände kontrastreicher darstellen und zugleich nachweisen, dass der wichtigste Baustoff die Holzsubstanz Lignin ist: Mit Phloroglucin-HCl (S. 275) färben sich die Wände intensiv karminrot an, ebenso in Etzolds Gemisch (S. 279) oder nach dem ACN-Verfahren (S. 280).

Projekt	Querschnitt durch den Stängel der Waldrebe
Material	Sprossachsenstücke der Waldrebe (*Clematis vitalba*)
Was geht ähnlich?	Sprossachsenstücke der Mahonie (*Mahonia aquifolium*), innere Epidermis einer roten Gemüse-Paprika
Methode	Nachweis verschiedener Wandbaustoffe mit ausgesuchten histochemischen Reaktionen (Phloroglucin-HCl, Etzolds Gemisch (Safranin-Astrablau) oder ACN-Gemisch, Chlorzinkiod-Reaktion), Polysaccharid-Nachweis nach der PJS-Methode
Beobachtung	Schichtenbau und Baustoffe der Zellwand

Da alle Moleküle aneinanderhängen, bilden sie zusammen ein riesiges Makromolekül. Was sich im Präparat leuchtend karminrot gefärbt darstellt, ist also ein Teil dieses gigantischen molekularen Netzes.

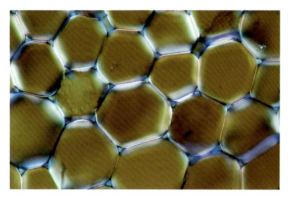

Zellen aus dem Markparenchym des Kultur-Mais (*Zea mays*) mit kleinen Interzellularen

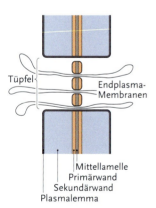

Tüpfel — Endplasma-Membranen

Mittellamelle
Primärwand
Sekundärwand
Plasmalemma

Aufbau einer pflanzlichen Zellwand

Mahonie (*Mahonia aquifolium*): Die marknahen Zellen der Sprossachse

haben, werden nun neue Wandschichten aufgetragen und mit bestimmten Stoffen verfestigt. Im vorliegenden Fall besteht der größte Teil der Schichtfolge, die bei stärkerer Vergrößerung gut erkennbar ist, aus dem wichtigen pflanzlichen Erfolgsstoff Lignin. Seine Bausteine sind ringförmige Moleküle, die sich über kurze Seitenketten allseitig miteinander vernetzen. In der molekularen Dimension sieht ein Zellwandausschnitt daher aus wie ein aus Tausenden Maschen gestrickter Pullover.

Schichtenfolge im Verbund An die Teilung des Zellkerns (vgl. S. 79 f.) schließt sich gewöhnlich die Teilung der Zelle (Cytokinese) an. Die erste Trennlage zwischen den Nachbarzellen, die Mittellamelle, besteht überwiegend aus noch wenig festigenden Pektinen (Galacturonane = Polymere von Galacturonsäure) und Hemizellulosen (Xyloglucane, bestehen aus Glucose-Ketten mit Verzweigungen aus Xylose). Diese Substanzgruppen bilden die Zellwandgrundsubstanz oder Matrix.

Von beiden Tochterzellen aus werden nun auf die Mittellamelle Wandschichten aus meist anderen Gerüstsubstanzen aufgelagert. Das wichtigste dabei verwendete Biopolymer ist die Cellulose, die aus Glucose-Bausteinen besteht. Viele Pilze verwenden statt dessen Chitin, ein recht einheitlich zusammengesetztes Polymer aus N-Acetyl-Glucosamin, wie es auch im Außenskelett der Insekten, Krebs- und Spinnentiere vorkommt. Die auf die Mittellamelle aufgelagerte Wandschichtenfolge ist die Primärwand. Sie ist zusammen mit der Mittellamelle im lichtmikroskopischen Bild einer Zellwand klar zu erken-

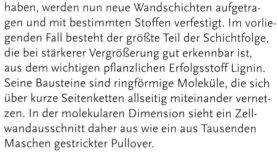

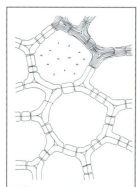

1
2
3
4
5

Gewöhnliche Waldrebe (*Clematis vitalba*): 1 Amyloplasten (nur in einer Zelle dargestellt), 2 Sekundärwand, 3 Tüpfelkanal, 4 Sekundärwandschichtung (nur anteilig dargestellt), 5 Tüpfelöffnungen in Aufsicht

nen und speziell anfärbbar. Bis zu diesem Wachstumsstadium kann sich eine Zelle durch Streckung vergrößern. Erst mit der Fertigstellung der Primärwand ist das Zellwachstum abgeschlossen.

In bestimmten Organbereichen einer Pflanze erfordern die Stabilitätskriterien an die Zellwand oft jedoch noch weitere Zellwandschichten, die man als Sekundärwand bezeichnet. In manchen Zellen kann sie eine beachtliche Abmessung erreichen. Baustoffe sind jetzt entweder weiterhin Cellulose wie in vielen Faserzellen oder die Holzsubstanz Lignin. Sekundärwände können alternativ auch noch weitere Wandbaustoffe einlagern. Verbreitet ist die Ausrüstung pflanzlicher Oberflächen durch wasserabweisende Substanzen wie das Cutin der Epidermen oder die Suberinschichten der Korkzellen, die ROBERT HOOKE als Erster beobachtet hat. Solche Wände sind für Wasser anschließend praktisch undurchdringlich.

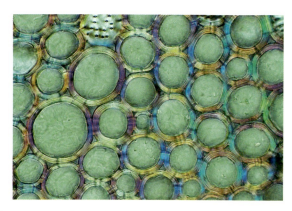

In den mehrjährigen Sprossachsen der Waldrebe (*Clematis vitalba*) sind die rundlichen Übergangszellen vom Leitbündelring zum Mark verholzt.

Kanäle queren die Zellwand Wenn Pflanzenzellen sich mit einer dicken Zellwand umgeben, kann der Eindruck entstehen, dass sie sich eventuell einmauern und damit gleichsam verbarrikadieren. Tatsächlich bleiben sie jedoch in direktem Kontakt zueinander, so dass sie Stoffe und Signale austauschen können. Die Zelldirektkontakte erfolgen über winzig kleine Löcher in der Zellwand, die man im Lichtmikroskop nicht erkennen kann. Sie heißen Plasmodesmen. Erst wenn zahlreiche Plasmodesmen gleichsam wie ein Telefonkabel gebündelt werden, ist ihre Durchtrittstelle durch die Zellwand lichtmikroskopisch als feiner Kanal zu sehen. Solche Kanäle nennt man auch Tüpfel. Das Querschnittbild durch den Stängel der Waldrebe zeigt zahlreiche dieser Tüpfel, die die Wände geradlinig durchziehen. Oftmals liegen sie nicht exakt in der Schnittebene und bilden sich dann nur mit ihren Schattenrissen ab.

Links: Steinzellen aus der Samenschale der Haselnuss (*Corylus avellana*) mit dicken, stark durchtüpfelten Sekundärwänden

Rechts: Endospermzellen der Dattelpalme (*Phoenix dactylifera*) mit Cellulose-Einlagerung. Je nach Schnittführung durch die vorgequollenen Samen sind zahlreiche und meist recht breite Tüpfelkanäle erkennbar.

Zusammenhang trotz Trennwand Durch ihre Zellwände wären die Pflanzenzellen vollständig voneinander isoliert, wenn sie nicht durch die feinen Wandporen (= Plasmodesmen) direkten Kontakt zueinander hielten. Die Porendurchmesser dieser Kontaktstellen liegen zwischen 20 und 80 nm. Plasmodesmen können die Zellwände einzeln durchziehen oder zu Gruppen zusammengefasst sein. Im letzteren Fall bleiben in der Sekundärwand einzelne Bereiche ausgespart, die man im Lichtmikroskop als Tüpfel oder bei besonders großen Sekundärwänden auch als Tüpfelkanäle erkennen kann.

Mitunter hat der Schnitt auch die in der Ebene des Objektträgers liegenden Querwände der randlichen Markzellen erfasst. Darin kann man die Öffnungen der Tüpfelkanäle sehen und feststellen, dass sie nicht ideal kreisrund sind, sondern eher mandel- bis schlitzförmig.

In plasmolysierten Zellen zeigen die so genannten Hechtschen Fäden die genaue Lage von Plasmodesmen oder kleinen Tüpfeln an.

Auch an weniger stark verdickten Zellwänden kann man die Tüpfel sichtbar machen. Wir fertigen dazu ein Präparat der Zwiebelschuppenepidermis an (vgl. S. 60) und legen das etwa 5×5 mm große Häutchen in eine 1-molare Lösung von Kaliumnitrat (KNO₃, etwa 1 g auf 10 ml H₂O) oder eine vergleichbar konzentrierte Kochsalz-Lösung (etwa 0,5 g auf 10 ml H₂O). Schon nach wenigen Augenblicken schrumpft der lebende Zellinhalt durch Plasmolyse (vgl. S. 75) stark zusammen. Das Protoplasma kugelt sich jedoch nicht immer komplett ab, sondern bleibt an mehreren Stellen mit dünnen Stegen an der Zellwand kleben, die man besonders im Phasenkontrast oder bei schiefer Beleuchtung gut erkennen kann – man nennt diese Strukturen Hechtsche Fäden. Ihre Kontaktstelle zur Zellwand hilft die Tüpfel zu lokalisieren und zeigt die Lage von Plasmodesmen (gruppen) an.

Über die Plasmodesmen bleiben die Cytoplasmen der jeweils benachbarten Zellen miteinander in Verbindung und können auf diesem Wege Stoffe bzw. stoffliche Signale austauschen. Den gesamten plasmatischen Aktions- bzw. Reaktionsraum bezeichnet man daher als Symplasten. Auch der Zellwandraum enthält trotz seiner gegebenenfalls erheblichen Abmessungen Porenweiten um 10 nm Durchmesser, in denen wässrige Lösungen mit darin gelösten Stoffen wandern. Der Zellwand kann man somit eine Art Kreislauffunktion im Nahbereich der Gewebe zuschreiben. Die Gesamtheit der an der Stoffverteilung beteiligten Zellwandräume bezeichnet man als Apoplasten.

Wände mit Mäanderschleifen Besonders interessant sind Zellwände eigentlich immer dann, wenn sie auffällig verdickt sind und eine mächtige Sekundärwandschicht aufgelagert haben. Diese kann unter Umständen abenteuerliche Formen annehmen. Eine

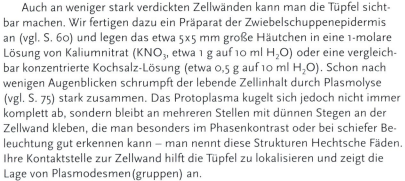

Zellen aus der Fruchtwandepidermis der roten Gemüse-Paprika (*Capsicum annuum*)

besonders ausgefallene Lösung findet sich beispielsweise in der Beerenfrucht der marktüblichen Gemüse-Paprika. Wenn man die Fruchtwand einer roten Paprika (am besten eignen sich dickbauchig-kugelige Sorten) aufschneidet, fällt auf ihrer Innenseite eine Abschlusslage auf, die mit bloßem Auge ein wenig aussieht wie Krepp-Papier. Man entnimmt ein kleines Stück davon und beobachtet bei kleinerer Vergrößerung. Im Präparat fallen jetzt zwischen gefärbten Zellverbänden auch solche auf, die wie fensterartige Durchbrechungen aussehen. Sie erweisen sich bei mittlerer Vergrößerung als besonders große, meist etwas länglich gestreckte, aber recht flache Epidermiszellen, deren antikline Zellwände eigenartig wellig geschwungen und verbogen sind. Die Sekundärwände sind hier in sehr unterschiedlich starkem Maße verdickt und zeigen daher auf ihrer Außenseite ein seltsames Girlandenmuster – man nennt sie deswegen auch Gekrösezellen. Zwischen den einzelnen Bögen liegen jeweils Tüpfel bzw. Tüpfelkanäle. Eigenartigerweise sind die Mittellamellen an vielen Stellen aufgelöst und haben sie höhlenförmig aufgeweitet. Auch hier kann man fallweise in den oberflächenparallelen Zellwänden in die Öffnungen der einzelnen Tüpfel blicken.

Anhand der typischen blaugrauen Reaktion mit Chlorzinkiod-Lösung (S. 276) lässt sich nachweisen, dass die Sekundärwände in diesem Fall aus Cellulose aufgebaut sind. In Etzolds Gemisch (S. 279) oder ACN-Gemisch, (S. 280) färben sich die mit Cellulose verstärkten Zellwände blau an.
Ein empfehlenswertes alternatives Verfahren, mit dem sich die Zellwand-Polysaccharide violett darstellen lassen, ist die Periodsäure-Schiff-Reaktion (PJS-Methode, S.277).

Zum Weiterlesen Bowes (2001), Eschrich (1995), Goodsell (1994), Kaussmann u. Schiewer (1989), Kück u. Wolff (2002), Nultsch (2001), Lüttge u.a. (2005)

4.3 Plastiden – farbig oder farblos

Oft werden die Zellwände als besonders charakteristisches Merkmal der Pflanzen dargestellt, obwohl stabile Wandkonstruktionen auch bei Bakterien und Pilzen vorkommen. Viel typischer für Pflanzen und geradezu ihr Exklusivkennzeichen sind jedoch ihre verschiedenen Plastiden.

Bei der Untersuchung eines beliebigen grünen Pflanzengewebes, beispielsweise des schnittfesten Fruchtfleisches einer Salatgurke oder einer grünen Paprika, findet man in den angeschnittenen Zellen immer Chloroplasten. Dabei handelt es sich durchweg um flache, linsenförmige, runde oder länglich-ovale Einschlusskörperchen im Cytoplasma. Ihre wichtigste Aufgabe ist die Photosynthese, womit man verkürzt und vereinfacht die Umwandlung von atmosphärischem Kohlenstoffdioxid (CO_2) zu organischen Verbindungen wie Zucker und anderen Vorratssubstanzen meint. Die Chloroplasten tragen auf speziellen Membranen die beiden Blattgrünstoffe Chlorophyll a und Chlorophyll b, die zusammen mit einigen davon überdeckten Gelbpigmenten (Carotenoiden) das grüne Gesamterscheinungsbild einer Pflanze ausmachen.

Innerer Aufbau Schon vergleichsweise früh im letzten Jahrhundert war bekannt, dass die meist um 10 μm großen Chloroplasten auch eine Binnenstruktur aufweisen – man sprach von Chlorophyllkörnern. Das Elektronenmikroskop zeigte, dass die Chloroplasten von vielen Membranen durchzogen werden, die sich an mehreren Bereichen zu so genannten Grana stapeln. Diese Grana sind auch im Lichtmikroskop erkennbar, und zwar als dunklere, nicht besonders deutlich konturierte Bereiche innerhalb der Chloroplasten.

Zum Beobachten der Granastrukturen fertigen wir ein Schabepräparat an: Ein Blatt von Spinat, Mangold oder Efeu kratzt man von der Oberseite her mit einem Skalpell oder einer Rasierklinge vorsichtig an, bis das grüne, saftige Gewebe unterhalb der Epidermis zum Vorschein kommt. Dann gibt man einen Tropfen Glycerin darauf, schabt weiter und verrührt das Geschabsel zu einer grünlichen Suspension. Diese überträgt man auf einen Objektträger, deckt mit einem Deckglas ab und untersucht bei stärkerer Vergrößerung, am besten mit einem kontrastverstärkenden Grünfilter. Vorteilhaft ist hier der Einsatz der ▶ Ölimmersion. Die meist zahlreichen Grana heben sich in der Flächenansicht der Chloroplasten als dunklere Bereiche ab. Glycerin ist bei dieser Untersuchung weniger wegen seines Brechungsindex von Belang, sondern stabilisiert die Granastrukturen außerhalb des Zellplasmas. Bei Beobachtung in Wasser würden diese relativ rasch zerfließen.

In den Blättern der Wasserpest (vgl. S. 62) werden die Chloroplasten von der starken Cytoplasmaströmung innerhalb der Zelle ständig verlagert. Dabei zeigen sie sich häufig auch in der Profil- bzw. Kantenansicht. Unter günstigen Umständen kann man jetzt die Granastrukturen als feine, längliche Striche erkennen.

In allen Chloroplasten-Suspensionen werden fallweise auch Teilungsstadien enthalten sein. Chloroplasten vermehren sich in der Zelle nur aus ihresgleichen durch einfache Querteilung, ähnlich wie Bakterien. Im wachsenden Gewebe entstehen sie oft auch aus den grundsätzlich immer vorhandenen, aber recht kleinen Proplastiden, die man im Lichtmikroskop meist nur den Mikrosomen (vgl. S. 64) zuordnen kann.

Viele Formen, viele Aufgaben

Die verschiedenen Mengenanteile ergeben in ihrer Summenwirkung zusammen mit den unterschiedlichen Gewebestrukturen die zahlreichen Grünnuancen in der Pflanzenwelt.

Ölimmersion S. 289

Oben: Chloroplasten aus Garten-Spinat (*Spinacia oleracea*) mit Granastruktur

Unten: Wasserpest (*Elodea* bzw. *Egeria*): Granabereiche der Chloroplasten bilden sich durch Grünnuancierungen ab.

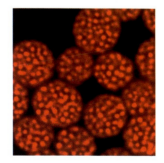

Chloroplasten sind die Orte der Photosynthese und dienen im Licht als kurzfristiges Zwischenlager für das Photosyntheseprodukt Stärke: Chloroplastenstärke in Blattzellen des Ligusters (*Ligustrum ovalifolium*) nach Anfärbung in Lugolscher Lösung.

Projekt	Einfache Plastidenpräparate aus verschiedenen Pflanzenteilen
Material	Chloroplasten: Blätter von Spinat oder Wasserpest Chromoplasten: Mohrrüben, Hagebutten Leukoplasten: Bootslilie, Zebrakraut Amyloplasten: Banane, Kartoffel(mehl)
Was geht ähnlich?	Chloroplasten: Mangold, Efeu, Bogenhanf, Grünlilie, Fensterblatt Chromoplasten: rote Paprika, Tomate, gelbe Blütenblätter von Hahnenfuß, Stiefmütterchen, Kapuzinerkresse, Ringelblume, Sonnenblume, Löwenzahn und Chrysanthemen Leukoplasten: Bogenhanf, Grünlilie, weitere *Tradescantia*-Arten Amyloplasten: Getreidemehle, Hülsenfrüchte, Milchsaft aus Wolfsmilch-Arten
Methode	Schabe- oder Zupfpräparate, Chloro- und Amyloplastenfärbung mit Lugolscher Lösung, Amyloplastenfärbung mit der PJS-Methode, Untersuchung im polarisierten Licht
Beobachtung	Granabereiche, Pigmentführung und Stoffspeicherung in verschiedenen Plastidentypen

Lugolsche Lösung S. 271

Zwischenlager der Photosyntheseprodukte Die im Laufe eines sonnigen, warmen Tages in den Blattchloroplasten angehäuften Produkte bilden die so genannte Assimilationsstärke. Man kann sie in den Chloroplasten als stark lichtbrechende Einschlüsse sehen. Mit ▶ Lugolscher Lösung färben sie sich intensiv schwarz an. Geeignete Objekte sind die schon empfohlenen Chloroplasten von Spinat, Mangold, Efeu, Wasserpest, aber auch Grünlilie oder andere Zimmerpflanzen, sofern sie längere Zeit und ausreichend intensiv belichtet wurden. Oft bildet sich in den Chloroplasten auch nur ein größerer Stärkeeinschluss ab.

Umbau zum Chromoplasten Viele anfangs grüne Früchte erröten im Zustand zunehmender Reife sichtlich. Vielfach ist damit ein bemerkenswerter Umbau der Chloroplasten verbunden: In kurzer Zeit werden die Chlorophyllvorräte abgebaut und statt dessen zusätzliche Gelbpigmente eingelagert: Der grüne Chloroplast wandelt sich zum gelben bis orangeroten Chromoplasten. Die gelben Farbstoffe sind ebenso wie die Chlorophylle auf den inneren Membranen gebunden und gehören immer zur Stoffklasse der Carotenoide. Wegen ihrer Membranbindung sind auch die Carotenoide – ebenso wie die Chlorophylle – nicht wasserlöslich, aber in organischen Lösungsmitteln wie Ethanol oder Aceton leicht zu isolieren.

Innerhalb der umfangreichen Pigmentfamilie der Carotenoide kann man Carotene und Xanthophylle unterscheiden, je nachdem ob die betreffenden Verbindungen reine Kohlenwasserstoffe sind oder zusätzlich ein wenig Sauerstoff enthalten.

Aus dem reifen, weichen Fruchtfleisch einer Hagebutte – besonders eignen sich die großen Hagebutten der Kartoffel-Rose (*Rosa rugosa*) – entnimmt man mit der Präpariernadel eine kleine Probe und streicht sie in Wasser auf einem Objektträger aus. Schon bei geringer bis mittlerer Vergrößerung zeigen sich große, ballonförmige, dünnwandige und offenbar recht plasmaarme Zellen mit zahlreichen, in diesem Fall spindel- bis sichelförmigen Chromoplasten. In anderen Zellen, deren dünne Zellwände durch diese Art der Präparation eventuell stärker zerknittert sind, finden sich auch kleinere, rundliche

Chromoplasten. Obwohl alle diese Fruchtfleischzellen eine größere Anzahl Chromoplasten enthalten, sind sie damit keineswegs voll gestopft. Dennoch genügt der vorhandene Chromoplastenbesatz
für ein nahezu farbgesättigtes Erscheinungsbild
der betreffenden Pflanzenorgane. Zur gleichen Feststellung kommt man bei der Untersuchung von
roter Paprika oder Tomate. Die mit meist intensiv
rötlichen und kristallähnlichen Binnenkörpern ausgestatteten Chromoplasten bezeichnet man als
kristallös, während Chromoplasten ohne besonders
geformte Einschlüsse zu den membranösen oder tubulösen Typen gehören.
Im Lichtmikroskop kann man diese jedoch nicht unterscheiden.

Kristallgebilde mit Membranumkleidung In kristallösen Chromoplasten
können die meist aus reinem β-Caroten (= Provitamin A) bestehenden Einschlüsse auch als flache Kristalltäfelchen von sechseckigem Umriss ausgebildet sein. Dazu sehen wir uns die am weitesten außen gelegenen Zellen in
einem dünnen Quer- oder Längsschnitt durch eine Mohrrübe an, die man zur
Stabilisierung der Chromoplasten in einer 5%igen wässrigen Lösung von
Haushaltszucker untersucht. Mitunter hat es den Anschein, als lägen diese
plattigen kristallinen Gebilde frei im Cytoplasma. Bei starkem Abblenden und
guter Auflösung ist jedoch vor allem bei leicht geschwungenen oder eher stab-
förmigen Exemplaren fallweise zu erkennen, dass sie sich jeweils innerhalb
einer zarten Membranhülle befinden.

Kristallöse, leicht sichelförmig
geschwungene Chromoplasten
in den Hagebuttenfleischzellen
der Runzel-Rose (*Rosa rugosa*)

Lugolsche Lösung S. 271

Wir nehmen das Objekt vom Objekttisch, heben das Deckglas ab, übertragen die Schnitte durch das Mohrrübengewebe in einen Tropfen konzentrierter
Schwefelsäure und decken mit einem neuen Deckglas ab. Nach einiger Zeit
haben sich die Chromoplasten in charakteristischer Weise verfärbt – sie sind
jezt tinten- bis königsblau.

Diese typische Reaktion mit
starker Mineralsäure kann als
Stoffgruppennachweis dienen –
die kennzeichnende blaue Verfärbung tritt nur mit Carotenoiden ein.

Signalgeber Warum die übliche Gartenmöhre in ihren Wurzelkörperzellen
große Mengen kristallöser Chromoplasten speichert, ist ein ungeklärtes Problem – die Wildpflanze *Daucus carota* enthält nämlich keine. Bei den auffällig
ausgefärbten Früchten ist die Aufgabenstellung dagegen klar zu umreißen:
Die Chromoplasten sind Teil der plakativen Fernwirkung, die Früchte verzeh-
rende Tiere anlockt und ihnen per Darmpassage den Samen zur Verbreitung
andient. Auch bei den Blüten sind Chromoplasten ein häufiger Bestandteil der
grellen Farbigkeit, die an potenzielle Bestäubertiere adressiert ist. In den knall-
gelben Honigblättern des Kriechenden Hahnenfuß, die bei dieser Art und
ihren Verwandten die Aufgabe von Kronblättern übernehmen, führen die Chromoplasten reichlich Stärkeeinlagerungen, wie ein einfaches Quetschpräparat
und anschließende Färbung mit ▸ Lugolscher Lösung beweisen. Die stark
lichtbrechenden Stärkevorräte bilden sich auf der makrokopischen Ebene als
auffallender Fettglanz ab, was den Hahnenfuß-Arten auch den Namen Butter-
blume eingetragen hat. Lohnende Objekte für die Untersuchung von Chromoplasten sind auch die Kronblätter von gelben Stiefmütterchen, Kapuziner-
kresse, Ringelblume, Sonnenblume, Löwenzahn und Chrysanthemen.

Die Zeit der herbstlichen Laub-
färbung bietet vielerlei Möglichkeiten zur genaueren Ein-
blicknahme: Umfärbung der
Intercostalfelder beim Berg-
Ahorn (*Acer pseudoplatanus*).
Die grünen Sommer-Chloro-
plasten werden zu gelblichen
Gerontoplasten.

Herbstlaub – bunter Abfall Im Herbst verabschieden die laubwerfenden
Gehölze ihre sommergrünen Blätter mit beeindruckenden Farborgien. Auf der
Ebene der Zelle werden im vergilbenden Herbstlaub die Chlorophylle der

Chloroplasten abgebaut, während die Carotenoide darin erhalten bleiben oder sogar zusätzlich synthetisiert werden. Diese umgefärbten Altersstadien, wie man sie beispielsweise in den Blättern von Ahorn, Birken und Buchen betrachten kann, wurden früher ebenfalls als Chromoplasten aufgefasst. Da sie jedoch ihre gesamte innere Membranarchitektur aufgeben und schrittweise degenerieren, bezeichnet man sie heute als Gerontoplasten.

Beim Herbstlaub ebenso wie bei den leuchtend bunten Kronblättern der Blüten sind die flammenden Farben nicht ausschließlich eine Sache der Chromoplasten. Die höheren Pflanzen besitzen noch ein zweites Pigmentierungssystem, um kräftige Farbtöne zur Schau zu tragen, nämlich wasserlösliche Farbstoffe in den Vakuolen.

Leukoplasten in der Epidermis

Die in Mexiko beheimatete Bootslilie (*Tradescantia = Rhoeo spathacea*) ist wegen ihrer zweifarbigen Laubblätter eine ebenso beliebte Zimmerpflanze wie ihre nahe Verwandte Zebrakraut (*Tradescantia zebrina*): Die Blattunterseiten sind jeweils kräftig violettpurpurn gefärbt, weil die Vakuolen mengenweise wasserlösliche Farbstoffe enthalten.

Von der Unterseite eines solchen *Tradescantia*-Blattes hebt man mit der Rasierklinge ein flaches Epidermisscheibchen ab, legt es mit der Schnittfläche in einen Tropfen Wasser auf einen Objektträger und untersucht bei mittlerer Vergrößerung. In den Zellen sind bei stärkerem Abblenden nur hier und da dünne Cytoplasmastränge zu sehen. Der Zellkern liegt fast immer an einer periklinen Zellwand und ist gewöhnlich von einem Kranz rundlicher, farbloser Körperchen umgeben. Es handelt sich um Leukoplasten, eine Plastidensorte, die keine eigenen Farbstoffe enthält wie Chloro- und Chromoplasten, sondern oft Speicheraufgaben erfüllt. Stärke kann man in diesen Leukoplasten aus der Blattepidermis nicht nachweisen, wie die Probe mit ▶ Lugolscher Lösung zeigt. Statt dessen färben sich die Plastiden leicht gelblich und zeigen damit die bekannte Reaktion von Proteinen auf dieses Nachweisreagenz. Man bezeichnet sie daher als Proteinoplasten. Sie sind auch in den Epidermiszellen vieler anderer einkeimblättriger Pflanzen enthalten, beispielsweise in den Zimmerpflanzen Bogenhanf (*Sansevieria*) und Grünlilie (*Chlorophytum*).

Amyloplasten – Stärkespeicher der Pflanzen

Während die Chloroplasten der Blätter oder anderer grüner Pflanzenorgane der primäre Syntheseort und das Zwischenlager von Stärke sind, dienen die Amyloplasten als Endlager bis zum Verbrauch der angehäuften Energievorräte. Amyloplasten, vereinfacht auch Stärkekörner genannt, finden sich daher vor allem in den Speicherorganen der Pflanzen – in Früchten, Teilen der Sprossachse oder in unterirdischen Reserveorganen (Rhizomen, Knollen, Speicherwurzeln). Entsprechend vielseitig ist das Angebot an potenziellen Untersuchungsobjekten. Die Stärkevorräte der Amyloplasten lassen sich ebenso wie im Fall der vorübergehenden Depotstärke in den Chloroplasten (siehe oben) mit der charakteristischen Reaktion auf Lugolsche Lösung nachweisen. Um die typische blauviolette Färbung zu

In den Epidermiszellen der Dreimasterblume (*Tradescantia spathacea* = *Rhoeo discolor*) sind die Leukoplasten meist um den Zellkern gruppiert.

Zur Untersuchung der Bogenhanf-Leukoplasten legt man die Flachschnitte am besten mit der Schnittseite nach oben auf den Objektträger, weil die ziemlich dicke Epidermis sonst die Beobachtung stört.

Lugolsche Lösung S. 271

Amyloplasten aus Banane (*Musa paradisiaca*) (links), Gerste (*Hordeum sativum*) (Mitte) und Kartoffel (*Solanum tuberosum*) (rechts)

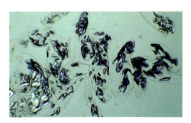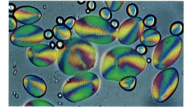

erreichen, zieht man am besten mit Wasser im Verhältnis 2:1 verdünnte
▶ Lugolsche Lösung durch das Präparat.

Exzentrische Gestalten Der einfachste Weg zu einem Amyloplastenprä-
parat führt über die Kartoffel: Man schneidet eine frische Kartoffelknolle an,
schabt mit der Deckglaskante etwas Flüssigkeit von der Schnittfläche und
beobachtet in einem Tropfen Wasser. Im Bild zeigen sich zahlreiche Amyloplasten unterschiedlicher Größe, jedoch von überwiegend kartoffelförmigem,
längsovalem Umriss. Bei stärkerem Abblenden zeigt sich eine charakteristische Streifung: Ausgehend von einem Wachstumszentrum (= Hilum) werden die Stärkevorräte allseitig in mehreren Schichten abgelagert – die jüngsten äußeren Zuwachsschichten umhüllen jeweils die vorangehenden älteren.
Diese Amyloplastenform ist im Pflanzenreich weit verbreitet und wird als
Hüllentyp bzw. Hüllenstärkekorn bezeichnet. Anfangs lagern sich die Stärkeschichten noch konzentrisch um das Bildungszentrum ab. Später beulen die
Zuwachsschichten nach jeweils einer Seite stärker aus und ergeben so die
charakteristisch kennzeichnende exzentrische Schichtung der Kartoffel-Amylo-
plasten. Bei den Brotgetreiden wie Weizen und Roggen bleiben die Amyloplasten dagegen immer konzentrisch, wie man an einer Mehlprobe leicht überprüfen kann. Schöne konzentrisch geschichtete Amyloplasten findet man
auch in den Zwiebeln des Schneeglöckchens.

In den Rhizomen des Blumenrohrs (*Canna indica*), einer häufig verwendeten
Zierpflanze, findet man einen relativ seltenen weiteren Amyloplasten-Bautyp,
den man als Lagen Stärkekorn bezeichnet. Hier liegt das Ablagerungszentrum
extrem nahe an einem der beiden Plastidenpole, und die jüngeren Stärkeschichten lagern sich nur einseitig daran ab, ohne sich gegenseitig einzuhül-
len. Den Lagen-Amyloplasten sehr ähnlich sind die Stärkekörner in den Blatt-
achselknöllchen des Scharbockskrautes sowie in den Zwiebeln der Kaiserkrone.

Sehr verbreitet ist der Hüllen-Lagen-Typ der Amyloplasten. Er entsteht
dadurch, dass die Stärkeschichten nur anfangs als geschachtelte Hüllen abgelagert werden, im Laufe der Zeit dagegen ausschließlich einseitige Zuwächse
erfahren. Zu erkennen sind diese Amyloplasten an ihrer meist betont länglichen Form wie im Fall des Fruchtfleischs der Banane. Am schönsten zeigen
sie sich in festen, fast noch halbgrünen Bananen.

Formenvielfalt der Amyloplasten Amyloplasten sind so unterschiedlich geformt, dass sie für einzelne Verwandtschaftsgruppen der Pflanzen oder sogar
für einzelne Arten typisch sind und als Bestimmungshilfe dienen können. In
den Rhizomen des Tüpfelfarns finden sich besonders lang gestreckte konzentrische Stärkekörner, bei denen das Ablagerungszentrum nicht punktförmig ist
wie beim üblichen Hüllen-Typ, sondern zu einem strichförmigen Zentralbal-
ken auseinander gezogen ist. Sie zeigen auch bei Betrachtung im polarisierten
Licht abweichende Eigenschaften. Recht ungewöhnlich sind auch die hantel-
bis knochenförmigen Amyloplasten im Milchsaft vieler Wolfsmilch-Arten. Besonders eignet sich die auch als Zierpflanze gehaltene Art *Euphorbia splendens*
oder die in Gärten gegen Wühlmäuse eingesetzte Kreuz-Wolfsmilch (*Euphorbia lathyris*). Hier genügt zur Untersuchung ein Tropfen Milchsaft aus einem
abgetrennten Blatt, den man mit verdünnter ▶ Lugolscher Lösung versetzt.

Zum Weiterlesen BANNWARTH u.a. (2010), BRAUNE u.a. (2004), CZAJA (1969),
GASSNER u.a. (1989), HAHN u. MICHAELSEN (1996), HOC (2002, 2007), LÜTHJE
(1998, 2000), SITTE (1977)

Ein empfehlenswertes alternatives Verfahren, mit dem sich
die Stärkefracht der Amyloplasten violett darstellen lässt, ist
die Periodsäure-Schiff-Reaktion
(PJS-Methode, S. 277).

Stärke ist optisch aktiv, weil
die Stärkemoleküle im Amyloplasten in fast kristalliner Form
abgelagert werden. Wie auch die
Beobachtung im polarisierten
Licht eindrucksvoll zeigt, weisen
die von innen nach außen aufeinander folgenden Zuwachsschichten jeweils eigene Brechzahlen auf.

Lugolsche Lösung S. 271

Geradezu extrem lang sind die
Amyloplasten in den Mark- und
Rindenzellen vieler *Dieffenba-
chia*-Arten, recht auffällig auch
in den Rhizomen der Deutschen
Schwertlilie.

Aus zahlreichen, in Einzelfällen
bis zu mehreren hundert oder
gar tausend Teilkörnern bestehen die Amyloplasten im Nährgewebe der Früchte von Hafer,
Reis, Hain-Rispengras, Wiesen-
Glatthafer, Rohr-Schwingel und
Kanarengras.

Ungewöhnlich sind auch die zusammengesetzten Amyloplasten.
Schon bei der Kartoffelknolle
finden sich nicht selten Zwil-
lings- oder Drillingsbildungen.

4.4 Vakuolen – Stoffdepot und Wasserspeicher

Die Zellen der meisten höheren Pflanzen sehen im mikroskopischen Bild erstaunlich leer aus. Den größten Raum (meist über 90 %) des Zelllumens nimmt nämlich der große, mit Wasser gefüllte Zellsaftraum ein, den man auch Vakuole nennt. Obwohl sie strukturell nicht allzu aufregend erscheint, stellt die Entwicklung dieser besonderen Einrichtung einen wichtigen Schritt in der Evolution der Landpflanzen dar.

Wie Ionen in die Falle gehen

Die Untersuchung der Epidermiszellen der Bootslilie oder des Zebrakrauts (vgl. S. 72) zeigte bereits, dass die Vakuolen bei manchen Pflanzen von Natur aus gefärbt sind. Bei Blütenblättern spielt die Beladung der Vakuole mit wasserlöslichen Farbstoffen eine besondere Rolle für die Signalwirkung auf bestäubende Tiere. Da Blütenblätter meist sehr dünn sind, kann man sie in kleinen Stückchen von etwa 5x5 mm Kantenlänge ohne weitere Präparation oder allenfalls nach leichtem Quetschen direkt untersuchen. Neben der farbintensiven Vakuole fällt bei den Zellen das eigenartige Muster der Zellwände auf – die antiklinen Wände sind eigenartig gewellt oder zeigen stegförmige Vorsprünge.

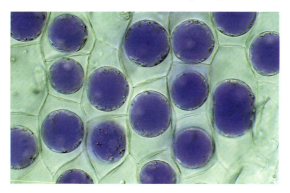
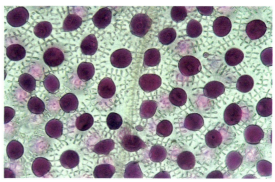

Plasmolyse zieht die Zentralvakuole zusammen und lässt das Zellwandmuster klarer hervortreten. Kronblatt vom Garten-Rittersporn (*Delphinium elatum*) (links) und der Sibirischen Schwertlilie (*Iris sibirica*) (rechts)

Anthocyane oder Betalaine Meist handelt es sich bei den wasserlöslichen Vakuolenfarbstoffen um Verbindungen aus der großen Stofffamilie der Flavonoide, die je nach vergleichsweise winzigen Unterschieden im Molekülaufbau entweder zu den bläulichen bzw. rötlichen Anthocyanen gehören oder blass gelbe, jedoch im UV-Licht stark absorbierende Anthoxanthine darstellen. Nur ganz wenige, aber bedeutsame Pflanzenfamilien verwenden in ihren Vakuolen eine völlig andere Farbstoffchemie. Bei den Kakteen, Fuchsschwanz- und Gänsefußgewächsen kommen keine Flavonoide, sondern die chemisch völlig anders aufgebauten Betalaine vor, entweder als bläulich-rote Betacyane oder als gelbe Betaxanthine. In der Roten Bete überlagern sich beide zu einem geradezu bombastischen Rot.

Reichhaltiges Stoffdepot Nicht direkt sichtbar sind die zahlreichen in der Vakuole eingelagerten Sekundärstoffe der Pflanzen, eine äußerst heterogene Mischung von Substanzen, die gewöhnlich für besondere Zwecke auf Einbahnstraßen synthetisiert werden und anschließend meist nicht mehr am Stoffwechsel teilnehmen. Neben Substanzen, die beispielsweise den scharfen Geschmack der Zwiebel oder das unverkennbare Aroma von Knoblauch aus-

Der pH-Wert des Vakuoleninhalts kann deutlich unter 4 absinken.

Projekt	Epidermiszellen
Material	Schuppenblatt der Küchen-Zwiebel
Was geht ähnlich?	Untere Epidermis von Bootslilie (*Tradescantia* = *Rhoeo spathacea*) oder Alpenveilchen, Blüten- blätter von Rose, Kornblume, blauem Stiefmütter- chen, Aster, Klatsch-Mohn Kristalle: Blatt von Rot-Buche, Springkraut. Blatt- stiele der Rosskastanie, untere Epidermis der Deutschen Schwertlilie
Methode	Flachschnitt, Anfärben mit Neutralrot-Lösung
Beobachtungen	Farbstoffspeicherung in den Vakuolen, Membran- transport von Farbstoffteilchen, Zellbild nach Plasmolyse

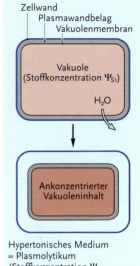

Hypertonisches Medium = Plasmolytikum (Stoffkonzentration Ψ_{S2} mit $\Psi_{S2} > \Psi_{S1}$)

Ablaufschema zur Plasmolyse: Sobald eine Zelle mit (expe- rimentell) gefärbter Vakuole in einem hypertonischen Medium (Plasmolytikum) liegt (mit der Stoffkonzentration $\psi_{S2} > \psi_{S1}$), gibt die Vakuole Wasser ab, schrumpft und löst den Plasma- belag von der Zellwand.

machen, enthalten die Vakuolen fast immer auch einige Verbindungen aus einer der wichtigsten Drehscheiben des Zellstoffwechsels (= Zitronensäurezy- klus) oder die als Abfallprodukt des Zellstoffwechsels betrachtete Oxalsäure.

Plasmolyse: Vakuolen schrumpfen lassen Ein Epidermisstückchen eines knallig gefärbten Blütenblattes, ein Epidermisstück von der Blattunterseite der Bootslilie oder eines Alpenveilchen legen wir in eine 1-molare Lösung von Kochsalz (etwa 1 g auf 5 ml H_2O), Kaliumnitrat (KNO$_3$, etwa 0,5 g in 5 ml H_2O) oder eine konzentrierte wässrige Lösung von Haushaltszucker (etwa 2 g in 10 ml H_2O). Schon nach wenigen Augenblicken ist zu beobachten, dass die gefärbte Vakuole kleiner wird. Die jetzt auf ein kleineres Volumen zusammen- gedrängten Farbstoffmoleküle lassen sie zudem viel farbintensiver erscheinen. Am Rande der Vakuole zeigt sich als schmales, farbloses Band der Cytoplas- masaum, der sich von der Zellwand abgelöst und mit der verkleinerten Va- kuole nach innen verlagert hat. Nach dieser Plasmaablösung nennt man den Effekt Plasmolyse. Die verursachende Stofflösung, die Salz- oder Zucker- lösung, ist das Plasmolyticum.

Angesichts des deutlich verkleinerten Vakuolenraums ist zu schließen, dass er Wasser nach außen abgegeben hat, während seine übrige stoffliche Beladung (ablesbar an den Farbstoffen) die Vakuole nicht verlassen hat.

Kontrollierter Stoffdurchgang Kontrollierende Instanz für diese auswäh- lende Stoffpassage sind die Membranen, neben der Plasmamembran insbe- sondere der Tonoplast, der die Vakuole umgibt (vgl. S. 61). Wassermoleküle sind klein genug, um durch die Membranporen zu schlüpfen, während größe- re und vor allem elektrisch geladene Moleküle wie die Salz-Ionen (Na$^+$, Cl$^-$) aus- oder eingesperrt bleiben. Die Zellmembranen sind demnach nur halb- durchlässig. Man nennt diese Erscheinung auch Semipermeabilität.

Da nur das Lösungsmittel Wasser zwischen den kleinen Zellwelten wan- dern kann, versucht es nach einem einfachen Naturgesetz (2. Hauptsatz der Thermodynamik), den Konzentrationsausgleich zwischen innen und außen herzustellen. Wenn man eine Zelle in ein hoch konzentriertes Plasmolyticum bringt, muss sie also zwangsläufig Wasser aus ihrer Vakuole abgeben. Diese nur durch die jeweiligen Stoffkonzentrationen gesteuerte Wasserbewegung zwischen innen und außen heißt Osmose. Sie wird uns in etlichen weiteren mikroskopischen Beobachtungen begegnen.

Den Beweis für diesen Basiseffekt liefert der Gegenversuch: Bietet man dem untersuchten Epidermisstückchen statt des Plasmolyticums wieder

Semipermeabilität ist für die Aufrechterhaltung stofflicher Konzentrationsunterschiede bzw. von Ungleichgewichten innerhalb der Zelle oder zum Außenmedium eine unabding- bare Voraussetzung.

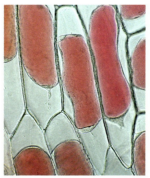

Links: Mit dem Ionenfallentrick lassen sich durch leicht alkalische Neutralrot-Lösung die normalerweise ungefärbten Vakuolen der Schuppenblattepidermis der Küchen-Zwiebel (*Allium cepa*) darstellen.

Rechts: Nach Plasmolyse in Kaliumnitrat-Lösung schrumpft die Vakuole und erscheint nunmehr intensiver gefärbt. Im Phasenkontrast sind die Cytoplasmasäume gut zu erkennen.

Der Turgor erklärt auch, warum eine Schinkenscheibe schlaff herabhängt, während ein hauchdünnes Laubblatt sich flächig ausbreiten kann.

Neutralrotlösung S. 272

Der Vakuoleninhalt der Zwiebelepidermiszellen reagiert dagegen mäßig sauer. Folglich kann die Färbung hier auch nach violettrot umschlagen.

reines Wasser an (Leitungswasser nach der Durchsaugmethode unter dem Deckglas hindurchziehen), lässt sich die Vakuole innerhalb weniger Minuten bis auf Ausgangsgröße sichtlich voll laufen, weil nun ihre Binnenkonzentration wieder höher ist als die des Außenmediums. Diesen Vorgang nennt man Deplasmolyse.

Innerer Druck für äußere Festigkeit Vakuolen, die Abfallstoffe oder Endprodukte aus der komplizierten Stoffwechselchemie der Pflanzenzelle speichern, ziehen das Wasser nach den osmotischen Grundgesetzen aus der Umgebung wie magisch an. Die Zellvakuole saugt sich hemmungslos bis zum Platzen voll – wenn nicht die Zellwände zuvor einen wirksamen Gegendruck ausübten. Sie verhindern ein gefährliches Aufblähen der Vakuole, geraten dabei aber so unter Druck, dass die Zelle straff und prall gespannt ist wie ein aufgepumpter Fußball. Der osmotisch motivierte Zellbinnendruck, den man auch Turgor nennt, verleiht also der einzelnen Zelle und dem gesamten Gewebe eine beachtliche Festigkeit. Diesen Zustand nennt man Turgeszenz. Wird dieses Gleichgewicht gestört, geht der Turgor verloren und das Gewebe erschlafft. Das geschieht beispielsweise mit den knackigen Salatblättern, die man mit einem stark sauren Dressing übergießt.

Vakuolen anfärben Die Einspeicherungs- und Stofftransportvorgänge an der Membranhülle der Vakuole sind noch ein wenig komplexer und unübersichtlicher, als es auf den ersten Blick erscheinen mag. Um weitere Einblicke in die damit zusammenhängenden Abläufe zu erhalten, stellen wir nachfolgend einige Versuche zur Vakuolenanfärbung an. Dazu legen wir ein etwa 5 × 5 mm großes Stückchen der Zwiebelschuppenepidermis in einen Tropfen
▸ Neutralrot-Lösung.

Schon nach wenigen Minuten zeigt sich bei mittlerer Vergrößerung eine deutliche Rotfärbung der großen und zuvor völlig farblosen Zellvakuolen in den Epidermiszellen. Neutralrot ist ein Indikatorfarbstoff, der je nach Säuregrad seine Farbe wechselt. Weil Leitungswasser im Allgemeinen aufgrund seiner Carbonathärte alkalisch reagiert, ist die damit angesetzte Gebrauchslösung bräunlichrot.

Im Gegensatz zur Vakuole bleiben die Plasmasäume in den spitzwinklig zulaufenden Zellecken ungefärbt. Auch nach längerer Einwirkungszeit ruft die Farblösung in der Zelle keine sichtbaren Schädigungen hervor – Neutralrot gehört zur Gruppe der Vitalfarbstoffe. Vergleicht man nun die Farbintensität der angefärbten Vakuolen mit der Eigenfärbung der umgebenden Farblösung, ist eine deutliche Konzentrierung innerhalb der Zellen zu beobachten. Offenbar reichern sich die Neutralrot-Farbstoffteilchen in den Vakuolen gegenüber der verwendeten Außenkonzentration erheblich an. Dieser Effekt bedarf der weiteren Erklärung.

Die Löslichkeit entscheidet Zwei Aspekte sind dabei zu berücksichtigen: Einerseits erfolgt die Einlagerung des Farbstoffs in die Vakuolen über den bloßen Konzentrationsausgleich hinaus und gegen einen zunehmenden Konzentrationsgradienten. Zum anderen ist das Neutralrot-Molekül aufgrund seiner molekularen Architektur weitaus größer als etwa Na^+- oder Cl^--Ionen, die nach Ausweis der oben durchgeführten Plasmolyse aber nicht in die Vakuolen eindringen können.

Neutralrot (= 2-Methyl-3-amino-9-dimethyl-aminophenazin; Molekulargewicht MG = 250) liegt in leicht alkalischer Lösung (Leitungswasser) oberhalb von etwa pH 8 als ungeladenes, elektrisch neutrales Molekül vor. In dieser Form besitzt das Farbstoffmolekül eigenartigerweise lipophile Eigenschaften, wie der folgende Kontrollversuch zeigt: Überschichtet man im Reagenzglas 1–2 ml der Leitungswasser-Farblösung mit einem gleichen Volumen Feuerzeugbenzin, so entfärbt sich nach kräftigem Durchschütteln die sich rasch absetzende wässrige Unterphase, während die Benzin-Oberphase eine braungelbe Färbung (Neutralrot im lipophilen Milieu) annimmt. Ungeladene Neutralrot-Moleküle können daher trotz ihres großen Molekulargewichtes die Membranbegrenzungen der Epidermiszelle (Plasmalemma und Tonoplast) relativ leicht passieren. Dabei wirken bestimmte Bausteine der Zellmembranen für die lipophilen Farbstoffmoleküle offenbar als eine Art Lösungsmittel und bahnen ihnen somit den Weg durch die Stoffbarriere.

Ein derartiges Hindurchlösen ist für kleine hydrophile Teilchen wie die Na^+- und Cl^--Ionen wegen ihrer gänzlich andersartigen Löslichkeitseigenschaflen nicht möglich.

Ionen in der Falle Die Küchenzwiebel enthält in ihren Schuppenblatt-Vakuolen größere Mengen sauer reagierender Stoffe – in einigen Zellen verfärbt sich der Indikatorfarbstoff Neutralrot daher kräftig rotviolett. In saurer Umgebung (bei pH-Werten < 6,0) lagern die Neutralrot-Moleküle nun leicht Protonen (H^+-Ionen) an und wandeln sich dabei vom neutralen Molekül in ein Farb-Kation um. Als Träger einer positiven elektrischen Ladung verlieren sie jedoch ihre lipophilen Eigenschaften – die Farbstoffteilchen sind als Kationen nur noch hydrophil. Beim entsprechenden Ausschüttelversuch von Neutralrot-Stammlösung mit Feuerzeugbenzin und leicht saurem Wasser (Ansäuern mit ein paar Tropfen Haushaltsessig) nimmt die organische Oberphase zwar immer noch einen leichten Gelbton an, doch bleibt die wässrige Unterphase kirschrot und entfärbt sich nicht. Sobald also Neutralrot-Moleküle in die Vakuole eingewandert und dort zu hydrophilen Farbstoff-Kationen geworden sind, können sie den Zellsaftraum nicht mehr verlassen: Sie sitzen in diesem Reaktionsraum wie in einer Falle fest.

Nur eine Frage der Ladung Sofern alle diese Überlegungen zur pH-abhängigen Veränderung der Neutralrot-Moleküle stimmen, sollte die Farbstoffanreicherung in den Vakuolen der Zwiebelschuppenerpidermis unterbleiben, wenn der pH-Unterschied zwischen außen und innen aufgehoben wird. Wenn man Neutralrot gleich in einer leicht sauren Lösung (Ansäuern wiederum mit ein paar Tropfen Haushaltsessig) anbietet, finden die Neutralrot-Moleküle schon außerhalb der Zelle Protonen vor, die sie unter Umwandlung in das Farbstoff-Kation anlagern. Diese können dann aus den gleichen Gründen, die ihnen ein Entweichen aus der Vakuole verwehren, erst gar nicht in diesen Reaktionsraum eindringen. In diesem Fall ist keine Vitalfärbung der Vakuolen zu beobachten.

Andererseits kann man den sauren Vakuoleninhalt der Zwiebelschuppenepidermis zuvor mit einer verdünnten Ammoniaklösung neutralisieren. Ammoniak (NH_3) und ebenso Ammoniumhydroxid (NH_4OH) durchdringen die Membranen wiederum besser als das geladene Ammonium-Ion (NH_4^+). Wenn man durch ein mit Neutralrot-Lösung vorgefärbtes Epidermispräparat eine etwa 0,1%ige NH_3-Lösung hindurchzieht, wird der Zellsaft durch den Übergang $NH_3 + H^+ \rightleftharpoons NH_4^+$ alkalisch. Die zuvor in der Vakuole gefangenen Farbstoff-Kationen wandeln sich dann in die ungeladenen, lipophilen Mole-

Aussichtsreiche Untersuchungsobjekte für Kristallformen sind ferner die eventuell auch als Droge aus der Apotheke beschaffbaren Rhabarberrhizome (Drogenbezeichnung Rhei radix), die Blätter von Bilsenkraut (Hyoscaymi folia), Stechapfel (Stramonii folia) und Tollkirsche (Belladonnae folia), Meerzwiebeln (Scillae bulbus).

Wenn man auf ein noch nicht vorbehandeltes oder mit Wasser benetztes Stück trockener Zwiebelschale einen Tropfen Schwefelsäure gibt, kristallisieren die Oxalatsolitäre in nadelige Bündel aus Calciumsulfat (Gips) um.

Aufhellung S. 258

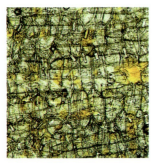

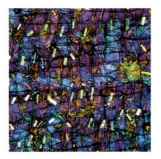

Solitärkristalle: Blattadern des Baum-Hasel (*Corylus colurna*) (oben). Braune Schalen der Küchen-Zwiebel (*Allium cepa*) (Mitte und unten)

küle zurück und können in dieser Form die Vakuole natürlich wieder verlassen. Vorgefärbte Präparate entfärben sich daher bei einer NH₃-Behandlung sofort bis zum Konzentrationsausgleich.

Kristalle in der Vakuole Wenn eine mit Abfallstoffen reichlich beladene Vakuole irgendwann doch einmal austrocknet, verliert sie zwar ihr gesamtes Wasser, nicht jedoch die zuvor eingelagerten Substanzen. Mit diesem Material passiert nun, was jede eintrocknende Salz-Lösung ebenfalls zeigt – es kristallisiert aus. In der Küchen-Zwiebel sehen wir uns daraufhin einmal die trockenen äußeren Schalen an, die ursprünglich einmal saftige, feste Schuppenblätter waren.

Ein kleines Stückchen (ca. 5x5 mm Kantenlänge) untersucht man – gegebenenfalls nach vorheriger ▸ Aufhellung oder ohne Vorbehandlung in Wasser, dem zum besseren Benetzen des Objektes ein wenig Geschirrspülmittel zugesetzt wurde. Notfalls genügt auch das Befeuchten der Schalenstückchen mit Mundspeichel. Im Gewirr der vielen aufeinander liegenden Zellwände lassen sich die ehemaligen subepidermalen Zellen an ihrem sechseckigen Umriss einigermaßen klar verfolgen. Sie fallen vor allem dadurch auf, dass sie schöne, längliche Einzelkristalle (Solitäre) aus Calciumoxalat enthalten, die bei Beobachtung im polarisierten Licht erwartungsgemäß prächtig aufleuchten. In manchen Zellen befinden sich auch zwei Einzelkristalle oder so genannte Durchwachsungszwillinge. Besonders formenreich sind die Kristalle in der Subepidermis der ältesten noch lebenden Schuppenblätter unmittelbar innerhalb der trockenen braunen Zwiebelhäute.

Kristallformen – plattig, zackig oder nadeldünn Unter besonderen Bedingungen, die im Einzelnen noch nicht genau bekannt sind, kann der Vakuoleninhalt auch schon in besonderen, noch lebenden Zelle auskristallisieren. Dabei entstehen fallweise verschiedene Kristallformen. Im so genannten Kristallsand, wie man ihn beispielsweise in einzelnen Rindenzellen des Schwarzen Holunders findet, sind die einzelnen Kristalle so klein, dass keine besonderen Formmerkmale erkennbar sind. Wesentlich eindrucksvoller sind die etwas plattigen, hexagonalen Solitärkristalle in den Epidermiszellen über den Hauptnerven eines Rotbuchenblattes oder anderer Laubblätter von Gehölzen. Man kann sie am besten beobachten, indem man Flächenschnitte der Blattunterseite untersucht. Kristalldrusen sind Mehrfachkristalle, bei denen sich viele bis sehr zahlreiche Einzelkristalle gegenseitig durchwachsen – daher sehen sie vielzackig aus wie Morgensterne. Eindrucksvolle Calciumoxalat-Drusen finden sich beispielsweise in den grünen Blattgeweben von Efeu, Weinraute, Weinrebe und Heckenrose oder in der Rinde von Blattstielen der Rosskastanie.

Eine besondere Form sind die langen, schlanken Kristallnadeln, die man auch Raphiden nennt. Sie treten gewöhnlich nicht einzeln, sondern in Raphidenbündeln auf. Besonders einfach darzustellen sind sie in den Blättern der Springkraut-Arten (*Impatiens*, beispielsweise Fleißiges Lieschen und Rührmich-nicht-an), nachdem man diese mit heißem 96%igem Alkohol (Ethanol) entfärbt hat. Die gebündelten Nadeln befinden sich gewöhnlich in besonderen Zellen, die man Idioblasten nennt. Kristall führende Idioblasten findet man auch in den basalen Teilen des Blütenschaftes von Schneeglöckchen, in den Blättern von Aronstab, Dieffenbachie und Agaven.

Zum Weiterlesen HELDT (1998), HOFFMANN-THOMA (2001), LÜTHJE (2001), LÜTTGE u. a. (2005), SITTE (1972)

4.5 Chromosomen und Kernteilung

Das wichtigste Definitionsmerkmal der eukaryotischen Zelle (Eucyt) ist ihr Zellkern oder Nucleus. Außer seiner guten Anfärbbarkeit mit verschiedenen Farbstoffen ist er im mikroskopischen Bild zunächst nicht weiter auffällig. Erst bei der Kernteilung kommt buchstäblich und auch im Lichtmikroskop allerhand Bewegung in diese Struktur. Gerade die genauere Erforschung des Zellkerns hat die Biologie des 20. und 21. Jahrhunderts in eine ungeahnte Dimension geführt.

Verschiedene bisher vorgeschlagene Präparate (vgl. S. 60) haben uns die Zellkerne als kugelige oder elliptische Körper gezeigt, die bei der Pflanzenzelle wegen des großen Raumbedarfs der Vakuole meist wandständig im Cytoplasmasaum liegen, bei tierischen Zellen dagegen eher im Zellzentrum. Fast immer beobachtet man eine arttypische Größenrelation zwischen Zelldurchmesser und Kernabmessung, wie man durch ▸ Nachmessen leicht feststellen kann. Im Lichtmikroskop erweist sich der Zellkern gewöhnlich als recht strukturarm, wenn man von den meist in Ein- oder Mehrzahl vorhandenen Kernkörperchen (= Nucleolen) absieht. Die Kernhülle, die den Karyoplasma genannten Kernraum umschließt, stellt sich auch bei hoher Auflösung mit Ölimmersion nur als einfache Linie dar. Tatsächlich besteht sie jedoch aus einer Doppelmembran, die auf ihrer gesamten Fläche von etwa 50–70 nm weiten Kernporen durchsetzt ist. Den größten Teil des Zellkerns nimmt die Kerngrundsubstanz ein, die man nach ihrer guten Anfärbbarkeit schon in den Anfängen der Lichtmikroskopie Chromatin nennt. Sie besteht aus der kerneigenen DNA und verschiedenen spezialisierten Proteinen.

Der Zellkern steht im Mittelpunkt

Messen S. 261f.
Fixiergemisch nach Carnoy
S. 257

Modellhaft kann für diese wichtige Struktur ein Pfirsichkern mit seinen vielen grubigen Vertiefungen stehen.

Wachsen durch Teilen Ein- und Vielzeller vermehren sich durch Zellteilung – die Mutterzelle teilt sich dabei durch gleich- oder ungleichförmige Durchschnürung in zwei Tochterzellen. Der Zellteilung geht immer eine Kernteilung (= Mitose) voraus, die zwei erbgleiche Tochterkerne bereit stellt. Um die einzelnen Stationen einer Mitose im mikroskopischen Präparat zu verfolgen, benötigt man ein teilungsaktives Gewebe. Bei Pflanzen ist es in den rasch wachsenden Wurzelspitzen für eine einfache Präparation besonders leicht zugänglich.

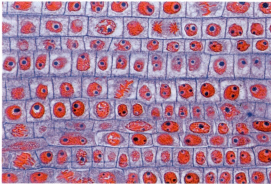

Man setzt eine Gemüse-Zwiebel so in einen Joghurtbecher, dass die Wurzelscheibe das Wasser gerade berührt. Für diese Anzucht von Wurzeln eignen sich nur so genannte Setzzwiebeln, die nicht (wie die meisten Gemüse-Zwiebeln vom Markt) mit einer keimhemmenden Substanz behandelt wurden. Ebenso kann man auch Tulpen- oder Hyazinthen-Zwiebeln verwenden. Ein häufig verwendetes Objekt sind ferner Ackerbohnen (*Vicia faba*) oder Feuer-Bohnen (*Phaseolus coccineus*). In diesem Fall klemmt man die Samen zum Keimen zwischen feuchtes Fließpapier und die innere Glaswand eines Konfitürenglases.

Sobald die Wurzeln 1–2 cm lang geworden sind, kappt man davon die vordersten 3 mm und überträgt diese Spitzen zum Fixieren in ein kaltes Gemisch aus ▸ Ethanol-Essigsäure = 3:1 (Carnoysches Gemisch). In dieser

Die Chromosomen einkeimblättriger Pflanzen sind relativ groß. Daher wählt man meist *Allium*- oder *Lilium*-Arten zur Darstellung der Mitose.

Viele Pflanzen wachsen übrigens tagesrhythmisch. Die beste Zeit zum Fixieren der wachsenden Wurzelspitzen sind meist die frühen Morgenstunden.

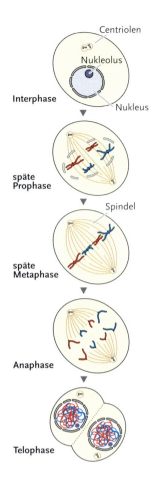

Ereignisfolge bei der Mitose (schematisch): In der Anaphase werden die Chromatiden (= Spalthälften der Chromosomen) getrennt.

Fixiergemisch nach Carnoy
S. 257
Karmin-Essigsäure S. 272
Orcein-Essigsäure S. 273
Nigrosin S. 273
Feulgensche Nuklealreaktion
S. 273
Eisenhämatoxylin S. 274
Euparal S. 268

Projekt	Darstellung von Chromosomen
Material	Wurzelspitzen von Küchen-Zwiebeln, Speicheldrüsenzellen von Zuckmücken-Larven, Mundschleimhautzellen, Meiose während der Pollenreifung
Was geht ähnlich?	Wurzelspitzen von Ackerbohne, Tulpe, Hyazinthe, Weizen, Staubfadenhaare von *Tradescantia*-Arten, Taufliegen-Larven, Haarwurzelzellen, ungeöffnete Blüten von Tulpe, Lilie, Blaustern, Hyazinthe
Methode	Quetschpräparate, gezielte Anfärbung der Chromosomen
Beobachtung	Typischer Ablauf einer Mitose, Riesenchromosomen und andere Interphase-Chromosomen, Ablauf einer Meiose

Lösung kann man die Wurzelspitzen bis zur weiteren Verarbeitung auch längere Zeit aufbewahren.

Schneiden, Färben, Quetschen Zur Darstellung der Chromosomen bzw. Mitosestadien in sich teilenden Wurzelspitzenzellen verfährt man folgendermaßen: Die in ▸ Carnoyschem Gemisch vorfixierten Wurzelspitzen werden auf einem Objektträger mit der Rasierklinge längs halbiert. Beide Längshälften verarbeitet man getrennt weiter. Je eine davon legt man in einen reichlich bemessenen Tropfen ▸ Karmin-Essigsäure oder ▸ Orcein-Essigsäure bzw. ▸ Nigrosin und deckt mit einem Deckglas ab. Nun legt man das Präparat zum Erhitzen auf die heiße Mikroskopierleuchte oder zieht es bis zum kurzen Aufkochen mehrfach durch eine Spiritusflamme. Dabei darf es jedoch keinesfalls austrocknen. Anschließend wird das Deckglas vorsichtig angedrückt und die nunmehr mazerierte Wurzelspitze flach gequetscht. Hilfreich ist dabei leichtes Klopfen mit einer Bleistiftrückseite. Das jetzt fertige Präparat wird sofort durchmustert. Nur im vorderen Teil der Wurzelspitze sind zahlreiche Stadien aus dem Ablauf der Mitose erfasst.

Die relativ dicken Wurzelspitzen der Ackerbohne lassen sich meist nicht besonders gut quetschen. Hier untersucht man daher besser dünne Querschnitte, die zudem den Vorteil bieten, die einzelnen Mitose-Stadien in der Aufsicht zu beobachten.

Für besonders brillante Chromosomenbilder empfehlen sich auch die etwas aufwändigere ▸ Feulgensche Nuklealreaktion oder die Färbung in ▸ Eisenhämatoxylin nach HEIDENHAIN. Alle Quetschpräparate lassen sich zu Dauerpräparaten weiterverarbeiten. Dazu werden sie zunächst mit Kältespray aus der Sprühdose (für Elektronikbastler, im Fachhandel) tiefgefroren, so dass man das Deckglas leicht absprengen kann. Nach Überführen in 96%iges Ethanol oder 100%iges Isopropanol kann man mit ▸ Euparal eindecken.

Beobachtung am lebenden Objekt Quetschpräparate von Wurzelspitzen zeigen die färberisch dargestellten Chromosomen und die Einzelphasen der Kernteilung recht eindrucksvoll, vermitteln als fixierte Präparationen aber nur ein statisches Bild vom Gesamtablauf. Mit viel Geduld kann man die Kernteilung mit der Choreografie der Chromosomen auch am lebenden Objekt verfolgen. Untersuchungsmaterial sind in diesem Fall die Staubfadenhaare von *Tradescantia*-Arten (*Tradescantia virginiana* oder *T. fluminalis*, *Tradescantia* = *Zebrina pendula* o. a.), die als Zierpflanzen leicht zu beschaffen sind. Man entnimmt den noch ungeöffneten Blüten komplette Staubblätter, legt sie in eine 3%ige Haushaltszucker-Lösung (3 g auf 100 ml H_2O) ein und hält das Präparat ständig feucht. Die Beobachtung etwaiger Teilungsaktivitäten in den Staubfadenhaaren, die die Staubblattstielchen (= Filamente) als dichter Besatz überkleiden, erfolgt am besten bei schiefer Beleuchtung oder im Phasenkontrast.

Chromosomen werden sichtbar Die Mitose verläuft bei allen Eucyten nach einem einheitlichen Muster und lässt sich in eine charakteristische Abfolge von Einzelschritten einteilen. Ausgangspunkt der Mitose ist der Zellkern, wie er sich im normalen lichtmikroskopischen Bild einer Zelle präsentiert. Man nennt ihn den Interphasekern. Solche Interphasekerne, die die normale Betriebsform eines Zellkerns darstellen, sind in größerer Anzahl im Bereich des rückwärtigen Endes der Wurzelspitze zu sehen.

Aus der Interphase geht der Zellkern einer teilungsbereiten Zelle in die Prophase über: Das Chromatin verdichtet sich nun allmählich zu den einzelnen band- oder schleifenförmigen Chromosomen, die zunächst noch völlig ungeordnet umherliegen.

Chromosomen an der Leine Während der Prophase bildet sich im Cytoplasma der Spindelapparat aus Bündeln von Mikrotubuli (Proteinröhrchen von etwa 25 nm Durchmesser), die von den Polbereichen der Zelle ausgehen und sich mit den Spindelansatzstellen der Chromosomen (= Kinetochoren) verbinden. Im Polbereich der Zellen befindet sich – mit Ausnahme der meisten Nacktsamer und aller Bedecktsamer – je ein Centriol als Verankerungsstelle der Spindel-Mikrotubuli, die auch sternförmig in das umgebende Cytoplasma ausstrahlen und dort offensichtlich eine zusätzliche Verankerung gewährleisten. Der gesamte jetzt sichtbare mitotische Spindelapparat ist eine nur während der Mitose auftretende Spezialstruktur, die zum so genannten Cytoskelett gehört – ein normalerweise nicht sichtbares Gerüst aus feinsten Molekülsträngen, die man nur mit aufwändigen Spezialverfahren darstellen kann. Im Lichtmikroskop kann man den gesamten Spindelapparat auch ohne kontrastverstärkende Beobachtungsverfahren (wie etwa Phasenkontrast) meist recht gut erkennen. Die während der Prophase herausgebildeten Chromosomen kann man als Transportform der Kern-DNA auffassen und sich modellhaft als „Umzugskartons des Erbgutes" vorstellen, denn der Weg vom Ausgangskern in die zu bildenden Tochterkerne ist gleichsam der Umzug in eine neue zelluläre Umgebung.

Der Karyotyp gibt Aufschluss An die mitotische Prophase schließt sich die Metaphase an. Die zuvor noch recht ungeordnet im ehemaligen Kernareal liegenden Chromosomen ordnen sich nunmehr wie von Geisterhand geführt ungefähr in der geometrischen Mitte der Spindel (Zell- oder Spindeläquator) an. Das Chromatin der einzelnen Chromosomen erreicht nun seine größte Dichte. Daher ist der Chromosomenbestand einer Zelle gerade während der Metaphase am besten zu untersuchen. Neben der unterschiedlichen Länge und Abmessung der Chromatiden-Schenkel, die von der Lage ihres Kinetochors (Spindelansatzstelle) bestimmt werden, kann man jetzt die Chromosomen genau zählen: Normalerweise enthält jede Zelle eines Eukaryoten eine artkennzeichnende Anzahl von Chromosomen, die immer geradzahlig ist (Zahlenkonstanz der Chromosomen). Beim Menschen sind es 46, bei der Küchen-Zwiebel 14.

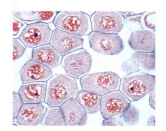

In der Prophase bereiten sich die Zellkerne auf die Teilungsabfolge vor.

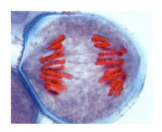

Die mitotische Anaphase trennt die beiden Spalthälften (Chromatiden) jedes Chromosoms.

Die beiden Chromosomensätze (aus Leukozyten-Kultur) des Menschen umfassen 46 relativ kleine Chromosomen.

Der gesamte Chromosomenbestand ist das Genom und setzt sich aus je einem väterlichen und einem mütterlichen Chromosomensatz zusammen. Für den Chromosomenbestand einer normalen diploiden Körperzelle mit zwei Chromosomensätzen schreibt man daher das Symbol 2n. Das Gesamtbild der Metaphase-Chromosomen nennt man den Karyotyp.

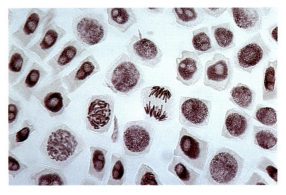

Die Wachstumszone mit teilungsbereiten Zellen befindet sich in den vorderen ca. 1,2 mm der Wurzelspitze einer Küchen-Zwiebel (*Allium cepa*): Mitose-Stadien aus einem Quetsch-präparat.

Fixiergemisch nach Carnoy
S. 257
Karmin-Essigsäure S. 272
Orcein-Essigsäure S. 273
Nigrosin S. 273

zu Seite 83 unten:
Links: In den Speicheldrüsen der roten Zuckmückenlarven (*Chironomus thummi*) finden sich vier miteinander verbundene Riesenchromosomen.

Mitte: Riesenchromosomen bleiben auch in der Interphase sichtbar. Sie kommen nur bei relativ wenigen Objekten vor, beispielsweise in den Speicheldrüsen von Dipteren und ihren Larven. Die wie ein Strichcode aussehenden Scheibchen nennt man Chromomeren. Sie waren der Ausgangspunkt der Chromosomenkartierung.

Rechts: Zum Verständnis der Gen-Lokalisation und des zeitversetzten Abrufens der genetischen Information hat insbesondere die Forschung an den Riesenchromosomen der Taufliege (*Drosophila melanogaster*) beigetragen: Im Bereich der so genannten puffs wird die sonst kompakt verpackte DNA abgelesen.

Um in einem teilungsaktiven Gewebe wie in der Wurzelspitze möglichst viele Metaphasen für eine vergleichende Untersuchung zur Verfügung zu haben, kann man einen so genannten Metaphase-Blocker einsetzen. Colchicin, das stark giftige Hauptalkaloid der Herbst-Zeitlosen (*Colchicum autumnale*), hat die Eigenart, den Zusammenbau der Spindel-Mikrotubuli zu verhindern – alle mitotischen Teilungen kommen dann nicht über die Metaphase hinaus. Colchicin wird bei der Anzucht der Wurzelspitzen in einer Endkonzentration von 5 µg/ml angewendet. Die Substanz ist im Fachhandel (z. B. Serva) erhältlich.

Trennung der Chromatiden Nachdem sich die Chromosomen während der Metaphase ungefähr in der Zellmitte zur Äquatorialplatte angeordnet haben, beginnt der kürzeste Abschnitt der Mitose, die Anaphase. Jetzt setzt bei allen Chromosomen wie auf ein Stichwort gleichzeitig eine Verkürzung der Spindel-Mikrotubuli ein – die Chromatiden lösen sich voneinander und wandern durch Spindelverkürzung in Richtung der Zellpole auseinander. Die Chromatidenarme werden dabei passiv mitgezogen und zeigen daher im mikroskopischen Bild ein charakteristisches U- bis V-förmiges Profil. Sobald sich die Chromatiden getrennt haben, stellen sie selbstständige Tochterchromosomen dar.

Die nun anschließende Telophase ist eigentlich nur noch die Umkehrung der Ereignisfolge der Prophase: Der Spindelapparat verschwindet, die Tochterchromosomen beginnen sich aufzulockern und werden schließlich wieder zum Chromatin im Karyoplasma des Tochterkerns. Um jeden Tochterkern bildet sich eine neue Kernhülle. Damit ist die mitotische Kernteilung erledigt. Den Gesamtabschluss dieser Inszenierung bildet die Zellteilung (= Cytokinese) – bei tierischen Zellen mit Trennung der beiden Tochtercytoplasmen durch eine Plasmamembran, bei Pflanzen zusätzlich durch Errichtung einer neuen Zellwand.

Mitosen im Nährgewebe Wurzelspitzen sind für die Untersuchung von Kernteilungsabläufen das klassische Untersuchungsobjekt schlechthin. Mindestens so ergiebig ist ein weitaus weniger bekanntes Material, die Samenanlagen aus gerade oder schon ein paar Tage verwelkten Blüten. Nachdem die Bestäubung und die Befruchtung stattgefunden hat, entwickeln sich nun der Fruchtknoten zur Frucht und die Samenanlagen zum Samen. Dazu gehören unter anderem auch die Entwicklung des Nährgewebes für die künftige Keimpflanze. In den schon deutlich angeschwollenen Samenanlagen kann man daher erfolgreich nach mitotischen Teilungsstadien fahnden.

Man entnimmt mit einer spitzen Pinzette die Samenanlagen von abgeblühten Märzenbechern, Schneeglöckchen, Tulpen, Narzissen, Schwertlilien oder anderen großblütigen Einkeimblättrigen. Auf dem Objektträger zerlegt man sie in möglichst dünne Scheibchen und fixiert in ▸ Carnoyschem Gemisch. Anschließend färbt man routinemäßig mit ▸ Karmin- oder ▸ Orcein-Essigsäure (bzw. ▸ Nigrosin) wie oben angegeben, und durchmustert das Quetschpräparat. Überwiegend im Bereich des Nährgewebes (Endosperms) finden sich zahlreiche Zellen in mitotischer Teilung. Sie sind übrigens – da bei den Bedecktsamern eine Doppelbefruchtung abläuft – immer triploid und weisen damit mehr Chromosomen auf als die Wurzelspitzen der selben Pflanze.

Riesenchromosomen Üblicherweise sind in den Interphasekernen keine Chromosomen sichtbar, und üblicherweise sind sie auch nicht besonders groß. In den Speicheldrüsen von Zuckmückenlarven und anderen Zweiflüglern (Dipteren) findet sich eine bemerkenswerte Ausnahme zum Normalfall – sie enthalten auch in nicht teilungsaktiven Zellen auffallend große Chromosomen, die man deswegen auch – etwas übertreibend – Riesenchromosomen nennt. Eine zutreffendere Bezeichnung ist Polytän-Chromosomen. Entdeckt hat sie der französische Zoologe EDOUARD GÉRARD BALBIANI in den Larven von *Chironomus plumosus* im Jahre 1881. Diesen großen Interphase-Chromosomen aus den Speicheldrüsen gilt das nächste Präparat.

Zuckmückenlarven (oft von der Art *Chironomus thummi*) sind im Aquarienfachhandel tiefgefroren als Fischfutter erhältlich. Man taut einen gefrosteten Würfel in wenig Leitungswasser auf und wählt eine mindestens 1 cm lange, dunkelrote Larve aus. Das Lupenbild orientiert über die Lage von Hinterende (mit Anhängen) und Kopfende (mit kräftigen Mundwerkzeugen). Nun hält man eine Larve mit einer Pinzette am Kopf fest und trennt sie hinter dem 4. Körpersegment mit Rasierklinge oder Skalpell durch. Mit einem Deckglas, das jetzt als eine Art Spachtel dient, werden aus dem verbliebenen Vorderteil alle inneren Teile ausgepresst. Mit dem vortretenden Darmrest legt man so auch die paarigen Speicheldrüsen frei. Nur mit diesem Isolat arbeiten wir weiter und fixieren zunächst für 2–3 min in ▶ Ethanol-Eisessig = 3:1 (Carnoysches Fixiergemisch). Anschließend gibt man ▶ Karmin-Essigsäure oder ▶ Orcein-Essigsäure hinzu, deckt mit einem frischen Deckglas ab und erhitzt über der Spiritusflamme bis zum leichten Sieden. Das Präparat darf dabei nicht austrocknen. Anschließend quetscht man mit einem Bleistiftrücken noch ein wenig flach (s. o.) und beobachtet bei mittlerer bis starker Vergrößerung.

Die Riesenchromosomen zeigen sich als vier dicke, gewundene, miteinander verbundene Stränge. Bei manchen *Chironomus*-Arten können sie über 10 µm Durchmesser erreichen. In den Polytän-Chromosomen fällt eine seltsame scheibchenartige Bänderung auf, die man seit etwa 1930 als Abbild der linearen Anordnung der Gene auf den Chromosomen deutet. Die einzelnen Bänder nennt man Chromomeren. Sie stellen eine Art Strichcode dar und waren außerordentlich hilfreich, als man in den 1920er Jahren in New York die ersten Chromosomenkartierungen mit der Lage einzelner Gene durchführte. Auf ähnliche Weise lassen sich auch die Speicheldrüsen aus den Larven der Taufliege *Drosophila* isolieren, dem klassischen Objekt der Genetik. Ihre fünf Riesenchromosomen sind schmaler, aber deutlich länger als bei *Chironomus*.

Riesenchromosomen sind eigentlich das Ergebnis einer nicht ganz planmäßig ablaufenden Teilung. Unter bestimmten Voraussetzungen unterbleibt nämlich in aufeinander folgenden Mitosen die Trennung der Chromatiden. Die Chromosomen werden dann sehr groß, zumal sie sich wegen ihrer nun kabelartigen Abmessungen nicht mehr allzu eng verdrillen können. Man nennt sie dann polytän.

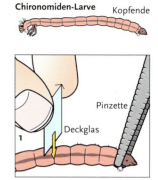

Chironomiden-Larve   Kopfende

Pinzette

Deckglas

1

2

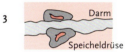

3   Darm

Speicheldrüse

4

3–5 Sekunden

Präparation der Speicheldrüsen aus einer roten Zuckmückenlarve

Zuchtmaterial von *Drosophila* liefert der Lehrmittelfachhandel.

Bildunterschriften auf linker Seite

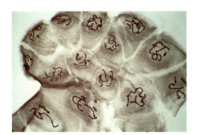

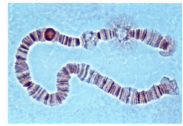

Alle Bohnen-Arten sind für diese Untersuchung gleichermaßen gut geeignet, am besten vielleicht die großen, meist hübsch gezeichneten Samen der Gartenbohne (*Phaseolus vulgaris*) oder der Feuerbohne (*Phaseolus coccineus*).

Auch Quetschpräparate von Riesenchromosomen kann man zu Dauerpräparaten weiterverarbeiten, wenn man die Deckgläser nach Tiefgefrieren absprengt und über Alkohol in Euparal eindeckt (vgl. S. 80).

Fixiergemisch nach Carnoy S. 257
Karmin-Essigsäure S. 272
Orcein-Essigsäure S. 273
Kresylechtviolett S. 271
Carbolfuchsin S. 273

Pflanzliche Polytän-Chromosomen Auch bei Pflanzen kommen in seltenen Fällen Riesenchromosomen vor, die offenbar nach dem gleichen Ablauf entstehen wie in den Speicheldrüsen der Zweiflügler. Der Bonner Botaniker Eduard Strasburger entdeckte sie 1887 im Embryosack der Kaiserkrone (*Fritillaria imperialis*). Sie finden sich in den Staubfadenhaaren der Zaunrübe (Gattung *Bryonia*) und in der äußeren Zellschicht der Samenanlagen mancher Lichtnelken (*Silene*-Arten). Ein gut untersuchtes und relativ leicht nachvollziehbares Beispiel sind die Bohnensamen. Am trockenen Samen (= Bohne) kann man auf der konkav gekrümmten Bauchseite leicht den so genannten Nabel (= Hilum) erkennen, mit dem der Samen an der Wand der Hülse saß. Darüber ist eine etwas kleinere, fast punktförmige Marke zu erkennen, die den Rest der Mikropyle darstellt: Während der Blütezeit drang hier nach erfolgter Bestäubung der Pollenschlauch in die Samenanlage ein, um sich zur Eizelle voran zu arbeiten. Wenn man nun die Bohne öffnet, sieht man auf einer der beiden Hälften ein winziges, bleiches Keimpflänzchen, das nahe am Mikropylenrest befestigt ist. Die Zellen des sehr kurzen Stielchens, mit denen es angeheftet ist, bilden den Suspensor. In diesen Zellen finden sich bemerkenswert große, relativ schlanke Riesenchromosomen. Man präpariert den Suspensor mit Lanzettnadel oder Rasierklinge ab, lässt das Material ein wenig in Wasser weichen, fixiert in ► Ethanol-Eisessig = 3:1 und färbt, wie oben beschrieben, in ► Karmin- oder ► Orcein-Essigsäure. Im Unterschied zu den Speicheldrüsen-Riesenchromosomen fehlt den pflanzlichen Polytän-Chromosomen gewöhnlich die auffällige Querbänderung.

Der kleine Unterschied: Barr-Körperchen Beim Menschen wird wie bei vielen Tieren das Geschlecht durch besondere Geschlechtschromosomen (= Heterosomen) vererbt. Von den 46 Chromosomen des Menschen sind 44 Autosomen; die beiden Heterosomen treten in der Kombination XX (weiblich) oder XY (männlich) auf. In Zellen weiblicher Personen wird eines der beiden X-Chromosomen weitgehend ausgeschaltet und ist deswegen ausnahmsweise auch im gewöhnlichen Interphasekern als Chromosom erkennbar. Der kanadische Anatom Murray Barr hat diesen Zusammenhang an Katzen entdeckt. Danach nennt man das ausgesonderte X-Chromosom weiblicher Individuen auch Barrsches Körperchen.

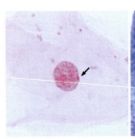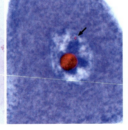

Das Barr-Körperchen ist ein abgeschaltetes X-Chromosom und auch in der Interphase sichtbar.

Das Barr-Körperchen ist recht einfach in den Zellkernen von Mundschleimhautzellen weiblicher Personen darstellbar. Man stellt ein Abstrichpräparat der Mundschleimhaut (vgl. S. 59) her, fixiert mit reinem Ethanol (96%) und färbt mit ► Kresylechtviolett oder mit ► Carbolfuchsin. Das inaktivierte X-Chromosom zeigt sich als stark kontrastiertes, meist in der randlichen Falte des Zellkerns liegendes Körperchen. Allerdings ist es lagebedingt nicht in allen Zellen sichtbar. Seit kurzem ist bekannt, dass die genetische Information auch dieses X-Chromosoms anteilig abgelesen wird.

zu Seite 85:
Fixiergemisch nach Carnoy S. 257
Karmin-Essigsäure S. 272
Feulgen-Färbung S. 273
Hämatoxlin S. 274
Nigrosin S. 273
Euparal S. 268

Das ganze Erbe im halben Kern Unter Befruchtung versteht man die Vereinigung zweier Keimzellen (Gameten), einer männlichen Spermienzelle und einer weiblichen Eizelle. Unmittelbar nach der Zellverschmelzung fließen auch die jeweiligen Gametenzellkerne zusammen und bilden eine neue Einheit. Das Ergebnis ist die erste Zelle eines Lebewesens der neuen Generation. In seiner Startzelle, Zygote genannt, befinden sich gemeinsam alle Chromosomen, die jede der beiden verschmolzenen Keimzellen mitbrachte.

Daraus entwickelt sich nun durch fortgesetzte mitotische Zellteilungen der erwachsene Organismus. In allen seinen Körperzellen enthält er die gleiche Anzahl von Chromosomen.

Wenn sich nun beispielsweise die Küchen-Zwiebel wiederum geschlechtlich fortpflanzt und bei der Befruchtung jeder Gamet seine sämtlichen 14 Chromosomen beisteuern würde, hätten die Zwiebeln der nächsten Generation 28, die der übernächsten schon 56 Chromosomen. Die Chromosomenzahl je Zellkern bleibt jedoch von Generation zu Generation immer gleich.

Damit die Chromosomenzahl über die Generationen hinweg nicht ins Gigantische anwächst, muss also in die sexuelle Fortpflanzung ein Vorgang eingeschaltet sein, der die Zahlen konstant hält. Die entscheidende Station ist die Bildung der Keimzellen. Wenn sie in besonderen Organen heranreifen, wird ihr Chromosomenbestand durch eine besondere Kernteilung jeweils auf die Hälfte verringert. Jeder befruchtungsfähige Gamet enthält dann jeweils nur einen vollständigen Chromosomensatz – er ist haploid. Dafür schreibt man das Symbol n. Bei der Küchen-Zwiebel ist n = 7, beim Menschen gilt n = 23.

Reifungsteilung bei der Pollenkornbildung

Bei der Mitose teilen sich die 2n-Zellkerne so, dass jeder der entstehenden Tochterkerne wiederum alle 2n Chromosomen des Ausgangskerns bekommt und somit diploid bleibt. Bei der Keimzellenreifung werden die 2n Chromosomen dagegen so verteilt, dass jeder Tochterkern nur noch die Hälfte enthält, allerdings von jedem Chromosom ein Exemplar. Mit seinen nunmehr n Chromosomen ist er dann haploid. Getrennt wurden bei der Keimzellenreifung also nur die Chromosomenpaare, nicht die Spalthälften der einzelnen Chromosomen wie bei der Mitose. Diese besondere Form der Chromosomenverteilung nennt man Reifungsteilung oder Meiose. Besonders eindrucksvoll zu verfolgen ist sie bei der Reifung der Pollenkörner in den Staubblättern noch ungeöffneter Blüten.

Man entnimmt die Staubblätter möglichst am frühen Morgen aus noch grünen Blütenknospen, fixiert sie sofort in ▸ Ethanol-Essigsäure 3:1, überführt sie in 70%iges Ethanol und stellt ein Quetschpräparat in ▸ Karmin- bzw. ▸ Orcein-Essigsäure her, wie oben für die Wurzelspitzen-Mitosen beschrieben. Natürlich eignen sich ebenso auch die bekannte ▸ Feulgen-Färbung , die Darstellung der Chromosomen mit ▸ Hämatoxylin nach Heidenhain oder die Chromosomenfärbung in ▸ Nigrosin. Auch Reifungsteilungs-Präparate lassen sich nach Tiefgefrieren mit Kältespray aus der Sprühdose (vgl. S. 80) und Eindecken in ▸ Euparal zum Dauerpräparat weiterverarbeiten.

In den Staubblättern erfolgt die Bildung der Pollenkörner: Jede Pollenmutterzelle (2n) teilt sich in mehreren Schritten in vier einkernige Pollenkörner (n). Im Quetschpräparat sind meist verschiedene Stadien nebeneinander anzutreffen.

Zum Weiterlesen DUTRILLAUX u. COUTURIER (1983), DUVE (1992), GÖLTENBOTH (1971, 1972, 1973, 1978), HAUCK u. QUICK (1986), LAANE (1972), LAANE u. WAHLSTRÖM (1981, 1982), ROESER (2003)

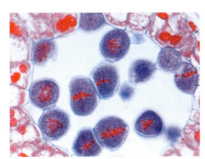

In den Pollenmutterzellen von Garten-Lilien (z. B. *Lilium candidum*) ist die Meiose (Reifungsteilung) mit Vereinfachung der Chromosomensätze klar zu verfolgen.

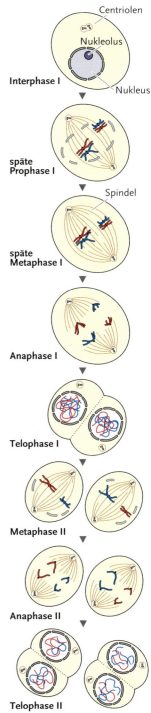

Interphase I — Centriolen, Nukleolus, Nukleus

späte Prophase I

späte Metaphase I — Spindel

Anaphase I

Telophase I

Metaphase II

Anaphase II

Telophase II

Ereignisfolge bei der Meiose (schematisch): In der Anaphase I werden die Chromosomenpaare, nicht deren Chromatiden, getrennt.

4.6 Membranen und Mitochondrien

Außer dem Zellkern und den nur bei Pflanzen vorhandenen Plastiden enthält die eukaryotische Zelle in ihrem Plasma noch eine ganze Reihe weiterer feinster und wichtiger Strukturen, von denen man sich im Lichtmikroskop ein erstes Bild machen kann.

Umschau im Zellplasma

Im lichtmikroskopischen Bild einer Zelle sind die Mitochondrien eher ausnahmsweise und an der lebenden Zelle nur durch Einsatz spezieller Färbemethoden wie der ► Janusgrün B-Färbung darzustellen, vor allem an pflanzlichen Zellen, die von Natur aus dünn und durchsichtig sind wie Epidermen und Haare. Das bestimmt die Objektwahl für dieses Präparat: Wir legen ein etwa 5x5 mm großes Stück der oberen Epidermis eines Küchenzwiebel-Schuppenblattes (vgl. S. 60) zunächst in Wasser und beobachten bei stärkerer Vergrößerung im Phasenkontrast oder bei schiefer Beleuchtung.

Die Mitochondrien zeigen sich – oft in den Cytoplasma-Ansammlungen rund um den Zellkern – meist als längliche Körperchen von etwa 1x8 bis 2x12 µm Abmessung. Sie weisen damit ungefähr die Größe und Gestalt von Bakterien auf.

Seit 1902 ist eine gut funktionierende spezifische Anfärbung der Mitochondrien mit dem basischen ► Janusgrün B (Diazingrün) bekannt. Man tropft die etwa 0,05%ige Lösung auf das frische Präparat und lässt sie etwa 15 – 30 min ohne Deckglas in einer ► feuchten Kammer einwirken. Deckt man sofort ab, könnten die außerordentlich stoffwechselaktiven Mitochondrien den Farbstoff vorzeitig unter chemischer Reduktion in eine farblose Leukoform oder in das ähnliche, rosafarbene Diethylsafranin umwandeln.

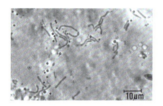

In den Zellen der Schuppenblattepidermis der Küchen-Zwiebel (*Allium cepa*) zeigen sich die Mitochondrien nach Anfärbung als länglich-fädige Gebilde.

Gelingt die Färbung nicht, sollte man die Farblösung nochmals stufenweise verdünnen. Die Mitochondrien zeigen sich tiefgrün bis schwarzblau, insbesondere bei Untersuchung mit einem Grünfilter.

Zelluläres Kraftwerk Das elektronenmikroskopische Bild zeichnet naturgemäß ein genaueres Bild der Mitochondrien, aber auch das Lichtmikroskop zeigt einige bemerkenswerte Baueigentümlichkeiten. In den Zellen der Zwiebelschuppenepidermis können sie von ihrer Bakteriengestalt stärker abweichen und schmal-fädig oder sogar verzweigt erscheinen. In einer bestimmten Zelle ist ihre Anzahl relativ konstant. Leberzellen enthalten etwa 1500 Mitochondrien, Eizellen bis über 100000 und bestimmte Zellparasiten wie die Trypanosomen nur eines. Als Zellorganellen sind die Mitochondrien von zwei Membranen umhüllt. Die Einstülpung der inneren Membran ist auch bei stärkster Auflösung nicht zu sehen.

Janusgrün B S. 278
Feuchte Kammer S. 292

Mitochondrien anfärben In den Zellen von Wurzelspitzen, die man beispielsweise auch für Chromosomen-Untersuchungen heranzieht, lassen sich die Mitochondrien nach folgendem Verfahren darstellen: Zum Fixieren und gleichzeitigen Färben verwendet man ein spezielles Gemisch von 1% Orcein in 20%iger wässriger Trichloressigsäure, die unmittelbar vor Gebrauch im Verhältnis 10:1 mit 1 N HCl versetzt wird. Die Färbedauer beträgt mindestens 24 h. Anschließend quetscht man die Wurzelspitzen auf einem sauberen Objektträger in einem Tropfen dieser Lösung.

In den Zellen zeigen sich neben den ungleich größeren Zellkernen und Chromosomen auch die Mitochondrien tiefrot, während die Proplastiden im Zentrum immer ein wenig lichter aussehen. Zur besseren Kontrastbildung untersucht man dieses Präparat vorzugsweise mit einem kräftigen Grünfilter.

Ein großer Teil der Synthese von Adenosintriphosphat (ATP), der universellen „Energiewährung" der Zelle, findet in den Mitochondrien statt. Man nennt diese unentbehrlichen Zellorganellen daher auch Zellkraftwerke.

Projekt	Mitochondrien in Pflanzenzellen, Darstellung des Endomembransystems von Nervenzellen
Material	Schuppenblatt-Epidermis der Küchen-Zwiebel, Epidermiszellen der Wasserpest, Vorderhornzellen aus Schweine-Rückenmark
Was geht ähnlich?	Quetschpräparate von Wurzelspitzen, Haarzellen von Blattstiel oder Stängel des Kürbis, Staubfadenhaarzellen von *Tradescantia*, Milchsaft der Kapuzinerkresse
Methode	Einfaches Schnitt-, Quetsch- bzw. Zupfpräparat, Färbungen mit Janusgrün B, Methylenblau, Orcein-Trichloressigsäure oder Rhodamin B oder Kresylechtviolett
Beobachtung	Färberischer Vitalnachweis pflanzlicher Mitochondrien, cytoplasmatische Membranstrukturen

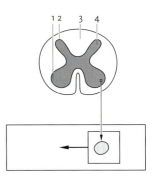

Präparation von Ganglienzellen aus einem Rückenmarkquerschnitt: 1 Vorderhorn, 2 Hinterhorn, 3 weiße Substanz, 4 graue Substanz. Eine winzige Portion graue Substanz aus dem Vorderhornbereich wird unter dem Deckglas leicht gequetscht.

Endomembransystem aus Nervenzellen Bei der Beobachtung von Pflanzen- oder Tierzellen erscheint das Cytoplasma meist klar und durchsichtig. Von den zahlreichen Membranen, die das Plasma als Endomembransystem, auch Endoplasmatisches Reticulum (ER) genannt, durchziehen, ist im Lichtmikroskop normalerweise nichts zu sehen. Ausnahmsweise kann man diese Strukturen aber dennoch in einem einfachen Präparat darstellen.

Schweine-Rückenmark aus der Halsregion ist ein knapp fingerdicker Strang – man beschafft sich ein Stück aus der Metzgerei und legt es für etwa 30 min in das Gefrierfach des Kühlschranks. Das angefrorene Stück lässt sich nun mit Querschnitten sehr gut in millimeterdünne Scheibchen zerlegen. Auf dem Querschnittbild fällt innerhalb der so genannten weißen Substanz die etwas dunklere, schmetterlingsförmige Figur der grauen Substanz auf. Die größeren „Flügel" sind die beiden Vorderhornbereiche. Darin liegen besonders viele Nervenzellen, deren lange Zellfortsätze für die Bewegungssteuerung der Gliedmaßen zuständig sind. Manchmal finden sich Reste von Nervengewebe auch noch an einem Stielkotelett.

Man entnimmt dem auftauenden Vorderhornbereich mit Pinzette und Skalpell eine etwa stecknadelkopfgroße Probe und überträgt sie auf einen Objektträger. Dann legt man ein Deckglas auf und quetscht die Gewebeprobe unter vorsichtigem Druck und gegebenenfalls durch seitliches Verschieben des Glases flach. Die Gewebemasse sollte jetzt in dünner Schicht ausgebreitet sein. Man lässt sie an der Luft trocknen und färbt anschließend mit leicht verdünnter ▸ Methylenblau-Lösung oder mit dem gleichwertigen ▸ Thionin, eventuell unter leichter Erwärmung über einer Spiritusflamme. Mit reinem Isopropanol (2-Propanol, 100%ig) werden sie differenziert: Dabei wird überschüssiger Farbstoff aus der Probe ausgewaschen. Anschließend können die Präparate in Eukitt oder Euparal zum Dauerpräparat eingedeckt werden.

Schon bei mittlerer Vergrößerung zeigt sich in den kräftig tinten- bis himmelblau gefärbten Nervenzellen außer dem großen Zellkern ein eigenartiges, fast fleckiges Cytoplasma. Diese Strukturen hat man nach ihrem Entdecker als Nissl-Schollen bezeichnet und lange Zeit für ein Präparationsartefakt gehalten. Heute weiß man, dass sie aus besonders verdichteten Membranbereichen des Endoplasmatischen Reticulums (ER) bestehen, auf denen gleichzeitig große Mengen so genannter Ribosomen zur Proteinsynthese untergebracht sind. Die Nissl-Strukturen sind vorteilhaft auch mit ▸ Kresylechtviolett darstellbar.

Im Quetschpräparat der grauen Substanz aus dem Rückenmark sind die großen, meist ungefähr dreieckigen Vorderhorn-Ganglienzellen einfach darstellbar.

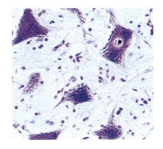

Die so genannten Nissl-Schollen (Nissl-Substanz) der Ganglienzellen bestehen aus verdichteten Komplexen des Endoplasmatischen Reticulums.

Methylenblau-Lösung S. 270
Thionin S. 274
Kresylechtviolett S. 271

Bei Anregung mit Blaulicht fluoreszieren die Membranen der Zellkerne und Mitochondrien kräftig goldgelb, während die Cytoplasmamembranen (ER) einen eher diffusen gelblichen Hintergrund bieten.

Rhodamin B S. 275

Membranhüllen im Fluoreszenzlicht Für den Fall, dass ein Fluoreszenzmikroskop zur Verfügung steht, kann man in den oben zur Untersuchung vorgeschlagenen Geweben ein magisches Licht entzünden: Dazu benötigt man eine wässrige Lösung von ▸ Rhodamin B. Die Gewebeproben (Zwiebelhäutchen, Wurzelspitzen, Haare) legt man für 10 min in diese Farblösung, wäscht sie anschließend in Leitungswasser aus und untersucht darin.

Zum Nachlesen Duve (1992), Goodsell (1994), Gunning u. Steer (1996), Hauck u. Quick (1986), Lehmann u. Schulz (1976), Libbert (1991), Nabors (2007), Purves u.a. (2006)

Einen wichtigen Aspekt übersieht man übrigens sehr oft bei der Betrachtung der durchaus eindrucksvollen elektronenmikroskopischen Bilder einer Zelle: Es sind fast immer sehr kleine Ausschnittdarstellungen aus einem sehr großen, komplexen und zudem durch die Präparation künstlich erstarrten Ganzen. Da steht ein Lichtmikroskop trotz seiner sichtlichen Begrenztheit völlig anders da, denn es lässt eine Zelle einigermaßen komplett und vor allem auch quicklebendig erleben.

Die Zelle als Zimmer Bei der Beobachtung von Zellen und ihren Bestandteilen fehlt mitunter das Gefühl für die tatsächlichen Abmessungen des Gesehenen. Die folgende Überlegung bläht modellhaft eine gewöhnliche eukaryotische Zelle auf die Dimension eines Zimmers auf. Ein gut ausgebautes Lichtmikroskop erreicht bei vertretbarer Auflösung einen Vergrößerungsfaktor um 1000. Eine eukaryotische Zelle von ca. 10 μm Durchmesser ist mit lichtmikroskopischer Hilfe allenfalls als zuckerperlengroßes Objekt zu erleben. Das Elektronenmikroskop überschreitet die technischen Grenzen des Lichtmikroskops um einige weitere Zehnerpotenzen. Geht man einmal von einer Gesamtvergrößerung um den Faktor 500000 aus, wird die von Natur aus nur Bruchteile eines Millimeters messende Zelle tatsächlich etwa in den Dimensionen eines Wohn- oder Arbeitsraumes von etwa 25 m² Grundfläche erlebbar.

Wichtige Zellbestandteile wie Mitochondrien und andere kleine Einschlusskörperchen, die in der realen Zelle nur Durchmesser von etwa 0,5−1,5 μm aufweisen, hätten in diesem Zellzimmer etwa das Aussehen einer bauchigen Bodenvase oder besonders großer Bücher im Atlasformat. Der Zellkern würde darin allerdings schon die Größe eines respektablen Polstermöbels beanspruchen. Die Zellwand der zimmergroßen Zelle wäre fast so dick wie eine konventionell gemauerte Hauswand. Die Membranen, die das lebende Plasma umschließen (Plasmalemma) oder das Cytosol als endoplasmatisches Reticulum durchziehen, wären ungefähr so dick wie die Tapeten (lagen) auf der Wand oder die Stoffe der Übergardinen. Ribosomen, die sehr kleinen makromolekularen Komplexe für den Zusammenbau der lebenswichtigen Proteine, hätten im Zimmermodell lediglich die Größe knapp zentimetergroßer Objekte, beispielsweise eines stark abgenutzten Radiergummis oder der Büroklammern auf dem Schreibtisch. Weitere unentbehrliche Strukturbestandteile der Zelle wie die rund 25 nm (Nanometer) dicken Mikrotubuli oder die nur 6−10 nm Dicke messenden Mikrofilamente, die das Zellskelett darstellen, hätten ungefähr das Kaliber von Heizungsrohren bzw. der Kabelzuleitung für die Schreibtischlampe. Die Desoxyribonukleinsäure (DNA), Träger der Erbinformationen und als Doppelschraube ein Makromolekül von nur rund 2 nm Durchmesser, entspricht bei diesem Vergleich einem millimeterdicken Bindfaden oder Gummiband. Seine kleinsten atomaren Bestandteile, die Wasserstoffatome, wären selbst bei dieser gewaltigen Vergrößerung höchstens staubkorngroß und der Auflösungsgrenze selbst eines leistungsfähigen Elektronenmikroskops recht nahe.

5 Einzeller und andere Protisten
5.1 Aufwuchs und Plankton

Seitdem der Delfter Tuchhändler Antoni van Leeuwenhoek im 17. Jahrhundert erstmals Regenpfützen und Waldtümpel genauer in den Blick nahm, ist das „Leben im Wassertropfen" selbst für Nichtmikroskopiker geradezu legendär. Unterdessen ist die Gemeinde der Tümpler beträchtlich angewachsen. Zur mikroskopischen Arbeit gehören Seh- und Tauchfahrten im Lebensraum Wasser zwar zur normalen Routine, verlieren aber selbst nach Jahren und Jahrzehnten nichts von ihrer besonderen Faszination.

Wimmelwelt im Wassertropfen

Das Staunen über solche komplett und dicht besetzten Lebensräume mit Organismen, die eventuell nur aus einer einzigen Zelle bestehen, war schon vor Jahrzehnten beträchtlich und ist bis heute ein wichtiges Motiv für viele Hobbymikroskopiker, sich überhaupt mit der Welt im Kleinen eingehender zu befassen. Gleichgültig, ob man sich nun eine Wasserprobe aus dem Gartenteich, aus dem Stadtparkweiher, aus der verstopften Regenrinne oder einer abgestandenen Blumenvase vornimmt, man wird höchst seltsamen und geradezu skurrilen Gestalten begegnen, wie sie ausgefallener nicht einmal der niederländische Maler HIERONYMUS BOSCH hätte darstellen können. Durchsichtige Wesen, die keinen Schatten werfen, huschen durch das Gesichtsfeld, aber der Blick nimmt auch Keulen, Ketten, Kugeln, Sicheln, Stäbchen und Sternchen und viele andere Formen wahr, für die unsere Alltagssprache kaum passende Gestaltbeschreibungen liefern kann. Lediglich der frisch entnommene Tropfen aus der Trinkwasserleitung ist (normalerweise) total langweilig – Wasser als wichtiges Lebensmittel muss einfach keimfrei sein. Alle anderen Wasserproben aus dem Freiland oder von der Fensterbankkultur erweisen sich fast immer als überraschend ergiebig.

„Der Welten Kleines auch ist wunderbar und groß, und aus dem Kleinen bauen sich die Welten", steht als Inschrift auf dem Grabstein von CHRISTIAN GOTTFRIED EHRENBERG (1795–1876) in Berlin, einem der herausragenden Pioniere in der Erforschung der Wassertropfen-Szenerien.

Heuaufguss Außer Freilandproben aus nahezu beliebigen Oberflächengewässern dient der bekannte Heuaufguss als nahezu unerschöpfliche Materialquelle:
• Man legt eine knappe Handvoll Heu (eventuell auch beschaffbar als Kleintierstreu aus der Zoohandlung) in ein großes, zuvor mehrfach heiß ausgespültes Konserven- oder Saftglas (ca. 0,5–1 l) und füllt mit abgekochtem, wieder auf Zimmertemperatur abgekühltem Leitungswasser, mit Regenwasser oder mit dem Wasser aus einem stehenden Freilandgewässer (Gartenteich) bis etwa 5 cm unter den Rand auf. Das Gefäß wird nicht verschraubt, sondern zum Schutz vor etwaiger Geruchsbildung nur mit einer Pappscheibe bedeckt und an einem hellen Platz auf der Fensterbank aufgestellt. Hier darf es jedoch nicht der direkten Sonnenstrahlung ausgesetzt sein.
• Aussichtsreich ist auch die Weiterkultur von sich zersetzender Pflanzenstreu in Standortwasser aus Streu- oder anderen Feuchtwiesen mit hoch anstehendem Grundwasserspiegel, in dem sich nach Niederschlägen für mehrere Tage größere Pfützen bilden.
• Eine lohnende Alternative oder Ergänzung zu diesen Kulturverfahren sind Ansätze von wenigen Salatblättern (gewöhnlicher Kopfsalat, jedoch vorzugsweise aus biologischem Anbau ohne vorherige Pestizidbehandlung) in abgekochtem Leitungswasser (s. o.).

Aus dieser Art Aufguss-Kultur („Infusum") erhielten die im 18. und 19. Jahrhundert im Lichtmikroskop erstmalig beobachteten Kleinstorganismen die Bezeichnung Infusorien.

Als Badegewässer wenig einladend, für den Mikroskopiker ein Eldorado: völlig veralgter Tümpel, der auch allerhand weitere Protisten verspricht

Projekt	Leben im Wassertropfen
Material	Beliebige Planktonprobe aus Tümpeln oder anderen grünen Kleingewässern
Was geht ähnlich?	Heuaufguss, Aufwuchs auf Pflanzenteilen aus Teichen, Ankultur von Bodenproben in der Petrischale, Bodensatz und Filtermaterial von Aquarien
Methode	Lebenduntersuchung im Hellfeld, Dunkelfeld oder Phasenkontrast
Beobachtung	Einzeller-Typologien, Formenspektren

Zu beobachten sind neben zahlreichen Bakterien (diese überwiegend in der leicht schillernden, etwas schleimigen Kahmhaut auf der Oberfläche, die sich schon nach wenigen Tagen einstellt) Wimpertiere (*Ciliophora*), nach einiger Zeit auch Amöben (*Sarcodina*) und daneben auch Rädertiere (*Rotifera*), die zu den kleinsten Mehrzellern gehören. Bei länger stehenden Ansätzen treten je nach Beimpfung mit Erdproben häufig Amöben auf, darunter auch beschalte Formen.

Eine viel versprechende Materialquelle sind erfahrungsgemäß auch Vogeltränken, wie sie Gartenbesitzer für die gefiederte Fauna aufstellen.

Aus dem Vollen schöpfen Für die mikroskopische Untersuchung bestens geeignet sind Wasserproben aus allen stehenden kleineren Gewässern auch aus dem Lebensraum (Groß-)Stadt, die durch Planktonalgen grünlich oder sonst wie verfärbt sind. Diese Situation wird man vor allem während der wärmeren Jahreszeit in nährstoffreichen Tümpeln und Teichen antreffen. Hieraus kann man auch grüne Fadenalgen entnehmen, die fast immer mit zahlreichen Kleinstorganismen für ergebnisreiche Untersuchungen besetzt sind. Solche Schöpfproben lassen sich in Konservengläsern oder Saftflaschen wie Heuaufgüsse auf der Fensterbank eine Weile weiter kultivieren. Dabei kann man zeitabhängig auch verschiedene Besiedlungswellen verfolgen.

Fischen in Freilandgewässern Planktonnetze aus feiner Müllergaze mit Maschenweiten von 20, 30 oder 60 μm leisten hervorragende Dienste bei der Ankonzentrierung von Organismen aus dem Freiwasser. Ob sich der Fang gelohnt hat, ist bereits im seitlich einfallenden Licht zu erkennen: Sind im Transportbehälter (Konfitürenglas, Thermosflasche o. ä.) viele zuckende Lichtpünktchen zu sehen, ist auch die weitere mikroskopische Untersuchung aussichtsreich. Planktonfänge sollte man grundsätzlich möglichst bald untersuchen und nicht lange stehen lassen. Allerdings kann auch die Weiterkultur in Standortwasser auf der Fensterbank Überraschungen bereithalten. Nicht mehr benötigte Proben, die man gründlich untersucht hat, gibt man in einen (eigenen) Gartenteich oder ein anderes benachbartes Kleingewässer. Dessen Lokalpopulationen lassen sich mit den Mitbringseln aus anderen Biotopen wirksam ergänzen.

Oben: Bei der Netzgaze mit 30 μm Maschenweite der Firma Hydrobios (Kiel) kommen 153 Fäden auf 1 cm.

Unten: Die feinste lieferbare Netzgaze hat eine Maschenweite von 10 μm. Noch feinere Planktonfraktionen sind nur noch durch Zentrifugieren zu gewinnen.

Sitzende Siedler – Aufwuchsgesellschaften Nicht alle mikroskopisch kleinen Wasserbewohner halten sich als Schwimmer oder Schweber im Plankton der Freiwasserräume auf. Einen besonders artdichten und für die genauere Untersuchung unbedingt empfehlenswerten Aufwuchs tragen häufig die Blattunterseiten von Wasserpflanzen, ihre Stängel oder sogar die Steine aus dem oberen Uferbereich. Dieser Aufwuchs teilt sich den vorsichtig tastenden Fingerspitzen meist nur als schleimiger Belag mit. Bei genauerer mikroskopischer Betrachtung zeigen sich hier jedoch ausgedehnte Kleinalgenwälder, Wimpertiergebüsche oder Fadengewirre mit Cyanobakterien. Faszinierende Einblicke in solche Aufwuchsgesellschaften bietet schon allein die Betrachtung mit einer stärker vergrößernden Stereolupe. Ergiebig sind alle vorsichtig abgezupften Stängel- oder Blattstücke einer Wasserpflanze, beispielsweise eine Probe von der Blattunterseite einer Teichrose. Bei solchen mikroskopischen Streifzügen bringt man das Deckglas übrigens nicht direkt auf die „Untersuchungshäftlinge", weil die kleine Welt dazwischen sonst arg in die Klemme gerät oder gar zerquetscht wird. Statt dessen legt man als sichernden Abstandhalter zuerst ein Stück Faden oder etwas Knetmasse auf den Objektträger. Einfacher geht es natürlich bei Verwendung von Objektträgern mit eingeschliffener Mulde.

Aufwuchs ansiedeln Wenn man Aufwuchs zur Untersuchung von Pflanzenteilen oder Steinen einfach abkratzt, zerstört man die meisten Formen dieses Periphyton genannten Kleinlebensraumes. Eine ungleich geeignetere Methode ist deren gezielte Ankultur auf Objektträgern im Freiland. Dazu befestigt man je zwei Objektträger paarweise mit einem starken Gummiband und hängt sie an einem genügend großen Korkstopfen beispielsweise im Gartenteich als Schwimmboje auf. Über die Länge der Befestigungsleine lässt sich die Wassertiefe vorwählen, aus der die jeweiligen Aufwuchsmuster untersucht werden sollen. Außerdem kann man mehr beschattete oder stärker besonnte Bereiche wählen. Nach ein oder zwei Wochen (im Sommer) hat sich im Allgemeinen ein dichter Besiedlerverband eingestellt – dichte Rasen bezaubernder Mikroorganismen zeigen sich nun gleichsam auf dem Präsentierteller. Man kann die Objektträger nun entnehmen, in Standortwasser transportieren, mikroskopisch untersuchen und anschließend wieder paarweise in ihr Gewässer verbringen, um weitere bzw. spätere Besiedlungsstadien zu erfassen.

Oben: Kleinlibellenlarve mit Aufwuchs. Unten: Trompentiere (*Stentor coeruleus*)

Protisten mit dem Deckglas sammeln Im Gewirr von Algenfäden oder organischem Bestandsabfall übersieht man manche Einzeller einfach, vor allem die sehr kleinen oder nahezu durchsichtigen Formen. Man kann jedoch auch solche Formen erbeuten, indem man einige Deckgläser auf die Wasseroberfläche von Kleinstaquarien legt – gleichsam die verfeinerte Variante der Aufwuchsansiedlung auf Objektträgern in Freilandgewässern. Man bugsiert die sauberen Deckgläser mit einer Uhrfederpinzette nacheinander vorsichtig auf den Wasserfilm – die Oberflächenspannung der Flüssigkeit trägt sie ohne Problem. Schon nach ein paar Tagen siedeln sich auf der Deckglasunterseite zahlreiche Kleinstorganismen an. Aus solchen Wasserproben, die man im Sammelglas für einige Zeit auf einer nicht direkt besonnten Fensterbank stehen lässt, finden sich mitunter im Deckglasaufwuchs auch Kragenflagellaten der Gattung *Salpingoeca*, die jeweils einzeln in einem glasklaren, amphorenähnlichen Gehäuse stecken.

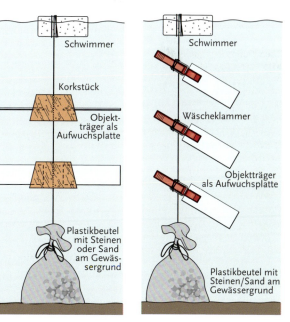

Objektträger als Aufwuchsplatten mit Korken oder (einfacher) mit Wäscheklammern als Objektträger-Halterungen

Aus Wasserproben von Moor-
tümpeln lassen sich mit der
Deckglas-Methode die sonst nur
schwer nachweisbaren Amöben
erfassen, beispielsweise auch
die wegen ihrer langen Plasma-
fortsätze Torfgespenst genannte
Art *Gymnophrys comata*.

Auffällig ist bei dieser Unter-
wasser-Umschau, dass viele
wasserlebende Kleinorganismen
erstaunlich durchsichtig sind.
Nur deswegen ist beinahe unge-
hinderte Einsichtnahme in ihre
anatomischen Details möglich,
etwa die Beobachtung der pulsierenden Vakuolen von Wimpertieren, des knetenden Kau-
magens der Rädertiere oder des
zuckenden Herzbläschens der
Wasserflöhe.

**Oben: In den Porenwasser-
räumen des Bodens leben
zahlreiche Mikroalgen, die sich
mitunter an die Hyphen von
Bodenpilzen anheften.**

**Unten: Die grüne Fadenalge
Klebsormidium flaccidum
kommt von der Bodenober-
fläche bis in größere Boden-
tiefen vor.**

Basiphyten und Epizoen Außer dem reinen Formenzauber lässt sich an
solchen Aufwuchsproben auch sehr eindrucksvoll beobachten, wie die Kleinorganismen sich auf allen angebotenen bzw. verfügbaren Oberflächen festsetzen. Während in einer Krautflur, einer Wiese oder einem Heckensaum die miteinander vergesellschafteten Arten wohlgeordnet nebeneinander stehen und
es in Wäldern nur einzelne Vertreter buchstäblich auf die Bäume treibt, geht
es in allen aquatischen Lebensräumen tatsächlich drunter und drüber: Pflanzliche Wesen besiedeln Tiere, tierische Organismen verankern sich auf Pflanzen. Außerdem gibt es Pflanze/Pflanze-Wohngemeinschaften und festgefügte
Tier/Tier-Assoziationen. Hochstapelei nach Art der „Bremer Stadtmusikan-
ten" ist im Aufwuchs von Steinen, Pflanzen oder anderen festen Oberflächen
etwas völlig Normales. Den jeweiligen Trägerorganismus bezeichnet man
dabei als Basiphyten (pflanzlich) oder Basizoen (tierisch), die Aufwuchsfor-
men als Epipyhten oder Epizoen.

Proben aus dem Boden Eine durchaus vergleichbar üppig und formenreich
zusammengesetzte Kleinlebewelt mit vielen Einzellern gewinnt man, indem
man Objektträger auf die Bodenoberfläche von Blumentöpfen legt und vorsichtig andrückt. Alternativ kann man beliebige Bodenproben aus dem Blumentopf, aus Garten und Wald oder selbst aus städtischen Pflasterfugen in
Petrischalen geben, gut anfeuchten (jedoch nicht durchnässen) und wiederum Objektträger auflegen. Die Petrischalen werden mit ihrem Deckel lose
verschlossen und an einem hellen Platz ohne direkte Sonnenbestrahlung aufgestellt. In allen Bodenproben, die man während der wärmeren Jahreszeit im
Freiland entnimmt, sind erfahrungsgemäß mengenweise Mikroorganismen
enthalten, die sich in kurzer Zeit auch auf der Unterseite der aufgelegten
Objektträger ansiedeln und hier stark vermehren. Diese kann man nach etwa
10–14 Tagen Ankultur für eine erste mikroskopische Untersuchung entnehmen. Anhaftende Sandkörner oder andere Bodenteilchen räumt man mit der
Pinzette ab, damit das Deckglas wackelfrei aufliegen kann. Untersucht wird
mit einem zusätzlichen Tropfen Wasser.

Fundort Aquarium Wer Süßwasser- oder Meerwasseraquarien nicht allein
nach dekorativen Gesichtspunkten und nur als Schaustück betreibt, sondern
als funktionierende Lebensgemeinschaft auffasst, an der außer Fischen und
Pflanzen eben auch zahlreiche Kleinlebewesen beteiligt sind, wird auch immer
genügend Material für spannende mikroskopische Untersuchungen zur Verfügung haben. Vor allem der Bodenbereich eines Aquariums mit seinen Kies-
schichten ist meist ein überraschend reich bestückter Teillebensraum, den
sich zahllose Mikroorganismen als ihre Domäne erobern. Zwischen den Stein-
packungen sammelt sich mit der Zeit üblicherweise eine gewisse Menge Bestandsabfall (von Aquarianern meist Mulm genannt), der in regelmäßigen
Abständen zur Vermeidung von Faulgasbildung mit einem Schlauch abgesaugt wird. Diese normalerweise für die Entsorgung vorgesehenen Abfälle
sammelt man in kleineren Gefäßen (leere Konservengläser o. ä.), denn gerade
diese organischen Reste sind in der mikroskopischen Dimension meist außerordentlich ergiebig. Für eine erste Voruntersuchung entnimmt man eine kleine
Probe von vielleicht 1–2 ml Volumen und gibt sie in eine kleine Petrischale,
die man mit der Lupenvergrößerung des Mikroskops durchmustert. Meist
zeigt sich schon bei dieser orientierenden Übersicht, dass die genauere mikroskopische Kontrolle aussichtsreich ist. Man kann auch gleich Objektträger als
Ansiedlungshilfe in das Aquarium hängen. Lohnend ist auch die Ankultur
einer kleinen Mulmprobe aus dem Bodenbereich des Aquariums (ca. 1–2

Tropfen mit der Pipette entnehmen) in einer mit Aquarienwasser halb gefüllten Petrischale.

Neben dem Bodensatz des Aquariums ist das Filtermaterial im Allgemeinen ein Eldorado der Kleinstorganismen. Zur Untersuchung von Besetzern und Bewohnern bringt man ein wenig Filterwatte auf einen Objektträger und durchmustert bei kleiner bis mittlerer Vergrößerung. Auch auf den Innenwänden der Filtertöpfe findet sich gewöhnlich ein dichter Organismenbesatz. Abschaben gibt nur einen groben Überblick über diese Lebensgemeinschaft, weil viele ihrer Mitglieder dabei zerstört werden. Besser ist die Topfwandverkleidung mit einigen Objektträgern, die man dann zur Routineuntersuchung des angesiedelten Aufwuchses entnehmen kann.

Ganzjähriges Angebot – das Kaltwasseraquarium Eine Abwandlung der bewährten Heuaufguss-Methode ist die Spontankultur, bei der man alle möglichen Objekte wie Steine, Holzstücke und andere Pflanzenteile aus Teichen, Gräben, Tonnen oder Tümpeln in einem Konservenglas in Standortwasser hält oder mit einer ▸ Standard-Nährlösung übergießt. Als Kaltwasseraquarium stellt man diesen Ansatz an einem hellen Standort ohne direktes Sonnenlicht auf, vorzugsweise auf einer Nordfensterbank. Im Kulturgefäß entwickeln sich während der folgenden Tage oder Wochen vor allem Grünalgen – erkennbar an der zunehmenden Grüntrübung des Wassers. Manchmal tritt dabei nur eine Art in großer Menge auf, aber ebenso kann sich eine wilde Mischung verschiedener Formen einstellen. Durch Übertragung einer kleinen Menge (2–3 ml) in frische Nährlösung kann man solche Kulturen viele Monate lang erhalten.

Geschwindigkeitsbeschränkung Viele der in einem Freiland-Gewässer vorkommenden Kleinlebewesen legen (auch) im mikroskopischen Präparat eine hektische Betriebsamkeit an den Tag. Kaum in den Blick genommen, sind sie schon wieder aus dem Gesichtsfeld verschwunden. Für die geruhsamere Beobachtung kann man leicht Abhilfe schaffen. Eine kleine Portion Watte, die man zusätzlich in den zu untersuchenden Wassertropfen legt, bietet zwischen den einzelnen Fasern für die kleinen Schwimmer und Schweber zahlreiche, aber sichtlich begrenzte Aktionsräume, die sie wirksam am Entkommen hindern. Alternativ kann man planktische Arten auch dadurch in ihrem Bewegungsdrang abbremsen, dass man die Viskosität des Untersuchungsmediums mit so genanntem Schwimmleim erhöht. Bestens geeignet ist sehr stark verdünnter Tapetenkleister (Methylcellulose), den man in den zu betrachtenden Wassertropfen vorsichtig mit einer Präpariernadel einrührt.

Bei Wimpertieren und Flagellaten wirkt das bei Mehrzellern sehr hilfreiche Narkotikum MS 222 (= m-Aminobenzoesäureethylenester-Methansulfonat, aus dem Laborfachhandel) wenig oder nur ungenügend. Dagegen kann man damit andere Plankton- oder Aufwuchsorganismen wie Kleinkrebse oder Rädertiere mit Konzentrationen von 1:1000 bis 1:10000 vorübergehend betäuben.

Zum Weiterlesen BAUMEISTER (1972), DREWS u. ZIEMEK (1995), GALLIKER (1998), GERLACH (2009), GÜNKEL (1989, 1996, 1999). LAMPERT u. SOMMER (1993), NACHTIGALL (1997), PATTERSON (1996), SCHLEGEL u. HAUSMANN (1996), SOMMER (1994, 1996), STREBLE u. KRAUTER (2006), VATER-DOBBERSTEIN u. HILFRICH (1982)

Empfehlenswert ist die originelle Tee-Ei-Methode nach KAUFMANN und HÜLSMANN (2006).

So wird das Kleinaquarium praktisch ganzjährig zum zuverlässigen Lieferanten von Untersuchungsmaterial – bei wenig Aufwand und Pflege.

Standard-Nährlösung S. 290

0,5 mm = 500 µm

Ein Maß vieler Dinge: Der Stecknadelkopf gibt eine ungefähre Vorstellung der tatsächlichen Abmessung verschiedener Protisten, von der vergleichsweise riesigen Amöbe (links) bis zum kugeligen Mikroplankter (rechts).

Die Tiere überstehen selbst eine stundenlange Narkose schadlos und wachen relativ rasch wieder auf, wenn man sie in frisches Wasser überführt.

5.2 Algen – die etwas anderen Pflanzen

Früher bezeichnete man als Algen einfach alle pflanzlichen Lebensformen, die nicht in Wurzel, Stängel und Blätter gegliedert waren. Die genauere Umschau orientierte jedoch schon bald darüber, dass es für die zahlreichen Erscheinungsformen von Algen kaum ein gemeinsames Beschreibungskriterium gibt, sondern bestenfalls nur Ausschlussmerkmale. Als bemerkenswert heterogene Gruppe mit gänzlich verschiedenen Bauplantypen sind Algen gleichsam Denkmale aus der langen Entwicklung des Lebens.

Viele Formen, viele Farben

In der warmen Jahreszeit verfärbt sich praktisch jeder besonnte Tümpel oder Gartenteich in wenigen Tagen grünlich oder bräunlich. Eine kleine Schöpfprobe, ein paar vorsichtig ausgequetschte Watten oder Moospolster sowie die mikroskopische Kontrolle von Objektträgern, die man in ein Gewässer gehängt hat (vgl. S. 91), liefern rasch ein Präparat, das für eine Weile fesseln kann.

Jahreszeitliche Massenentwicklung In fast allen Proben aus nahezu beliebigen Stillgewässern mit guter Nährstoffversorgung sind während der wärmeren Jahreszeit auch immer ein- oder mehrzellige Algen anwesend. Weil sie ihren aquatischen Lebensraum zeitweilig in geradezu unvorstellbaren Mengen besiedeln (bis > 500 000 Zellen/ml), bestimmen sie fallweise sogar das farbliche Erscheinungsbild ihres Wohngewässers oder treiben gar in größeren Fladen, Flocken, Matten oder Schlieren an der Oberfläche umher. Bei solchen Massenvorkommen einzelner oder weniger Arten spricht man wie im Fall der Cyanobakterien (vgl. S. 54 f.) bildhaft von Algen-, Plankton- oder Wasserblüte. Im kleineren Maßstab können sich solche von Licht, Wärme und reichlichem Nährstoffangebot ausgelösten Populationsausbrüche auch in jeder Vogeltränke oder im Stadtparkteich ereignen. Als Mikroskopiker führt man grundsätzlich eine leere Filmdose oder ein ähnlich gut verschließbares Gefäß mit sich, um gegebenenfalls vor Ort gleich eine meist viel versprechende Probe entnehmen zu können.

Eine Zelle – vier Grundtypen Wie sich das Artenspektrum einer solchen Planktonblüte darstellt, ist nicht einmal in groben Umrissen vorauszusagen, denn dafür ist das potenzielle Artenangebot einfach zu umfangreich – abgesehen von der vielfach nicht einfachen artgenauen Bestimmung der beteiligten Formen. Nimmt man einmal nur die einzelligen Algen in den Blick, ist dennoch ein gewisser ordnender Überblick zu gewinnen, denn sie lassen sich nach bestimmten formalen Kriterien der Zellgestalt wenigen, klar zu umreißenden Grundtypen zuweisen, wobei innerhalb der Organisationsstufe Einzelligkeit im Wesentlichen nur die folgenden vier Organisationsformen auftreten:
• Unter den Algen einer Wasserprobe fallen die rasch beweglichen Formen am ehesten auf. Bei Einsatz kontrastverstärkender Beobachtungsverfahren (Phasenkontrast oder schiefe Beleuchtung) kann man in günstigen Fällen auch die dafür verantwortlichen Antriebsorganellen der Algenzellen beobachten – die in Ein- oder Mehrzahl gewöhnlich am Vorderende angebrachten Geißeln, die wie die Propeller am Flugzeug als Zugvorrichtungen arbeiten. Danach heißen diese Algenzellen Flagellaten – unabhängig von ihrer genaueren systematischen Zugehörigkeit. Die Organisationsform begeißelter, flagellater Einzeller

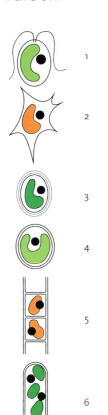

Anhand leicht beobachtbarer Merkmale lassen sich die grundlegenden Organisationsformen einfacher Algen unterscheiden: 1 monadoid, 2 rhizopodial, 3 capsal, 4 coccal (coccoid), 5 trichal (fädig), 6 siphonal (schlauchartig)

Projekt	Organisationstypen einzelliger Algen
Material	Beliebige Planktonprobe aus grünem Klein-gewässer
Was geht ähnlich?	Ankultur von Bodenproben in der Petrischale
Methode	Lebenduntersuchung im Hellfeld, Dunkelfeld oder Phasenkontrast
Beobachtung	Unterschiede in Zellform, Beweglichkeit und Pigmentierung

Links: *Chloromonas* – einzellige, begeißelte (monadoide) Grünalge. Rechts: Blutregenalge *Hamatococcus lacustris*

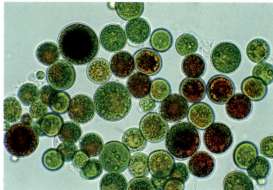

nennt man monadoid. Häufige Beispiele, die in allen möglichen Gewässern anzutreffen sind, bilden die Vertreter der Gattungen *Chlamydomonas* (Hüllen-flagellat), *Chlorogonium* (Spindelflagellat) oder *Cryptomonas* (Schlundflagel-lat).
• Nach Abwerfen ihrer Geißeln können viele monadoide Formen in ein un-bewegliches Ruhe- oder Schutzstadium übergehen und sich dazu mit einer dicken Gallerte umgeben. Diese Organisationsform nennt man capsal. Die fallweise schleimige, mitunter aber auch recht kompakte Gallerthülle lässt sich im mikroskopischen Bild im Phasenkontrast, im Dunkelfeld oder durch Verwendung einer verdünnten Zeichentusche eindrucksvoll darstellen. Gat-tungsbeispiele für die capsale Organisationsform sind *Botryochloris*, *Chloro-botrys* und *Gloeocystis*.
• Einzellige Algen, die von einer festen und oft auch einer besonders form-schön gestalteten Zellwand umgeben sind, bilden die im Artenspektrum nahe-zu aller Gewässer sehr zahlreich vertretenen coccale (manchmal auch coccoid genannte) Organisationsform. Sie sind allerdings nicht zeitlebens auf diesen Zelltyp festgelegt, sondern können während der geschlechtlichen Fortpflan-zung fallweise auch wieder monadoid werden. Als coccale Formen sind sie unbeweglich oder bewegen sich mit anderen Mitteln langsam kriechend fort. Zu dieser Organisationsform gehören alle Kieselalgen (vgl. S. 104 f.), die äußerst ansprechend gestalteten Zieralgen (vgl. S. 109 f.) oder so bekannte Gattungen wie *Chlorella*, *Chlorococcum* und *Scenedesmus*.
• Manche einzelligen Algen erinnern in ihrer Fortbewegung an die charakte-ristischen Fließbewegungen einer Amöbe: Ihre Zellen sind wandlos und nach außen nur durch das Plasmalemma begrenzt. In einigen Fällen bilden sie ebenfalls nach Amöbenart lange, mitunter auch sehr dünne Scheinfüßchen (Rhizo- oder Pseudopodien) aus. Danach nennt man die gesamte Organi-sationsform rhizopodial. Sie ist unter den einzelligen Algen nicht besonders häufig. Beispiele sind die artenarmen Gattungen *Rhizochrysis* sowie *Rhizo-chloris*.

1	Cyanobacteria
1.1	‘Cyanophyceae’/Blau‘algen’
2	Glaucocystophyta
2.1	Glaucocystophyceae
3	Cryptophyta
3.1	Cryptophyceae, Cryptomonaden
4	Rhodophyta
4.1	Rhodophyceae, Rotalgen
5	Euglenophyta
5.1	Euglenophyceae, Augen-flagellaten
6	Dinophyta
6.1	Dinophyceae, Panzergeissler
7	Heterokontophyta
7.1	Chrysophyceae, Goldalgen
7.2	Xanthophyceae, Gelbgrünalgen
7.3	Bacillariophyceae, Kieselalgen
7.4	Phaeophyceae, Braunalgen
8	Chlorophyta
8.1	Prasinophyceae
8.2	Klebsormidiophyceae
8.3	Cladophorophyceae
8.4	Trentepohliophyceae
8.5	Zygnematophyceae
8.6	Bryopsidophyceae
8.7	Dasycladophyceae
8.8	Charophyceae
8.9	Ulvophyceae

– Grünalgen –

Das moderne System der Algen beruht in wesentlichen Teilen immer noch auf der Farbausstat-tung der Algenchloroplasten.

Links: *Bodanella lauterborni*, eine der wenigen fädigen Süßwasserbraunalgen Europas

Rechts: *Peridinium* aus der Klasse der Panzergeißler (*Dinophyceae*)

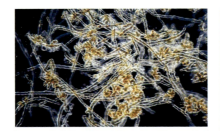

Links: Mit dem langen Vorderhorn und den 2–3 kürzeren Basalhörnern erinnert die zu den Dinophyceen gehörende Art *Ceratium hirundinella* an kleine, schwimmende Eiffeltürme.

Rechts: *Porphyridium cruentum* ist eine auch auf feuchten Böden vorkommende coccale Rotalge.

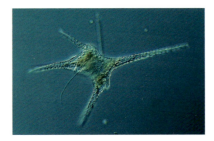
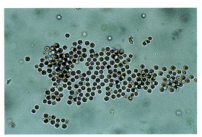

Alle Grünalgen enthalten nur Chloroplasten, keine Chromoplasten oder Amyloplasten wie die höheren Pflanzen (vgl. S. 69). Wenn einige Formen manchmal trotzdem orangerot gefärbt sind wie *Haematococcus lacustris* (Blutregenalge), liegen die dafür bestimmenden Carotenoide immer in besonderen Kügelchen außerhalb der Plastiden.

Bei den bräunlich oder gelbbraun pigmentierten Algen wird das immer vorhandene, leicht bläulichgrüne Chlorophyll a von größeren Mengen anderer Farbstoffe aus der Stofffamilie der Carotenoide völlig überlagert. Bei den Kieselalgen ist es das Fucoxanthin, bei den Dinoflagellaten meistens das ähnliche Peridinin.

Diese relativ komplizierte Verwandtschaft umfasst eigenartigerweise auch eine Anzahl farbloser Formen.

Grünalgen – Vertreter mehrerer Klassen Landpflanzen sind, von ihren Blüten und Früchten abgesehen, in ihren vegetativen Organen im Rahmen vieler Nuancierungen grün. Auch bei den Algen finden sich zahlreiche Arten, deren Chloroplasten irgendwo zwischen gras- und spinatgrün gefärbt sind. Nach diesem Farbeindruck hat man die betreffenden Arten zunächst einmal einheitlich als Grünalgen zusammengefasst und für diese Klasse den Fachausdruck *Chlorophyceae* geprägt. Die Zellforschung kam jedoch gerade während der letzten Jahrzehnte zunehmend zu dem Ergebnis, dass die grünen Algen trotz ihrer übereinstimmenden Färbung untereinander recht verschieden sind und demnach mehrere getrennte Klassen darstellen. Die moderne biologische Systematik unterscheidet daher innerhalb der Abteilung *Chlorophyta* fast ein Dutzend verschiedener Grünalgenklassen, deren Bezeichnungen jeweils von einem besonders kennzeichnenden Gattungsnamen abgeleitet sind.

Algen mit braungelben Chloroplasten Die früher als Blaualgen (*Cyanophyceae*) bezeichneten Formen (vgl. S. 54 f.) zeigen bereits, dass es innerhalb der so genannten Algen auch völlig abweichende Farbstellungen gibt. Bei der Durchmusterung von Plankton- oder Aufwuchsproben aus Gartenteichen oder Erdkulturen zeigen sich im mikroskopischen Bild nämlich auch Algen, deren Chloroplasten zwischen honiggelb und goldbraun oder mitunter auch rötlich gefärbt sind. Sofern sie unbegeißelt sind und sich durch eine auffallend formschöne Zellwand aus sprödem Silikat auszeichnen, gehören sie zur artenreichen Klasse Kieselalgen (*Bacillariophyceae*). Vor allem in Planktonproben treten nicht selten Flagellaten auf, die wie schwimmende Eiffeltürmchen aussehen (Gattung *Ceratium*) oder eher rundlich-ovale Zellen darstellen, deren Zellwand durch einzelne Panzerplatten auffällig gefeldert ist (Gattung *Peridinium*) oder keine solchen Celluloseplatten aufweist (Gattung *Gymnodinium*). Diese Einzeller gehören in die Klasse *Dinophyceae* (Panzergeißler), die man früher auch Feueralgen (*Pyrrhophyceae*) nannte. Manche von ihnen sind stark giftig.

Zum Weiterlesen BRAUNE u.a. (1999), CANTER-LUND u. CANTER (1995), ESSER (2000), FRIEDL (1998), ETTL (1980), ETTL u.a. (1978), VAN DEN HOEK u.a. (1992), LINNE VON BERG u. MELKONIAN (2004), REITZ (1986), STREBLE u. KRAUTER (2006)

5.3 Augenflagellaten

Üblicherweise nennt man grüne Lebewesen mit der Fähigkeit zur Photosynthese Pflanzen. Diese Zuordnung sollte auch für grüne Einzeller gelten. Wie geht man jedoch vor, wenn diese sich wie Protozoen verhalten?

Die vorwissenschaftliche Erfahrung teilt die Organismen in die beiden Großgruppen oder Organismenreiche Pflanzen und Tiere ein. Die Umschau in Siedlungsraum oder Kulturlandschaft scheint diese Gruppierung vollends zu bestätigen: Die Lebewesen der Um- und Mitwelt weisen mehrheitlich entweder die Merkmale von Grashalm, Kopfsalat und Weihnachtsbaum oder von Amsel und Feldhase auf. Auch die gegenseitige Abgrenzung von Pflanzen und Tieren, die man üblicherweise mit typischen Merkmalen der Gesamtgestalt vornimmt (fest verwurzeltes Wesen mit grünen Blättern gegenüber einem frei beweglichen Organismus mit Beinen und Augen), scheint unstrittig. Dieser erste ordnende Zugriff mit Zuweisung in ein klar umrissen erscheinendes Pflanzen- und Tierreich war lange Zeit ausreichend.

Augenflagellaten – spindeldürr bis kugelrund Augenflagellaten der Gattung *Euglena* oder nahe verwandter Gattungen sind um 80 µm lange oder noch größere Zellen von meist spindelförmiger Gestalt und geradezu Modellobjekt der monadoiden Organisationsform. Man findet sie in der warmen Jahreszeit in nährstoffreichen Gewässern von Wegpfützen- bis Weihergröße. Die besonders häufige Art *Euglena gracilis* ist in Laborkultur recht einfach zu züchten. Als Kulturmedium empfiehl sich eine ▸ Abkochung von wenig gedüngter Gartenerde mit etwas Hartkäse. Gegebenenfalls kann man auch eine Stammkultur von der ▸ Algensammlung Göttingen beziehen.

An den Zellen fällt ihre ungewöhnliche Beweglichkeit auf, denn die Zellen können sich wellenartig zusammenziehen. Bei nahe Verwandten, beispielsweise bei den starren Vertretern der tennisschlägerartig gestalteten Vertretern der Gattung *Phacus*, kommen solche Zellverformungen nicht vor. Besonders im Phasenkontrast ist die lange und auch im Lichtmikroskop vergleichsweise dick erscheinende Zuggeißel recht gut zu erkennen. Sie entspringt in einem so genannten Geißelsäckchen (= Ampulle) am vorderen Zellpol. In dieser grubenartigen Vertiefung befindet sich noch eine zweite, jedoch wesentlich kürzere und meist nicht sichtbare Geißel. Gegenüber der Geißelbasis der längeren Geißel sitzt in der Ampulle ein auffälliger Augenfleck mit rötlichen Carotenoiden, der bei diesen Einzellern ausnahmsweise nicht Bestandteil der Chloroplasten ist. Er dient der Richtungsorientierung der Zellen zum Licht.

Im Zellkern lassen sich auch während der Interphase kondensierte Chromosomen nachweisen. Eine geeignete Chromosomenfärbung ist die ▸ Feulgensche Nuklealreaktion oder die Verwendung von ▸ Orcein-Essigsäure. Bei ungünstigen Bedingungen setzen sich die Zellen fest, werfen ihre lange Geißel ab und kugeln sich in Gallerte zum *Palmella*-Stadium ab.

Grüne Protozoen Euglenen reagieren positiv phototaktisch: Zieht man die Aperturblende stark zu, so dass bei kleiner Vergrößerung nur noch ein Teil des Gesichtsfeldes beleuchtet ist, versammeln sich die meisten Zellen nach 5–15 min im hellen Lichtfeld. Als photosynthetisch aktive Lebewesen scheint das Licht ein lebenswichtiger Faktor zu sein. Eigenartigerweise kann man

Pflanze oder Tier?

Augenflagellat *Euglena gracilis* – im Sommerplankton häufig

Bei Kultur in Petrischalen bilden sich nach einiger Zeit eigenartige waben- bis netzartige Muster, die man auf kleinräumige Wärmeströmungen zurückführt.

Kultur von Augenflagellaten
S. 291
Algensammlung Göttingen
S. 290
Feulgensche Nuklealreaktion
S. 273
Orcein-Essigsäure S. 273

Formwechsel der *Euglena*-Zellen: Ihre euglenoide Bewegung erinnert an Peristaltik.

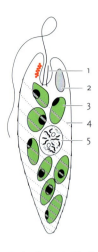

Zellorganisation von *Euglena*-Arten: 1 Ampulle (Geißelgrube), 2 pulsierende Vakuole, 3 Chloroplast mit Paramylon-Depot, 4 Schrägstreifung der Zellhaut (Pellicula), 5 Zellkern mit Interphasechromosomen

Die Euglenen sind somit eindrucksvolle Beispiele dafür, dass eine eindeutige Trennung in pflanzliche bzw. tierische Formen auf dem Organisationsniveau der kernhaltigen Einzeller oft nicht eindeutig durchführbar ist, auch wenn lange bestehende, in vielen Textbüchern verwendete Gruppenbezeichnungen wie „einzellige Grünalgen" oder „Augentierchen" eine solche grundsätzliche Unterscheidbarkeit unterstellen.

Projekt	Einzeller als Vertreter eines eigenen Organismenreiches
Material	Augenflagellat (*Euglena gracilis*) oder vergleichbare Art
Was geht ähnlich?	Planktonprobe aus grünen Ackerpfützen, Material aus Kulturensammlung oder Ankultur
Methode	Lebenduntersuchung im Wassertropfen
Beobachtung	Verhalten der Zellen

Euglenen jedoch auch heterotroph im Dauerdunkel züchten. Unter diesen Bedingungen verlieren die Zellen in etwa acht Generationen (ca. eine Woche bei 21 °C) ihr gesamtes Chlorophyll, werden aber nach Rückführung ins Licht relativ rasch wieder normal grün.

Experimentell ist vergleichsweise einfach zu erreichen, dass sie ihre Chloroplasten verlieren. In Kulturen, die bei 32 °C gehalten werden, teilen sich nur noch die Zellen, nicht jedoch die Chloroplasten. Auf diese Weise kann man nach einigen Generationen chloroplastenfreie Zellen erzeugen, die nicht wieder ergrünen können. Auch mit Antibiotika-Gaben zum Kulturmedium sind farblose Varianten zu erreichen – ein bemerkenswerter Vorgang, der so bei keiner anderen Alge auftritt. Immerhin gibt es unter den Augenflagellaten auch von Natur aus farblose Vertreter, wie die in nährstoffreichen Gewässern nicht seltenen *Astasia*-Arten, die sich von Bakterien ernähren.

Bemerkenswert ist auch die eigenartige, schraubig gestreifte Zellhülle, die keine Zellwand ist, sondern aus innerhalb des Plasmalemmas liegenden, gegeneinander verschiebbaren Rippenplatten aus verdichteten Proteinen besteht. Diese und andere Befunde lassen begründete Zweifel daran aufkommen, dass *Euglena gracilis* und ihre grüne Verwandtschaft tatsächlich „richtige" Grünalgen sind. Man hat sie zwar in eine eigene Klasse *Euglenophyceae* gestellt, könnte sie aber auch ebenso als Vertreter der Protozoen (*Euglenozoa, Euglenoida*) auffassen.

Protisten: Weder Pflanzen noch Tiere Konsequenterweise folgt die moderne biologische Systematik einem Vorschlag des amerikanischen Mikrobiologen HERBERT F. COPELAND, der alle kernhaltigen (eukaryotischen) Einzeller 1956 zu einem eigenen Organismenreich Protisten (unter Verwendung eines von ERNST HAECKEL 1866 vorgeschlagenen Begriffs) zusammenführte.

Die Einordnung der grünen Euglenen bei den einzelligen Algen ist somit nur eine der Untersuchungspraxis entgegenkommende Vereinfachung. Tatsächlich liegen die Verhältnisse noch ein wenig verwickelter. Das elektronenmikroskopische Bild der Zellen zeigt, dass die Chloroplasten statt der üblichen zwei von drei Membranen umgeben sind. Diesen merkwürdigen Befund deutet man heute so, dass die *Euglena*-Chloroplasten ursprünglich einmal komplette, eukaryotische Grünalgen waren, die sich als Endosymbionten in einem primär farblosen Flagellaten niedergelassen und hier anschließend die Umwandlung zu abhängigen Zellbestandteilen durchlaufen haben. Endosymbiosen mit noch vollständigen Grünalgen sind bei Protozoen nicht selten (vgl. S. 118).

Zum Weiterlesen BAUMEISTER (1972), DEUTSCH (1994), VAN DEN HOEK u. a. (1993), KAMPHUIS (1996), KREUTZ (1996), MARGULIS u. SCHWARTZ (1989), RÖTTGER (2001), SAUER (1995), SCHNEIDER (1990), SCHNEIDER u. KREMER (1999), VATER-DOBBERSTEIN u. HILFRICH (1982)

Viele Vertreter der Gattung *Phacus* aus der Klasse der *Euglenophyceae* erinnern an Tischtennisschläger.

5.4 Koloniebildung bei Algen

Unter den Einzellern ist jede Zelle im Prinzip ein Multitalent, das alle Leistungen wie Stoffwechsel, Vermehrung und eventuell auch Fortbewegung beherrschen muss. Der Zusammenschluss vieler Einzelzellen zu einer Kolonie bringt dagegen nicht nur den Vorteil der verbesserten Schwebefähigkeit im Wasser, sondern häufig auch der Funktionsspezialisierung.

Von der echten Vielzelligkeit, bei denen die beteiligten Zellen einen festen, individuellen Verband bilden, sind die kolonial lebenden Algen meist noch recht weit entfernt. Grundsätzlich kann jedoch auch bei einer vielzelligen, beispielsweise einer fädig aufgebauten Alge jede einzelne Fadenzelle durch fortgesetzte mitotische Teilungen wieder zu einem größeren Individuum mit auffälligen gestaltlichen Sonderbildungen heranwachsen. Kolonial organisierte Formen sind häufig nur locker miteinander verbunden und zerfallen leicht in die Einzelzellen, von denen eine erneute Koloniebildung ausgehen kann.

Grünalge mit besonderer Masche Eine der eigenartigsten Kolonien bildet das zu den Grünalgen gehörende Wassernetz (*Hydrodictyon reticulatum*), das durchaus makroskopische Dimensionen von Handflächengröße und darüber hinaus erreichen kann. Man findet die Art vor allem in nährstoffreichen Gewässern, ziemlich häufig in den Entwässerungsgräben landwirtschaftlicher Fluren. Jeweils 4–6 schlanke, zylindrische, bis 1 cm lange Zellen bilden ein lockermaschiges Gefüge, an dessen Knotenpunkten gewöhnlich nur 3 oder 4 Zellen aneinanderheften. Der Chloroplast füllt einen Großteil der Zelle aus und zeichnet sich dadurch aus, dass er seinerseits lappig-netzartig durchbrochen ist. Er trägt mehrere kleine, warzige Erhebungen, an denen sich Reservestärke bildet. Diese Sondereinrichtungen vieler Algenchloroplasten nennt man Pyrenoide. Nach Anfärben mit ▸ Lugolscher Lösung zeigen sie sich besonders kontrastreich. Sie kommen bei höheren Pflanzen nicht vor. Die Einzelzellen des Wassernetzes sind gewöhnlich vielkernig. Tochternetze entstehen innerhalb einzelner Netzzellen, die sich anschließend durch Verschleimung ihrer Zellwände öffnen.

Zellketten und Zackenrädchen Proben aus mäßig bis stärker nährstoffhaltigen Freilandgewässern enthalten fast immer die formschönen Ketten der artenreichen Gattung *Scenedesmus* (Gürtelalge), die meist vier-, gelegentlich aber auch achtzellige Kolonien bilden. In Kultur, die in einem der bewährten ▸ Standardmedien leicht gelingt, bleiben die Zellen jedoch meistens einzeln. Bemerkenswert ist, dass die coccal organisierten Koloniemitglieder unterschiedlich geformt sind. Vor allem die jeweils endständigen Zellen sind bei vielen Arten in lange, dornförmige Fortsätze ausgezogen, die offensichtlich durch materialökonomische Oberflächenvergrößerung die Schwebefähigkeit im Wasser verbessern sollen. Aus 8–32 Zellen bestehen die an kleine Zahnräder erinnernden, bis 0,1 mm großen Kolonien der Gattung *Pediastrum* (Zackenrädchenalge). Die Randzellen der scheibenartig flachen und im Umriss fast immer runden Kolonie tragen je zwei hornförmige oder an Zahnwurzeln erinnernde Fortsätze, während die ebenfalls coccalen Zellen in der Mitte der Kolonie artabhängig dicht aneinander schließen oder größere Lücken lassen. *Pediastrum*-Arten sind in einem der ▸ Standardmedien leicht zu

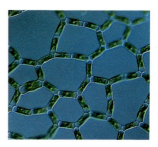

Vereint sind sie stärker

Das Wassernetz *Hydrodictyum reticulatum* bildet große, lockermaschige koloniale Verbände aus länglichen Einzelzellen.

Wassernetze lassen sich in Kleinaquarien oder Konservengläsern sehr einfach kultivieren. Zur Nährstoffversorgung nimmt man Blumendünger oder eine Erdabkochung (s. S. 290).

Lugolsche Lösung S. 271
Standardmedien zur Algenkultur S. 290

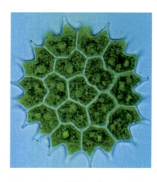

Die Zackenrädchenalgen *Pediastrum boryanum*

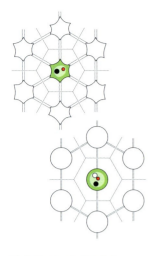

Kolonieorganisation bei *Volvox aureus* (oben) und *Volvox globator* (unten)

Projekt	Koloniebildung bei einzelligen Algen
Material	Beliebige Planktonproben aus grünen Kleinge- wässern mit Wassernetz (*Hydrodictyum*), Gürtel- alge (*Scenedesmus*), Zackenrädchen (*Pediastrum*) oder Kugelalge (*Volvox*)
Was geht ähnlich?	Material aus der Kulturensammlung
Methode	Lebenduntersuchung im Hellfeld, Dunkelfeld oder Phasenkontrast, Pyrenoiddarstellung in Lugolscher Lösung
Beobachtung	Aufbau und Verteilung der Zellen in den Kolonie

kultivieren und bauen auch im Kulturgefäß ihre typischen Kolonieformen auf. Mitunter kann man Vermehrung durch begeißelte Zoosporen oder Gameten beobachten, die sich in großer Zahl in einer der Zellen entwickeln und an- schließend ins freie Wasser entlassen werden.

Schwebende Platten, rollende Kugeln Einige Grünalgen zeigen sehr schön die schrittweise Entwicklung von der einfachen Kolonie, deren Zellver- band nur locker zusammenhält, bis hin zu echten Vielzellern. Vertreter der Gattungen *Gonium*, *Pandorina*, *Eudorina* oder der besonders eindrucksvollen *Volvox*-Arten sind gewöhnlich immer im Sommerplankton nährstoffreicher Gewässer vertreten. Man beobachtet sie vorteilhaft mit Deckglasfüßchen – dem wachsenden Druck durch das bei langsamer Austrocknung des Präpara- tes adhäsiv angepresste Deckglas sind sie meist nicht gewachsen.

Bei den tafeligen, leicht gewölbten Kolonien der Gattung *Gonium* bilden je drei schräg nach oben orientierte Zellen eine Quadratseite, während das Koloniezentrum von vier gleich großen Zellen gebildet wird. Jedes Kolonie- mitglied kann sich zu einem neuen Viereck aus 16 Zellen in einer Ebene teilen, wobei die einzelnen Teilungsschritte innerhalb des Verbandes allerdings nicht gleichzeitig oder sonst wie koordiniert ablaufen. Die ebenfalls 16-zelligen

Oben links: Kugelalge *Volvox* mit Tochterkugeln. Oben rechts: Bei *Volvox globator* sind die Ein- zelmitglieder der Kolonie rund- lich-coccal. Unten links: *Volvox aureus* besteht aus vieleckigen Einzelzellen. Unten Mitte: Tafeli- ge Kolonie von *Gonium pectora- le*. Unten rechts: *Scenedesmus acutus*

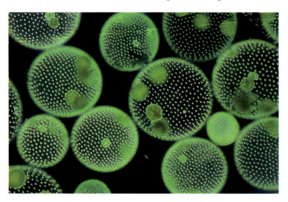

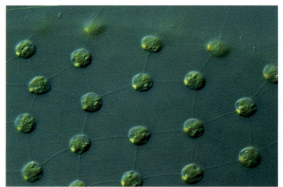

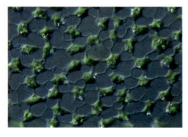

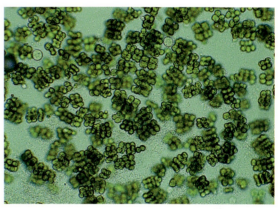

Arten der Gattung *Pandorina* ist nicht mehr zwei-
dimensional, sondern schon kugelig arrangiert. Die
Kolonien erinnern im Aussehen an grüne, etwas
ungeordnete Himbeeren.

Die nahe verwandte und in nährstoffreichen
Gewässern nicht seltene *Eudorina* verteilt ihre durchweg 32 Zellen auf insgesamt fünf Kränze mit 4+8+8
+8+4 Elementen, wobei sich diese nicht mehr alle
teilen können. Die vorerst letzte Stufe zur echten
Vielzelligkeit zeigen die hübschen Gallertkugeln der
Gattung *Volvox* (Kugelalge). Man kann sie meist
schon beim Planktonfischen in kleinen, nährstoffreichen Stillgewässern mit bloßem Auge erkennen,
denn sie werden über 1 mm groß. Wegen ihrer
Druckempfindlichkeit untersucht man sie mit einem Abstandhalter unter
dem Deckglas. Schon bei mittlerer Vergrößerung zeigen sich die zahlreichen
Einzelzellen, aus denen die Kolonie aufgebaut ist – es können bei großen
Kugeln durchaus 15 000 bis 20 000 sein. An der Gestalt der Einzelzellen
sind die beiden häufigsten Arten *Volvox aureus* und *Volvox globator* zu unterscheiden.

Oben links: *Synura uvella*
(Goldalgen, *Chrysophyceae*).
Oben rechts: Strauchig
verzweigtes *Dinobryon*.
Unten: Kolonie unregelmäßig
kubisch: *Desmococcus olivaceus*

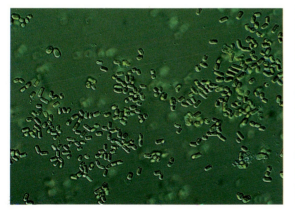

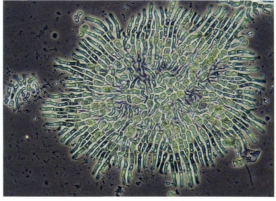

Zum Weiterlesen BELLMANN u. a. (1991), BRAUNE u. a. (1999), CANTER-LUND
u. LUND (1995), ETTL (1980), STREBLE u. KRAUTER (2006), LINNE VON BERG u.
MELKONIAN (2004), MÜLLER (1989), SAUER (1995)

Links: *Stichcoccus bacillaris* –
häufig in Böden. Rechts: Krustig
flache Grünalge *Coleochaete
scutata*

5.5 Rindenbewohnende Grünalgen

Was wie die Luftansicht des tropischen Regenwaldes in Amazonien aussehen mag, ist lediglich ein Stück Alltag genauer unter die Lupe genommen: Rindenbewohnende Grünalgen sind in unserer Umwelt nahezu überall präsent. Für die mikroskopische Bearbeitung und insbesondere für die Algensystematik sind sie eine besondere Herausforderung.

Leben in Licht und Luft

Regenwald? Rindenalge
Apatococcus lobatus

Algen hat man im Pelz der Faultiere Südamerikas oder in den Haarhohlräumen von Eisbären (im Zoo von San Diego/Kalifornien) ebenso gefunden wie auf Gehäusen von Landschnecken, auf Heuschrecken, Spinnen oder verborgen im Vogelgefieder.

Algen kommen tatsächlich überall vor. Wenn man sie auch normalerweise als geradezu typhafte Bewohner unterschiedlicher aquatischer Lebensräume kennt, zeigen sie in ihrer Gesamtheit eine weitaus größere ökologische Bandbreite. Außer verschiedenen Gewässern besiedeln Algen tatsächlich auch das Festland. Während sie auf überrieselten Felswänden oder gar als großflächige „Tintenstrich"-Verfärbungen sogar das Landschaftsbild bereichern (vgl. S. 54), kommen nichtaquatisch verbreitete (Mikro-)Algen in beachtlicher Arten- und Individuenzahl auch in Böden vor. Davon bleiben weltweit selbst extreme und ökologisch problematische Standorte nicht ausgenommen: In außerordentlich trockenen, kalten oder heißen Wüstenböden sind Mikroalgen oft die einzigen nennenswerten Primärproduzenten. Ein ökologisch gewiss nicht weniger spannender Standort sind Felsen, Mauern, Holz und Rinden, die flächig grüne Beläge tragen. Solche Grünalgen besiedeln auch Fensterabdichtungen, Gartenmöbel sowie die Blätter von Zimmerpflanzen.

Einfache Präparation Die mikroskopische Untersuchung von Baumrinden oder anderen möglichen Wuchsunterlagen ist denkbar einfach: Mit einem Skalpell schabt man ein wenig Material von der Unterlage ab, gibt es partikelweise in einen Tropfen Wasser und deckt mit einem Deckglas ab. Dabei werden die typischen Wuchsformen der Rindenbewohner jedoch zerbröselt. Vorzuziehen wären daher dünne, oberflächenparallele Schnitte oder eine Materialentnahme mit einer spitzen Pinzette. Wischen Sie doch auch einmal Ihren *Philodendron* oder die Zimmerkalla ab und untersuchen Sie die Probe in einem Tropfen Wasser. Aussichtsreich ist ferner die Untersuchung von Aufwuchs mit rost- bzw. fuchsroter Färbung: Meist handelt es sich um feine fädige Luftalgen aus dem Formenkreis der ebenfalls zu den Grünalgen im weitesten Sinne gehörenden *Trentepohliaceae*. In ihren länglichen Zellen werden die Chlorophylle von größeren Mengen Carotenoiden überdeckt und bestimmen so das Erscheinungsbild der Arten.

Artenreicher Aufwuchs So einheitlich grün sich die Algentapete von Baumrinden oder Mauerwerk dem ersten Blick auch darbietet, so schwierig ist es, die Aufwuchsalgen systematisch in den Griff zu bekommen oder genauer zu bestimmen. Früher ordnete man die überall zu findenden grünen Überzüge vereinfachend und summarisch der Art *Pleurococcus vulgaris* zu. Aber schon vor längerer Zeit wurde deutlich, dass diese häufig immer noch als *Pleurococcus* oder *Protococcus* geführten Algen tatsächlich zu (mindestens) zwei verschiedenen Gattungen, *Apatococcus* und *Desmococcus*, gehören.

Interessant ist der Befund, dass die auf Baumrinden oder an vergleichbar luftigen Standorten siedelnden coccalen Grünalgen an ihren Wuchsplätzen selten völlig allein auftreten. Wenn man zur mikroskopischen Kontrolle Schabepräparate von Rindestückchen oder Gesteinsflächen anfertigt, zeigt das

Die häufigste Rindengrünalge ist *Apatococcus lobatus*.

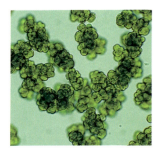

Projekt	Mikroskopie des grünen Aufwuchses
Material	Baumrinden, grüne Mauerüberzüge
Methode	Lebenduntersuchung im Hellfeld, Dunkelfeld oder Phasenkontrast
Beobachtung	Formenbestand und Zellmorphologie von Luftalgen

Präparat neben Mengen von Bakterien auch fast immer einen größeren Anteil von Pilzhyphen. Je nach Jahreszeit sind im Bild daher außer Algenzellen oder Zellaggregaten auch charakteristische Pilzsporen (Konidien) enthalten. In relativ dicken Flächenschnitten ist zu sehen, dass die Pilzhyphen oftmals direkten Kontakt zu den Algenzellen aufnehmen und von diesen vermutlich auch organische Nährstoffe übernehmen – ähnlich wie es in der viel intimeren Flechtensymbiose der Fall ist (vgl. S. 152). Man bezeichnet solche zwischenartlichen Annäherungsversuche, bei denen noch nicht die für echte Flechten typische Thallusneugestaltung zu Stande kommt, als Pseudolichenisierung.

Die auf Rinden siedelnde *Trentepohlia umbrina* gehört zwar zu den Grünalgen im weiteren Sinne (*Trentepohliophyceae*), ist jedoch durch starke Carotenoideinlagerung fast immer kräftig fuchsrot bis rostbraun gefärbt. Diese Carotenoide sind keine Plastidenpigmente.

Algen aus dem Luftplankton Rindenbewohnende Grünalgen gehören mit Sicherheit zu den häufigsten Kleinorganismen überhaupt. Was früher als *Pleurococcus vulgaris* bezeichnet wurde, ist nach bisheriger Einschätzung eine kosmopolitische Form. Solche Verbreitungs- und Besiedlungserfolge sind fast immer das Ergebnis besonders effizienter Ausbreitungsrouten. Die Luftfahrt scheint dazu ein besonders geeignetes Mittel zu sein. Sie setzt allerdings voraus, dass den Algenzellen auch längere Zeiten und Wege im ausgetrockneten Zustand nichts anhaben. So werden sie tatsächlich zu Bestandteilen der Staubpartikelfraktion der Luft und bilden – zusammen mit Pilzsporen und Blütenpollen – einen respektablen Anteil des so genannten Anemo- oder Luftplanktons.

Wenn man das Sammelgut von Filterbändern, mit dem städtische oder staatliche Umweltmess-Stationen während der Pollenflugzeiten den Partikelgehalt der Luft bestimmen, schnipselweise in feuchten Petrischalen in einem der bewährten ▸ Standardmedien ankultiviert, zeigen sich schon nach wenigen Tagen zahlreiche Kolonien coccaler Grünalgen und darunter eben auch jede Menge pleurococcoider Algen. Aus der Luft werden die Algenzellen oder Zellpaketchen wohl auch von Niederschlägen ausgewaschen und zu potenziellen Wuchsplätzen gespült.

Die Rindengrünalge *Apatococcus lobatus* führt napfartige einzelne Chloroplasten mit wenigen Pyrenoiden in unregelmäßig kugelig geformten Zellen.

Auf Baumrinden findet man sie daher entgegen üblicher Einschätzung nicht unbedingt auf der wetterexponierten Flanke, sondern eher an den mäßig beschatteten Luvseiten von Stämmen und Ästen. Da sie allerdings gegenüber sauren Immissionen relativ verträglich erscheinen, werden sie auf Bäumen oder Gesteinsoberflächen mitunter zu Raumkonkurrenten auch der robustesten Krustenflechten. Erstaunlich ist jedoch immerhin, dass sie an ihren luftigen Wuchsplätzen mit den häufigen Wechseln zwischen quietschnass und staubtrocken offenbar wenig Probleme haben. Das physiologische Geheimnis der Austrocknungsfähigkeit ist noch nicht letztlich geklärt, aber nach vorliegenden Befunden könnte es damit zusammenhängen, dass gerade die aeroterrestrischen Algen immer größere Mengen sehr ungewöhnlicher Kohlenhydrate enthalten, die ihre Zellmembranen beim Austrocknen offenbar vor dem Verkleben bewahren.

Aero-terrestrische Rindenalgen sind daher auch nicht streng auf den Standort Baumrinde beschränkt, sondern siedeln auch auf Mauern und Dächern, auf Zaunpfählen und anderem verbauten Holz, auf beschatteten Gehwegplatten, sogar auf Glas oder Metallteilen und gegebenenfalls sogar auf der Fensterdichtung von Autos am Stellplatz Straßenlaterne.

Zum Weiterlesen BELL (1993), ETTL U. GÄRTNER (1995), GÄRTNER (1994), HOFFMANN (1989), KREMER (1980), ROUND (1981), VISCHER (1960)

Standardmedien zur Algenkultur S. 290

5.6 Kieselalgen

Kleinkunst in winziger Größenordnung? Was das Auge höchstens einmal als winzige Lichtpünktchen in einer Wasserprobe wahrnimmt oder in der Summe lediglich als Wassertrübung registriert, erfreut die Mikroskopiker schon seit Jahrhunderten: Die Kieselalgen gehören erwiesenermaßen zum Schönsten, was die Biologie der einzelligen Algen zu bieten hat.

Zellen im Glashaus

Schönheit (auch) im Detail: die Kieselalge *Stephanodiscus*

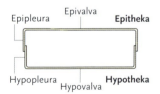

Epipleura — Epivalva — **Epitheka**

Hypopleura — Hypovalva — **Hypotheka**

Valvaransicht (Schalenansicht)

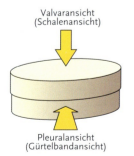

Pleuralansicht (Gürtelbandansicht)

Schalenaufbau von Diatomeen. Die Schalenansicht liefert meist ein anderes Bild als die senkrecht darauf stehende Gürtelbandansicht.

Man findet Kieselalgen in Gewässern jeglicher Flächengröße zwischen Regenpfütze und Ozean. Sie leben in der Pflanzerde von Blumentöpfen, unter den Schwimmblättern von Teichrosen, auf den Ruderarmen von Wasserflöhen und auf der Haut von Buckelwalen. Goldglänzend überziehen sie den Schlick des trockenfallenden Watts, besiedeln die Körpergewebe mancher Strudelwürmer und hängen wolkenweise in den riesigen Freiwasserräumen der Weltmeere herum. Sie sind in Zündholzköpfen enthalten, in Schleif- und Poliermitteln, in der Wärmeisolierung von Heizungsleitungen, in Filtermassen der Getränkeindustrie, in den Feuersteinknollen der Rügener Schreibkreide und verringern, wie ALFRED NOBEL 1867 herausfand, die beträchtliche Stoßempfindlichkeit des Sprengstoffs Nitroglycerin zum etwas handlicheren Dynamit: Kieselalgen sind seit Jahrmillionen der Erdgeschichte eine der erfolgreichsten und heute auch technisch vielseitig genutzten Organismengruppen.

Schaufenster Zellwand Auf Objektträgern, die man in Petrischalen auf Bodenproben aus dem Laubwald oder Gemüsegarten legt, finden sich nach einiger Zeit neben vielen anderen Kleinlebewesen auch immer Kieselalgen, erkennbar an der leuchtend goldbraunen Färbung ihrer Chloroplasten in Platten-, Lappen- oder Linsengestalt. Alle Zellen zeigen einen klaren, starren Zellumriss, den offensichtlich ihre nicht elastisch verformbare Zellwand festlegt. Tatsächlich besteht deren Baumaterial aus einem für Lebewesen recht ungewöhnlichen Werkstoff, nämlich einer Art Glas aus polymerer Kieselsäure (genauer: Siliciumdioxid $(SiO_2)_n$) ohne Kristallstruktur. Im Unterschied zum technischen Werkstoff Glas führt die Silikatzellwand der Kieselalgen auch einen gewissen Anteil aus verschiedenen organischen Bausubstanzen. Ungewöhnlich ist jedoch, dass sich diese Zellwand während ihrer Entstehung im Unterschied zu sonstigen pflanzlichen Zellwänden innerhalb des Cytoplasmas befindet. Erst nach ihrer Fertigstellung bildet sich auf der Innenseite eine neue Plasmamembran.

Bauprinzip Käseschachtel Die in Boden- oder Aufwuchsproben vertretenen Kieselalgen haben oft die Umrisse eines kleinen Schiffes. Eine der häufigsten und gleichzeitig artenreichsten Gattungen trägt daher bezeichnenderweise den Namen *Navicula* (= Schiffchen). Vereinfacht man gedanklich die Konturen eines schnittigen Bootes auf die etwas plumpere Formgebung einer Camembert-Schachtel, hat man damit ein leicht nachvollziehbares Modell der Kieselalgenzellwand vor Augen. Die zunächst einheitlich erscheinende Glaswand besteht nämlich ebenso aus zwei Hälften, die wie Deckel (Epitheka) und Unterteil (Hypotheka) einer Käseschachtel ineinander greifen. „Schachtellinge" hat man die Diatomeen daher früher genannt und damit ihren Bauplan zutreffend umschrieben, während die heute übliche Bezeichnung Kieselalgen eher werkstoffkundlich ausgerichtet ist.

Projekt	Schalenaufbau und Formenvielfalt der Kiesel-algen
Material	Plankton- oder Aufwuchsproben aus beliebigen Kleingewässern
Was geht ähnlich?	Material aus der eigenen Ankulturen (Boden-proben)
Methode	Lebenduntersuchung im Hellfeld, Dunkelfeld oder Phasenkontrast, Schalenreinigung
Beobachtung	Schalenvarianz, Plastidenformen, Bewegungs-abläufe

Bei vielen Kieselalgen kann man in den Valven einen feinen in Längsrichtung verlaufenden Strich erkennen – es ist eine als Raphe bezeichnete, schlitz-förmige Öffnung, die ihrerseits Bestandteil der Musterbildung der Schalen ist.

Bei Deckel und Boden einer Käseschachtel kann man den flachen Deckel- bzw. Bodenteil vom gebogenen Rand unterscheiden. Die entsprechenden Teile einer Diatomeenschale heißen Valva und Pleura. Entsprechend kann man eine Valvar- und eine Pleuralansicht der Kieselschale unterscheiden – aus beiden Blickachsen sehen Käseschachtel und Kieselalge völlig verschieden aus, wie die Überprüfung eines Frischpräparates sofort verrät.

Der Boden wird zum Deckel Deckel und Boden der Kieselschale halten bei einer lebenden Algenzelle fest zusammen und lösen sich erst nach deren Tod voneinander. Ein planmäßiges, kontrolliertes Anlupfen und Trennen der beiden Schalenhälften erfolgt nur im Ablauf der Zellteilung, die immer in der Valvarebene erfolgt. Jede Tochterzelle erhält eine der beiden Theken und er-gänzt dazu durch Neusynthese jeweils den fehlenden Bodenteil. Die Hypothe-ka der Mutterzelle wird also eine Zellgeneration später zur Epitheka. Während in der Hälfte der Tochterzellreihen somit die Ausgangsgröße der Mutterzelle beibehalten wird, führt die Schalenergänzung durch Neubildung jeweils des Bodenteils bei der anderen zu einer fortschreitenden Verkleinerung der Zell-abmessung. Die Zellgröße ist daher für die Bestimmung der Diatomeen keine besonders taugliche Größe, weil es immer ganze Größenserien gibt. Erreicht die Kieselalge dabei irgendwann eine artspezifisch festgelegte Minimalab-messung, schlüpft das lebende Zellplasma aus dem zu eng gewordenen Glaskasten heraus, bildet Deckel wie Boden total neu und bringt die Schalen-dimension somit wieder auf die arttypischen Durchschnittswerte zurück.

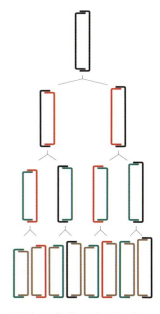

Bei der Zellteilung der Kiesel-algen baut sich jede Hälfte einen neuen Boden. Nach weni-gen Zellgenerationen tauchen in einer Population daher enorme Größenunterschiede auf.

Kreisrund oder zweiseitig symmetrisch Bei aller Formverschiedenheit lässt sich die Gestalt der Kieselalgen auf wenige Grundformen zurückführen. Neben den flachen Rundlingen vom Zuschnitt der Petrischale gibt es auch recht lang gestreckte vom Aussehen einer Thermometerhülse neben anderen, die an Geigenkästen, Turnschuhe, modische Damenhandtaschen, Pralinen-schachteln, Sofakissen oder Särge erinnern. Von oben oder von der Seite be-trachtet sehen die Schalenformen meist völlig verschieden aus. Die annähernd kreisrunden oder strahlig symmetrischen Diatomeen bilden einen zusammen-hängenden Verwandtschaftskreis (Ordnung *Centrales*) und sind vor allem im Lebensraum Meer mit einem größeren Artenreichtum vertreten als im Süß-wasser. Die zweiseitig symmetrischen Formen gehören allesamt der Ordnung *Pennales* (vom lateinischen *penna* = Feder) an und sind im Süßwasser sowie im Boden formenreich vertreten. In diese Verwandtschaft gehören auch die wenigen unregelmäßigen Schalentypen oder solche, die elegant S-förmig oder wie das mathematische Integral-Zeichen geschwungen sind. „Die Natur", schrieb HAECKEL später im Jahre 1899 im Vorwort zu seinem berühmten Tafel-werk Kunstformen der Natur, „erzeugt in ihrem Schoße eine unerschöpfliche

Arachnoidiscus ehrenbergii gilt als eine der schönsten zentri-schen Diatomeen.

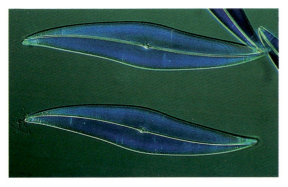

An den Schalen von *Pleurosigma angulatum*, die massenhaft in Salzquellen des Binnenlandes vorkommt, scheitern sogar die meisten hochkorrigierten Linsensysteme.

Fülle von wunderbaren Gestalten, durch deren Schönheit und Mannigfaltigkeit alle vom Menschen geschaffenen Kunstformen weitaus übertroffen werden". Er hat damit unter anderem auch die Kieselalgen gemeint, von deren extravagantem Gestaltungsreichtum sich sogar Jugendstilkünstler anregen ließen.

Muster mit Löchern und Poren Deckel und Boden einer Kieselalge sind in den meisten Fällen nicht einfach glattwandige Schaufenster, durch die der Blick ungehindert ins Zellinnere vordringt. Vielmehr tragen viele Schalen ein unendlich feines und artspezifisch festgelegtes Muster aus Löchern und Poren – sie sind sozusagen Fensterscheibe und Gardine zugleich. Nur ein ganz hervorragendes Mikroskop kann diese filigrane Architektur der Diatomeenzellwand sichtbar machen. Nach diesem Feinbaumerkmal erhielt die Namen gebende Gattung *Diatoma* (griechisch, die Durchbrochene) der Klasse Kieselalgen ihre Bezeichnung.

Solange das feine Glasgehäuse von lebendem Zellinhalt erfüllt ist, sind die Einzelheiten wegen der gleichförmigen optischen Dichte des Zellplasmas kaum zu erkennen. Erst an der leeren und mit aggressiver Schwefelsäure nachgereinigten Kieselschale kann man mit kontrastverstärkenden Beobachtungsverfahren einen Eindruck vom feinmaßstäblichen Design gewinnen. Nicht umsonst verwenden die Mikroskopiker schon seit langem Diatomeenschalen bestimmter Arten, um das Auflösungsvermögen von Objektiven zu testen. Um ein halbwegs zutreffendes Bild von der Schalenstruktur beispielsweise einer *Berkeleya* zu gewinnen, muss das verwendete Lichtmikroskop mindestens 38 000 Linien je Zentimeter voneinander trennen können.

Im viktorianischen England kam die Mode auf, Schalenpräparate zu kunstvollen Mustern zu arrangieren.

Schalenpräparate im Dunkelfeld. Die Farbeffekte sind Brechungsfarben.

Schalenreinigung: Fegefeuer oder Säureattacke Für die eingehendere lichtmikroskopische Untersuchung der feinen Strukturen von Diatomeenschalen muss man alle organischen Verunreinigungen wie Plasmareste und ähnliche anhaftende Materialien entfernen. Zwei Verfahren haben sich dabei besonders bewährt – die Veraschung durch Ausglühen und die Auflösung in starker Mineralsäure.

• Zum Ausglühen tropft man eine Probe mit Kieselalgen (Planktonprobe aus einem Gewässer) auf ein etwa 15×15 mm großes Deckglas und lässt sie eintrocknen. Dann legt man ein Glimmerplättchen auf das Drahtnetz und dieses auf einen laborüblichen Dreifuß. Auf das Glimmerplättchen legt man das zuvor mit einer Diatomeenprobe beschickte Deckglas. Nun glüht man die Probe mit einem Bunsenbrenner etwa 5 min lang oder zumindest so lange aus, bis keine dunklen Kohlereste mehr erkennbar sind. Nach dem Erkalten entnimmt man das Deckglas mit einer Pinzette und schwenkt sie in einer kleinen Petrischale zuerst mit stark verdünnter Salzsäure, dann mit destilliertem Wasser aus und lässt erneut trocknen.

Die trockene Probe kann man unmittelbar zum Dauerpräparat weiterverarbeiten. Empfehlenswert sind Einschlussmittel mit einem Brechungsindex um n = 1,7 oder mehr, der in jedem Fall deutlich über

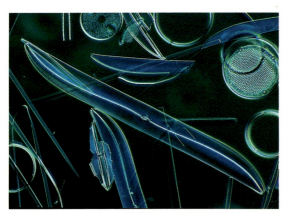

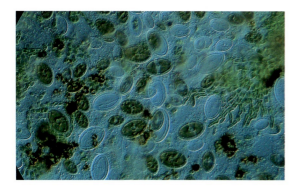

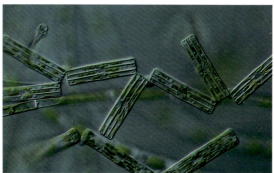

dem der Schalen liegen muss (meistens n = 1,43). Empfohlen werden beispielsweise Naphrax, Pleurax oder das Einschlussmedium nach MELLER (1985).

• Zellreste lassen sich auch durch Säureangriff entfernen. Die Suspension mit Kieselalgen gibt man in ein kleines Reagenzglas, überschichtet sie um mindestens 5 mm vorsichtig mit konzentrierter Schwefelsäure und schüttelt um. Dann tropft man vorsichtig gesättigte wässrige Kaliumpermanganat-Lösung zu, bis keine Entfärbung mehr eintritt, und schüttelt den schwarzvioletten Ansatz erneut. Nach Zugabe weniger Tropfen konzentrierter Oxalsäure entfärbt sie sich wieder. Die zugesetzten Chemikalien wäscht man durch mehrfache Zentrifugation in Wasser aus, bis mit pH-Papier keine Säure mehr nachweisbar ist. Die weitere Verarbeitung zum Dauerpräparat erfolgt wie oben angegeben.

Beugen und Brechen Die zahlreichen Kanten und Stege, Lochreihen und Spangen, Verstrebungen und Vorsprünge von Epi- oder Hypotheka wirken eben wie Mikroprismen, die das auftreffende Licht durch Brechung in seine verschiedenen Wellenzüge zerlegen. Oft sind am bunten Erscheinungsbild auch noch Beugungseffekte beteiligt. Bei Beobachtung im Phasenkontrast oder Interferenzkontrast lassen sich solche Brechungsvorgänge im Mikrobereich verstärken und für die bildliche Dokumentation ausnutzen. Die Sehwinkel, die das Lichtmikroskop zulässt, genügen aber vielfach überhaupt nicht, um die gesamte Fülle verborgener Strukturdetails auch nur annähernd wiederzugeben. Es ist fast so, als wolle man in Paris vom Montmartre aus mit bloßen Augen das gotische Maßwerk in den Fenstern von Notre Dame detailliert beschreiben.

Eine Objektnähe, die die technischen Grenzen der Lichtmikroskopie deutlich unterschreitet, ist zur genaueren Erkundung daher viel geeigneter. Das Rasterelektronenmikroskop ist dazu zweifellos eine sehr taugliche Sonde, um den unglaublichen Feinbau einer Diatomeenschale detailgetreu auszuloten. Ein Rasterbild gibt die glasige Silikatschale einer Kieselalge im Unterschied zum Lichtmikroskop jedoch nur als Elektronen streuende und daher matt erscheinende Oberfläche wieder.

Kriechen wie ein Kettenfahrzeug Die eingehendere Beobachtung einer beliebigen Mischprobe von Diatomeen aus dem Aufwuchs oder Sediment überrascht häufig mit der Feststellung, dass vor allem die schiffchenförmigen Kieselalgen sich langsam gleitend mit Dreh- und Wendemanövern durch das Gesichtsfeld bewegen. Obwohl die Kieselalgen allesamt coccal organisiert sind und somit keine Fortbewegungsorganellen wie Geißeln aufweisen, ist

Links: Als Algenläuse bezeichnet man die Arten der Gattung *Cocconeis*, die häufig als Algenaufwuchs auftreten.

Rechts: Bei *Tabellaria fenestrata* sind die Einzelzellen durch Gallertstielchen verbunden.

Bei den *Cymbella*-Arten sind die Schalen unsymmetrisch.

Der britische Präparator Klaus Kemp montiert Diatomeenschalen zu thematischen Kollagen.

Diatomeen, die Sedimente bewohnen, nutzen ihre nicht unbeträchtliche Eigenbeweglichkeit für tagesrhythmische Vertikalwanderungen. Besonders auffällig ist dieser Effekt im Wattenmeer.

Links: Schlickwatt mit goldbraun glänzendem Diatomeenfilm. Rechts: Naviculoide Formen treten häufig in Bodenproben auf.

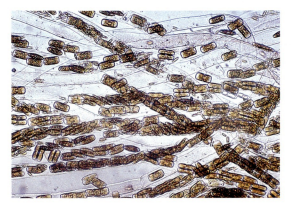

Schlauchdiatomeen wie *Berkeleya ramosissima* sehen makroskopisch aus wie Fadenalgen. Viele Einzelzellen bilden einen gemeinsamen Gallertschlauch, in dem sie sich unabhängig bewegen.

Weil Kieselalgen nicht von selbst vergehen, findet man sie gelegentlich auch als tierisches Baumaterial wieder, beispielsweise in den Gehäusen schalenbauender Amöben.

für manche Formen die aktive Bewegung offensichtlich kein Problem. Für die Erklärung dieses Bewegungsablaufs sind mehrere recht komplizierte Mechanismen angeboten worden. Vereinfachend lassen sie sich mit dem Prinzip Kettenfahrzeug zusammenfassen. An Zellen, die zwischen kleinen Hindernissen innerhalb eines Präparates in der Klemme sitzen, ist leicht zu beobachten, wie kleine Partikel über die Valven huschen. Offenbar verlaufen hier Plasmabänder, die den Zellen den notwendigen Vortrieb bieten. Nur Vertreter mit einer Raphe sind eigenbeweglich. Daher stellt man sich vor, dass im Cytoplasma innerhalb der Raphe eine besondere strangartige Struktur besteht, über die das Plasma wie die Gardine auf einer Stange hinweg geführt wird.

Kieselschalen bergeweise Selbst wenn das Rasterbild eine Diatomeenschale als kompaktes und scheinbar sehr tragfähiges Konstruktionsgefüge darstellt, sind die Schalen tatsächlich recht zerbrechlich. Als reine Silikatgebilde können sie allerdings nicht chemisch verwittern, so dass sie selbst über längere geologische Epochen hinweg formbeständig bleiben. Die leeren Schalen abgestorbener Kieselalgen sammeln sich auf dem Grund von Binnengewässern oder auch am Meeresboden an und bilden dort ausgedehnte, oft sogar jahreszeitlich geschichtete Lagerstätten. Viele Meter mächtige Diatomeenansammlungen vergangener Jahrmillionen baute man für technische Zwecke als Diatomeenerde oder Kieselgur in Tagebauen ab – beispielsweise in Niedersachsen (Lüneburger Heide). Zur Zeit sind jedoch keine Aufschlüsse zugänglich. Kieselgur bzw. Diatomeenerde, die man für verschiedene technische Zwecke verwendet, findet man mitunter in Baumärkten. Auch der Laborfachhandel bietet Kieselgur als Sorptionsmittel für die Dünnschichtchromatographie an. Gegebenenfalls können sich die angehäuften Schalen sogar zu Kompaktgestein verfestigen: Als Diatomite treten sie beispielsweise in einigen Schichtgesteinen der Zentralalpen auf.

Zum Weiterlesen BAUMANN (1986), BURBA (2007), DIETLE (1971), GÖKE (1974, 1978, 1984, 1988, 2003), KALBE (1980), KRAMMER (1986), LEE (2009), LINNE VON BERG U. MELKONIAN (2004), MELLER (1985), ROUND U.A. (1996), SCHMIDT (1937), SCHRADER (1961), WERNER (1977), WIERTZ (1990), VANGEROW (1981)

5.7 Joch- und Zieralgen

Die meisten grünen Plastiden pflanzlicher Zellen sind nur ungefähr 5–8 μm breit und zeigen keine allzu betonte Form- oder Größenvarianz. Die Chloroplasten der Landpflanzen sind tatsächlich erstaunlich uniform und als formale Gestaltungselemente der Zellen eher unergiebig. Ganz anders bei den Algen: Schon der nächste Gartenteich liefert eine Menge alternativer Modellserien.

Meist zeigen sich die Chloroplasten der grünen Landpflanzen als flache, rundlich-linsenförmige Zellbestandteile, die bei Alpenveilchen und Zuckerrübe fast genauso aussehen wie bei Rot-Buche oder Weiß-Tanne. Ein völlig anderes Bild ergibt sich jedoch beim Mikroskopieren beliebiger Algenzellen aus dem Süßwasser oder von Standorten im Küstenraum. Natürlich gibt es auch hier eine Anzahl von Einzelarten, bei denen das Lichtmikroskop lediglich Mengen kleiner, grüner und linsenförmiger Körperchen in den Zellen zum Vorschein bringt. Andere halten jedoch hinsichtlich ihrer Plastidengestalten allerhand Überraschungen bereit.

Plastidenvielfalt

Geschraubte Bänder Schon eine kleine Umschau bei den fädigen Algen aus Gräben, Tümpeln und Teichen liefert genügend Material für die Beobachtung ungewöhnlicher, von der üblichen linsenförmigen Norm abweichender Chloroplasten-Gestalten. Fadenbüschel, die sich etwas schleimig-schlüpfrig anfühlen wie frisch geduschte Haare, gehören meist zu den Jochalgen, die man nicht nur mehr als Grünalgen bezeichnet, sondern in eine eigene Klasse *Zygnematophyceae* stellt. Sehr häufig findet man an solchen Standorten die immer unverzweigten, langen Fäden der bekannten Schraubenalge *Spirogyra*.

Die Schraubenalge *Spirogyra* ist eines der bekanntesten Beispiele für ungewöhnlich gestaltete Chloroplasten.

Ihre spiralig gewundenen, bandförmig schmalen Chloroplasten können geradezu typhaft für eine ungewöhnliche Formgebung stehen.

Der gewöhnlich wandständige, an den Rändern stärker gelappte Chloroplast von *Spirogyra* ist kein flaches Band, sondern in der Mitte leicht rinnenförmig eingefaltet – an den Längswänden der Zellen ist das breit V-förmige Profil klar zu erkennen. Abmessung und Anzahl der grünen Bänder sowie die Steigung der Windungen je Zelle sind bei den einzelnen und ansonsten relativ schwer bestimmbaren mehr als 100 mitteleuropäischen *Spirogyra*-Arten verschieden, aber nicht unbedingt ein zuverlässiges Unterscheidungsmerkmal. Die Bänder durchlaufen die Zellen linksgängig und rechts gewunden: Stellt man sich einen solchen Chloroplasten als Wendeltreppe vor, schreitet man darauf von rechts unten nach links oben und dreht sich gleichzeitig im Uhrzeigersinn.

Im Frühjahr und Herbst findet man in den Proben nicht selten Fadenpaare, bei denen sich einzelne Zellen über eine Brücke direkt miteinander verbunden haben. Die so genannte Jochbildung oder Konjugation ist ein klassentypisches Merkmal und hat der gesamten Verwandtschaftsgruppe den Namen Jochalgen (früher auch Konjugaten genannt) eingetragen. Die Jochbildung dient der sexuellen Fortpflanzung mit Zygotenbildung. Sie soll in diesem Zusammenhang aber nicht näher betrachtet werden.

Diese Fadenalge kann in Kursen oder im Selbstunterricht auch zur Einübung einer möglichst exakten Beobachtung und Durchmusterung des Objektes dienen. Man untersucht einige kleine, mit Schere, Skalpell oder Rasierklinge etwas eingekürzte Fadenstücke unter einem rechteckigen Deckglas möglichst in Standortwasser.

Bei *Mougeotia* ist der große Chloroplast plattig gestaltet. Er kann sich in kurzer Zeit aus der Profilstellung in flächige Position drehen.

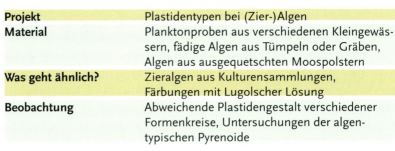

Projekt	Plastidentypen bei (Zier-)Algen
Material	Planktonproben aus verschiedenen Kleingewässern, fädige Algen aus Tümpeln oder Gräben, Algen aus ausgequetschten Moospolstern
Was geht ähnlich?	Zieralgen aus Kulturensammlungen, Färbungen mit Lugolscher Lösung
Beobachtung	Abweichende Plastidengestalt verschiedener Formenkreise, Untersuchungen der algentypischen Pyrenoide

Plattige Chloroplasten An den Standorten der Schraubenalge *Spirogyra* kommen gewöhnlich auch die zum gleichen Verwandtschaftskreis gehörenden *Mougeotia*-Arten vor. Auch bei dieser Gattung sind die einreihigen Zellfäden immer unverzweigt. Auffällig und typisch sind die immer in Einzahl vorhandenen und meist sehr großen Chloroplasten: Sie zeigen einen plattenförmig-rechteckigen Umriss und stehen meist im Zentrum der Zellen. Ihre Breitseite wenden sie immer dem einfallenden Licht zu, um die Lichtausbeute für die Photosynthese zu optimieren.

Noch eine weitere und wiederum sehr kennzeichnende Chloroplastenform findet man bei den nahe verwandten Fadenalgen der Gattung *Zygnema*, der Typgattung der gesamten Klasse *Zygnematophyceae*. Hier sind die Chloroplasten eigenartigerweise vielarmig geteilt, so dass sie einen sternförmigen Umriss annehmen. In jeder Zelle sind sie jeweils im Duett vorhanden. Auch diese Algen treten nicht selten zusammen mit Schraubenalgen im gleichen Wohngewässer auf und sind beim mikroskopischen Durchmustern einer Probe als Gattung leicht zu erkennen. Die Artbestimmung ist dagegen wesentlich schwieriger.

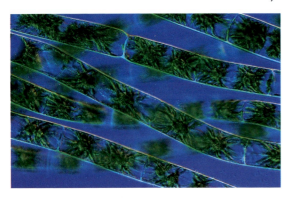

Zygnema-Arten führen in jeder Zelle zwei sternförmige Chloroplasten.

In den stehenden oder langsam fließenden Binnengewässern kommen zahlreiche weitere Verwandtschaftsgruppen von fädigen Algen mit zum Teil interessanten Chloroplastenformen vor. Die unverzweigten oder verzweigten Fadenalgen der Grünalgengattung *Oedogonium*, die nicht in die Verwandtschaft der Jochalgen gehört, sondern von manchen Autoren als Vertreter einer eigenen Grünalgenklasse *Oedogoniophyceae* aufgefasst wird, bilden in besonders nährstoffreichem Wasser schon ab dem späten Frühjahr auffällige, frei flottierende Massen. In ihren vegetativen Zellen enthalten sie jeweils einen großen wandständigen und eigenartigerweise vielfach netzförmig durchbrochenen Chloroplasten, der übrigens in vielen Bestimmungsbüchern falsch abgebildet wird.

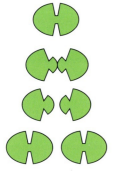

Viele Zieralgen bestehen aus nahezu spiegelsymmetrischen und durch tiefe Kerben getrennten Zellhälften. Bei der Teilung bildet jede Außenhälfte eine neue Halbzelle.

Desmidien: Figurbetonte Plastiden Bei den fädigen Jochalgen sind die einzelnen Fadenzellen mehr oder weniger rechteckig, geben damit aber nur in den wenigsten Fällen die Chloroplastengestalt vor. Gänzlich abweichende Verhältnisse führen dagegen die wunderschönen einzelligen Vertreter dieser Klasse *Zygnematophyceae* vor, die man ihrer ansprechenden Formen wegen auch Zieralgen (Ordnung *Desmidiales*) oder einfach Desmidien nennt. Seit der dänische Biologe OTTO FREDERIK MÜLLER sie 1781 in einem Kopenhagener Stadtparkteich entdeckte, gehören sie zu den beliebtesten Objekten auch der Hobbymikroskopiker. Mehr als 3500 verschiedene Arten sind bisher weltweit entdeckt und beschrieben worden. Ökologisch sind sie überwiegend auf stehende Gewässer mit niedrigem Calcium- und Magnesium-Gehalt spezialisiert, die gleichzeitig von Natur aus schwach bis mäßig sauer (pH 4–6) sind – Verhältnisse, wie man sie vor allem in Mooren antrifft. Vereinzelt kann man Zieralgen zwar auch in Gartenteichen oder in kleinen Weihern über anmoorigem Boden antreffen. Hier bilden sie oft schleimige Flöckchen an Pflanzenteilen. In Schöpfproben, die gleichzeitig etwas Bodensatz fördern, sammeln sie sich nach einiger Zeit an der Oberfläche und können von dort abpipettiert werden.

Bei den Zieralgen entwickelt fast jede Gattung ihre gattungs- oder sogar artspezifische Chloroplastenform – halbmondförmig beim besonders artenreichen *Closterium*, in schön gestuften Glockenformen bei *Euastrum* oder vielzackig bei *Staurastrum* oder in der besonders typenreichen Gattung *Micrasterias*. Vielfach sind die Individuen in zwei nur über einen schmalen Isthmus verbundene Hälften getrennt und sehen daher aus wie eine Doppelzelle. Darin verhalten sich auch die Chloroplastenteile wie Bild und Spiegelbild. Im Bereich des Isthmus findet sich gewöhnlich auch der große Zellkern. Bei etlichen Arten der Gattung *Staurastrum* und *Xanthidium* sind die Zellen in eine größere Gallerthülle eingebettet, die man sehr gut mit verdünnter Tusche oder im Phasenkontrast darstellen kann. Bei einigen Arten tritt Schleim oder Gallerte durch besondere Poren in der Zellwand aus – mit ▸ Brillantkresylblau in hoher Verdünnung lassen sich diese Stoffausscheidungen eindrucksvoll nachweisen, während man die Porenmuster mit einer einfachen ▸ Methylenblau-Färbung darstellen kann. Vielfach bringt man diese auch in Zusammenhang mit der langsamen Kriechbewegung der Zellen, die man bei längerer mikroskopischer Kontrolle einer Probe beobachten kann.

Recht zuverlässig sind Zieralgen auch durch vorsichtiges Ausquetschen von Torfmoospolstern zu gewinnen. In der Kultur sind die meisten Vertreter recht schwierig, halten sich aber in Standortwasser einige Zeit recht gut.

Brillantkresylblau S. 269
Methylenblau-Färbung S. 270

Oben links: *Cosmarium reniforme*. Oben rechts: *Micrasterias americana*, auch bei uns in Heidetümpeln. Unten links: *Micrasterias denticulata* lebt zwischen Torfmoospolstern. Unten rechts: Malteserkreuz *Micrasterias crux-melitensis* kommt in sauren Moorgewässern vor.

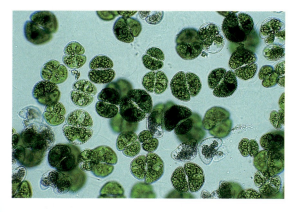

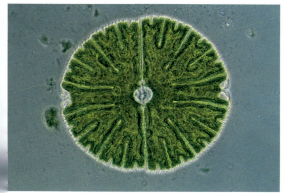

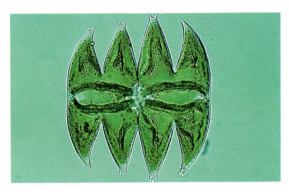

Micrasterias laticeps erkennt man an den wenigen und breiten Zelllappen.

Alizarinviridin-Chromalaun S. 270

Basisches Fuchsin S. 281

Bismarckbraun S. 277

Kunstharz-Einschluß S. 268

Ernst Haeckel begeisterte sich für die Formenwelt der Zieralgen: Tafel 24 aus den »Kunstformen der Natur« (1899–1904).

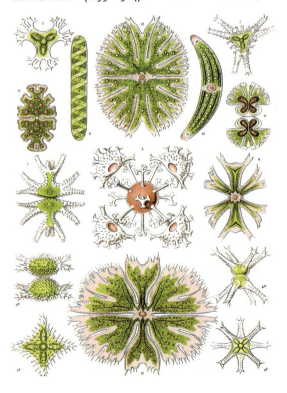

Vergleichsammlung anlegen Da man die formschönen Desmidien nicht alle Tage zur Verfügung hat, sollte man sich bei allen sich bietenden Gelegenheiten eine kleine Kollektion zusammenstellen und diese zum Dauerpräparat verarbeiten. Dazu empfiehlt sich folgendes Vorgehen: Die Algen werden in einem speziellen Gemisch fixiert (70 ml 1%ige Chromsäure, 90 ml destilliertes H_2O und 10 ml Eisessig mischen). Die Fixierungsdauer beträgt mindestens 2 Tage. In einem Spitzglas oder kleinen Zentrifugenröhrchen wäscht man die Zellen, die jeweils langsam zu Boden sinken, mehrfach mit Leitungswasser aus und überträgt sie mit der Pipette bis zur Weiterverarbeitung in eine eigens für Desmidien entwickelte Aufbewahrungsflüssigkeit aus 60 ml destilliertem H_2O, 20 ml Glycerin und 20 ml Methanol.

Portionsweise kann man die Zellen nun in einer der drei folgenden Ansätze färben:

• ▶ Alizarinviridin-Chromalaun nach BECHER, Färbung 3−7 h lang
• wässrige gesättigte Lösung von ▶ basischem Fuchsin, Färbung 3−8 Tage lang
• gesättigte Lösung von ▶ Bismarckbraun in 70%igem Ethanol, Färbung 3−7 h lang

Nach den angegebenen Färbezeiten werden die Algen jeweils mit destilliertem H_2O ausgewaschen und in Glycerin (87%ig) übertragen. Von dort bringt man sie über Ethanolstufen (50, 70, 92, 96%ig) in reines Isopropanol (i-Propanol, 2-Propanol) und wechselt dieses drei Mal. Aus dem i-Propanol überträgt man sie mit einer Pipette in Xylol (drei Mal wiederholen) und deckt sie schließlich in ▶ Kunstharz ein.

Pyrenoid – der grüne Punkt im Chloroplast

Die Beobachtung von Plastidenformen bei einzelligen oder fädigen Algen vor allem aus der Klasse der Jochalgen zeigt nicht nur eine erstaunlich reichhaltige Kollektion aller möglichen Größen und Konturen, sondern zusätzlich einige Strukturmerkmale, die so bei höheren Pflanzen wiederum nicht vorkommen. Die genauere Betrachtung etwa von einer einzelligen *Micrasterias* oder der Spiralbänder in *Spirogyra* zeigt in oder auf den Chloroplasten kleine Scheibchen oder kreisförmig-elliptische bis halbkugelige Areale, die offenbar ein fester Strukturbestandteil dieser Zellorganellen sind. Es sind die eigenartigen, tatsächlich nur bei Algenchloroplasten (und sonst nur noch bei sehr wenigen Laubmoosen aus der Verwandtschaft der Hornmoose) auftretenden Pyrenoide, die den Zellbiologen schon mancherlei Kopfzerbrechen bereitet haben. Fast nur solche Chloroplasten, die nicht das einfache Scheibchen-Schnittmuster zeigen, sondern abweichende und recht auffällige Gestalten aufweisen, führen solche Pyrenoide in Ein- oder Mehrzahl. Bei stärkerem Abblenden sind sie als dunkle, oft klar umrissene Bereiche eindeutig auszumachen.

Pyrenoide sind in die Chloroplasten eingebaute oder über ein kurzes Stielchen der Plastidenoberfläche aufgesetzte Sonderstrukturen, die meist große Mengen Protein enthalten. Der größte Teil davon entfällt auf das wichtige Eingangsenzym der photosynthetischen Kohlenstoffbindung, weswegen man den Pyrenoiden heute eine steuernde Funktion bei der lichtabhängigen Stoffproduktion zuschreibt. Das bisher bekannte Struktur- und Verbreitungsbild der Pyrenoide bedarf jedoch sicher noch weiterer Klärung.

Pyrenoide kommen im Übrigen nicht nur bei den Grünalgen im weitesten Sinne vor, sondern auch bei Kieselalgen, etlichen anderen braun-gelblich pigmentierten Formen und bei Rotalgen.

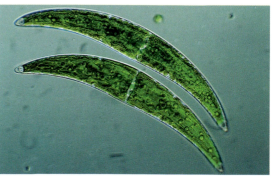

Die Mondalge *Closterium ehrenbergii* findet man in stillen Bachbuchten und kleinen Tümpeln mit Wasserlinsendecken. Entlang der Chloroplastenrippen sind die zahlreichen Pyrenoide aufgereiht.

Chromatophoren sind Chloroplasten Viele einzellige und fädige Algen aus allen möglichen wässrigen Lebensräumen führen eine beachtliche Bandbreite von Plastidentypologien vor. Auf diesen Entwicklungsstufen sind offensichtlich viele tastende und in verschiedene Richtungen optimierte Versuche der Evolution erhalten, aus ursprünglich frei lebenden photosynthetisch aktiven Bakterien funktionstüchtige Zellorganellen zu entwickeln. Wegen solcher Unterschiede in der äußeren Gestaltgebung und in der auch im lichtmikroskopischen Bild gut nachvollziehbaren Ausfärbung hat man früher ein ganzes Begriffsrepertoire geschaffen. FRIEDRICH SCHMITZ, der vor über 100 Jahren als Botaniker an der Universität Bonn wirkte, verwendete in einer 1882 erschienenen Monographie noch überwiegend die Bezeichnung „Chromatophoren" für die von ihm so bezeichneten „Chlorophyll- und analogen Farbstoffkörper" der Algen. Heute heißen alle photosynthetisch aktiven Plastiden völlig unabhängig von ihrer äußeren Gestalt unterschiedslos Chloroplasten.

In drei wesentlichen Merkmale weicht der Chloroplastenbesatz der Algen von den grünen Geweben höherer Landpflanzen ab:
• Bei vielen ein- und mehrzelligen Algen enthält jede Zelle statt einer größeren bzw. dichteren Plastidenpopulation mit viel Gedränge oft nur einen einzigen Chloroplasten.
• Die fehlende Anzahl von Scharen kleinerer Plastiden wird offenbar durch eine besondere Größe des jeweils vorhandenen Chloroplasten ausgeglichen.
• Sofern eine Algenzelle nur einen größeren Chloroplasten aufweist, zeigt er zumeist auch eine besondere, von der sonst weit verbreiteten Linsengestalt abweichende Formgebung.

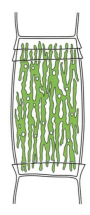

Ungewöhnliche Chloroplastenformen finden sich in fast jeder Algenklasse. Bei der Grünalgengattung *Oedogonium* sind sie unregelmäßig netzig durchbrochen.

Zum Weiterlesen BOLD u. WYNNE (1985), CANTER-LUND u. CANTER (1995), DREWS (1989, 1990), ENGELS (1995), ETTL (1976, 1980), LEE (2009), LINNE VON BERG u. MELKONIAN (2004), LENZENWEGER (1970, 1981, 1984, 1986, 1991, 1992, 1994, 1996, 1997, 1999), STREBLE u. KRAUTER (2006)

5.8 Meeresalgen

Zu den Protisten gehören definitionsgemäß nicht nur die überwiegend winzigen Einzeller, sondern auch die davon entwicklungsgeschichtlich unmittelbar ableitbaren mehr- bis vielzelligen Organismen. Protisten sind demnach auch die metergroßen Tange der Meeresküsten. Trotz ihrer beachtlichen Größe bieten sie mancherlei Ansehnliches für die mikroskopische Dimension.

Buntes Strandgut

Eine kleine Sammelexkursion während des Strandurlaubs liefert genügend Untersuchungsmaterial für die genauere Einblicknahme in diese interessante Organismengruppe.

Glyceringelatine S. 266
Polyvinyllactophenol S. 267

Die chemische Fixierung hat jedoch den enormen Nachteil, dass die so behandelten Proben in kurzer Zeit weitgehend ausbleichen und damit ihre farbliche Ästhetik gänzlich verlieren.

Links: *Caulerpa taxifolia* – makroskopische Abmessungen, aber dennoch einzellig

Rechts: *Cladophora rupestris* – Szene aus der Seitenzweigbildung

Auf festen Wuchsunterlagen wie größeren Steinen oder anstehendem Fels siedeln sich an allen Meeresküsten dichte, meist arten- und individuenreiche Tanggürtel mit einer farbenfrohen Koalition aus Grün-, Rot- und Braunalgen an – eine eigenartige Vegetation, die es in vergleichbarer Ausdehnung und Zusammensetzung in den Binnengewässern so nicht gibt. Eine gewisse Auswahl an Wuchsformen und Farbvarianten findet sich auch regelmäßig im Angespül an der Wasserlinie von Sandstränden und Badebuchten, vor allem nach stürmischem Wetter, wenn die Brandung losgerissene Exemplare von tieferen oder weiter entfernten Hartsubstratwuchsplätzen gleichsam vor die Füße legt.

Flüssigkonserven Auch für Meeresalgen sind verschiedene Fixiergemische vorgeschlagen worden. Wenn man auch im Urlaub am Meer ein kleines Mikroskop für die Sofortuntersuchung zur Verfügung hat, ist die Bearbeitung der Funde von Standort oder Strandgut eigentlich kein Problem. Für die Konservierung von Proben für die gründlichere Nachuntersuchung zu Hause sind die folgenden Verfahren tauglich:
• Fixierung in 2–4%igem Formaldehyd (Formol), das in Meerwasser angesetzt wurde; Fixierdauer 1 h (fädige Formen) bis 24 h (Stücke derber Tange)
• Proben anschließend 1–24 h lang in frischem Meerwasser auswaschen und schrittweise über Meerwasser-Süßwasser-Gemische (3:1, 1:1, 1:3) in reines Süßwasser übertragen. Die fixierten Faden- oder anderen Thallusstücke kann man ohne weitere Präparation in ▸ Glyceringelatine oder ▸ Polyvinyllactophenol übertragen. Bei feinfädigeren, eventuell schrumpfungsgefährdeten Formen empfiehlt es sich, die Proben zur schonenden Entwässerung zuvor in ein Gemisch von Glycerin – H_2O = 1:10 zu legen und das Aufbewahrungsgefäß nicht zu verschließen. Nach etwa einer Woche ist das Wasser nahezu vollständig verdampft, und die Proben liegen in reinem Glycerin.

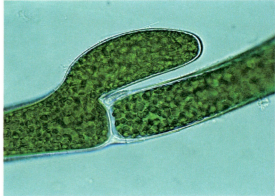

Projekt	Mikroskopie mariner Makroalgen
Material	Spülsaumfunde oder andere Aufsammlungen von Grün-, Rot- und Braunalgen, vorzugsweise Vertreter der Gattungen *Enteromorpha, Ulva, Ceramium, Polysiphonia, Ectocarpus, Dictyota* oder *Sphacelaria*, Fortpflanzungsbiologie der Grünalge *Prasiola*
Was geht ähnlich?	Fertigpräparate aus dem Lehrmittelfachhandel, Material aus Kulturensammlungen
Methode	Lebenduntersuchung im Hellfeld, Dunkelfeld oder Phasenkontrast Fixierung in 2–4%igem Formalin (in Meerwasser), Dauerpräparate in Glyceringelatine oder Polyvinylalkohol
Beobachtung	Aufbau, Zellformen, Vermehrungseinrichtungen

Konservieren durch Austrocknen Die aus dem Strandgut aufgesammelten Makroalgen oder ihre Teile wäscht man zum Entfernen von anhaftendem Meersalz kurz in Süßwasser aus und lässt sie einfach an der Luft trocknen, am besten auf Fließ- oder Zeitungspapier ausgebreitet. Nachdem eine solche Materialprobe möglichst rascheltrocken ist, schließt man sie in einem kleinen Probegefäß (Filmdose o. ä.) ein und lagert sie so bis zur Weiterverarbeitung. Zur mikroskopischen Untersuchung entnimmt man dann zu Hause eine passende Probe und legt sie in Süßwasser. Schon nach wenigen Minuten präsentiert sich das Objekt fast wie in lebendiger Frische und vor allem in seiner natürlichen Farbigkeit. Für diese einfache Trockenkonservierung zur gelegentlichen späteren Untersuchung zu Hause oder für Kurszwecke eignen sich alle fädigen, büscheligen, lappigen oder dünnhäutigen Makroalgen. Ungeeignet für eine solche Trockenkonservierung sind dagegen die derben ledrigen Tange aus der Verwandtschaft der hoch entwickelten Braunalgen.

Das aufgesammelte Material wird vor dem Trocknen nach Gattung und Art bestimmt. Unbedingt empfehlenswert ist die parallele Anfertigung von Herbarbelegen: Man zieht die gesäuberte Alge unter Wasserbedeckung (z. B. in einem Handwaschbecken) auf einen Bogen Schreibpapier auf, deckt sie mit feinem Kunststoffgewebe ab (beispielsweise handgroße Stücke von Damenstrümpfen) und trocknet unter mäßigem Druck zwischen Lagen von Zeitungspapier, das halbtäglich gewechselt werden muss.

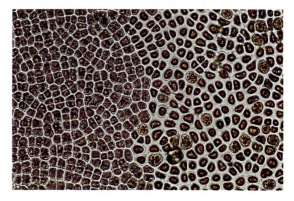

Oben: Vielfarbenkoalition: Meeresalgen(angespült) in der Gezeitenzone

Unten: Rotalgen der Gattung *Porphyra* (als „Nori" in asiatischen Lebensmittelläden erhältlich) sind einzellschichtig aufgebaut.

Wechsel der Generationen Der Meersalat *Ulva* ist ein sehr geeignetes Paradeobjekt zum Kennenlernen der bei Algen üblichen Abfolge zwischen einer sich geschlechtlich vermehrenden Generation (Gametophyt) und einer sich ungeschlechtlich fortpflanzenden Phase (Sporophyt). Die Individuen der jeweiligen Stationen sind nach Augenschein nicht zu unterscheiden – der Generationswechsel verläuft gleichgestaltet oder isomorph.

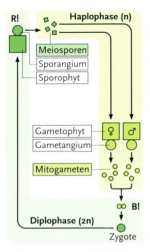

diphasisch mit Gametophyt und Sporophyt in Folge

antithetisch jede Generation hat eine andere Kernphase

heteromorph beide Generationen sehen unterschiedlich aus

Generationswechsel der Grün- und Braunalgen. Das Sammelgut vom Strand kann gameto- oder sporophytisch sein.

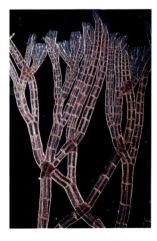

Die Fäden der Rotalge Poly-siphonia urceolata bestehen aus vier Zellreihen.

Bei *Ulva* kann sich praktisch jede Zelle des Thallusrandes in Vermehrungszellen umwandeln. Im Sommerhalbjahr vollzieht sich deren Freisetzung periodisch. An frisch gesammeltem Material deutet ein leicht gelblich gegen die kräftig grüne Restfläche abgesetzter Rand auf einen männlichen, ein mehr olivgrüner auf den weiblichen Gametophyten hin. Wenn man entsprechende Thallusstücke über Nacht oder einige Tage in feuchter Atmosphäre (Plastikbeutel) aufbewahrt und dann in Meerwasser setzt, schwärmen die Gameten fast augenblicklich aus und hinterlassen einen völlig bleichen Thallusrand. Die zweigeißeligen Gameten reagieren positiv phototaktisch – sie sammeln sich jeweils an der dem Licht zugewandten Seite des Gefäßes an. Aus den Randzellen von Sporophyten schwärmen jeweils viergeißelige Zoosporen aus, die sich eigenartigerweise negativ phototaktisch verhalten und daher zur lichtabgewandten Seite von Probegefäßen streben.

Meeresalge als Landpflanze Eine der ungewöhnlichsten marinen Grünalgen ist die häufige, um 5 mm lange Prasiola stipitata, die dichte, fast etwas moosartig erscheinende Rasen auf Molenköpfen oder Felsen weit oberhalb der Gezeitenzone bildet, wo sie nur noch vom Spritzwasser der Brandung erreicht wird. Andererseits gehen an diesem exponierten Standort zwischen Meer und Land auch häufig Regengüsse auf sie herab. Die Bandbreite der Salzbelastung und Aussüßung, die diese kleine Grünalge erträgt, ist beachtlich. Außerdem erfährt sie an ihren Standorten, die bevorzugte Ruheplätze von Möwen sind, eine überreichliche Stickstoffdüngung – oft sind die Algenrasen völlig überkrustet. Im mikroskopischen Bild fällt sofort die eigenartige geometrische Aufteilung der Thallusfläche in einzelne Zellgruppen auf, die man auch Areolierung nennt. Die Herkunft aus aufeinander folgenden Teilungsschüben mit wechselnder Ausrichtung der Teilungsspindel ist gut ableitbar.

Der blattförmige Thallus von *Prasiola* ist diploid. Seine untere, basale Hälfte bleibt immer vegetativ. In der oberen Hälfte bilden sich besondere Fortpflanzungszellen aus, im einfachsten Fall unbewegliche, diploide Sporen (= Aplanosporen). Wenn man seewasserfeuchte *Prasiola*-Exemplare in einer Petrischale langsam eintrocknen lässt, werden die reifen Sporen unmittelbar nach der Wiederbefeuchtung aus den vorderen Thalluszonen ausgestoßen.

Ungewöhnlich und für grüne Algen geradezu einzigartig ist die Art der Gametenbildung. Dazu finden in den Zellen am oberen Rand des Thallus Reduktionsteilungen statt, die zahlreiche haploide Tochterzellen bereit stellen. Diese Zellen teilen sich nun mitotisch weiter und entwickeln dadurch ein flächiges, mehrschichtiges, haploides Gebilde, das dem diploiden, einschichtigen, vegetativen Teil der Pflanze ansitzt.

Hübsche Büschel Tiefenrotalgen, die nach Sturm von der Brandung häufig und in Mengen auf den Strand geworfen werden, erkennt man sofort an ihrer meist kräftig fleisch- bis karminroten Färbung. Sie führen gewöhnlich höchst verschiedene Bautypen vor Augen: Die besonders hübsche Kammalge (*Plocamium cartilagineum*) ist nur in einer Ebene einseitswendig verzweigt und weist an ihrer Oberfläche ein unregelmäßiges Muster rundlicher bis vieleckiger Zellen auf, die – wie bei fast allen Rotalgen üblich – eine große Anzahl sehr kleiner Chloroplasten beherbergen. Zeitweilig nannte man die photosynthetisch aktiven Plastiden dieser Algen wegen ihrer betonten Rotfärbung auch Rhodoplasten. Sie enthalten neben Chlorophyll a als wichtigste Zusatzpigmente die kräftig rötlichen Phycobiline, die gleichen Farbstoffe, die auch bei den Cyanobakterien (Blau„algen") das Erscheinungsbild der Zellen bestimmen.

Verkalkte Algen Mikroskopisch kleine Foraminiferen ließen die berühmten Kreidefelsen am Ärmel-
kanal entstehen. Der Stuttgarter Bahnhof wurde aus
Trochitenkalk gebaut und besteht damit fast ganz
aus den Stielgliedern fossiler Seelilien. Aus fossilen
Kieselschwämmen wurden Quarzitfelsen, Diatomeenschalen bilden riesige Lager von Kieselgur. Aber
auch zarte, hinfällige Rotalgen als Gebirgsbildner?

Verschiedene Algen besitzen die Fähigkeit, in das
Matrixmaterial ihrer Zellwände Kalk (Calciumcarbonat)
einzulagern und dabei recht massiv zu verkalken.
Sowohl bei einzelligen Mikroalgen wie auch bei Makro-
algen ist diese Möglichkeit der Zellwandversteifung realisiert. Der Kalk kommt
dabei entweder als Aragonit oder als Calcit vor.

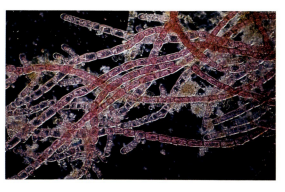

Acrochaetium **gehört zu den
einfach organisierten Rotalgen.**

Thallus mit drei Schichten Überall im Mittelmeergebiet und in den wärmeren Bereichen des Atlantiks (Kanaren) findet man im Angespül der Strände
die bandartig flachen, gelbbraunen Thalli der Gabelbandalge *Dictyota dichoto-
ma*. Diese Alge ist an der regelmäßigen Gabelteilung ihres Thallus eindeutig
zu erkennen. Die Mikroskopie einer Thallusspitze zeigt eine große, endstän-
dige, linsenförmige Scheitelzelle, die sich in bestimmten Abständen längs teilt
und dann erst wieder Serien gewöhnlicher Zellen durch normale Querteilung
abgibt. Sie ist als so genannte zweischneidige Scheitelzelle in der Fachliteratur
berühmt geworden. Vergleichbare Scheitelzellen finden sich auch bei vielen
Moosen.

Bei größeren Exemplaren findet man auf den Bändern gruppenweise zu-
sammenstehend die Fortpflanzungseinrichtungen – kleinzellige männliche
Gametangien und etwas größere weibliche Gametangien, die jeweils eine
Eizelle hervorbringen. Aus der im freien Wasser befruchteten Eizelle (= Zygote) entwickelt sich ein *Dictyota*-Exemplar, das in besonderen Sporangien unter
Meiose unbewegliche Sporen freisetzt, aus denen wiederum Gametophyten
entstehen.

Die stark verkalkten Thallus-
abschnitte lassen sich meist
nicht unmittelbar zu mikroskopischen Präparaten verarbeiten.
Vor der Weiterverarbeitung
müssen diese Algen daher zunächst entkalkt werden – durch
Einlegen kleiner Thallusstücke
(etwa 24 h lang) in eine 1%ige
wässrige Lösung von EDTA
(Ethylendiamintetraessigsäure)
oder in 1–3%iger Milchsäure.

Der Generationswechsel dieser
Braunalge ist nahezu isomorph
– die Sporophyten sind lediglich
etwas schmalbändiger als die
Gametophyten.

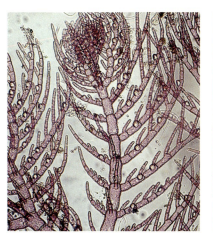

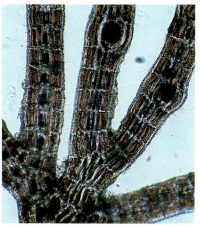

Links: Fiederalge *Antithamnion
plumula*: Die Zellfäden verzweigen sich nur in einer Ebene.

Rechts: Die robuste *Polysipho-
nia lanosa* ist Epiphyt auf dem
braunen Knotentang. Man
kann sie auch nach kompletter
Austrocknung mikroskopieren.

Zum Weiterlesen ADEY u. MACINTYRE (1973), BRAUNE u. a. (1999), BRAVO
(1965), CABIOCH (1971, 1972), ESSER (2000), FRIEDMANN (1969), JANKE u. KREMER
(2010), JOHANSEN (1974), KREMER (1980, 1981), LINDAUER (1976), SCHÖMMER
(1949), SCHWEGLER (1960)

5.9 Algen in Symbiose

In der Natur rücken sich die beteiligten Arten oft ziemlich dicht auf die Pelle – unter anderem deshalb, weil sie sich buchstäblich zum Fressen gern haben. Auf der anderen Seite gibt es auch ein weniger vordergründiges Interesse aneinander. Manche Arten schließen miteinander enge, oft sogar lebenslange Partnerschaften, die beiden Beteiligten das Leben erleichtern.

Ungleiche Partnerschaften

Die Bandbreite der wechselseitigen Beziehungen unter den Lebewesen ist erstaunlich groß und hält mancherlei Kuriositäten bereit. Schon der Biologie des 19. Jahrhunderts war bekannt, dass sich die organismischen Beziehungsgeflechte nicht nur über einfache Nahrungsketten definieren, sondern auch besondere zwischenartliche Vergesellschaftungen umfassen. Für alle nur denkbaren Varianten des zeitweiligen oder dauerhaften Zusammenlebens artverschiedener Organismen prägte der Arzt und Botaniker Anton de Bary daher schon 1879 den Begriff Symbiose.

Süßwasserpolyp *Hydra viridis* – lebenslange Betriebsgemeinschaft mit Zoochlorellen

Grüne Tiere Beim Durchmustern von Aufwuchsproben oder Plankton aus nährstoffreichen Kleingewässern findet man nicht selten Pantoffeltiere, die durch ihre lebhafte grüne Färbung auffallen. Bei mittlerer bis stärkerer Vergrößerung sind in der großen Protozoenzelle zahlreiche einzellige Grünalgen auszumachen: Das Grüne Pantoffeltier *Paramecium bursaria* führt ständig eine stattliche Innenbesatzung aus kugeligen, einzelligen Grünalgen mit sich herum.

Auf der Unterseite und auf Stängeln von See- oder Teichrosenblättern in sommerwarmen Weihern findet man fast immer Exemplare des knapp 1 cm großen Grünen Süßwasserpolypen (*Hydra vridis*). Auch hier zeigt die mikroskopische Kontrolle, dass bestimmte Zellen des Polypen, in diesem Fall diejenigen seiner inneren Körperschicht (= Gastrodermis), jeweils von einem guten Dutzend einzelliger, coccaler Grünalgen besiedelt sind.

Dauerhafte Verbindung Diese Artenverbindung zwischen einem Wimpertier bzw. einem Nesseltier und einer Grünalgenart sind nur zwei der vielen Beispiele besonders inniger Verhältnisse zwischen Partnern von deutlichen Größenunterschieden. Der kleinere Partner lässt sich einfach in den Zellen eines größeren Gastgebers (Wirtsorganismus) häuslich nieder. Ist eine farblose, tierische Zelle von einer anderen auf diese Weise regelrecht kolonisiert worden, hat es zunächst den Anschein, als werde der Kleinere vom Größeren verzehrt – zumal sich die Partnerschaft häufig innerhalb der Verdauungszellen des Wirtes abspielt. In Wirklichkeit begründen beide Beteiligten ein erstaunlich gut funktionierendes Tandem und leben fortan einträchtig ineinander. Nach dem Schachtelprinzip kommt eine beeindruckend intakte Zweierbeziehung zustande. Einen solchen Zusammenschluss zweier völlig verschiedener und nicht näher verwandter Arten bezeichnet man als Endosymbiose oder – nach dem bevorzugten Aufenthaltsort des kleineren Partners in Zellen des anderen – als Endocytobiose.

Projekt	Einzellige Algen in Protozoen und Tieren
Material	Planktonproben aus stehenden Kleingewässern, *Paramecium bursaria*, *Hydra viridis*
Was geht ähnlich?	*Climacostomum virens* , *Stentor polymorphus*, *Convoluta roscoffensis*, Material aus Meerwasseraquarien
Methode	Lebenduntersuchung im Hellfeld, Dunkelfeld oder Phasenkontrast
Beobachtung	Aufbau und Leistungsverteilung in den Kolonien

Symbionten der Wachsrose (*Anemonia viridis*) sind bräunliche Zooxanthellen.

Partnerschaft mit Algen Enorm praktisch und offenkundig einträglich gestalten sich solche Zweierbeziehungen immer dann, wenn sich darin ein pflanzlicher und ein tierischer Partner zusammenfinden. Bei einer solchen Symbiose versorgt der photosynthetisch aktive Primärproduzent zunächst sich selbst mit allen notwendigen Nährstoffen, beliefert aber auch seinen Wirtsorganismus. Eigenartigerweise gehen in Süßwasserbiotopen fast immer nur Grünalgen (*Chlorophyceae* im weitesten Sinne, vereinfachend als Zoochlorellen bezeichnet) eine Zellpartnerschaft ein, während im Meer überwiegend gelbbraun pigmentierte Algenzellen („Zooxanthellen") aus verschiedenen Algenklassen (u. a. *Bacillariophyceae*, *Dinophyceae*, *Chrysophyceae*) partnerschaftswillig und -fähig sind.

Auf der tierischen Seite sind die Partnersuchenden noch weitaus zahlreicher: Von den verschiedensten Verwandtschaftsgruppen bei den Einzellern (Protozoen: beispielsweise Wimpertiere) über die Schwämme, die Nesseltiere und Strudelwürmer bis hin zu den Schnecken und Muscheln reicht die erstaunlich umfängliche Wirtsliste. Innerhalb der Nesseltiere findet sich die mutmaßlich weiteste Verbreitung des Phänomens Algen-Endocytobiose: Alle über 4000 Korallenarten und dazu etliche weitere Arten aus den damit nahe verwandten Klassen *Hydrozoa* und *Scyphozoa* sind mit intrazellulären, photosynthetisch aktiven Mikroalgen vergesellschaftet.

In Nesseltieren, die im Aquarienfachhandel für Meerwasseraquarien angeboten werden, sind fast immer bräunliche Zooxanthellen zu erwarten. Eine kleine Gewebeprobe, zum Quetschpräparat verarbeitet, reicht bereits aus, um darüber näheren Aufschluss zu geben.

Zelle mit eigener Algenkultur Das Grüne Pantoffeltier (*Paramecium bursaria*) beherbergt im Gegensatz zu seinem als Modellorganismus ungleich berühmteren Verwandten *Paramecium caudatum* etliche Dutzend bis einige hundert Grünalgenzellen der Gattung *Chlorella*. Das ungefähr ein Drittel Millimeter lange und daher mit bloßem Auge gerade noch erkennbare Grüne Pantoffeltier sieht im mikroskopischen Bild fast aus wie ein schwimmendes Gewächshaus. Sobald die Grünalgen durch ihren Wirt im Wohngewässer ins rechte Licht gerückt werden, erbringen sie die gleiche Leistung wie andere grüne Pflanzen: Sie betreiben Photosynthese und

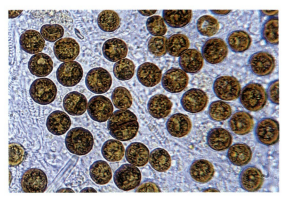

Einzelne Zooxanthellen aus der Gastrodermis von *Anemonia*

produzieren dabei freien Sauerstoff. Der kommt den gastgebenden Pantoffeltieren gerade recht, denn sie halten sich oft in belasteten Gewässern auf, wo der Sauerstoffgehalt infolge starker mikrobieller O_2-Zehrung nicht allzu üppig ausfällt. Die zelleigenen Algen verbessern schon allein durch diesen Stoffbeitrag die zellinternen Lebensbedingungen ihres Gastgebers sehr nachhaltig. Zusätzlich produzieren sie noch Kohlenhydrate (z. B. Malzzucker) und andere interessante, energiereiche Stoffe. Auch hiervon fällt für das Pantoffeltier eine gehörige Portion ab.

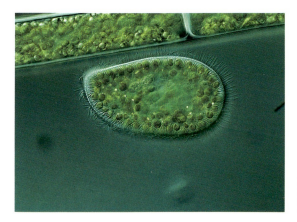

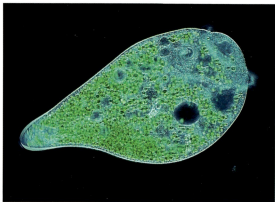

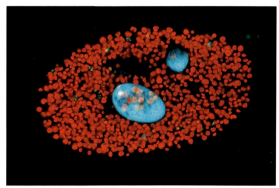

Oben links: Das Grüne Pantoffeltier *Paramecium bursaria* beherbergt mehrere hundert Zooxanthellen.

Oben rechts: Grünes Trompetentier (*Stentor polymorphus*)

Unten: Bei Anregung mit kurzwelligem Licht zeigen die symbiontischen Grünalgen in *Paramecium bursaria* eine auffällige Rotfluoreszenz.

Stofftausch zwischen den Partnern Angesichts der recht dauerhaften Verbindung zwischen Algenzelle und Wimpertier oder Süßwasserpolyp fragt es sich, welche Vorteile den Algen aus dieser Zweierbeziehung erwachsen. Für sie entfällt weitgehend das Problem, stickstoffhaltige Substanzen und Ausgangsmaterial für den Photosynthesebetrieb heranzuschaffen, denn diese Betriebsmittel fließen ihnen aus dem normalen Stoffwechselbetrieb ihrer gastgebenden Zelle unentwegt zu. Der Stoffwechsel in den Zellkompartimenten der beiden zusammengeschlossenen Arten vollzieht sich also weitgehend im Recycling-Verfahren: Auf- und Abbauschritte dieses Tandems sind so fein aufeinander abgestimmt, dass keiner der beiden Partner (im Normalfall) zu kurz zu kommen scheint. Darüber hinaus leben die Algen in einem konstanten Milieu und werden vom Einzeller ans Licht gebracht. Einigkeit macht in einer endosymbiontischen Partnerschaft nicht nur stark, sondern sogar bemerkenswert unabhängig von äußeren Materialquellen.

Symbiontische Algen – eine verbreitete Erscheinung *Paramecium bursaria* ist bei weitem nicht der einzige Einzeller aus dem Süßwasser, der sein Innenleben mit Grünalgen anreichert. Daneben sind ergrünte Glockentierchen (*Vorticella*) oder Trompetentiere (*Stentor polymorphus*) bekannt. Damit ist der Katalog der protozoischen Grünlinge längst noch nicht abgeschlossen, denn immer wieder werden neue Endocytobiosen gefunden. Die im Süßwasser verbreiteten Vielzeller umfassen dagegen nur wenige Arten mit funktioneller Algenbesatzung.

Am Grünen Süßwasserpolyp *Hydra* wurde ein ungemein aufschlussreiches Experiment durchgeführt: Man kann die kleinen Polypen auch symbiontenfrei im Labor kultivieren und dann die Fähigkeit verschiedener Grünalgen-Arten zur Begründung einer Zellpartnerschaft testen. Die symbiontenfreie *Hydra* schluckt vergleichsweise wahllos alle möglichen einzelligen Grünalgen und lagert sie in ihren Verdauungszellen (Gastrodermzellen) ein. Werden ihr jedoch *Chlorella*-Zellen angeboten, die zuvor schon einmal an einer Endocytobiose beteiligt waren, werden diese sofort gegen die Fremdbesatzung eingetauscht. Dabei macht es offenbar überhaupt nichts aus, wenn die entsprechenden Chlorellen Dutzende von Zellzyklen oder Generationen außerhalb des tierischen Partners verbracht haben.

Auch der Grüne Sumpfwurm (*Spirostomum viride*) führt einzellige Grünalgen der Gattung *Chlorella*.

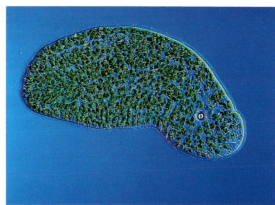

Convoluta roscoffensis ist ein mariner Strudelwurm. Seine grünen Symbionten gehören zu *Tetraselmis convolutae* (Klasse *Prasinophyceae*).

Plastiden aus Blaualgen Einen entwicklungsgeschichtlich bemerkenswerten Sonderfall stellen einige Einzeller dar, deren auffällig blaugrüne Plastiden die gleiche Pigmentzusammensetzung aufweisen wie die Cyanobakterien. Eigenartigerweise sind diese Chloroplasten aber noch von einer dünnen bakteriellen Zellwand aus Murein umgeben. Offensichtlich handelt es sich also um ursprünglich frei lebende Cyanobakterien, die als Endosymbionten in farblose Wirtszellen eingewandert sind. Abweichend von allen Zoochlorellen und Zooxanthellen sind diese auch als Cyanellen bezeichneten Zelleinschlüsse jedoch genetisch nicht mehr komplett – einen großen Teil ihrer Gene haben sie an den Zellkern der Wirtszelle abgegeben. Cyanellen findet man in einigen Flagellaten, aber auch in der Amöbe *Paulinella chromatophora*.

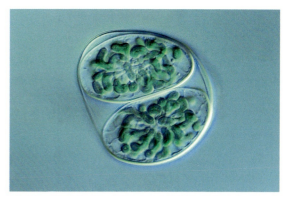

Der Einzeller *Glaucocystis nostochinearum* enthält anstelle von Chloroplasten Cyanobakterien mit Zellwandresten.

Zum Weiterlesen GÖRTZ (1988), KREMER (1994), LINNE VON BERG U. MELKONIAN (2004), MATTHES (1978), REISSER (1992), SITTE (1977, 1990), STREBLE U. KRAUTER (2006), WERNER (1987)

5.10 Protozoen

Einzeller faszinieren jeden Mikroskopiker schon allein durch ihre vielen unterschiedlichen Formen, aber sicher nicht weniger auch dadurch, dass jeder dieser Winzlinge tatsächlich ein vollständiges Lebewesen darstellt – die Begriffe Zelle und Organismus fallen auf dieser Entwicklungsstufe zusammen. Wimpertiere gehören zu den häufigsten Protozoen, denen man im Wassertropfen begegnet.

Wimpertiere – klein und kompliziert

Im modernen System der Lebewesen, in dem man (mindestens) fünf verschiedene Organismenreiche in drei Domänen unterscheidet (vgl. S. 46), gehören die Protozoen zu den Protisten und stehen innerhalb dieses Organismenreiches mit ihren verschiedenen Verwandtschaftsgruppen neben den Vorläufern der Pflanzen (Protophyten = Algen) und Pilze (Protomyceten).

Opalblau-Färbung S. 278

Zellstruktur von *Paramecium*:
1 Wimpern (Cilien), 2 Infraciliatur (u. a. Trichocysten), pulsierende Vakuole, 4 Mundfeld (Peristom), 5 Großkern (Makronucleus), 6 Kleinkern (Mikronucleus), 7 Zellmund (Cytostom), 8 Nahrungsvakuole

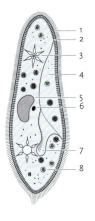

Spätestens im frühen 18. Jahrhundert war den damaligen Mikroskopikern die im Prinzip erstaunliche Tatsache bekannt, dass man aus einfachen Ansätzen von trockenem Heu oder anderem Pflanzenmaterial mit Wasser nach einigen Tagen wimmelnde Kleinwelten erhielt, in denen äußerst seltsam anmutende Lebewesen umher schwimmen und sogar verschiedene Besiedlungswellen erkennen lassen. Offenbar haben solche Kleinstlebewesen die bemerkenswerte Fähigkeit, sich bei beginnender Austrocknung ihres eventuell sehr klein bemessenen Wohngewässers einfach einzukapseln und die Trockenperiode als Cyste zu überdauern. Vergleichbares ist auch aus vielen anderen Verwandtschaftsgruppen bekannt. Man bezeichnet diese Möglichkeit einer gegebenenfalls auch längeren und ohne weiteres überstandenen Trockenruhe in der Ökophysiologie als Anhydrobiose. Nach Wiederbefeuchtung befreien sich die Zellen aus der Kapsel und bauen alsbald neue Populationen auf.

Begriffliche Annäherung ANTONI VAN LEEUWENHOEK, der die winzigen Organismen 1674 in den Wassertropfen eines Weihers entdeckt hatte, bezeichnete sie als „animalcula" (Tierchen). MARTIN FROBENIUS LEDERMÜLLER prägte im Jahre 1763 den Begriff Aufgusstierchen. Der Göttinger Anatom HEINRICH AUGUST WRIBERG führte dafür 1764 die Bezeichnung Infusoria (vom lateinischen *infusum* = Aufguss) ein. Einen ersten Klassifizierungsversuch schlug 1773 der Kopenhagener Mikrobiologe OTTO FREDERIK MÜLLER vor; er trennte die Protozoen jedoch noch nicht von den Bakterien, Rädertieren (Rotifera) und Fadenwürmern (Nematoden), die üblicherweise ebenfalls in Aufgussansätzen auftreten. Die Bezeichnung Protozoen führte 1817 der Bonner Geologe GEORG AUGUST GOLDFUSS ein. CHRISTIAN GOTTFRIED EHRENBERG vertrat in seinem Werk „Die Infusionsthierchen als vollkommene Organismen" (1838) ein aus heutiger Sicht etwas seltsames Konzept, denn er leugnete deren Einzelligkeit und war der Ansicht, dass sie wie die höheren Tiere komplette Organsysteme besitzen. Bis zum großen Lehrwerk der Protozoologie (1880–1889) von OTTO BÜTSCHLI hatte sich jedoch die Überzeugung gefestigt, dass alle Protozoen Einzeller sind.

Das Paradebeispiel: Pantoffeltier Paramecium Wegen ihrer relativen Größe und weiten Verbreitung (die meist verwendete Art *Paramecium caudatum* wird bis etwa 180 μm lang) sind Pantoffeltiere geradezu die Typorganismen der so genannten Infusorien, obwohl sie streng genommen gar nicht dazu gehören: *Paramecium* kann keine Trockencysten bilden und tritt folglich auch niemals in Heuaufgüssen auf, die mit abgekochtem Leitungswasser gestartet werden. Diese Art ist nur in Ansätzen mit Teich- oder Tümpelwasser zu erwarten, das bereits Paramecien enthielt. Eine recht zuverlässige Quelle für eine auch längerfristig recht einfache Kultur sind langsame, organisch

Projekt	Zellformen und Typenreichtum der Ciliaten
Material	Aufgüsse oder Planktonfänge (vgl. S. 89 f.)
Was geht ähnlich?	Zuchtansätze aus Kulturensammlungen (vgl. 290), Aufwuchs aus Kleingewässern, Belebtschlamm aus Kläranlagen, Bodensatz aus Aquarien, Fertigpräparate aus dem Lehrmittelhandel
Methode	Lebenduntersuchung im Hellfeld, Dunkelfeld oder Phasenkontrast
Beobachtung	Aufbau, Verhalten, Formenspektrum und Lebensräume, Fütterung und Verarbeitung von Nahrungspartikeln

Vereinfachtes System der Protozoen

stärker belastete Fließgewässer, in denen auch reichlich Bakterienrasen des Abwasser„pilzes" *Sphaerotilus* vorhanden sind. Die Weiterkultur nach Überimpfen einer Freilandprobe (etwa 1 Teelöffel/50 ml Kulturmedium) kann man in beliebigen Glasgefäßen in Leitungswasser oder in kohlensäurefreiem Mineralwasser vornehmen. Da die Paramecien sich von Bakterien ernähren, gibt man je 50 ml Flüssigkeit 1–2 zerdrückte Reis- oder Weizenkörner bzw. Haferflocken zum Kulturmedium, die ihrerseits die Nahrungsgrundlage der Bakterienpopulation liefern.

Wimperfeld mit Waffelmuster Pantoffeltiere tragen zur Fortbewegung eine Vielzahl sehr kurzer Wimpern (= Cilien), die wie die Geißeln der Flagellaten nach dem bekannten 9x2+2–Muster aufgebaut sind. Danach nennt man sie auch Ciliaten oder Ciliophora. Sie bilden innerhalb der Protozoen einen eigenen und recht formenreichen Organismenstamm. Bei der Gattung *Paramecium* ist die Bewimperung über die gesamte Zelle verteilt. In Echtzeit holt die einzelne Wimper bis zu 50 Mal in der Sekunde zum Ruderschlag aus. Wenn man die Zellen in einem höher viskosen Medium untersucht (beispielsweise in stark verdünntem Tapetenkleister), kann man den nunmehr verlangsamten Wimperschlag bei stärkerer Vergrößerung eindrucksvoll verfolgen: Über die Oberfläche mit ihren in Schrägzeilen angeordneten rund 10 000 Wimpern laufen in strikter zeitlicher und räumlicher Koordination klar gestaffelte Bewegungswellen. Die besondere Anordnung der Wimpern hat zur Folge, dass die Pantoffeltiere sich beim Streckenschwimmen langsam um ihre Längsachse drehen. Erkennbar wird die sehr regelmäßige waffelartige Skulptur der Wimperfelder, wenn man die Zellen mit ▸ Opalblau färbt. Jede Cilie sitzt in einer eigenen, nunmehr mit eingetrocknetem Farbstoff angefüllten Vertiefung. Die Wimperanordnung in Schrägzeilen tritt jetzt noch deutlicher hervor.

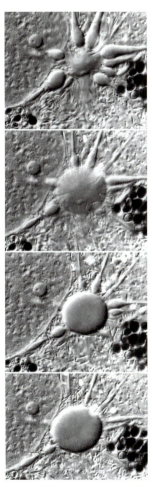

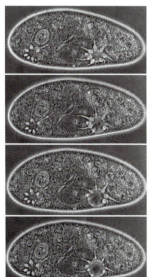

Links und rechts: Pantoffeltier *Paramecium caudatum*: Aufnahmeserie mit pulsierender Vakuole in verschiedenen Funktionsstadien (Systole und Diastole). Links Vakuolen vergrößert

Dieses Färbung eignet sich auch für andere Ciliaten.

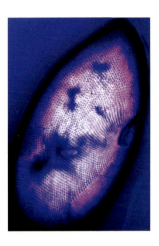

Links: Waffelartige Oberflächenskulptur von *Paramecium* nach Färbung mit Opalblau. Rechts: Versilberung stellt die Subcorticalstrukturen dar.

Methylgrün S. 278
Orcein-Essigsäure S. 273
Imprägnierung mit Silbernitrat S. 278

Wimpertier *Climacostomum*, gefüttert mit gefärbten Hefezellen. Die Nahrungsvakuolen wandern auf einem offenbar festgelegten Weg durch die Zelle – ein Vorgang, den man auch als Cyclose bezeichnet. Ähnlich kann man auch festsitzende Wimpertiere wie die Glockentiere (*Vorticella* bzw. *Campanularia* oder *Zoothamnium*) füttern.

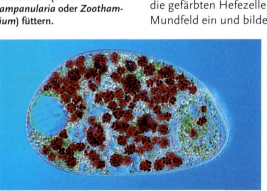

Kerne, Cortex, Trichocysten Ein besonderes Kennzeichen der Wimpertiere sind ihre beiden unterschiedlich großen Zellkerntypen. Den größeren Makronukleus (Großkern) bezeichnet man auch als Stoffwechselkern, die in Ein- oder Mehrzahl vorliegenden kleineren Mikronuklei (Kleinkerne) sind die generativen Kerne. Beim Pantoffeltier liegt je ein Makro- und ein Mikronukleus vor. Zu ihrer Darstellung verwendet man üblicherweise die für Wimpertier Untersuchungen übliche Färbung mit angesäuertem ▸ Methylgrün oder auch mit ▸ Orcein-Essigsäure. Bei Kontakt mit der Farblösung schießen die Wimpertiere augenblicklich ihre zahlreichen Trichocysten ab. Dabei handelt es sich um kleine Organellen, die in großer Zahl in der Zellhaut (Cortex) der Paramecien verankert sind und vermutlich der Feindabwehr dienen. Modellhaft kann man sich diese Sondereinrichtungen der Einzeller, die man zusammenfassend auch als Extrusomen bezeichnet, als winzige Harpunen vorstellen. Besonders deutlich zeigen sie sich bei Beobachtung der Zellen im Phasenkontrast.

Von der komplexen Feinstruktur der unmittelbar unter der Zelloberfläche liegenden Cilienverankerung (= so genannte Infraciliatur) kann das Lichtmikroskop nichts zeigen. Lage und Verknüpfung der beteiligten subzellulären Bauteile, die Basalkörper der Cilien und ihre jeweiligen Verbindungen, lassen sich jedoch mit der von dem Österreicher Bruno Klein bereits 1926 entdeckten trockenen Versilberungsmethode darstellen, von der heute in der Literatur mehrere Abwandlungen und Verfeinerungen empfohlen werden. Eine zuverlässig funktionierende Imprägnierung mit ▸ Silbernitrat ist im technischen Anhang beschrieben. Die so erhaltenen Präparate zeigen auch in diesem Bereich eine faszinierende Ordnung. Bei verschiedenen Ciliaten-Arten lassen sich auf diese Weise gattungs- oder sogar artspezifische Muster aufspüren.

Fütterung mit Hefezellen Im natürlichem Lebensraum ernähren sich Paramecien von Bakterien, aber fallweise auch von anderen einzelligen Organismen. Im Experiment kann man sie leicht mit Hefezellen füttern, die man zuvor mit dem Indikatorfarbstoff Kongorot angefärbt hat (0,1 g Kongorot in 100 ml destilliertem H_2O auflösen, 1 g Bäckerhefe einrühren, 8–10 min unter ständigem Schütteln erhitzen und erkalten lassen). Die Wimpertiere strudeln die gefärbten Hefezellen – ähnlich wie übliche Nahrungspartikel – über das Mundfeld ein und bilden hinter dem Zellmund durch Phagocytose eine zunächst tiefrot gefärbte Nahrungsvakuole. Neutralrot ist nicht nur ein Vitalfarbstoff, der für den Untersuchungsorganismus unschädlich ist, sondern dient auch als pH-Indikator: Nur bei pH > 5,2 (mäßig sauer bis mäßig alkalisch) ist er rot, bei pH 3,0–5,2 dagegen blau. Die gefärbten Hefezellen bieten somit die Möglichkeit, Veränderungen im pH-Wert der Nahrungsvakuolen während der etwa 40 min dauernden Verdauung direkt zu verfolgen. Wenn man den Wimpertieren zunächst stark verdünnte Tusche und dann erst mit Kongorot gefärbte Hefezellen anbietet, strudeln sie auch die Tuschepartikel ein – sie unterscheiden zunächst offenbar nicht zwischen unverdaulichem und verdaulichem Material.

Neben der Beobachtung der Nahrungsvakuolen auf ihrem Weg durch die Zellen sind die pulsierenden Vakuolen ein besonders faszinierendes Phänomen. Mit den Vakuolen einer Pflanzenzelle (vgl. S. 61) sind sie kaum vergleichbar. Als Einrichtungen der Flüssigkeitsausscheidung dienen sie der osmotischen Balance der Zelle. Besonders eindrucksvoll zeigen sie sich bei Betrachtung im ▸ Phasen- oder ▸ Interferenzkontrast. Die Pulsationsfrequenz ist temperaturabhängig, wie man mit eisgekühltem oder deutlich erwärmtem Beobachtungswasser vergleichend feststellen kann.

Das Glockentier *Campanella umbellaria* baut individuenreiche Kolonien auf.

Klärwerk-Protozoen: Locker und flockig Die meisten Kläranlagen weisen heute eine biologische Reinigungsstufe auf, in der Mikroorganismen mit ihrem Stoffwechsel die organische Befrachtung des Abwassers aufzehren bzw. in eigene mikrobielle Biomasse umwandeln und somit aus dem Wasser entfernen. Man nutzt in solchen Anlagen technisch optimiert also die so genannte Selbstreinigungskraft eines Gewässers. Die daran beteiligten Lebensgemeinschaften bezeichnet man als Belebtschlamm. Im Klärbecken bilden sich aus Bakterien und eingetragenen organischen Stoffen Unmengen kleiner Flocken, auf denen als Bakterien- oder Partikelkonsumenten auch regelmäßig eine große Anzahl von Protozoen und darunter vor allem Ciliaten anzutreffen sind. Das mikroskopische Bild solcher Schlammflocken zeigt nicht nur Art und Umfang der mikrobiellen Umsetzungen, sondern lässt auch Rückschlüsse auf die Belastungsverhältnisse oder das Schlammalter zu. Zu Fragen der Abwassermikrobiologie, zur Methodik genauerer Untersuchungen und Bewertung der Ergebnisse liegt eine umfangreiche Spezialliteratur vor, auf die hier verwiesen sei. Für eine erste Einschätzung oder Einblicknahme in das Besiedlungsbild von Schlammflocken genügt es, einfach einen Tropfen des Belebtschlammes aus dem Klärbecken mit einer Pasteur-Pipette auf einen Objektträger zu geben und mit einem Deckglas abzudecken. Vorteilhaft ist in vielen Fällen die Beobachtung der Proben im Phasen- oder Interferenzkontrast.

Besiedlung einer Belebtschlammflocke mit Ciliaten (einschließlich Suctorien) und Rädertieren.

Phasenkontrast S. 287
Interferenzkontrast S. 288

Sesshafte Wimpertiere Die mikroskopische Kontrolle von Aufwuchs auf exponierten Objektträgern in Kleingewässern führt gewöhnlich eine größere Anzahl festsitzender Wimpertiere vor, die fallweise sogar feine, durchsichtige oder gefärbte Gehäuse bauen. Bei etlichen Gattungen, beispielsweise bei den bekannten Glockentieren (*Vorticella*), sind die Stiele kontraktil – schon eine leise Erschütterung des Objektträgers bei der Untersuchung lässt sie augenblicklich zusammenzucken. Vielfach findet man festsitzende Ciliaten aber auch auf lebenden Unterlagen, vor allem auf verschiedenen größeren Wassertieren. Wirte der als Untersuchungsobjekt besonders ergiebigen Polypenlaus (*Trichodina pediculus*) sind beispielsweise Süßwasserpolypen, Amphibienlarven oder auch adulte Frösche und Molche sowie die in vielen Süßwasserbiotopen (beispielsweise Bagger- und Steinbruchseen) verbreitete Meduse *Craspedacusta sowerbyi*.

Lohnend ist in jedem Fall eine genauere Inspektion vor allem der langsameren Wasserinsekten sowie kleinerer Krebstiere wie der bis 15 mm großen, recht häufigen Wasserassel (*Asellus aquaticus*), die fast immer einer größeren

In gut wachsenden Zuchtansätzen sind fast immer auch Teilungsstadien von Ciliaten zu finden. Die Vermehrung erfolgt bei diesen Organismen üblicherweise durch eine in wenigen Minuten ablaufende Querteilung der Zellen. Der normal diploide Mikronukleus durchläuft dabei eine gewöhnliche Mitose, der meist polyploide Makronukleus schnürt sich direkt durch.

Wimpertierkolonien von
Ophrydium crassicaule

Auswahl von meist etwas strömungsempfindlichen Wimpertier-Arten einen zusagenden Sitzplatz bieten. Manche Einzeller bevorzugen dabei besondere Körperregionen ihrer Unterlage, etwa Antennen, Mundwerkzeuge oder die oberen Glieder der Beinorgane.

Räuber ohne Zellmund Eine besondere Unterklasse innerhalb der Wimpertiere bilden die räuberisch lebenden Sauginfusorien (*Suctoria*), die sich mit einer Zellflanke, mit einem besonderen Stielchen oder mit einem Gehäuse auf ihrer Unterlage festsetzen. Sofern die Arten tierische Träger bevorzugen, sind sie meist auf bestimmte Wirte spezialisiert und besiedeln hier sogar nur ausgewählte Körperregionen. Erwachsene Sauginfusorien tragen keinen Wimperbesatz mehr – ein Wimperkleid ist nur bei den planktischen Jugend- bzw. Vermehrungsstadien zu sehen. An den Zellenden sitzen statt dessen spezielle Tentakel, mit denen sie ihre Beute festhalten und aussaugen. Einige Arten, darunter beispielsweise die in vielen Süßwasserbiotopen verbreitete *Tokophrya quadripartita*, ernährt sich auch von toten organischen Stoffen. Die verwandte *Tokophrya carchesii* setzt sich nur an Ciliaten der Gattung *Carchesium* oder ähnlicher Vertreter der Peritrichen fest und nimmt als Nahrung Cytoplasma aus ihrem Träger auf. In nährstoffreichen Parkteichen lebt die Form *Dendrosoma radians*, bei der sich aus einem kompakten Zellkörper einzelne, schlanke, eventuell auch ihrerseits verzweigte Stämmchen erheben. *Trichophrya astaci* bietet ein schönes und recht häufiges Beispiel für Sauginfusorien, die mit ihrer gesamten Zellunterseite auf dem Substrat befestigt sind – nicht nur auf kleineren Krebstieren, sondern auch auf Pflanzenteilen. Dieser Suctor, dessen Makronukleus mehrarmig verzweigt ist, ernährt sich von Ciliaten, die er mit seinen langen Fangtentakeln festhält. Nur auf Flohkrebsen siedelt sich die etwas plump wirkende, leicht bräunlich gefärbte Art *Dendrocometes paradoxus* an, deren besonderes Kennzeichen 2 – 5 relativ starre Arme sind.

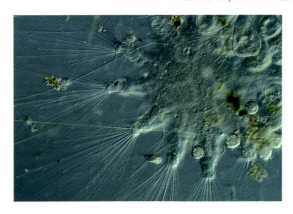

Sauginfusor (Suctor)
Trichophyra astaci

Regelmäßige Aufsitzer sind beispielsweise die Arten *Opercularia hebes, Opercularia sommerae, Vorticella venusta, Carchesium incerta* oder *Pseudocarchesium aselli*. Auch Gehäusebauer wie Arten der Gattung *Lagenophrys*. Bei Wasserkäfern, Wasserwanzen, Flohkrebsen und Flusskrebsen sind in aller Regel andere Gattungen und Arten anzutreffen. Fallweise besiedeln sie auch die Kiemen ihrer Wirte.

Bodenciliaten im Untergrund Ein nicht geringer Teil von Wimpertieren, die man wie die häufige *Colpoda cucullus* beispielsweise in Aufgüssen mit verrottendem Pflanzenmaterial von Feuchtwiesen antrifft oder in Tümpelwasser nachweisen kann, sind (auch) Bewohner des Grundwassers bzw. in den Porenräumen des Bodens. Sie besiedeln hier die kleinen Zwischenräume zwischen den Bodenkrumen und können daraus auf einfache Weise angereichert werden. Man verwendet dazu das auf S. 92 geschilderte Verfahren oder gibt dazu etwa 30 – 50 g trockenen, krümeligen Boden beliebiger Herkunft in eine Petrischale von 15 cm Durchmesser und feuchtet die Probe mit destilliertem Wasser bis zur Sättigung an. Da die Bodenteilchen im Wasser aufquellen, muss man nach einigen Stunden eventuell noch einmal nachfüllen. Die mit Deckel verschlossene Petrischale lässt man bei Zimmertemperatur stehen. Nach etwa einer Woche haben sich darin artenreiche Gemeinschaften von Kleinlebewesen entwickelt, darunter auch viele Wimpertiere, die sich im angefeuchteten Milieu aus ihren Cysten ausgekapselt haben. Zur mikroskopischen Untersuchung entnimmt man mit einer Pasteurpipette eine Probe der beim Schräghalten der Petrischale oder nach vorsichtigem Quetschen zusammenfließenden Flüssigkeit. Wimpertiere sind nicht die einzigen Einzeller, stellen aber oft eine prominente Fraktion unter den enthaltenen Protozoen.

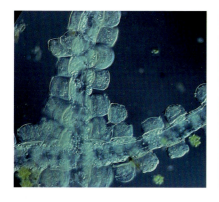

Links: Polypenlaus *Trichodina pediculus* – dosenförmige festsitzende Ciliaten auf einem Süßwasserpolyp

Rechts: Als Hafteinrichtung besitzt *Trichodina* einen komplex aufgebauten Hakenkranz.

Wimpertiere im Verdauungstrakt Angesichts der vielseitigen Ökologie der einzelligen Lebewesen kann es nicht verwundern, dass sich Vertreter der Wimpertiere auch den Verdauungstrakt von Wirbellosen und Wirbeltieren erobert haben. Sie kommen bei fast allen Pflanzenfressern vor und sind sogar systemisch im Pansen sowie im Netzmagen der Wiederkäuer: Neben Amöben und Flagellaten leben hier bis zu 10^6 Ciliaten/ml Flüssigkeit. Sie gehören der Familie *Ophryoscolecidae* an, die mit ihrer Typgattung *Ophryoscolex* recht bizarre Einzellergestalten umfasst. Im Pansen von Rindern, Schafen und Ziegen finden sich meist unterschiedliche und in gewissem Umfang spezifische Artenkonsortien. Panseninhalt als Untersuchungsmaterial beschafft man sich im Schlachthof. Für den Transport der eigenartigerweise recht kälteempfindlichen Organismen benötigt man eine Thermoskanne oder ein vergleichbar isoliertes Gefäß. Im Blind- und Dickdarm von Pferden und anderen Unpaarhufern finden sich ebenfalls mengenweise Ciliaten, hier vorzugsweise Vertreter der Familie *Cycloposthidae*. Inwieweit die Ciliaten beim Aufschluss der Cellulose aus der Pflanzennahrung eine direkte Rolle spielen, ist fraglich. Im Wesentlichen dürfte der Celluloseaufschluss eine bakterielle Leistung sein.

Ähnlich aussichtsreich für die Beobachtung von Bodenprotozoen sind auch Proben von Laub- oder Nadelstreu, die man nach ausgiebigen Regenfällen sammelt und zu Hause mit Regenwasser auswäscht.

Der Darmbewohner *Balantidium coli* ist eine der wenigen parasitischen Wimpertierarten.

Protozoen aus dem Aquarium Auch Süß- und ebenso Meerwasseraquarien sind eine Heimat interessanter Einzeller, von denen die Wimpertiere einen hohen Anteil stellen. Untersuchungsmaterial ist in diesem Fall der Bestandabfall, der sich als feiner Belag auf den Bodenschichten des Aquariums als so genannter Mulm ansammelt und aus Gründen der Aquarienhygiene regelmäßig abgesaugt werden soll. Im Bodensatz von Süßwasserbecken finden sich fast immer Vertreter der Gattungen *Paramecium* und *Euplotes*, dazu häufig auch *Lacrymaria*, *Spirostomum*, *Stentor* oder *Vorticella*. Außerdem finden sich unter der einzelligen Bodenbesatzung auch Arten anderer Verwandtschaftsgruppen, beispielsweise Heliozoen wie *Actinophrys*, Beschalte Amöben wie *Difflugia* oder *Centropyxis* oder Nacktamöben aus der Verwandtschaft von *Chaos*.

Neben dem Bodensatz sollte man in jedem Fall auch die Filtereinrichtungen eines Aquariums mikroskopisch kontrollieren (vgl. S. 92). Ergiebige Jagdgründe sind natürlich auch die so genannten Kaltwasseraquarien, die man mit Freilandmaterial ansetzt (vgl. S. 93).

Tiere mit bewimpertem Räderorgan Bei der Durchmusterung von Heuaufgüssen, Aquarienproben oder anderem Miniaturtümpelinhalt mit reichlicher organischer Stoffversorgung sind neben den Einzellern mit Sicherheit auch Kleinstlebewesen zu finden, die zwar nur etwa so groß sind wie ein *Paramecium* oder *Stentor*, aber zu den Mehrzellern gehören und damit echte Tiere

Bei manchen Rädertier-Gattungen wie etwa *Keratella* kommen Zwergmännchen vor. In anderen Gruppen (Gattungen *Philodina* und *Habrotrocha*) sind nur Weibchen bekannt.

Links: Zwei Einzelzellen (Zoide) des Wimpertiers von *Opercularia nutans*

Rechts: Der bis 1,5 mm lange *Stephanoceros fimbriatus* gehört zu den Rädertieren.

darstellen. Die lebhaft schlagenden Wimpern an ihrem Vorderende sind zwar genauso aufgebaut wie die Cilien der Wimpertiere, aber ihre Träger sind keine Protisten – sie gehören vielmehr zu einer eigenen, in der verwandtschaftlichen Nähe der Rundwürmer stehenden Klasse Rädertiere (*Rotifera*), die man oft auch nur Rotatorien nennt. Die Vertreter der meisten Arten sind etwa 0,04 – 2 mm lang und besiedeln in großer Anzahl Kleinstgewässer, darunter auch feuchte Moospolster. Ihr Räderorgan, das der Fortbewegung und dem Einstrudeln von Nahrungsteilchen dient, besteht aus langen Wimpern, die das Mundfeld umgeben. Oft ist auch noch ein zusätzliches Ringband rund um das gesamte Vorderende vorhanden. In der Epidermis sind keine Zellgrenzen mehr erkennbar. Sie enthält eine cytoplasmatische Verdichtung (= Lorica), die zu einem starren, dornigen und meist recht formschönen Panzer vergrößert sein kann. Reste solcher Panzer finden sich oft im toten Bestandsabfall. Im Vorderende ist ein recht hoch entwickeltes Gehirn zu erkennen. Auffälligstes Organ ist jedoch der pulsierende Kaumagen (Mastax), der bei räuberischen Arten auch Kieferklauen ausbildet.

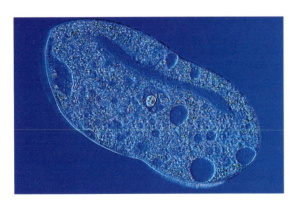

Wimpertier *Climacostomum* in beginnender Zweiteilung

Zum Weiterlesen AESCHT (1994), CAVALIER-SMITH (2003), GÖRTZ (1980), HAUSMANN u. a. (1996), HENDEL (1994), HENDEL u. SAAKE (1997), MARGULIS u. SCHWARTZ (1989), MEHLHORN u. RUTHMANN (1992), RÖTTGER (2001)

▸ **Kultur** MAYER (1971), STREBLE u. KRAUTER (2002), VATER-DOBBERSTEIN u. HILFRICH (1982)

▸ **Untersuchungsverfahren (Auswahl)** FOISSNER (1970), GANZER (1992), GÜNKEL (1996), HAUCK (1993), JAMIL u. HAUSMANN (1990), RICCI (1994), RÖTTGER (1995), STOCKEM (1980), STREBLE u. KRAUTER (2006), VATER-DOBBERSTEIN u. HILFRICH (1982), WILBERT (1983)

▸ **Bestimmungshilfen** BERGER u. a. (1997), EIKELBOOM u. VAN BUIJSEN (1983), FOISSNER (1996), LORENZ u. LORENZ (1995), MATTHES u. WENZEL (1996), PATTERSON (1996), SAUER (1995), STREBLE u. KRAUTER (2006)

▸ **Abwassermikrobiologie** BAYERISCHES LANDESAMT FÜR WASSERWIRTSCHAFT (1999), EIKELBOOM u. VAN BUIJSEN (1983), FOISSNER (1991, 1996), LORENZ u. LORENZ (1995), MUDRACK u. KUNST (2001), SCHULZE (1996), VON TÜMPLING u. FRIEDRICH (1999)

▸ **Speziellere Darstellung einzelner Formen (Auswahl):** ADAMS (1979), GASSNER (1972), GEIGER (1976), GÖKE (1963), GRAVE (1982), GÜNKEL (1990, 1991, 1992), HARTWIG (1973), HARTWIG u. JELINEK (1974), LEHLE (1992), MATTHES (1981, 1982, 1985, 1995), NEUBERT (1991), SCHNEIDER (1986, 1988, 1989, 1990, 1993, 1995), SCHÖDEL (1986), VOSS (1985, 1990), WILBERT (1980)

5.11 Protistenvielfalt

Der genauere Blick in den oft zitierten Wassertropfen erreicht eine so fantastische Kleinlebewelt, dass manche Mikroskopiker sich nahezu ausschließlich der Untersuchung von Einzellern verschrieben haben. Außer den schon vorgestellten Algen und Wimpertieren sind etliche weitere Vertreter besonderer Zell- und Bautypen zu erwarten.

In den schon bei den Wimpertieren vorgestellten Kleinlebensräumen – von der Belebtschlammflocke bis zur Bodenprobe – finden sich so viele weitere Vertreter von Einzellern, dass auch ein langes (Hobby-)Forscherleben gewiss nicht ausreicht, um alle Arten auch nur einmal gesehen zu haben. Selbst die häufige Routineuntersuchung vertrauter Kleingewässer hält gelegentlich Überraschungen bereit. Erst recht liefert die gezielte Nachsuche das Ausgangsmaterial für spannende Tauchfahrten durch den Wassertropfen. Die nachfolgenden Seiten können aus dem überreichen Angebot lediglich ein paar Anregungen und Akzente aufgreifen.

Von den Amöben bis zu den Zooflagellaten

Kammerlinge – vielfach durchlöchert Die Foraminiferen oder Kammerlinge sind eine besondere Klasse von Protozoen, die nur im Meer verbreitet sind, allerdings nicht nur in der Dauerflutzone, sondern auch im Bereich der Gezeitenzone wie etwa in den Küstensalzwiesen. Als Mikrofossilien sind sie bereits in kambrischen Schichtgesteinen enthalten und dienen bis heute wegen ihrer weiten Verbreitung und reichen Formendifferenzierung als Leitfossilien. Besonderes Kennzeichen ist das meist vielkammerige Gehäuse, das je nach Ordnungszugehörigkeit nur aus organischem Material, aus verkitteten Sandkörnern oder aus Kalk besteht. Bei den meisten Kalkschalern sind die Gehäusewände der einzelnen Kammern von feinen Poren durchbrochen – eine strukturelle Besonderheit, die der gesamten Verwandtschaftsgruppe den Namen eingetragen hat.

Die heute unterschiedenen 16 Ordnungen der Foraminiferen zeichnen sich durch jeweilige Besonderheiten ihres Gehäuseaufbaus aus. Diese können verzweigt-röhrenförmig, spiralig, sternförmig, ein- oder mehrreihig sein und dabei radförmig oder auch zopfartig aussehen. Während die Präparation von Schalen aus einem festen Gesteinsverband etwas Aufwand erfordert, lässt sich die Isolierung rezenter

Oben: Foraminiferen (Kammerlinge) sind typenreiche marine Einzeller.

Unten: Ausgelesene, nur sandkorngroße Foraminiferen von einem Mittelmeerstrand.

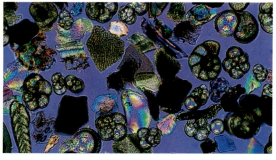

Radiolarien – seit Haeckels
Zeiten für die zeichnerische
Darstellung eine besondere
Herausforderung

Projekt	Zellformen und Typenreichtum diverser Einzeller
Material	verschiedene Aufgussansätze (vgl. S. 89)
Was geht ähnlich?	Planktonfänge aus Kleingewässern (vgl. S. 90), Zuchtansätze aus Kulturensammlungen (vgl. S. 290), Auswaschproben aus Sediment und Moospolstern, Ankulturen von Boden- und Holzproben (vgl. S. 126), Belebtschlamm aus Kläranlagen, Fertigpräparate aus dem Lehrmittelhandel
Methode	Lebenduntersuchung im Hellfeld, Dunkelfeld oder Phasenkontrast
Beobachtung	Aufbau, Verhalten, Formenspektrum und Lebensräume

Gehäuse wesentlich einfacher bewerkstelligen. Mengen leerer Foraminiferengehäuse finden sich üblicherweise im Feinsand an den Stränden wärmerer Meeresgebiete, darunter auch am Mittelmeer. Die leichtgewichtigen Gehäuse lassen sich dabei mit folgender Flotationstechnik anreichern: An der Wasserlinie von Feinsandstränden, wo die Wellen bei mittlerer Brandung ausrollen und feine Schaumstreifen hinterlassen, sammelt man mit dem Löffel Sedimentproben der obersten Schichten. Die an der Luft getrockneten Proben lässt man langsam in ein Glas mit Tetrachlorkohlenstoff (CCl_4; häufig unter der Trivialbezeichnung Fleckenwasser zu bekommen; Vorsicht: Dämpfe nicht einatmen!) rieseln. Die schwereren Sandkörner setzen sich darin rasch ab, während die Foraminiferengehäuse schwimmend an der Oberfläche verbleiben. Dieses Treibgut filtriert man ab oder sammelt es mit einem feinen Pinsel ein. Das zur Trennung eingesetzte CCl_4 kann man immer wieder verwenden.

Foraminiferen, die ihre Gehäuse aus Sandkörnern konstruieren wie die Arten *Trochammina inflata* und *Miliammina fusca*, kommen unter anderem in den Salzwiesen an Nord- und Ostsee vor. Sie leben hier zwischen dem Wurzelwerk des Salz verträglichen Andelgrases (*Puccinellia maritima*). Man entnimmt einen Wurzelballen und wäscht ihn in einem größeren Gefäß mit Standortwasser gründlich aus, bis keine Sedimentteilchen mehr daran haften. Dann wirbelt man die Feinteilchen auf und dekantiert etwa zwei Drittel dieses Wassers. Diesen Vorgang wiederholt man so lange, bis als Sediment im Gefäß nur noch helle Sandkörner enthalten sind – und einzelne, etwa 0,5 mm große dunklere Foraminiferen.

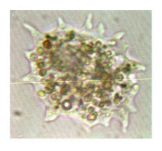

Trotz ihrer einfachen Gestalt
sind Amöben keine einheitliche
Verwandtschaftsgruppe.

Nackte Amöben finden sich
häufig in etwas älteren Heuaufgüssen oder vergleichbaren
Ansätzen, in denen eine ausreichende Nahrungsbasis besteht. Normalerweise leben sie
immer substratgebunden auf
einer festen Unterlage. Allerdings sehen sie auch die Kahmhaut an der Kulturoberfläche
als solche an.

Fließende Formen Die eher technische Bezeichnung Amöbe versammelt eine große Anzahl von Einzellern, die nicht unbedingt näher miteinander verwandt sind und heute auf verschiedene Klassen verteilt werden. Wechseltiere nennt man diese Protisten mitunter wegen ihrer meist nicht genau festgelegten Zellform. Sie bestehen im Prinzip aus einer Portion Protoplasma, das in den durchsichtigen Randbereichen (Ektoplasma) schmale Scheinfüßchen vorstreckt und sich damit unter ständiger Formveränderung fließend fortbewegt. Diese Bewegungsform nennt man amöboid; sie kommt in ähnlicher Form auch bei manchen weißen Blutzellen vor. Die Zelle einer Amöbe lässt im Allgemeinen inmitten der zahlreichen kleinen und stark Licht brechenden Zelleinschlüsse einen oder mehrere Zellkerne und eine pulsierende Vakuole erkennen, mit denen das Zellinnere seine osmotischen Verhältnisse reguliert. Die fließenden Scheinfüßchen oder Pseudopodien, nach denen man die gesamte Verwandtschaftsgruppe früher auch Wurzelfüßer (*Rhizopoda*) nannte, dienen neben der Fließbewegung der Nahrungsaufnahme. Durch Umfließen agiler oder unbeweglicher Nahrungsteilchen kann die Amöbe kleinere Partikel durch Phagocytose an jeder beliebigen Stelle ihrer Zelloberfläche (und nicht nur im Bereich des Zellmundes wie die Wimpertiere) nach innen verlagern.

Die als Untersuchungsobjekte besonders beliebten Großamöben der *Amoeba proteus/chaos*-Formengruppe lassen sich am ehesten dadurch anreichern, dass man in einer Kultur mit größeren Ciliaten wie *Paramecium* oder *Tetrahymena* (vorzugsweise in flachen Petrischalen) zuverlässig die komplette Nahrungskette von den Bakterien bis zu den Amöben etabliert. Man erreicht dies durch regelmäßige Erneuerung der bakteriellen Nahrungsgrundlage – etwa alle drei Wochen gibt man 2–3 zerquetschte und eventuell zuvor abgekochte Getreidekörner in den Ansatz.

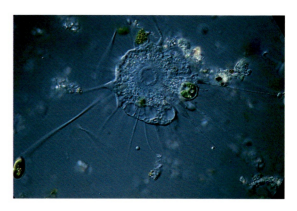

In nährstoffreichen Kleingewässern kommt das Sonnentier (*Actinophrys sol*) vor.

Amöben bauen Schalen Auch die als Testaceen oder Beschalte Amöben bezeichneten Formen gehören nach neuerem Verständnis verschiedenen Klassen an. In jedem Fall bieten sie für die mikroskopische Untersuchung interessante Objekte. Ihre meist recht hübsch anzusehenden Schalen sind entweder aus organischer Substanz (meist Protein) aufgebaut wie bei den Gattungen *Arcella* und *Hyalosphenia*, oder die Zellen verwenden zusammengeklaubtes Fertigmaterial wie feine Sandkörner und leere Diatomeenschalen. Solche Konstruktionen finden sich bei den Gattungen *Centropyxis* und *Difflugia*. Schließlich können einzelne Arten wie die Vertreter von *Euglypha* ihre Behausung auch aus selbst gefertigten Mineralbestandteilen errichten, die mit organischer Substanz verkittet werden.

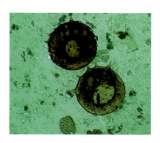

Beschalte Amöben wie *Centropyxis aculeata* findet man auch in Kulturen von Bodenproben.

Beschalte Amöben erhält man besonders einfach durch vorsichtiges Auswaschen von Torfmoospolstern in Standortwasser – die Zellen sammeln sich nach einiger Zeit im Bodensatz. Feuchte Moose von Mauernfüßen und Baumstämmen wäscht man in CO_2-freiem Mineralwasser aus. Trockene Moospolster befeuchtet man damit für einige Tage und behandelt sie wie Frischmaterial. Auch hier sind Beschalte Amöben neben pflanzlichem Detritus im Bodensatz zu finden. Die im Boden vorkommenden Testaceen isoliert man am besten aus der schon weitgehend zersetzten und humusreichen Waldbodenstreu. Leere Schalen lassen sich daraus durch Flotation anreichern, wenn man 50–100 g lufttrockene Streu in H_2O aufschwemmt, grobe Bestandteile über ein Sieb mit etwa 0,5 mm Maschenweite abtrennt und das Filtrat in einem Glas etwa 15–30 min stehen lässt, bis die mineralischen Partikel sedimentiert haben. Die leeren und deshalb mit Luft gefüllten Schalen schwimmen dagegen oben und werden mit Pinsel oder Pipette abgenommen.

Die für die mikroskopische Untersuchung störende Luftfüllung lässt sich vertreiben, indem man die Schalen in Blockschälchen in 96%iges Ethanol überführt, dem man einige Tropfen Spülmittel zugesetzt hat. Für Dauerpräparate überführt man die Schalen daraus in reines Ethanol ohne Netzmittel und bettet in Euparal oder Styrax ein.

Zellen in Kristallpalästen Auch die Radiolarien sind ebenso wie die Foraminiferen ausschließlich im Meer lebende Plankter mit außerordentlich kompliziert aufgebauten Kieselsäureskeletten, in denen fallweise auch das sonst selten verwendete Mineral Strontiumsulfat eingebaut wird. Schon Ernst Haeckel hat sich an den bizarren Formen dieser Zellskelette so sehr begeistert, dass er ihnen 1887 nach der Auswertung umfangreicher Probensammlungen der berühmten Challenger-Expedition eine große Monographie gewidmet hat und sie natürlich auch in seinen „Kunstformen der Natur" einer breiteren Öffentlichkeit zugänglich machte. Die moderne Protozoensystematik hat die

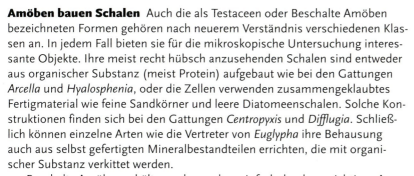

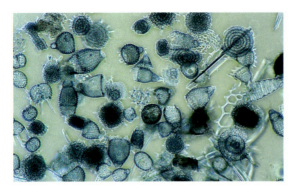

Berühmt sind die fossilen Radiolarienskelette von der Karibikinsel Barbados.

Benennung Radiolarien dagegen aufgegeben und verteilt die früher damit bezeichneten Organismen auf die beiden Klassen *Polycystinea* sowie *Phaeodaria* und stellt beide mit den im Süßwasser verbreiteten Sonnentieren (Heliozoen) in den Stamm *Acanthopoda*.

Da die Beschaffung rezenter Radiolarien schwierig ist, wird man zum Kennenlernen dieser faszinierenden Formen eher auf fossiles Material zurückgreifen. Bereits EHRENBERG hat in seinem Tafelwerk 282 verschiedene Radiolarienarten von der berühmten obereozänen Fundstätte auf der Karibikinsel Barbados abgebildet, die seit 1847 bekannt ist.

In manchen Abschnitten der Erdgeschichte waren die Radiolarien so produktiv, dass sich die angehäuften Zellskelette in Tiefseebecken zu Festgestein verdichtet haben und heute als Radiolarite in einigen Faltengebirgen anstehen, beispielsweise in den Allgäuer Alpen. Die Herstellung von Dünnschliffen solcher verkieselter Gesteine ist sehr mühsam und wegen der dabei einzusetzenden aggressiven Mineralsäuren auch nicht ungefährlich. Wesentlich einfacher ist die Suche nach Mikrofossilien in den Feuersteinen der Kreide, die natürlich nicht nur Radiolarien, sondern fallweise auch Silicoflagellaten oder die eigenartigen Hystrichosphären führen, die man heute als Dauersporen beispielsweise der Dinoflagellaten identfiziert hat. Dazu genügt bereits die mikroskopische Kontrolle dünner Feuersteinsplitter. Besonders aussichtsreich ist die Nachsuche in schwarzen, braunen oder hellbraun durchscheinenden Flintknollen, weniger in gelben, weißen oder rötlichen Stücken.

Ein- oder vielgeißelig Bereits die Untersuchung einer Belebtschlammflocke (vgl. S. 125) oder einer sonstigen Probe aus einem organisch stark belasteten Gewässer zeigt neben Dutzenden von Ciliaten auch immer eine größere Anzahl farbloser Flagellatenarten wie *Urceolus cyclostomus*, *Cryptomonas erosa*, *Hexamitus inflatus*, *Trepomona agilis* oder die relativ kleinen *Bodo*-Arten. Da sie gewöhnlich keine Chloroplasten führen und damit keine Algen darstellen, bezeichnet man sie eher technisch vereinfachend als Zooflagellaten. Systematisch verkörpern sie eine Reihe recht verschiedener Verwandtschaftsgruppen, die nur das Merkmal der Einzelligkeit und der Begeißelung mit einem oder mehreren Flagellen teilen.

Links: Flagellat *Giardia lamblia* – ein gefährlicher, über verunreinigtes Trinkwasser verbreiteter Endoparasit

Rechts: Die Flagellaten der Gattung *Trypanosoma* sind Blutparasiten der Säugetiere und gefährliche Krankheitserreger.

Außer in den Freiwasserräumen oder Sedimenten bakterienreicher Gewässer haben sich einige Flagellaten auch eine organismische Umgebung als Lebensraum erobert und leben beispielsweise parasitisch in den Körperflüssigkeiten von Wirbeltieren.

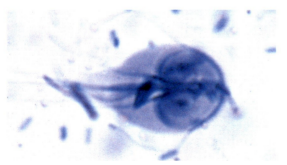

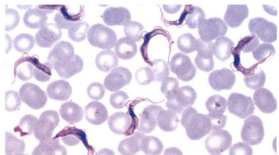

Im Darm der so genannten Niederen Termiten, die sich ausschließlich von Trockenholz ernähren, leben als Symbionten die durch sehr zahlreiche Geißeln gekennzeichneten Hypermastigiden, vertreten beispielsweise durch die Art *Joenia annectens*. Auch andere Verwandtschaftsgruppen sind vorhanden, beispielsweise *Hexmastis termitis* (Trichomonaden) sowie *Microrhopalodina inflata* (Oxymonadiden). Zur Beobachtung dieser im Termitendarm lebenden Flagellaten legt man auf dem Objektträger den Darm aus dem Abdomen frei und öffnet ihn in einem Tropfen 0,6%ige NaCl-Lösung.

Termiten können gegen ein Entgelt bezogen werden von der Bundesanstalt für Materialforschung, Labor Zoologie und Materialbeständigkeit, Unter den Eichen 87, 12205 Berlin, Tel. 030-81040.

Schleimpilze – bunt und beweglich

Drachendreck und Hexenbutter nennt sie die Umgangssprache. Blutmilchpilz und Fadenstäubling sind ebenfalls verbreitete Artbezeichnungen, die jedoch schon deutlich weniger Anleihen bei der Mythologie nehmen. Als Schleimpilze oder Myxomyceten bezeichnen sie die moderneren Übersichten zur Systematik der Lebewesen, und auch diese Lehrbücher haben damit nur teilweise Recht: Die kuriosen Organismen, um die es hier geht, sind keine echten Pilze und schon gar keine Pflanzen oder Tiere. Sie stellen einen eigenen Weg in der Evolution der Lebensformen dar und passen am besten in das Organismenreich Protisten, in dem die Biologen ohnehin eine Menge bunter und recht ausgefallener Typen versammeln.

Im Lebenszyklus der Myxomyceten kommen Flagellaten- und Amöbenstadien vor. Sie schlüpfen aus den vom Wind verbreiteten haploiden Sporen, kriechen aktiv auf dem Substrat umher und verschmelzen paarweise zu einer diploiden Zygote. Diese vergrößert sich zu einem vielkernigen, aber nicht

Diese Zuordnung in eine eigene Abteilung außerhalb der etablierten Reiche der Pflanzen, Pilze und Tiere entspricht der Sonderstellung der hier zusammengeführten Formen, für die es bei anderen Lebewesen so keine Entsprechung gibt.

zellig untergliederten Plasmodium, das schließlich zu einer mitunter handflächengroßen, netzförmigen Riesenzelle mit Millionen Zellkernen wird, die nach Amöbenart langsam über ihr Substrat kriecht. Dabei nimmt das Plasmodium Bakterien, andere Mikroorganismen oder organischen Abfall als Nahrung auf. Bestimmte Außenbedingungen lösen dann einen höchst eigenartigen Gestaltwandel aus: Die umherkriechende Plasmamasse differenziert sich in wenigen Stunden zu Rasen kleiner, meist gestielter Fruchtkörper, in denen durch Meiose haploide Sporen entstehen.

Um die Entwicklung eines Plasmodiums und vor allem die faszinierende Fruchtkörperentwicklung zu verfolgen, beschafft man sich einfach ein paar trockene Totholzstücke aus dem Wald, die meist – und fast immer unerkannt – mit Ruhestadien von Myxomyceten infiziert sind. Man legt die Holzstück-

Fruchtkörper-Entwicklung in 40 Stunden: Myxomycet *Stemonitis fusca*

Anhand der Fruchtkörperform, die meist lebhaft gefärbt und hübsch gestaltet ist, lassen sich die einzelnen Arten unterscheiden.

Links: Fruchtkörper von *Leocarpus fragilis* auf Kiefernadeln

Mitte: *Lycogala*. Strauchig verzweigtes Geflecht (Pseudocapillitium) aus dem Fruchtkörper

Rechts: *Stemonitis*. Fruchtkörper mit zentraler Columella und faserigem Capillitium. Die Außenhülle (Peridie) ist bereits zerfallen

FAE-Gemisch S. 257
Eisenhämatoxylin S. 274
Orcein-Essigsäure S. 273
Entwässerung S. 268
Kunstharz-Einschluss S. 268

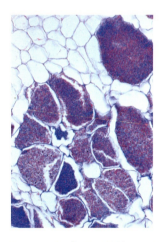

Der parasitische Protist *Plasmodiophora brassicae*, Erreger der Kohlhernie, wird gelegentlich in die systematische Nähe zu den Schleimpilzen gestellt, bildet aber eine eigene Verwandtschaftsgruppe.

Wasser-Agar ist in Wasser gelöster Agar (ca. 1,5 – 2%) ohne Nährstoffe.

chen in eine feuchte Kammer, beispielsweise ein wenige Millimeter hoch mit Wasser beschicktes Konservenglas, und funktioniert es so zum Myxomycetarium um. Schon nach wenigen Tagen zeigen sich auf der Oberfläche Plasmodien, die sich bald zu Fruchtkörpern umformen.

Während dieser Phase kann man einzelne junge Fruchtkörperchen an der Stielbasis entnehmen und auf Objektträgern ausstreichen. Den Ausstrich fixiert man sofort in ▶ FAE und färbt anschließend mit ▶ Eisenhämatoxylin nach Heidenhain oder in ▶ Orcein-Essigsäure. Nach Entwässerung über ▶ Ethanol-Stufen bettet man das Präparat in ▶ Kunstharz (beispielsweise Malinol) ein. Die mikroskopische Untersuchung zeigt viele mitotische Teilungsstadien im Vorfeld der Meiosen, die zur Sporenbildung führen.

Anzucht in der Petrischale Viele Myxomyceten-Arten, darunter beispielsweise die chromgelbe *Physarella oblonga*, kann man auch aus den Sporen ankultivieren. Dazu öffnet man die winzigen Fruchtkörper und streut die Sporenmasse auf feuchtes Filtrierpapier in der Petrischale aus. Die wachsenden Plasmodien füttert man alle 2–3 Tage mit zerbröselten Haferflocken. In den Plasmodien kann man schon bei schwacher Vergrößerung die höchst eigenartige Plasmabewegung beobachten, die als Pendelströmung periodisch ihre Fließrichtung wechselt.

Eine recht zuverlässige Materialquelle für Myxomyceten sind die Sprosse der Acker- oder Pferdebohne (*Vicia faba*). Man sammelt im Frühherbst einige Stängel, Blätter und Hülsen und lässt sie an der Luft trocknen. Daraus lassen sich eventuell noch viele Monate später Myxomyceten heranzüchten. Zur Anzucht – besonders häufig wird die Art *Didymium nigripes* erscheinen – zerbröselt man etwas vom getrockneten Pflanzenmaterial, quillt es in Leitungswasser etwa 2 h lang, legt die Stückchen in eine Petrischale auf feuchtes Filterpapier und stellt diese bei Zimmertemperatur an einer nicht allzu hellen Stelle auf. Schon nach wenigen Tagen zeigen sich die bräunlichen Fusionsplasmodien. Ein Pflanzenstückchen mit einem solchen Plasmodium überträgt man auf Wasser-Agar in eine neue Petrischale, in deren Deckel (!) man ein feuchtes Filterpapier legt. Innerhalb weniger Stunden kriecht das Plasmodium auf den Agar und vergrößert sich dort zu einem Schleimnetz, das man mit kleiner Vergrößerung oder auch in der Stereolupe beobachtet. Mit tröpfchenweise zugegebener Bäckerhefe wird das Plasmodium bis zur Fruchtkörperbildung gefüttert.

Zum Weiterlesen siehe auch Angaben auf S. 128, ferner:
ALSHUTH (1991), DREWS, R (1993), FOISSNER (1994), GESSNER (1984), GÖKE (1963), GROSPIETSCH (1972), HABEREY u. STOCKEM (1971), KUNZ (1968), LAANE (1990), LAANE u. HALVORSUD (1993), LEHMANN u. RÖTTGER (1996), MEISTERFELD (1977), NETZEL (1980), NEUBERT u. a. (1993, 1995, 2001), NICK (1982), RADEK (1994), RADEK u. HAUSMANN (1991), RÖNNFELD (2008), RÖTTGER (2003), SCHÖNBORN (1966), UNTERGASSER (1987), VANGEROW (1981), WIESNER (1994)

6 Pilze sind ein Reich für sich
6.1 Ein- oder wenigzellige Mikropilze

Allein aus menschlicher Sicht sind Pilze durchaus nicht nur für Wehe, sondern oft auch für das Wohl zuständig und in dieser Aufgabenstellung sogar völlig unentbehrlich. Vor allem viele der sonst wenig wahrgenommenen und fast immer kritisch beäugten Mikropilze sind in der modernen Lebensmitteltechnologie völlig unentbehrlich, von der Back- bis zur Braustube und von der Edelfäule der fein nuancierten Trockenbeerenauslese bis zum delikaten Pilzkäse im Feinkostladen.

Sehr kleine, der mikroskopischen Dimension angehörende Lebewesen bezeichnet auch die Umgangssprache üblicherweise als Mikroorganismen oder – nach einem schon im frühen 19. Jahrhundert eingeführten und daher etwas unscharfen Begriff – als Mikroben. In den betreffenden Größenklassen weit unterhalb der natürlichen Auflösungsgrenze des menschlichen Auges findet sich allerdings eine bunte Mischung grundverschiedener Organismen, die lediglich das gemeinsame Merkmal aufweisen, ziemlich klein und (überwiegend) einzellig zu sein. Neben den Mikroalgen und den Protozoen finden sich auch sämtliche Mikropilze wie die Hefen oder die Schimmel, die zwar makroskopische Abmessungen erreichen können, ihren genaueren Aufbau jedoch nur in der mikroskopischen Dimension zeigen.

Kein Pils ohne Pilz Ähnlich wie von den Milchsäurebakterien (s. S. 46) der Gattung *Lactobacillus* bedeutende Wirtschaftszweige abhängen, ist auch die Bierhefe (*Saccharomyces cerevisiae*) ein Mikroorganismus von volkswirtschaftlichem Rang. Hefe, die beim Brauvorgang in großer Menge anfällt und sich am Boden des Gärbottichs (untergärige Biere) oder an seiner Oberfläche (obergäriges Verfahren) ansammelt, wird meist als Bäckerhefe weiterverwendet, während der nächste Brauvorgang gewöhnlich mit Reinzuchthefen („Bierzeug") angestellt wird. Hefen aus dem Bodensatz eines Weizenbieres oder eine Messerspitze Bäckerhefe (Frischhefe) löst man zusammen mit einem Teelöffel Haushaltszucker in einer Tasse mit lauwarmem Wasser. Schon nach kurzer Zeit zeigt intensive Blasenbildung im Zuchtansatz an, dass die Hefezellen die angebotenen Kohlenhydratnahrung (Saccharose) verarbeiten.

Vielseitige Hefen

Links: An wachsender Bäckerhefe ist die Sprossung zu beobachten.

Rechts: Die einzelnen elliptischen Hefezellen sind mit den Abmessungen 8–12 x 8–10 µm relativ klein und erscheinen farblos. Meist enthalten sie 1–2 kleinere Vakuolen, die sich vor allem bei Kontrast verstärkenden Beobachtungsverfahren (Phasenkontrast) zeigen.

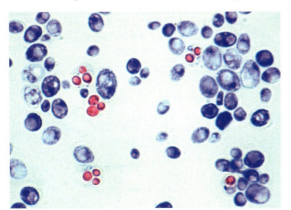

Sprossung – ungleiche Zellteilung

Mitunter sprossen die Knospen bereits, während sie noch an der Mutterzelle hängen. Diese vegetative Vermehrung führt in kurzer Zeit zum Aufbau großer Populationsdichten.

Aufkleben mit Glycerineiweiß
S. 256
Fixiergemisch nach Carnoy
S. 257
Farblösung nach Boroviczeny
S. 278
Kunstharz-Einschluss S. 268
Nachtblau S. 279
Acridinorange S. 271

Projekt	Untersuchung einfacher Mikropilze
Material	Bier- oder Bäckerhefe
Was geht ähnlich?	Wildhefen anderer Herkünfte, Patina von Werksteinfassaden oder anderem Gestein, Fertigpräparate aus dem Lehrmittelhandel
Methode	Lebenduntersuchung im Hellfeld, Dunkelfeld oder Phasenkontrast, Färbung in Acridinorange, Methylenblau, Nachtblau, Neutralrot oder nach Boroviczeny
Beobachtung	Zellformen, Sprossung

Mit der Pasteurpipette entnimmt man eine sehr kleine Menge aus dem Ansatz und untersucht das ungefärbte Präparat bei stärkerer Vergrößerung (Objektiv 100:1, vorzugsweise Ölimmersion).

In stark wachsenden Kulturen kann man die für viele Mikropilze typische Zellsprossung beobachten: An einem Zellende der Mutterzelle stülpt sich eine kleine Blase aus, die sich allmählich vergrößert und nach Durchschnürung der Zellwand abtrennt.

Für die Untersuchung der Kerne und der Kernteilung fertigt man einen Ausstrich auf einem fettfreien Objektträger an, den man zuvor dünn mit ▸ Hühnereiweiß oder Eiweißglycerin eingerieben hat. Den Ausstrich lässt man an der Luft trocknen und erhitzt ihn (Schichtseite nach oben) vorsichtig über einer kleinen Flamme. Anschließend fixiert man 10 min lang in ▸ Carnoyschem Gemisch, spült in H_2O kurz ab und lässt für 5–10 min konzentrierte Salzsäure (etwa 5 N HCl) einwirken. Nach kurzem Abspülen der HCl überschichtet man mit der ▸ Farblösung nach Boroviczeny, differenziert in H_2O, lässt an der Luft trocknen und schließt in neutralem ▸ Kunstharz ein. Für Routineuntersuchung eignet sich die Färbung der Hefezellen in einer wässrigen Lösung des etwas in Vergessenheit geratenen Farbstoffes ▸ Nachtblau.

Für die genauere Beobachtung von Hefezellen eignet sich hervorragend die Vitalfluorochromierung mit ▸ Acridinorange. Bei lebenden Hefezellen schimmern das Cytoplasma grünlich (mit etwas dunkleren Zellkernen), die Zellwand dagegen kontrastreich rot, während die Vakuolen dunkel bleiben. Einheitliche Rotfluoreszenz deutet immer auf tote Zellen hin. Mit dieser Methode kann man also auch die Vitalität einer Hefekultur überprüfen.

Diese weit verbreiteten Hefen werden von Nektar sammelnden Hummeln übertragen.

Hefen sind (fast) überall Während Bier- oder Bäckerhefe ein vielfach kultivierter und in Mengen gehandelter Nutzorganismus mit verschiedenen Reinzuchtlinien ist, kommen in der Natur zahlreiche Wildhefen vor, die man jedoch ebenfalls einigermaßen erfolgssicher gezielt auf ihrem natürlichen Substrat anreichern kann. Wenn man Frischmilch in einer flachen Schale einige Tage unbedeckt bei Zimmertemperatur stehen lässt, wird sie bekanntlich nach kurzer Zeit sauer und flockt käsig aus. Meist bildet sich auf dem ausgeflockten Material nach 2– weiteren Tagen ein samtig-weißer Belag. Die mikroskopische Kontrolle einer kleinen, mit der Pinzette vorsichtig abgezupften Probe zeigt, dass der Aufwuchs aus Ketten gestreckter, zylindrischer Zellen der Wildhefe *Geotrichum candidum* besteht. An den Hyphenenden brechen kleinere, etwas eckig aussehende Zellen ab, die man als Arthrosporen bezeichnet. Nach der ▸ Boroviczeny Kernfärbung zeigt sich, dass sie gewöhnlich mehrkernig sind.

Eine besonders interessante Materialquelle für Wildhefen ist der Nektar aus den Blüten der Weißen Taubnessel (*Lamium album*) oder vergleichbarer

Arten, die gerne von Hummeln angeflogen werden. Man legt eine blühende Taubnessel über Nacht in eine feuchte Kammer, zupft am nächsten Morgen eine geöffnete Blüte ab und drückt den Nektar aus der Kronröhrenbasis auf einen Objektträger in einen kleinen Tropfen Wasser aus. Nach Färbung in ▶ Methylenblau, ▶ Neutralrot oder ▶ Nachtblau zeigen sich zahlreiche und eventuell T-förmig verzweigte Hefen der Art *Candida reukaufii*.

Symbiontische Hefen in Pflanzensaugern Bei vielen an Pflanzen saugenden Insekten, vor allem in Schildläusen und Zikaden, findet sich im Hinterleib in engem Kontakt zum Verdauungstrakt ein spezielles, oft auch recht groß entwickeltes Organ. Man nennt es Mycetom, weil es unter anderem Mengen von symbiontischen Hefepilzen beherbergt. Diese gehören verschiedenen, oft aber nur schwer bestimmbaren Gattungen und Arten an. Die genauere Untersuchung des Phänomens kam zusätzlich zu dem Ergebnis, dass im Pilzorgan neben den eigentlichen Mikropilzen regelmäßig auch symbiontische Bakterien vorkommen – bei manchen Insekten bis zu sechs verschiedene Formen in unterschiedlichen, zonenartig organisierten Gewebezonen des Mycetoms. Die Benennung Mycetom wurde trotz Bakterienbesatzung dennoch beibehalten – auch bei Wirtsorganismen wie den Blattläusen oder den Pflanzenwanzen, die darin ausschließlich Bakterien kultivieren.

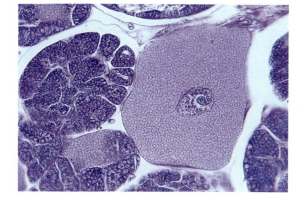

Symbiontische Hefen im Mycetom der Blattlaus *Pemphigius*

  Zur Beobachtung der planmäßigen Bewohner eines Mycetoms besorgt man sich aus dem Freiland oder aus einem Gartenbaubetrieb Pflanzenmaterial mit Blattflöhen (nicht Blattläusen!) oder jungen Schildläusen. Bei den Blattflöhen öffnet man mit der Präpariernadel den Hinterleib, entnimmt das auf der Bauchseite vor dem Darm gelegene Mycetom und verarbeitet es in verdünnter Methylenblau-Lösung zu einem Quetschpräparat. Schildläuse präpariert man ähnlich. Hier finden sich bei vielen Arten die gestaltlich an einen Baseballschläger erinnernden Hefepilze nicht in einem speziellen Organ, sondern in großen, in den Fettkörper eingebetteten Zellen (= Mycetocyten). Im Quetschpräparat kann man diese Zellen oder ihre Reste nach Anfärbung mit den oben empfohlenen Verfahren erkennen.

Pilzzucht mit Fangplatten Zum Kennenlernen von Wildhefen eignet sich auch sehr gut das so genannte Fangplatten-Verfahren. Dazu stellt man eine Petrischale, die mit sterilem ▶ Nähragar beschickt wurde, eine Zeit lang (ca. 15–60 min) offen an einen beliebigen Ort (Hauseingang, Treppenhaus, Innen- oder Außenfensterbank, Gartenweg, Rasen). Nach dem Verschließen der Schale und weiterem Stehenlassen bei Zimmertemperatur an einer nicht besonnten Stelle wachsen diejenigen Mikroorganismen zu Kolonien aus, deren Keime während der Expositionszeit auf die Agaroberfläche gerieselt sind.

  Die laufende Kontrolle der Platten zeigt, dass sich in Abhängigkeit von der Expositionszeit zahlreiche Kolonien sehr unterschiedlicher Mikroorganismen entwickeln. Randlich scharf begrenzte, auf der Oberseite glatte und etwas glänzende Kolonien, die auch stark gefärbt sein können, sind meistens entweder Bakterien oder Wildhefen, die sich durch Zellgröße und Zellgestalt unterscheiden lassen.

Methylenblau S. 270
Neutralrot S. 272
Nachtblau S. 279
Nähragar S. 291

Links: Hefe- und Bakterienkolonien sind nicht immer
sicher zu unterscheiden.
Das mikroskopische Präparat
gibt in jedem Fall genaueren
Aufschluss.

Rechts: Auf Fangplatten finden
sich immer auch recht farb-
intensive Wildhefen ein.

Zur mikroskopischen Kontrolle entnimmt man mit einer Präpariernadel
bei nur halb geöffneter Petrischale eine kleine Probe, streicht sie in Wasser
aus und beobachtet bei stärkerer Vergrößerung – eventuell nach Anfärbung
in ▸ Methylenblau oder mit ▸ Acridinorange. Eine genauere Bestimmung der
beteiligten Formen ist schwierig und ohne aufwändige Zusatzuntersuchungen
meist nicht möglich. Die Fangplattentechnik verfolgt hier lediglich den Zweck,
ein Bild zu geben vom gewöhnlichen Keimgehalt der Luft am Expositionsort
und von der Vielfalt der beteiligten Mikroorganismen.

Auf Fangplatten entwickeln sich nach wenigen Tagen im Allgemeinen auch
Kolonien, die filzig-fädig aussehen. In diesen Fällen handelt es sich immer um
Schimmelpilze. Für deren Untersuchung gelten besondere Vorsichtsregeln
(s. S. 139). Zunächst sollte man sie nur mit einer Stereolupe bei verschlossener Petrischale untersuchen.

Methylenblau S. 270
Acridinorange S. 271

Patina aus Pilzen Mikroorganismen, verkürzt und vereinfacht auch als
Mikroben bezeichnet, bilden häufig flächige Überzüge auf allen möglichen
Materialien – als Rieselspuren auf ständig feuchten Mauern oder Felswänden,
aber auch als glitschige Auskleidung von Abwasserleitungen und anderen
Gerinnen. In den letzten Jahren hat man zunehmend festgestellt, dass sie
auch wesentlich an der Entstehung der Patina von Gebäuden beteiligt sind:
Die schwärzlichen Verfärbungen von Werkstein, die man lange Zeit schlicht
für Rußablagerungen hielt, gehen tatsächlich auf Siedlungsgemeinschaften
von Mikroorganismen zurück. Vorsichtige Kratzproben, mit Skalpell oder
Präpariernadel von einer „verschmutzten" Gebäudefassade oder von älteren
Grabsteinen entnommen, zeigen bei mikroskopischer Kontrolle, dass an der
finsteren Patina außer Cyanobakterien und einigen Algen oft Hefen oder andere Mikropilze beteiligt sind, deren Zellen mit Melaninen schwarz verfärbt sind.

Zum Weiterlesen BRAUNE u. a. (1999), ESSER (2000), GESSNER (1984), GORS-
BUSHINA u. KRUMBEIN (1993), JENTZEN (1981), MEYER-ROCHOW (1976), MÜLLER
u. LÖFFLER (1992), SCHWANTES (1996), WAINWRIGHT (1995), WEBSTER (1983)

6.2 Fädige Mikropilze

Wenn Lebensmittel durch Pilzbefall verderben und nach außen sichtbar verschimmeln, ist die Sache ärgerlich genug. Bevor man sie in die Biotonne entsorgt, könnte man sie zumindest noch einmal mikroskopisch untersuchen – die beteiligten Schimmelpilze sind trotz ihres einfachen Aufbaus recht interessante und vor allem erfolgreiche Lebewesen.

Das besondere Problem der Untersuchung von unfreiwilligen Schimmelpilz-Kulturen aus dem Kühlschrank oder von ▸ Fangplatten-Kolonien sind die Konidiosporen. Bei unvorsichtiger Handhabung gehen gleich Millionen von Sporen in die Luft und könnten nach dem Einatmen gefährliche Organmykosen auslösen. Die seinerzeit berüchtigte „Rache der Pharaonen" war eine solche Aspergillose, denn die Archäologen wirbelten beim Herumstöbern in den neu entdeckten Grabkammern Wolken von Sporen auf. Massiv verschimmelte Lebensmittel entsorgt man daher am besten gleich im geschlossenen Behälter. Für die nachfolgenden Untersuchungen werden nur problemlose Schimmelpilze oder solche Kleinstkolonien empfohlen, bei denen das Infektionsrisiko sehr gering ist.

Verschimmelt und vergammelt

Schimmelpilzhyphen
auf Marmelade

Schimmelreiter: Pilze auf Lebensmitteln Bei manchen Lebensmitteln sind Schimmelpilze kein zufälliger Infektionsunfall, sondern planmäßige Komponente: Das bekannteste Beispiel sind die vielen kulinarisch hoch geschätzten Weichkäsesorten, mit denen vor allem Frankreich die Gourmets erfreut: Bei Brie, Camembert oder Roquefort ist der Pilzbefall ein notwendiger Bestandteil des Herstellungsprozesses und dient vor allem der Geschmacksstoffbildung.

Von einem Camembert oder Brie entnimmt man der Oberfläche mit Präpariernadel oder spitzer Pinzette eine kleine Probe des weißlichen Belags, gibt sie in einen Tropfen Wasser oder damit etwa 2:1 verdünnte ▸ Methylenblau-Lösung oder ▸ Lactophenol-Anilinblau und untersucht bei mittlerer Vergrößerung.

Im mikroskopischen Bild zeigen sich außer Fettkügelchen und anderen Bestandteilen des Käses (ausgeflockte Milchproteine) die langen, meist auch verzweigten Zellfäden der jeweils beteiligten Schimmelpilz-Arten. Im Fall des Camembert ist es gewöhnlich die Art *Penicillium camemberti*. Man nennt die einreihigen Fadensysteme Hyphen, während ihre Gesamtheit das Mycel bildet. Viele Schimmelpilze gehören zu den Schlauchpilzen (Ascomyceten), die nach ihren kennzeichnenden Sporenbehältern (Asci) benannt sind. Oft werden diese aber gar nicht gebildet. Statt dessen vermehren sich die Schimmelpilze dann überwiegend oder sogar ausschließlich über die so genannte Nebenfruchtform: Am Ende der Hyphen entwickeln sich besondere, für die einzelnen Gattungen kennzeichnende Sporenträger (Konidiophoren), an deren Ende größere Mengen kleiner, rundlicher Sporen (Konidiosporen oder Konidien) abgeschnürt werden. Bei der Gattung *Penicillium* sehen die büschelig verzweigten Konidiophoren aus wie wenigborstige Pinsel. Danach nennt man diese Formen auch Pinselschimmel.

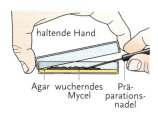

haltende Hand

Agar   wucherndes   Präparations-
      Mycel   nadel

Zur Materialentnahme öffnet man die Petrischale mit Schimmelpilzkulturen nur randlich.

Fangplatten S. 291
Methylenblau S. 270
Lactophenol-Anilinblau S. 278

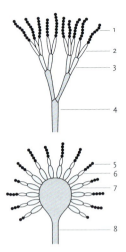

Sporenbildung bei Schimmelpilzen: oben Pinselschimmel
(*Penicillium*), Mitte Gießkannenschimmel (*Aspergillus*), unten
Köpfchenschimmel (*Mucor*).
1,5 Konidien; 2,6 Phialiden;
3,7 Metulae; 4,8 Konidiophor,
9 Sporenmasse über Columella

Projekt	Schimmelpilze auf totem organischem Material
Material	Mikropilze auf Weichkäsesorten
Was geht ähnlich?	Schimmelpilze auf Lebensmitteln, spontan angesiedelte oder ankultivierte Pilzkolonien, Patina gealterter technischer Oberflächen, Fertigpräparate aus dem Lehrmittelhandel
Methode	Lebenduntersuchung im Hellfeld, Dunkelfeld oder Phasenkontrast, Färbung in Lactophenol-Anilinblau
Beobachtung	Hyphenbau, Myzelien, Sporenbildung

Eine andere sehr häufige und typenreiche Formengruppe stellen die Gießkannenschimmel (Gattung *Aspergillus*). Die blau- oder graugrünen Arten *Aspergillus niger* und *Aspergillus glaucus* treten sehr häufig auf verschimmelten Lebensmitteln auf – ihre Kondiosporen sind praktisch überall in der Luft vorhanden und beginnen ihr Wachstum, sobald sie auf einer genügend feuchten und nährstoffreichen Unterlage gelandet sind. Die makroskopische Färbung der Mycele ist allerdings kein unbedingt zuverlässiges Artkennzeichen. Am ehesten erkennt man die Vertreter dieser Gattung an ihren charakteristischen Sporenträgern. Zur mikroskopischen Kontrolle entnimmt man aus einem noch kleinen, höchstens 2–3 mm großen Infektionshof auf Brot, Obst (Tomate, Citrusfrucht) oder einem sonstigen Lebensmittel mit Präpariernadel oder spitzer Pinzette eine kleine Probe und untersucht wiederum in Wasser bzw. verdünnter Methylenblau-Lösung.

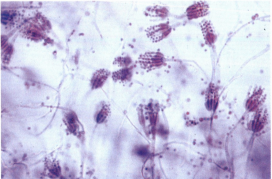

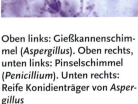

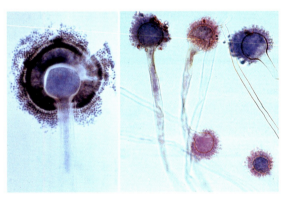

Oben links: Gießkannenschimmel (*Aspergillus*). Oben rechts, unten links: Pinselschimmel (*Penicillium*). Unten rechts: Reife Konidienträger von *Aspergillus*

Mycele im Schaufenster Auf Fangplatten, die nach der auf S. 137 vorgestellten Methode mit Nähragar beschickt und kurzfristig exponiert wurden, entwickeln sich nach wenigen Tagen im Allgemeinen außer den Hefen auch größere, zuletzt alles überwuchernde Kolonien, die fast immer filzig-fädig aussehen. In diesen Fällen handelt es sich jeweils um Schimmelpilze. Für deren Untersuchung gelten besondere Vorsichtsregeln. Zunächst sollte man sie nur mit einer Stereolupe bei verschlossener Petrischale untersuchen. Häufig ist zu sehen, dass die frei in den Luftraum ragenden Hyphenverbände kleine glitzernde Flüssigkeitströpfchen absondern. Es sind nicht (nur) Portionen von Kondenswasser, die vom Petrischalendeckel abtropfen, sondern meist auch Absonderungen des Mycels selbst. Pilzhyphen können nur an den Enden wachsen. Solche, die keinen Kontakt mehr zur Wuchsunterlage haben, werden dennoch durch gerichtete Stoffströme vom übrigen Hyphenverband ernährt. Das überschüssige Transportmittel Wasser scheiden die Hyphenenden dann tröpfchenweise aus.

Hyphen auf Klebeband: Vom Abklatsch zum Filmstar Auch feinere Manipulationen an rasenförmig wachsenden Schimmelpilzkolonien können die Freisetzung von Unmengen Sporen letztlich nicht verhindern. Andererseits ist auch der übliche Präparationsweg mit einer vorsichtig gewonnenen Zupfprobe in Wasser oder Farblösung unter dem Deckglas im kleinen Maßstab so turbulent, dass die meisten Konidienträger ihre Beladung abwerfen. Übrig bleiben dann nur die Columella, das keulig angeschwollene Hyphenende, und die eventuell vorhandenen Wirtelästchen (Phialiden), an denen die Konidienketten saßen.

Die Schimmelpilzkultur (*Aspergillus*) hat die Petrischale nahezu vereinnahmt. Solche Anzuchtschalen darf man nur randlich ein wenig öffnen, um Material zu entnehmen (vgl. S. 139).

Mit einer einfachen, aber eleganten Methode kann man dieses Problem zumindest für orientierende Untersuchungen umgehen: Mycelproben von beliebigen Wuchsunterlagen entnimmt man nach dem so genannten Abklatschverfahren: Einen 5 cm langen Streifen glasklares Klebeband (ca. 10 mm breit) drückt man vorsichtig auf das Mycel, hebt ihn ebenso wieder ab und klebt ihn mit der Schichtseite glatt auf einen sauberen Objektträger. Die Hyphen und etwaigen vorhandenen Vermehrungsstrukturen sind jetzt gleichsam unter Klebefilm versiegelt und können damit – gleichsam verfilmt – mikroskopisch untersucht werden. Bis in mittlere Vergrößerungsstufen (Objektiv 10:1) reicht die damit erreichbare Transparenz und Bildklarheit im Prinzip aus.

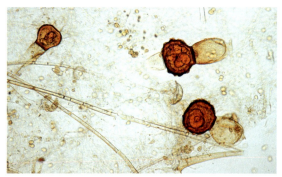

Mycel auf Wasserleichen Die so genannten Niederen Pilze kommen auch im Lebensraum Wasser vor. Zeitweise hat man sie deswegen auch – durchaus unzutreffend – als Algenpilze bezeichnet. Viele von ihnen befallen nicht nur verrottende Pflanzenteile, sondern zersetzen auch kleinere Tierkadaver. Entsprechend sind ihre Vermehrungsstadien in jedem kleinen Binnengewässer recht häufig.

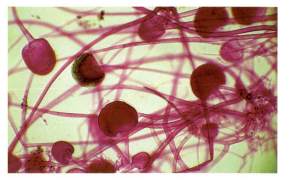

Solche am Abbau organischer Totstoffe beteiligten Mikropilze kann man auch unverhältnismäßig einfach heranzüchten. Dazu rupft man einer toten Stubenfliege die Beine aus, legt den restlichen Kadaver in einem kleinen Kulturgefäß (Petrischale, Konservenglas) auf die Oberfläche von Teich- oder Tümpelwasser und lässt ein paar Tage bei Zimmertemperatur stehen. Sobald die Tierreste von feinem, weißlichem Mycel bedeckt sind, entnimmt man mit der spitzen Pinzette eine kleine Flocke und untersucht sie in Wasser. Das mikroskopische Bild zeigt – nach etwaiger Färbung mit ▸ Lactophenol-Anilinblau – zahlreiche schlanke, nur wenig verzweigte und nicht durch Querwände

Jochpilz *Rhizopus*. Reife Zygosporen mit Trägerzellen (oben) und reife Sporenträger (unten)

Lactophenol-Anilinblau S. 278

Bildet weißliche Überzüge auf kleinen Wasserleichen: Wasserschimmel *Saprolegnia*

Der so genannte Abwasser„pilz" *Sphaerotilus*, der in diesem Zusammenhang mitunter genannt wird, gehört allerdings nicht hierher, sondern zu den Bakterien.

Lactophenol-Anilinblau S. 278
Fixiergemisch nach Carnoy
S. 257

Schimmelpilzmycel mit Sporenköpfchen

gegliederte Hyphen, die aus den Verletzungsstellen des Fliegenrumpfes oder aus den Tracheenöffnungen herauswachsen. Sofern die Schlauchhyphen außerhalb des Wasser kollabieren, handelt es sich meist um einen Vertreter des Wasserschimmels (*Saprolegnia thureti*) oder verwandter, meist schwer unterscheidbarer Arten dieser häufigen Gattung. Die Hyphen der ebenso verbreiteten *Achlya racemosa* sind steifer und stehen auch außerhalb des Wassers starr ab.

Parasitische Mikropilze Aus der gleichen Verwandtschaftsgruppe wie die Wasserschimmel findet man auch parasitische Formen an Landpflanzen. Ein bekanntes Beispiel sind die beiden häufigen Weißroste (*Albugo candida* sowie *Peronospora parasitica*), die auf bzw. in Hirtentäschelkraut (*Capsella bursa-pastoris*) vorkommen. Aussichtsreich für eine genauere Untersuchung sind alle Teile der Pflanze, die eigenartige Aufwülstungen sowie einen weißlichen Belag aufweisen. Meist fallen solche Veränderungen an den Stängeln auf. Die erkennbar befallenen Pflanzenteile fixiert man in ▸ Ethanol-Eisessig-Gemischen und bewahrt sie bis zur weiteren Verarbeitung in 70%igem Ethanol auf. Dünne Querschnitte zeigen die – mit ▸ Lactophenol-Anilinblau gut darstellbaren – Hyphen in den Geweben und an den Enden keulenförmig bis kugelig angeschwollene Sporenbehälter, die mit Schlauchgebilden auskeimen und auf diese Weise weitere Zellen befallen.

Der Erreger der seinerzeit sehr gefürchteten Kartoffelfäule (*Phytophthora infestans*) gehört ebenfalls in diese Organismenklasse der pilzähnlichen Oomyceten. Verdächtig sind hier abgestorbene Blätter an sonst normal grünen Pflanzen. Man gibt einige kleinere Stücke davon in eine feuchte Kammer (mit Filtrierpapier ausgelegte Petrischale, Konservenglas) und beobachtet die weitere Mycelentwicklung mit Sporangienbildung.

Den Übergang zu den Echten Pilzen mit Zellwänden aus Chitin, einem sonst nur bei den Insekten und anderen Gliedertieren verbreiteten Baustoff, bilden die eigenartigen Chytridiomyceten, die wiederum überwiegend als Parasiten in Stillgewässern auftreten. Bemerkenswerte Vertreter sind die *Olpidium*-Arten oder vergleichbare Formen, die sich häufig auf Kiefern-Pollen entwickeln. Wenn in den großen Nadelwaldgebieten in den Monaten April bis Mai die Wald-Kiefern (*Pinus sylvestris* oder andere Arten) ihre Pollen millionenfach und wolkenweise auf die Luftroute der Bestäubung bringen, sammeln sich Massen davon als so genannter Schwefelregen auch auf kleineren Stillgewässern. Hier dienen sie den *Olpidium*-Pilzen als Nahrungsquelle.

Zur gezielten Anzucht der Pollenparasiten streut man *Pinus*-Pollen, die man eventuell auch vom Autoblech oder der Fensterbank zusammengefegt und längere Zeit trocken aufbewahrt hat, auf Tümpel- oder Teichwasser in einer größeren Petrischale und mikroskopiert Proben davon im Abstand einiger Tage. Andererseits kann man auch direkt hellgelbe Pollenschlieren von der Gewässeroberfläche fischen und in der Petrischale eine Zeit lang ankultivieren und in regelmäßigem Abstand auf Pilzbefall kontrollieren.

Schimmel mit Köpfchen Auf Brot und vergleichbaren kohlenhydratreichen Lebensmitteln siedeln sich häufig der Gewöhnliche Brotschimmel (*Rhizopus stolonifer*) oder der Köpfchenschimmel (*Mucor mucedo*) an. Beide entwickeln ein weißliches bis hellgraues Mycel. Schon bei Betrachtung im Stereomikroskop sind die meist dunkleren, köpfchenartigen Sporenträger zu sehen, die sich aus der Mycelmasse in den Luftraum erheben. Diese bereits zu den Echten Pilzen (*Eumycota*) gehörenden Formen bilden eine eigene Klasse Zygomyceten (Jochpilze) – so bezeichnet, weil die Hyphen unterschiedlich differenzierter Mycele miteinander verschmelzen und an der Verschmelzungsstelle eine derbwandige Zygote bilden können. Meist sind diese Sexualvorgänge in einer normalen Brotschimmelkultur jedoch nicht zu finden, weil die Hyphen nicht unbedingt den passenden Paarungstypen angehören.

An einer Kolonie, die man auf einem Stück Brot in einer feuchten Kammer (Petrischale) herangezüchtet hat, kann man die meist stark verzweigten und mit Rhizoiden verschiedener Abmessungen ausgestatteten Hyphen erkennen. Die Hyphen sind ungegliedert und stellen daher im Prinzip lange, verzweigte Schläuche dar. Die Enden mancher Hyphen schwellen zu einer kugeligen Columella an, in der sich das Cytoplasma in zahlreiche kleine Portionen aufteilt und daraus schließlich länglich-ovale, meist mehrkernige Sporen bildet, die zunächst noch unter einer straff gespannten Haube verbleiben – das sind die schon bei Lupenvergrößerung erkennbaren Köpfchen.

Köpfchenschimmel *Rhizopus* mit raschwüchsigen Laufhyphen (Stolonen) und kürzeren Rhizoiden

So ein Mist: Pilzkultur auf Pflanzenfresserderde Ein für mykologische Untersuchungen außerordentlich ergiebiges, für den Hobbybereich aber aus hygienischen Gründen vielleicht nur mit Vorbehalt empfehlenswertes Kultursubstrat für interessante Mikropilze ist Pflanzenfressererde. Für den Schulunterricht ist der experimentelle Umgang mit Exkrementen ohnehin nicht zulässig. Für eigene Projekte oder Pilotstudien weist dieses Material aber enorme Vorteile auf. Einerseits ist mit einer größeren Anzahl auf Dung spezialisierter (= koprophiler) Pilz-Arten zu rechnen, die sich im Laufe von Tagen oder Wochen in mehreren Befallswellen gegenseitig ablösen. Andererseits ist Dung von Stalltieren während des ganzen Jahres verfügbar. Besonders ergiebig ist Pferdedung (besonders nach Haferfütterung der Tiere). Aussichtsreich ist aber auch die Dung-Ankultur von anderen Herbivoren wie Kaninchen, Rind, Schaf oder Ziege.

Man legt die möglichst frischen Dungproben in Schichtdicken nicht über 5–10 mm auf feuchtes Filterpapier oder Sägemehl in Petrischalen aus und lässt bei Zimmertemperatur an einer Stelle mit diffusem Licht stehen. Schon nach 2–3 Tagen stellen sich verschiedene Jochpilze ein – neben dem bekannten Schleuderpilz *Pilobolus* auch Vertreter von *Absidia*, *Phycomyces*, *Pilaira* oder *Thamnidium*. Nach etwa einer Woche sind die Schlauchpilze der Gattungen *Ascobolus*, *Lachnea*, *Lasiobolus*, *Pleurago*, *Sordaria* und anderen auf dem Vormarsch. Zuletzt treten auch Ständerpilze wie *Coprinus* und *Panaeolus* auf.

Auch lufttrockener, in der Petrischale wiederbefeuchteter Dung enthält noch zahlreiche keimfähige Pilzsporen. Die Jochpilze sind auf diesem Substrat weniger erfolgreich.

Bei der Verarbeitung von Mycelproben zum Präparat reißt diese Außenhaut des Sporenträgers gewöhnlich auf und setzt Tausende Sporen frei. Mit der auf S. 141 beschriebenen Klebestreifen-Abklatschmethode besteht die Chance, auch intakte Konidiophoren zu sehen.

Nach der Untersuchung entsorgt man die Proben am besten durch Vergraben im Gartenbeet und sterilisiert alle damit in Direktkontakt gekommenen Gerätschaften mit heißem Wasser sowie mit handelsüblichem Desinfektionsmittel (z. B. Sterilium).

Zum Weiterlesen Birkenbeil (1975, 1977), Braune u. a. (1999), Clemençon (1969), Dietrich (1977), Dixon (1995), Ellis u. Ellis (1997), Esser (2000), Gessner (1984), Kothe (1989), Larsen (1992), Meyer-Rochow (1976), Müller u. Löffler (1992), Reiss (1997), Schmidt (1994), Wainwright (1995), Webster (1983)

6.3 Fruchtkörper der Großpilze

Obwohl sie als bunte Bodentruppe in Wäldern ein vertrautes Bild liefern, führen viele Pilze ein unauffälliges Leben im Untergrund. Was man draußen als Schwammerl erlebt, ist zwar ein wichtiger Teil, aber keineswegs der gesamte Organismus: Pilze sind nämlich – wie es ein Handbuch einmal überspitzt ausdrückte – nur die Fruchtkörper der Pilze, die der Vermehrung und Verbreitung dienen. Den Pilzorganismus selbst mit seinen fadenfeinen Hyphen sieht man nur ausnahmsweise.

Bunt behütet

Mit stofflichen Attacken lassen manche buchstäblich das Dach über dem Kopf einstürzen. Etliche Vertreter sind klangvolle Verheißungen auf der Menükarte, und einige sollen gar die Pforten zu angeblich ungeahnten Weiten geistiger Wahrnehmung öffnen. Essen kann man sie alle – manche allerdings nur einmal, denn ein paar tückische Arten durchtrennen recht unerbittlich den Lebensfaden, eventuell schon Stunden nach dem verbotenen Genuss. Die Rede ist von zersetzendem Hausschwamm, kulinarisch verzückender Trüffel, schließlich von halluzinogenem Spitzkegel-Kahlkopf neben dem tödlich toxischen Knollenblätterpilz. Pilze gibt es also in der Natur für alle Fälle. Als Untersuchungsmaterial für die Mikroskopie sind sie überaus reichhaltig und kaum unter einen Hut zu bringen.

Pilzmycel auf Falllaub

Hüte, Kappen, Mützen Pilzhyphen und ihre Geflechte, die Pilzmyzele, sind gestaltlich oft geradezu enttäuschend langweilig – sie wechseln zwar ab und zu die Abmessungen, übertreffen aber ansonsten kaum den Gestaltungsreichtum von Schnürsenkeln. Würden die Pilze nicht ihre aufregend bunten und phantastisch formenreichen Fruchtkörper entwickeln, hätte man niemals die heute bekannten, rund 120000 verschiedenen Arten beschreiben können.

Die nach geschlechtlicher Fortpflanzung mit Sporen dienenden Fruchtkörper findet man in der Natur praktisch das ganze Jahr. Selbst im Winter sind mit den Zitterlingen (Gattung *Tremella*), den Holzkeulen (Gattung *Xylaria*) oder den besonders stabilen Konsolenpilzen (Gattung *Trametes* o.a.) kleinere und größere Pilzfruchtkörper erreichbar, die eine Untersuchung wert sind. Außerdem kann man frische oder getrocknete Pilze auch aus dem Supermarkt beschaffen.

Die größeren, mit auffälligen und meist recht formschönen Fruchtkörperformen ausgestatteten Pilze gehören jeweils einer der beiden Klassen Schlauchpilze (Ascomyceten) oder Ständerpilze (Basidiomyceten) an. Wichtigstes Unterscheidungsmerkmal ist die Art der Sporenbildung. In beiden Klassen gibt es auch mikroskopisch kleine, parasitisch lebende Formen, die ab S. 149 vorgestellt werden.

Sporen im Schlauch Mit unserer mikroskopischen Umschau bei den Großpilzen beginnen wir mit den Vertretern der Schlauchpilze oder Ascomyceten. Geeignete Objekte wären ein Vertreter der Becherlinge (beispielsweise Gattung *Peziza*), ein Keulenpilz (Gattung *Xylaria*), eine Frühjahrslorchel (*Gyromit-*

Projekt	Untersuchung makroskopischer Hutpilze
Material	Becherling, Champignon, Steinpilz
Was geht ähnlich?	Fruchtkörper beliebiger anderer Makropilze, beispielsweise Täublinge, Boviste, Porlinge, Fertigpräparate aus dem Lehrmittelhandel
Methode	Lebenduntersuchung im Hellfeld, Dunkelfeld oder Phasenkontrast, Färbungen mit Fungiqual oder Lactophenol-Anilinblau
Beobachtung	Hyphen, Myzele, Fruchtkörper, Sporenbildung

Lugolsche Lösung S. 271

Links: Asci (Sporenschläuche) und Paraphysen (Haare) im Hymenium eines Becherlings (*Peziza*)

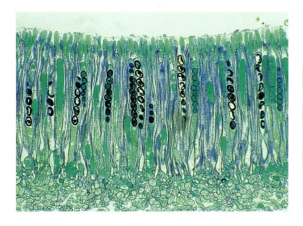

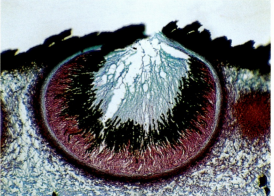

ra esculenta) oder beliebige Morcheln (Gattung *Morchella*). Letztere gibt es mitunter getrocknet im Lebensmittelfachhandel. Zur mikroskopischen Untersuchung weicht man sie für einige Stunden (über Nacht) in Wasser ein.

Die Becherlinge zeigen die Basismerkmale der Ascomyceten vielleicht am klarsten. Durch den schüsselförmig eingewölbten Fruchtkörper führt man mit einer scharfen Rasierklinge einen möglichst dünnen Längsschnitt (senkrecht zur Oberfläche) und betrachtet diesen bei mittlerer Vergrößerung. Die gesamte, eventuell kräftig ausgefärbte Fruchtkörperoberseite besteht aus dicht gedrängten, senkrecht stehenden, zylindrischen Sporenbehältern, die man Asci oder Schläuche nennt. In ihrer Gesamtheit bilden sie das Hymenium. Bei den Ascomyceten nennt man es auch Ascohymenium. Gewöhnlich enthalten sie je acht Ascosporen. Für die Öffnung der Asci und die Freisetzung der Sporen gibt es bei den verschiedenen Ascomyceten eine Fülle ausgeklügelter Mechanismen, deren Details zu Aufbau und Funktion der Spezialliteratur zu entnehmen ist. Rasch und einfach unterscheidbar ist jedoch, wie der den Ascus am oberen Ende abschließende Ringwulst reagiert: Mit ▸ Lugolscher Lösung färbt er sich fallweise blau oder schmutzig violett und gehört dann zum so genannten Amyloidring-Typus.

Einen becher- oder schüsselförmig gestalteten Fruchtkörper wie bei den Becherlingen nennt man Apothecium. Bei den Lorcheln und Morcheln umfasst der hirn- oder wabenartig strukturierte Hut gleich mehrere bis viele solcher Apothecien. Bei den *Xylaria*-Arten kleiden die Ascus-Lager die Innenseite flaschenförmiger und in den Fruchtkörper eingesenkter Perithecien aus. Im Querschnittbild sind diese als eingetiefte Hohlräume erkennbar.

Zur Fruchtkörperentwicklung ist bei den Pilzen immer ein enger Kontakt mit anschließender Verschmelzung von je zwei Hyphen des Primärmycels erforderlich. Bei den Ascomyceten führt jede Verschmelzung zweier paarungskompetenter Hyphen zum Sekundärmycel unmittelbar zur anschließenden

Rechts: Holzkeule (*Xylaria hypoxylon*): Schnitt durch den Fruchtkörper (Perithecium)

Die Darstellung der Zellkerne im dichten Hyphengewirr eines Fruchtkörpers gelingt am ehesten mit der Toluidin-/Safranin-Färbung nach Boroviczeny (s. S. 278). Bei vielen Pilzarten sind die Zellkerne in den Fruchtkörperhyphen, die nicht zur Ascus-Bildung beitragen, jedoch degeneriert und kaum noch nachweisbar.

Schnitt durch eine Lammelle vom Dachpilz (*Pluteus*)

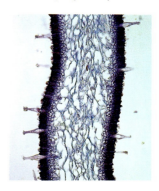

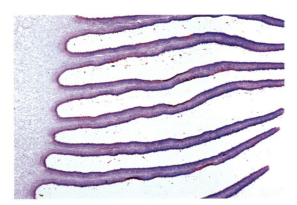
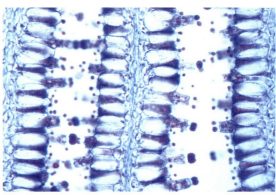

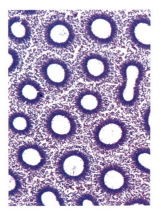

Oben links: Schopftintling (*Coprinus comatus*), Lamellen-querschnitt

Oben rechts: Rehbrauner Dach-pilz (*Pluteus cervinus*), Lamellen-querschnitt mit Basidien

Unten: Steinpilz (*Boletus edulis*), Röhrchen mit Basidien im Quer-schnitt

Fruchtkörperbildung. Die Zellen des Sekundärmycels enthalten jeweils zwei Zellkerne – einen aus jedem beteiligten Primärmycel (Paarkernstadium). Erst im Fruchtkörper verschmelzen diese beiden Kerne in einer Hyphenendzelle zum diploiden Zygotenkern. Die Endzelle wandelt sich dann in einen Ascus um, in dem eine Reifungsteilung (Meiose) und gleich danach eine normale Mitose abläuft – die daraus hervorgehenden acht Ascosporen sind also wieder haploid wie das Primärmycel.

Ständerpilze mit Sporenständer Die zweite große Klasse der Echten Pilze sind die Ständerpilze mit der Mehrheit der Hut- und Konsolenpilze. Auch bei diesen Pilzen geht der Fruchtkörperentwicklung eine Verschmelzung von Hyphen des Primärmycels voran. Wann jedoch sich aus dem so entstandenen Sekundärmycel ein Fruchtkörper entwickelt, ist von einer Vielzahl von Außen-faktoren abhängig und kann eventuell viele Jahr(zehnt)e dauern. Erst im Hut verschmelzen in besonderen Zellen die beiden paarigen Kerne zum diploiden Zygotenkern. Dieser durchläuft sofort eine Reifungsteilung (Meiose). Seine vier nun wieder haploiden Abkömmlinge wandern in Aussackungen ihrer Mutterzelle, die man Basidie nennt. Sie postieren sich bald als reife Basidio-sporen auf kurzen, dünnen Stielchen (= Sterigmen) am Rand der zum Spo-renständer gereiften Basidie, fallen aus dem Hymenium und keimen wieder zum neuen Mycel aus.

Im Schnittbild sind die zahlreichen und meist dicht gedrängten Basidien im so genannten Basidiohymenium klar zu erkennen. Bei einem – möglichst jungen – Lamellenpilz führt man die Rasierklinge in Längsrichtung und so durch den Hut, dass einzelne Lamellen möglichst senkrecht getroffen werden. Bei dieser notwendigen technischen Manipulation werden die Basidiosporen mechanisch stark beansprucht und brechen mehrheitlich von ihren Stielchen ab. Dennoch zeigt das Schnittbild fast immer auch intakte Basidien. Beim Kultur-Champignon (*Agaricus bisporus*) trägt jede Basidie nur zwei Sporen. Bei den Röhrlingen (z. B. Gattung *Boletus*) und Porlingen (z. B. Gattung *Poly-porus*) kleidet das Hymenium mit den Basidien die im Fruchtkörper senkrecht verlaufenden Röhren aus. Bei diesen Pilzen muss man den Schnitt daher parallel zur Hutunterseite führen.

Interessante Einblicke in die Fortpflanzung bieten auch die zu den Bauch-pilzen gehörenden Boviste (Gattungen *Bovista* und *Scleroderma*). Bei diesen Pilzen entwickelt sich kein Hymenium. Vielmehr kammert sich das gesamte Innenleben (= Gleba) in zahlreiche Hohlräume, die von stark verzweigten Skeletthyphen und kleineren generativen Hyphen durchzogen werden. An den dünnen Hyphen findet man die Basidien, an denen die Basidiosporen auf besonders langen Stielchen sitzen. Zur mikroskopischen Untersuchung eines Bauchpilzes entnimmt man einem möglichst jungen Fruchtkörper mit einer spitzen Pinzette ein kleines Stück der Gleba und zupft es vorsichtig auseinander.

Methylenblau S. 270
Lactophenol-Anilinblau S. 278

Hyphen mit Schnallen Bei allen Pilzen wachsen die Hyphen nur an den Enden, eine nachträgliche Zellteilung innerhalb der fertigen Zellkette – wie sie als interkalare Teilung bei den meisten Fadenalgen vorkommt – ist nicht möglich. Für ein wachsendes Sekundärmycel stellt sich damit das Problem der geordneten Weitergabe seiner beiden genetisch unterschiedlichen Zellkerne. Die Basidiomyceten haben dazu einen recht eigenartigen Ablauf mit so genannter Schnallenbildung entwickelt, dessen Stationen am fertigen Pilzgeflecht oft nicht zu sehen sind.

Man kann die Entwicklung der Schnallen jedoch recht eindrucksvoll an Kulturmaterial verfolgen. Einen jungen Fruchtkörper – besonders eignen sich Birkenporling (*Piptoporus betulinus*), Spaltblättling (*Schizophyllum commune*) oder auch alle Arten, die im Gartenfachhandel als Pilzbrut zur Eigenkultur auf Stroh angeboten werden – bricht man auf, entnimmt an der Bruchstelle mit einem sterilen Skalpell kleine Stückchen von etwa 5x5 mm Kantenlänge und gibt sie in eine Petrischale mit Nähragar. Schon nach wenigen Tagen wächst das Mycel allseitig zu einem Rasen aus. Davon überführt man eine kleine Portion auf einen Objektträger und untersucht nach Färbung in ▸ Methylenblau oder in ▸ Lactophenol-Anilinblau.

Schnallen kann man gegebenenfalls auch an sehr dünnen Schnitten durch den Hutstiel oder an Zupfpräparaten im Bereich der Querwände (Septen) sehen. Bei den meisten Pilzen verkümmern sie jedoch, nachdem sich die Hyphen zum dichten Mycel des Fruchtkörpers zusammengeschlossen haben.

Haare, Spindeln, Sporen Obwohl ein Pilzfruchtkörper letztlich nur aus – gegebenenfalls auch stärker veränderten – Hyphen besteht, die sekundär miteinander verschmelzen und Farben sowie andere Stoffe einlagern, weisen manche Pilze interessante Sonderbildungen auf, deren Gestaltungsreichtum wiederum nur das Mikroskop erschließt. So kommen beim Gelben Schuppenwülstling (*Squamanita schreieri*) in der Huthaut als Oleiferen bezeichnete verzweigte Hyphen vor, die mit einem öligen Inhalt angefüllt sind. Dieser verfärbt sich bei Behandlung mit 5%iger Kalilauge (KOH) braunrot. Schon im einfachen Quetschpräparat der Huthaut sind diese Sonderstrukturen gut zu sehen. Ähnlich lassen sich die Milchsaft führenden Laticiferen der Milchling-Arten (*Lactarius*) darstellen. Setae sind die dickwandigen, mitunter sogar hakenoder sternförmig verzweigten Verstärkungselemente im Hymenium. Man trifft sie am ehesten bei Flächenschnitten an. Ein empfehlenswertes Beispiel ist der Kiefern-Filzporling (*Onnia triqueter*).

Generell interessant sind die Sporen der Schlauch- oder Ständerpilze. Sporen sind durchaus nicht immer kugelrund oder einfach glatt wie eine Billardkugel. Außer ihren Abmessungen und Umrissen, die häufig kennzeichnend für bestimmte Gattungen sind, tragen sie fallweise recht formschöne Oberflächenskulpturen. So genannte Abwurfpräparate, mit denen man auf weißem Schreibpapier auch die Lamellenstruktur nachzeichnen kann, zeigen einerseits die aus dem Hymenium eines einzigen Fruchtkörpers herausfallenden unglaublichen Sporenmengen, andererseits auch die verschiedenen Sporenfarben: Wenn man gesammelte Pilzhüte oder andere Fruchtkörper ohne Stiel mit dem Hymenium nach unten auf Objektträger legt (über Nacht) und durch ein übergestülptes Gefäß vor dem Austrocknen schützt, gewinnt man leicht genügend Untersuchungsmaterial. Diese Pilzsporen untersucht man nach Färbung in ▸ Brillantkresylblau, ▸ Lugolscher Lösung oder ▸ Lactophenol-Anilinblau. Für eine Vergleichssammlung bettet man sie ohne weitere Behandlung direkt in ▸ Kunstharz ein.

Oben: Der eigentliche Pilzorganismus sind die im Substrat (hier Holz) kriechenden Hyphen.

Unten: Innenmycel des Kartoffelbovists (*Scleroderma citrinum*)

Brillantkresylblau S. 269
Lugolsche Lösung S. 271
Lactophenol-Anilinblau S. 278
Kunstharzeinschluss S. 268

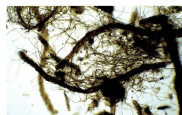
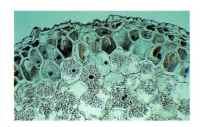

Links: Ektotrophe Mykorrhiza an Rotbuchenwurzel. Mitte: Ericoide Mykorrhiza an Feinwurzeln der Besenheide (*Calluna vulgaris*). Rechts: Endotrophe Mykorrhiza der Vogelnestwurz (*Neottia nidus-avis*)

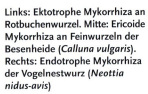

Die Pilze erhalten von den Bäumen durch deren Stoffleitungsbahnen alle benötigten organischen Stoffe (vor allem Kohlenhydrate und Aminosäuren) und liefern ihnen im Gegenzug mineralische Nährstoffe aus der Bodenlösung.

Zum Weiterlesen BACKHAUS U. FELDMANN (1999), ERB U. MATHEIS (1983), FORSTINGER (1978), GROTKASS U.A. (2000), KOLBE (1990), KOTHE (1989), KOTHE U. KOTHE (1996), RICHTER (1991), ROSE (1984), SCHUMM (1993), STRACK U.A. (2001), WERNER (1987)

Entwicklungsstadien einer arbuskulären Mykorrhiza in Wurzelrindenzellen von der wachsenden Hyphe (links) bis zum ästig verzweigten Komplex und zur Sporenbildung (rechts)

Pilze als Partner Außer den Saprobionten, die sich ihre Nahrung durch den Abbau organischer Totsubstanz beschaffen, und den Parasiten, die jeweils lebende Organismen befallen und schädigen, begründet eine dritte Gruppe von Pilzen als Ernährungsspezialisten besondere Betriebsgemeinschaften zum gegenseitigen Nutzen: Sie beteiligen sich am Aufbau der schon lange bekannten Pilzwurzel oder Mykorrhiza beispielsweise der Waldbäume. Mit der Mykorrhiza entwickelt sich ein vielfältiger und direkter Zellkontakt zwischen den Pilzhyphen und den Feinwurzelgeweben des jeweiligen Baumpartners.

Wenn man das Feinwurzelwerk eines Waldbaumes, beispielsweise einer Rot-Buche, vorsichtig freilegt, erkennt man an den Wurzelspitzen einen fast 1 mm dicken, hellen Filz, der sich im Stereomikroskop als dichtes Pilzgeflecht zeigt. Im Querschnittbild ist die enge Vernetzung der Pilzhyphen mit den Zellen der Wurzelrinde erkennbar. Einzelne größere Pilzhyphen dringen auch in die Wurzelrinde ein und bilden hier in ihrer Gesamtheit das schon seit langem bekannte Hartigsche Netz. Offenbar besteht zwischen Baumwurzel und Pilz eine enge Partnerschaft. Diese Form der zwischenartlichen Kontaktpflege nennt man ektotrophe Mykorrhiza. Bei den Orchideen kommt es zu einer vergleichbaren Partnerschaft, bei der sich die Pilzhyphen allerdings ausschließlich innerhalb der Wurzel entwickeln und somit eine endotrophe Mykorrhiza bilden.

Außer der ekto- oder endotrophen Mykorrhiza kennt man bei vielen Pflanzen noch einen dritten Mykorrhiza-Typ, den man in Querschnitten von Feinwurzeln häufig antrifft, denn er ist bei nahezu 80% aller Pflanzen (vor allem der wärmeren Regionen) entwickelt. Pilzpartner sind in diesem Fall ausschließlich Vertreter der Jochpilze (Zygomyceten, vgl. S. 143). Sie bilden innerhalb der Wurzelrindenzellen blasig aufgetriebene Hyphensysteme, in anderen bäumchenartig verzweigte Mycele. Danach nennt man diese Art der Partnerschaft vesikulär-arbuskuläre Mykorrhiza oder kurz VA-Mykorrhiza. Sie spielt im Gartenbau eine zunehmende Rolle, da sich diese Pilzvergesellschaftungen gerade für die Jungpflanzenanzucht als sehr vorteilhaft erwiesen haben.

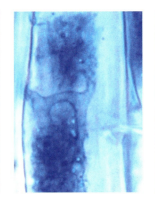

6.4 Mehltau-, Brand- und Rostpilze

Auch Pilze sind auf organische Fertignahrung angewiesen. Sie zerlegen sie mit Enzymen außerhalb des Mycels und nehmen die verflüssigten Nährstoffe mit ihrer gesamten Oberfläche auf. Entweder zerlegen sie dabei als Saprobionten organische Totstoffe (darunter auch unsere konservierten Lebensmittel) oder sie befallen als Parasiten lebende Organismen und saugen sie langsam aus. Die meisten Pilze sind damit wichtige Mitglieder der großen natürlichen Recyclingbetriebe, ohne die jedes Ökosystem im eigenen Abfall ersticken müsste.

Herstellung von Querschnitten S. 255
Lactophenol-Anilinblau S. 278

Zu den beiden großen Klassen der Schlauchpilze (Ascomyceten) und Ständerpilze (Basidiomyceten) gehört jeweils auch eine größere Anzahl von mikroskopisch kleinen und überwiegend parasitisch lebenden Arten, die keine auffälligen großen Fruchtkörper bilden. Ihre Anwesenheit verraten sie aber dennoch, weil an den betroffenen pflanzlichen Wirten oder ihren Organen deutliche Veränderungen zu beobachten sind.

Klein und folgenreich

Faule und Fäulen Lagerndes Obst ist besonders anfällig für alle möglichen Mikropilze. An Äpfeln und Birnen, die während der Fruchtreife von Wespen oder anderen Insekten benagt wurden, entwickeln sich um die Verletzungsstellen charakteristische und recht auffällige Ringfäulen mit weißlichen Konidienträgern in konzentrischen, wulstigen Kreisen. Man bezeichnet diese häufigen Fruchtfäulen zusammenfassend als *Monilia*-Fäule. Die zugehörigen Pilze sind Ascomyceten und entwickeln auf lange am Boden liegenden Fruchtmumien eventuell auch Fruchtkörper mit Ascosporen. Nur dann kann man sie genauer bestimmen und beispielsweise der Gattung *Sclerotinia* zuordnen. Mit dem Formenkreis *Monilia* eng verwandt ist der als Grauschimmel oder Graufäule auf lagerndem Obst und Gemüse gefürchtete Mikropilz *Botrytis cinerea*, der von Winzern jedoch als Verursacher der Edelfäule der Weinbeeren hoch geschätzt wird. Diese Pilze greifen in den Zuckerstoffwechsel der Weinbeeren ein und ermöglichen so erst die Herstellung von Beerenauslesen.

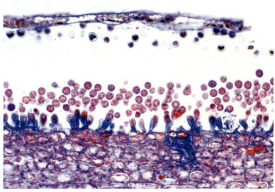

Albugo candidans befällt häufig das Hirtentäschelkraut (*Capsella bursa-pastoris*).

Mycelstruktur und Konidienträger dieser nur auf Pflanzen(teilen) vorkommenden Fäulen untersucht man in einfachen Zupfpräparaten oder nach den bei den Schimmelpilzen angegebenen Verfahren (S.139).

Weiße Beläge Die Bezeichnung Mehltaupilz ist trefflich gewählt: Im Hoch- und Spätsommer sehen manche Blütenpflanzen wie mehlig bestäubt aus. Bei Untersuchung schon mit schwacher Vergrößerung erweist sich der mehlige Belag als dichtes, oft sogar wattiges Hyphengeflecht. Die Vertreter der Echten Mehltaupilze (Ordnung *Erysiphales*) sind obligate Parasiten von Blütenpflanzen, leben aber überwiegend auf deren Oberfläche. Ihre Ernährung stellen sie durch Saugorgane (Haustorien) sicher, die sie durch die Epidermiszellwände in das Wirtsgewebe entsenden. Auf dünnen ▸ Querschnitten durch Stängel oder Blätter befallener Pflanzen sind die an den Enden oft keulig angeschwollenen Haustorien nach Anfärbung mit ▸ Lactophenol-Anilinblau meist klar erkennbar.

Wenn man befallene Pflanzenteile über einem mit Wassertropfen versehenen Objektträger abklopft, rieseln größere Mengen von meist durchscheinen-

Mehltaupilze auf den Blättern der Mahonie (*Mahonia aquifolium*)

Projekt	Parasitische Kleinpilze auf Kulturpflanzen und anderen Wirten
Material	Rußtau auf Straßenbaumblättern, Tintenflecken-krankheit des Ahorns, Erbsenrost
Was geht ähnlich?	Getreiderost, Birnenrost, Mehltau-Erkrankungen beliebiger Pflanzen, Fertigpräparate aus dem Lehrmittelhandel
Methode	Lebenduntersuchung im Hellfeld, Dunkelfeld oder Phasenkontrast, Färbungen mit Fungiqual oder Lactophenol-Anilinblau
Beobachtung	Hyphen, Myzelien, Sporenbildung, Fortpflan-zungsstadien, Entwicklungszyklen

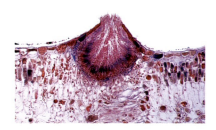

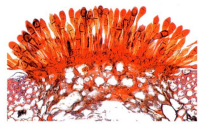

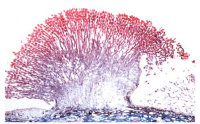

Oben: Birnenrost (*Gymnospo-rangium sabinae*). Als Zwischen-wirt dienen Zypressengewächse. Mitte: Getreiderost (*Puccinia graminis*). Zwischenwirt ist die Berberitze (*Berberis vulgaris*). Unten: Konidien der Kernobst-fäule (*Sclerotinia fructigena* = *Monilia albicans*)

den, in Ketten angelegten Konidien herab, die zitronen- bis tropfen-förmig oder keulig geformt sind. Zum Ende der Saison leiten die Pilze die geschlechtliche Vermehrung ein und bilden an deren Ende kleine knäuelige Fruchtkörper (= Kleistothecien), die oft von stache-ligen Hyphen eingeschlossen sind und daher recht abenteuerlich aussehen können. In ihrem Inneren finden sich wenige bis zahl-reiche Asci (vgl. S. 145).

Von den Echten Mehltaupilzen, die zu den Schlauchpilzen (Asco-myceten) gehören, sind die falschen Mehltaue zu unterscheiden, die gewöhnlich Vertreter der Ordnung *Peronosporales* aus der Klasse der Oomyceten darstellen (vgl. S. 142).

Rußtau – pilzliche Schwarzarbeit Vor allem die Blätter städ-tischer Straßen- und Parkbäume, sehr häufig beispielsweise Linden, Ahorn-Arten oder Rosskastanien, tragen im fortgeschrittenen Som-mer auf der Blattoberseite oft einen dicken, schwarzen und abwisch-baren Belag. Er haftet auf den Blättern mitunter auch noch zum Zeitpunkt der herbstlichen Verfärbung und wird von Laien gewöhn-lich in Zusammenhang gebracht mit Schmutzpartikeln, die sich aus der Stadtluft auf den Blättern festsetzen. Von einer ähnlichen Deu-tung geht die deutsche Bezeichnung Rußtau aus. Die mikroskopi-sche Kontrolle einer kleinen, abgeschabten Probe zeigt indessen die wahre Natur: Der schwärzliche Belag besteht aus einem dichten, weniglagigen Mycelverband und zahlreichen Konidiosporen. Die verursachenden Pilze sind gewöhnlich Vertreter der Gattung *Capno-dium* (Ascomyceten). Ihre kurzen Hyphen sind an den Querwänden meist leicht eingeschnürt. Diese Pilze ernähren sich nicht parasitisch, son-dern verarbeiten saprobiontisch die klebrig-zuckerigen Blattüberzüge ("Ho-nigtau"), die von Blattläusen und anderen saugenden Insekten abgeschieden werden.

Links: Rußtaupilze (*Capnodiace-ae*) auf herbstlich verfärbtem Lindenblatt

Rechts: Septierte Konidien des Rußtaupilzes *Sporidesmium*

Ein besonderer Blütenstaub Die obligat parasitischen Brandpilze befallen im Unterschied zu den Rostpilzen immer nur bedecktsamige Pflanzen (Angiospermen), niemals Farne oder Nacktsamer. Ihren Namen erhielten sie nach ihren an Kohlenstaub erinnernden Sporenmassen. Den Landwirten bekannte Parasiten an Kulturpflanzen sind beispielsweise der Steinbrand (*Tilletia caries*) an Weizen, der Flugbrand (*Ustilago avenae*) an Hafer und der Beulenbrand (*Ustilago maydis*) an Mais.

Ein besonders lohnendes Untersuchungsobjekt ist der Antherenbrand (*Microbotryum violaceum*) der Nelkengewächse, der insbesondere an der Roten und Weißen Lichtnelke, weniger häufig auch am Seifenkraut vorkommt. Bei den männlichen Pflanzen der zweihäusigen Lichtnelken entwickeln sich in den Staubblättern anstelle der Pollen ein Mycel, das Unmengen dunkler Brandsporen freisetzt. Die Sporen sind mit etwa 3–4 µm Durchmesser recht klein, zeigen aber bei hoher Auflösung eine feine Oberflächenskulptur ähnlich wie Pollenkörner. Infiziert wird bereits der Lichtnelken-Keimling, aber erst in den männlichen Blütenteilen wandelt sich das Hyphengewirr in Brandsporen um. Diese werden von Bestäuberinsekten auf weibliche Pflanzen übertragen, bleiben hier jedoch in Warteposition und fallen mit dem reifenden Samen zu Boden, um im nachfolgenden Frühjahr die keimende Jungpflanze zu befallen.

Oben : Antherenbrand (*Microbotryum violaceum*) der Roten Lichtnelke (*Silene dioica*) – hervorgerufen durch Mikropilze

Unten: Die so genannten Narrentaschen des Pflaumenbaums werden von *Taphrina pruni* verursacht.

Wie Blätter rosten Rotbräunliche und fleckige Verfärbungen an Blättern und anderen Pflanzenorganen erinnern mit ihren rauen Aufbrüchen oft an rostende, korrodierende Metallteile. Diese Erscheinung hat den beteiligten Kleinpilzen die zusammenfassende Benennung Rostpilze eingetragen. In mikroskopischen Schabe- oder ▸ Schnittpräparaten sind die meist kleinen Verursacher rasch als parasitische Pilze zu identifizieren, auch wenn die genauere Artzugehörigkeit mitunter nicht so leicht festzulegen ist. Viele dieser Pflanzenparasiten sind Vertreter der zu den Basidiomyceten gehörenden Rostpilze (Ordnung *Uredinales*). Oft sind sie nach ihren typischen Wirtspflanzen benannt. Ein leicht auffindbares Beispiel ist der Erbsenrost (*Uromyces pisi*), der auch auf Platterbsen (Gattung *Lathyrus*) vorkommt. Die Pilze dieser Verwandtschaft zeichnen sich gewöhnlich durch komplizierte Entwicklungszyklen mit mehreren Sporenformen und zusätzlichem Wirtswechsel aus. Die Uredo- und Teleutosporen entwickeln sich jeweils im Schmetterlingsblütler, die Spermogonien und Aecidien dagegen auf der Zypressen- oder der Esels-Wolfsmilch; die Zwischenwirte verändern durch den Pilzbefall ihr Aussehen völlig. Ihre Blätter bleiben klein und bleich, während sich die Hauptachse unter dem Einfluss der Pilzattacke nicht mehr verzweigt und auch keinen Blütenstand entwickeln kann.

Zur genaueren Untersuchung der Parasiten, die das Blatt- und/oder Stängelgewebe durchwuchern, sind dünne Querschnitte nahezu unerlässlich. Sofern sich noch keine Mycelstrukturen mit den jeweils typischen Sporenlagern gebildet haben, lassen sich die im Wirtsgewebe wuchernden Hyphen sehr eindrucksvoll mit ▸ Fungiqual oder ▸ Lactophenol-Anilinblau anfärben.

Herstellung von Schnitten S. 255
Fungiqual S. 279
Lactophenol-Anilinblau S. 278

Erbsenrost (*Uromyces pisi*) auf Zwischenwirt Zypressen-Wolfsmilch (*Euphorbia cyparissias*). Der Parasit verändert die Gestaltbildung des Wirtes.

Zum Weiterlesen BRANDENBURGER (1985), BRAUN (1995), DOWE (1987), ELLIS u. ELLIS (1997), FORSTINGER (1978, 1984), KOLBE (1990), KOTHE (1989), LINSKENS (1994), MÜLLER u. LÖFFLER (1982), RICHTER (1991), ROSE (1984), THORN u. BARRON (1984), URBASCH (1979), WASSERMANN (1967), WELTI (1994)

6.5 Doppelwesen Flechte

Wo fast keine anderen makroskopischen Lebewesen mehr vorkommen, wachsen gewöhnlich immer noch Flechten – auf sonnendurchglühten Dachziegeln oder frostklirrenden Felsflanken ebenso wie auf durchnässten Baumrinden oder nährstoffarmen Sandböden. Diese erstaunliche ökologische Bandbreite lässt sich aus den jeweiligen Vorlieben von Algen und Pilzen nicht zwangsläufig ableiten. Nur als Gemeinschaftsunternehmen leistet eine Flechte Bemerkenswertes.

Partnerschaft zwischen Algen und Pilzen

Flechten sieht man zwar überall, aber dennoch übersieht man sie vielfach, obwohl viele von ihnen auf Baumrinden oder Gestein mit ihrem knalligen Gelb oder leuchtenden Orange Aufmerksamkeit erregen (müssten): Diese seltsamen Lebewesen bleiben trotz ihrer eigenartigen Form- und Farbgebung fast immer im Hintergrund der Wahrnehmung und des Interesses. Der große Inventarisator der Barockzeit, CARL VON LINNÉ, der für die Pflanzen erstmals ein künstliches System nach der Anzahl der Blütenorgane aufstellte und natürlich auch die Flechten in den Blick nahm, scheiterte daran ebenso wie an den anderen, behelfsweise in der 24. Klasse Kryptogamen zusammengewürfelten Formen und beschimpfte sie überdies noch als „ärmlichsten Landpöbel".

 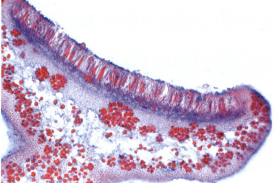 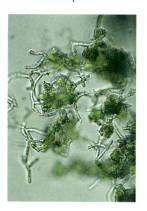

Links: Gelbe Wandflechte (*Xanthoria parietina*) – eine der häufigsten Arten. Mitte: Apothecium von *Physcia caesia* mit Sporenschläuchen (Asci). Rechts: Bei der Staubflechte (*Lepraria*) besteht der Thallus aus lockermaschigem Mycel mit einzelnen Algengruppen.

Einzellige Untermieter Eine vom Tiefland bis ins Gebirge weit verbreitete und zuverlässig anzutreffende Form ist die graugrünliche Lippen-Schüsselflechte (*Hypogymnia physodes*), deren Lager gewöhnlich auf der Rinde von Park- oder Obstbäumen wachsen. Für eine erste Untersuchung zum Grundaufbau einer Flechte eignet sich aber ebenso die Falsche Pflaumenflechte (*Pseudevernia furfuracea*), die man eher im Bergland in großen Mengen auf Gehölzen antrifft, oder eine Staubflechte (*Lepraria*).

Von einem angefeuchteten, biegsamen und nicht zu nassen Thallusstück fertigt man mit Holundermark oder Mohrrübe als ▸Schneidehilfe dünne Querschnitte an. Schon die erste Übersichtsuntersuchung des ungefärbten Präparates bei kleinerer bis mittlerer Vergrößerung zeigt einen deutlichen, aus der äußeren Gestalt der Flechte nur bedingt ableitbaren Schichtenaufbau. Der größte Teil des Thallus besteht aus unterschiedlich stark verdichtetem und durch nachträgliche Stoffeinlagerung auch farblich verändertem Mycel, dessen einzelne Hyphen nur an besonders dünnen Schnittstellen klarer zu erkennen sind. Von der oberen und unteren Rindenschicht (Cortex), die besonders

Schneidehilfen S. 255

Bei trockenem Wetter fühlen sich die Flechtenthalli hart und etwas brüchig-spröde an. Feucht sind sie dagegen lappig-weich.

Projekt	Aufbau und Thallusorganisation häufiger Flechten
Material	Schüsselflechte, Pflaumenflechte, Gelbflechte
Was geht ähnlich?	Beliebige andere Blatt- oder Strauchflechten auf Holz , Rinde, Gestein oder Boden, Fertigpräparate aus dem Lehrmittelhandel
Methode	Makroskopische Betrachtung des Habitus, Untersuchung von Schnittbildern im Hellfeld, Schnittfärbung mit Lactophenol-Baumwollblau oder Chlorzinkiod-Lösung, Isolierung und Mikrokristallisation von Flechtenstoffen
Beobachtung	Pilz- und Algenpartner, Fruchtkörper, Sporenbildung

Von einer Staubflechte kratzt man einfach eine kleine Probe auf den Objektträger und untersucht direkt im Wasser.

Diese grünen Algen sind der Schlüssel zum Verständnis des Flechtenthallus und seiner überaus spannenden Biologie.

kompakt erscheint, lässt sich die ungleich lockerere Markschicht (Medulla) unterscheiden. Unterhalb der Rindenschicht und eingebettet in die oberen Lagen der Medulla fällt ein grünliches Band auf, das sich bei genauerer Betrachtung als Ansammlung einzelliger coccaler Grünalgen erweist, zu denen einzelne Hyphen direkten Kontakt aufnehmen.

Die Flechte als Doppelorganismus Ein lappiges Gebilde wie eine Hundsflechte oder eine blättrig-strauchige Islandflechte weist gewiss keine klaren gestaltlichen Zitate einer Pflanze auf, und dennoch hat man die Flechten viele Jahrzehnte lang als Abteilung *Lichenophyta* vorbehaltlos dem Pflanzenreich zugeordnet. Als den Mikroskopikern des 19. Jahrhunderts erstmals leistungsfähige und einigermaßen erschwingliche Instrumente zur Verfügung standen, untersuchten sie konsequenterweise auch die eigentümlichen Formen der typenreichen Flechten, von denen allein in Mitteleuropa nach neuestem Kenntnisstand knapp 2400 Arten vorkommen. Schon bald erkannte man im mikroskopischen Bild die seltsame Doppelnatur des vermeintlich einheitlichen Wesens Flechte – einerseits die die Gesamtgestalt bestimmende, im Inneren meist farblose, aber deutlich strukturierte Mycelmasse und andererseits die darin jeweils eingebetteten, meist einzelligen Algen. Vorsichtshalber bezeichnete man diese Algen zunächst noch als Flechtengonidien. Bis in die 1950er Jahre war sogar die Ansicht verbreitet, die vor allem wegen ihrer Färbung auffälligen Gonidien seien direkte Abschnürungen oder gar Auswüchse der Hyphen, deren pilzliche Natur man eigentlich zu keinem Zeitpunkt bezweifelte. Der Frankfurter Arzt und Naturforscher ANTON DE BARY war dem Phänomen jedoch schon 1866 auf der Spur und deutete die von ihm untersuchten Gallertflechten als Symbiose aus Algen und Pilzen. Diese Idee griff der Schweizer Botaniker SIMON SCHWENDENER auf und fasste 1869 alle Flechten als Gemeinschaftsbetrieb aus Algen und Pilzen auf. Ausnahmslos jede der rund 2400 mitteleuropäischen Flechten „arten" stellt demnach ein auf Dauer angelegtes Konsortium aus mindestens zwei genetisch völlig unterschiedlichen Partnern dar.

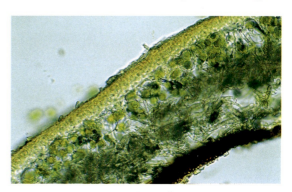

Oben: Die auf Gestein siedelnde *Parmelia saxatilis* ist heteromer aufgebaut. Die grünen Phycobionten gehören zum Formenkreis *Trebouxia*. Unten: Von der Schriftflechte (*Graphis scripta*) fallen nur die Perithecien auf.

Flechten sind also keine Arten wie die übrigen Lebewesen, sondern eine besondere Organisationsform aus zwei grundverschiedenen biologischen Arten. Solche Verbindungen nennt man auch intertaxonisch.

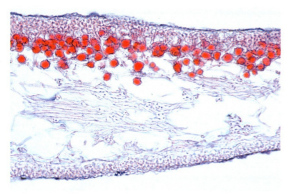

Thallus von *Physcia caesia* mit symbiontischen Algen

Unterschiedliche Partner Orientierende Schnitte durch weitere häufige Flechten wie die auf Gehölzen oder Gestein weit verbreitete Wand-Gelbflechte (*Xanthoria parietina*) neben verschiedenen lappig-blättrigen *Parmelia*-Arten oder die in Gärtnereien gerne als Dekorationsmaterial verwendeten Rentierflechten (Formenkreise der Gattung *Cladonia*) zeigen die Richtigkeit dieses Konzepts: Unabhängig vom äußeren Erscheinungsbild des Flechtenlagers (Thallus) liegen die meist grünen Flechtenalgen jeweils auf der dem Licht zugewandten Seite unter der (oberen) Rindenschicht: In der Betriebsgemeinschaft Flechte übernehmen die Algen die wichtige Aufgabe der Photosynthese und damit der Primärproduktion. Über die engen Kontaktstellen zu ihrem Pilzpartner, die man früher fälschlicherweise als ihren Entstehungsort ansah, geben sie ihre Überschussproduktion als Baumaterial an die Hyphen ab. Die gesamte und unter Umständen beträchtliche Biomasse einer Flechte ist somit letztlich das alleinige Produktionsergebnis der Algen. Der Pilzpartner bestimmt weitgehend Form und Aussehen eines Flechtenlagers und lässt sich von seinen Algenpartnern ernähren, während die Algen umgekehrt die Abfallstoffe aus dem Pilzstoffwechsel verwerten und überdies vor Strahlung und sonstigen umweltbedingten Stressfaktoren geschützt bleiben. Bedenkenswert ist jedoch, dass die Pilzpartner nur unter dem Einfluss der Symbiose mit Flechtenalgen die flechtenspezifische Gestalt entwickeln, die in jedem Fall von einem typischen Pilzmycel grundverschieden ist.

Nur in der Betriebsgemeinschaft Flechte können Pilz und Algen beispielsweise gemeinsam für viele Wochen rascheltrocken werden oder klirrende Kälte ertragen.

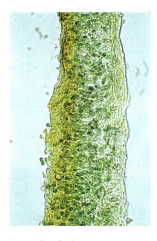

Die Gallertflechte *Leptogium plicatile* führt Cyanobionten (*Nostoc*) als Partner.

Lactophenol-Anilinblau S. 278
Chlorzinkiod S. 276
ACN-Gemisch S. 280

Photobionten – grün oder bläulich Die Pilzpartner einer Flechte bezeichnet man generell als Mycobionten. Unter den heimischen Flechten sind es überwiegend Ascomyceten. Die Algenpartner sind dagegen die Photobionten, wobei man zwischen echten kernhaltigen Eucyten (= Phycobionten) und den kernlosen Cyanobakterien (= Cyanobionten) unterscheiden muss. Cyanobakterien sind als photosynthetisch aktive Algenpartner in den meisten schwärzlich pigmentierten Flechten beteiligt, beispielsweise den in der oberen Gezeitenzone verbreiteten *Lichina*- und *Verrucaria*-Arten, nach deren Vorkommen man den ökologischen Grenzsaum zwischen Meer und Festland auch als Schwarze Zone bezeichnet. Cyanobakterien kommen auch in den auf feuchter Erde oder an Mauerfüßen weit verbreiteten Gallertflechten der Gattung *Collema* vor, ferner in den Hundsflechten (Gattung *Peltigera*). Flechten mit Cyanobionten stellen die vergleichsweise einfacheren Strukturtypen dar und zeigen gewöhnlich einen so genannten homöomeren Thallusaufbau: Der Flechtenkörper ist nicht geschichtet, die Photobionten liegen im Thallus ziemlich regellos verstreut vor. Bei den mit Grünalgen ausgestatteten Formen findet man dagegen eine deutlich geschichtete, heteromere Anordnung. Für die kräftig grünen, eukaryotischen Phycobionten hat man besondere Gattungen (beispielsweise *Coccomyxa* und *Trebouxia*) aufgestellt und sie zunächst einmal der Klasse Grünalgen (*Chlorophyceae*) zugeteilt.

Mikroskopische Präparate von Flechten (Zupfpräparate, Quetschpräparate, Schnitte) sind mitunter nur relativ schwer anzufärben. Soweit sich die Untersuchungen auf die Unterscheidung von Mycel und Algen beschränken, sind Färbungen entbehrlich. Eine gewisse Kontrastierung leistet die ▸ Lactophenol-Anilinblau-Methode. Bei Anwendung von ▸ Chlorzinkiod oder dem ▸ ACN-Gemisch kann man die bläulichen, weil Cellulose enthaltenden Zellwände der Algen leichter von den leicht gelblichen, mit Chitin konstruierten Wänden der Flechtenpilzhyphen unterscheiden, insbesondere im Bereich der gegenseitigen Kontaktstellen.

Ernährungs- und Vermehrungsgemeinschaft Auf krustigen oder blättrigen Flechten (beispielsweise der Gattungen *Rhizocarpon* und *Verrucaria* bzw. *Lecanora, Physcia* oder *Xanthoria*) findet man gewöhnlich in unterschiedlicher Anzahl und Größe angenähert kreisrunde, leicht napfähnliche Strukturen, die sich im Lupenbild als typische Apothecien erweisen. Solche Apothecien oder die bei manchen Flechten in den Thallus eingesenkten Perithecien haben wir bereits als typische Fruchtkörper(bestandteile) der Schlauchpilze (Ascomyceten) kennen gelernt. Tatsächlich sind die Pilzpartner der Flechten in solchen Fällen Ascomyceten. Die große Mehrzahl der in Mitteleuropa vorkommenden Flechten sind so genannte Ascolichenen. Die aus Ständerpilzarten hervorgehenden Flechten (Basidiolichenen) sind deutlich in der Minderzahl. Zu den Wärmegebieten der Erde hin verschieben sich allerdings die relativen Artenanteile.

Im mikroskopischen Querschnittbild erweisen sich die Apo- oder Perithecien als typische Ascohymenien, in denen zwischen sterilen Hyphen die mit Ascosporen gefüllten Asci dicht an dicht stehen. Bei den Flechtenalgen vermisst man dagegen alle Anzeichen einer sexuellen Vermehrung. Unter den Bedingungen der Flechtensymbiose können sie sich nur vegetativ durch einfache Teilung vermehren.

Die aus den Ascosporen (Basidiosporen) auskeimenden Hyphen bilden jedoch keine neue Flechte, sondern den ihrer Artspezifität entsprechenden Pilz. Sie werden nur dann zur Flechte, wenn sie auf eine ihnen zusagende Alge treffen.

Isidien, Soredien, Soralen Da die erneute Partnerfindung bei den Flechten offenbar ein Problem darstellt, haben etliche Formen diese Schwierigkeit dadurch gelöst, dass sie sich überwiegend oder sogar ausschließlich vegetativ vermehren. Dazu bilden sich auf der Lageroberfläche so genannte Isidien in Form kleiner stift- oder schuppenförmiger Auswüchse, die leicht abbrechen und trocken vom Wind fortgetragen werden. Im Prinzip stellen sie bereits eine Miniaturflechte dar und vergrößern sich durch vegetatives Wachstum beider Partner. Eindrucksvolle Isidien findet man unter anderem bei *Pseudevernia*. Im Unterschied dazu sind die Soralen flächige Aufbrüche des Flechtenthallus wie bei vielen *Cladonia*-Formen, von dem mikroskopisch kleine Algen-Pilz-Kleinst-

Experimentell ist die Resynthese einer Flechte aus den beiden Partnern erstmals 1877 gelungen. Bei manchen Flechten nehmen die freigesetzten Sporen jedoch immer schon einige Algen mit, so dass die kompetenten Partner gleich gemeinsam an den Start gehen können.

Links: Soredien der Blattflechte *Parmeliopsis ambigua*

Rechts: Die Leimflechte *Collema* ist eine Gallertflechte mit Cyanobionten (*Nostoc*).

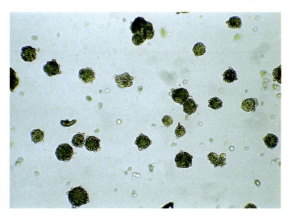
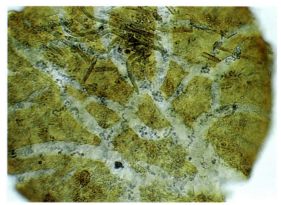

päckchen (= Soredien) abstäuben. Diese Strukturen sind nicht zu verwechseln mit den Cyphellen (= bucklige Erhebungen der oberen Rinde mit trichterförmiger Öffnung) oder Pseudocyphellen (punkt- oder strichförmige Rindendurchbrechungen), durch die der Gaswechsel zwischen innen und außen abläuft. Solche Diasporen lassen sich von den rau erscheinenden Thallusoberflächen leicht abschaben. Vor der mikroskopischen Untersuchung weicht man sie längere Zeit in Wasser ein und zerzupft sie dann auf dem Objektträger. Die zwischen den Hyphen meist zahlreich eingeschlossenen Luftblasen vertreibt man mit Ethanol.

Flechtenstoffe sind seltsame Substanzen. Schon das im Vergleich zum beteiligten Pilzpartner völlig andersartige Erscheinungsbild einer Flechte zeigt, dass unter dem Einfluss des gegenseitigen Zusammenlebens der Myco- und Photobionten auch besondere Gemeinschaftsleistungen zu Stande kommen. Neben der zum Teil recht auffälligen Färbung einer Flechte zeigt sich dieser Sachverhalt auch in ihrem Stoffspektrum. Die beteiligten Substanzen gehören chemisch ungewöhnlichen Stoffgruppen an, darunter beispielsweise den Depsiden oder Depsidonen. Vereinfacht hat man diese Verbindungen auch als Flechtensäuren bezeichnet. Sie sind für den oft sehr bitteren oder sonstwie unangenehmen Geschmack von Flechten verantwortlich.

Aus Flechten lassen sich leicht mikrokristalline Flechtensäuren isolieren.

In alle Flechtenschlüssel sind deswegen die Farbreaktionen einer Thallusprobe mit eingeführten Testreagenzien eingearbeitet: K+ bedeutet, dass ein Thallusstück mit 10%iger wässriger Kalilauge (KOH) eine gelbe oder gelb-rötliche Färbung ergibt. Mit einer gesättigten wässrigen Lösung von Calciumhypochlorit (Ca(OCl)2) erreicht man eine rötliche oder orangerote Färbung (C+), bei Einsatz von K und C ein kräftigeres Rot (KC+).

Die diesen Reaktionen zu Grunde liegenden Flechtenstoffe lassen sich auch recht einfach als kristalliner Niederschlag nachweisen, da sie leicht zu extrahieren sind. In den Flechten liegen sie immer extrazellulär auf der Oberfläche der Hyphen und sind in Mengen bis 10% des Trockengewichtes vorhanden. Man gibt eine pulverfein zerkleinerte trockene Flechtenprobe auf einen Objektträger, tropft etwas Aceton oder Chloroform auf, verrührt gründlich und lässt an der Luft trocknen. Die solcherart extrahierten Flechtenstückchen entfernt man mit einer Präpariernadel. Der verbleibende Niederschlag wird nun in einer der folgenden Lösungen GE (Glycerin-Essigsäure = 1:3) oder GAW (Glycerin-Ethanol (96%ig)-H$_2$O = 1:1:1) umkristallisiert. Nun tropft man wenig GE oder GAW auf, deckt mit Deckglas ab und erwärmt vorsichtig über einer Flamme. In der Wärme entstehen Gemische, aus denen die Flechtenstoffe beim Erkalten in charakteristischen Formen auskristallisieren. Für die weitere mikroskopische Untersuchung empfiehlt sich die Beobachtung im polarisierten Licht.

Da bestimmte Verwandtschaftsgruppen der Flechten jeweils bestimmte Sekundärsubstanzen führen, dienen deren Vorkommen auch als mikrochemische Bestimmungshilfe.

Zum Weiterlesen ANT (1960), ETTL u. GÄRTNER (1995), FEIGE u. KREMER (1979), FOLLMANN (1960), FRIEDL (1998), HENSSEN u. JAHNS (1974), KREMER (1983), KRONBERG (1993), LUMBSCH (1979), MASUCH (1993), RECKEL u. a. (1999), SCHÖLLER (1997), SCHOLZ (2000), SCHUMM (1990), VON DER DUNK (1988), WIRTH (1980)

7 Pflanzen – kreuz und quer
7.1 Moose als einfachste Landpflanzen

Beim näheren Hinsehen erweisen sich die Moose als eine überraschend viel-gestaltige Pflanzengruppe. Außer ganz wenigen Grünalgen und den Farnpflan-zen sind sie zusammen mit den Samenpflanzen wichtige Mitglieder der Fest-landsvegetation. Nach den Blütenpflanzen stellen sie innerhalb der grünen Landpflanzen sogar die artenreichste Verwandtschaft. Da man sie überall fin-det und jederzeit leicht beschaffen kann, bieten sie sich als ideale und vielfäl-tige Objekte geradezu an. Mehr noch: Die artgenaue Bestimmung ist in den meisten Fällen ohne die mikroskopischen Merkmale überhaupt nicht möglich.

Moose bilden wegen ihrer oft geringen Wuchshöhe gleichsam die Unterwelt der Landvegetation: In Park- und Gartenrasen entwickeln sie zum Verdruss der Gärtner dichte Teppiche, und im Stockwerkaufbau der Wälder unterschei-det man ganz unten eine Moosschicht, obwohl sie in dieser Form oft gar nicht besteht. Moose besiedeln aber auch recht schwierige Standorte, beispiels-weise rigoros austrocknende, weil stark besonnte Mauerkronen oder lückige Sandmagerrasen, in denen das Wasser zumindest zeitweilig ebenfalls recht knapp sein kann.

Moose als Pflanzenmodell Durch gründliches Auswaschen in Wasser löst man ein einzelnes Moospflänzchen aus einem Polster oder Moosrasen her-aus und betrachtet es zunächst einmal mit einer Stereo- oder Handlupe, ehe die Einzelheiten des Aufbaus im gewöhnlichen Durchlichtmikroskop unter-sucht werden. Die Gestalt eines Haarmützenmooses (Gattung *Polytrichum*) oder Sternmooses (Gattung *Mnium*) zeigt bereits klare Anklänge an die Sprossorganisation einer höheren Landpflanze: Auf der Wuchsunterlage ist die Moospflanze mit einem farblosen bis bräunlichen, wurzelähnlichen Filz befestigt. Daraus erhebt sich ein schlankes, unverzweigtes oder ästiges Stämmchen, an dem in unterscheidbaren Längszeilen oder wirtelig kleine, meist spitz zulaufende Blättchen sitzen – fast die Miniaturausgabe einer in die drei Grundorgane Wurzel, Sprossachse und Blätter gegliederten höheren Pflanze. Die Ähnlichkeiten beziehen sich jedoch auf reine Formanalogien. Tatsächlich haben die Moose bei der Gestaltbildung im Rahmen ihrer Mög-lichkeiten auch etliche Sonderwege gefunden. So erweisen sich beispielsweise die wurzelartigen Verankerungshilfen an der Basis im mikroskopischen Bild als einreihige, mehrzellige und gewöhnlich auch verzweigte Haare. Zur bes-seren Unterscheidung von echten Wurzeln bezeichnet man sie als Rhizoide. Für die Blättchen und Stämmchen sind die Begriffe Phylloide bzw. Cauloide üblich.

Blättchen platt legen Die für das Gesamterscheinungsbild eines Mooses ebenso wie für die Zuordnung zu einer bestimmten Art wichtigen Blättchen sind denkbar einfach zu präparieren: Man legt eine Moospflanze auf einen Objektträger in einen reichlich bemesse-nen Wassertropfen, hält das Stämmchen mit einer Pinzette fest und streift mit einer zweiten eine Anzahl von Blättchen von der Spitze in Richtung Basis ab. Zu brauchbaren Präparaten führt auch das ge-

Klein, aber typenreich

Laubmoose – gestaltliche Anklänge an höhere Pflanzen

Die Blättchen der meisten Arten sind einschichtig und führen große Chloroplasten.

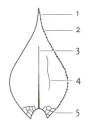

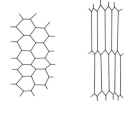

Morphologie eines Moosblätt-
chens: 1 Spitze, 2 Randgestal-
tung, 3 Mittelrippe, 4 Blättchen-
falten, 5 Flügel. Die Hauptmenge
der Blättchenzellen gehört einer
der beiden folgenden Grundformen an: Parenchymatische
Zellen sind eher rundlich oder
vieleckig mit Querwänden, die
zur Blättchenachse senkrecht
stehen. Bei der prosenchyma-
tischen Zellform laufen die
Querwände benachbarter Zellen
unter einem spitzen Winkel
zusammen.

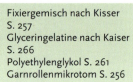

Fixiergemisch nach Kisser
S. 257
Glyceringelatine nach Kaiser
S. 266
Polyethylenglykol S. 261
Garnrollenmikrotom S. 256

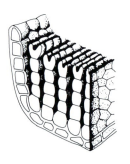

Querschnitt durch ein Blättchen
vom Widertonmoos (*Polytrichum formosum*)

Projekt	Organisation und Gestaltdetails von Moosen
Material	beliebige blättrige Moospflanze aus dem Park-rasen, vom Waldboden oder von einem Mauer-standort
Was geht ähnlich?	Fertigpräparate aus dem Lehrmittelhandel
Methode	Untersuchung von Totalpräparaten und Schnitt-bildern im Hellfeld
Beobachtung	Baupläne, Blättchenmorphologie und Zellformen

zielte Abzupfen einzelner Blättchen. Man überträgt einzelne Blättchen in
einen neuen Wassertropfen, legt ein Deckglas auf und saugt möglichst viel
Wasser ab, damit sie sich unter der Adhäsionskraft optimal flach ausbreiten.
Bei vielen Moosarten wird dies nur teilweise gelingen, weil die Blättchen entweder die Stämmchen umgreifen und daher konkav gewölbt sind, sich sichelförmig nach außen biegen oder gekielt bis gefaltet an die Achsen schmiegen.
In Teilbereichen wird man aber immer ausreichend plan liegende Zellverbän-
de antreffen.

Bereits beim einfachen Durchfokussieren unter schwacher bis mittlerer
Vergrößerung wird deutlich, dass Moosblättchen gewöhnlich einschichtig
aufgebaut sind. Sie stellen daher ideale Objekte zur Beobachtung von Chloroplasten und Zellumrissen dar.

Zwei Blättchentypen Für einzelne Moosgattungen oder -arten typisch und
daher als Bestimmungsmerkmal relevant ist der Blättchenumriss. Er kann
breit herzförmig, aber auch elliptisch oder schmal-lanzettlich ausfallen, eine
schlanke, aufgesetzt wirkende Spitze aufweisen, in ein langes Glashaar aus-
laufen oder vorne auch abgestumpft sein. Für die Zuweisung in eine der beiden systematischen Hauptgruppen der Moose ist folgende Unterscheidung
von Belang: Bei den Blättrigen Lebermoosen (Klasse *Marchantiopsida*) weisen
die Blättchen keine Andeutung von Mittelrippe oder eine abweichende Rand-
gestaltung auf und sind gewöhnlich mehrspitzig oder zipflig unterteilt. Bei
den Laubmoosen im engeren Sinne (Klasse *Bryopsida*), die die artenreichste
Verwandtschaft stellen und in Mitteleuropa mit etwa 1000 Arten verbreitet
sind, ist fast immer eine klar erkennbare Mittelrippe vorhanden und der Blatt-
saum mit besonderen Zellen ausgestaltet. Außerdem sind die Blättchen bei
dieser Klasse jeweils einspitzig.

Für eine Vergleichssammlung von Moosblättchen sauber bestimmter
Arten empfiehlt sich die Verarbeitung zum Dauerpräparat. Man fixiert die
Blättchen im ▸ Gemisch nach KISSER. Dieses Gemisch erhält die natürliche
Grünfärbung der Chloroplasten, weil es dessen Mg-Ionen gegen Kupfer-Ionen
austauscht. Mehrtägiger oder gar wochenlanger Aufenthalt im Fixiergemisch
schadet nicht. Die so vorbehandelten Blättchen werden nach Wässerung in
▸ Glyceringelatine nach KAISER eingeschlossen.

Schneiden wie auf dem Hackbrett Die meisten Bestimmungsschlüssel für
Moose verwenden Angaben, die sich nicht nur auf die Blättchengestalt beziehen, sondern auch deren Querschnitte einbeziehen. Auch die Schnittansich-
ten der Cauloide bieten in vielen Fällen besondere Informationen. Wegen der
ausgeprägten Winzigkeit der meisten Moose erschienen auswertbare Quer-
schnittbilder technisch recht schwierig, sofern man nicht eine Einbettung z.B.
in ▸ Polyethylenglykol (PEG) für die anschließende Mikrotomierung (beispielsweise auch) auf dem so genannten ▸ Garnrollenmikrotom vornehmen wollte.

Noch einfacher ist jedoch eine von DETHLOFF vorgeschlagene „Hackbrett"-Schneidetechnik, die von trockenen Proben (auch von Herbarbelegen) ausgeht,
während frisches oder wiederbefeuchtetes Material
dem Druck des ansetzenden Messers ausweicht und
gewöhnlich keine befriedigenden Ergebnisse erzielen
lässt. Diese Methode arbeitet nach folgendem Ablauf: Die trockene Moospflanze legt man auf einen
sauberen Objektträger und hält sie so mit dem
Zeigefinger der nicht schneidenden Hand fest, dass
die gewünschte Schnittregion gerade freiliegt. Dann
führt man die senkrecht gehaltene Rasierklinge am
Fingernagel vorbei und ohne nennenswerten Druck

Querschnitt durch einen Blätt-
chenschopf von *Polytrichum
commune*

durch die Probe. Durch Absenken des Zeigefingers werden weitere Bereiche
der Probe freigegeben und so die Dicke der folgenden Schnitte einreguliert.
Sobald eine genügende Menge Querschnitte vorliegt, gibt man einen
Tropfen Wasser dazu und beobachtet bei kleiner Vergrößerung, wie sich die
Schnitte allmählich strecken. Die kritische Kontrolle zeigt, dass viele davon
auch für eine fotografische Dokumentation geeignet sind oder zumindest die
Information bieten, die der Bestimmungsschlüssel anfragt. Mit einer Präpariernadel oder einer an einen Glasstab angeklebten Wimper fischt man die
gewünschten Schnitte heraus und überträgt sie z. B. in ▸ Hydro-Matrix.

Hydro-Matrix S. 267

Moos-Meiose: Sporen auf dem Weg der Reife
Moose blühen nicht,
sondern vermehren sich außer über vegetative Sonderformen durch einzellige
Sporen, die immer das Ergebnis eines Sexualvorgangs sind. Auffälligstes
Anzeichen dieser Vermehrungsroute sind die außerordentlich formschönen
Kapseln (= Sporogone), die oft Laternen gleich auf einem langen Stielchen
(= Seta) hochgehalten werden. Im Inneren der Sporenkapsel befindet sich
ein als Archespor bezeichnetes Gewebe, von dem sich zahlreiche Sporen-
mutterzellen ableiten. Daraus entstehen nach einer Reifungsteilung jeweils
vier haploide Sporen. Von jungen Sporenkapseln, die man bei vielen häufigen
Laubmoosen wie Drehmoos (*Funaria hygrometrica*) oder Hornzahnmoos
(*Ceratodon purpureus*) vor allem im Frühjahr und Frühsommer findet, sollte
man unbedingt dünne Ausstriche herstellen und auf Meiose-Stadien untersuchen. Besonders aussichtsreich sind Kapseln, die sich gerade von grün
nach gelblich verfärben und den Deckelring ablösen. Dazu schneidet man
Basis und Deckel mit Skalpell oder Rasierklinge ab, trennt längs auf und
trennt mit der Präpariernadel das im Randbereich liegende sporogene Gewebe von der zentralen Columella. Das entnommene Gewebe fixiert man kurz
in ▸ Carnoyschem Gemisch, überdeckt dann mit ▸ Karmin- oder ▸ Orcein-
Essigsäure, legt ein Deckglas auf und quetscht mit sanftem Druck.

Sporenkapseln von *Polytrichum
commune*. Der Haarschopf
ist die ehemalige Archegonien-
wand.

Je nach Entwicklungsstand findet man teilungsaktive Sporen-
mutterzellen oder bereits Sporen-
tetraden. Oft findet man jedoch
alle Stadien nebeneinander, da
die Reifung in der Kapsel von
unten nach oben fortschreitet.

Aufschlussreiche Kapseln
Die Kapseln der Laubmoose bieten wegen ihrer
Vielgestaltigkeit wichtige Bestimmungsmerkmale. Im Allgemeinen lassen sich
daran drei Bereiche unterscheiden: Der etwas verdickte Übergang oberhalb
der Seta ist die Apophyse. Sie setzt sich in den eigentlichen Kapselkörper
(= Urne) fort, der von einem Deckel (= Operculum) verschlossen wird. Aufschlussreich und eine gesonderte Untersuchung wert ist davon unter anderem die Apophyse – der sterile, untere Teil der Kapsel. Man trennt sie durch
einen einfachen Skalpellschnitt von der Seta und der Urne ab, schneidet sie
dann längs auf und breitet die Segmente auf dem Objektträger flach aus. In

Fixiergemisch nach Carnoy
S. 257
Karmin-Essigsäure S. 272
Orcein-Essigsäure S. 273

Links: Längsschnitt durch das Sporogon von *Mnium*. Am Kapselrand deutet sich das komplexe Zahnmuster an.

Rechts: Nur am Stielübergang der Kapsel liegen einzelne Spaltöffnungen (Stomata) vom *Mnium*-Typ.

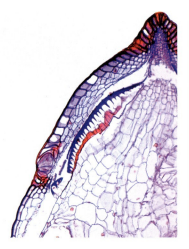

Alle Kapselpräparate bettet man vorteilhaft in Hydro-Matrix (S. 267) oder, sofern sie schon vorher weitgehend wasserfrei waren, in Euparal ein (S. 268).

Kultur von Moossporen S. 292

Für die Feinmorphologie der Kapselzähne und ihrer gegenseitigen Anordnung gibt es ein eigenes Begriffsrepertoire, das der Spezialliteratur entnommen werden kann.

der Flächenansicht der Apophyse fallen überraschenderweise einzelne, sehr einfach gebaute Spaltöffnungen auf, deren Schließzellen längs zur Kapselachse orientiert sind. Die Kapsel ist der einzige Teil einer Moospflanze, der solche Spaltöffnungen besitzt, entweder nur als schmales Band oder – bei manchen Gattungen – auch als Ganzes, sie sind übrigens die entwicklungsgeschichtlich ältesten im gesamten Pflanzenreich. Nach ihrem Vorkommen und ihrer einfachen Konstruktion kennzeichnet man sie auch als *Mnium*-Typ.

Neben der äußeren Formgebung ist vor allem der Kapselverschluss der Laubmoose von Belang: Nachdem der Deckel bei der Reifung abgesprengt wurde, zeigt sich der bemerkenswert kompliziert und vielgestaltig aufgebaute Mundverschluss mit seinen eigenartigen Kapselzähnen. Auch diese kann man durch eine einfachen Schnitt für eine genauere mikroskopische Betrachtung herrichten: Man trennt von der Kapselurne den Mundbereich als dünnen Ring ab, schneidet auch diesen auf und breitet ihn bandförmig aus. Wiederholtes Spülen in 70%igem Ethanol vertreibt die meist zahlreichen Luftbläschen.

Stadien aus dem Generationswechsel Die aus der Mooskapsel herausfallenden und oft vom Wind verbreiteten Sporen keimen aus, bilden aber zunächst noch keine neue grüne Moospflanze, sondern einen fadenförmigen Vorkeim, den man Protonema nennt. Im Freiland sind diese Entwicklungsstadien wegen ihrer Kleinheit kaum zu finden oder als solche zu erkennen, da sie einer fädigen Bodengrünalge ähnlich sind. Man kann sie jedoch leicht aus ▸ Moossporen ankultivieren. Protonemata erinnern im Aufbau an eine verzweigte, fädige Grünalge und werden daher oft als Beispiel für das so genannte Biogenetische Grundgesetz zitiert, wonach sich in der Individualentwicklung die Stammesgeschichte wiederholt: Insbesondere die Laubmoose zeigen zwar schon deutliche Anklänge an die Sprossgestalt der höheren Pflanzen, stehen aber in manchen Merkmalen eben auch noch den Algen nahe. Am Protonema bilden sich Seitenknospen, aus

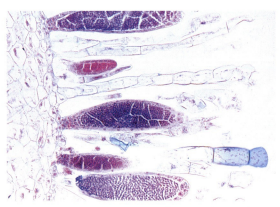

Sternmoos (*Mnium*) – männliches Gametangium (Antheridium)

denen sich erst das eigentliche neue Moospflänzchen differenziert. Als ausgewachsenes Moos bildet es besondere Behälter (= Gametangien), in denen durch Mitosen die Fortpflanzungszellen (= Gameten) entstehen. Die grünen

Moospflänzchen eines Polsters oder eines Rasens sind also die Gameten bildende Generation, der Gametophyt. Fallweise sind die männlichen Gametangien (= Antheridien) gruppenweise zu Antheridienständen zusammengefasst und von einer besonderen Hülle umgeben, die bereits an eine kleine Blüte erinnert. Sie hält einen Wassertropfen fest („splash pool"-Vorrichtung), in den die männlichen Gameten entlassen werden und von dort den Weg zu den weiblichen Gametangien (= Archegonien) nehmen.

Durch die Befruchtung wird die Eizelle im Archegonium zur diploiden Zygote, der ersten Zelle des Moosembryos. Sie streckt sich und entwickelt sich schrittweise zur Sporenkapsel, die folglich den Sporophyten darstellt.

Besondere Blättchentypen Bei manchen Moosen zeigen die im Prinzip überwiegend einschichtigen Blättchen interessante Abwandlungen. Das in bodensauren Nadelforsten häufige Ordenskissenmoos (*Leucobryum glaucum*), in Gärtnereien gerne als Dekorationsmaterial verwendet, sieht im trockenen Zustand eigenartig weißlich-grün aus. Die mikroskopische Untersuchung einiger Blättchen klärt dieses Problem: Die Blättchen bestehen aus Längsreihen leerer, toter, kastenförmiger Zellen (= Hyalinzellen oder Hyalocyten), die durch große Zellwandporen untereinander und mit der Außenwelt in Verbindung stehen und sich in Niederschlagsperioden kapillar vollsaugen. Die mit Chloroplasten ausgestatteten und photosynthetisch aktiven Zellen sind im Vergleich dazu klein und schlauchförmig gestreckt. Sie sind zwischen die Hyalinzellen in Parallelreihen eingebettet.

Beim bekannten Frauenhaar- oder Widertonmoos (*Polytrichum commune* oder andere Arten der Gattung) zeigen sich auf der Blättchenoberseite schon im Lupenbild eigenartige parallel verlaufende Zellbänder. Im Querschnittbild ist die Blättchenanatomie klarer zu erkennen: Der Blättchengrund besteht fast ausschließlich aus einer stark verbreiterten Mittelrippe mit eingestreuten dickwandigen Festigungselementen. Davon erheben sich eng nebeneinander stehende, säulen- bzw. lamellenartig angeordnete grüne Zellreihen, die offensichtlich für die photosynthetische Ernährung der Pflanze zuständig sind. Ihre obersten Zellen sind jeweils etwas breiter und leicht rinnenförmig eingetieft. Das gesamte Arrangement bildet ein kapillaraktives Gefüge, mit dem sich Wasser etwas länger speichern lässt als mit der üblichen Blättchen-Flachware – überdies die bemerkenswerte Vorwegnahme eines Assimilationsparenchyms der Blütenpflanzen (vgl. S. 159).

Zum Weiterlesen BRAUNE u. a. (1999), BROGMUS (1999), DETHLOFF (1991), ESSER (1992), FRAHM (1981, 2001), GERLACH u. LIEDER (1982), GRUBER (1989, 1990), HÄUSLER (1983), HENSELER u. FRAHM (2000), HÖRMANN (1979), PROBST (1987), SCHUMM (1985), VON DER DUNK u. VON DER DUNK (1973)

▸ **Bestimmungshilfen** AICHELE u. SCHWEGLER (1993), FRAHM u. FREY (1983), FREY u. a. (1995), KREMER u. MUHLE (1991), WIRTH u. DÜLL (2000)

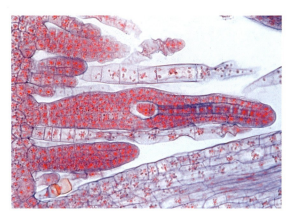

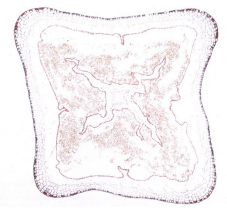

Sternmoos (*Mnium*). Oben: Weibliches Gametangium (Archegonium), unten: Querschnitt durch das Sporogon

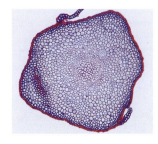

Querschnitt durch das Stämmchen von *Polytrichum commune*: Andeutung eines Leitbündels. Die mit vergleichsweise dicken Stämmchen wachsenden *Polytrichum*-Arten zeigen außerdem eine sehr frühe Form von Leitbündel: Auf dem Stämmchenquerschnitt erkennt man Gruppen so genannter Hydroiden, die dem Wassertransport in axialer Richtung dienen.

7.2 Thallöse Lebermoose

Moose gibt es nicht nur als beblätterte Pflanzen mit bäumchenartiger Verzweigung, sondern auch als lappige, dem Substrat flach anliegende Gebilde ohne deutliche Gliederung in Achsen und Blättchen. Solche Formen bezeichnet man wie bei den Makroalgen als thallös. Die entwicklungsgeschichtliche Grenze zwischen thallöser und kormophytischer Organisation verläuft offensichtlich mitten durch die Moosverwandtschaft.

Zwischen Algen und Farnen

Feuchte Kammer S. 292
Sudan III-Glycerin S. 276

Das mit großen, bis 10 cm langen und etwa 1 cm breiten Thalluslappen wachsende Brunnenlebermoos (*Marchantia polymorpha*) ist eine der häufigsten, verbreitetsten und am besten untersuchten Lebermoosarten überhaupt. In den gemäßigten Breiten ist die Art heute nahezu weltweit verbreitet. Sie ist mit einiger Regelmäßigkeit auch in Gartenbauanlagen zu finden, ebenso wie das aus dem Mittelmeergebiet eingeschleppte und unterdessen mit frostresistenten Formen auch an Freilandstandorten recht häufige Mondbechermoos. Gärtner bezeichnen diese Formen mitunter auch als Blumentopfunkräuter. In einer ▸ feuchten Kammer lassen sich diese Arten über längere Zeit recht einfach kultivieren. Thalluslappen beider Arten sind außerordentlich dankbare Objekte für die Makro- und Mikroskopie.

Thalluslappen vom Brunnenlebermoos (*Marchantia polymorpha*)

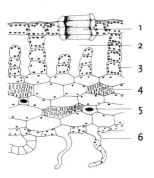

Thallusquerschnitt Brunnenlebermoos (*Marchantia polymorpha*): 1 Atempore, 2 Atemhöhle, 3 Assimilationszelle, 4 Wasserzelle, 5 Ölzelle, 6 Zäpfchenrhizoid

Lappig wie eine Leber In vielen Lehr- und Schulbüchern gilt das Brunnenlebermoos als Typbeispiel schlechthin der Lebermoose. Dieses Bild bedarf grundsätzlich der Korrektur, denn gerade die Verwandtschaft um *Marchantia* zeigt eine Anzahl interessanter und stark abweichender Sonderbildungen, die so bei anderen Lebermoosen nicht vorkommen.

Schon bei äußerer Betrachtung mit einer Lupe fällt die betonte kleine rhombische Felderung der Thallusoberseite auf. In der Mitte jedes Feldes findet sich eine kleine Öffnung, die sich im Schnittbild als kaminartige Öffnung zeigt und Atempore genannt wird, da sie – ähnlich wie die Spaltöffnungen der Blätter höherer Pflanzen – dem Gasaustausch zwischen innen und außen dient. Wenn der Binnendruck der daran beteiligten Zellen unter Wasserstress nachlässt, sinken diese zusammen und verschließen so die Öffnung. Vergleichbare Atemporen kommen auch auf der Thallusoberseite des Mondbechermooses vor, bei anderen Vertretern der Familie jedoch nicht. Außer der mit feinen Poren durchbrochenen Felderung zeigt *Marchantia* über die Oberfläche locker verstreute tassenförmige Brutbecher. Darin schnüren sich kleine, linsenförmige Brutkörper (= Gemmen) ab, die der vegetativen Vermehrung dienen. Sie werden vom Regenwasser (oder in Gärtnereien mit dem Gießwasser) fortgeschwemmt.

Mehrschichtiger Thallus Im Schnittbild zeigt sich der Thalluslappen mehrschichtig und damit von ähnlich komplexem Aufbau wie ein bifaziales Laubblatt (vgl. S. 191). Die gefelderte Oberseite besteht aus einer kleinzelligen Epidermis, die außen mit einer dünnen Cuticula überzogen ist – diese aus wachsähnlichen Stoffen zusammengesetzte Lage ist eine spezielle Wasser abweisende Imprägnierung der äußeren Zellwände und dient dem zusätzlichen Schutz vor Wasserverlusten. Mit einem lipophilen Farbstoff wie ▸ Sudan III-Glycerin lässt sie sich anhand ihrer leichten Rosafärbung darstellen. Unter der Epidermis breiten sich das assimilatorische System mit den Luftkammern,

Projekt	Organisation und Gestaltdetails thallöser Lebermoose
Material	Brunnenlebermoos (*Marchantia polymorpha*) aus feuchten Schächten oder Mauern
Was geht ähnlich?	Mondbechermoos (*Lunularia cruciata*) aus Gärtnereien oder von Friedhöfen in wintermilden Gebieten, Fertigpräparate aus dem Lehrmittelhandel
Methode	Untersuchung von Totalpräparaten und Schnittbildern im Hellfeld
Beobachtung	Baupläne, Morphologie , Sonderstrukturen

Die Ölkörper sind in Größe und Färbung meist artspezifisch, aber nur an frischem Pflanzenmaterial zu sehen, da sie mit der Trocknung verschwinden.

Zugängen zu den Atemporen und vor allem den säulchenartig organisierten Zellgruppen auf, die mit ihrer Photosynthese das Gesamtsystem ernähren.

Den gesamte untere Teil des Thalluslappens bildet ein als Speicher ausgebildetes Gewebe mit großen, ziemlich lückenlos aneinander schließenden Zellen, die nur wenige Chloroplasten führen. Hier und da weisen die Zellwände seltsame Verstärkungselemente auf. Einige Zellen sehen kompakter aus – es sind die als zusätzliche und einzigartige Besonderheit der Lebermoose nur in dieser Verwandtschaft vorkommenden Ölzellen. Sie enthalten jeweils einen größeren, von einer Membran umgebenden Ölkörper, in dem sie ein Gemisch verschiedener Mono- und Sesquiterpene speichern. Vergleichbare Depots der Laubmoose bestehen im Gegensatz dazu immer aus membranfreien Öltröpfchen. Mit Sudan III-Glycerin kann man auch diese Zellinhalte leicht als lipophil nachweisen.

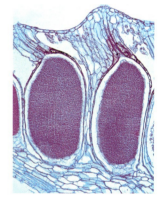

Herausgehobene Gametangien: Schirmchen und Ständer

Im Sommerhalbjahr entwickeln sich auf der Thallusoberseite verschiedener Individuen auf dünnen Stielchen kleine, schirmförmige Gebilde. Sie sehen fallweise wie kleine Scheiben aus, tragen eingesenkt in die Oberseite zahlreiche männliche Gametangien (= Antheridien) und heißen dann Antheridiophore. Die weiblichen Gametangien befinden sich auf der Unterseite sternchenförmig gestalteter Schirme. Im Schnittbild ist ihre für die Moose typische Form zu erkennen: Die Eizelle befindet sich im Inneren eines flaschenförmigen, von einer sterilen Wand umgebenen Behälters, den man Archegonium (= weibliches Gametangium) nennt. Folglich sind die Träger Archegoniophoren.

Während bei den (meisten) Algen die Gametangien jeweils nur von einer Zellwand umgeben sind, findet sich bei den Moosen erstmals eine rundum geschlossene zellige Lage. Nur solche Gametangien bezeichnet man als Antheridium (männlich) bzw. Archegonium (weiblich). Archegonien kommen auch bei den Farnpflanzen und bei den Nadelhölzern vor, wonach man diese Pflanzengruppen auch als Archegoniaten zusammenfasst. Die weiblichen Gametangien der Bedecktsamer sind jeweils stärker abgewandelt.

Alle Zellen eines Thalluslappens von Brunnenleber- oder Mondbechermoos sind haploid. Nur die befruchtete Eizelle und die aus ihr hervorgehende Sporenkapsel (Sporogon) sind diploid. Dieser sporophytische Teil des Generationswechsels, der sich auf der Unterseite des Archegoniophors entwickelt und durch Reifungsteilung wieder haploide Sporen hervorbringt, bleibt sehr winzig und unauffällig.

Brunnenlebermoos (*Marchantia polymorpha*): Antheridien (oben), Archegonien (Mitte) und junges Sporogon (unten)

Auch bei den thallösen Lebermoosen überwiegt daher im Erscheinungsbild klar die Gesamtphytengeneration.

Zum Weiterlesen AICHELE U. SCHWEGLER (1993), BRAUNER (1990), FRAHM (2001), VON DER DUNK U. VON DER DUNK (1972, 1979)

7.3 Torfmoose

Bei Lupenbetrachtung erweisen sich selbst kleine Portionen von Moospolstern als dschungelartige Kleinwelten. Hinsichtlich des darin zu erwartenden Formenreichtums sind Torfmoose sozusagen die Regenwälder unter den Moosrasen. Die recht seltsamen Blättchenkonstruktionen beherbergen zahlreiche Miniaturaquarien mit Einzellern und vielen weiteren Kleinorganismen.

Kleinstwelten in Moosblättern

Wegen ihrer abweichenden Gestalt nehmen die eigenartigen Torfmoose unter den Moospflanzen eine Sonderstellung ein. Neuere Systeme stellen sie nicht mehr zu den Laubmoosen (Klasse *Bryatae* bzw. *Bryopsida*), sondern in eine eigene Klasse *Sphagnopsida*. Gerade ihre seltsam aufgebauten Blättchen, für die es im Pflanzenreich sonst keine Entsprechung gibt, sind für die mikroskopische Beobachtung außerordentlich ergiebig und sollen hier im Vordergrund stehen.

Torfmoose im Blumentopf Torfmoose sind typische Bewohner der Hochmoore und kommen somit in einem Lebensraumtyp vor, der nicht überall vorhanden ist und zudem auf der Roten Liste hochgradig bedrohter Biotope steht. Für die hier vorgeschlagenen Untersuchungen genügt im Prinzip eine einzige Moospflanze. Einige Arten der formenreichen Gattung *Sphagnum*, darunter *S. palustre* und *S. squarrosum*, finden sich jedoch auch an anderer Stelle, beispielsweise in den dauerfeuchten Gräben entlang schattiger Waldwege. Einige Arten kommen als Kennarten auch in Niedermooren vor. Eine potenzielle Materialquelle sind Gärtnereien, in denen Torfmoose mitunter als Füll- oder Kultursubstrat für spezielle Pflanzen (z. B. tierfangende Arten wie Sonnentau u. a.) verwendet werden. Man kann kleine Proben davon im Blumentopf auf der schattigen Fensterbank weiterkultivieren. Den Topf muss man allerdings gut feucht halten (Untersatz) und deckt ihn zusätzlich mit einer Glasscheibe ab.

Für ein Übersichtspräparat zupft man Torfmoos-Blättchen aus verschiedenen Bereichen eines Polsters vorsichtig ab, breitet sie auf einem Objektträger aus und durchmustert in Wasser vom Standort.

Grün oder bleich Torfmoose sind bekanntlich außerordentlich wirksame Wasserspeicher und gleichsam die Reservoire der Hochmoore. Auf die zahllosen Kapillar- und Porenräume im Stängelgewirr eines ausgedehnten *Sphag-*

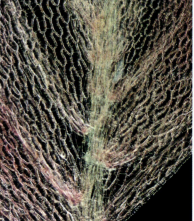

Rotes Torfmoos (*Sphagnum rubellum*): Spitzenbereich eines Gametophyten (oben) und einzelnes Blättchen im Dunkelfeld (rechts)

Projekt	Blättchen-Architektur und Bewohner in den Wasserzellen von Torfmoosen
Material	Torfmoospflanzen aus dem Freiland oder aus der Gärtnerei
Was geht ähnlich?	Viele Torfmoos-Arten lassen sich auch in Blumentöpfen kultivieren, die man in einen ständig bewässerten Untersatz stellt.
Methode	Einfaches Zupfpräparat mit wenigen Blättchen aus verschiedenen Achsenbereichen, Färbung mit Methylenblau-Lösung
Beobachtung	Zelltypen in den Blättchen, Blättchendickicht als Kleinbiotop

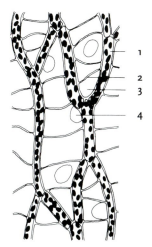

Blättchenorganisation von *Sphagnum*: 1 Chlorozyt, 2 Verstärkungsspange, 3 Hydrozyt, 4 Wandpore

num-Polsters geht jedoch nur ein Teil der enormen Wasserspeicherfähigkeit zurück. Ungleich wirksamer für die Zurückhaltung von Niederschlagswasser ist die unter den Moosen sonst nur selten verwirklichte Blättchenkonstruktion. Wenn man Stämmchen- oder Astblätter vorsichtig abzupft und bei mittelstarker Vergrößerung betrachtet, erkennt man – ähnlich wie beim Ordenskissenmoos (vgl. S. 161) – das eigenartige, aber hochgradig geordnete Muster, an dem sich nur zwei verschiedene Zellsorten beteiligen: Die leicht geschwungenen, schmalen, grünen (bei manchen Arten durch Anthocyaneinlagerung auch rötlichen) Chlorozyten schließen jeweils die ungleich breiteren, durchsichtigen Hyalozyten ein. Diese Hyalozyten, die manchmal auch Hyalin- oder einfach Wasserzellen genannt werden, sind im funktionstüchtigen Zustand tot und leer. Diese Eigenschaft teilen sie mit den wasserleitenden Elementen des Xylems in den Gefäßpflanzen, und wie bei diesen sind ihre Zellwände auch von spangenartigen Verdickungsleisten in Ringform oder als Spiralsegmente verstärkt. *Sphagnum*-Zellwände sind reine Cellulosekonstruktionen, während xylematische Elemente zur Aussteifung und Druckstabilität den Holzstoff Lignin verwenden.

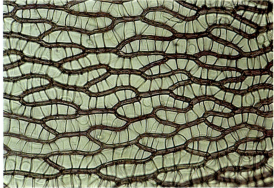

Poren zur Außenwelt Zur Außenwelt sind die farblosen Hyalozyten über 3–25 µm große Poren geöffnet – es sind begrenzte, meist rundliche Wanddurchbrechungen bzw. -auflösungen, die wohl aus Zellwandtüpfeln hervorgehen. Größe, Anzahl und Anordnung der Poren auf den Wänden der Blättchenober- und -unterseite sind taxonomisch von besonderem Belang und für die artgenaue Bestimmung einzelner Arten(gruppen) wichtig. Im mikroskopischen Präparat lassen sie sich deutlich und kontrastreich darstellen, wenn man sie mit unverdünnter Methylenblaulösung oder normaler Schreibtinte

Links und rechts: Zellmuster des Sumpf-Torfmooses (*Sphagnum palustre*). Die Zellwände der Torfmoosblättchen bestehen nur aus unterschiedlich dicken Celluloseeinlagerungen.

Völlig ausgetrocknet sind die Hyalozyten mit Luft gefüllt. In diesem Zustand sehen die Torfmoose aufgrund von Total-reflexion völlig fahl bis fast weißlich aus, was ihnen auch den Namen Bleich- oder Weißmoose eingetragen hat.

anfärbt. Da viele *Sphagnum*-Arten (jedoch nicht alle) auf Hochmooren leben und an diesem Wuchsort keinen Kontakt mehr zu Mineralboden bzw. Grund-wasserspiegel haben, ist die effiziente Wasserspeicherung in den spezialisier-ten Blättchenzellen ein einzigartiger Fall von Ressourcenökonomie, die der Sukkulenz höherer Pflanzen zwar vergleichbar ist, aber mit völlig anderen Mitteln eine sichernde Wasserbevorratung mit klarer zeitlicher Perspektive leistet.

Über die Hyalozyten, die eine starke innere Oberflächenvergrößerung leis-ten, erfolgt auch die Aufnahme von Kationen unter gleichzeitiger Abgabe von H^+-Ionen, weswegen die Torfmoose ihre Standorte allmählich ansäuern.

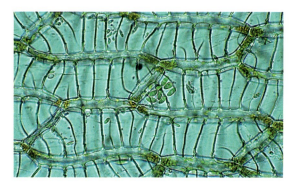

In den Hyalozyten (Hydrozyten) vieler Torfmoose siedeln sich einzellige Kolonisten (Algen, Protozoen) an.

Lactophenol-Anilinblau S. 278

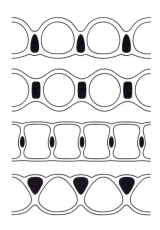

Chlorozyten (schwarz) und Hydrozyten (hell) in verschie-denen *Sphagnum*-Arten. Von oben nach unten *S. russowii*, *S. riparium*, *S. tenellum* und *S. wulfianum*

Wasserzellen sind Mini-Aquarien Viele der über eine oder mehrere Poren und oft sogar allseitig zu-gänglichen Hyalozyten erweisen sich bei gezielter Nachsuche als attraktive und auch tatsächlich be-wohnte Kleinsthabitate, in denen man häufig eine arten- und typenreiche Auswahl an Mikroorganismen erwarten kann. Dieser besondere Lebensraum und seine Artenbestückung sind schon seit langem als Materialquelle für recht ungewöhnliche Einzeller bekannt. Cilaten, Amöben, Flagellaten, einzellige Algen und weitere Kleinorganismen sind hier mit-unter arten- und individuenreich vertreten. Da sie sich nahezu ungehindert zwischen den einzelnen Hyalozyten fortbewegen, liefern sie gleichzeitig den visuellen Beweis dafür, dass die Wasserzellen tat-sächlich ein zusammenhängendes Hohlraumsystem darstellen. Auch Pilz-hyphen, die sich hier nicht selten einfinden, kann man gut von Kammer zu Kammer verfolgen, insbesondere nach Anfärbung mit ▸ Lactophenol-Anilin-blau.

Torfmoose sind Spezialisten So schwierig die artgenaue Bestimmung der einzelnen (in Mitteleuropa etwa 40 vorkommenden) Torfmoose der Gattung *Sphagnum* ist, so einfach ist die Unterscheidung dieser bemerkenswerten Gattung von allen übrigen Laubmoosen. Immerhin vereint der Bauplan dieser Moose eine so einzigartige Merkmalkombination, dass man sie innerhalb der Laubmoose (Klasse *Bryatae* = *Bryopsida*) schon lange in einer eigenen Unter-klasse *Sphagnidae* und heute sogar als eigene Klasse *Sphagnopsida* führt. Unterscheidendes Kriterium ist neben dem abweichenden Bau der als Zell-netz organisierten, rippenlosen Blättchen unter anderem der ausnahmsweise nicht fädige, sondern gelappte (thalloide) Vorkeim. Die langen rhizoidlosen Stämmchen wachsen in der Spitzenregion nahezu unbegrenzt weiter, wäh-rend die basalen Abschnitte absterben und − unter günstigen Vorausssetzun-gen − allmählich zum Bestandteil von Torf werden. An den Stämmchen sind die meist kürzeren Seitenzweige locker verteilt, während sie am Sprossende kopfig gedrängt zusammenstehen. Bei manchen Arten legen sich abwärts gerichtete Seitenzweige sehr eng an die Hauptstämmchen und fördern damit, zusätzlich zum sonstigen Achsengedränge in einem Torfmoospolster, wie Dochte die kapillare Fortleitung des Wassers.

Zum Weiterlesen Bartsch (1981), Dierssen (1996), Frahm (2001), Grolière (1975), Hingley (1993), Hrauda (1991), Meine (1988), Pentecost (1982), Probst (1984, 1987)

7.4 Farne sind archaische Landpflanzen

Entwicklungsgeschichtlich stellen die Farne eine der ältesten und erfolgreichsten Verwandtschaftsgruppen unter den Landpflanzen dar. Sie verkörpern eine völlig andere Evolutionslinie als die weitaus artenreicheren Moose und optimierten schon frühzeitig spezielle Anpassungsleistungen, die bis zu den modernen Blütenpflanzen fortwirken. Wenige Formenkreise sind sekundär wieder zu den wässrigen Lebensräumen zurückgegangen.

Grundsätzlich steht bei allen Pflanzen und Tieren am Beginn eines neuen Keims die Verschmelzung zweier Geschlechtszellen, eines männlichen Spermatozoiden und einer weiblichen Eizelle. Während bei den Tieren aus dieser Zellverschmelzung unmittelbar eine neue Generation hervorgeht, die heranwächst und sich nach Abschluss ihrer Reifung genauso fortpflanzt wie die Elterngeneration, sind bei den Pflanzen immer zwei Fortpflanzungsverfahren mit völlig verschieden aussehenden Akteuren gekoppelt. Außer den Moosen zeigen auch die Farne diesen Ablauf beispielhaft klar.

Sporenbildung: Fruchtbar ohne Früchte Ab Spätsommer entwickeln die heimischen Farnarten auf der Unterseite ihrer Wedelblätter rundliche oder strichförmige Gruppen (Sori) bräunlicher Sporenbehälter (Sporangien). Anfangs sind sie noch von einer häutigen Schuppe (= Indusium) bedeckt, die mit zunehmender Reife schrumpft und schließlich abfällt. Jedes Sporangium ist dünn gestielt und sieht aus wie ein winziger Ritterhelm mit Klappvisier und öffnet sich auch so ähnlich. Wenn man einen frischen und noch etwas feuchten Farnwedel mit reifen Sporangiensori unter dem Stereomikroskop untersucht, öffnen sich die Sori unter dem Einfluss der wärmenden Mikroskopierleuchte und entlassen dabei große Mengen staubfeiner Sporen. Im Freiland würde sie der Wind verfrachten. Die grüne, makroskopische Farnpflanze ist also der Sporophyt, die Sporen erzeugende Generation.

Die Öffnung der Sporangien erfolgt bei den Farnen nach einem weitgehend ähnlichen Mechanismus: Die Sporangienwand weist eine Leiste aus Zellen mit U-förmigen Verdickungselementen auf. Beim allmählichen Austrocknen werden diese kohäsiv stark gespannt, bis eine vorgeformte Öffnungsstelle ohne Verdickungselemente aufreißt und die Sporenmassen freigibt.

Rückschau in die Vergangenheit

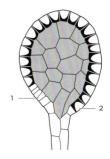

Öffnung durch Kohäsion: Ungleichförmige Zellwandverstärkungen am Farnsporangium. 1 vorgeformte Öffnungsstelle, 2 Sporangienwand

Die meist nur wenige μm Durchmesser großen Sporen sind etwas länglich-oval und tragen auf der Oberfläche ein feines, oft netzartiges Leistenmuster, das im Mikroskop erst bei stärkerer Vergrößerung erkennbar wird.

Zweistufiger Generationswechsel

Zweistufiger Generationswechsel Wenn die Sporen auf den Boden fallen und zunächst fädig auskeimen, bilden sie noch keinen neuen Farn mit großen Wedeln, sondern ein kleines, glasig grünes, leicht lappiges Gebilde etwa von der Größe eines Fingernagels, das man Vorkeim (Prothallium) bzw. Geschlechtspflanze (Gametophyt) nennt. Beim heimischen Wurmfarn ist es ein kleines, meist herzförmiges Läppchen, bei anderen Farnen kann es davon

Links: Unreife Sporangiensori des Tüpfelfarns (*Polypodium vulgare*). Mitte: Reife Sori des Braunen Streifenfarns (*Asplenium trichomanes*). Rechts: Wurmfarn (*Dryopteris filix-mas*), Querschnitt durch den Sorus

Projekt	Organisation und Fortpflanzung von Farnen
Material	Adlerfarn (*Pteridium aquilinum*), Wurmfarn (*Dryopteris filix-mas*), Tüpfelfarn (*Polypodium vulgare*)
Was geht ähnlich?	Zimmerpflanzen wie Venushaarfarn (*Adiantum capillus-veneris*), beliebige Farne aus Freiland oder Gärtnerei, weitere Farnpflanzen wie Bärlappe und Schachtelhalme, Fertigpräparate aus dem Lehrmittelhandel
Methode	Untersuchung von Totalpräparaten und Schnittbildern im Hellfeld, zusätzliche Lupenuntersuchungen
Beobachtung	Baupläne, Stadien des Generationswechsels, Sonderstrukturen

Gelegentlich findet man die kleinen, lappigen und meist hellgrünen Prothallien auch auf Blumentöpfen unter Zimmerfarnen wie beim Venushaarfarn (*Adiantum capillus-veneris*).

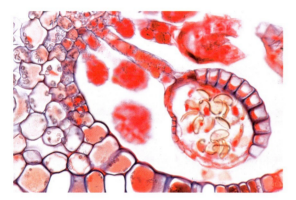

Hirschzungenfarn (*Asplenium phyllitis*): Sporangium mit Annulus

Kultur von Farnsporen S. 292

deutlich abweichende Formen aufweisen. Darauf entstehen in besonderen Behältern und stets getrennt voneinander die männlichen und weiblichen Gameten, die frei beweglichen Spermatozoiden (Androgameten) in den Antheridien, die unbeweglichen Eizellen in den flaschenförmigen Archegonien, die so erstmals im Generationswechsel der Moose auftraten (vgl. S. 161). Im Wald oder an anderen Wuchsorten von Farnen sind die Vorkeime meist nur schwer zu entdecken.

Farnprothallien fast aller Arten lassen sich relativ leicht heranzüchten. Man legt dazu einen reifen Wedelabschnitt mit den Sori nach unten auf weißes Papier. Schon nach wenigen Stunden sind aus den trocknenden Sporangien genügende Mengen dunkler Farnsporen herausgerieselt. Man streut sie auf Blumenerde im Topf aus und deckt mit einer Glasscheibe ab. Erfolgreich lassen sich Farnprothallien auch nach einfachen ▸ Verfahren ankultivieren. Nach vier bis sechs Wochen haben sie Gametangien entwickelt.

Die Befruchtung fällt ins Wasser Beim Wurmfarn und einigen weiteren heimischen Farnen sind die Prothallien bis auf wenige Zellfelder einschichtig. Untersucht werden die in Wasser gründlich gesäuberten Pflänzchen von der Unterseite. Gegenüber dem herzförmigen Einschnitt, an der Spitze des Prothalliums, finden sich Büschel farbloser Rhizoiden. Dazwischen und daneben

Links: Farnprothallium mit jungem Sporophyt.
Rechts:
Der junge Sporophyt wächst direkt aus dem befruchteten Archegonium.

fallen die rundlichen, etwas vorgewölbten Antheridien auf, wobei die ältesten nahe der Spitze liegen. Aus jedem Antheridium werden zunächst die kugeligen Spermatiden freigesetzt, die dann jeweils einen vielgeißeligen Gameten (Spermatozoid) entlassen. Mit etwas Glück lässt sich das Ausschlüpfen eines Spermatozoiden beobachten. Durch vorsichtiges Quetschen kann man die Freisetzung der reifen Spermatiden etwas beschleunigen. Wenn man am Deckglasrand mit einer feinen Pipettenspitze einen winzigen Tropfen frischen Apfelsaft (säuerlichen Apfel einfach anstechen) ansetzt, ist möglicherweise die Anlockung der Spermatozoiden zu beobachten: Sie reagieren positiv chemotaktisch auf Äpfelsäure (Malat).

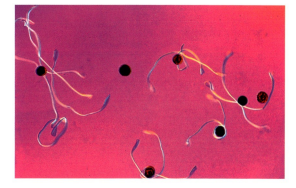

An den Prothallien sind gewöhnlich auch die Archegonien zu erkennen, die mit ihrem leicht gekrümmten Halsteil aus der Fläche etwas hervorragen, während die Eizelle eingesenkt im flächigen Zellverband liegt. Die jüngsten, noch nicht bräunlich verfärbten Archegonien befinden sich nahe der Prothalliumspitze.

Im Freiland schwimmen die aktiv beweglichen männlichen Gameten durch den Wasserfilm der Bodenfeuchte zu den weiblichen Eizellen auf dem eigenen oder einem benachbarten Vorkeim und befruchten sie durch Verschmelzung. Erst aus der befruchteten Eizelle wächst nun ein zunächst noch kleines Farnpflänzchen heran, das sich rasch zum Wedel tragenden Wurm- oder Adlerfarn vergrößert.

Bei den Schachtelhalm-Arten (*Equisetum*) sind die Sporen mit Elateren (fadenförmige Anhänge) als Verbreitungshilfen ausgerüstet.

Ursprüngliche Leitgewebe Die verschiedenen Verwandtschaftsgruppen der Farnpflanzen bieten eine Menge weiterer Untersuchungsmöglichkeiten. Von besonderem Interesse ist beispielsweise der Vergleich der Rhizom- und Sprossachsenquerschnitte mit den durchweg vertrauteren Verhältnissen bei den Blütenpflanzen (vgl. S. 171 f.). Bei den Farnpflanzen sind die Leitbündel in aller Regel viel einfacher organisiert. Meist findet sich in der Sprossachse nur ein einzelnes, zentrales und konzentrisches Leitbündel mit Innenxylem und Außenphloem (Moosfarn) oder ein in verschiedene Portionen zerklüftetes Bündel (Bärlappe). Bei den Schachtelhalmen ist ein Ring kollateraler Leitbündel (vgl. S. 176) um die zentrale Markhöhle gruppiert. Bei den Wedelfarnen sind die Leitbündel dagegen überwiegend konzentrisch aufgebaut. Im Rhizom des Adlerfarns ergeben sie in der Lupenansicht in Umrissen (angeblich) das Bild eines habsburgischen Doppeladlers (Name!).

Adlerfarn (*Pteridium aquilinum*): Rhizomquerschnitt mit Leitbündeln im Doppeladler-Arrangement (links) und Einzelbündel mit Außenphloem (rechts)

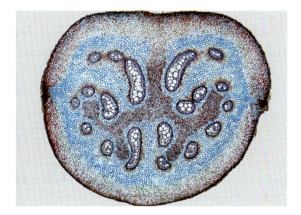

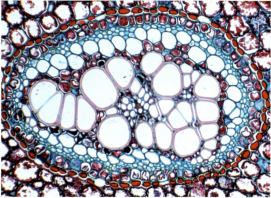

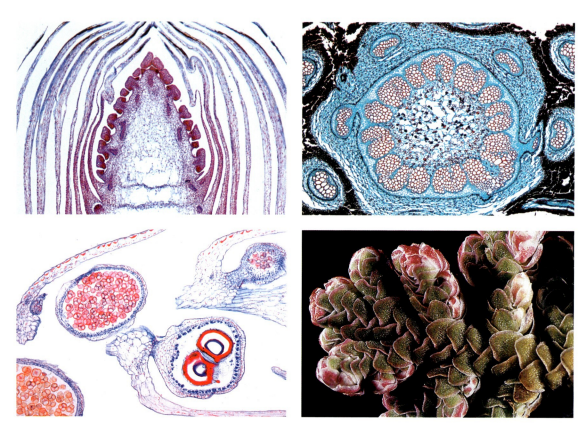

Oben links: Acker-Schachtel-halm (*Equisetum arvense*): Längsschnitt durch die Spross-spitze. Oben rechts: Querschnitt durch das Rhizom des Königs-farns (*Osmunda regalis*). Unten links: Sporophyll des Moosfarns (*Selaginella*) mit Makro- und Mikrosporangien. Unten rechts: Algenfarn (*Azolla filiculoides*)

Daneben sind auch die Blattorgane der Farne von besonderem Interesse. Die Blätter der Bärlappe und die schuppigen Blattreste der Schachtelhalme sind so genannte Mikrophylle und damit ein Blattorganisationsmodell, aus dem sich auch die Nadelblätter der Nacktsamer entwickelt haben. Die großen Wedel der Farne stellen dagegen flächige Megaphylle dar, die bei den Bedeckt-samern zum gewöhnlichen Laubblatt wurden. Interessante Abwandlungen der Blattorgane zeigen die Wasserfarne, darunter beispielsweise der zunehmend auch für Gartenteiche angebotene Schwimmfarn (*Salvinia natans*), der mit höchst ungewöhnlich geformten Haaren ausgestattet ist. Empfehlenswert ist auch die genauere Untersuchung der kleinen Algenfarne (*Azolla*-Arten), die ebenfalls für Teiche im Handel sind, aber ansonsten in fast jedem Botani-schen Garten mit Warmhausanlagen zu bekommen sind. In den nach oben ragenden Blattzipfeln befindet sich eine kleine Höhle, in der man mit großer Regelmäßigkeit symbiontische Cyanobakterien antreffen kann. Mit zwei Prä-pariernadeln zerzupft man einen solchen Blattzipfel und quetscht ihn unter dem Deckglas vorsichtig. Zwischen den Blattfragmenten fallen dann die blau-grünen Zellfäden von *Anabaena azollae* auf, die mit zahlreichen Heterocysten (vgl. S. 58) ausgestattet sind. Darin liegt der Schlüssel zum Verständnis der Symbiose: Die Cyanobakterien versorgen den Farn mit reduzierten Stickstoff-verbindungen.

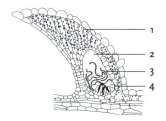

Blattorganisation des Algenfarns (*Azolla filiculoides*): 1 Assimila-tionsgewebe, 2 Zentralhöhle mit 3 Symbiont *Anabaena azollae*, 4 Sekretionshaar

Zum Weiterlesen AICHELE u. SCHWEGLER (1993), ESSER (1992), FREY u. a. (1995), KRAMER u. a. (1995)

7.5 Wurzelanatomie

Alle höheren Pflanzen gliedern sich in die drei Grundorgane Wurzel, Spross-achse und Blatt. Eine daraus bestehende Pflanzengestalt nennt man Kormus. Wurzeln, gewöhnlich tief im Boden versteckt, sind zwar ein Achsenorgan der Pflanze, aber dennoch völlig anders aufgebaut als die Stängel und Stämme. Ein kleiner mikroskopischer Ausflug in die Unterwelt der Landpflanzen deckt die wichtigsten Zusammenhänge auf.

Schon der winzige Pflanzenembryo, der noch im Samen ruht, lässt im Prinzip die kennzeichnende Gliederung in die drei Grundorgane eines Kormus erken-nen – eindrucksvoll darstellbar etwa an einer geöffneten Feuerbohne. Bei fast allen Embryonen ist der Wurzelpol anfangs etwas stärker entwickelt – die Wur-zel ist somit normalerweise das erste Organ, mit dem der wachsende Embryo die Samenschale sprengt und in seine eigene, vorerst noch unterirdische Umwelt eintritt.

Längenwachstum – eine Spitzenleistung Das frische Kraut der gewöhn-lichen Garten-Kresse (*Lepidium sativum*) ist ein recht beliebtes Küchengewürz und in wenigen Tagen mit einfachsten Mitteln auch auf der Fensterbank he-ranzuzüchten: Kresse-Samen, in einer Petrischale auf feuchtes Fließpapier ausgelegt, liefern ebenso rasch auch ein interessantes Material für Untersu-chungen mit dem Mikroskop. Auch Getreidekörner, die man in einer ▸ feuch-ten Kammer keimen lässt, liefern ein brauchbares Ausgangsmaterial. Sehr empfehlenswert sind auch Keimwurzeln von Schlaf-Mohn (*Papaver somni-ferum*), die sich leicht ziehen lassen.

Wie man mit Tuschemarkierungen an den Keimwurzeln leicht nachweisen kann, wachsen diese immer nur an der Spitze in die Länge. Das zellteilungs-aktive Wachstumsgewebe befindet sich im Innern der Wurzelspitze – es dien-te in einer früheren Versuchsanregung bereits zur Untersuchung von Mitose-Stadien (vgl. S. 81). Eine die Wurzelspitze verkleidende Wurzelhaube (Kalyptra) schützt die noch nicht allzu verfestigten Gewebe der Spitzenregion beim Vor-trieb zwischen den eventuell dicht gepackten Bodenteilchen und muss ihrer-seits ständig erneuert werden – besonders gut zu sehen ist sie beispielsweise beim Schlaf-Mohn. Die Nachlieferung der Kalyptrazellen besorgt die gleiche Wachstumszone, die auch die Gewebe der Wurzelspitze nachliefert.

Eine mit Skalpell oder Rasierklinge gekappte, etwa 3 mm lange Wurzel-spitze, die in reichlich Wasser eingelegt und unter einem ▸ aufgeblockten Deckglas untersucht wird, zeigt bei Betrachtung mit Lupe bzw. Stereomikro-skop wichtige Phasen der weiteren Entwicklung: Hinter der Streckungszone der Keimwurzel beginnt ihre Differenzierungszone und damit eine funktionel-le Spezialisierung der verschiedenen Wurzelzellen. Äußerlich ist diese Zone an den vielen, meist dichtfilzig stehenden, einzelligen Wurzelhaaren zu erken-nen. Bei Getreidekeimlingen sind es etwa 400 Stück/mm Wurzellänge, bei der Kresse-Wurzel nicht wesentlich weniger, denn jede Zelle der Außenschicht bildet hier ein Wurzelhaar. Mit ihrer großen Anzahl bringen sie eine beträcht-liche Oberflächenvergrößerung zu Stande. Nur sie sind der für die Wasser- und Stoffaufnahme aus dem Boden allein zuständige Abschnitt. Färbever-suche mit ▸ Sudan-Lösungen ergeben, dass die Außenwände zunächst noch nicht verdickt oder cutinisiert sind.

Die Grundlage der Landpflanzen

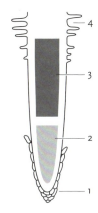

Organisation einer Wurzel-spitze: 1 Wurzelhaube (Kalyptra), 2 Wachstumszone, 3 Streckungs- und Differen-zierungszone, 4 Wurzelhaare

Feuchte Kammer S. 292
Aufgeblocktes Deckglas S. 255
Sudan-Lösungen S. 276

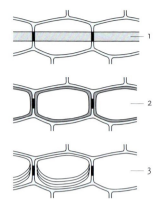

Zunehmende Ausgestaltung:
1 primäre, 2 sekundäre und
3 tertiäre Endodermis

Projekt	Aufbau typischer Pflanzenwurzeln
Material	Keimwurzeln der Garten-Kresse (*Lepidium sativum*), Wurzeln von Hahnenfuß-Arten (*Ranunculus*)
Was geht ähnlich?	Beliebige sonstige Wurzeln von Kräutern oder Gehölzen, beispielsweise Deutsche Schwertlilie (*Iris germanica*) oder Riemenblatt (*Clivia nobilis*), Luftwurzeln von Zimmerpflanzen wie Fensterblatt (*Monstera*) oder Baumfreund (*Philodendron*), Fertigpräparate aus dem Lehrmittelhandel
Methode	Untersuchung gefärbter Schnittbilder im Hellfeld, Färbeverfahren zur Pflanzenanatomie (*Phloroglucin-HCl*), Etzold- und Roeser-Färbungen, ACN-Gemisch, Chlorzinkiod, Sudan-Färbungen
Beobachtung	Grundbaupläne, Gewebetypen, Sonderstrukturen

Safranin-Lösungen S. 277
unter Gram-Färbung (f)
ACN-Gemisch S. 280
Phloroglucin-HCl S. 275
Sudan-Farbstoffe S. 276
Lugolsche Lösung S. 271

Im Experiment kann man die
zum Erdmittelpunkt gerichtete
Schwerkraft durch eine andere
Beschleunigung ersetzen und
damit eine vom Normalbild
abweichende Richtungswahl
beobachten.

Die Wurzelhaare sind wurmartige, unverzweigte Ausstülpungen der einfachen Abschlusslage, die man auch Rhizodermis nennt. Die Zellen der Rhizodermis und damit auch die Wurzelhaare sterben nach einiger Zeit ab. Sie sind demnach also keineswegs die Anlagen der Seitenwurzeln. Unterhalb der Rhizodermis bildet sich rechtzeitig als neues Abschlussgewebe eine Exodermis. Diese ist am besten an der etwas weiter entwickelten Wurzel etwa von Hahnenfuß oder Riemenblatt zu erkennen. Bei vielen Pflanzenarten ist sie sogar mehrschichtig. Bei der Schwertlilie geben sie mit ▸ Safranin-Lösungen, ▸ ACN-Gemisch oder ▸ Phloroglucin-HCl eine positive Reaktion – verholzt sind allerdings nur die Mittellamellen der Zellwände. Die zu den Zelllumina gelegenen Wandbereiche reagieren dagegen mit ▸ Sudan-Farbstoffen und zeigen somit Korksubstanz (Suberin) an.

Weg vom Fenster: Gravitropismus und Statolithenstärke Erstaunlich ist das immer zum Erdmittelpunkt und damit weg vom Sonnenlicht gerichtete, auch im Experiment (beispielsweise durch Horizontallagerung von Keimpflänzchen) leicht nachweisbare Wachstum der Hauptwurzeln, das man mit positivem Geotropismus bzw. Gravitropismus bezeichnet. Reizort zur Wahrnehmung der die Reaktion auslösenden Erdschwere (Geo- oder Graviperzeption) ist die Wurzelspitze. Die Signalvermittlung in den wachsenden Wurzelspitzen erfolgt durch Stärkekörner (Amyloplasten), die auf den Plasmamembranen der unteren, quer verlaufenden Zellwände lasten und damit eine komplexe intrazelluläre Reaktionskette auslösen. Bei den Keimwurzeln der Garten-Kresse sind sie nachweisbar, wenn man mit der Rasierklinge längs halbierte Spitzen vorsichtig quetscht und mit ▸ Lugolscher Lösung versetzt. Legt man eine Pflanze mit senkrecht gewachsener Wurzelspitze für einige Zeit (30 min) horizontal, verlagern sich die Stärkekörner auf die Seitenwände der Wurzelspitzenzellen und leiten damit eine Richtungskorrektur für das Wurzelwachstum ein. Stärkekörner mit dieser Beteiligung an der Lageorientierung nennt man auch Statolithenstärke.

Garten-Kresse (*Lepidium sativum*): Wurzelspitze mit Statolithenstärke

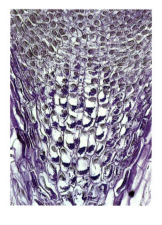

Wurzelleitgewebe: Stränge, Schichten und Zylinder Für die Übersichtsuntersuchung wählt man am besten die etwas dickeren Wurzeln von Kriechendem Hahnenfuß, Ackerbohne, Erbse oder Riemenblatt. Wurzelstücke, die längere Zeit in 70%igem Ethanol aufbewahrt wurden, sind aufgrund des dadurch eingetretenen Wasseraustauschs gehärtet und eignen sich für Handschnitte

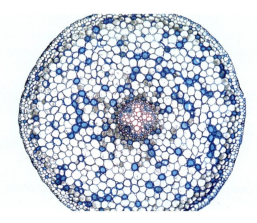
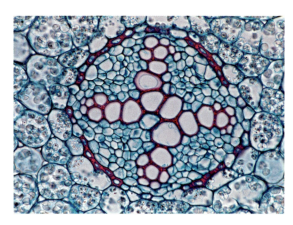

wesentlich besser als weiches Frischmaterial. Als ▸ Schneidehilfe verwendet man in jedem Fall vorteilhaft eine Mohrrübe.

Das Querschnittbild einer Wurzel zeigt einen bemerkenswerten Unterschied zur quer geschnittenen Sprossachse: Die festigenden und der Stoffleitung in Längsrichtung dienenden Strukturen liegen bei der Wurzel immer im Zentrum, bei einem Stängel dagegen peripher. Bei mäßiger Vergrößerung fällt dieser so genannte Zentralzylinder auf. Er besteht aus zweierlei Leitgewebe: Die wegen ihrer Verholzung mit ▸ Astrablau-Fuchsin, ▸ ACN-Gemisch oder mit ▸ Phloroglucin-HCl kräftig anfärbbaren, gewöhnlich auch recht dickwandigen Röhren oder Gefäße gehören zum Wurzelxylem. Sie sind auf dem Querschnitt gewöhnlich zu radial ausgerichteten Leisten gruppiert, die zusammen eine sternförmige Figur ergeben. Die jüngsten Teile liegen immer zum Zentrum, die ältesten außen – genau umgekehrt wie bei der Sprossachse. Je nach Anzahl der Leisten bzw. Strahlen ist das Leitsystem diarch (zweisträngig), triarch (3-), pentarch (5-) oder polyarch (vielsträngig). Wenigstrahlige bzw. -strängige Leitgewebe sind typisch für Zweikeimblättrige, vielstrahlige kennzeichnen eher die Einkeimblättrigen. Zwischen den Gefäßstrahlen liegt inselartig je ein Strang eines recht zartwandigen Leitgewebes, des Wurzelphloems. In dessen Funktionsteilen (vgl. S. 179) werden überwiegend gelöste organische Stoffe wie Zucker transportiert.

Innere Abdichtung Der Zentralzylinder mit dem Leitbündel endet mit dem Perizykel (oft auch Perikambium genannt). Außen wird er von der meist mehrschichtigen Wurzelrinde ummantelt. Die Rindenzellen sind relativ unauffällig und eher gleichförmig. Je nach Jahreszeit enthalten sie viele Stärkekörner (Amyloplasten, nachweisbar mit ▸ Lugolscher Lösung oder Beobachtung im ▸ polarisierten Licht) und erfüllen offensichtlich Speicherfunktionen. Nur die innerste Rindenzellschicht, die Endodermis, setzt sich gegen den Perizykel des Zentralzylinders deutlicher ab. Bei jüngeren Wurzeln weisen ihre radialen Zellwände eine charakteristische Verdickung auf, die man als Casparyschen Streifen (oder im Schnittbild als Caspary-Punkt) bezeichnet – er besteht aus einer korksubstanzähnlichen Wandeinlagerung, die als Wassersperre dient. Mit ▸ ACN-Gemisch und ▸ Phloroglucin-HCl färbt er sich rot an, mit ▸ Chlorzinkiod lässt er sich dagegen negativ darstellen, da nur die angrenzenden Celluloseanteile farblich reagieren. In Tangentialschnitten beispielsweise durch die Wurzeln von Ackerbohne, Hahnenfuß oder Riemenblatt kann man nach Färbung den Casparyschen Streifen als fein gemustertes Band sehen. In diesem Entwicklungsstand bezeichnet man die Endodermis als primär. Bei

Kriechender Hahnenfuß (*Ranunculus repens*): Wurzelquerschnitt (links) und Zentralzylinder mit tetrarchem Leitbündel (rechts). Xylemstrahlen und Phloeminseln bilden zusammen das zentrale, radial aufgebaute Wurzelleitbündel. Bei etwas älteren Wurzeln kann man zwischen Xylem und Phloem das kleinzellige Kambium erkennen, von dem das sekundäre Dickenwachstum ausgeht. Bemerkenswert sind zudem die (meist) unverdickten Durchlasszellen direkt über den Xylemstrahlen. Sie sind offenbar für den Stofftransport zwischen Zentralzylinder und Wurzelrinde zuständig.

Schneidehilfen S. 255
Astrablau-Fuchsin S. 280
ACN-Gemisch S. 280
Phloroglucin-HCl S. 275
Lugolsche Lösung S. 271
Polarisiertes Licht S. 287
Chlorzinkiod S. 276

Transversalschnitt (= Querschnitt)

Radialer Längsschnitt

Tangentialer Längsschnitt

Schnittebenen durch Wurzel und Sprossachse

Sudanfarbstoffe S. 276
Etzolds Gemisch S. 279
ACN-Gemisch S. 280
Phloroglucin-HCl S. 275

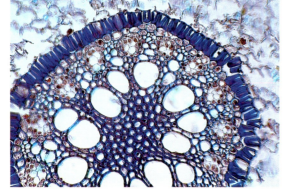

Deutsche Schwertlilie (*Iris germanica*): Wurzelquerschnitt mit tertiärer Endodermis

Die Exodermis vieler Luftwurzeln ist als spezielles Absorptionsgewebe ausgebildet und heißt dann Velamen radicum – ihre Zellen sind überwiegend mit Luft gefüllt und können Niederschlagswasser aufnehmen. Vielfach enthalten die Rindenzellen der Luftwurzeln auch Chloroplasten und sind dann sogar photosynthetisch aktiv.

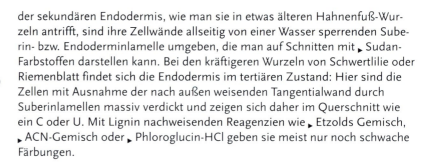

der sekundären Endodermis, wie man sie in etwas älteren Hahnenfuß-Wurzeln antrifft, sind ihre Zellwände allseitig von einer Wasser sperrenden Suberin- bzw. Endoderminlamelle umgeben, die man auf Schnitten mit ▸ Sudan-Farbstoffen darstellen kann. Bei den kräftigeren Wurzeln von Schwertlilie oder Riemenblatt findet sich die Endodermis im tertiären Zustand: Hier sind die Zellen mit Ausnahme der nach außen weisenden Tangentialwand durch Suberinlamellen massiv verdickt und zeigen sich daher im Querschnitt wie ein C oder U. Mit Lignin nachweisenden Reagenzien wie ▸ Etzolds Gemisch, ▸ ACN-Gemisch oder ▸ Phloroglucin-HCl geben sie meist nur noch schwache Färbungen.

Wie Wurzeln weiter wachsen Das Wurzelwerk einer älteren Pflanze ist ein reich verzweigtes und im Boden weit reichendes System.

Die dazu erforderlichen Seitenwurzeln nehmen bei den Samenpflanzen ihren Ausgang immer vom Perizykel. Dabei werden auch die Nachbarzellen einer teilungsbereiten Perizykelzelle wieder aktiv, so dass ein breiter Kegel aus teilungsfähigen Zellen die Wurzelrinde durchbricht und nach außen vordringt. Seitenwurzeln entstehen also im Gegensatz zu Verzweigungen der Sprossachse immer endogen. Auf Querschnittbildern im Bereich einer (angelegten) Seitenverzweigung sind diese Verhältnisse gut zu übersehen.

Damit die Wurzeln nicht nur die Stoffaufnahme aus dem Boden durchführen, sondern auch den gesamten Pflanzenkörper mechanisch verankern können, ist Erstarkungs- oder Dickenwachstum erforderlich. Diese Durchmesser- und Umfangzunahme (sekundäres Dickenwachstum) geht vom Kambium aus, einer teilungsfähigen bzw. re-embryonalisierten Zellschicht innerhalb des strahlig aufgebauten Wurzelleitbündels. Zellen, die das Kambium bei seiner Teilungstätigkeit nach außen abgliedert, bilden zusammen den Wurzelbast. Die nach innen abgeteilten Zellserien bilden dagegen das Wurzelholz. Eindrucksvoll ist der davon abgeleitete Zentralzylinder beispielsweise bei der Großen Brennnessel oder an vielen Gehölzen zu sehen. Bei der Speicherwurzelbildung zwei- oder mehrjähriger krautiger Pflanzen (Wurzelrübenbildung) kann die eine oder die andere Gewebesorte überwiegen. Die Mohrrübe ist eine typische Bastrübe mit großem Bastteil (und ausnahmsweise auch Chromoplasten in der Wurzelrinde), der Rettich („Radi") dagegen eine Holzrübe mit überwiegendem Holzteil. Bei der Zuckerrübe erfolgt die Anlage von Speichergewebe dagegen völlig anomal: Hier bilden sich nacheinander mehrere Kambiumringe, die konzentrisch abwechselnde Zylinder aus Holz- und Bastgewebe abgliedern.

Wurzeln auf Umwegen Sprossbürtige Wurzeln nennt man Wurzelorgane, die außerhalb des eigentlichen Wurzelraums an der Sprossachse entstehen, entweder an den Blattknoten wie bei den Ausläufern von Kriechendem Hahnenfuß und Erdbeere oder im Zwischenknotenbereich wie bei den Haftwurzeln des Efeus. Sofern die sprossbürtigen Wurzeln größere Länge erreichen und schließlich der zusätzlichen Abstützung der Pflanze dienen (wie bei Mangrove-Gehölzen), heißen sie Luftwurzeln. Bekannt sind die oft meterlangen Luftwurzeln der *Philodendron*-Arten. Ihre polyarchen Leitbündel zeigen sehr eindrucksvoll den histologischen Unterschied zwischen den großlumigen

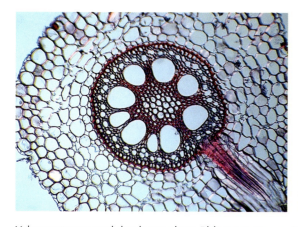

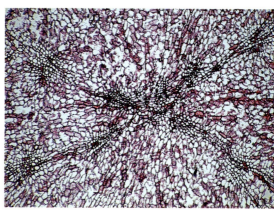

Xylemsträngen und den kompakten Phloemsträngen. Außerdem weist die Wurzelrinde 2–3 Zellschichten außerhalb der Endodermis einen recht kompakten Zylinder aus Steinzellen auf, die sich besonders mit Lignin nachweisenden Reagenzien kontrastreich darstellen lassen. Er dient der mechanischen Stabilisierung der langen Wurzelorgane, die nicht sekundär in die Dicke wachsen können.

Links: Ackerbohne (*Vicia faba*), Seitenwurzelbildung. Rechts: Große Brennnessel (*Urtica dioica*), polyarche Wurzel

Wurzeln, die als Folge einer Verletzung entstehen wie bei der Stecklingsvermehrung vieler Zierpflanzen (Spross-Stecklinge von Dreimasterblume, Buntnessel oder Nelken, Blattstecklinge von Bogenhanf oder Begonien), nennt man Adventivwurzeln. Sie zeigen trotz ihrer andersartigen Herkunft den typischen Wurzelaufbau mit Zentralzylinder, Wurzelrinde und eventuell sogar mehrschichtiger Exodermis.

Drogenfahndung: Mikroskopie von Heilkraut-Wurzeln Unter den zahlreichen bewährten Arznei- und Heilpflanzen finden sich nicht wenige, die als (gepulverte) Wurzeldroge in den Handel kommen. Beispiele sind Eibischwurzel (Althaeae radix), Süßholzwurzel (Liquiritiae radix), Rhabarberwurzel (Rhei radix), Brechwurzel (Ipecacuanhae radix) oder Klettenwurzel (Bardanae radix). Alle diese Drogen, die in jeder Apotheke für Cent-Beträge erhältlich sind, bieten ein höchst spannendes Untersuchungsmaterial für die mikroskopische Bearbeitung und Identifizierung, wobei je nach Zerkleinerungsgrad nur noch Gewebetrümmer zu erwarten sind.

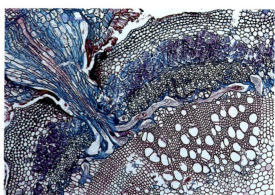

Mit ihrem Haustorialorgan zapft die parasitische Hopfen-Seide (*Cuscuta europaea*) die Sprossleitbündel ihrer Wirtspflanze Brennnessel (*Urtica dioica*) an.

Zum Weiterlesen BOWES (2001), BRAUNE u. a. (1999), ESCHRICH (1995), FRANKE (1997), GOPPELSRÖDER (1994), HENSEL (1993), JURZITZA (1975, 1982, 1987), KRAUTER (1979), MANDL (1990), ROESER (1977), SCHORR (1991), SPETA u. AUBRECHT (1997), STAHL-BISKUP u. REICHLING (1998)
▸ **Speziell zur Drogenanalyse** DEUTSCHMANN u. a. (1992), ESCHRICH (2004), FROHNE (1985), GRÜNSFELDER (1991), RAHFELD (2009), WICHTL (1984)

Anhand spezieller Pulveratlanten, in denen man die artspezifischen Zellmerkmale nachschlagen kann, ist die eindeutige Zuordnung – oder auch Verfälschung des Materials – zu erkennen.

7.6 Leitgewebe in der Sprossachse

Jeder Querschnitt durch die Sprossorgane der höheren Pflanzen zeigt Leitbündel und ihre ästhetisch oft recht ansprechenden Musterbildungen. Auch hier sollen weniger die verschiedenen beteiligten Zellsorten analysiert, sondern mehr die Leitgewebe in ihrem räumlichen Struktur-, Funktions- und Entwicklungszusammenhang betrachtet werden.

Fernversorgung im Pflanzenkörper

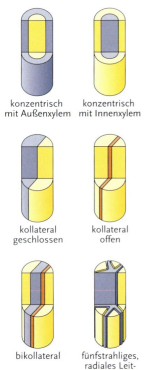

konzentrisch mit Außenxylem

konzentrisch mit Innenxylem

kollateral geschlossen

kollateral offen

bikollateral

fünfstrahliges, radiales Leitsystem (Wurzel)

- ■ Xylem
- ■ Phloem
- ■ Kambium

Leitbündeltypen in der Sprossachse

Etzolds Gemisch S. 279
Hämatoxylin nach Heidenhain S. 274
Astrablau-Fuchsin nach Roeser S. 280
ACN-Gemisch S. 280
Phloroglucin-HCl S. 275

Die höheren Pflanzen sind gegenüber den einfacher organisierten Thallophyten vor allem so erfolgreich geworden, weil sie im Unterschied zu diesen Formen über eine Reihe grundsätzlich neuer anatomischer und physiologischer Einrichtungen verfügen, die ihnen eine weitgehende Unabhängigkeit vom Leben im Wasser garantieren. Eine typische Blütenpflanze unterscheidet sich von einer Makroalge unter anderem dadurch, dass sie nur noch über ihren Wurzelapparat mit einem Wasser führenden Horizont ihres Lebensraumes in Verbindung steht. Andererseits haben ihre einzelnen Organe wie Stängel oder Blätter die Möglichkeit zur Wasserspeicherung in den Vakuolen. Eine wichtige strukturelle Grundlage dafür ist die Verknüpfung der gegebenenfalls weit auseinanderliegenden Organe und Organbereiche durch spezielle Leitgewebe.

Leitgewebe in Bündeln Die Sprossachsen von Tulpe oder Mais bzw. Kürbis, Hahnenfuß oder Waldrebe sind so kräftig, dass man durch Frischmaterial oder in 70%iges Ethanol eingelegtes Material leicht dünne Querschnitte anfertigen kann. Die Handschnitte färbt man üblicherweise nach ► ETZOLD, ► HEIDENHAIN, ► ROESER oder einfach in ► ACN-Gemisch, gegebenenfalls auch in ► Phloroglucin-HCl. Alle diese Färbungen leisten eine unterscheidende Darstellung der verholzten und unverholzten Teile.

Außer der Rinde und dem Mark sind auf dem Schnittbild als auffällig stark gefärbte und von besonderen Zellkomplexen aufgebaute Inseln die in charakteristischer Weise angeordneten Leitbündel zu erkennen. Bei den einkeimblättrigen Pflanzen (Tulpe, Mais) sind die zahlreich vorhandenen Bündel unregelmäßig über den gesamten Stängelquerschnitt verteilt, wobei sie fallweise zur Peripherie etwas dichter stehen. Bei den Vertretern der Zweikeimblättrigen (Kürbis, Hahnenfuß, Waldrebe) bilden die Leitbündel einen mehr oder weniger geschlossenen Ring zwischen Rinde und Mark. Das räumliche Verteilungsbild ist somit ein systematisch verwertbares Merkmal.

Während das Leitgewebe im einfachsten Fall (so etwa bei den Farnen – vgl. S. 169 – und den Wasserpflanzen unter den Bedecktsamern) aus einem kompakten Zylinder im Zentrum der Sprossachse besteht, wird es bei vielen Pflanzen in zahlreiche Einzelstränge aufgeteilt, die man als Leitbündel oder Faszikel bezeichnet. Auf dem Querschnittbild erscheinen sie als getrennte Stränge. Räumlich in Längsrichtung stehen sie auch durch Querverbindungen in Kontakt. Außerdem geben sie nach außen Verzweigungen ab, etwa in Gestalt der Blattspuren zur stofflichen Versorgung der an der Sprossachse sitzenden Blätter.

Wasser auf dem Weg nach oben Da die Blätter eines großen Baumes durchaus 50–100 m vom Wasser führenden Bodenhorizont entfernt sein können und selbst kaum die Möglichkeit einer effektiven Wasseraufnahme aus der Atmosphäre haben, erscheint es einfach unumgänglich, sie mit einem

Projekt	Anordnung und Aufbau von Sprossleitbündeln
Material	Kürbis (*Cucurbita pepo*), Mais (*Zea mays*), Tulpe (*Tulipa gesneriana*), Hahnenfuß (*Ranunculus-Arten*)
Was geht ähnlich?	Sprossachse von Gewöhnlicher Waldrebe (*Clematis vitalba*), Brombeere (*Rubus fruticosus*), Sonnenblume (*Helianthus annuus*), Blattstiele von Roter Bete (*Beta vulgaris*), Huflattich (*Tussilago farfara*) oder Pestwurz (*Petasites hybridus*), beliebige weitere Sprossachsen von Pflanzen aus dem Freiland, Fertigpräparate aus dem Lehrmittelhandel
Methode	Untersuchung von Querschnitten im Hellfeld, Schnittfärbungen nach ETZOLD, HEIDENHAIN, ROESER oder in ACN-Gemisch, Experimente zur Stoffleitung
Beobachtung	Baupläne, Zellmuster, Symmetrien, Sonderstrukturen, Stoffleitung

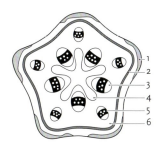

Leitbündelverteilung in der Sprossachse des Kürbis (*Cucurbita pepo*): 1 Kollenchym, 2 Rinde, 3 bikollaterales (großes) Innenleitbündel, 4 Markhöhle, 5 bikollaterales (kleines) Außenleitbündel, 6 Sklerenchymfasern

funktionstüchtigen Wasserleitgewebe an den Wurzelbereich der Pflanze anzuschließen. Das für den Wassernachschub aus dem Boden zuständige und meist sehr großkalibrige Leitgewebe ist das seit 1858 nach einem Vorschlag des schweizerischen Botanikers Carl W. von Naegeli (1817–1891) so bezeichnete Xylem. Im Querschnitt fällt es durch die verdickten und kräftig verholzten Zellwände der Wasser leitenden Röhren auf, die immer das Bild des jeweiligen Bündels klar dominieren und jeweils zur Mitte der Sprossachse (= zentripetal) ausgerichtet sind. Im Längsschnitt erkennt man die verschiedenen Verstärkungselemente der Röhrenwände, die häufig als Ringe oder Spiralen angelegt sind. Die damit verstärkten Röhren erinnern im Aussehen an einen Staubsaugerschlauch bzw. an die mit Knorpelspangen ausgesteifte Luftröhre der Landwirbeltiere. Einer der Pioniere der mikroskopischen Anatomie, der italienische Arzt und Naturforscher Marcello Malpighi (1628–1694), der sie im 18. Jahrhundert als Erster untersuchte, fühlte sich an die Atemvorrichtungen der Insekten erinnert und nannte sie entsprechend Tracheen, zumal er sie für die Luftwege der Pflanzen hielt. Die Wasserleitungsfunktion wurde erst später erkannt. Alle Pflanzenklassen, in denen ein gut entwickeltes, Wasser leitendes Xylem

Links: Waldrebe (*Clematis vitalba*): Auf dem Stängelquerschnitt sind große und kleine Leitbündel alternierend und ringförmig angeordnet.

Rechts: Leitbündel aus der Sprossachse der Waldrebe (*Clematis vitalba*)

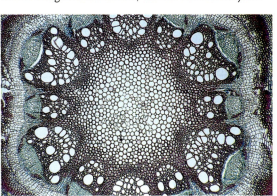

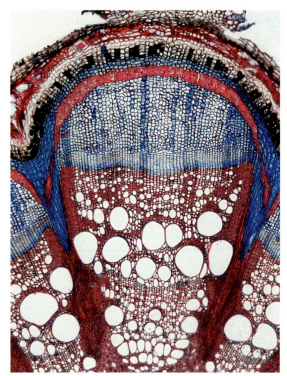

vorkommt, bezeichnet man entsprechend als Gefäßpflanzen oder Tracheophyten. Dazu gehören Farnpflanzen (Pteridophyta), Nacktsamer (Gymnospermen) und alle Bedecktsamer (Angiospermen).

Neben den Tracheen kommen meist auch noch andere Wasser leitende Elemente vor, die Tracheiden. Es sind im funktionstüchtigen Zustand tote, lang gestreckte, aber vergleichsweise englumige Zellen, die oft ein Vielfaches der Länge einzelner Gefäßglieder erreichen. Ihre gegenseitigen Kontaktzonen sind allerdings nicht großflächig zur durchgehenden Röhre durchbrochen, sondern stehen über Tüpfelpaare miteinander in Verbindung. In den großen Tracheen der Bedecktsamer kann das Wasser von den Wurzeln bis zu den entferntesten Blattbereichen an den Sprossenden frei fließen, meist mit Geschwindigkeiten von 3 – 6 m/h.

Innerhalb eines Leitbündels differenzieren sich die Bauteile des Xylems bei der Stängelentwicklung jeweils von innen nach außen (zentrifugal). Beim Mais-Leitbündel kann man das zuerst ausgebildete Protoxylem mit dem noch englumigen, in einer großen Interzellulare liegenden Ringgefäß klar von den später angelegten großlumigen Netz- oder Tüpfeltracheen des Metaxylems unterscheiden.

Oben: Scharfer Hahnenfuß (*Ranunculus acer*), Querschnitt durch ein offen kollaterales Leitbündel aus der Sprossachse

Unten: Kultur-Mais (*Zea mays*), Querschnitt durch ein geschlossen kollaterales Leitbündel aus der Sprossachse

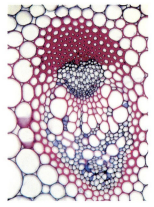

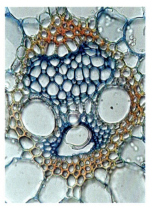

Bahnen für die Zuckerströme Das Leitgewebe der höheren Pflanzen besteht nun aber nicht allein aus den Wasser führenden Elementen des Xylems, sondern enthält einen weiteren wichtigen Gewebekomplex, der ausschließlich dem Langstreckentransport organischer Stoffe (lösliche Photosyntheseprodukte wie Zucker) von den Blättern zu den Speichergeweben bzw. den Orten des Verbrauchs in Wachstumszonen vorbehalten ist. Dieses Gewebe nennt man ebenfalls seit 1858 Phloem. Seine Bedeutung und Funktion als Leitgewebe erkannte man erst wesentlich später als beim Xylem. Erst 1837 entdeckte der Forstbotaniker THEODOR HARTIG (1805 – 1880) die Siebelemente als Stoff leitende Bestandteile des Phloems, das man danach auch als Siebteil bezeichnet. Zuvor hatte man nur die faserigen Anteile des Phloems beachtet, die man als komplette Stränge isolierte und zu Bindematerial verarbeitete. Darauf bezieht sich die ältere Benennung des Phloems als Bast.

Auch im Phloem ist die Richtung der Ausdifferenzierung während der Leitbündelanlage zu erkennen. Am weitesten außen liegen die ältesten Siebröhren-(reste) des Protophloems. Sie sind oft völlig zerdrückt und zusammengefallen. Beim Mais bilden sie oberhalb des jüngeren, funktionellen Siebteils (Metaphloem) mit seinen schachbrettartig angeordneten Siebröhren eine klar abgesetzte, unterscheidbare Zelllage.

Bei den Gefäßpflanzen sind Phloem und Xylem räumlich meist eng benachbart oder sogar fest miteinander verbunden, wobei die eigentlichen Leitungsbahnen als Stoffleitungskanäle allerdings getrennt bleiben. Da hinsichtlich der gegenseitigen Anordnung verschiedene Möglichkeiten bestehen, hat der Botaniker ANTON DE BARY 1877 einige Begriffe vorgeschlagen, die bis heute zur Kennzeichnung verwendet werden: Im geschlossen kollateralen Leitbündel der Einkeimblättrigen liegen beide Stränge direkt auf- bzw. nebeneinander. Zweikeimblättrige Pflanzen zeigen gewöhnlich offen kollaterale Bündel, weil Xylem und Phloem zwischen sich das Kambium einschließen. Recht ungewöhnlich sind die Leitbündel in den Sprossachsen von Kürbis, Kartoffel, Tabak und Tomate: Die Vertreter der Familien Kürbisgewächse (Cucurbitaceae) und Nachtschattengewächse (Solanaceae) weisen die eigenartigen bikollateralen Bündel auf, bei denen zentral vor dem Xylem ein zweiter, aber meist kleinerer Phloemstrang verläuft.

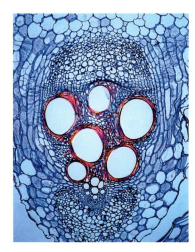 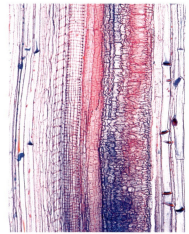 

Siebröhren und Siebplatten Stängel von Kürbis bieten sich mit ihren großen bikollateralen Leitbündeln als besonders geeignete Objekte für die genauere Beobachtung des Siebteils an. Dazu benötigen wir einen Spross-achsen-Längsschnitt, der eines der Leitbündel median treffen sollte, was mit einiger Geduld leicht zu erreichen ist: Auf einem längs halbierten Stängel-stück erkennt man die großen Leitbündel leicht als kräftige Stränge. Man schält mit dem Skalpell vorsichtig das umgebende Mark- oder Rindenparen-chym weg und hebt dann einige dünne Längsschnitte vom freiliegenden Bün-del ab. Zur Untersuchung als Frischpräparat empfiehlt sich wiederum die färberische Darstellung des Xylems beispielsweise mit ▸ ACN-Gemisch. Bei mittlerer Vergrößerung zeichnen sich dessen Netz- oder Schraubentracheen klar ab. Flankierend zum Xylem zeigen sich die relativ großen Siebröhren, die man am ehesten an den grauweißlich schimmernden, etwas verdickt erschei-nenden und meist auch schräg stehenden Querwänden (= Siebplatten) er-kennt. Beim Durchfokussieren entdeckt man deren zahlreiche Siebporen – gewöhnlich allerdings nicht allzu klar, da die Platten fast immer dickere Kal-loseauflagerungen tragen. Kallose ist ein Polysaccharid von ähnlichem Auf-bau wie Stärke. Gegen Saisonende sowie beim Anschneiden von Leitgeweben wird sie sehr rasch synthetisiert. Mit ▸ Resorcinblau oder ▸ Eosin-Anilinblau kann man sie spezifisch anfärben. Im Längsschnitt sind die Siebplatten fast immer in großer Anzahl zu sehen, im Querschnitt eher als Glücksfall.

Neben den Siebröhren sind Reihen besonders schmaler, dünnwandiger Zellen mit kompaktem Plasmainhalt zu sehen. Es handelt sich um die Geleit-zellen, die das stoffliche Geschehen in den Siebröhren kontrollieren, denn die einzelnen Siebröhrenglieder sind im funktionstüchtigen Zustand zwar leben-dig, aber enthalten ausnahmsweise keine Zellkerne mehr.

Nachweise der Stoffleitung: Pflanzen trinken sich blau Die Stoffleitung in den röhrigen Vorrichtungen des Xylems sind im Experiment vergleichsweise einfach nachzuweisen: Man stellt eine abgeschnittene krautige Pflanze (Tulpe, Nelke, Springkraut, Taubnessel) in ein Gefäß mit einer wasserlöslichen Farb-lösung und wartet den Aufstieg der Farbe im Stängel ab. Die Wasserabgabe (Transpiration) aus den Spaltöffnungen der Blätter ist die treibende Kraft des Wasseraufstiegs, die rein physikalisch und nur durch Kohäsionszug der Was-serfäden in den Tracheen zu Stande kommt. Der mit dem Wasser angebotene Farbstoff lässt den Weg genauer verfolgen. Geeignet und häufig empfohlen

Kürbis (*Cucurbita pepo*). Links: Querschnitt durch ein bikollate-rales Leitbündel aus der Spross-achse. Mitte: Leitbündellängs-schnitt mit Siebteilen (außen) und Xylem (Zentrum). Rechts: Der Längsschnitt zeigt die rela-tiv großen Siebplatten.

An eingelegtem Material, das in Carnoyschem Gemisch fixiert und in Ethanol aufbewahrt wurde, sind die Proteine des Cytoplasmas ausgefällt. Beson-ders plasmareiche Zellen wie die Geleitzellen erscheinen da-her in den ungefärbten Schnitt-bildern bräunlich oder leicht undurchsichtig-opak.

ACN-Gemisch S. 280
Resorcinblau S. 280
Eosin-Anilinblau S. 280

als Nachweismittel ist ▸ Methylenblau (bzw. gewöhnliche blaue Tinte aus dem Füllfederhalter) in der auch für Schnitt- oder Zellpräparate üblichen Konzentration. Da man für den Xylemtransport und die Verlagerung der Farbstoffe in das angrenzende Parenchym einige Zeit veranschlagen muss, könnte Methylenblau durch den Zellstoffwechsel im lebenden Stängelgewebe eventuell auch in seine farblose Vorstufe reduziert werden. Daher sind für solche Versuchsansätze gewöhnliche wasserlösliche Lebensmittelfarben (z.B. zum Ostereierfärben) vorzuziehen. Auch in diesem Fall färben sich alle Zellwände entlang der Transportstrecke deutlich an.

Sklerenchym ist totes Festigungsgewebe Im Querschnittbild von Sprossachsenstücken nahezu beliebiger Pflanzen zeigen sich die Leitbündel auf der Außen- und meist auch auf der Innenflanke mit Gruppen dickwandiger, verholzter und recht englumiger Zellen. Im Längsschnitt sind ihre Abmessungen noch besser zu erkennen: Bei engem Durchmesser des Zelllumen sind sie gewöhnlich erstaunlich lang und stellen somit typische Fasern dar. Diese die Bündel begleitenden Faserkomplexe bezeichnet man als Sklerenchym bzw. Sklerenchymfasern. Sie dienen als Festigungsgewebe und damit der zusätzlichen Aussteifung der Leitbündel, damit diese bei elastischer Verbiegung der Achsen (beispielsweise bei Wind) nicht durch Scherkräfte zerdrückt werden. Im funktionstüchtigen Zustand sind die dickwandigen Einzelzellen des Sklerenchyms leer und damit tot.

Kräftige Faserkomplexe kommen fallweise außerhalb der Leitbündel im Sieb- bzw. Bastteil der Sprossachse vor. Solche Fasern, deren Zellwände meist unverholzt sind und nur durch massive Celluloseauflagerungen verdickt sind, stehen gruppenweise in der Innenflanke der Rinde. Ihre Zellwandchemie lässt sich mit ▸ Chlorzinkiod oder ▸ ACN-Gemisch leicht nachweisen. Besonders diese Bastfasergruppen gewinnt man schon seit langer Zeit für technische Zwecke. Dabei ist begrifflich zwischen botanischer Faser (= einzelne Sklerenchymfaserzelle) und technischer Faser (= Faserzellverband) zu unterscheiden. Empfehlenswerte Objekte für Fasern aus Sprossachsen sind Lein (= Flachs, *Linum usitatissimum*), Faserhanf (*Cannabis sativa*), Große Brennnessel (*Urtica dioica*), Kleines Immergrün (*Vinca minor*), junge Achsen von Sommer-Linde (*Tilia platyphyllos*, lieferte den klassischen Gärtner-Bast), Hänge-Birke (*Betula pendula*), Forsythie (*Forsythia intermedia* u.a.) oder Oleander (*Nerium oleander*).

Während Sklerenchymfasern immer aus lang gestreckten, an den Enden zugespitzten Einzelzellen bestehen, weisen Steinzellen meist in allen Richtungen einen ungefähr gleichen Durchmesser auf. Steinzellen werden wir als strukturelle Bestandteile von Samenschalen und Fruchtwänden kennen lernen (vgl. S. 226). Zwischen beiden Sklerenchymformen vermitteln die Sklereiden – sie sind nur leicht länglich gestreckt, behalten ein relativ großes Zelllumen und entwickeln eine ausgeprägte Tüpfelung. Schöne Beispiele findet man in jungen Trieben von Fichten (*Picea abies, P. omorika, P. pungens*) sowie im Rindenparenchym von Esche (*Fraxinus excelsior*), Rot-Buche (*Fagus sylvatica*) und Walnuss (*Juglans regia*).

Kollenchyme bestehen aus lebenden Zellen In den Achsenorganen finden sich oft jedoch auch Verstärkungsleisten aus lebenden Zellen, die man Kollenchym nennt. Querschnitte etwa durch die Ecken und Kanten der Stängel von Taubnesseln, Melisse, Minze oder Kartoffel, durch die vorspringenden Rippen der Blattstiele von Huflattich, Pestwurz, Kopfsalat und Zuckerrübe sowie durch den Rindenbereich von jüngeren Holunder- oder Fliederzweigen

Methylenblau S. 270
Chlorzinkiod S. 276
ACN-Gemisch S. 280

Kollenchymtypen. Oben: Ecken- oder Kantenkollenchym. Mitte: Plattenkollenchym. Unten: Lückenkollenchym mit Interzellularen

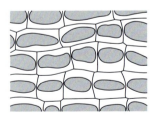

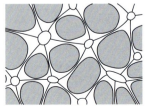

zeigen dieses Verstärkungs- bzw. Aussteifungsgewebe als hell aufleuchtende Zellkomplexe. Die Färbung nach ▸ Etzold, ▸ Roeser oder in ▸ ACN-Gemisch weist nach, dass die ungleich verdickten Zellwände im Kollenchym nicht verholzt sind, sondern fast immer aus Celluloseauflagerungen bestehen. Je nach Ausbildung kann man unterschiedliche Kollenchymformen unterscheiden:
• Beim Ecken- oder Kantenkollenchym (Kürbis, Rote Bete oder Zuckerrübe, Mangold, Garten-Springkraut) sind nur in denjenigen Zellwandbereichen stark verdickt, an denen mehrere Zellen aneinandergrenzen. Bei stärkerer Vergrößerung zeichnet sich der Verlauf von Mittellamelle und Primärwand klar ab.
• Das Lückenkollenchym (Huflattich, Pestwurz) ist ähnlich aufgebaut wie ein Kantenkollenchym, jedoch umschließen die Verdickungsbereiche an den Zellkontaktstellen jeweils eine größere Interzellulare.
• Beim Plattenkollenchym (Holunder, Flieder) sind vor allem die tangentialen (periklinen) Zellwände massiv verdickt, während die radial angeordneten (antiklinen) Wände nahezu unverdickt bleiben.

Kollenchymatische Verstärkungen in den Achsenorganen bilden meist sehr hübsche Muster, die übrigens auch an die korrekte zeichnerische Darstellung einige Anforderungen stellen.

Stielübungen an Blattstielen Die Leitbündelanatomie bearbeitet man gewöhnlich an Quer- und Längsschnitten der Sprossachse. Die mindestens so interessanten Blattstiele bleiben häufig unberücksichtigt, obwohl sie mit ihren Kollenchymen ergiebige Objektansichten bieten. Fruchtstiele als spezialisierte Sprossanhangsorgane sind ein ebenso empfehlenswertes Material, an dem sich mancherlei Struktur- und Funktionszusammenhänge ergründen lassen, wie das hier vorgestellte Beispiel des Birnenfruchtstiels zeigt. Handschnitte durch dieses nicht ganz einfach zu handhabende Material erfordern ein wenig Geduld. Optimal zu schneiden sind in Kunstharz eingebettete Abschnitte für die Mikrotomie. Schöne Ergebnisse erzielt man vor allem mit Handschnitten durch junge Fruchtstiele.

Das Querschnittbild lässt einen Ring von eng zusammenstehenden Leitbündeln erkennen, die einen zentralen Markbereich umschließen. Wie man auch bei Sprossachsen häufig beobachten kann (beispielsweise bei der Waldrebe), wechseln sich im Ring jeweils größere mit kleineren Bündeln ab. Im Umriss ergeben sie alle ein regelmäßiges Fünfeck. Außerhalb des Leitbündelrings finden sich Komplexe aus Sklerenchymfasern, eingelagert in ein mehrschichtiges Rindenparenchym. Die Bündel sind nach Art der Zweikeimblättrigen offen kollateral – zwischen Phloem und Xylem ist ein schmaler Streifen Kambium eingeschoben.

Wenn man auf einem Birnenstiel herumkaut, knirscht es im Unterschied zum Apfelstiel vernehmlich zwischen den Zähnen: Ursache dafür sind die überall auf dem Querschnitt verteilten Steinzellnester. In deren verdickten Zellwänden fallen die engen, aber reichlich vorhandenen Tüpfelkanäle auf.

Oben: Gewöhnliche Pestwurz (*Petasites hybridus*), Lückenkollenchym aus dem Blattstiel. Unten: Birne (*Pyrus communis*), Querschnitt durch den Fruchtstiel

Etzolds Gemisch S. 279
Astrablau-Fuchsin nach Roeser S. 280
ACN-Gemisch S. 280

Zum Weiterlesen BOLD u. a. (1980), ESAU (1969), ESCHRICH (1976, 1995), JURZITZA (1987), KAUSSMANN u. SCHIEWER (1989), KROPP (1972), LÜTHJE (1992, 1995, 1996), METCALFE u. CHALK (1950), NEUBERT (1988), NULTSCH (2001), RAVEN u. a. (2006), VERMATHEN (1981, 1993, 1995)

7.7 Aerenchyme – pflanzliche Gasleitungen

**Blätter und Blüten machen nur etwa 20 % der gesamten Biomasse von See-
und Teichrosen aus. Den Rest, vor allem den recht üppigen Wurzelstock der
Pflanze, sehen wir gewöhnlich nicht, denn er steckt unter Wasser bzw. tief im
Gewässerboden. Er muss dort in seinem anaeroben Milieu mit Sauerstoff
versorgt werden. Wie funktioniert das eigentlich?**

Luft in Löchern

In die Binse gegangen: Locke-
res, weitmaschiges Aerenchym
im Stängel der Flatter-Binse
(*Juncus effusus*)

Flatter-Binse (*Juncus effusus*): Im
Querschnitt zeigt sich das sternförmige Aerenchym im Stängel.

Das Leben an besonderen Standorten erfordert fast immer spezielle Anpassungsleistungen in struktureller und funktioneller Hinsicht. So spiegelt sich
umgekehrt in den vielfältig abgewandelten Struktur- und Funktionstypen der
Lebewesen immer auch die ökologische Vielseitigkeit der besiedelten Lebensräume wider. See- oder Teichrose als besonders bekannte Vertreter der Familie
Seerosengewächse (*Nymphaeaceae*), aber auch die Mitglieder anderer Pflanzenfamilien aus den Schwimmblattpflanzen- und Röhrichtgürteln stehender
Gewässer besitzen meist einen mächtigen Wurzelstock, der bis >80 % ihrer
jeweiligen Biomasse ausmacht und gewöhnlich tief im weichen Sediment
des Wohngewässers eingebettet ist. Der weitaus größte Teil der Pflanze sitzt
damit ständig in einem Milieu, das permanent eine beachtliche Unterversor-
gung mit Sauerstoff und somit eher lebensfeindliche Bedingungen aufweist.

Stängelmark: Lockere Verhältnisse Besonders die Achsenorgane von
Schwimmblatt- und Röhrichtpflanzen, weniger dagegen die eigentlichen Wasserpflanzen mit ständig untergetauchten Sprossachsen und Blattorganen,
sind auffallend locker gebaut: Querschnitte durch Blattstiel, Stängel oder die
im Sediment verankerten Rhizome zeigen schon bei mäßiger Vergrößerung
ein eigenartig schwammiges, von zahlreichen großen Hohlräumen durchsetz-
tes Gewebe.

Bei den Binsen (Gattung *Juncus*) oder nahe verwandten Röhrichtbewoh-
nern (Gattungen *Scirpus, Schoenoplectus, Bolboschoenus*) sind die Stängel und
fallweise auch die röhrig organisierten Blätter von einem lockeren Mark erfüllt,
von dem sich mit einer spitzen Pinzette leicht eine kleine, dünne Portion entnehmen lässt. Zur Beobachtung fasert man die Probe auf dem Objektträger
mit Präpariernadeln ein wenig auf. Bei Einschluss der Zupfpräparate in 70%-
iges Ethanol bleibt zwischen den großen Interzellularräumen nur wenig Luft
eingeschlossen, so dass sie ihre formale Schönheit voll zur Geltung bringen.
Die einzelnen Zellen dieses Gewebes sind vielarmig sternförmig verzweigt
und bilden somit ein auch formalästhetisch sehr an-
sprechendes Gewebemuster. Nach der Sternform
nennt man es Actinenchym. In anderen Objekten wie
in dem auffälligen Schwimmknoten der Blattstiele
der tropischen Wasserhyazinthen, die als Garten-
teichpflanzen auch in Mitteleuropa zunehmend
beliebt sind, bilden verschiedene Zellgruppen oder
Gewebestränge untereinander nur schmale Stege.

Unterentwickelte Leitbündel Während bei den
Röhrichtpflanzen wie Binsen, Kalmus oder Pfeilkraut
die Sprossachsen-Leitbündel die für Einkeimblättrige
typische Anordnung und Verteilung zeigen, fällt in

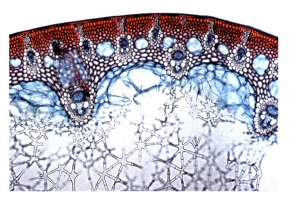

Projekt	Aerenchyme bei Schwimmblatt- und Röhricht-pflanzen
Material	Blattstiel von Seerose (*Nymphaea alba*) oder Teichrose (*Nuphar lutea*)
Was geht ähnlich?	Flatter-Binse (*Juncus effusus*) oder andere Binsen-Arten, Schwimmendes Laichkraut (*Potamogeton natans*), Tannenwedel (*Hippuris vulgaris*), Kalmus (*Acorus calamus*), Froschlöffel (*Alisma plantago-aquatica*), Pfeilkraut (*Sagittaria sagittifolia*), Quirl-Tausendblatt (*Myriophyllum verticillatum*), Wasserhyazinthe (*Eichhornia crassipes*) aus dem Gartencenter, Wasserschraube (*Vallisneria*-Arten), Calla (*Zantedeschia aethiopica*), Blumenrohr (*Canna indica*), Fertigpräparate aus dem Lehr-mittelhandel
Methode	Untersuchung von Schnittbildern im Hellfeld oder bei Schiefer Beleuchtung
Beobachtung	Aufbau eines speziellen Durchlüftungsgewebes

den Blattstielen der Schwimmblatt- und Wasserpflanzen auf, dass sich nach Anfärbung mit ▸ Astrablau-Safranin-Lösungen oder in ▸ ACN-Gemisch fast kein verholztes, rot gefärbtes Xylem zeigt, sondern nur die blau gefärbten Anteile des Phloems in Erscheinung treten. Die Erklärung liegt auf der Hand: Einen nennenswerten Ferntransport gelöster organischer Stoffe in den Sieb-röhren müssen auch diese Pflanzen erledigen können, während das Wasser ihr allseitig umgebendes Milieu ist. Da die reichlich mit Luft befüllten Interzellu-laren im Wasser gleichzeitig eine Art Schwimmbojeneffekt erzeugen und Auf-trieb erzeugen, sind auch sklerenchymatische Elemente weithin entbehrlich.

Im Blattstiel-Aerenchym der Gelben Teichrose fallen als Besonderheit die großen Idioblasten auf. Es handelt sich um große, lang gestreckte, spitz zu-laufende Zellen, die sich an den Knotenpunkten der Aerenchymzellstränge zu sternförmigen Gebilden zusammenschließen. Die Zelloberflächen zeigen eigenartige körnige Strukturen, die sich leicht als Kristalldepots identifizieren lassen. Im polarisierten Licht leuchten sie hell und verräterisch auf. Ihre Funk-tion ist unklar. Vergleichbare innere Haare finden sich sonst nur selten.

Einzelne Sternzellen aus dem Stängel-Aerenchym der Flatter-Binse (*Juncus effusus*)

Gasversorgung für die Basis Die hoch geordneten Zell- und Gewebekom-plexe der Aerenchyme blieben natürlich nicht lange unentdeckt und wurden in der Anatomie bzw. Histologie schon bald als Durchlüftungsgewebe oder Aerenchyme bezeichnet. Tatsächlich bilden die besonders großen, geräumi-gen Interzellularen dieser Lockergewebe ein zusammenhängendes, räum-liches System, das von den Blättern oder Stängeln nahe der Wasseroberfläche bis tief in den Gewässergrund zu den Rhizomen oder Wurzeln reicht. Nichts lag daher näher, als ihnen die Sauerstoffversorgung der Bodenorgane zuzu-schreiben. Immerhin lässt sich ihre Wegsamkeit für Gasströme auch experi-mentell eindrucksvoll belegen: Schon um 1874 war bekannt, dass sich mit-hilfe eines leichten Unterdrucks Luft von einem Blatt durch das Rhizom in ein anderes Blatt saugen lässt. Bekannt ist auch ein anderes Phänomen: Pustet man in den abgeschnittenen Blattstiel einer See- oder Teichrose, so perlt am anderen Ende tatsächlich Luft aus.

Nun stellt sich jedoch die Frage, wie der atmosphärische oder in den grünen Organen der Pflanzen photosynthetisch freigesetzte Sauerstoff die

Astrablau-Safranin S. 279
ACN-Gemisch S. 280

tieferen und rein heterotroph lebenden Pflanzenorgane erreichen soll. Die reine Diffusion des Sauerstoffgases durch das Interzellularen-Labyrinth der Aerenchyme reicht dazu mit Gewissheit nicht aus.

Schwimmblätter als grüne Luftpumpe An der Gasbewegung in den Vegetationsorganen von Seerosen und vergleichbaren Sumpfpflanzen sind ursächlich die Blätter beteiligt, die beispielsweise bei See- und Teichrosen einige Besonderheiten aufweisen (vgl. S. 194). Bei Belichtung und der damit verbundenen Erwärmung der Blattoberseite entsteht zwischen Blattbinnenraum und Atmosphäre ein Temperatur- und damit ein Druckgefälle. Der im Blatt photosynthetisch freigesetzte Sauerstoff wird aus den Blattinterzellularen in das kühlere Lakunensystem im Blattstiel gedrückt, mit dem das Labyrinth der Blätter in direkter, offener Verbindung steht. Die minimal wirksame Temperaturdifferenz, die einen Gasfluss in Gang hält, liegt bei etwa 5 °C. Den zu Grunde liegenden Pumpmechanismus bezeichnet man als Thermo-Osmose.

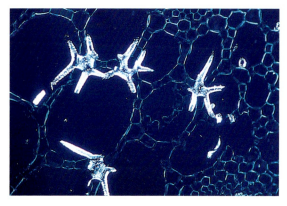

Weiße Seerose (*Nymphaea alba*): Querschnitt durch den Blattstiel mit großem Lakunensystem und Idioblasten

Druck durch Erwärmung Die Druckventilation selbst der tief im Bodenschlamm verankerten Rhizome von Schwimmblattpflanzen ist ein erstaunlich wirksamer Mechanismus. Messungen haben ergeben, dass der Wurzelstock der Gelben Teichrose täglich von mindestens 20 l Luft durchströmt wird. Die O_2-Bilanz dieses chloroplastenfreien und daher ausschließlich heterotrophen Pflanzenteils wird mithin durch die Pumpleistung der jüngeren Blätter sicher gestellt. Der Druckstrom, vom Temperaturgradienten zwischen innen und außen in Gang gehalten, wird eventuell noch von einem weiteren Effekt überlagert und unterstützt: Das bei der Dunkelatmung freigesetzte CO_2 besitzt eine weitaus bessere Wasserlöslichkeit als Sauerstoff. Im atmenden Gewebe, das überwiegend Kohlenhydrate umsetzt und daher einen respiratorischen Quotienten ($RQ = CO_2/O_2$) = 1,0 aufweist, kann somit ein zusätzlicher Unterdruck entstehen, der die von den Blättern in Gang gesetzten Druckströme in den Zielorganen sogar noch mit etwas zusätzlichem Schub versieht.

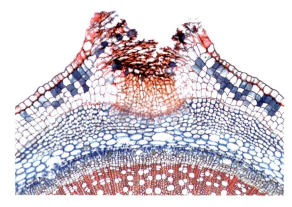

Lentizellen – Fenster zur Frischluft Bei vielen Gehölzen, beispielsweise bei Holunder, Forsythie und Hasel, findet man auf der Rinde der Zweige eigenartige warzige oder strichförmige Aufbrüche. Es sind aus Korkgewebe entstandene, mit aufgelösten Zellresten angefüllte Öffnungen, die man Lentizellen nennt. Sie dienen der Belüftung der tieferen Gewebeschichten von Zweigen oder Ästen und sind damit dem Aerenchym der Stängel vergleichbar. Lentizellen fehlen bezeichnenderweise bei Gehölzen mit grüner Rinde, etwa beim Ranunkelstrauch oder bei Hartriegel. Diese können den benötigten Sauerstoff durch Photosynthese an Ort und Stelle selbst beschaffen.

Schwarzer Holunder (*Sambucus nigra*): Querschnitt durch eine Zweig-Lentizelle

Zum Weiterlesen ALSHUTH (1986), ESCHRICH (1995), GROSSE U. SCHRÖDER (1984, 1986), KIRST U. KREMER (1987)

7.8 Holz – Zellen, Werkstoff, Datenbank

Als Werkstoff für die unterschiedlichsten Aufgaben unentbehrlich, ist Holz auch für die Mikroskopie ein außerordentlich vielfältiges Betätigungsfeld – zumal fast jede Gehölzart ihre holzanatomischen Eigenheiten aufweist.

Die Evolution großer landlebender Pflanzen erforderte eine ganze Reihe von anatomischen und funktionellen Umgestaltungen, die im vergleichsweise einfachen Vegetationskörper selbst der hoch entwickelten Thallophyten nur in Ansätzen zu finden sind. Fast alle neu entwickelten Anpassungsmerkmale betreffen die Wasserversorgung auch der entferntesten Regionen an den Pflanzen. Da die Landpflanzen sich ihrem ursprünglich aquatischen Lebensraum weitgehend entzogen haben und damit nur noch über den Wurzelhorizont Kontakt haben, musste in den Achsenorganen ein Wasserleitungssystem entwickelt werden, das alle Teile der Pflanze zuverlässig versorgen kann. Der Assimilat- und Wassertransport über größere Höhen fällt bei den Landpflanzen dem Leitgewebe zu, das üblicherweise in Leitbündel mit Phloem- und Xylemanteilen gegliedert ist. (vgl. S. 176). Bei mehrjährigen verholzten Pflanzen(teilen) und erst recht natürlich bei den Bäumen bilden sich auf der Basis der Leitbündel geschlossene Leitzylinder aus.

Der Stoff, aus dem die Bäume sind

Bast und Holz: Weiche Schale, harter Kern Für eine erste orientierende Untersuchung der Holzanatomie führt man Flachschnitte auf den Flanken von Zündhölzern verschiedener Herkunft an. Sie zeigen neben den beteiligten Zellformen gewöhnlich auch die verschiedenen Tüpfeltypen, mit denen die Holzzellen untereinander in Verbindung stehen. Ebenso empfehlenswert sind Querschnitte durch einen zwei- oder dreijährigen Linden- oder Buchenzweig. Alle Holzschnitte werden in ▸ Fuchsin-Safranin-Astrablau, ▸ Astrablau-Fuchsin oder ▸ ACN-Gemisch gefärbt.

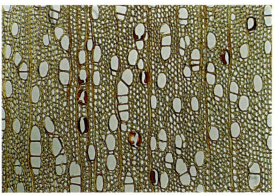

Von der überschaubaren Leitbündelanordnung eines krautigen Pflanzenstängels lassen die Schnitte durch das Holz nicht mehr viel erahnen. Durch sekundäres Dickenwachstum sind die ursprünglichen Leitbündel buchstäblich an den Rand gedrängt worden. Anstelle ihres Xylems nimmt jetzt ein umfangreicher Zylinder aus verholzten Zellen das Zentrum der Sprossachse ein. Außerhalb des Kambiumringes liegt dagegen das Folgegewebe der ursprünglichen Phloemstränge. Das sekundäre Xylem bezeichnet man als Holz, das sekundäre Phloem als Bast. Da den Wasser leitenden Elementen des Xylems auch statische bzw. mechanische Aufgaben zufallen, nimmt der Holzteil jeweils die größten Anteile eines Achsenquerschnitts ein.

An der Funktion des Holzes hat sich seit der Entwicklung baumförmiger Landpflanzen im Erdaltertum im Grunde nicht viel geändert. Dagegen wurden die Anatomie und die histologische Differenzierung des Holzkörpers in allen übergeordneten Verwandtschaftsgruppen mit baumförmigen Vertretern (Farnpflanzen, Nacktsamer, Bedecktsamer) jeweils charakteristischen Veränderungen unterworfen, die im Zusammenhang mit dem phyletischen Aufstieg

Oben: Stiel-Eiche (*Quercus robur*), Querschnitt durch das Holz. Zur besseren Darstellung wurde Kreidestaub in die großen Tracheen gerieben. Unten: Rot-Buche (*Fagus sylvatica*), Querschnitt durch das Holz

Fuchsin-Safranin-Astrablau
S. 279
Astrablau-Fuchsin S. 280
ACN-Gemisch S. 280

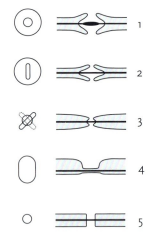

Projekt	Holzaufbau und Holztypologie der Laub- und Nadelgehölze
Material	Fichte (*Picea abies*), Wald-Kiefer (*Pinus sylvestris*), Rot-Buche (*Fagus silvatica*), Stiel-Eiche (*Quercus robur*), Papierproben verschiedener Herkunft
Was geht ähnlich?	Hölzer beliebiger heimischer oder eingeführter Strauch- und Baumarten (Stücke aus dickeren Ästen), Fertigpräparate aus dem Lehrmittelhandel
Methode	Untersuchung von Quer-, Tangential- und Radialschnitten, Übersichtsfärbungen nach ETZOLD, ROESER oder in ACN-Gemisch
Beobachtung	Holzaufbau, Funktionstypen, Holzevolution, Dendrochronologie, Papiertechnologie

Tüpfeltypen (links Aufsicht, rechts Schnittbild). Nadelholz: 1 doppelt behöfter Tüpfel mit Ringporus; Laubholz: 2 doppelt behöfter Tüpfel mit Schlitzporus, 3 einfacher Tüpfel mit gekreuzten Schlitzpori, 4 einseitiger Fenstertüpfel, 5 einfacher Tüpfel

Links (Übersicht) und Mitte: Gewöhnliche Fichte (*Picea abies*). Der Unterschied zwischen Früh- und Spätholz ist auffälliger als bei den meisten Laubhölzern. Rechts: Palisander (*Dalbergia*). In Tropenhölzern fehlt die kennzeichnende Jahresgrenze.

dieser Pflanzen stehen. Bei den Nadel- und Laubhölzern lassen sich sogar artspezifische Kennzeichen der Holzanatomie angeben, anhand derer man die verschiedenen Baumarten (in den meisten Fällen) sicher bestimmen kann. Nur wenige Baum- oder Straucharten eines engeren Verwandtschaftskreises zeigen einen völlig identischen Aufbau ihres Holzes.

Ein Blick in die Vergangenheit Für die vergleichende Untersuchung verschiedener Holztypen benötigen wir jetzt neben einem dünnen Querschnitt jeweils auch einen Längsschnitt in tangentialer und radialer Richtung. Vom Fachhandel angebotene Fertigpräparate für Lehrzwecke bieten oft alle drei Schnittführungen unter demselben Deckglas. Das Holz der stammesgeschichtlich bis in das Erdaltertum zurückweisenden Nadelbäume, die sämtlich zu den Nacktsamern gehören und sich direkt von den Farnen ableiten, zeigt entsprechend ursprüngliche Züge. Es ist recht gleichförmig nur aus Tracheiden aufgebaut. Im mitteleuropäischen Klima setzt jeweils in der Monatswende April/Mai die Bildung neuen Tracheidengewebes ein: Wie ein Querschnitt durch das Holz von Fichte, Kiefer oder Tanne zeigt, nimmt das Kambium nach der Herbst- und Winterruhe seine Tätigkeit wieder auf und gibt in zentripetaler Richtung zur Sprossachsenmitte die neuen Elemente des Xylems ab. Gerade im Frühjahr und Frühsommer setzt aber auch das Längenwachstum der

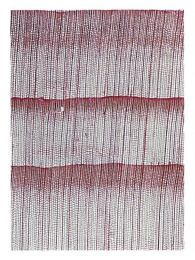

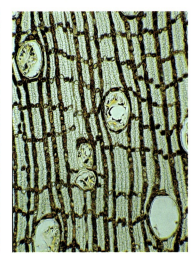

Bäume ein. Der Wasserbedarf in den wachsenden Teilen ist dann besonders hoch. Folglich werden als so genanntes Frühholz vergleichsweise weitlumige, aber dünnwandige Tracheiden angelegt. Erst zum späteren Sommer oder Frühherbst (etwa August/September) werden die Tracheiden zunehmend englumiger und dickwandiger. Sie bilden dann das kompakte Tracheidengewebe des Spätholzes. Zum Frühholz der nachfolgenden Wachstumsperiode steht es in einem auffallenden Kontrast. Die jährliche Wachstumsgrenze ist zellgenau anzugeben. Man bezeichnet sie als Jahresgrenze. Eine komplette Wachstumsfolge vom Früh- bis zum abgeschlossenen Spätholz bezeichnet man als Jahrring.

Die einzelnen Tracheiden stehen durch Hoftüpfel untereinander in Verbindung. Diese befinden sich bevorzugt in den radialen Wänden und treten an den spitz zulaufenden Zellenden gehäuft auf. Damit ist einerseits die Wassernachleitung in Längsrichtung wesentlich erleichtert, zum anderen aber auch eine Wasserversetzung in tangentialer Richtung möglich.

Markstrahlen verbinden innen und außen Bei den einheimischen Nadelhölzern fehlt im geschlossenen Komplex des wasserleitenden Gewebes ein Speichergewebe in Form axial gestreckter Zellen. Parenchymatisches Gewebe kommt in geringen Anteilen nur im Holz von Nadelbäumen der Südhalbkugel vor. Die einzigen regelmäßig auftretenden Parenchymelemente im heimischen bzw. nordhemisphärischen Nadelholz sind die Markstrahlen. Diese radial gerichteten Gewebe stellen die Verbindung zwischen Holz und Bast her. Holz- und Baststrahlen sind bei den einheimischen Nadelhölzern meist nur eine Zellschicht breit. Nur bei Fichte und Kiefer werden die Markstrahlen oben und unten von je einer Reihe toter Quertracheiden begleitet, die den radialen Wassertransport unterstützen. Sonst führen die Markstrahlen ausschließlich lebende Parenchymzellen, die im Wesentlichen Speicherfunktionen wahrnehmen. In radialen Längsschnitten durch ein im Spätherbst gefälltes Holz sind die parenchymatischen Zellen dicht mit Amyloplasten angefüllt. Sie sind demnach wichtige Speicher für Stärke (Amylopektin), wie die einfache Probe mit ▸ Lugolscher Lösung ausweist.

Die bemerkenswerten technischen Eigenschaften des Holzes (Festigkeit bei relativem Leichtgewicht) gehen auf die Einlagerung von Lignin in die Zellwände der Xylemelemente zurück. Lignin ist ein vor allem auf Druckfestigkeit angelegtes, polymeres Material, dessen Bausteine sich aus dem Stoffwechsel der aromatischen Aminosäuren ableiten. Im Laufe der Evolution hat sich die Art der verwendeten Bausteine etwas verschoben.

Unterschiedliche Laubholztypen Einen noch vergleichsweise einfachen Holzaufbau zeigt die Rot-Buche. Ihr Holz enthält zwar schon die zu langen Röhren ausgestalteten Tracheen, doch sind diese noch in ein Grundgewebe aus Tracheiden eingebettet. Zu den Nadelhölzern bestehen also noch klare Anklänge. Tracheen und Tracheiden sind untereinander durch Hoftüpfel verbunden. Auch die Gefäße stehen über Tüpfel in Verbindung. Sie vereinigen sich in axialer Richtung zu Gefäßgruppen, die über Tracheiden mit anderen Gefäßgruppen verknüpft sind. So entsteht räumlich in radialer und axialer Richtung ein komplexes Röhrensystem für einen wirksamen Wassertransport. Wie bei den Nadelhölzern leitet praktisch der gesamte Holzkörper einer Buche, wobei die Wasserversetzung über die Jahresgrenzen hinweg nur durch Tracheiden erfolgen kann. Diese Holzanatomie mit ihren vielen Anklängen an die Nadelhölzer wird als Fagus-Typ bezeichnet: Das Wasserleitungs- oder

Jedes Jahr legt sich der wachsende Baum einen neuen Ring zu, genauer einen Zylinder, der die älteren Jahreszuwächse jeweils ummantelt.

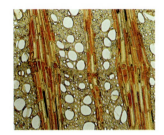

Oben: Platane (*Platanus xhispanica***). Querschnitt durch das Holz mit breiten Markstrahlen. Unten: Echte Walnuss (***Juglans regia***). Der tangentiale Längsschnitt durch das Holz trifft zahlreiche Markstrahlen.**

Lugolsche Lösung S.271

Während Nadelholz-Lignin zu über 80% aus dem Baustein Coniferylalkohol besteht, führt Laubholz-Lignin meist mehr als 70% Sinapylalkohol. Auf diesem Unterschied beruht die leichte chemische Unterscheidbarkeit von Nadel- und Laubholz, die man mit dem einfachen Mäule-Test ermitteln kann (s. S. 281).

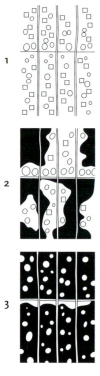

mikropor

Funktionstypen im Laubholz.
weiß: Wasserleitungs-/Festi-
gungssystem, schwarz: aus-
schließlich Stützsystem (mit
Holzfasern), Quadrate: Trache-
iden, Kreise: Tracheen. Mikropor
(zerstreut- bzw. kleinporig sind
1 Buche, 2 Kreuzdorn, 3 Ahorn).

Wald-Kiefer (Pinus sylvestris): Im
radialen Längsschnitt verlaufen
die Markstrahlen in der Schnitt-
ebene.

Hydrosystem in Ästen und Stämmen der Rot-Buche befindet sich hier noch auf der Tracheiden/Gefäß-Organisationsstufe.

Holzfasern lösen Tracheiden ab Erst auf der nächsten Organisationsstufe wird ein Teil der zahlreichen Tracheiden gegen Holzfasern ausgetauscht, so wie es beispielsweise das Holz des Kreuzdorns (*Rhamnus cathartica*) zeigt. Fast die Hälfte des Holzkörpers besteht bei dieser Art aus toten, bemerkenswert dickwandigen Holzfasern, die als geschlossene, weitgehend ungetüpfelte Gewebekomplexe und wegen ihrer Luftfüllung aus der Wasserleitfunktion ausscheiden. Die Wasserversetzung bleibt auf die Tracheiden/Gefäßbereiche und damit nur auf einen Teil des Holzkörpers beschränkt. Damit ist jedoch eine funktionelle Trennung zwischen Leitungs- und Festigungssystem eingeleitet, wobei dem Hydrosystem zunächst auch noch weiterhin mechanische Funktionen bleiben. Einen Teil seiner ursprünglichen statischen Aufgaben hat es jedoch an die Holzfaser-Komplexe abgegeben. Diese eingeschränkte Tracheiden/Gefäß-Organisationsstufe ist bei vielen heimischen Laubhölzern vertreten, unter anderem beim Liguster (*Ligustrum vulgare*) oder bei der Stechpalme (*Ilex aquifolium*).

Mit der Einführung von Holzfasern (Libriform-Fasern) ist bereits die weitere Entwicklung in der Holzanatomie vorgezeichnet. Auf der höchsten von Laubhölzern bisher erreichten Organisationsstufe werden die Tracheiden bzw. Fasertracheiden schließlich gänzlich durch Holzfasern ersetzt, wie es beispielsweise das Holz des Berg-Ahorns (*Acer pseudoplatanus*) zeigt. Den größten Teil des Holzkörpers nimmt nunmehr das tote, luftgefüllte Holzfaser-Grundgewebe ein, während das Hydrosystem nur noch die einzelnen Gefäße umfasst. Jetzt müssen die Gefäße die Wasserleitung erstmals auch über die Jahrringgrenzen hinweg leisten. Sie nehmen dazu im Bereich der Ringgrenzen allseitig Tüpfelkontakt auf, wie man an Radialschnitten eindrucksvoll überprüfen kann.

Unterschiedliche Kaliber: Mikro- oder makropore Hölzer Nach ihren Gefäßdurchmessern (meist unter 100 μm) gehören die bisher benannten Laubholz-Arten sämtlich zu den mikroporen Hölzern, bei denen die vorhandenen Tracheen zudem relativ gleichmäßig über die einzelnen Jahrringe verteilt sind. Daher spricht man auch von einem zerstreutporigen Holz. Außer den mikroporen Hölzern gibt es jedoch auch solche, bei denen die Gefäße besonders im Frühholz Durchmesser von 100–400 μm erreichen und folglich als makropor bzw. ringporig (zyklopor) gelten. Makropore Hölzer kommen bevorzugt in wärmeren Klimaten vor, in denen meist nur im Frühjahr reichere Niederschlagsmengen zur Verfügung stehen.

Die gleichen Organisationsstufen, die sich – vom *Fagus*-Typ ausgehend – bei den mikroporen Hölzern verfolgen lassen, kommen auch bei den ringporigen Laubhölzern vor: Die einzelnen Stufen sind vertreten mit Ess-Kastanie (*Castanea sativa*), Stiel-Eiche (*Quercus robur*) bzw. Gemeiner Esche (*Fraxinus excelsior*, siehe Abbildung S. 189). Parallel zur histologischen Differenzierung und damit einhergehender Arbeitsteilung zwischen Hydro- und Stützsystem über mehrere Organisationsstufen hinweg lassen sich analoge Organisationsreihen von Hölzern unterscheiden, die in verschiedenen Klimaten beheimatet sind. In den makroporen, meist recht Wärme liebenden Laubhölzern erreicht der Transpirationsstrom wegen des wesentlich geringeren Leitungswiderstandes oft das Zehnfache der in mikroporen Hölzern gemessenen Geschwindigkeiten.

Verkernungen Bei den Bäumen der tracheidalen Organisationsstufe bzw. bei den mikroporen Hölzern bleibt der größte Teil des Wasserleitungssystems eventuell über mehrere Jahre bis zur vollständigen Verkernung funktionstüchtig. Darunter versteht man eine nachträgliche Einlagerung Fäulnis hemmender Substanzen in die Zellwände, die sich auf Schnitten auch im makroskopischen Maßstab als dunklere Verfärbung abzeichnet. Bei den makro- bzw. zykloporen Laubhölzern bleiben die Wasserleitbahnen dagegen nur wenige Jahre, bei den einheimischen Eichen beispielsweise nur für zwei Vegetationsperioden, in Funktion. Anschließend werden sie unter anderem auch dadurch aus dem Betrieb genommen, dass die Schließhäute der Tüpfel in die Tracheenlumina hineinwachsen und diese regelrecht verstopfen.

Dendrochronologie Jeder Querschnitt durch einen Baumstamm zeigt, dass sein Holz von der Peripherie bis zum Kern nicht homogen aufgebaut ist, sondern kennzeichnende Jahrringfolgen aufweist, die ein bleibendes Dokument des jahreszeitlichen Wachstums darstellen. Damit beschäftigt sich die Dendrochronologie (Jahrringforschung), eine Disziplin aus dem Grenzfeld zwischen Botanik, Holzbiologie und Archäometrie. Ihr wichtigstes Arbeitsmittel ist das Mikroskop, mit dem die Jahrringe geschnittener Hölzer im Detail untersucht werden. Schon beim bloßen Abzählen fällt nämlich auf, dass die aufeinander folgenden Zuwachsstreifen im Holz nicht gleich bleibend breit sind. Von Jahr zu Jahr zeigen sich Abweichungen von einem arttypischen Mittelwert: Schließlich ist der jährliche Holzzuwachs eine physiologische Leistung des betreffenden Baumes und als solche natürlich abhängig von Temperaturverlauf, Niederschlagsmengen oder anderen ökologischen Faktoren mit jährlicher bzw. jahreszeitlicher Schwankung. Deren Jahresgang kontrolliert die jeweilige Holzzuwachsmenge. Insofern zeichnen die wechselnden Jahrringabmessungen auch die Summe der Umwelteinflüsse verschiedener Jahre minutiös auf und sind geradezu eine Bilanz des langfristigen Wettergeschehens.

Anhand von Schnittpräparaten oder mit Auflichtuntersuchung kann man die Ringbreiten auf Millimeterbruchteile genau ermitteln. Trägt man diese gegen die Zeitachse in ein Diagramm ein, so ergibt sich daraus ein charakteristisches Kurvenbild. Bestont enge oder breite Jahrringe liefern für die Chronologie besonders wichtige Messpunkte. Ihr ausgesprochen unperiodisches Auftreten macht die Einmaligkeit und Unverwechselbarkeit einer Ringbreitenfolge aus.

Holzzellen vom laufenden Band Vor knapp 2000 Jahren erfunden, war Papier viele Jahrhunderte lang geradezu eine Kostbarkeit. Heute ist es neben den Kunststofffolien das billigste Flächengebilde der Werkstofftechnik und von der Faltschachtel bis zum Notizblock in allen Bereichen der Zivilisation im Einsatz. Mit dem Mikroskop lässt sich die Produktvielfalt ebenso gut erkunden wie die unterschiedlichen Rohstoffe, die in einem Papierfetzen stecken. Da der Rohstoffmarkt für Papier längst globalisiert ist, kann man durchaus damit rechnen, in einer beliebigen Papierprobe auch Fasern exotischer Herkunft vorzufinden.

Für die mikroskopische Untersuchung weicht man eine beliebige Papier-, Karton- oder Pappprobe in Leitungswasser auf, zerzupft sie mit Präpariernadeln und kocht sie gegebenenfalls in 1 %iger Natronlauge in einem Reagenzglas kurz auf. Danach schüttelt man eine Probe kräftig durch, wäscht mit Leitungswasser aus und lässt die Aufschwemmung stehen. Nach etwa 1 h entnimmt man mit der Pipette einen Teil des Bodensatzes und untersucht ihn in

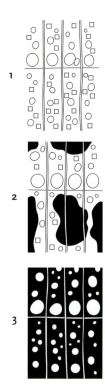

zyklopor

Makropore (ringporige) Laubhölzer sind 1 Kastanie, 2 Eiche, 3 Esche. Gleichzeitig ist mit 1 jeweils die Tracheidenstufe bezeichnet, mit 2 die eingeschränkte Tracheiden- und mit 3 die Tracheen-Entwicklungsstufe.

Gewöhnliche Esche (*Fraxinus excelsior*): Querschnitt durch das Holz mit Thyllenverschluss der Gefäße

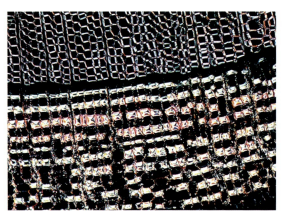

Gewöhnlicher Wacholder (*Juniperus communis*): Querschnitt durch Holz und angrenzenden Bast

Laubholz-Mistel (*Viscus album*): Mit seinen Senkern zapft der Halbparasit nur die Wasserleitung seines Wirtes an.

> ACN-Gemisch S. 280
> Chlorzinkiod-Lösung S. 276
> Phloroglucin-HCl S. 275

Fallweise sollte man auf interessante Sonderbildungen der Rinde achten, darunter die als Durchlüftungseinrichtung für die tieferen Astpartien angelegten Lentizellen etwa bei Birke oder Holunder.

▸ ACN-Gemisch oder alternativ in ▸ Chlorzinkiod-Lösung bzw. ▸ Phloroglucin-HCl. Alle drei Reagenzien lassen eine sichere Unterscheidung von holzhaltigen und holzfreien Papierfasern zu – verholztes Material färbt sich rot, nicht verholztes in Blaunuancen.

Anstelle von mazerierten Holzproben lassen sich natürlich auch direkt verschiedene Papiersorten untersuchen. Man weicht dazu kleine Stückchen von etwa 2 x 2 mm Kantenlänge ein und fasert sie auf dem Objektträger mit Präpariernadeln auseinander. Lohnenswertes Ausgangsmaterial sind beispielsweise Papiere für Druckgrafik, Kaffee- oder Teefilter, Schreibmaterial, Teebeutel, Verpackung, Zigaretten oder Zeitung.

Im Prinzip sind Papier oder Karton nur getrocknete und unterschiedlich dicke Portionen von Faserbrei, dem man eventuell verschiedene Ausrüstungsstoffe (Zuschläge) zusetzt. Je nach Anwendungszweck verwendet man Fasermaterial unterschiedlicher Herkunft. Haderpapiere enthalten größere Anteile von Baumwoll-, Flachs- oder Hanffasern und nicht selten auch Wolle. Da diese Fasern bei der Papierverarbeitung mechanisch stark angegriffen werden, ist ihre sichere Bestimmung manchmal erschwert. Verholzte Fasern gewinnt man durch mechanisches Zerreiben von Holz verschiedener Baumarten (= Holzschliff). Anhand der charakteristischen Tüpfelformen lässt sich in einem Papierpräparat zumindest feststellen, ob die Fasern von einem Nadel- oder Laubbaum stammen.

Rinde – die Haut der Gehölze Stamm, Äste und auch Wurzeln werden bei den Gehölzen von einer mehrschichtigen Rinde eingehüllt, die im Vergleich zum Holzkörper einen viel komplexeren Aufbau aufweist und eigenartigerweise viel weniger intensiv untersucht ist. Bei vielen Pflanzen, die sekundär in die Dicke wachsen, entwickelt sich außerhalb des Kambiumringes ein zweites teilungsfähiges Gewebe, das man gewöhnlich als Korkkambium (Phellogen) bezeichnet. Es gliedert bei seiner Tätigkeit nach außen Korkgewebe (Phellem) ab, nach innen Phelloderm. Alle drei Gewebeschichten bilden zusammen das Periderm. Bei Buchen ist es mit >50 Jahren ausgesprochen langlebig, bei den meisten Gehölzen jedoch eher von kurzer Betriebsdauer. Stirbt es ab, bildet sich im Bastteil des Stammes als Abschlussgewebe erneut ein dreischichtiges Periderm, das schuppenweise Material abgliedert (Schuppenborke bei Linde, Esche, Ahorn oder Ringborke bei Waldrebe, Lebensbaum oder Wacholder). In diese Abschlusslagen sind vielfach zusätzliche Verstärkungselemente eingelagert, beispielsweise Steinzellnester (Birke, Eiche, Fichte, Tanne) oder Bast- bzw. Sklerenchymfasern (Robinie, Esche). Rinden von Sträuchern oder Bäumen untersucht man am besten anhand von dünnen Querschnitten. Sie benötigen keine weiteren Färbungen, denn die Zellwände heben sich durch natürliche Farbstoffeinlagerung ausreichend kontrastreich ab.

Zum Weiterlesen BECKER u. GIERTZ-SIEBENLIST (1970), BECKER u. SCHMIDT (1982), BRAUN (1963, 1980), BRAUNE u. a. (1999), ESCHRICH (1995), FREUND (1970), GERLACH (2000), GÖKE (2000), GREBEL (1989), GROSSER (1977), HOC (1961), HUBER (1971), ILVESSALO-PFÄFFLI (1995), NEGRETTI (1979), RAVEN u. a. (2006), SACHSSE (1984), SCHWEINGRUBER (1978, 1995), VAUCHER (1990)

7.9 Vielfalt der Laubblätter

Die genauere Betrachtung eines Laubblattes fördert eine nur scheinbar banale Tatsache zu Tage: Auch wenn man es bereits von der Pflanze gezupft hat, kann man an den zweierlei Grüntönen eindeutig seine Ober- von der Unterseite unterscheiden. Das Mikroskop ist das passende Werkzeug, diesen unterschiedlichen Farbeindruck richtig zu deuten.

Neben der Wurzel und der Sprossachse sind Blätter gleichberechtigte Bauplanmerkmale einer Sprosspflanze (Kormophyt) und gehören somit zur kormophytischen Normalausstattung einer höheren Pflanze. Obwohl also fast jede Pflanze sie trägt, sind Blätter eigentlich recht bewundernswerte Organe. Einerseits ist es doch überaus erstaunlich, dass im Rahmen eines Allgemeinbauplans jede Pflanzenart eine für sie typische Blattform entwickelt hat, die mit ihren vielen Varianten in Blattschnitt und -randgestaltung eine Menge zuverlässiger Bestimmungsmerkmale anbietet. Andererseits fragt man sich auch, wie es überhaupt möglich ist, ein relativ großes und dünnes Blatt von manchmal mehr als 1 dm² Fläche am dünnen Blattstiel wie ein Sonnensegel auszubreiten.

Blätter sind immer mehrschichtig Die Baueigenheiten eines Laubblatts zeigen sich am besten im Schnittbild, wobei es gleichgültig ist, ob man die Schnitte parallel oder senkrecht zur Haupttrippe führt. Vorteilhaft ist die Verwendung einer ▸ Schneidehilfe, beispielsweise einer Mohrrübe, in die man ein Blattstückchen (ca. 1 x 0,5 cm) ohne größere Blattrippe einklemmt. Alternativ kann man dünnere Blätter auch wie eine Zigarre aufrollen oder nach Art eines Leporellos falten und dann schneiden. Die Schnittführung sollte so erfolgen, dass die Rasierklinge von der Blattoberseite her in das Objekt eindringt. Im Allgemeinen liefern auf diese Weise angefertigte Handschnitte recht brauchbare Ergebnisse.

Bei mittlerer Vergrößerung ist klar erkennbar, dass die grünen Blattgewebe sich auf zwei unterschiedliche Lagen verteilen: Das Palisadenparenchym besteht aus länglichen, dicht stehenden Zellen mit zahlreichen Chloroplasten – sie stellen rund 80% des Chloroplastenbestandes eines Blattes. Ein Interzellularensystem ist hier kaum ausgebildet. Gewöhnlich ist das Palisadenparenchym einlagig. Im Efeu-Blatt findet man statt dessen eine zwei- bis dreischichtige Lösung.

Blätter sind die wichtigsten pflanzlichen Organe, in denen Nettoprimärproduktion erzielt wird. Die photosynthetische Kohlenstoff-Fixierung läuft umso effizienter ab, je mehr Lichtquanten pro Flächeneinheit eingefangen und in den photochemischen Reaktionszentren der Chloroplasten wirksam werden können. Daher sind im gewöhnlichen Laubblatt auf der lichtzugewandten Seite (= adaxiale Oberseite) die Zellen des Chlorophyll führenden Parenchyms (= Chlorenchym) so angeordnet, dass vom auftreffenden Licht auf seinem Weg durch das Gewebe möglichst viele Reaktionen ausgelöst werden. Im Palisadenparenchym stehen die beteiligten Zellen dicht an dicht.

Das zur Blattunterseite (= abaxiale Seite) orientierte Schwammparenchym ist dagegen aus Zellen von ganz anderer Gestalt und mit deutlich weniger Chloroplasten aufgebaut. Zwischen den rundlichen oder mehrarmigen Zellen breitet sich zudem ein ausgedehntes Labyrinth großer Zellzwischenräume

Pflanzliche Flachware

An der Aufgabe, die Zimmertür an einem Besenstiel zu befestigen, würde die technische Statik zunächst einmal scheitern.

Schneidehilfe S. 255

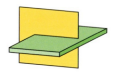

Querschnitt

Flächenschnitt

Schnittebenen bei Laubblättern

Projekt	Anatomie und Histologie grüner Laubblätter
Material	Schneerose (*Helleborus*-Formen), Efeu (*Hedera helix*)
Was geht ähnlich?	Alpenveilchen (*Cyclamen persicum*), Flieder (*Syringa vulgaris*), Schwertlilie (*Iris*-Arten), Rohrkolben (*Typha latifolia*), beliebige andere Laubblätter, sofern sie nicht zu dünn sind. Sonderformen der Blattanatomie: Gräser, Rollblätter der Heidekrautgewächse, Blätter mediterraner Hartlaubgewächse, Blattbehaarung verschiedener Arten, Winterknospen von Blättern und Blüten, Fertigpräparate aus dem Lehrmittelhandel
Methode	Untersuchung von Quer- und Flächenschnitten am ungefärbten Präparat bzw. Übersichtsfärbungen nach ETZOLD, ROESER oder in ACN-Gemisch, Haaruntersuchung im polarisierten Licht
Beobachtung	Gewebeschichten, Bautypen, Sonderformen, Spezialanpassungen

Links: Kriechender Hahnenfuß (*Ranunculus repens*), Querschnitt durch das bifaziale Laubblatt

Mitte und rechts: Rot-Buche (*Fagus sylvatica*): Querschnitt durch das Sonnen- (Mitte) und Schattenblatt (rechts)

(Interzellularen) aus. Die unterschiedliche Farbdichte der beiden Zellschichten des Mesophylls erklärt die Unterscheidbarkeit der dunkleren Blattober- und der helleren Blattunterseite. Daran knüpft die Bezeichnung bifazial („zweigesichtig") für diesen Blattbautyp an. Davon unterscheidet sich der äquifaziale Bautyp der Blätter etwa von Schwertlilie, Gladiole, Tulpe oder Maiglöckchen deutlich.

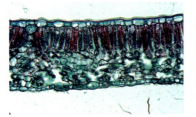 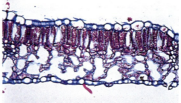 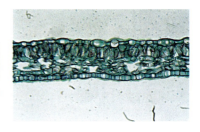

Cuticula – abdichtender Abschluss Je nach Schnittführung trifft man zwischen Palisaden- und Schwammgewebe farbloses Leitgewebe an, entweder quer oder in Längsschnitten. Im Blattleitbündel liegt das Phloem bei richtiger Orientierung des Schnittes immer unten, das Xylem oben. Je eine Zellschicht ohne Chloroplasten deckt als Abschlussgewebe das dünnwandige Mesophyll ab: Bei der oberen und unteren Epidermis fallen die vergleichsweise dickwandigen Außenzellwände auf. Bei Färbung mit ▶ ACN-Gemisch oder mit ▶ Sudan-Farbstoffen zeigt sich die Cuticula, eine durch wachsähnliche Stoffe weitgehend gasdicht und wasserabweisend (hydrophob) imprägnierte Zellwandschicht. Auch an ungefärbten Präparaten setzt sie sich vom Rest der periklinen Zellwände klar ab.

Da die Cuticulae artspezifische Unterschiede erkennen lassen, bieten sie bei der Bestimmung auch sehr kleiner Blattreste – beispielsweise bei kriminaltechnischen Untersuchungen – wichtige diagnostische Hilfen.

In Flachschnitten zeigt sich, dass die Cuticula ihrerseits gemustert sein kann. Recht häufig sind kleine faltige Wülste oder Stränge, die parallel oder radial ausgerichtet sein können. Man bezeichnet sie allgemein als Cuticularfältelung. Oftmals sind die Cuticularmuster auf den Epidermen der Blattober- und -unterseite verschieden.

Von einer weiteren Struktureigentümlichkeit kann das Lichtmikroskop allerdings nur einen ersten und recht groben Eindruck verschaffen: Viele

ACN-Gemisch S. 280
Sudan-Farbstoffe S. 276

Blattepidermen, aber auch solche von Blüten und Früchten, tragen einen abwischbaren Belag aus so genannten Epicuticularwachsen, der sich bei rasterelektronenmikroskopischen Untersuchungen als außerordentlich vielgestaltig und systematisch verwertbar erwies. Auf solche mikrostrukturierten Wachsbeläge geht der unterdessen weithin bekannte und in vielen technischen Anwendungen genutzte Lotus-Effekt zurück. Entdeckt wurde er an den wachsigen Blättern der Lotuspflanze. Er betrifft aber ebenso die Blätter von Rotkohl (Blaukraut).

Epidermen als Schaufenster Neben den periklinen sind auch die antiklinen Wände der Epidermiszellen recht dick und ohne Interzellularen so fest miteinander verbunden, dass man sie von den Blättern als feines Häutchen abziehen kann. Bei manchen Pflanzen enthalten die Vakuolen der Epidermiszellen wasserlösliche Farbstoffe, beispielsweise rötliche Anthocyane (Alpenveilchen, Blutbuche, Rotkohl). Bei den meisten Pflanzen sind die Epidermen der Blattober- und -unterseite jedoch durchsichtig wie eine Fensterscheibe, denn schließlich soll möglichst viel Licht bis zum Chlorenchym vordringen können. Gewöhnlich bilden die Epidermiszellen interessante Muster, die auf jeden Fall eine genauere Untersuchung verdienen (vgl. S. 200). Dazu fertigt man durch die Blattoberseite und die -unterseite jeweils einen dünnen Flächenschnitt an: Blattstück ohne größere Rippe über dem Zeigefinger straff spannen, mit Daumen und Mittelfinger festhalten und mit der Rasierklinge unter flachem Winkel dünne Scheibchen abheben. Alternativ kann man die Blattstückchen auch über einen Flaschenkork wickeln. Die Schnitte werden mit der Wundseite nach unten auf den Objektträger gelegt und ohne Färbung untersucht. Zur Isolierung von Epidermen s. S. 200.

In Flachschnitten bietet die Durchsicht durch die Epidermis einige interessante Ansichten auch der grünen Blattgewebe des Mesophylls, wenn man sie aus der Perspektive der Epidermis betrachtet. Dazu eignen sich die etwas dicker geratenen Bereiche von Flachschnitten durch Frischmaterial. Aus der Oberseitenansicht zeigen sich jetzt die äußerst dicht gedrängten Zellen des Palisadenparenchyms. Noch überraschender ist der Aspekt des Schwammparenchyms: Die auf Querschnittbildern etwas verworren und regellos erscheinenden Zellen zeigen sich aus der Fläche als regelmäßiges, lockermaschiges Netzwerk, die dem Gasaustausch über die Spaltöffnungen viel Raum geben. Angesichts dieser Musterbildung wäre die Bezeichnung Netzparenchym viel zutreffender.

Spaltöffnungen – Luftlöcher der Blattepidermen Für den Stoffwechselbetrieb der Blätter ist der Gasaustausch mit der Atmosphäre unerlässlich, und dazu sind in die Epidermis besonders der Blattunterseite besondere Spaltöffnungen (Stomata) eingelassen. Sie bestehen – wie Epidermispräparate vor allem der Blattunterseiten zeigen – aus jeweils zwei länglichen bis bohnenförmigen Schließzellen, die ausnahmsweise Chloroplasten enthalten. Druckänderungen in der Vakuole lassen einen zwischen den Schließzellen liegenden Spalt enger oder weiter werden, wodurch das Blatt die Im- und Exporte von Stoffwechselgasen regulieren kann.

Beim größten Teil aller Landpflanzen befinden sich die Spaltöffnungen, die keinen eigenen Gewebekomplex darstellen, nur in der Epidermis der Blattunterseite – die Blätter sind demnach hypostomatisch. Bei grundsätzlich gleichem Arrangement der photosynthetisch aktiven Parenchyme (Chlorenchyme) liegen die Spaltöffnungen (Stomata) bei Schwimmblattpflanzen

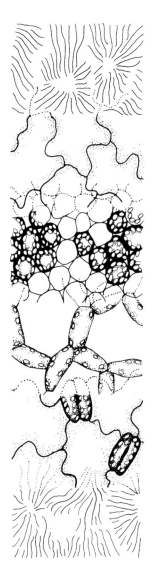

Zur Verdeutlichung der Raumstruktur eines Laubblattes zeichnet man die einzelnen Gewebeschichten überlappend.

(Teichrose, Seerose, Wasser-Knöterich) in der Epidermis der Blattoberseite (epistomatische Laubblätter). Die Blätter der Wasserpflanzen (Tauchblattpflanzen) führen dagegen keine Stomata, weil diese in deren Lebensraum nicht sinnvoll sind. Spaltöffnungen sind grundsätzlich auf solche Pflanzenorgane beschränkt, die im Direktkontakt mit der Atmosphäre stehen. Aus solchen Befunden kann man auch die Lebensweise fossiler Pflanzen rekonstruieren, von denen nur Blatt- oder Stängelfragmente vorliegen.

Leben zwischen Luft und Wasser Das Schwimmblatt einer See- oder Teichrose entspricht in Anatomie und Geweborganisation auf den ersten Blick einem typischen bifazialen Laubblatt mit klar unterscheidbarer Ober- und Unterseite. Zur Oberseite hin wird das Blatt von einer normal bemessenen Epidermis ohne auffälligere Wandverdickungen begrenzt. Das Palisadenparenchym umfasst 2–3 Stockwerke vergleichsweise schmaler, zylindrischer Zellen, die etwa die Hälfte des gesamten Blattvolumens einnehmen. Der untere Teil des Mesophylls besteht aus einem Schwammparenchym, dessen Interzellularen bzw. Hohlräume im Vergleich zum gewöhnlichen Laubblatt deutlich vergrößert erscheinen: Immerhin verleiht die Gasfüllung dieses beträchtlichen Lakunen- bzw. Labyrinthsystems dem Schwimmblatt im Wasser Auftrieb und ist somit für seine ausgezeichneten Schwimmeigenschaften mitverantwortlich – dabei wirksam unterstützt durch die Unbenetzbarkeit der wachsigen Oberfläche. Die ausschließlich in der oberen Epidermis liegenden Spaltöffnungen sind sichtbarer Ausdruck dafür, dass der Gaswechsel zwischen den photosynthetisch aktiven Blattgeweben direkt mit der freien Atmosphäre abgewickelt wird.

Eine weitere Besonderheit zeichnet die Schwimmblätter von See- und Teichrose aus: Zwischen Palisadenparenchym und Schwammparenchym lässt sich bei genauerem Hinsehen ausnahmsweise noch eine dritte Gewebeschicht des Mesophylls ausmachen. Sie umfasst nur wenige Zelllagen, erscheint auf den ersten Blick als Bestandteil des Schwammparenchyms im Übergang zum Palisadenparenchym und zeichnet sich (vor allem in jüngeren Blättern) durch besonders engständige bzw. englumige Interzellularen aus. Diese spezielle Zellschicht mitten im Chlorenchym bezeichnet man als Trennschicht. Sie ist für die Sauerstoffversorgung der Blattbinnenräume und aller übrigen O_2-bedürftigen Organe der Pflanze von erheblicher Bedeutung, denn sie wirkt gleichsam als Ventil bei der Druckbelüftung (vgl. S. 182 f.).

Durch Blätter hindurchsehen Dünne Laubblätter, beispielsweise von Akelei, Sauerklee, Venushaarfarn und etlichen weiteren Landpflanzen eignen sich besonders zur färberischen Darstellung der Leitgewebe, die sich makroskopisch als Blattnervatur bzw. Blattadern zeigen. Dazu werden sie zunächst entfärbt, anschließend mazeriert und erneut gefärbt. Erfasst werden damit vor allem die verholzten xylematischen Elemente der Leitgewebe (vgl. S. 176), die nicht nur die Wasserversorgung der Blattgewebe leisten, sondern auch Bestandteil der Blattstatik sind.

Eau de Javelle S. 259

Dünne Laubblätter schneidet man in Stückchen von etwa 5 mm Kantenlänge und legt sie für etwa 1 Tag bis zur völligen Entfärbung (= Herauslösen des Chlorophylls und der Carotenoide aus den Chloroplasten) in 96 %iges Ethanol (bzw. Brennspiritus). Dann gibt man sie für etwa 12 h in ▸ Eau de Javelle oder in verdünnten Sanitärreiniger (z. B. Domestos, mit H_2O 1:10 verdünnt) und wäscht sie anschließend mehrfach gründlich in destilliertem H_2O aus. Die Färbung erfolgt für 15–30 min in basischem Fuchsin (1 %ig in

50%igem Isopropanol). Danach wäscht man die Blattstückchen erneut in H_2O aus, bis keine Farbwolken mehr aus ihnen aufsteigen, und überträgt sie für 10–15 min in verdünnte Pikrinsäure (gesättige wässrige Pikrinsäurelösung: H_2O = 1:3). Schließlich wäscht man sie in H_2O erneut aus und entfernt überschüssige Farbe in 70–90%igem Isopropanol (= Differenzieren). Der Differenzierungsschritt dauert materialabhängig 6 h bis 3 Tage.

Sobald die Blattstückchen bis auf die Adern weitgehend entfärbt sind, schließt man sie über Zwischenstufen (100%iges Isopropanol: 15 min, Xylol: 15–30 min) in ein langsam aushärtendes Kunstharz wie ▸ Malinol ein.

Selbst bei stärkerer Vergrößerung kann man in den Totalpräparaten die feinen, oft tracheidal organisierten Leitbündelenden untersuchen, die sich aufgrund ihrer Verholzung scharfkantig rot vom fast farblosen, hellen Hintergrund abheben.

Rollblätter mit Klettverschluss Ein dünner Querschnitt durch das Laubblatt von Preiselbeere (*Vaccinium vitis-idaea*) oder eine beliebige *Rhododendron*-Art zeigt eine besondere Aufrollung der Blattränder. Offensichtlich ist die Blattoberseite im Breitenwachstum der Unterseite vorausgeeilt, so dass die Blattränder folgerichtig nach unten geschlagen werden. Dieses Rollblatt heißt revolut, während ein konvolutes Blatt seinen Randbereich nach oben krümmt. Diese Form sieht man gelegentlich bei den Rollblättern in der Knospe.

Die Rollblätter der Gattung *Erica* zeigen ein bemerkenswertes Kennzeichen: Bei der Umgestaltung zum ericoiden Rollblatt mit wirksam verkleinerter Unterseite entstehen sekundäre Blattränder, während der primäre Randbereich mit seiner Haarauskleidung buchstäblich in der Versenkung verschwindet. Dem Verlauf des Palisadenparenchyms ist zu entnehmen, dass die Orientierung dieser Chlorenchymzellen an den sehr eckig ausgebildeten Blattkanten scharfkantig wechselt.

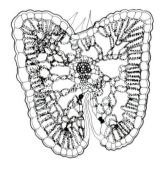

Ericoides Rollblatt der Besenheide (*Calluna vulgaris*).

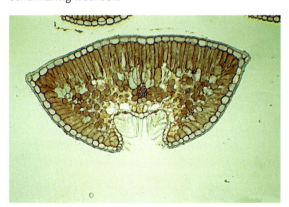 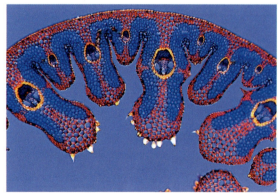

Von den Blättern der *Erica*-Arten führt die typologische Entwicklung zu den sehr kleinen, fast schon wie Nadeln aussehenden Blättern der Besenheide (*Calluna vulgaris*). Im Querschnitt erscheinen sie nahezu quadratisch. Gegenüber dem Ausgangstypus des normal gestalteten bifazialen Laubblattes haben die konstruktiven Umbauten der Blattanatomie und -morphologie sichtlich zu etlichen Veränderungen der Gewebetopographie geführt.

Links: Glocken-Heide (*Erica tetralix*). Querschnitt durch ein Rollblatt. Rechts: Baltischer Strandhafer (x*Calammophila baltica*). Querschnitt durch ein Gras-Rollblatt

Anpassung an Trockenheit Die entsprechenden anatomisch-morphologischen Umgestaltungen fasst man unter dem Begriff der Xeromorphie zusammen. Xeromorphe Strukturen als Anpassungsmerkmale gegen Wasservergeudung finden wir nicht nur bei Wüsten- und Steppenpflanzen arider Klimate, sondern auch bei vielen alpinen Felspflanzen und – wider Erwarten – sogar bei manchen Moor- und Sumpfpflanzen. Rollblätter sind neben der Blattsukkulenz sicherlich eine der auffälligsten Möglichkeiten, vor allem auf dem

Malinol S. 268

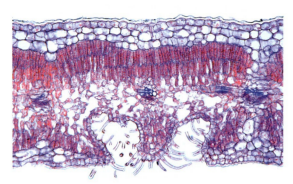 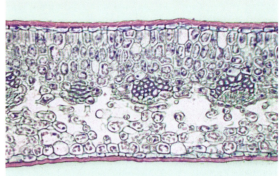

Xeromorphe Blätter. Links: In den Blättern des Oleander (*Nerium oleander*) liegen die Spaltöffnungen in eingesenkten Gruben. Rechts: Beim Buchsbaum (*Buxus sempervirens*) sind alle Gewebe der immergrünen Blätter kleinzellig.

Umweg über die Oberflächenverkleinerung die unfreiwillige Wasserabgabe deutlich zu begrenzen.

Besondere Blätter mit xeromorphen Strukturen sind übrigens auch die Spelzen der Getreide. Flächenschnitte durch die Ober- bzw. Unterseite von Weizen-, Gersten- oder Haferspelzen zeigen in der Epidermis und der verstärkenden Hypodermis stark verdickte, auffällig getüpfelte Zellwände, die insgesamt ein formschönes Muster ergeben. Es entspricht im Wesentlichen dem Blattbau der meisten Gräser, in deren Epidermen sich regelmäßige Folgen so genannter Kurz- und Langzellen abwechseln. Im Randbereich sind die Zellwände sogar verkieselt, was ihre schneidende Schärfe erklärt.

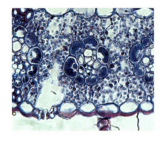

Kultur-Mais (*Zea mays*): Laubblatt-Querschnitt mit Kranzanordnung der Mesophyllzellen rund um die Leitbündel

Ähnlich wie Mais oder Zuckerrohr zeigen auch etliche Vertreter der *Cyperaceae, Chenopodiaceae, Nyctaginaceae, Portulacaceae, Amaranthaceae* und weniger weiterer Blütenpflanzenfamilien Blätter mit so genannter Kranzanatomie.

Laubblätter mit Kranzanatomie Maispflanzen vom Feld oder etwa 8 Tage alte Pflanzen, die aus Maiskörnern auf feuchtem Filtrierpapier in Petrischalen angezogen werden, bieten interessante Einblicke in die blattanatomischen Besonderheiten so genannter tropischer Hochleistungspflanzen.

Das Querschnittbild zeigt, dass die farblosen Blattleitbündel in konzentrischen Kreisen von grünen Zellen umgeben sind: Ein Ring relativ dickwandiger Zellen ohne Interzellularen umschließt als eng anliegende Röhre den Gefäß- und Siebteil des Leitbündels und stellt damit eine Leitbündelscheide dar. Er ist seinerseits von einer Lage dünnwandiger, kleinerer, fast palisadenartiger Zellen umgeben, die Interzellularräume aufweisen. Sie werden als Mesophyllzellen bezeichnet und erinnern eher an das übliche Schwammparenchym. Alle grünen und damit photosynthetisch aktiven Zellen sind auf die beiden Leitbündel„kränze" beschränkt. Nach ihrem charakteristischen Aussehen wird die besondere Blattanatomie mit Bündelscheide und Mesophyllring daher auch als Kranztyp bezeichnet – vom Grazer Botaniker GOTTLIEB HABERLANDT 1895 entdeckt und als solche beschrieben. Auch im Gegenlicht ist leicht festzustellen, dass die grünen Gewebe beim Maisblatt nur im Bereich der Blattnerven angeordnet sind und sich somit als dunkle Bahnen aus den helleren Leitbündelzwischenräumen herausheben. In einem konventionellen Grasblatt (Weizen, Gerste, Knäuelgras) treten dagegen gerade die Leitbündel als helles Adersystem hervor, während die assimilatorisch aktiven Bereiche die Zwischenbereiche ausfüllen.

Zweierlei Chloroplasten Leitbündelscheide und Mesophyll zeigen nicht nur Größenunterschiede der beteiligten Zelltypen, sondern auch der Plastidenbesatz dieser Zellen weist seine Besonderheiten auf. Die Chloroplasten in der Bündelscheide sind deutlich größer als die des Mesophylls. Sie erscheinen außerdem (bei geöffneter Aperturblende) relativ homogen grün. Die Mesophyllchloroplasten vom Mais weisen dagegen eine auch im Lichtmikroskop gut sichtbare feine Körnung auf, die auf die reichlich vorhandenen Grana-Bereiche zurückzuführen ist – sie fehlt umgekehrt den Chloroplasten der Bündelscheidenzellen. Der Stärkenachweis mit ▸ Lugolscher Lösung an Schnitten gut belichteter Maisblätter weist intraplastidäre Stärke ausschließlich in den Chloroplasten der Bündelscheidenzellen nach.

Ein weiterer bemerkenswerter Unterschied betrifft die photochemischen Reaktionen: Zum Normalbetrieb der Chloroplasten gehört die Freisetzung reaktiver Elektronen (e⁻) direkt nach Belichtung. In einem einfachen Experiment kann man diese mikroskopisch nachweisen, indem man die e⁻ statt der natürlichen Abläufe mit einem künstlichen Elektronenakzeptor abfängt. Dieser Nachweis gelingt vergleichsweise einfach mit dem ▸ TNBT-Verfahren.

Dünne Handschnitte werden mit dem Reaktionsansatz bei diffusem Licht überschichtet und zunächst im Grünlicht beobachtet: Unter diesen Bedingungen tritt keine Reaktion ein. Erst bei kräftiger Belichtung mit Weißlicht färben sich ausschließlich die Mesophyllchloroplasten innerhalb einer Minute kräftig blauschwarz, während die Bündelscheidenchloroplasten diese Reaktion nicht zeigen und normal grün bleiben. Im Kontrollexperiment an Blattschnitten von Weizenpflanzen oder beliebigen anderen Gräsern tritt die Reaktion dagegen in allen Chloroplasten auf.

Alle diese strukturellen und funktionellen Unterschiede haben in den 1970er Jahren zu einem neuen und erweiterten Verständnis der Landpflanzen-Photosynthese geführt: Mais und einige weitere Hochleistungspflanzen wie Zuckerrohr und Hirse stellt man nach ihren biochemischen Eigenheiten als C₄-Pflanzen den konventionellen C₃-Arten gegenüber.

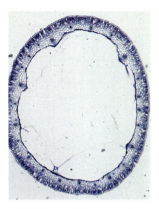

Unifaziale Rundblätter wie die des Schnittlauchs (*Allium schoenoprasum*) bestehen nur aus der morphologischen Unterseite.

Lugolsche Lösung S. 271
TNBT-Verfahren S. 281

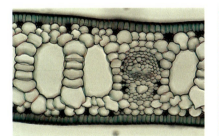

Echtes Seegras (*Zostera marina*): Große, regelmäßige Interzellularen (Luftmatrazen-Struktur, links) und Epidermis des grasartigen Laubblattes (rechts)

Reichhaltiges Angebot Die rund 250 000 bisher unterschiedenen Arten Blütenpflanzen bieten ein fast ebenso reichhaltiges Material für blattanatomische Untersuchungen an. Die Objektauswahl ist hier – ebenso wie bei den Mikroorganismen oder planktischen Einzellern im Wassertropfen – nahezu unerschöpflich. Besonders ergiebige und betrachtenswerte Objekte sind beispielsweise die immergrünen, ledrigen Blätter von Pflanzen aus der mediterranen Hartlaubvegetation wie Oleander (*Nerium oleander*) oder Ölbaum (*Olea europaea*), die auf ständige Sandstrahleffekte spezialisierten Dünengräser wie Strandhafer (*Ammophila arenaria*) oder Strandroggen (*Elymus arenarius*), die seltsamen Rundblätter von Schnittlauch (*Allium schoenoprasum*) oder die sukkulenten Gebilde von Mauerpfeffer (*Sedum acre*) oder anderen Fetthennen.

Blatt und Blütenanlagen – kompakt verpackt Beim Freilegen einer Knospe finden sich im Inneren jeweils klar erkennbare Blatt- und Blütenstandsanlagen. Quer- oder Längsschnitte zeigen die auf kleinstem Raum zusammengedrängten Teile. Bei größeren Knospen (Ahorn, Flieder, Rosskastanie) gelingen solche Schnitte im Freihandverfahren. Kleinere Knospen bearbeitet

Links: Flieder (*Syringa vulgaris*): Schon in der Winterknospe sind alle Blattgewebe nahezu fertig.

Rechts: Vor dem Laubfall entwickelt sich an der Blattstielbasis eine trennende Korkschicht.

man am besten mit ▸ Schneidehilfe oder nach Einbettung in ▸ Polyethylenglykol auf dem ▸ Garnrollen-Mikrotom.

Da bereits alle wesentlichen Organe vorgefertigt sind, müssen bei der Knospenöffnung im Frühjahr keine Bildungsgewebe (Meristeme) mehr tätig werden. Praktisch ist alles Benötigte bereits vorhanden, auch wenn die Achsen noch stark gestaucht und auch alle übrigen Strukturen kompakt verpackt sind – eine notwendige Anpassung an die sichtlich engen Verhältnisse im Binnenraum der Knospe. Bei Betrachtung im polarisierten Licht leuchten die Zellen aus manchen Teilbereichen der Knospengewebe auffallend hell und kontrastreich auf – sie enthalten Kristalle, entweder als Solitärkristalle oder als Kristalldrusen. Deren gehäuftes Vorkommen darf man als Ausdruck für einen beachtlichen Gehalt an sekundären Pflanzenstoffen werten, die potenzielle Knospenkonsumenten unter den Tieren abwehren.

Haarige Affären Pflanzenhaare, fachmännisch Trichome genannt, sind ein fast so unerschöpfliches Thema wie die Blattanatomie selbst. Obwohl sie reichlich auch an Stängeln oder Blatt- und Blütenstielen vorkommen, streifen wir sie hier im Zusammenhang mit dem Blattaufbau. Haare erfüllen an allen oberirdischen Pflanzenorganen höchst unterschiedliche Funktionen: Oft ist ein dichter Haarbesatz eine zusätzliche Vorkehrung gegen Wasserstress, denn vielfach findet sich ein Haarfilz vor allem auf der Blattunterseite und schützt dort erkennbar die Spaltöffnungen. Mit Luft gefüllte Haare auf der Blattoberseite bieten eine Art natürlichen Sonnenschutz gegen intensive Strahlung. Als Drüsenhaare, wie man sie besonders bei den Vertretern der Lippenblütengewächse findet, dienen sie der Sekretabgabe, die – von der Freude für die menschliche Nase abgesehen – gewöhnlich Bestandteil der chemischen Kampfführung der Pflanze sind. Im Fall der Brennhaare der Brennnesseln, die in mehrzellige Höcker (= Emergenzen) eingelassen sind, sind solche Attacken direkt erlebbar.

Dünne Querschnitte von haarbesetzten Blättern (oder anderen Organen) zeigen die Verankerung der verschiedenen Haarformen in der Epidermis, während Flächenschnitte eher ihre räumliche Verteilung erkennen lassen. Vielfach genügt auch das vorsichtige Abschaben von (angetrockneten) Blättern mit Skalpell oder Rasierklinge, um eine größere Anzahl hübscher Haare auf dem Objektträger zu versammeln. An Frischmaterial ist in den Haarzellen häufig eine besonders eindrucksvolle Cytoplasmaströmung zu beobachten. Auch für die Routineuntersuchung ist eine Betrachtung im polarisierten Licht immer empfehlenswert. Da es fast keine Pflanzenart ohne spezifische Haarform gibt, dienen Haare oder ihre Bruchstücke auch der Identifizierung von Teedrogen oder Genussmitteln.

Die nachfolgende Auflistung empfiehlt einige besonders lohnende Objekte mit zum Teil recht ungewöhnlichen Haaren:
• Tabak (*Nicotiana*-Arten): Drüsenhaare mit ein- bis mehrzelligem Stiel und vielzelligem Drüsenköpfchen
• Brennnesseln (*Urtica*-Arten): einzellige Brennhaare mit abschnittweise

Schneidehilfe S. 255
Polyethylenglykol S. 261
Garnrollenmikrotom S. 256

Bei mehrzellig-verzweigten Haaren ist die Untersuchung in 70%igem Ethanol (oder einem Netzmittel) empfehlenswert, mit dem sich die bei der Beobachtung störenden Luftblasen leichter vertreiben lassen.

unterschiedlicher Zellwandchemie in einem mehrzelligen Höcker aus Epidermiszellen (Emergenz)
• Huflattich (*Tussilago farfara*): einzellige, lang ausgezogene Peitschenhaare
• Stiefmütterchen (*Viola wittrockiana*): Papillenhaare mit Cuticularmuster auf den Kronblättern
• Malve (*Malva neglecta* u. a. Arten): gestielte Sternhaare
• Roter Fingerhut (*Digitalis purpurea*): Gliederhaare
• Garten-Thymian (*Thymus vulgaris*): Eckzahnhaare
• Feuer-Bohne (*Phaseolus coccineus*): einzellige Kletthaare auf der Unterseite der Blätter
• Kletten-Labkraut (*Galium aparine*): Hakenhaare an Stängeln und Blättern
• Schwarze Johannisbeere (*Ribes nigrum*): gelbe Drüsenhaare auf der Blattunterseite
• Stinkender Storchschnabel (*Geranium robertianum*): Drüsenhaare auf dem Blattstiel
• Königskerzen (*Verbascum*-Arten): mehrzellige geweih- bis bäumchenartig verzweigte Flockenhaare
• Levkoje (*Matthiola incana*): verzweigte, einzellige, sternförmige Haare
• Beinwell (*Symphytum officinale*): feilenförmige, einzellige Haare mit höckerigen Vorsprüngen
• Ölweide (*Elaeagnus commutata*), Sanddorn (*Hippophae rhamnoides*): besonders formschöne Schildhaare

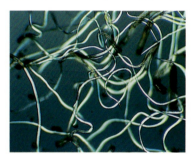  

• Oleander (*Nerium oleander*): innere, sklereidenartige Haare als Stützelemente im Blatt
• Pelargonie (*Pelargonium zonale*): Köpfchenhaare mit Exkretvorrat unter der Cuticula
• Salbei (*Salvia officinalis*): mehrzellige, unverzweigte Haare
• Klatsch-Mohn (*Papaver rhoeas*): mehrzellige Borstenhaare mit abstehenden Spitzen
• Kürbis (*Cucurbita pepo*): mehrzellige, unverzweigte Haare auf dem Blattstiel, eindrucksvolle Plasmaströmung (vgl. S. 63)
• Wald-Sauerklee (*Oxalis acetosella*): am Blattrand eigenartige Feilenhaare
• Schwarzer Tee (*Camellia sinensis*): innere Sternhaare (Idioblasten), gut darstellbar an Schnitten frisch aufgebrühter Teeblätter

Die Blattbehaarung ist außerordentlich typenreich: Mehrteilige Haare der Flaum-Eiche (*Quercus pubescens*, links). Ähnliche Gebilde finden sich häufig im baltischen Bernstein. Mitte: Kleinblütige Königskerze (*Verbascum densiflorum*), Geweihartig verzweigte Blatthaare. Rechts: Flaches Schildhaar vom Sanddorn (*Hippophae rhamnoides*)

Zum Weiterlesen BRANTNER (2003), DOWNTON u.a. (1970), ESCHRICH (1981, 1995), GÖKE (2000), HAHN u. MICHAELSEN (1996), DE HERDER u. VAN VEEN (1984), HOFMANN u. SCHWERDTFEGER (1998), KAUSSMANN u. SCHIEWER (1989), KRAUTER (1981), KREMER (1977, 1987), LÜTHJE (1992, 1995, 1996, 1998, 2001, 2002, 2004), MARKSTRAHLER (1995), NULTSCH (2001), RAVEN u.a. (2006), SCHOPFER (1973) ▸ Für die Untersuchung von Teedrogen vgl. Hinweise auf S. 175

7.10 Epidermis – die Fassade der Landpflanzen

Eine der Anforderungen, die die Pflanzen beim Übergang an ein Leben auf dem Festland erfüllen mussten, war die Entwicklung wasserdichter Oberflächen. Durch Hydrophobisierung der Außenhaut, die auch die menschliche Technik in vielen Anwendungen nutzt, sind Wasserverluste von innen stark eingeschränkt, andererseits aber die Gasaufnahme von außen behindert. Die Luftraumorgane der Landpflanzen zeigen hier einen erstaunlichen Kompromiss.

Schutzschicht und Schmuckstück

Die Behandlung eines Schnittes mit Sudan-Farbstoffen (S. 276) oder ACN-Gemisch (S. 280) fördert die typische Reaktion des fettähnlichen Cutins zu Tage, das für die hydrophoben (Wasser abweisenden) Eigenschaften der Außenlage verantwortlich ist.

Mazerationsgemisch nach Schulz: 30 g Kaliumchlorat ($KClO_3$) werden mit 50–75 ml rauchender Salpetersäure (HNO_3) übergossen. Mehrfach verwendbar. Vorsicht: s. S. 252!
Polarisation S. 287
Interferenzkontrast S. 288

Schon die Bilder von Querschnitten durch gewöhnliche Laubblätter zeigen, dass die Abschlusslagen der Blattober- und -unterseiten etwas Besonders darstellen: Die Epidermiszellen sind einerseits durchsichtig und lassen somit das Licht problemlos zum grünen Mesophyll durchdringen, weisen andererseits aber stark verdickte perikline Zellwände auf. Insbesondere die Außenwand ist gegenüber den antiklinen Wänden stark verdickt und außerdem mit einer dicken, schon im ungefärbten Präparat klar unterscheidbaren Cuticula ausgestattet. Bei Pflanzen aus semiariden oder ariden Klimaten, beispielsweise bei den auch bei uns als Zierpflanzen gehaltenen Agaven und Drachenbäumen, sind die Außenwände der Epidermiszellen sogar besonders dick.

Isolierte Epidermen Nicht bei allen Objekten gelingt ein Abziehen oder Flachschneiden der Epidermen, wie auf S. 193 beschrieben. Für diesen Fall kann man größere Epidermisstückchen bis 1×1 cm Kantenabmessung auch durch die Mazeration der Blätter gewinnen. Dazu gibt man entsprechend zugeschnittene Blattstückchen in einem dicht verschließbaren, weithalsigen Glasgefäß in das ▸ Mazerationsgemisch nach SCHULZ und lässt dieses 2–5 Tage, bei sehr dicklaubigem Material auch bis 15 Tage, einwirken. Anschließend entnimmt man einzelne Blattstückchen mit einer Drahtöse, wäscht sie in mehrfach zu wechselndem H_2O aus und legt sie so lange in verdünnte Ammoniak-Lösung (haushaltsüblichen Salmiakgeist), bis sie nach mehrmaligem Umschwenken glasig erscheinen und bei kräftigerem Schütteln allmählich auseinander fallen. Dann überträgt man sie in ein verschließbares Gefäß in H_2O und schüttelt kräftig durch, bis sich die Epidermen vollends lösen. Etwaige anhaftende Gewebereste streift man mit einem feinen Pinsel ab. Nun legt man die isolierten Epidermisstückchen mit der Innenseite auf den Objektträger und untersucht ohne weitere Färbung, vorzugsweise auch in ▸ polarisiertem Licht oder im ▸ Interferenzkontrast. Auch in diesem Fall empfiehlt sich der formale Vergleich zwischen Blattober- und -unterseite. Anhand der typischen Zellmuster der Epidermiszellen hat man Nahrungsanalysen am Mageninhalt sogar von fossilen Pflanzenfressern vornehmen können, beispielsweise bei den Fundstücken aus der Grube Messel.

Spaltöffnungsmuster Besser als eine 3D-Rekonstruktion der Spaltöffnungsapparate aus verschiedenen Querschnittansichten ist ihre Betrachtung in der Fläche. Dazu fertigt man einen Flächenschnitt durch die Laubblattunterseite an, wie auf S. 193 beschrieben, oder untersucht die nach dem oben empfohlenen Verfahren isolierten Blatthäutchen. Auch dieses Mal wird der Schnitt mit der Wundseite (Innenseite) auf den Objektträger gelegt, so dass der Blick durch das Mikroskop die Epidermis lagerichtig erfassen kann.

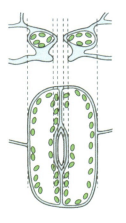

Querschnitt und Aufsicht einer Laubblatt-Spaltöffnung

Projekt	Aufbau und Aufgaben von Epidermen und Spalt-öffnungen
Material	Adlerfarn (*Pteridium aquilinum*), Wurmfarn (*Dry-opteris filix-mas*), Tüpfelfarn (*Polypodium vulgare*)
Was geht ähnlich?	Blätter von Gräsern wie Knäuelgras (*Dactylis glomerata*), Honiggras (*Holcus lanatus*), Schilf (*Phragmites australis*), Laubblätter von Efeu (*Hedera helix*), Schneerose (*Helleborus*) oder belie-bigen anderen Stauden mit relativ dicken Blättern
Methode	Isolierung pflanzlicher Epidermen, Untersuchung von Flachschnitten und/oder Lackabzügen im Hellfeld oder mit Kontrast verstärkenden Ver-fahren, Färbungen mit Sudan-Farbstoffen oder ACN-Gemisch
Beobachtung	Musterbildung, Typenübersicht, Funktionsmor-phologie

Mazerationsgemisch nach Schulz S. 200
Abdruckverfahren S. 260

Dreimasterblume (*Tradescan-tia*): Die Spaltöffnungen liegen nicht in der Ebene der unteren Epidermis. Beim Fokussieren erscheinen daher entweder die Wände der Schließzellen oder der benachbarten Epidermis-zellen scharf.

  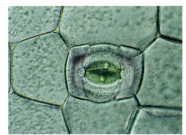

In weitaus größerem Maße als bei tierischen Objekten finden sich bei den Pflanzen auffällige Musterbildungen auf der Ebene von Zellen und Zellver-bänden. Fast jeder Schnitt durch ein pflanzliches Grundgewebe (Parenchym) führt bereits einen recht regelmäßigen Aufbau mit gleich bleibender Anord-nung der einzelnen Elemente vor. Aerenchyme (Durchlüftungsgewebe) aus den Stängeln von Röhrichtpflanzen (vgl. S. 182) oder auch die Leitelemente in den Wurzeln von Angiospermen (S. 173) sind Beispiele einfacher oder komplexerer Gewebe, die nach offensichtlich festgelegten Ordnungsprinzi-pien gestaltet sind und damit einfach zum art- oder gruppentypischen Bau-plan gehören. Träger dieser Ordnungsgefüge sind die vergleichsweise starren Zellwände wie die der Epidermen von Laubblättern.

Abziehen oder abformen Als Alternative zur Isolierung von Epidermen durch Mazeration im ▸ Schulzschen Gemisch kann man sich auch mit der Filmabdrucktechnik weiterhelfen, deren leichte Anwendbarkeit interessante Beobachtungsmöglichkeiten eröffnet. Als Abdruckmasse für die Abformung von Blattoberflächen sind Kleber wie UHU-hart besonders geeignet, weil sie nicht nur günstige optische Eigenschaften aufweisen, sondern auch relativ rasch erhärten. Die zu Grunde liegenden zerstörungsfrei arbeitenden ▸ Ab-druckverfahren zur Gewinnung solcher auch als Dauerpräparat geeigneten Repliken lassen sich auf alle möglichen organischen oder anorganischen Oberflächen anwenden.

Abdrucke in anfangs weiche, kurzfristig aushärtende Materialien führen gewöhnlich zu überraschend klaren Präparaten. Naturgemäß sind diese Abdruckfilme jedoch wesentlich kontrastärmer als die Originalvorlagen und sollten daher mit Kontrast verstärkenden Beobachtungsverfahren im Licht-

Echte Kamille (*Matricaria recu-tita*): Cuticularfältelung auf der Ober- (oben) und Unterseite (unten) einer Zungenblüten-epidermis

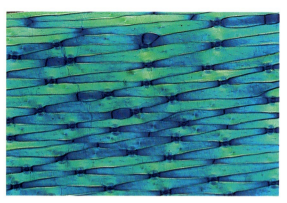

Links: Filmabdruck der unteren Epidermis von Efeu (*Hedera helix*)

Rechts: Porree (*Allium porrum*): In der Blattepidermis sind die Stomata in Längsreihen angeordnet.

mikroskop untersucht werden, im Phasen- oder Interferenzkontrast ebenso wie im polarisierten Licht oder mit Schiefer Beleuchtung. Notfalls liefert auch ein weit heruntergefahrener Kondensor bei völlig geöffneter Aperturblende brauchbare Beobachtungshilfen.

Flächen in der dritten Dimension Die durch die verschiedenen Abdruckverfahren erhaltenen Filme geben alle räumlichen Oberflächenstrukturen der verwendeten Epidermispositive als Reliefbilder wieder. Sie erlauben daher auch Aussagen über Anzahl, Anordnung und Funktionszustand der Stomakomplexe. Auf den Abdruckfilmen lässt sich die Anzahl der Spaltöffnungen je Flächeneinheit meist wesentlich besser bestimmen als auf Flächenschnitten, bei denen verbleibende Reste des grünen Mesophylls die genauere Auszählung stören könnten. Rechnet man die je Gesichtsfeld erhaltenen Mittelwerte mehrerer Zählungen auf Quadratzentimeter oder gar die gesamte Blattfläche um (wobei die Fläche des Gesichtsfeldes bei einer bestimmten Vergrößerung mit ▸ Okular- und Objektmikrometer bestimmt wird), so ergeben sich meist eindrucksvolle und überraschende Größenordnungen im Bereich von ca. 1×10^6 Stomata/dm². Für die Wirksamkeit des Gasaustausches zwischen Blatt und Atmosphäre ist aber nicht nur die Häufigkeit von Spaltöffnungen auf der einen oder anderen Blattseite von Bedeutung. Eine wichtige Steuergröße der Transpiration ist auch ihr Öffnungsgrad, der über ein kompliziertes Faktorengefüge reguliert wird. Gut präparierte Abdruckfilme geben auch über den aktuellen Öffnungsgrad der Stomata in der verwendeten Blattepidermis verlässliche Auskunft.

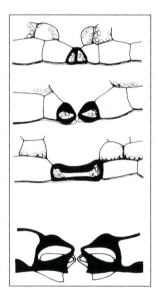

Polarer und medianer Querschnitt sowie Längsschnitt durch eine Spaltöffnung. Unten: Zwei Funktionszustände – Öffnen und Schließen

Keine festen Öffnungszeiten Das Öffnen und Schließen der Spaltöffnungen ist selbstverständlich nur am Lebendpräparat zu beobachten. Untersucht man Epidermiszellen in Wasser, so werden die Schließzellen der Stomata voll turgeszent sein und damit unter Druck stehen – der Zentralspalt öffnet sich folglich auf Maximalweite. Den jeweiligen artspezifischen Öffnungsdurchmesser eines Stoma bestimmt man am besten bei weit geöffneter Aperturblende und hellem Durchlicht mit dem Okularmikrometer.

Zur Einleitung des Schließvorgangs wird ein osmotischer Trick eingesetzt. Nach dem Durchsaugen einiger Tropfen einer ungefähr 1-molaren Saccharose-Lösung (= ca. 2 Stück Würfelzucker in 10 ml Wasser) geben die Schließzellen wegen des außen höheren Wasserpotenzials Wasser ab (vgl. S. 74 f.), erschlaffen dadurch und verschließen den Spalt. Dieser Vorgang ist selbstverständlich umkehrbar. Tauscht man die Zuckerlösung gegen reines Wasser aus, so kann man am Okularmikrometer die allmähliche Spaltöffnung verfolgen.

Messen S. 262

Die dabei ausgeführten Bewegungen der Schließzellen sind insgesamt relativ geringfügig, reichen aber aus, um den Gasaustausch mit der Atmosphäre wirksam zu kontrollieren.

Die kontrollierten Bewegungsmanöver der Schließzellen setzen eine gewisse reversible Verformbarkeit ihrer Zellwände voraus, besonders auch solcher Bereiche, die an die benachbarten Epidermiszellen grenzen. Ein Teil davon sind auf Querschnitten erkennbare verdünnte Zellwandbereiche in der ansonsten ziemlich dickwandigen Schließzelle, die im Prinzip wie ein Scharnier wirken. Die notwendige Plastizität und Flexibilität gewährleistet unter anderem auch die unterschiedliche Einlagerung der Cellulosemolekül-Stränge (Micellen) in den verschiedenen Zellwandbereichen. Eine Untersuchung von Originalgewebe im polarisierten Licht gibt über eine solche unterschiedliche Anordnung Auskunft. Durch Auszählen bzw. Vermessen der Spaltbreiten kann man den Gesamtbetrag der transpirierenden Oberfläche berechnen, die einem durchschnittlichen oder ökologisch spezialisierten Laubblatt zur Verfügung steht.

Zellmuster mit Spaltöffnungen

Die auffallende Musterbildung, die Blattepidermen vorführen, wird von der Lage und Verteilung der einzelnen Stomata wesentlich mitbestimmt. In das Muster werden aber nicht nur die einzelnen Schließzellenpaare selbst einbezogen, sondern auch die angrenzenden Zellen, die in Größe und Gestalt von den übrigen Epidermiszellen stärker abweichen können und dann als Nebenzellen bezeichnet werden. Schließzellen und Nebenzellen bilden die in das Grundmuster der Epidermis eingestreuten Stomakomplexe. Die räumlichen Beziehungen dieser verschiedenen Zellen unterscheiden sich in den einzelnen Verwandtschaftsgruppen der Gefäßpflanzen und lassen daher eine Einteilung verschiedener Stomatypen zu, wobei im Wesentlichen die relative Lage und Anzahl der Nebenzellen zu den Schließzellen als Kriterium dient. Außerdem kann man danach unterscheiden, ob die Stomakomplexe zu definierten Längsreihen angeordnet sind (wie bei den meisten Einkeimblättrigen) oder ob sie scheinbar regellos über die Epidermis streuen wie bei den meisten dikotylen Pflanzen.

Blattepidermen und ihre Musterbildungen bieten vielerlei Untersuchungs- und Beobachtungsmöglichkeiten. die mit der Analyse der Zellanordnung gewiss noch nicht erschöpft sind. Sonderbildungen der Epidermis wie Haare oder die eigenartigen Kork- und Kieselzellen der Gräser sind ein ebenso interessantes Arbeitsfeld wie die Untersuchung der Stomaentwicklung, die man während der Blattentfaltung verfolgen kann. Solche Vielfalt fordert die Anlage einer umfangreichen Vergleichs- und Beispielsammlung geradezu heraus. Die Muster aus Stomakomplexen und übrigen Epidermiszellen sind in vielen Pflanzengruppen so charakteristisch, dass man sie als taxonomisches Merkmal verwenden könnte.

Zum Weiterlesen Esau (1969), Hoc (1975), Lindauer (1978), Roeser (1976), Schnepf (2006), Stebbins u. Khush (1961), Wattendorff (1984)

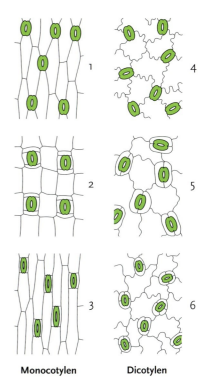

Monocotylen   Dicotylen

Anordnung der Spaltöffnungen bei Einkeimblättrigen: 1 Liliengewächse (ohne Nebenzellen), 2 Commelinengewächse (mit vier Nebenzellen), 3 Süßgräser (mit zwei parallelen Nebenzellen). Und bei Zweikeimblättrigen: 4 Hahnenfußgewächse (anomocytisch), 5 Rötegewächse (paracytisch), 6 Kreuzblütengewächse (anisocytisch)

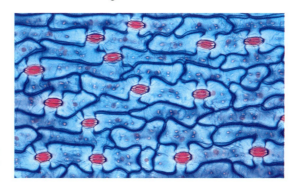

Tulpe (*Tulipa gesneriana*): Gestaltlich heben sich die Schließzellen stark von den übrigen Epidermiszellen ab.

7.11 Auch Nadeln sind Blätter

Das bekannte Lied vom Tannenbaum mit Hinweis auf die grünen Blätter provoziert zwar gelegentlich kritisches Nachdenken, besingt aber einen botanisch korrekten Sachverhalt: Nadelblätter sind eine alte entwicklungsgeschichtliche Alternative zur grünen Flachware der Laubgehölze.

Bestechender Streifenlook

Gewöhnliche Fichte (*Picea abies*): Querschnitt durch das rhombische Nadelblatt

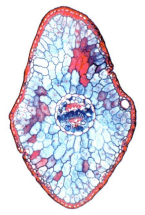

Die Blätter als produktionsbiologisch besonders wichtige Organe der höheren Pflanzen zeigen trotz erstaunlicher morphologischer Vielgestaltigkeit einen recht einheitlichen anatomischen Aufbau, an dem sich jeweils nur wenige Gewebetypen beteiligen. Schon aus wenigen Schnitten lässt sich auch ein räumliches Bild der gegenseitigen Anordnung der verschiedenen Zell- und Gewebearten gewinnen. In der kälteren Jahreszeit, wenn der übrige Materialnachschub aus dem Freiland etwas eingeschränkt ist, bietet sich die Beschäftigung mit den Assimilationsorganen der Nadelhölzer an.

Schlank, aber vielschichtig Zum Querschneiden steckt man eine Nadel von Schwarz-Kiefer, Tanne, Fichte oder einer anderen erreichbaren Nadelbaumart in eine Mohrrübe als ▸ Schneidehilfe und hebt mit der Rasierklinge eine Reihe dünner Schnitte ab. Wichtig ist dabei, dass die Schnittführung ziemlich exakt senkrecht zur Nadellängsachse geführt wird. Eventuell ist es sinnvoll, vor dem Schneiden die überschüssigen Wachsdepots auf den Nadeln oder über den Spaltöffnungen mit Alkohol (Ethanol oder Isopropanol) zu entfernen. Man kann die Schnitte eventuell mit ▸ Eau de Javelle etwas aufhellen, doch lösen sich dabei die Bestandteile des Chlorenchyms auf. Für die Darstellung der zahlreichen verholzten Strukturen in den Blattgeweben ist auf jeden Fall eine Färbung mit ▸ ACN-Gemisch oder einer ▸ Safranin-Lösung empfehlenswert.

Links: Einnadel-Kiefer (*Pinus monophylla*), Nadelquerschnitt als Vollkreis. Mitte: Schwarz-Kiefer (*Pinus nigra*), Zweinadelkiefer mit halbkreisförmigem Nadelquerschnitt. Rechts: Gelb-Kiefer (*Pinus ponderosa*), Dreinadelkiefer

Schneidehilfe S. 255
Eau de Javelle S. 259
ACN-Gemisch S. 280
Safranin-Lösungen S.277
unter Gram-Färbung (f)

Das Querschnittbild der Nadeln fällt je nach untersuchter Baumgattung sehr unterschiedlich aus. Bei der Gemeinen Fichte oder anderen Arten der Gattung *Picea* zeigen die Nadelblätter einen rhombischen Querschnitt, wobei die längere Achse senkrecht durch die Nadel verläuft. Bei den Vertretern der Unterfamilie *Abietinoideae*, zu denen neben der namengebenden Tanne (*Abies*) auch Douglasie (*Pseudotsuga*) und Hemlock (*Tsuga*) gehören, zeigen die Nadelblätter dagegen einen flach-rhombischen Querschnitt, in dem die jeweils längere Achse jedoch quer durch die Nadel zieht. Eine große Vielfalt findet sich bei den zahlreichen Kiefern-Arten. Je nachdem, wie viele Nadelblätter am gleichen Kurztrieb stehen, fällt das Querschnittsbild der Einzelnadel unterschiedlich aus. Es gibt halbkreisförmige oder breit- bis schmal-dreieckige Nadelquerschnitte. Die am gleichen Kurztrieb vereinigten Nadeln ergänzen sich dabei jeweils zu einem Vollkreis. Entsprechend muss der Nadelquer-

Projekt	Einsichten in die Histologie von Nadelblättern
Material	Schwarz-Kiefer (*Pinus nigra*), Fichte (*Picea abies*)
Was geht ähnlich?	Douglasie (*Pseudotsuga menziesii*), Weiß-Tanne (*Abies alba*), Nadel- oder Schuppenblätter der Zypressengewächse aus Gärten oder Parkanlagen, Fertigpräparate aus dem Lehrmittelhandel
Methode	Untersuchung von Quer- und Längsschnitten, Übersichtsfärbungen nach ETZOLD, ROESER oder in ACN-Gemisch
Beobachtung	Gewebearrangements, Funktionstypen, Sonderbildungen

Links: Weiß-Tanne (*Abies alba*), Querschnitt durch eine bifaziale Flachnadel. Rechts: Zirbel-Kiefer (*Pinus cembra*): Fünfnadelkiefer mit Nadelquerschnitten im Tortenstückformat.

schnitt der einzigen bekannten einnadeligen Kiefer (*Pinus monophylla*) aus Mexiko kreisrund ausfallen. Bei einer zweinadeligen Kiefer, beispielsweise einer Schwarz-Kiefer (*Pinus nigra*) oder der gewöhnlichen Wald-Kiefer (*Pinus sylvestris*), entspricht die gerade Flanke der halbkreisförmigen, plankonvexen Nadel der adaxialen Seite und damit der Blattoberseite. Bei dreinadeligen Kiefern, etwa bei der Gelb-Kiefer (*Pinus ponderosa*) und der Jeffrey-Kiefer (*Pinus jeffreyi*), sowie bei allen fünfnadeligen Arten wie Weymouths-Kiefer (*Pinus strobus*) oder Arve (*Pinus cembra*) bilden die Querschnittsbilder der Einzelnadeln eines Kurztriebes jeweils Kreissektoren. Die gerundete Nadelflanke ist dabei jedoch immer die abaxiale Seite (= Blattunterseite beim herkömmlichen Blatt).

Epidermales Außenskelett Unter den verschiedenen, von außen nach innen aufeinander folgenden Gewebe und Zelltypen fällt zunächst die bemerkenswert dickwandige Epidermis mit ihren enorm kleinen Zelllumina auf. Am gefärbten Präparat ist erkennbar, dass auf die kräftige Cuticula noch eine ausgeprägt cutinisierte Wandschicht folgt. Cutinisierte Grenzstreifen senken sich bei vielen Arten auch noch zwischen die einzelnen Epidermiszellen ab. Alle Epidermiszellen sind auffallend englumig und zeigen sich im Schnittbild nur noch als X- oder Y-förmige Schlitzgebilde. Bei einem Nadellängsschnitt zeigen sie sich als vielfältig verzweigte Raumgebilde. Lange, röhrenformige Tüpfelkanäle ziehen überwiegend zu den jeweiligen Zelldecken.

Direkt unterhalb der Epidermis findet sich eine ein- bis mehrschichtige Lage aus Zellen, deren Wände ebenfalls stark verdickt und sogar verholzt sind, die Hypodermis. Ein Längsschnitt durch ein Nadelblatt zeigt, dass die meisten Hypodermiszellen im Unterschied zu den eher plattigen oder isodiametrischen Epidermiszellen die Form lang gestreckter, in Längsrichtung der Nadel orientierter Sklerenchymfasern haben und tatsächlich als solche aufzufassen wären. Kaum verholzte und nur aus dicken Celluloseschichten bestehende Sklerenchymfasern liegen besonders in der Nähe der Nadelkanten unterhalb des Hypodermisbandes.

Armpalisaden und Harzkanäle Innerhalb der kräftigen skelettartigen Ummantelung der Nadel liegt das Assimilationsgewebe oder Chlorenchym. Es nimmt auch bei den meisten Nadelblättern den größten Volumenanteil aller Blattgewebe ein. Hinsichtlich seiner Ausgestaltung kann man im Wesent-

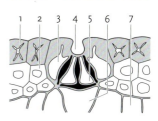

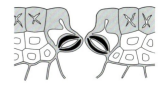

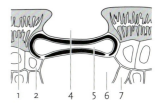

Polarer (oben) und medianer (Mitte) Querschnitt sowie Längsschnitt (unten) durch eine Nadelblatt-Spaltöffnung: 1 Epidermis mit stark eingeschränkten Zellbinnenräumen, 2 Hypodermis, 3 Nebenzelle, 4 äußere Atemhöhle, 5 Lumen der Schließzelle, 6 innere Atemhöhle, 7 Chlorenchym

lichen zwei Möglichkeiten unterscheiden. Bei flachen Nadelblättern wie bei Eibe, Douglasie und Tanne ist wie bei gewöhnlichen bifazialen Laubblättern eine Gliederung in ein Palisaden- und ein Schwammparenchym zu erkennen. Bei Nadelblättern mit eher rundlichem, halbkreisförmigem oder eckigem Querschnitt scheinen die Zellen des Chlorenchyms dagegen nahezu lückenlos aneinander zu schließen. Erst im Längsschnitt sind die großen Interzellularen zu sehen, die die hintereinander gestellten Lamellen aus Assimilationszellen zwischen sich einschließen. Als auffällige Besonderheit finden sich vor allem bei Kiefer-Nadeln in das Lumen der Assimilationszellen vorspringende Wandleisten, die die innere Oberfläche der Zellen gewaltig vergrößern. Armpalisaden werden diese Zellen daher auch genannt.

Im Mesophyll der Nadelblätter sind meist Exkretgänge in Form von Harzkanälen vorhanden. Ihre Anzahl ist je nach untersuchter Gattung und Art verschieden, aber innerhalb bestimmter Grenzen typisch festgelegt. In Tannennadeln trifft man regelmäßig auf zwei Harzkanäle, in den Nadeln der Hemlockstanne dagegen nur auf einen Gang. Bei der Fichte gibt es zwei unterschiedlich lange, vor allem in der basalen Nadelhälfte entwickelte Harzkanäle. Je nach Schnittführung trifft man daher einen, zwei oder überhaupt keinen Harzgang. Eine größere Anzahl zusätzlicher Exkretgänge kommen in Kiefer-Nadeln vor. Alle Harzkanäle sind von einem dünnwandigen Drüsenepithel ausgekleidet und zudem noch von einer Faserscheide umgeben, deren englumige, meist nicht allzu stark verholzte Sklerenchymzellen jeweils Anschluss an die Hypodermis finden.

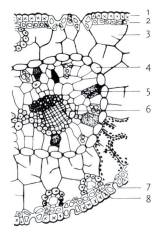

Histologie der Kiefer-Nadel:
1 Epidermis, 2 Hypodermis,
3 Armpalisaden, 4 Endodermis,
5 Strasburgerzelle, 6 Leitbündel
(Phloem unten), 7 äußere Atemhöhle, 8 Harzkanal

Zentrale Stoffleitung

Zentrale Stoffleitung Schon die orientierende Betrachtung eines beliebigen Nadelquerschnitts zeigt, dass die Nadelblätter der Koniferen jeweils nur von einem unverzweigten zentralen Leitbündel durchzogen werden, auch wenn das Leitgewebe wie im Fall der Wald-Kiefer oder anderer Arten zweigeteilt erscheint. In der einfachen zylindrischen Ausgestaltung des Leitbündels ohne seitliche Abgänge innerhalb des Blattes drückt sich ein grundsätzlicher Organisationsunterschied zu den nadelförmigen Blättern mancher Bedecktsamer aus, die entweder von mehreren Blattspuren versorgt werden oder sich zumindest fiederig verzweigen. Ein einzelnes, wenn auch mitunter längs gespaltenes Leitbündel ist dagegen das markante Kennzeichen der mikrophyllen Beblätterung, die sich entwicklungsgeschichtlich von den kleinen Blättern der Bärlappe und Schachtelhalme herleitet.

Das zentral im Nadelblatt gelegene Leitsystem weist bei den Nadelblättern wiederum mehrere Besonderheiten auf. Es grenzt sich gegen das grüne Assimilationsparenchym mit einer im Schnittbild sofort auffallenden Grenzscheide aus einer einschichtigen Lage gleichförmig oval-runder Zellen ab, die in der Nadelblatthistologie (in funktioneller und struktureller Hinsicht allerdings etwas unzutreffend) als Endodermis bezeichnet wird. Vor allem die radialen Wände sind stärker verholzt und erinnern daher ein wenig an die Caspary-Streifen in der Endodermis der Wurzel (vgl. S. 173).

Transfusionsgewebe: Vermittlerrolle Den Raum zwischen Xylem und Phloem einerseits und der Endodermis nehmen besondere, als Transfusionsgewebe bezeichnete Zellgruppen ein, die die vielleicht eigenartigste histologische Differenzierung eines Nadelblattes darstellen. Eine vergleichbare Einrichtung fehlt allen Bedecktsamern und auch den Sprossachsen der Nadelhölzer. Zwei Zelltypen kann man hier im Wesentlichen unterscheiden: Einerseits finden sich die sehr dünnwandigen Zellen des Transfusionsparenchyms mit unverholzten Zellwänden, andererseits die ebenfalls dünnwandigen Transfusionstracheiden, deren Zellwände jedoch stärker verholzt sind und außerdem größere Hoftüpfel aufweisen. Die Zellen des Transfusionsgewebes, die an das Phloem heranziehen, sind meist kleiner als die weiter peripher gelegenen Elemente. Man bezeichnet sie als Übergangs- oder häufiger als Strasburger-Zellen. EDUARD STRASBURGER (1844–1912) aus Bonn, einer der bedeutendsten Botaniker des ausgehenden 19. Jahrhunderts, hat sie um 1890 als Erster beschrieben. Man erkennt sie an ihrem Cytoplasmareichtum und an den großen Zellkernen.

Nadelstreifen-Look Besondere Aufmerksamkeit verdienen schließlich die überaus eigenartigen Spaltöffnungen (Stomata) der Nadelblätter. Gewöhnlich gilt, dass flache Nadelblätter wie bei Douglasie oder Hemlock die Spaltöffnungen nur auf der Unterseite tragen und damit hypostomatisch sind. Bei Fichten finden sie sich auf allen vier Flanken der Nadel. Die Kurztriebblätter zwei- und dreinadeliger Kiefer-Arten sind ebenso amphistomatisch wie die Fichtennadeln, während fünfnadelige Kiefern überwiegend epistomatisch sind. Bei allen hier erwähnten Nadelholz-Gattungen sind die Spaltöffnungen in parallelen Längsreihen angeordnet, wie die Makro- bzw. Lupenansicht verschiedener Nadeln zeigt. Fast immer sind sie tief in die Nadelblätter eingesenkt: Ihre Schließzellen liegen etwa im Niveau der Hypodermis. Ein genaueres Bild der Spaltöffnunganordnung bieten isolierte Epidermen, die man durch Mazeration im ▸ Schulzschen Gemisch auch von Nadelblättern präparieren kann.

Bei den Nadelblättern verlaufen die Spaltöffnungen als helle Streifen in Längsreihen. Nadeln der Fichte (*Picea abies*)

Mazerationsgemisch nach Schulz S. 200

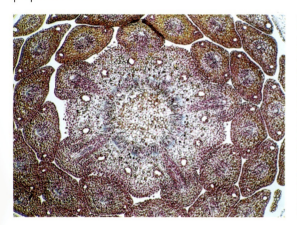
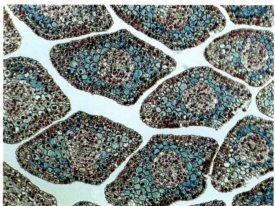

Sparsame Spezialisten: Nadelblätter sind xeromorph Viele Bau- und Formeigenheiten der Nadelblätter lassen sich als Ausdruck für Xeromorphie und damit als Anpassung an trockene Standorte deuten. In diese Richtung weisende Merkmale sind etwa die auffallend dicke Cuticula, dickwandige und verholzte Epidermis- und Hypodermiszellen, tief eingesenkte Stomata, die mit Wachs verschlossenen äußeren Atemhöhlen, der relativ hohe Anteil von Festigungs- und Leitgewebe am gesamten Blattvolumen und die vergleichsweise kleine Oberfläche. Der xeromorphe Bau der Nadelblätter ermöglicht einen ungemein wirksamen Transpirationsschutz.

Links und rechts: Gewöhnliche Fichte (*Picea abies*), Querschnitt durch die Triebspitze mit Nadelanlagen

Zum Weiterlesen BOWES (2001), BRAUNE (1999), ESCHRICH (1976, 1995), GERLACH u. LIEDER (1981), KINDEL (1995), NAPP-ZINN (1966), ROESER (1972), SITTE u. a. (1998)

7.12 Bunter Blickfang Blüte

Grelle Farben, üppige Formen, beste Platzierung: Mit knallbunten Blüten machen viele Pflanzen eine Menge Aufhebens und somit sehr wirksame Reklame für sich. Eigentlich würde ein satter Farbklecks genügen, doch so undifferenziert kann eine Pflanze in der Blüte ihres Lebens einfach nicht vorgehen. Schon allein aus Gründen der Konkurrenz muss sie allerhand Extras anbieten. Zum Servicepaket gehören dabei unter anderem Landehilfen, Orientierungsplan und Bedienungsanleitung.

Ein Design und seine Folgen

Nur bei den windblütigen Pflanzen (Gräser, Binsen, Seggen, Waldbäume wie Birke, Hainbuche, Eiche, Fichte, Kiefer) sind die Blüten bzw. Blütenstände unter Verzicht auf jegliche Kosmetik stark vereinfacht.

Blüten sind ein faszinierendes Thema, dem man sich auf jeden Fall (auch) über die Dimension von Stereolupe und Mikroskop nähern sollte. Zum ersten Kennenlernen und Bestaunen der Blütenarchitektur eignet sich die makroskopische Ansicht einer bereits geöffneten Blüte am besten. Je nach Objektwahl lassen sich an der Blüte vier verschiedene Funktionskreise unterscheiden: Der außen liegende überwiegend grüne Kelchblattkreis und die nach festen geometrischen Regeln angeordneten, meist farbigen Kronblätter bilden die Blütenhülle (Perianth). Dann folgen nach innen die eventuell in größerer Anzahl vorhandenen Staubblätter und die zum Fruchtknoten verwachsenen Fruchtblätter.

Obwohl sich die verschiedenen Blütenorgane nach Aussehen und Ausgestaltung deutlich von der Laubregion einer Blütenpflanze unterscheiden, verweist ihre Benennung auf die wichtige Tatsache, dass sie sämtlich spezialisierte Blätter sind. Im mikroskopischen Querschnitt wird man daher die von den äqui- oder bifazialen Blättern her vertrauten Gewebeschichten mit Epidermen und Parenchymen antreffen. Bei den Kelchblättern sind diese Basisstrukturen im Allgemeinen deutlich entwickelt. Die Kronblätter bieten mit ihrer üppigen Farbigkeit dafür andere Beobachtungsanreize.

Nahrungsangebot der Blüten: Saftladen und Imbissbude

Am Beginn der sinnvoll und planmäßig aussehenden Kooperation zwischen Blüten und ihren tierischen Bestäubern steht ein höchst praktisches Problem: Was veranlasst einen Vertreter etwa der Hautflügler (z.B. Biene oder Hummel), Pollen von Blüte A nach B zu expedieren? Warum sind in dieser Kurierbranche auch noch zahlreiche Schmetterlinge, Fliegen und (in den Tropen) zudem Vögel und Kleinsäuger tätig? Mit Sicherheit übernehmen diese Tiere ihre Frachtaufträge nicht uneigennützig. Obwohl sie immer so sehr im Mittelpunkt steht, ist die Pollenbeförderung genau betrachtet sogar nur ein Randeffekt. Die tierische Luftflotte entwickelt für die Blüten nämlich ein viel vordergründigeres Interesse.

Blüten sind gleichsam Tankstellen und Proviantstützpunkte der fliegenden Kuriere und versüßen ihnen als Saftläden den mühsamen Anflug. Nektardrüsen, in den Blüten an verschiedenen Stellen versteckt, produzieren hoch konzentrierte Zuckerlösungen und sondern diese ab. Insekten, die nicht nur Hochkonzentriertes konsumieren möchten, finden in der Blüte auch eine Menge Knabberzeug in Form von nahrhaften Pollen. Die Nektar sezernierenden Drüsenfelder der Blüten, besonders gut erkennbar bei den Wolfsmilch-Arten, bei der Mahonie oder beim Spitz-Ahorn, bestehen im Allgemeinen aus lichtmikroskopisch wenig auffälligen Zellkomplexen, die jedoch bemerkenswert plasmareich sind. Aus

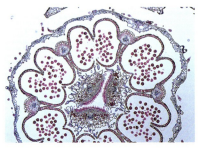

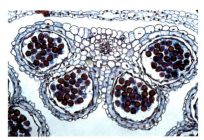

Oben: Sonnenblume (*Helianthus annuus*): Querschnitt durch eine Röhrenblüte mit fünf Staubblättern. Unten: Grünlilie (*Chlorophytum comosum*): Querschnitt durch eine Anthere

Projekt	Histologie von Kronblättern, Staubblättern und Fruchtknoten
Material	Mohn-Arten (*Papaver rhoeas*), Primeln (*Primula-Arten*), Raps (*Brassica napus*), Lilien (*Lilium-Arten*), Krokus (*Crocus vernus*), Schwertlilie (*Iris-Arten*), Fingerhut (*Digitalis purpurea*)
Was geht ähnlich?	Beliebige Blüten mit genügend großen Funktions-teilen, Korbblütengewächse wie Huflattich (*Tussi-lago farfara*), Gänseblümchen (*Bellis perennis*), Flockenblume (*Centaurea jacea*), Sonnenblume (*Helianthus annuus*) u.a., Fertigpräparate aus dem Lehrmittelhandel
Methode	Untersuchung ganzer Blüten mit der Stereolupe und von Querschnitten im Hellfeld, Einzel-beobachtungen auch im polarisierten Licht
Beobachtung	Zelltypen, Farbsignale, Funktionsabläufe

den Nektaransammlungen in Blüten lassen sich mitunter interessan-te Mikropilze isolieren (vgl. S. 136).

Prinzip Zielscheibe Keine Imbissbude und erst recht kein Land-gasthaus kommt ohne Reklame aus. Aus diesem Grunde sind die ursprünglich unauffälligen Blüten der Nacktsamer zu den ungemein attraktiven Blumen der Bedecktsamer geworden, die mit allerhand optischen Mitteln Aufmerksamkeit erregen und damit besondere Signaladressen an ihre potenziellen Bestäuber richten: Die mikrosko-pische Betrachtung eines knallig ausgefärbten Kronblatts von Mohn, Rose, Nelke oder Stiefmütterchen zeigt, dass bei den roten oder bläulichen Blüten gewöhnlich intensiv beladene Vakuolen im Spiel sind (vgl. S. 74) sind. Dazu präpariert man Kronblattepidermen wie gewöhnliche Blattepidermen durch Flachschnitte oder untersucht kleine, dünne Stückchen als Totalpräpa-rat. Mit einem einfachen Plasmolysetrick (vgl. S. 75) kann man die jeweiligen Farbeindrücke noch verstärken und erhält dabei auch Aufschluss über die oft eigenartigen Zellwandkonstruktion der Epidermiszellen von Kronblättern.

Scharbockskraut (*Ranunculus ficaria*): Blütenblättter mit Hochglanz- und UV-Absorp-tionsbereichen

Aufschlussreich ist auch ein Querschnitt durch die Blütenblätter von Hahnenfuß oder Sumpfdotterblume: Ihr auffälliger Fettglanz kommt durch stark reflektierende Amyloplasten (▶ Lugolsche Probe) in den subepidermalen Zellschichten zu Stande, während in den Epidermiszellen mit Carotenoiden befüllte Chromoplasten enthalten sind. Je nach Blühstadium können sich diese auch schon in größere Carotenoidtropfen aufgelöst haben.

Lugolsche Lösung S. 271

Ein Schnitt durch ein weißes Blütenblatt von Schneeglöckchen, Narzisse, Tulpe oder Rose zeigt, dass der Gesamteindruck Weiß keine eigene Farbe ist, sondern durch einen einfachen physikalischen Effekt zu Stande kommt: In diesem Fall sind die großen Interzellularen mit Luft gefüllt, während die um-gebenden Mesophyllzellen mit ihrer wässrigen Plasmabeladung die auftreffen-den Lichtstrahlen total reflektieren. Im Prinzip erinnert dieses Arrangement an die Optik einer Luftblase (vgl. S. 28). Kräftiges Zusammendrücken vertreibt die Luft aus den Interzellularen – und lässt die weißen Blütenblätter glasig durchsichtig erscheinen.

Additive und subtraktive Farbmischung Bei einer roten Tulpe oder einer anderen Blüte mit einem tief dunklen bis fast schwarz erscheinenden zentra-

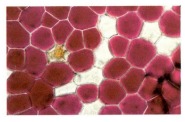
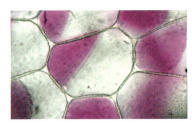
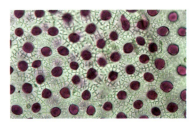

Farbe satt: Kronblattausschnitte von Rotem Fingerhut (*Digitalis purpurea*, links), Wald-Storchschnabel (*Geranium sylvaticum*, Mitte) und Pfingstrose (*Paeonia officinalis*, rechts, plasmolysiert)

Auf weißen (und gelben) Kronblättern lassen sich Duftfelder (Osmophoren) durch Färbung mit Neutralrot sichtbar machen.

Neutralrot S. 272
Sudan-Farbstoffe S. 276

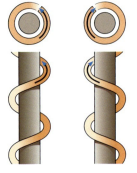

S-Schraube
rechtsgängig =
links gewunden

Z-Schraube
linksgängig =
rechts gewunden

Modell zur Schraubung und Gängigkeit von Spiralen

len Farbmal zeigt die mikroskopische Kontrolle die beteiligten Pigmentierungssysteme: Während die Außenbereiche des Blütenblattes nur Vakuolenfarbstoffe führen, enthalten die im Farbmal zusätzlich auch noch dichte Packungen von Chromoplasten (vgl. S. 71). Das auftreffende Licht wird hier komplett absorbiert. Diese Farbgebung entspricht physikalisch einer subtraktiven Mischung. Auch die additive, in der Drucktechnik eingesetzte Methode ist bei Blüten zu finden: Bei vielen Vertretern der Raublattgewächse wie Vergissmeinnicht, Lungenkraut, Beinwell oder Hundzunge wechselt die Blütenfärbung zwischen rot, violett und blau. Die violetten oder lilafarbenen Töne kommen dadurch zu Stande, dass die Vakuolen benachbarter Zellen – wie ein Kronblattpräparat zeigt – entweder noch rot oder schon blau gefärbt sind. Erst die Summenwirkung ergibt den neuen Gesamteindruck.

Duftspuren sichtbar machen Außer ihrer Farbigkeit und der Anordnung der einzelnen Bauelemente verfügen Blüten über ein weiteres Mittel der Besucherlenkung: Was sich der menschlichen Nase gesamthaft als angenehme Wolke mitteilt, löst sich im Nahbereich in vielen Fällen als ein Punkt- oder Reihengefüge Duft produzierender Zellkomplexe auf, die man Osmophoren nennt. Mit einem einfachen Trick kann man sie sichtbar machen und dann im Mikroskop genauer untersuchen: Da die Bestandteile der verduftenden Öle lipophile Substanzen sind, kann man die Zellfelder, aus denen sie freigesetzt werden, mit dem leicht lipophilen Farbstoff ▸ Neutralrot markieren. Angewendet wird diese Substanz in der gleichen Konzentration, in der er auch zum Anfärben von Vakuolen verwendet wird (vgl. S. 72). Natürlich lassen sich die Duftfelder auch durch ▸ Sudan-Farbstoffe darstellen. Die genauere Lokalisation der Duftfelder gelingt am besten bei weißen oder hellgelben Blüten.

Verschrobene Ansichten Die verwirrende Fülle von Sonderformen im Blütenbau lässt sich häufig besser überschauen, wenn man die jeweils vorhandenen Bauteile einer Blüte zu einem Grundriss oder Diagramm vereinfacht, wie es für fast alle Pflanzenfamilien typisch ist. Diesen Vereinfachungsschritt leistet beispielsweise bereits eine in der Knospe quer geschnittene Tulpenblüte, die man auf ein Stempelkissen und dann auf ein weißes Papier drückt. Im Prinzip lässt sich auf diese Weise jeder Blütenknospenquerschnitt als Blütendiagramm deuten. Besonders aufschlussreich sind dabei flach durch eine Korbblüte von Gänseblümchen, Huflattich oder einen anderen Vertreter dieser artenreichen Verwandtschaft geführte Querschnitte, die mit einiger Übung auch von Hand ohne Mikrotom gelingen. Sie zeigen neben der Architektur der beteiligten Einzelblüten eine bemerkenswerte Gesamtdisposition mit Bögen und Bändern, die auch bei Betrachtung eines Blütenstandes im Lupenbild wahrzunehmen ist. Vor allem die Richtung ihrer Biegung ist dabei von Belang. Sind es rechtsgängige Linkswinder oder linksläufige Rechtsschrauben? Gedrehte und gewundene Strukturen, die uns bereits im Alltag in vielen Abwandlungen begegnen, sind auch in der mikroskopischen Dimension ein häufig eingesetztes Bauprinzip und sorgen hier für allerlei Verwicklungen.

Formvollendete Verpackung In Querschnitten durch Blüten(knospen) werden bei richtiger Wahl der Schnittebene gewöhnlich auch die Staubblätter getroffen. Bei vielen Blütenpflanzen sind die vier Pollensäcke (Mikrosporangien) jeder Anthere eines Staubblattes zueinander angeordnet wie die Flügel eines Schmetterlings. In einer solchen Schmetterlingsfigur bilden je zwei Pollensäcke (= rechtes und linkes „Flügelpaar") die vom zentralen Verbindungsgewebe (Konnektiv) zusammengehaltenen Theken der Anthere. Diese sitzt ihrerseits auf einem rundlichen Stielchen (Staubfaden oder Filament). Filament und Anthere bilden zusammen das komplette Staubblatt (Stamen). In der abgebildeten Primelblüte bildet es eine Ecke des insgesamt fünfteiligen Staubblattkreises. Im Zentralbereich des Antherenquerschnitts ist ein vergleichsweise schwach entwickeltes Leitbündel zu erkennen, dem allerdings die wichtige Aufgabe zufällt, alle für die Pollenentwicklung in den Pollenfächern (Lokulamenten) benötigten Materialien heranzutransportieren, denn die Staubblätter sind nicht (mehr) photosynthetisch aktiv und insofern Stoffimportregionen. Die Pollenentwicklung und die dabei durchzuführenden Reifungsteilungen erfolgen bereits geraume Zeit vor der Blütenentfaltung (vgl. S. 85).

Besonders auffällig sind nun die an der Wandbildung der vier Pollensäcke beteiligten Wandschichten, die zu den Außenflanken hin aus konzentrischen Zellschichten bestehen. Außen beginnt die Schichtenfolge mit einer dünnwandigen Epidermis, die man bei den Antheren auch als Exothecium bezeichnet. Nach innen folgt als subepidermale Zellschicht das Endothecium, dessen großlumige Zellen während der Antherenreifung eine besondere Ausgestaltung erfahren. Beim Heranwachsen bilden sich faserige Verdickungsleisten, die am Zellboden jeweils zusammenlaufen wie die Finger einer Hand und sich nach außen ein wenig verjüngen. Eine solche subepidermale Faserschicht ist für die Bedecktsamer typisch; bei Gymnospermen findet sich eine solche Faseraussteifung der Zellwand statt dessen in der Epidermis. Die zur Festigung eingelagerten Wandbaustoffe, meist Zellulose-Mikrofibrillen, sind doppelbrechend (anisotrop) und leuchten daher im polarisierten Licht hell auf.

Vorgeformte Sollbruchstelle Verfolgt man die Anordnung der Faserzellen genauer, ist zu erkennen, dass das Endothecium in den Kontaktbereichen am Konnektiv zwei- bis dreilagig ausgebildet ist. Bezeichnenderweise ist das leuchtende Band der Faserzellen jedoch nicht geschlossen. Wo Hinterkante des Vorder- und Vorderkante des Hinter„flügels" am Konnektiv zusammenstoßen und – räumlich betrachtet – eine Längsrinne zwischen den Pollensäcken besteht, fehlt in ein paar Zellen die Faserverstärkung. Es ist der als Stomium bezeichnete Bereich, an dem sich die Pollensäcke öffnen, um ihre Pollenfracht freizusetzen. Dazu trennt sich die Pollensackwand wie an einem Reißverschluss vom Konnektiv und biegt sich aufgrund der Spannung in den Faserzellen weit nach außen.

Zwei Ereignisse leiten diesen Öffnungsvorgang erfolgssicher ein. Einerseits lösen sich die ohnehin dünnen Zellwände der Kontaktzellen zwischen

Links: Sprialbögen im Blütenstand der Färberkamille (*Anthemis tinctoria*). Rechts: Besenginster (*Cytisus scoparius*): Blütenquerschnitt als Blütendiagramm

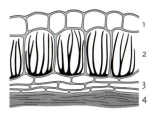

Querschnitt durch eine Antherenwand: 1 Epidermis, 2 Faserschicht, 3 Zwischenschicht, 4 Tapetum

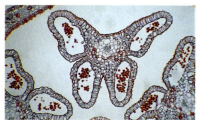

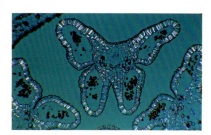

Stängellose Schlüsselblume (*Primula acaulis*): Querschnitt durch die Anthere. Im polarisierten Licht (unten) zeigen sich die Verstärkungsspangen in der Faserschicht.

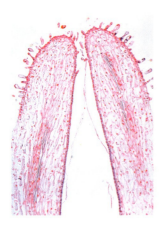

Garten-Lilie (*Lilium*): Narbe mit Pollen und wachsenden Pollenschläuchen im Griffelkanal

Endothecium und Konnektiv als Sollbruchstelle spontan auf. Zum anderen geben die faserverstärkten Endotheciumzellen während der Blütenentfaltung in kurzer Zeit durch Verdunstung einen großen Teil ihrer Wasserfüllung ab. Dadurch entsteht in der gesamten Faserschicht ein starker Kohäsionszug – die einzelnen Zellen krümmen sich wegen ihrer ungleichförmig spangenartigen Wandverdickungen auf der Außenseite stärker als innen, bis das Stomium dem zunehmenden Zug schließlich nicht mehr widerstehen kann: Der Pollensack reißt auf, und seine Pollenfüllung sitzt im Freien.

Vom Sporophyll zum Fruchtknoten Den Abschluss der Blattfolge in einer kompletten Blüte bilden die Fruchtblätter (Karpelle). Bei den Nacktsamern, die in der mitteleuropäischen Flora fast ausschließlich durch die Nadelhölzer vertreten sind, sind die einzelnen Fruchtblätter des weiblichen Blütenstandes zu einem Zapfen angeordnet. Jedes Fruchtblatt trägt auf seiner Oberseite eine von außen offen zugängliche Samenanlage, in der man bei ideal geführtem Längsschnitt die Eizelle erkennen kann. Bei den Bedecktsamern verwachsen die Fruchtblätter dagegen randlich zu einem innen hohlen Fruchtknoten, entweder jeweils einzeln (Beispiel Hahnenfuß mit vielen kleinen Fruchtknoten) oder zu mehreren (Beispiel Mohn mit einem großen zentralen Fruchtknoten).

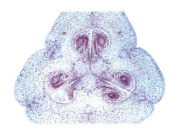
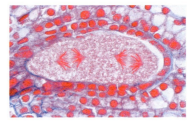
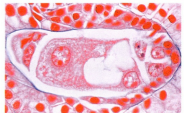

Garten-Lilie (*Lilium*). Links: Querschnitt durch den dreiteiligen Fruchtknoten mit Samenanlagen. Mitte: Reifungsteilung der Embryosackmutterzelle. Rechts: Reifer, 8-kerniger Embryosack

An der Anzahl der Narbenlappen ist ablesbar, wie viele Fruchtblätter zum gemeinsamen Fruchtknoten verwachsen sind.

Bei einem Längsschnitt durch die Blüte zeigt bereits die Betrachtung im Stereomikroskop die in den Fruchtknoten(fächern) enthaltenen Samenanlagen. Am oberen Ende des Fruchtknotens (Stempel) sitzt eine Narbe, die eventuell auch von einem längeren Stiel (Griffel) getragen wird. Innen sind die Griffel hohl und mit einer besonderen Zellschicht ausgestattet, wie der Schnitt durch eine Krokus-Narbe oder eine andere großblumige Blüte bei mikroskopischer Betrachtung zeigt. Diese Zellen dienen der Koordination und Lenkung des Pollenschlauchwachstums (vgl. S. 219).

Der Gesamtaufbau zeigt sich besonders klar bei den dreifächerigen Fruchtknoten großblumiger Einkeimblättriger, beispielsweise bei Lilie, Tulpe, Narzisse oder Iris. Die Histologie der Samenanlage mit dem Nucellus und dem reifen Embryosack, der die Eizelle beherbergt, ist besonders gut bei den in vielen Gärten als Zierpflanzen verwendeten Hahnenfußgewächsen zu verfolgen, beispielsweise bei Schneerose (*Helleborus*-Arten), Rittersporn (*Delphinium*-Arten) oder Akelei (*Aquilegia*-Formen). Komplette Entwicklungsreihen vom einkernigen bis zum achtkernigen Embryosack sind mit Freihandschnitten allerdings kaum zu erfassen. Hierzu benötigt man Mikrotomschnitte.

Zum Weiterlesen Bentley u. Elias (1983), Bergfeld (1977), Bowes (2001), Braune u.a. (1999), Bukatsch (1966), Buxbaum (1972), D'Arcy u. Keating (1996), Eschrich (1995), Grebel (1981), Greyson (1994), Hess (1990), Kaussmann u. Schiewer (1989), Krauter (1987), Leins u. Erbar (1991, 1999), Maurizio u. Schaper (1994), Nuridsany u. Pérennau (1997), Ritterbusch (1975), Vermathen (1980)

7.13 Pollen und Pollenanalyse

Die außerordentlich verschiedenartige Form- und Gestaltgebung der Pollen blieben den Mikroskopikern, die sich im Bereich der Blüten genauer umsahen, natürlich nicht lange verborgen. Auf der Basis dieser Formverschiedenheit entwickelten sich mit der Palynologie sogar besonders ergiebige Arbeits- und Beobachtungsfelder mit interessanten praktischen Anwendungsmöglichkeiten.

Der in Bologna wirkende italienische Arzt MARCELLO MALPIGHI (1628–1694) war nach der Erfindung des zusammengesetzten Mikroskops offenbar der Erste, der um 1675 Blütenpollen entdeckte bzw. beschrieb. Schon bald nach ihm regte der ungewöhnliche Formenreichtum der Pollen viele Bearbeiter zu eingehenderen Untersuchungen an. Bereits im frühen 19. Jahrhundert galt es als gesicherte Erkenntnis, dass man die Form der Pollenkörner als kennzeichnendes Merkmal bei der Pflanzenbeschreibung verwenden kann.

Staubfeine Massenware

Pollen sammeln Für die mikroskopische Untersuchung von Pollen verwendet man vorzugsweise frisch gesammeltes Material. Windblüter-Blütenstände (Birke, Buche, Eiche, Erle, Hainbuche, Hasel, Nadelhölzer) legt man in kleine Sammelgefäße (Schnappdeckelgläser), verarbeitet sie wegen der Verpilzungsgefahr möglichst sofort oder fixiert sie im ▸ Gemisch nach KISSER. Pollen tierblütiger Pflanzen (beispielsweise Obstgehölze, Rose und nahezu beliebige andere Herkünfte von Wild- oder Gartenpflanzen) streift man mit einer Präpariernadel aus den reifen, geöffneten Antheren ab. Gegebenenfalls kann man bei Exkursionen die Antheren aus Blüten oder Blütenständen auch auf jede vierte Seite eines kleinen Taschenkalenders abdrücken und mit Bleistift Name und Fundort notieren. Mit einem Deckglas schabt man die vorläufig konservierte Pollenprobe auf einem Objektträger in Untersuchungsmedium (s. u.) ab. Pollenproben für die mikroskopische Untersuchung lassen sich natürlich auch von Blüten aus Herbarmaterial gewinnen. Die benötigten Materialmengen sind extrem gering. Mithilfe von Pollen, die mehrere Jahrhunderte in den Borkenritzen uralter Grannen-Kiefern überdauert haben, konnte man Wanderungsbewegungen nordamerikanischer Ureinwohner rekonstruieren.

Fixiergemisch nach Kisser
S. 257

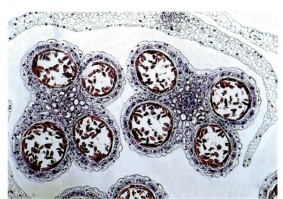

Garten-Lilie (*Lilium*): Öffnungsbereite Antheren mit reifen Pollenkörnern

Pulverfeine Präparate Vorteilhaftes Untersuchungsmedium für alle Pollentypen ist Glycerin oder zur Vermeidung störender Luftblasen ein Glycerin-Wasser-Gemisch. Für Dauerpräparate, die zumindest einige Monate und meist viele Jahre haltbar sind, werden solche Glycerin-Präparate mit einem Lackring umrandet.

Für eine allseitige Untersuchung der Pollenkörner verfährt man nach folgender Technik: Das Ende eines glatt abgeschnittenen (eventuell leicht abgeschmolzenen) Glasrohres von etwa 10 mm Durchmesser taucht man kurz in flüssiges Paraffin (Schmelzpunkt 55–60 °C) und stempelt damit einen Ring auf einen sauberen, fettfreien Objektträger. Nachdem dieser Paraffinring erstarrt ist, füllt man einen passend bemessenen Glycerintropfen mit einer

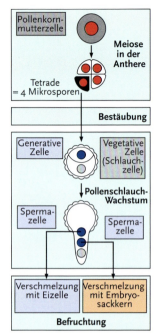

Kernentwicklung im Pollenkorn

Basisches Fuchsin S. 281

Wenn eine Blütenpflanze ihre
Pollen im dreikernigen (trinu-
kleaten) Zustand entlässt,
gehen damit eigentlich nicht die
Mikrosporen, sondern bereits
die wenigzelligen männlichen
Gametophyten auf die Reise.

Wald-Kiefer (*Pinus sylvestris*):
Pollen mit Luftsäcken

Projekt	Typenreichtum, Feinmorphologie und Biologie von Pollenkörnern
Material	Beliebige Pollenproben wind- und tierblütiger Pflanzen entsprechend den einzelnen Anregungen, Torfproben
Was geht ähnlich?	Fertigpräparate aus dem Lehrmittelhandel
Methode	Untersuchung von Totalpräparaten, Übersichtsfärbungen nach ETZOLD, ROESER oder in ACN-Gemisch, Kernfärbung in Chloralkarmin oder nach BRAUNE, Pollenschlauch-Färbung nach ALEXANDER, Kallosenachweis mit Resorcin
Beobachtung	Pollenkornmorphologie, Strukturierung der Pollenkornwand, Kernverhältnisse im Pollen, Pollenkeimung und Pollenschlauchwachstum, Pollenanalyse als wichtige Hilfsdisziplin

Pollenprobe, legt ein Deckglas auf (luftblasenfreier Verschluss) und verflüssigt
den Ring noch einmal kurz auf einer Wärmebank, damit das Paraffin Kontakt
zum Deckglas bekommt. Anschließend wird wiederum mit einem Lackring
abgedichtet. In diesem Präparat bleiben die eingeschlossenen Pollenkörner
beweglich. Durch vorsichtiges Klopfen auf das Deckglas kann man sie leicht
drehen, um verschiedene Ansichten (Polansicht, Äquatoransicht) des gleichen
Objektes zu gewinnen.

Fallweise ist es vorteilhaft, die Pollenproben auch in Luft einzuschließen.
Nach der Stempelmethode trägt man einen Ring von etwa 10 mm Durchmesser aus Paraffin oder Klebstoff (UHU-hart) auf und streut eine Pollenprobe hinein und erhitzt nach dem Auflegen des Deckglases ganz kurz über
der Spiritusflamme.

Pollenkornpräparate benötigen im Allgemeinen keine Färbung, da alle
äußeren Merkmale in normaler Hellfeldtechnik hinreichend klar erkennbar
sind. Sollten die Pollenkörner einer Probe dennoch zu kontrastarm sein, kann
man sie einfach mit Lugolscher Lösung etwas anfärben. Empfehlenswert bessere Ergebnisse liefert jedoch die Färbung mit ▸ basischem Fuchsin. Diese
Färbung eignet sich besonders gut auch für eine anschließende Eindeckung
der Proben in Glyceringelatine, die für Pollenuntersuchungen ebenfalls unentbehrlich ist.

Fliegende Gametophyten Die Pollen der nackt- und bedecktsamigen Blütenpflanzen sind wichtige Teile aus dem Generationswechsel der höheren
Pflanzen, der in allen wichtigen Stationen dem Lebenszyklus der Algen,
Moose oder Farne gleicht. Entwicklungsgeschichtlich entsprechen die Pollen
den Sporen der Farnpflanzen, exakter den Mikrosporen der verschiedenspori-
gen Farne vom Typ mancher Bärlappe oder der Wasserfarne. Damit sind sie
also keinesfalls die männlichen Keimzellen der Samenpflanzen. Im Standard-
Generationswechsel der Farn- und der Blütenpflanzen stehen die Mikrosporen
jeweils am Entwicklungsbeginn der männlichen Gametophyten. Während jedoch diese Phase noch ein weitgehend selbständiges Gebilde darstellt (vgl.
S. 168), werden die Verhältnisse bei den höheren Gefäßpflanzen kompakter
und stark reduziert: Der männliche Gametophyt besteht bei diesen Pflanzen
nur noch aus wenigen funktionell unterscheidbaren Zellen.

Mit einer gezielten Färbung kann man die Zellkernverhältnisse bei verschiedenen Pollen leicht überprüfen. Dazu dient entweder die Färbung mit

▶ Chloralkarmin oder die Darstellung nach ▶ Braune und Etzold.
Zur Reduktionsteilung reifender Pollen in der Anthere vgl. S. 211.

Pollen sind allgegenwärtig Windblütige Pflanzen produzieren im
Vergleich zu tierblütigen Arten im Allgemeinen wesentlich mehr Pollen. Eine einzige ausgewachsene Fichte setzt jährlich etwa 50 Milliarden Pollenkörner an die Luft. Würde man die Pollenproduktion nur
der mitteleuropäischen Nadelbäume gleichmäßig auf die Fläche der
Bundesrepublik verteilen, so kämen immerhin etwa 200 Millionen
Pollenkörner auf jeden Quadratmeter. Die Pollen der windblütigen
Arten sind daher so gut wie allgegenwärtig. Es mag daher reizvoll erscheinen,
an verschiedenen Stellen nach Pollenniederschlag oder Pollendepots zu
suchen. Eine winzige Probe Hausstaub von der Kehrschaufel, mit ▶ Fuchsin-
Reagenz angefärbt, wird ebenso eine große Pollenmenge enthalten (besonders während der warmen Jahreszeit) wie eine Materialprobe aus Mauerfugen
oder von beliebigen Böden. Mit Erfolg kann man auch kleine Moospolster
oder Flechtenthalli auf ihren Gehalt an Pollen untersuchen. Eine geeignete
Sammelmethode an glatten Auffangflächen (Fensterbänke, Autokarosserie,
Mauerkronen u.ä.) ist das Abklatsch-Verfahren mit Klebeband (vgl. S. 141).

„Schwefelregen": Nadelbaum-
pollen nach Regen in der Gosse

Chloralkarmin S. 282
Basisches Fuchsin S. 281
Pollen-Kernfärbung nach
Braune und Etzold S. 282

Rundlich, kantig, eckig Die vergleichende Untersuchung von Pollen verschiedener Herkunft zeigt sofort die gattungs- oder fallweise
sogar arttypischen Unterschiede. Bei verschiedenen Pflanzenarten
unterscheiden sich die Pollenkörner zunächst einmal in der Größe
und in der äußeren Form. Meist sind sie sphärisch gestaltet: Es gibt
kugelige oder auch ellipsoide Typen, bei denen das Verhältnis der
Polachsenlänge zum Äquatordurchmesser zwischen 0,5 und 2,0
variieren kann. Manche Pollenkörner sind auch kantig, eckig oder
gänzlich unregelmäßig gestaltet. Die Pollenkorngröße bewegt sich
gewöhnlich zwischen 20 und 50 µm Durchmesser. Bei etwa 35%
aller europäischen Pflanzenarten sind die Pollenkörner recht genau
um 25 µm groß. Nur bei je etwa 5% der einheimischen Arten weichen die Pollenkorndurchmesser deutlich nach oben oder unten ab.
Die kleinsten Pollen sind dabei nur etwa 8 µm groß, während die
größten sogar über 150 µm messen. Die genaue Pollenkornabmes-
sung ist keine absolut festgelegte artspezifische Größe, sondern
kann in Abhängigkeit von verschiedenen Entwicklungsfaktoren auch
jahreszeitlich schwanken.

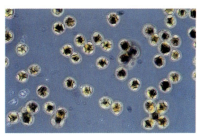

Typenreiche Pollenkörner, artspezifisch gestaltet und daher
exakt bestimmbar: Wiesen-
Salbei (*Salvia pratensis*, oben),
Hänge-Birke (*Betula pendula*,
unten), Huflattich (*Tussilago
farfara*, links), Hasel (*Corylus
avellana*, rechts)

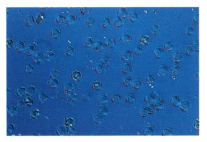

Aperturen – vorgeformte Ausstiege Die zur Befruchtung bestimmten
Zellkerne des reifen Pollenkorns verlassen ihre Verpackung mithilfe des Pollenschlauchs. Dazu müssen sie aber aus dem Pollen überhaupt erst einmal
herauskommen. In der starren Wand des reifen Pollens sind dazu besondere

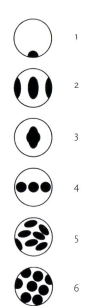

Lage der Aperturen im Pollenkorn: 1 monoporat, 2 tricolpat, 3 monocolporat, 4 zonoporat, 5 pancolpat, 6 panporat

Die Pollen tierblütiger Pflanzen überziehen die Exine (Sexine) außen mit Pollenkitt, mit dessen Hilfe die Oberflächen miteinander verkleben – eine bestäubungsbiologisch wichtige Leistung, denn sie bestimmt die „Anhänglichkeit" der Pollen an den Blütenbesuchern.

Pollenkornkeimung und Pollenkerne: 1 vegetativer, 2 generativer Kern

Öffnungen (Aperturen) vorbereitet, von wo das Pollenschlauchwachstum seinen Ausgang nehmen kann. Gewöhnlich kann man die Aperturen auf die Form einer Keimpore (porate Pollen) oder einer länglichen Keimfurche (colpate Pollen) zurückführen. In manchen Fällen sind beide Öffnungstypen jedoch miteinander kombiniert (colporate Pollen) und deuten damit an, dass auch im Merkmalsbereich der Keimöffnungen eine besondere Vielfalt von Gestaltungsmöglichkeiten vorliegen kann. Die Aperturen können am fertigen Pollenkorn verschiedene Lagen einnehmen und etwa nur an den Zellpolen oder innerhalb bestimmter Zonen auftreten. Daraus ergibt sich beinahe zwangsläufig, dass sie auch in wechselnder, aber meist sippentypischer Anzahl vorliegen können. Keimporen unterschiedlicher Form und Anzahl können auch miteinander verschmelzen und dann besonders komplizierte Aperturmuster ergeben. Andererseits gibt es auch Pollenkörner, bei denen sich eine einzelne Keimfurche spiralig gewunden über die gesamte Zelloberfläche zieht. Für die Kennzeichnung und Unterscheidung verschiedener Pollentypen bilden gerade die Aperturen ein wichtiges Merkmalsfeld, das besonders der lichtmikroskopischen Beobachtung gut zugänglich ist.

Ornamente und Skulpturen Der Formen- und Gestaltungsreichtum der Pollenkörner wird jedoch nicht nur durch ihre Dimensionierung, ihre Zellform oder ihre Aperturen bestimmt. Einen vielleicht wesentlicheren Anteil trägt auch die Ornamentik der Pollenkornwand (Sporoderm) bei. Ihre Strukturierung und Oberflächengestalt kommen in voller Schönheit eigentlich nur in rasterelektronenmikroskopischen Aufnahmen mit ihrer hoch auflösenden Wiedergabe auch der kleinen Details zur Geltung. Das Lichtmikroskop liefert bei Verwendung von Immersionsobjektiven jedoch ebenfalls eine Fülle von Strukturdetails, die zwar nicht so brillant darstellbar sind wie bei der Beobachtung mit der REM-Technik, für die Praxis der Pollenmorphologie und Pollenanalyse aber allemal ausreichen.

Das Sporoderm eines Pollenkorns ist, wie auch der optische Querschnitt (mit Scharfeinstellung auf den Randbereich) zeigt, in charakteristischer Weise geschichtet. Die innerste Sporoderm-Lage ist die Intine. Hemicellulosen, Cellulose oder Pektine und Kallose sind die typischen Baustoffe dieses Zellwandbereichs, der von der Dicke seiner Anlage und seinem Stoffbestand her einer normalen Primärwand entspricht. Durch Einschließen der Pollen in ACN-Gemisch ist dieser Teil der Zellwandchemie gut auszuloten.

Den größten Teil des Sporoderms nimmt jedoch die Exine ein. Sie besteht aus Sporopollenin, einem hoch polymeren Material u. a. aus Lipiden und Carotenoiden, das gegen verschiedene aggressive Reagenzien, aber auch gegen mikrobiellen Abbau bemerkenswert resistent ist und zu den stabilsten Naturstoffen überhaupt gehört. Die Exine gliedert sich in verschiedene basale Schichtanteile (= Nexine oder Endexine). Darüber erstreckt sich als Außenlage die Sexine, die für den Gestaltungsreichtum der Pollenkörner wichtigste Lage. Bei einer einschichtigen Sexine besteht die Pollenoberfläche überwiegend aus säulen- oder trommelschlegelähnlichen Strukturelementen, die mit maximaler Dichte gepackt erscheinen (= pilate Sexine). Bei einer zweischichtigen Sexine können die verdickten distalen Enden dieser Trommelschlegel miteinander verwachsen und eine geschlossene Außenlage bilden (= tectate Sexine). Auf ihrer Oberseite trägt die Sexine dann oft noch zusätzliche Profilmuster aus Leisten, Warzen, Buckeln, Dornen oder anderen skulpturierenden Vorsprüngen, die den besonderen Formenreichtum der Pollenwand mitbestimmen.

Pollenanalyse – ein Feld mit vielen Anwendungen Gerade die Spezifität der Oberflächenmuster und anderer gestalterischer Merkmale der Pollenkörner erlauben zahlreiche Anwendungsmöglichkeiten von enorm praktischer Bedeutung. Der angewandten Pollenanalyse (Palynologie) kommt dabei der Umstand zu Hilfe, dass die Pollenmerkmale im Gegensatz zu anderen Pflanzenteilen von beachtlicher Resistenz gegen alle möglichen Zerstörungsattacken sind und daher gegebenenfalls sogar geologische Zeiträume überdauern. Andererseits ist die Mustervielfalt eine Merkmalsklasse, die man ebenso wie die übrigen Gestaltmerkmale einer Pflanze analysieren, beschreiben und vergleichend bewerten kann. Die so gewonnenen Daten können etwa helfen, bestimmte Verwandtschaftsbeziehungen zwischen verschiedenen Pflanzensippen klarer zu fassen oder auch gewisse evolutive Trends nachzuzeichnen.

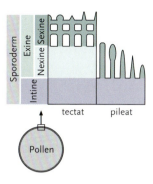

Schichtenbau der Pollenkornwand und deren Strukturbezeichnungen

Pollenallergie: Probleme durch Proteine Das Sporoderm der Pollen enthält neben dem chemisch bemerkenswert resistenten Sporopollenin und diversen Matrixpolysacchariden auch verschiedene Proteine, deren Bauteile unter anderem für die Auslösung allergischer Reaktionen nach Pollenkontakt (Heufieber, Pollinosis) verantwortlich sind. Diese Zellwandproteine der Pollen lassen sich mit einem einfachen, aber recht eindrucksvollen Untersuchungsverfahren sichtbar machen: Man befestigt einen Streifen doppelseitiges Klarsicht-Klebeband (z. B. Tesa) auf einem Objektträger, streut eine Pollenprobe auf und bedeckt ohne Flüssigkeit mit einem Deckglas. Anschließend wird die ▸ Protein-Färbelösung vorsichtig unter den Deckglasrand pipettiert. Die auf dem Klebestreifen fixierten Pollen können von der Flüssigkeit nicht verdriftet werden. Schon nach kurzer Zeit schwellen sie an und setzen ihre Proteine frei. Zunächst wird die Blaufärbung nur die Peripherie der Exine erfassen. Nach wenigen Minuten werden jedoch auch Zellwandproteine der Intine besonders im Bereich der Aperturen angefärbt. Indirekt kann man mit dieser Färbemethode sehr schön die Lage der Keimöffnungen demonstrieren, sofern Oberflächenstrukturen oder auch die Pollenkittauflagen den Blick darauf etwas versperren.

Garten-Lilie (*Lilium*): Erst im rasterelektronenmikroskopischen Bild ist die Feinmorphologie der Pollenkornwand erkennbar.

Pollen im Honig Ein aufschlussreiches Arbeitsgebiet der praktischen Palynologie ist die Untersuchung von Honig. Bienen sammeln im näheren und weiteren Umkreis ihres Stockes Blütennektar sowie den Honigtau, eine stark zuckerhaltige Ausscheidung verschiedener an Pflanzen saugender Insekten (= so genannter Blatthonig). Besonders der aus Blütennektar stammende Honig trägt sein Herkunftszeugnis in Gestalt der Pollen von der jeweiligen Tracht unzweifelhaft in sich. Die Honigpollenanalyse erweist sich somit als Methode der Wahl, wenn eine Sorten- oder Herkunftsbestimmung vorgenommen werden soll. Mit dem Honig vom Frühstückstisch kann die Probe aufs Exempel stattfinden. Man löst einen Teelöffel Honig (2–5 g) in etwa 20–50 ml warmem Wasser auf und zentrifugiert die erhaltene Lösung bei hoher Tourenzahl ab. Steht keine Zentrifuge zur Verfügung, so verteilt man die Lösung auf Reagenzgläser und lässt sie ein paar Tage ruhig stehen. In beiden Fällen sammelt sich ein deutlich erkennbarer Bodensatz an, der mit einer Pasteurpipette vorsichtig abgenommen wird.

Diese Probe untersucht man entweder sofort oder nach Färbung in ▸ Fuchsin-Lösung bei mittlerer Vergrößerung. Meist sind etwa 3–5 Pollentypen im

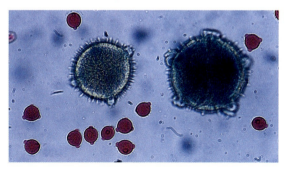

Dimensionen: Pollen von Kürbis (*Cucurbita pepo*, groß) und Sternmiere (*Stellaria holostea*)

ACN-Gemisch S. 280
Protein-Färbelösung S. 282
Basisches Fuchsin S. 281

Acetolyse S. 261
Pollenschlauch-Keimung
S. 292
Karmin-Essigsäure S. 272
Orcein-Essigsäure S. 273
Resorcinblau S. 280
Mazeration S. 257
Färbung nach Alexander S. 282

Links und Mitte: Sicherer Herkunftsnachweis – Pollenkörner im Honig. Rechts: Subfossiler Baumpollen im Torf vom Ipweger Moor (ca. 5000 Jahre alt)

Präparat vorhanden. Sie bilden die Leitpollen zur Bestimmung von Honigsorte oder Honigherkunft. In typischem mitteleuropäischem Honig sind im Frühjahr die Pollen von Weide, Löwenzahn und Obstbäumen enthalten. Im Sommerhonig finden sich dagegen eher die Pollen von Klee, Flockenblumen oder Kreuzblütlern. Zur genaueren Bestimmung ist eine eigene Vergleichssammlung möglichst zahlreicher Pollen von genau bestimmten Pflanzenarten hilfreich. Auch im so genannten Blatthonig kommen erstaunlicherweise häufig die Pollen windblütiger Pflanzen (Nadelhölzer, Gräser) vor, deren Blüten von den Bienen nicht angeflogen werden. Diese Pollen gelangen durch die Luft auf die vom Zuckersaft verklebten Blattflächen und bleiben dort einfach haften.

Das Pollenbild von Honigen mediterraner Herkunft zeigt erwartungsgemäß die völlig andersartige Tracht (Lavendel, Ess-Kastanie, Zistrosen). Die Überprüfung des Pollenbestandes lässt etwaige Verfälschungen oder falsche Deklaration relativ einfach erkennen. Insgesamt sind die Pollenmengen im Honig beachtlich. Bis etwa 100000 Pollenkörner sind in einem Teelöffel Honig enthalten.

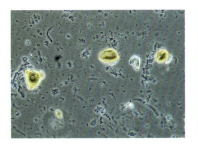
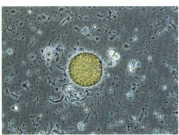
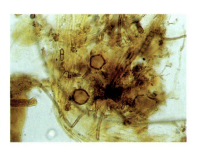

Fossile Pollen im Torf Von enormer Bedeutung für die Archäologie und Rekonstruktion der Vegetationsgeschichte ist die Pollenanalyse von Torfproben. Dazu ist ein besonderes Aufbereitungsverfahren, die ▶ Acetolyse, erforderlich.

Torfmoore hat man zutreffend als Archive der Vegetationsgeschichte bezeichnet, weil in den Torfschichten mit ihren wechselnden Pollenspektren die postglaziale Vegetationsentwicklung minutiös aufgezeichnet ist. Je nach Horizontierung der Torfprobe ist daher mit unterschiedlichen Prozentanteilen bestimmter Baumarten zu rechnen. Während etwa vor 10000 bis 7000 Jahren überwiegend Birke und Kiefer das Waldbild beherrschten und mit entsprechend hohem Pollenanteil vertreten sind, tritt erst vor etwa 3000 Jahren die Rot-Buche stärker in Erscheinung. Die Pollen der Wald aufbauenden Bäume Mitteleuropas sind recht gut unterscheidbar, so dass man über die Zusammensetzung eines gegebenen Pollenspektrums zuverlässig Aufschluss von der Vegetation in zurückliegenden Zeitabschnitten gewinnt.

Einen Eindruck vom fossilen Pollenspektrum gewinnt man durch vergleichende Untersuchung verschiedener Proben aus Gartentorf. Die genauere zeitliche Einordnung aufgrund der relativen Häufigkeit einzelner Pollen bedarf jedoch umfangreicher Zählungen und statistischer Analysen.

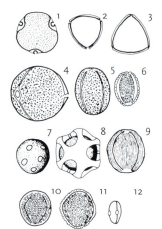

Pollenkornvielfalt: 1 Linde (*Tilia*), 2 Birke (*Betula*), 3 Hasel (*Corylus*), 4 Buche (*Fagus*), 5 Eiche (*Quercus*), 6 Weide (*Salix*), 7 Wegerich (*Plantago*), 8 zungenblütige Korbblütengewächse (*Asteraceae*), 9 Ahorn (*Acer*), 10 Esche (*Fraxinus*), 11 Efeu (*Hedera*), 12 Kastanie (*Castanea*)

Pollenkeimung Ein wichtiges und reizvolles Kapitel der Pollenbiologie sind Keimung und Wachstum des Pollenschlauchs, die man im Mikroskop fallweise leicht beobachten kann. Um Pollen zum Keimen zu bringen, muss man ihnen ein geeignetes Substrat anbieten. Die Pollen der meisten Blütenpflanzen benötigen den Zusatz von Calcium und Borsäure. Nicht alle Pollen bringt

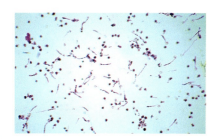

man mit dem ► Standardrezept zum Keimen, aber besonders aussichtsreich sind Versuche mit Lilien, Taglilien, Fuchsien, Zebrakraut, Springkraut, Schnittlauch, Lupine, Gilbweiderich und Ziertabak.

In kurz angekeimten Pollenschläuchen kann man mithilfe von ► Karmin- oder ► Orcein-Essigsäure das Kernmaterial darstellen. Der vegetative Kern des Pollenschlauchs nimmt das Farbreagenz nur schwach an und ist oft nicht sicher vom Schlauchcytoplasma unterscheidbar. Die beiden Kerne der generativen Zellen, die sich meist am Schlauchvorderende aufhalten, sind dagegen üblicherweise recht kräftig gefärbt.

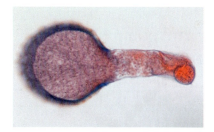

Pollenschläuche auf der Strecke Die eigentliche Aufgabe der

Pollen besteht darin, die Befruchtung der weiblichen Eizelle sicherzustellen. Bei den höheren Blütenpflanzen werden die Eizellen nicht mehr durch frei bewegliche Gameten befruchtet wie bei den Algen, Moosen oder Farnen. Folglich muss die genetische Fracht des Pollens auf andere Weise ins Ziel gebracht werden. Dieses Problem wird mit dem Pollenschlauch erreicht. Bei den Nacktsamern landen die Pollenkörner unmittelbar auf der Samenanlage. Die Pollenschläuche können daher direkt durch die Mikropyle den Eizellen in den Archegonien entgegenwachsen. Bei den Bedecktsamern müssen die Pollenschläuche dagegen einen erheblich längeren Weg zurücklegen. Bei diesen Pflanzen kommen die Pollen räumlich weit getrennt von den Samenanlagen auf der Narbe des Fruchtknotens an. Diese Distanz muss der Pollenschlauch durch gezieltes Streckenwachstum überbrücken.

Die Keimung eines Pollenkorns auf der Narbe und das Eindringen des Pollenschlauchs gehört zu den wenigen Teilphänomenen der sexuellen Vermehrung der Blütenpflanzen, die im Ablauf unmittelbar verfolgt werden können. Für eine solche Direktbeobachtung eignen sich vor allem Grasblüten, insbesondere solche vom Wiesen-Glatthafer. Schon bei der Lupenvergrößerung fallen die großen, gefiederten Narben auf. Eine solche Narbe wird abgetrennt und in Wasser oder ► Resorcinblau-Lösung untersucht. Zwischen den Narbenhaaren finden sich zahlreiche Pollen mit bereits ausgekeimten Pollenschläuchen. Die Mehrzahl der Keimschläuche wächst scheinbar orientierungslos durch das wirre Geäst der Narbenverzweigungen oder liegt auch einfach nur der Pollenoberfläche an. Mitunter wird man jedoch auch einzelne Pollenschläuche finden, die bereits in eine Haarzelle eingedrungen sind. Mithilfe der ► Resorcinblau-Färbung, die die Kallosebeläge der Pollenschlauchwand erfasst, kann das Wachstum der Pollenschlauchspitze durch das Narbenhaar sogar eine Weile verfolgt werden. Andererseits lassen sich bereits bestäubte Blüten mit einer etwas aufwändigeren Untersuchungsmethode durch ► Mazeration und der selektiven ► Färbung nach ALEXANDER auch daraufhin überprüfen, ob die Pollenschläuche nach der Bestäubung bereits in das Griffelgewebe eingedrungen sind.

Oben und Mitte (gefärbtes Präparat): Pollenschlauchkeimung auf dem Objektträger. Unten: Maiglöckchen (*Convallaria majalis*). Im Querschnitt durch den Griffel ist die Bahn der Pollenschläuche vorgezeichnet.

Zum Weiterlesen BEUG (2004), BOWES (2001), BUCHEN U. SIEVERS (1981), DAFNI U.A. (2000), DONNER (2000), FAEGRI U. VAN DER PIJL (1979), FAEGRI U. IVERSEN (1993), FILZER (1970), HESS (1990), JUNG (1977), KNOX (1979), LEINS U. ERBAR (2008), MAURIZIO U. SCHAPER (1994), NEGRETTI (1983), ROESER (2003), RUZICKA (1993), SHIVANNA U. RANGASWAMY (1992), STANLEY U. LINSKENS (1985), STRAKA (1970, 1973, 1975, 1986), STRAKA (1986), WESTERKAMP (1996), YEO (1993)

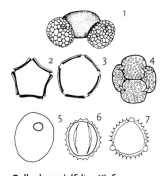

Pollenkornvielfalt: 1 Kiefer (*Pinus*), 2 Erle (*Alnus*), 3 Hainbuche (*Carpinus*), 4 Besenheide (*Calluna*), 5 Süßgräser (*Poaceae*), 6 Beifuß (*Artemisia*), 7 röhrenblütige Korbblütengewächse (*Asteraceae*)

7.14 Früchte und Samen

Die Blüte im Zustand der Reife ist die Frucht. Sie enthält den Samen, der ein winziges, ausgetrocknetes Keimpflänzchen und dessen energetische Mitgift, die Reservestoffe des Endosperms, enthält. So eintönig wie die Früchte und Samen mitunter erscheinen, sind sie in der mikroskopischen Analyse gewiss nicht.

Kerne, Körner, Karyopsen

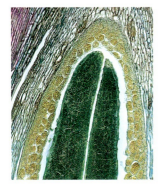

Hirtentäschelkraut (*Capsella bursa-pastoris*): Schnitt durch den Samen mit Keimblättern und Embryo

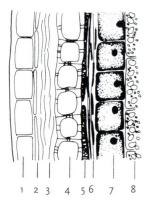

Schnitt durch die Wand einer Getreidekaryopse. Fruchtwand: 1 Epidermis, 2 Zwischenschicht (Subepidermis), 3 kollabiertes Parenchym, 4 Querzellen, 5 Schlauchzellen; Samenschale: 6 Integument; Nährgewebe: 7 Aleuronschicht, 8 Stärke-endosperm

Wenn ein einfächeriger Fruchtknoten wie der der Gräser nur eine Samenanlage enthält, entwickelt er sich nach dem Abblühen oft zu einer einsamigen, trockenen Schließfrucht. Die Fruchtwand (Perikarp) solcher Schließfrüchte nimmt während der Reifezeit die Eigenschaften und Aufgaben der Samenschale (Testa) an, bildet beispielsweise mechanische Festigungselemente aus und wird trocken, hart sowie spröde. Ein Getreidekorn ist daher kein nackter Samen, sondern eine einsamige Schließfrucht. Das harte Perikarp und die Reste der Samenschale sind miteinander verwachsen. Solche Schließfrüchte heißen Karyopsen. Sie bilden die typische Fruchtform der Gräser und damit auch der Getreidearten.

Karyopsen aufs Korn genommen Getreidekörner, die einen beträchtlichen Anteil der täglichen Nahrung liefern, weisen gegenüber anderen Früchten und Samen einige Besonderheiten auf, wie schon die äußere Form eines Weizenkorns erkennen lässt. In der Medianen verläuft eine tiefe Längsfurche. Dieser Teil des Korns ist die adaxiale Seite, die im blühenden und reifenden Ährchen der Vorspelze und damit der Ährchenspindel zugewandt war. Sie entspricht der Bauchnaht des oberständigen Fruchtknotens, der bei den Getreidearten aus der randlichen Verwachsung nur eines Fruchtblatts entsteht und einfächerig bleibt. An der Basis der abaxialen Kornseite, der Bauchnaht entgegengesetzt, liegt der Embryo unter einer schildförmigen, etwas asymmetrisch ausgezogenen Scheibe. Das apikale Ende des Weizenkorns ist (sortenabhängig) stärker abgeflacht und wird von kurzen, sich zusammenneigenden Haaren besetzt. Oft bezeichnet man sie als Gipfelpolster.

Fruchtwand und Samenschale Den Aufbau von Fruchtwand und Samenschale zeigt natürlich nur das Schnittpräparat. Dazu stellt man Schnitte quer oder längs durch Karyopsen her, die man zum Anweichen einige Tage lang in Glycerin-Ethanol (70 %ig) = 1:1 oder für einige Stunden in einer feuchten Petrischale konditioniert hat. Im trockenen Zustand ist eine Karyopse schneidetechnisch nicht zu bearbeiten. Die Schnitte sollte man in Glycerin untersuchen.

Die einschichtige, relativ dickwandige Epidermis der Karyopse mit ihren auffällig getüpfelten Radialwänden und kräftiger Cuticula unterlagert eine Schicht, in der die zellige Struktur meist nicht mehr klar zu erkennen ist. Auch die folgenden Lagen aus zerdrücktem Parenchym zeigen keine Zellgrenzen. Noch weiter nach innen folgt eine dichte Lage von Querzellen, unterlagert von lang gestreckten Schlauchzellen. Die äußere Epidermis und die folgenden Reste des Parenchyms leiten sich von dem Gewebe der grünen Fruchtknotenwand ab. Schwieriger wird die Herleitung von Quer- und Schlauchzellen – sie gehen aus dem innersten Parenchym und der unteren Epidermis hervor. Einige Chlorenchymzellen verlängern sich in transversaler Richtung, versteifen

Projekt	Aufbau und Vielfalt ausgewählter Fruchtformen
Material	Weizenkorn (*Triticum aestivum*), Früchte verschiedener Doldenblütengewächse, z. B. von Fenchel (*Foeniculum vulgare*) oder Koriander (*Coriandrum sativum*), Kern- und Steinobst
Was geht ähnlich?	Beliebige weitere Karyopsen, beispielsweise Gerste, Roggen oder Mais, Fruchtschalen von exotischen Früchten, Samenschalen beliebiger Herkunft, Fertigpräparate aus dem Lehrmittelhandel
Methode	Untersuchung von Quer- und Längsschnitten bzw. Dünnschliffen im Hellfeld oder polarisierten Licht, Nachweis der Reservestoffe mit Lugolscher Lösung, Vitalitätsnachweis mit dem TTC-Test
Beobachtung	Gewebebau und -funktionen

ihre Zellwände mit Lignin und bilden so die Schicht der Querzellen. Die Zellen der unteren (= inneren) Epidermis strecken sich dagegen in Längsrichtung der Karyopse, verholzen ebenfalls und bilden auf diese Weise die Schlauchzellen. Um ein kompletteres Bild der Zellverteilung und -orientierung zu bekommen, sollte man in jedem Fall auch Flächenschnitte in Längsrichtung anfertigen und nach Anfärbung in ▸ ACN-Gemisch durchmustern.

Von den ursprünglich vorhandenen Gewebeschichten der Samenanlage (zwei Integumente aus je zwei Zellschichten, zusätzlich Nucellusgewebe) bleiben im reifen Korn ebenfalls nur unkenntliche Reste übrig, von den Integumenten meist nur noch die Cuticula, von den Nucellusschichten eine hauchdünne, kollabierte Restzone. Die Samenschale ist völlig zerdrückt und verdichtet, aber immerhin als abgesetzte Kontur zwischen Perikarp und Endosperm zu finden.

Das Endosperm ist der mit Reservestoffen beladene Teil des Korns. Er grenzt sich gegen Samenschale und Fruchtwand mit einer einschichtigen Lage kubischer, relativ großer Zellen ab, die die Aleuron- oder Kleberschicht bilden und Proteine in Gestalt kleiner Aleuronkörner speichern. Diese lassen sich mit ▸ Lugolscher Lösung unspezifisch hellbraun-gelblich anfärben. Der eigentliche Mehlkörper (= Stärkeendosperm) besteht aus größeren Zellen. Sie enthalten Amyloplasten aus zwei Größenklassen – neben ungefähr linsenförmigen von etwa 30 µm Durchmesser auch kleinere, etwas kantige um 5 µm. Im polarisierten Licht kann man beide Amyloplastenformen anhand ihrer jeweiligen optischen Kreuze unterscheiden.

Embryo – Pflanze im Kompaktformat Ein möglichst median geführter Längsschnitt erlaubt die Untersuchung des Embryos an der Basis der Karyopse. Er liegt dem Mehlkörper schräg versetzt an. Zur Außenseite grenzt er ohne Aleuronschicht unmittelbar an die Testa, nach innen an das Stärkeendosperm. Den Kontakt zum Reservematerial vermittelt ein schildförmiges Gebilde (= Scutellum), das als umgewandeltes Keimblatt gilt. Die Grenzschicht zum Mehlkörper ist ein großzelliges Palisadenparenchym. Während des Keimvorgangs vergrößern sich diese Zellen noch und vermitteln die Aufnahme und Weiterleitung der mobilisierten Reservestoffe an den wachsenden Embryo.

Die junge Getreidepflanze ist in der Karyopse bereits so weit differenziert, dass außer Spross- und Wurzelpol verschiedene Organanlagen erkennbar sind. Der Sprosspol umfast die Anlagen von zwei Laubblattpaaren, die sich über den Vegetationskegel zusammenneigen. Die Blattanlagen und ihre Bil-

Weizen (*Triticum aestivum*): Längsschnitt durch die Karyopse

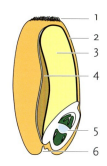

Gestaltmerkmale eines Weizenkorns: 1 Haarschopf (Gipfelpolster), 2 Fruchtwand, 3 Nährgewebe (Mehlkörper, Endosperm), 4 Kornfurche, 5 Keimling (Embryo), 6 Ansatzstelle des Fruchtstielchens

ACN-Gemisch S. 280
Lugolsche Lösung S. 271

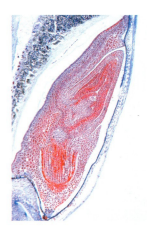

Weizen (*Triticum aestivum*):
Längsschnitt durch den Embryo

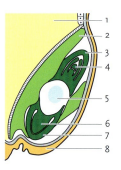

Morphologie des Keimlings im
Getreidekorn: 1 Nährgewebe,
2 Keimblatt (Scutellum), 3 Koleoptile, 4 Sprossscheitel mit
Laubblattanlagen, 5 Anlage
sprossbürtiger Wurzeln, 6 Keimwurzel (Radicula), 7 Koleorrhiza,
8 Fruchtwand

TTC-Test S. 281

Keimendes Weizenkorn: Alle
lebenden Gewebe sind mit dem
TTC-Test angefärbt.

dungszone bilden die Plumula. Sie wird ihrerseits von der Koleoptile, einer haubenförmigen Hülle, umfasst, die eine Sonderbildung der Gräser darstellt. Bei der Keimung streckt sie sich, ergrünt und wird von den ersten Laub-blättern an der Spitze durchstoßen, wenn sie etwa das Fünfzigfache ihrer ursprünglichen Länge erreicht hat.

Der Plumula und ihrer Koleoptile gegenüber liegt die Wurzelanlage (Radi-cula). Sie ist vom umgebenden Gewebe ebenfalls scharf abgesetzt, trägt an ihrer Spitze eine klar erkennbare Kalyptraanlage und wird allseitig von einer Hülle, der Koleorrhiza, eingeschlossen. Ziemlich genau vor der Spitze der Koleorrhiza liegt die ehemalige Mikropyle, durch die im unreifen Fruchtknoten der befruchtende Pollenschlauch eingedrungen ist. Etwa in der Mitte zwischen Plumula und Radicula ist ein rundlicher Bereich dicht gepackter Zellen zu er-kennen, eine von mehreren Anlagen sprossbürtiger Wurzeln.

Erste Lebenszeichen Erst nachdem sich die Bewurzelung entwickelt hat, beginnt auch die Plumula im Abstand von wenigen Tagen mit der Streckung. Sobald eine trockene Karyopse passiv Wasser aus der Umgebung aufgenom-men hat, beginnt sie mit der Keimung. Selbst wenn noch keine Streckung von Koleorrhiza oder Koleoptile zu beobachten ist, kann man die einsetzende Stoffwechselaktivität der embryonalen Gewebe zuverlässig nachweisen. Bei der Verarbeitung der vom Endosperm bereitgestellten Reservestoffe sind ver-schiedene Enzyme aktiv, die man recht einfach nachweisen kann: Man bietet ihnen mit dem ▸ TTC-Test – auch im mikroskopischen Präparat – einen künst-lichen Wasserstoffakzeptor an, der im oxidierten Zustand farblos, im reduzier-ten Zustand (nach Übernahme von Protonen) jedoch kräftig gefärbt ist. Bei einer halbierten Karyopse ist nur der median getroffene Embryo stoffwechsel-aktiv.

An keimenden Weizenkaryopsen unterschiedlicher Entwicklungsstadien kann man auch sehr eindrucksvoll den fortschreitenden enzymatischen Abbau der Stärke in den Amyloplasten demonstrieren, indem man in etwa 3-stün-digem Abstand Schnitte durch keimende Karyopsen legt und das Endosperm mikroskopiert. Je länger der Keimvorgang andauert, umso mehr werden in den Amyloplasten unregelmäßig verlaufende Risse und Gänge auftreten, die auf die Einwirkung des Stärke abbauenden Enzyms Amylase zurückgehen. Diesen im Endosperm stattfindenden Stärkeabbau durch Amylasen kann man modellhaft auf dem Objektträger nachvollziehen, indem man Amyloplasten aus einer frisch angeschnittenen Karyopse eine Zeit lang mit Mundspeichel (enthält verschiedene Enzyme amylolytischer Aktivität) zusammenbringt.

Kümmel statt Korn Aus der phantasievollen Küche sind die Vertreter der Doldenblütenge-wächse (*Apiaceae*) wie Dill, Kerbel oder Petersilie nicht wegzudenken. Ihre Früchte werden hier einmal nicht für den Kochtopf, sondern für den Objektträger aufbereitet.

Auch bei den Doldenblütengewächsen sind Samen und Früchte eng zu einer Funktionseinheit verbunden. Hier rücken während der Reifungs-prozesse Fruchtwand und Samenschale so eng zusammen, dass sie eine gemeinsame, durch Verwachsung dicht geschlossene Außenlage bil-den. Wegen des oberständigen Fruchtknotens entsteht jedoch keine Karyopse, sondern eine Achäne (ähnlich wie bei den Korbblütengewächsen). Der Fruchtknoten der Apiaceen besteht immer aus zwei gegenüberstehenden Fruchtblättern. Zur Reifezeit differenziert sich jedes davon, so dass eine Doppelachäne (= Spaltfrucht) entsteht. Die Doppelachänen sind demnach Früchte mit dem Aussehen von Samen. Die in Apotheken übliche Bezeichnung von Doldenblütler-Vermehrungseinheiten etwa als Fructus Foeniculi (Fenchelfrüchte) oder Fructus Anisi (Anisfrüchte) nimmt insofern auf die entwicklungsgeschichtlichen Besonderheiten korrekt Bezug. Schon die vergleichende Betrachtung mit der Stereolupe bietet Beispiele der Typenreihen.

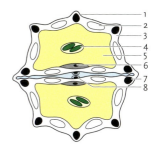

Garten-Fenchel (*Foeniculum vulgare*). Querschnitt durch eine Doppelachäne: 1 Hauptrippe, 2 schizogener Exkretgang, 3 Fruchtwand (Perikarp), 4 Keimblätter des Embryos, 5 Endosperm, 6 Raphe mit Samenstielchen-Leitbündel, 7 Fruchtwand-Leitbündel, 8 Leitbündel des Karyopsenstielchens

Doppelachänen im Schnittbild

Den besten Überblick über die am Aufbau der Frucht beteiligten Gewebe bieten quer geschnittene Achänen. Man klemmt dazu angefeuchtete bzw. in Wasser vorgequollene Früchte in Flaschenkork ein und zieht die Rasierklinge schräg durch.

Der Querschnitt lässt die Anteile von Samen und Frucht einer Achäne klar erkennen. Der Samen schließt sich fast lückenlos an die innere Epidermis des Perikarps an. Eine hartschalige, derbe Samenschale (= Sarkotesta) ist nicht vorhanden. Den nötigen mechanischen Schutz bietet die feste, im trockenen Zustand sogar hornige und spröde Fruchtwand. Die Konturen des Samens zeichnen die Umrisse der Doppelachäne nach. An ihrer adaxialen Seite findet man jeweils ein Leitbündel. Dabei handelt es sich um das in Umbelliferen-Früchten so bezeichnete Raphenbündel, das morphologisch-anatomisch dem Leitbündel des Samenstielchens (Funiculus) entspricht. Den größten Teil des Samens nimmt ein mächtig entwickeltes Nährgewebe (= Endosperm) ein. Es besteht aus dickwandigen, kleinlumigen Zellen unterschiedlicher Abmessungen, die mitunter eigenartige Zellmuster bilden. In den Endospermzellen lassen sich mit ▸ Sudan-Farbstoffen fettes Öl und mit ▸ Lugolscher Lösung die aus Proteinen bestehenden Aleuronkörner nachweisen. Daneben führen die meisten Zellen auch noch eine kleine Kristalldruse aus Calciumoxalat. Amyloplasten als Stärkespeicher kommen im Nährgewebe der Doldenblütler kaum vor.

Je nach Schnittführung wird auch der sehr kleine Embryo erfasst. Er befindet sich im apikalen Teil der Achäne. Im Querschnittbild zeigen sich seine relativ kleinen Keimblätter. Da sie in ein respektables Nährgewebe eingebettet sind, das sie ausreichend mit stofflichen Reserven versorgt, brauchen sie selbst keine Energievorräte einzuspeichern.

Gestalt und Aussehen der Achänen liefern wichtige Bestimmungsmerkmale („An ihren Früchten werdet ihr sie erkennen ...“; Matthäus 7, 20).

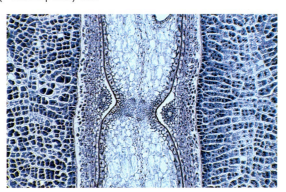

Garten-Kerbel (*Anthriscus cerefolium*): Querschnitt durch eine Achäne

Kanten, Leisten, Rippen

Die meisten Umbelliferen-Früchte werden durch vorspringende Leisten oder Rippen skulpturiert. Bei den Achänen des Fenchels bilden die erhabenen Leisten die Kanten eines regelmäßigen Oktogons. Andere Gattungen oder Arten zeigen davon abweichende Anzahlen. Innerhalb jeder vorspringenden Rippe verläuft ein kräftiges Leitbündel. Es sind dies die Leitbündel der Fruchtwand, die die stoffliche Versorgung der Fruchtanteile an der Achäne übernehmen. Ihre Anzahl und Dimensionierung bilden einen klaren Gegensatz zu den beiden kleinen Raphenbündeln der Samen. Am basalen Ende der Frucht laufen die Fruchtwandbündel in einem sehr unübersichtlich aufgebauten Leitgewebekomplex sternförmig zusammen.

Wurzel- und Sprossanlage des Embryos befinden sich innerhalb der Achäne kurz unterhalb des Diskus und werden selbst bei Längsschnitten nur sehr selten median getroffen.

Sudan-Farbstoffe S. 276
Lugolsche Lösung S. 271

Die Leitbündel selbst weichen im Vergleich zu den sonstigen für Dicotylen typischen Bündeln in zwei Merkmalen ab. Zum einen sind sie nach dem Prinzip eines geschlossen-kollateralen Leitbündels ohne Kambium organisiert. Zweitens säumt das Phloem die abaxiale Flanke des Xylems nicht als geschlossener Strang, sondern begleitet es aufgeteilt in zwei Teilstränge.

Ein besonders auffälliges Strukturelement sind zweifellos die großen Exkretgänge, die den Fruchtanteil der Achäne im Wechsel mit den Leitbündeln innerhalb der Täler zwischen den vorspringenden Kanten, aber auch innerhalb der Bauchflanke der Länge nach durchziehen. Nicht immer ist eine so regelmäßige Anordnung der Exkretgänge zu erwarten wie beim Fenchel. Die Exkretgänge entstehen schizogen: In bestimmten Teilregionen des Perikarps lösen sich die Mittellamellen der beteiligten Zellen auf, so dass diese ohne weitere Zerstörung auseinanderweichen und eine große Interzellulare bilden können. Im Unterschied zu den lysigen (durch Auflösung) oder rhexigen (durch Zerreißen) entstehenden Exkretbehältern finden sich als Auskleidung daher keine Zelltrümmer, sondern intakte, zur Sekretabgabe befähigte Zellen.

Die Exkretgänge führen große Mengen ätherischer Öle, die die Verwendung vieler Doldenblütengewächse als Gewürz- und Arzneipflanzen begründen. Neben Anis oder Fenchel sind Bibernelle, Dill, Kerbel, Koriander, Kümmel, Liebstöckel, Petersilie oder Sellerie bekannte Vertreter, die im Gewürzsortiment ebenso wie in der Apotheke einen festen Platz einnehmen. Histochemisch sind ätherische Öle kaum zu erfassen. Ihre hervorstechenden Eigenschaften zeigen sich in erster Linie in ihrer Flüchtigkeit: Im Unterschied zu den nicht-flüchtigen, mit lipophilen Nachweisreagenzien im Gewebe gut darstellbaren fetten Ölen verduften sie völlig rückstandsfrei.

Saftige Beere: Ein schönes Früchtchen Von den vielseitig durchkonstruierten pflanzlichen Verbreitungseinheiten interessieren hier vor allem die spätsommerlichen oder herbstlichen Früchte, deren Verbreitungsbiologie mit augenfälliger Farbe und anregendem Geschmack auf hungrige Konsumenten abzielt. Farbigkeit ist auch bei den Früchten vor allem eine Sache der Verpackung, zusagende geschmackliche Qualitäten dagegen eher eine Angelegenheit der inneren Gewebeschichten, die sich aus der Wand des Fruchtknotens entwickeln.

Nur selten setzt die Natur zu dieser Standardroute der Fruchtausformung gewebe- und entwicklungstechnische Alternativen ein. So entsteht die visuell wie eine konventionelle Beerenfrucht aussehende, dazu sehr saftige und aus-

Links: Birne (*Pyrus communis*), Steinzellen im Fruchtfleisch mit verzweigten Tüpfelkanälen und Epidermiszellen der Birnenfrucht (Mitte). Das relativ kleinzellige Gewebe ist stärker gefenstert als beim Apfel. Rechts: Apfel (*Malus domestica*), Epidermiszellen der Apfelfrucht. Die Zellwände sind nur schwach getüpfelt und unterschiedlich dick, so dass der Eindruck von Fenstersprossen entsteht.

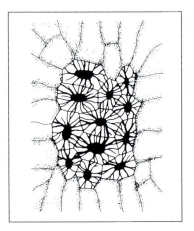
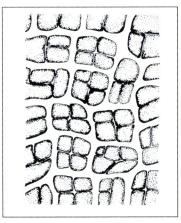
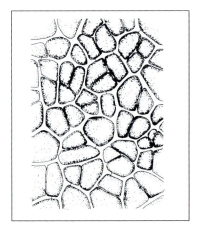

gesprochen vitaminreiche Verbreitungseinheit beispielsweise des Sanddorns ausnahmsweise aus dem verwachsenblättrigen Kelch der Blüte und eben nicht aus dem Fruchtknoten. Auch die schwarzrote, saftreiche und sehr wohl-schmeckende Maul"beere" entsteht beim Reifevorgang aus Teilen der ehe-maligen Blütenhülle. Eine ganze Reihe sehr ungewöhnlicher Mechanismen zur Bildung von attraktiven Scheinfrüchten kommt bei vielen Vertretern der Rosengewächse vor: So kann man Äpfel, Birnen, Erdbeeren oder Hagebutten entwicklungsbiologisch überhaupt nicht mit Kirschen oder Pflaumen verglei-chen, denn ihr „Frucht"fleisch entsteht aus Achsengewebe.

Menge und Mischung von Fruchtfarben Ein brauchbares Präparat zur mikroskopischen Kontrolle ist denkbar einfach herzustellen:

Man zieht mit einer spitzen Pinzette von Beeren oder beerenähnlichen Früchten (Heidelbeere, Liguster, Feuerdorn, Stechpalme, Schneeball, Tomate) ein Stückchen Fruchtschale (Epidermis, etwa 2x2 mm groß) ab. Von Äpfeln, Birnen oder anderen Früchten mit schlecht ablösbarer Epidermis fertigt man einen möglichst dünnen Flächenschnitt an. Auf der Rückseite eventuell noch anhaftendes Fruchtfleisch wird zur Verbesserung der Beobachtungs- und Bild-qualität mit der Präpariernadel oder der Deckglaskante vorsichtig wegge-schabt. Die Materialprobe legt man mit der Wundseite nach unten in einen Tropfen Wasser auf den Objektträger, legt ein Deckglas auf und betrachtet sie bei kleiner bis mittlerer Vergrößerung. Zur Gewinnung reiner Epidermis-präparate ist hier auch die Mazeration im ▸ Gemisch nach SCHULZ empfeh-lenswert.

> Mazerationsgemisch nach Schulz S. 200

In den Fruchtepidermen von Liguster, Schlehe, Sauerdorn (Berberitze), Mahonie oder Roter Weinbeere erkennt man sofort, dass mit Farbe einheitlich bestückte Vakuolen die Epidermiszellen komplett ausfüllen. Meist sind die Epidermiszellen relativ klein bemessen und ziemlich dickwandig, so dass sie in der Flächenansicht ein engmaschiges Netzwerk bilden. Zu bedenken ist immerhin, dass die meist nur eine Zellschicht dicke Epidermis den gesamten Turgordruck der prallen, sonst nicht weiter mit tragenden Elementen verse-henen Fruchtfüllung (= Mesokarp) aushalten und für das gesamte Fruchtgebilde die Form wahren muss.

> Dickwandige Epidermiszellen lassen sehr schöne Tüpfel-kanäle erkennen.

Beim Beobachten der Farbwerte fällt außerdem auf, dass sich die Vakuo-lenfärbung im mikroskopischen Bild völlig anders darstellen kann als im makroskopischen Erscheinungsbild einer Frucht. Die blauschwarze Schale der Schlehen-Steinfrucht erweist sich im Präparat allenfalls als sehr betont purpurn, und auch bei der Mahonie sieht man in den Epidermen der wachsig graublau bereiften Beeren eher rot. Die zusätzliche Oberflächenausstattung dieser Früchte mit einem wachsigen Belag ist offenbar mitbestimmend für die andersartige Gesamtwirkung.

Bei vielen anderen Früchten ist die Vakuole der Epidermiszellen ganz normal wasserhell, aber das Cytoplasma der Zellen enthält anstelle normal grüner Chloroplasten eine größere Anzahl chromgelb bis orangerot gefärbter Chromoplasten (vgl. S. 70). Schöne Beispiele bieten die apfelartigen Früchte des Feuerdorns (*Pyracantha coccinea*), sämtliche Hagebutten (*Rosa*-Arten) oder Rote Paprika (*Capsicum annuum*) und Tomate (*Lycopersicum esculentum*).

Objekte zum Reinbeißen Die mikroskopische Untersuchung von Frucht-farben und deren zellulärer Farbtechnologie bietet genügend Stoff für viele Stunden Beobachten und Dokumentieren. Aufschlussreich ist beispielsweise der Vergleich der roten mit der gelben Seite von Äpfeln, wozu man wiederum

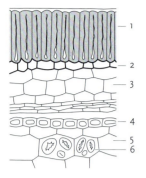

Erbse (*Pisum sativum*). Samenschale und Keimblatt: 1 Prismen-
zelle (Epidermis), 2 Trägerzelle,
3 Parenchym, 4 Keimblattepider-
mis, 5 Keimblattparenchym,
6 Amyloplasten im Nährgewebe

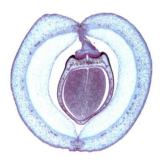

Feuer-Bohne (*Phaseolus coccineus*): Querschnitt durch Hülse
und Samen

Prismenzellen in der Epidermis
der Samenschale: Ackerbohne
(*Vicia faba,* links) und Feuer-Bohne (*Phaseolus coccineus*, rechts)

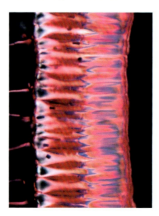

nur kleine Schalenstückchen (Epidermen) untersucht. Hier fällt die fenster-
sprossenartige Unterteilung der größeren Epidermiszellen auf. Noch eindrucksvoller zeigt sich die Sprossenfensterarchitektur in den Epidermiszellen
der Birne, die botanisch ebenfalls eine Apfelfrucht darstellt. Im Fruchtfleisch
der Birne findet man die für ihren leicht knirschend-sandigen Beigeschmack
verantwortlichen Steinzellnester. Man kann sie mit Nachweisreagenzien für
Holzsubstanz (Lignin), beispielsweise ▸ Phloroglucin-Salzsäure oder ▸ ACN-
Gemisch, noch ein wenig kosmetisch nachbehandeln. Leichtes Klopfen mit
der Bleistiftrückseite auf das Deckglas zerlegt die ziemlich dicht eingestreuten, zunächst als grauschwarze Klumpen in den Blick tretenden Steinzellnester und lässt ihre verzweigten Tüpfelkanäle besser hervortreten.

Spannend kann sich die Suche nach eventuell vorhandenen Spaltöffnungen oder sonstigen Hilfsmitteln gestalten. Mitunter bestimmen sie nachhaltig
die Zellmusterbildung innerhalb der Epidermen, wie man sie auch von gewöhnlichen Laubblättern her kennt. Auch exotische Früchte, die wie Litschi,
Mango, Maracuja oder Khaki heute in fast jedem Supermarkt erhältlich sind,
bieten mancherlei überraschenden Einblick in die Zellbiologie der Signalwirkung ihrer konsumentenorientierten Fassaden.

Weil sich in vielen reifen Früchten die Zellen des Fruchtfleisches (Mesokarp) unter Auflösung der Zellwand-Mittellamellen sehr leicht voneinander
trennen (das Fruchtfleisch wird „mehlig"), bieten sie hoch willkommene
Gelegenheit, isolierte pflanzliche Zellen überhaupt genauer zu beobachten.
Ein schönes und unbedingt empfehlenswertes Beispiel sind die unterhalb
der Epidermis gelegenen Mesokarpzellen der (ansonsten ungenießbaren!)
Ligusterbeeren (vgl. S. 62). Weinbeeren oder die Früchte der nahe verwandten Jungfernreben sind ebenfalls recht ergiebige Untersuchungsobjekte.

Bei der aus Nordamerika stammenden, bei uns in fast jedem größeren
Park angepflanzten (und leicht toxischen) Schneebeere sind die ziemlich großen, außerordentlich dünnwandigen, in diesem Fall jedoch völlig pigment-
freien Fruchtfleischzellen besonders leicht zu präparieren. Bei starker Abblendung oder unter schiefer Beleuchtung zeichnen sich eindrucksvoll die
schmalen Cytoplasmastränge ab.

Schliffe durch Schalen Ein recht reizvolles und auch präparationstechnisch
gut zu bewältigendes Aufgabengebiet aus den herbstlichen Fruchtmenüs sind
natürlich auch die knallharten Rüstungen von Nüssen und Steinfrüchten.
Bevor man den leckeren Samenkern genießen kann, gibt uns die Natur so
manche harte Nuss zu knacken. Nicht alle pflanzlichen Panzerschränke sind
indessen richtige Nussfrüchte. Die Walnuss ist
beispielsweise eine klassische Steinfrucht – sie
entspricht damit den kompakten Steinkernen
von Kirsche, Pfirsich oder Pflaume. Die besonders harten Paranüsse sind allerdings Kapsel-
früchte. Eine richtige Nussfrucht ist dagegen
die Haselnuss, und auch die Erdnuss muss
man diesem Fruchttyp zurechnen, obwohl
sie zu der sonst hülsenfrüchtigen Familie der
Schmetterlingsblütengewächse (*Fabaceae*)
gehört. Nur bei echten Nüssen ist die (äußere)
Fruchtwand durch mehrere Lagen mit dickwandigen Steinzellen (bzw. Sklereiden, vgl. S. 67)
massiv verhärtet; bei den Steinfrüchten ist es

die innere Fruchtwand und bei vielen anderen vermeintlichen Nüssen lediglich die Samenschale.

Ein mikroskopisches Bild dieser knallharten Gewebe ist im Unterschied
zum schnittfähigen Holz nicht ohne weiteres zu gewinnen – der Zellverband
von Kirschkern oder Kokosnuss erweist sich gegenüber Klingen und Messern
als felsenfest. Wo die Schneide versagt, hilft das Schleifwerkzeug weiter. Nur
hauchzarte Dünnschliffe von pflanzlichem Hartmaterial bieten ebenso wie
im Fall von Knochen- oder Zahnpräparaten die nötige Transparenz, um das
Objekt und seine Strukturen zufriedenstellend zu durchschauen (vgl. S. 34).
Besonders schöne Ergebnisse (vor allem für die Beobachtung im polarisierten
Licht) liefern Schliffe um 50 µm Stärke.

Phloroglucin-Salzsäure S. 275
ACN-Gemisch S. 280
Chloralhydrat S. 258
Mazeration S. 257

Weitere Fruchtmenüs – eine (fast) unendliche Geschichte

Im
Struktur- und Funktionsbereich Samen und Früchte haben die Pflanzen sich im Laufe der Evolution eine Menge Abwandlungen und
Sonderbildungen einfallen lassen – das Thema ist für die mikroskopische Untersuchung fast kaum auszuschöpfen. Besonders empfehlenswerte Objekte sind beispielsweise auch:

- Kaffeebohnen (ungeröstet): in der Längsfurche finden sich Reste
des so genannten Silberhäutchens (= Samenschale) mit hübschen,
arttypischen Steinzellnestern; lohnend ist übrigens auch eine Untersuchung von gemahlenem Kaffee oder bereits aufgebrühtem Pulver
nach Aufhellung mit ▸ Chloralhydrat.
- Hülsenfrüchte (Bohne, Erbse, Linse): Die Samen sind von einer
Epidermis aus palisadenartig dicht stehenden Zellen mit stark verdickten Zellwänden umhüllt.
- Erdnuss (*Arachis hypogaea*): Die Fruchtwand löst sich nach ▸ Mazeration in besonders große, unregelmäßig geformte Steinzellen und
lange Sklerenchymfasern auf. Die dünnhäutige Samenschale besteht
aus stark getüpfelten, unregelmäßig polygonalen Epidermiszellen.
- Sonnenblume (*Helianthus annuus*): Die Fruchtwand des Sonnen-
blumenkerns führt eine dicke Lage aus Sklerenchymfasern mit eigenartig verdickten und getüpfelten Zellwänden.
- Ölbaum (*Olea europaea*): Die Fruchtwand der Olive enthält im
äußeren Bereich isolierte und eigenartig geschwungene Steinzellen.
- Rizinus (*Ricinus communis*): Die Samenschale besteht aus einem
dünnwandigen äußeren Parenchym und einem dickwandigen inne-
ren mit sehr langen (bis 200 µm) und charakteristisch gebogenen
Zellen.
- Rot-Buche (*Fagus sylvatica*): Die dreikantige, braune Umhüllung der Buch-
eckern besteht unter einer dünnen Epidermis aus mehreren Lagen dickwan-
diger Steinzellen mit eindrucksvoller Tüpfelung.
- Kürbis (*Cucurbita pepo*): In Flächenschnitten durch die Samenschale der
Kürbiskerne zeigen sich die besonders großen Steinzellen zwischen zwei
Lagen aus reichlich getüpfeltem Parenchym.
- Quitte (*Cydonia oblonga*): Fruchtfleisch mit Steinzellnestern ähnlich wie bei
der Birne.

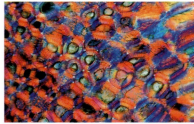

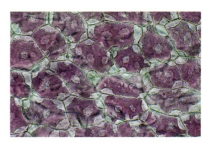

Kerniges: Pflaume (*Prunus
domestica*), Längsschnitt durch
den Steinkern mit Sklereiden
(oben), und Kultur-Apfel (*Malus
domestica*), Flächenschnitt
durch den Apfelkern mit Sklereiden (Mitte). Unten: Wolliger
Schneeball (*Viburnum lantana*):
Zellen aus der Fruchtepidermis

Zum Weiterlesen BELL (1994), BRAUNE u. a. (2004), HAHN u. MICHAELSON
(1996), DEUTSCHMANN u. a. (1992), FRANKE (1997), GASSNER u. a. (1989),
GERLACH u. LIEDER (1981), HAHN u. MICHAELSEN (1996), VAN DER PIJL (1982),
RAHFELD (2009), RAUH (1994), REISS (1968), STAHL-BISKUP u. REICHLING (1998)

8 Von niederen und höheren Tieren
8.1 Skelettelemente einfacher Wirbelloser

Obwohl viele wirbellose Tiere nach dem Pneu-Prinzip wie ein unter Druck stehender Schlauch aufgebaut sind, kommen auch sie nicht ohne ein minimales inneres oder äußeres Gerüst aus. Für die gezielte mikroskopische Analyse beispielsweise auch von Urlaubsmitbringseln öffnet sich hier ein ungewöhnlich reichhaltiges Themenfeld.

Innere Schönheit

So weichhäutig, wie sie sich mitunter anfühlen, sind viele Wirbellose nun auch wieder nicht. In ihren Geweben legen sie intra- oder interzellulär vielerlei abenteuerlich aussehende Stützelemente an, die man Sklerite nennt. Gewöhnlich bestehen sie aus mineralischen (eigentlich anorganischen) Hartsubstanzen, die dennoch organischer Herkunft sind und deshalb auch als Biomineralien bezeichnet werden. Bei den verschiedenen Tiergruppen weisen sie sogar systematisch verwertbare Merkmale auf oder lassen komplexe Entwicklungsreihen unterscheiden.

Gläserne Skelette Schwämme sind unverhältnismäßig einfach aufgebaute mehrzellige Tiere ohne klar umrissene Körperform, denn ihr weiches Gewebe stabilisieren sie nicht von außen, sondern von innen mit einer elastischen Hornsubstanz (Spongin) und harten Kristallnadeln. Nach deren Aufbau und Zusammensetzung unterscheidet man die Kalkschwämme (mit kalkigen Skelettelementen) sowie die Glas- und Hornkieselschwämme, die jeweils Nädelchen aus glasartigem Silikat verwenden. Diese nadelförmigen Skelettbauteile sind häufig so charakteristisch geformt, dass man danach die einzelnen Schwamm-Arten unterscheiden kann. Oftmals liefern sie sogar das einzige sichere Unterscheidungskriterium.

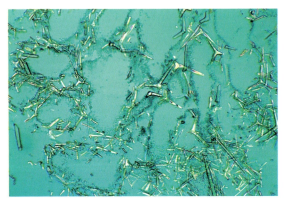 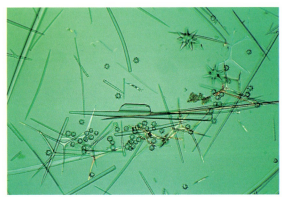

Links und rechts: Kieselschwamm (*Grantia*), isolierte Skelettnadeln. Schwammnadeln (Spiculae) sind in Gestaltung und Abmessung selbst innerhalb des gleichen Individuums recht unterschiedlich.

Die recht formschönen Schwammnadeln lassen sich vergleichsweise einfach präparieren. Man zupft aus einem lebenden Süßwasser- oder Meeresschwamm eine winzige Probe (etwa 1 mm³ Gewebemasse genügt bereits) und legt sie auf einem Objektträger in 2–3 Tropfen Salpetersäure. Diese löst die organischen Bestandteile auf und legt die Nadeln frei. Nach dem Auflösen spült man das Präparat – eventuell mehrmals – mit reinem Alkohol (96 % Ethanol) und brennt diesen auf dem Objektträger ab, den man mit einer Rea-

Projekt	Mikrosklerite als Bauelemente von Wirbellosen
Material	Leerfunde von Seeigelgehäusen, lebende oder fixierte Schwämme aus Süßwasser und Meer, frische oder getrocknete Seegurken, Gehäuse Kolonien bildender Moostierchen
Was geht ähnlich?	Mazerationspräparate von Lederkorallen, Fertigpräparate aus Lehrmittelsammlungen
Methode	Freilegung durch Lauge- oder Säurebehandlung, Einbettung in Kunstharz
Beobachtung	Vergleich von Formreihen und Gestaltungszauber

genzglasklammer festhält. Anschließend kann man die Nadeln in eines der üblichen Einschlussmedien eindecken und untersuchen. Alternativ bietet sich die Behandlung mit ▸ Eau de Javelle im Reagenzglas an: Nachdem die Gewebeproben sich aufgelöst haben, wäscht man mehrfach mit destilliertem Wasser und zuletzt mit reinem Ethanol nach. Zwischen den einzelnen Reinigungsschritten lässt man die Probe im Reagenzglas jeweils 15–30 min lang absetzen. Zum Betrachten der Spiculae entnimmt man dann mit einer Pasteurpipette jeweils eine kleine Probe aus dem Sediment am Gefäßboden. Brauchbare Ergebnisse liefert häufig auch das Einlegen einer Gewebeprobe in Sanitärreiniger auf Hypochloritbasis (z. B. Domestos).

Kalkschwamm (*Sycon*): Isolierte Skelettnadeln (Spiculae)

Lederig und doch verkalkt Die in der Nordsee auf weichem Grund häufige Tote Mannshand (*Alcyonium digitatum*) gehört zu den Lederkorallen und damit zu den *Octocorallia*, die die Mehrzahl der Riff bauenden Korallenarten stellen. Die Fähigkeit, Kalk (Calciumcarbonat) abzuscheiden und als Stützsubstanz der eigenen Kolonien zu verwenden, beschränkt sich bei vielen Lederkorallen jedoch auf den Einbau mikroskopisch kleiner, oft vielspitziger Kalksklerite. Diese entstehen im Ektoderm, der äußeren Körperzellschicht der Nesseltiere, und werden später eine Schichtlage tiefer in die so genannte Mesogloea verlagert, die bei den Korallen dem Bindegewebe anderer Tiere entspricht.

Alcyonium ist gewöhnlich Bestandteil von Dredschfängen, die in vielen Küstenorten als Touristenattraktion angeboten werden. Vergleichbare Lederkorallen werden jedoch auch im Aquarienfachhandel angeboten.

    Kleine Stücke (etwa 3–5 mm Kantenlänge) fixiert man in 4%igem Formol (in Meerwasser bzw. 3,5%iger NaCl-Lösung) und bewahrt sie bis zur Weiterverarbeitung in 70%igem Ethanol auf. Vor der mikroskopischen Untersuchung ist eine Mazeration erforderlich. Dazu legt man die fixierte Probe für mehrere Tage in eine 1%ige wässrige Kalilauge, bis die Gewebe einigermaßen durchsichtig geworden sind. Lässt man die Mazeration in Schnappdeckelgläsern auf einer besonnten Fensterbank ablaufen, beschleunigt die Wärme den Prozess. Mit ▸ Alizarinrot färben sich die in der Mesogloea steckenden Kalksklerite spezifisch intensiv rot an.

Eau de Javelle S. 259
Alizarinrot S. 283

Stacheln in der Haut Seesterne oder Seeigel sind die bekanntesten Klassen im Tierstamm Stachelhäuter (*Echinodermata*). Ungewöhnlich an diesen Tieren ist die eigenartige fünfstrahlige Körpersymmetrie. Noch seltsamer erscheinen im Vergleich dazu die Vertreter einer dritten Klasse, die Seewalzen oder Seegurken (*Holothuroidea*), deren Körper in Längsrichtung stark gestreckt ist und

Steinseeigel (*Paracentrotus lividus*): Plattenbau der Oberseite im Auflicht

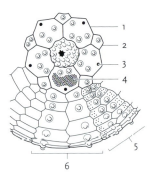

Sandseeigel (*Psammechinus miliaris*). Plattentektonik: 1 Genitalplatte, 2 Ocellarplatte, 3 Geschlechtsöffnung, 4 Madreporenplatte, 5 Ambulacralplatten, 6 Interambulacralplatten

Seeigelgehäuse, die man in ihre einzelnen Platten oder Schilde zerlegen möchte, um sie zum Flachpräparat zu arrangieren, mazeriert man am besten kalt für einige Tage in verdünnter (ca. 1 %iger) Kalilauge oder einem entsprechend verdünnten Sanitärreiniger auf Hypochloritbasis.

damit klare Übergänge zur zweiseitigen Symmetrie zeigt. Seegurken bilden keine zusammenhängenden Kalkplatten wie ihre Verwandten aus den übrigen Klassen, sondern lagern recht vielgestaltige Kalksklerite ab, die anker- oder kreuzförmig aussehen können und manchmal auch die Form kleiner Lochscheiben bzw. Gitterplatten annehmen. Holothurien kommen mit wenigen Arten zwar auch in der Nordsee und der nordwestlichen Ostsee vor, sind jedoch in den warmen Meeren häufiger. Nicht selten findet man sie im Angespül. Gelegentlich werden sie auch als Delikatesse auf den Fischmärkten angeboten.

Zur Isolierung der formschönen Kalksklerite muss man die Holothurienhaut mazerieren. Man erhitzt sie dazu vorsichtig in 10 %iger Kalilauge oder lässt kleine Hautstückchen mehrere Tage lang in verschlossenen Schnappdeckelgläsern auf der besonnten Fensterbank stehen. Alle aus Proteinen (Eiweißkörpern) bestehenden Gewebe(reste) werden durch die Laugenbehandlung verdaut, während die Sklerite als Sediment zurückbleiben. Nach gründlichem Waschen in Wasser (mehrere Durchgänge) und Zwischentrocknung kann man sie als Streupräparate direkt in Kunstharz (Eukitt, Malinol) einschließen. Die Untersuchung erfolgt im normalen Hellfeld oder im polarisierten Licht – da die Sklerite im Allgemeinen kristalline Calciumdepots aufweisen, sind sie doppelbrechend. Holothuriensklerite kommen übrigens auch als Mikrofossilien in Schlämmrückständen von Mergeln und Tonen vor (vgl. S. 35). Auf ähnliche Weise lassen sich auch die nicht ganz so formschönen Skelettelemente aus der Haut von Seesternen gewinnen.

Seeigelgehäuse: Komplexe Plattentektonik

Für die mikroskopische Untersuchung sind Seeigel als solche zugegebenermaßen zu groß oder ungeeignet, sofern man keine Dünnschliffe von Stacheln oder anderen Bauteilen ansteuert (vgl. S. 35).

In der Lupendimension eines Stereomikroskops offenbaren sie jedoch eine unbedingt sehens- und bewundernswerte Ordnung: Das Seeigelgehäuse, wie man es im Angespül an Sandstränden findet, erweist sich als faszinierender Plattenbau. Schon ein Exemplar des häufigen Strandseeigels (*Psammechinus miliaris*) von nur 2–3 cm Durchmessern besteht aus mehreren hundert Einzelteilen, die in regelmäßigen Längsreihen angeordnet sind. Insgesamt lassen sich zehn Zeilen unterscheiden, je fünf Radien (= Ambulakren) und fünf Interradien (Interambulakren), die aus je einer Doppelreihe von Schilden bestehen. Jede Platte der Radien ist randlich mit Porenpaaren für die Ambulakralfüßchen des Seeigels durchbrochen. Die danebensitzenden höckerförmigen Gebilde sind die Tuberkel, auf denen am lebenden Tier die Stachel befestigt sind. Im zentralen oberen Feld enden die Interradien mit je einer Genitalplatte, die eine besonders große Öffnung zur Freisetzung der Keimzellen (Gameten) aufweist. Einer dieser Schilde trägt zusätzlich ein feines Lochmuster und heißt danach Madreporenplatte. Über diese siebartige Struktur steht das komplizierte Hydrauliksystem eines Seeigels mit der Außenwelt in Verbindung. Zwischen den Genitalplatten sitzt – als Abschluss der Radien – je eine so genannte Ozellenplatte. Diese Zusatzplatten sind an Leerschalenfunden meist ebenso wenig erhalten wie der eigenartige Kauapparat auf der Unterseite, den man Laterne des Aristoteles nennt.

Zum Weiterlesen BOVARD (1981), GÖKE (1963, 1992), SCHÖNBERG (2001), STORCH U. WELSCH (1997), WEISSENFELS (1989)

8.2 Arthropoden – gegliedert von Kopf bis Fuß

Eigentlich müsste man dieser ungewöhnlich typenreichen Verwandtschaft ein eigenes Buch widmen: Mit schätzungsweise mehr als 1,5 Millionen Arten sind die Gliederfüßer die umfangreichste Tiergruppe überhaupt. Allein in manchen Käferfamilien gibt es mehr Arten als sonst in ganzen Tierstämmen. Die exemplarische Behandlung dieser Tiere kann daher nur ein paar Schlaglichter auf eine geradezu unerschöpfliche Formenfülle werfen.

Sechs und mehr Beine

Eine Stubenfliege, die den Winter an der Dachluke nicht überlebte, eine Florfliege, die in ein Spinnennetz geriet, oder eine bei der Attacke erwischte Stechmücke zeigen beispielhaft klar den übersichtlichen Grundbauplan eines Insektes. Zunächst genügt es, die Tiere als Ganzes in einem Stereomikroskop (Lupe) oder bei kleiner Vergrößerung im Durchlicht-Hellfeld zu betrachten. Völlig erstarrte Insektenmumien werden zuvor in einer feuchten Kammer (Petrischale oder Schnappdeckelglas) mit wassergetränktem Fließpapier erweicht und dann vorsichtig zurechtgelegt. Frisch gesammelte Insekten oder andere Gliederfüßer fixiert man in 96%igem Ethanol (oder Isopropanol) und bewahrt sie bis zur weiteren Verarbeitung auch darin auf.

Die obersten Zentimeter eines Bodens mit Streuschicht sind ein berstender Kleintierzoo: Bodenarthropoden, mit einem Berlese-Trichter ausgelesen.

Kerfe – Tiere mit Kerben Insekten zeichnen sich generell durch einen Körperbau aus, dessen relativ starres Außenskelett aus Chitin gewöhnlich in mehrere von außen als Einschnitte (lateinisch *insecare* = einschneiden) erkennbare Abschnitte oder Segmente untergliedert ist – nämlich Kopf (meist sechs miteinander verschmolzene Segmente), Brustteil (Thorax, immer drei Segmente) und Hinterleib (Abdomen, bis elf Segmente). Der Kopf trägt die auffälligen, weil oft sehr großen Facettenaugen (Komplexaugen) und bei vielen Verwandtschaftsgruppen auf Stirn oder Scheitel zusätzliche Punktaugen. Die Fühler (Antennen) dienen als Tast- und Riechorgane. Die Mundwerkzeuge sind auf Beißen, Kauen, Lecken, Saugen oder Stechen und damit fast immer auf eine bestimmte Nahrungsaufnahme spezialisiert. Bei den geflügelten Formen entspringen die meist vier Flügel auf der Rückenseite des zweiten und dritten Brustrings. Auf der Bauchseite der drei Brustringe ist dagegen je ein Beinpaar angebracht. Jede dieser Extremitäten ist nach einem einheitlichen Grundbauplan untergliedert.

Flügel: Bunt beschwingt Die Flügel der Insekten, die immer nur am zweiten und dritten Brustsegment sitzen, sind ein wichtiges Klassifikationsmerkmal. Sie fehlen nur bei den primär flügellosen Verwandtschaftsgruppen wie den Springschwänzen, Felsenspringern und Silberfischchen. Sekundär flügellos sind beispielsweise die Flöhe und Läuse. Libellen und wenige andere Insekten bewegen ihre Flügelpaare unabhängig voneinander, sonst ist die Schlagbewegung immer synchronisiert. Besondere Koppelungsmechanismen sind Häckchenreihen bei den Hautflüglern, überlappende Borsten bei den Skorpionfliegen, Hakenborsten bei einigen Schmetterlingen und weitere vergleichbare Sonderstrukturen.

Die Taufliege *Drosophila melanogaster* ist gleichsam das Haustier der Genetiker.

Lampe
mit
25 W-Birne

Bodenprobe

Pulver-
trichter
mit
Haltering

Sieb
mit Maschen-
weite 1–2 mm

Auffang-
gefäß

Fixierlösung (70%iges Ethanol)

Berlese-Apparatur zur Isolierung kleiner Bodenarthropoden

Projekt	Baupläne und Sonderstrukturen von Insekten und anderen Gliederfüßern
Material	Stubenfliege (*Musca domestica*), Florfliege (*Chrysopa*), Bücherlaus (*Liposcelis divinatorius*), Wespe (*Vespula germanica*), Küchenschabe (*Blatta orientalis*)
Was geht ähnlich?	Kleininsekten beliebiger Artzugehörigkeit und Herkunft, Milben, Spinnen, Planktonkrebse, Fertigpräparate aus dem Lehrmittelhandel
Methode	Untersuchung einzelner Individuen oder ihrer Körperteile als Totalpräparat im Hellfeld oder polarisierten Licht
Beobachtung	Bau-/Funktionsbeziehungen einzelner Körperteile

Stark gegliedert: Arbeiterin einer Knoten-ameise

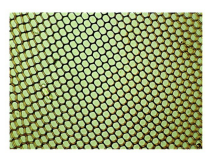

Regelmäßig, aber nicht gleichförmig: Cornea vom Komplexauge einer Stuben-fliege (*Musca domestica*)

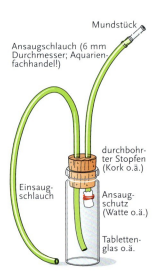

Mundstück

Ansaugschlauch (6 mm Durchmesser; Aquarien-fachhandel!)

durchbohr-ter Stopfen (Kork o.ä.)

Einsaug-schlauch

Ansaug-schutz (Watte o.ä.)

Tabletten-glas o.ä.

Exhaustor zum gezielten Ein-fangen kleiner Arthropoden

Schuppen vom Silberfischchen (*Lepisma saccharina*, links) und Weißling (*Pieris*, rechts)

Für die mikroskopische Untersuchung besonders interessant sind die Flügelschuppen der Schmetterlinge. Ihr Schuppenbesatz, der nur wenigen Gruppen wie den Glasflüglern fehlt, ist Namen gebendes Merkmal der gesamten Ordnung (*Lepidoptera* = Schuppenflügler). Die Flügelschuppen sind umgebildete, verbreiterte und abgeflachte Haare, die – dachziegelartig geordnet – jeweils mit einem dünnen Schuppenstiel in der Schuppentasche sitzen. Sie enthalten Farbstoffe, die für das bunte Erscheinungsbild der Falter verantwortlich sind. Metallisch schillernder Glanz wird aber auch hier – wie bei den Vorderflügeln der Käfer – durch so genannte Strukturfarben hervorgerufen. Die Schillerschuppen von Bläulingen, Schillerfalter und vergleichbaren Arten weisen in der submikroskopischen Dimension ein kompliziertes Gefüge dünner, lamellarer Strukturen auf, das durch Interferenz wie bei den Newtonschen

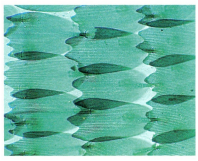

Ringen zwischen aufeinander haftenden Objektträgern Farbeffekte hervorruft. Man drückt das Flügelstück eines toten Schmetterlings gegen ein Deckglas, so dass daran eine Anzahl Schuppen hängen bleibt. Auf den so beschichteten Deckglasrand klebt man mit Alleskleber ca. 2 mm breite Streifchen dickeren Schreibpapiers und leimt das Deckglas schließlich auf einen sauberen Objektträger: Damit liegt ein einfaches Dauerpräparat mit Flügelschuppen in Lufteinschluss vor, das für Vergleichsuntersuchungen bestens geeignet ist. Natürlich lassen sich Flügelstückchen nach vorsichtiger Benetzung in Ethanol bzw. Xylol auch in Kunstharz einbetten.

Insekten aufs Maul geschaut Vermutlich konnten sich die Insekten nur deswegen so überaus typenreich entwickeln, weil sie sich gänzlich unterschiedliche Nahrungsquellen erschlossen haben. Dies setzte wiederum eine entsprechende Umgestaltung und Anpassung der Mundwerkzeuge voraus.

Von einem frischen oder aufgeweichten Kopf eines größeren Insektes (Schmeißfliege, Wespe, Schabe o. ä.) trennt man mit Präpariernadel bzw. Pinzette den gesamten Mundapparat ab. Meist muss man dazu den Kopf aufreißen, wobei die Gesamtheit der Mundwerkzeuge an der Unterseite hängen bleibt. Soweit er durch Pigmenteinlagerung zu dunkel ist (meist sind es Melanine), hellt man ihn durch vorsichtiges Erhitzen in ▸ Diethylentriamin, in ▸ Kalilauge oder durch kalte Behandlung mit ▸ Eau de Javelle auf und verarbeitet eventuell zum Dauerpräparat weiter. Bei größeren Insekten wird der Mundapparat in seine Einzelteile zerlegt, wobei man diese entsprechend ihrer Anordnung auf dem Objektträger sortiert und dann mit Eindeckharz einschließt. Die Mundwerkzeuge kleinerer Insekten lässt man besser im Zusammenhang und bettet sie in diesem Zustand nach etwaiger Bleichung und Entwässerung ein.

Von der Feinstruktur der Schuppen sind im Lichtmikroskop allenfalls die feinen Längsstreifen und bei besonders guter Auflösung auch die Querleisten zu sehen. Dazu muss man die Schuppen aus dem Schichtverband lösen.

Schuppen kommen nicht nur bei Schmetterlingen vor, sondern beispielsweise auch auf den Flügeln und Beinen von Stechmücken. Ferner findet man sie bei etlichen Käfern (beispielsweise Rüsselkäfern) sowie beim Silberfischchen (Zuckergast), das seinen silbrigen Glanz dem Besatz mit breit rundlichen Schuppen verdankt.

Diäthylentriamin (9.1.20) S. 258
Kalilauge S. 259
Eau de Javelle S. 259

Stubenfliege (*Musca domestica*), Mundwerkzeuge (leckender Typ)

Küchenschabe (*Blatta orientalis*), Mundwerkzeuge (kauender Typ)

Honigbiene (*Apis mellifica*), Mundwerkzeuge (saugender Typ)

Stechmücke (*Culex pipens*), Mundwerkzeuge (stechender Typ)

Bremse (*Tabanus*), Mundwerkzeuge. Die Mandibeln sind messerscharf.

Die Mundwerkzeuge der geflügelten Insekten lassen sich auch nach komplizierter Spezialanpassung fast immer auf einen kauend-beißenden Allgemein- oder Grundtyp zurückführen, wie er beispielsweise bei Vertretern ursprünglicher Verwandtschaftskreise (Heuschrecke, Schabe) vorliegt. Sie lassen sich im Wesentlichen drei Funktionskreisen zuordnen, die jeweils als Extremitäten gelten. Nach dem unpaaren, direkt am Kopfschild ansitzenden Labrum (Oberlippe) mit oft weichhäutigen Innenteilen (Epipharynx) sind folgende Teile vorhanden:
• Zum Zerkleinern der Nahrung dienen die ungegliederten Mandibeln (Oberkiefer).

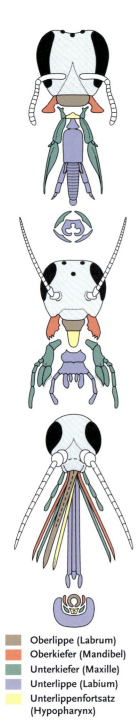

• Zur Nahrungsaufnahme werden die gegliederten vorderen Maxillen (Unterkiefer, Maxillen 1) eingesetzt, die aus einer Außen- und einer Innenlade bestehen (können) und ferner einen langen, gegliederten Taster (Palpus) tragen.
• Die den Mundraum zur Rückseite abschließenden hinteren Maxillen (Maxillen 2), auch als Unterlippe (Labium) bezeichnet, verwachsen während der Entwicklung des Insektes entlang einer Mittelnaht zum einheitlichen, aber gegliederten Gebilde. Auch hier können paarige Taster angebracht sein.

Totalansichten von Gliederfüßern Die für die Präparation der Mundwerkzeuge oder anderer Körperanhänge tauglichen Mazerationsverfahren liefern Ergebnisse, bei denen man im Wesentlichen nur noch das Außenskelett sieht. Auch die Feinheiten der Chitinhülle kommen nach Aufhellung und Eindecken in Kunstharz oft nicht mehr recht zur Geltung, sofern man nicht bei engster Kondensorblende arbeitet und dabei Verluste im Auflösungsvermögen der verwendeten Objektive in Kauf nimmt.

Bei kleineren, weniger stark durch Melanine geschwärzten Insekten sollte man alternativ auf eine Mazeration in Kalilauge oder vergleichbaren Mitteln verzichten und die Objekte statt des häufig empfohlenen ▸ Polyvinyllactophenols oder bestimmter Kunstharze fallweise gleich in ▸ Glyceringelatine nach KAISER eindecken, die einen für die Untersuchung von Chitinstrukturen recht günstigen Brechungsindex aufweist. In Ethanol fixiertes Material überführt man in eine Ethanol-Glycerin-Mischung (etwa 5:1) und lässt sie in einem halboffenen Gefäß (Blockschälchen) einige Tage stehen. Das dann durch Verdampfen des Alkohols eingedickte Glycerin mit Objekt überführt man nun in eine Portion Glyceringelatine oder gegebenenfalls auch in reines Glycerin, deckt mit einem Deckglas ab und und umrandet mit einem dichtenden Lack (Nagellack, Zaponlack o. ä.). Solche Präparate bieten den Vorteil, dass man in den eingeschlossenen Tieren bei Betrachtung im polarisierten Licht auch die an den Innenflächen der Chitinteile ansetzenden Muskelbänder sehen kann.

Wenn die sonst nur schwer darstellbaren inneren Organe der Insekten untersucht werden sollen, beispielsweise der Tracheenapparat oder die Malpighischen Gefäße, mazeriert man vorteilhaft nicht in Kalilauge, sondern für wenige Tage (bis zwei Wochen) kalt in 10%iger Weinsäure. Nach Öffnen der Chitinhülle lassen sich die Organe einfach herausdrücken und auf dem Objektträger quetschen.

■ Oberlippe (Labrum)
■ Oberkiefer (Mandibel)
■ Unterkiefer (Maxille)
■ Unterlippe (Labium)
■ Unterlippenfortsatz (Hypopharynx)

Organisation der Mundwerkzeuge in verschiedenen Insektenordnungen. Oben: Biene (*Apis*), Mitte: Schabe (*Blatta*), unten: Stechmücke (*Culex*)

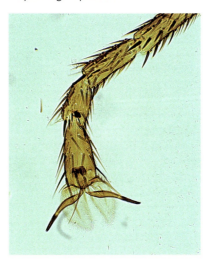

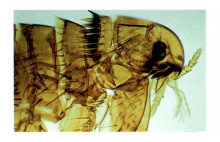
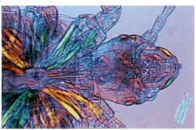

Links: Schmal und flach –
Hundefloh (*Ctenocephalides canis*). Rechts: Breit und flach –
Kopflaus (*Pediculus humanus*).
Polarisiertes Licht zeigt die
Muskelbänder.

Büschelmücken – durchsichtige Gestalten Gewöhnlich stehen bei der mikroskopischen Untersuchung von Insekten die fertig entwickelten Imagines im Vordergrund. Das Beispiel der Büschelmücken (bekannteste Art: *Chaoborus crystallinus*) zeigt jedoch, dass insbesondere auch die Larven außerordentlich spannende Beobachtungsobjekte bieten. Büschelmücken-Larven sind meist die einzigen Insektenvertreter im Plankton stehender Gewässer und fast überall verbreitet. Die 6–20 mm langen Individuen sind allerdings so perfekt durchsichtig, dass man sie im Netzfang, den man in ein Glasgefäß ausspült, nur mit Mühe und am besten im seitlichen Streiflicht entdeckt. Für den Fang mit dem Planktonnetz wählt man einen trüben Tag oder die Zeit nach Dämmerung – erst bei einsetzender Dunkelheit kommen die Tiere aus dem Bodenschlamm hervor und halten sich im Freiwasser auf.

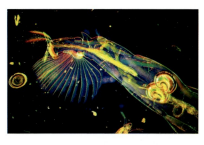

Im Unterschied zu den meisten anderen Zweiflüglerlarven, die mehrheitlich Filtrierer sind, ernährt sich die *Chaoborus*-Larve räuberisch von Kleinkrebsen. Als besondere Anpassung an ihre jagende Lebensweise dienen die vergleichsweise großen Komplexaugen – wiederum eine Ausnahme unter den Mückenlarven – und ein recht kompliziert gebauter Fangapparat mit Fühlern als Greifarmen, was innerhalb der Insekten wiederum einzigartig ist. Das Hinterende des recht schlanken Tieres trägt einen ausklappbaren Schwimmfächer. Die Larven atmen durch die Haut. Ihr Tracheensystem ist dagegen zu Schwimmblasen umgestaltet – sie liegen als breit sichelförmige, schwarz getupfte paarige Strukturen im Brustraum und im drittletzten Körpersegment. Auch diese als Tracheenblasen ausgebildeten Schweborgane sind unter den aquatischen Insekten einzigartig.

Oben: Larve der Büschelmücke
(*Chaoborus crystallinus*) in
Rheinberg-Beleuchtung und
Kopf im Dunkelfeld (unten).
Im natürlichen Lebensraum
sind die Tiere nahezu glasklar.

Milben – klein und bestechend Mit mehr als 25 000 Arten sind die Milben (*Acarina*) eine besonders artenreiche Ordnung der Klasse Spinnentiere (*Arachnida*), die in nahezu allen Organsystemen eine beachtliche Vielgestaltigkeit erreichen. Während bei den meisten Spinnentieren ein Kopf-Brust-Stück (Cephalothorax) vom Hinterleib (Abdomen) abgegliedert ist, sind beide Körperabschnitte bei den Milben zu einem einheitlichen Gebilde verschmolzen. Die Mundwerkzeuge, die oft zu beweglichen Stechborsten umgewandelt sind, sitzen an einem Köpfchen (Capitulum oder Gnathosoma), das jedoch mit dem Kopf der Insekten nicht zu vergleichen ist.

Ein enormes Reservoire an Milbenarten, die sich an verschiedenen Stellen der Nahrungskette am Materialrecycling beteiligen, ist der Boden. In der Streuauflage aus dem Laubwald, in den äußeren Schichten von Kompostmieten wird man mit Sicherheit zahlreiche Milbenarten antreffen. Man gewinnt sie – wie üblich bei der Untersuchung kleiner Bodenarthropoden – mit einer Berlese-Apparatur, die man aus haushaltsüblichem Gerät rasch zusammenstellt (vgl. S. 232). Diese Sammel- und Anreicherungsvorrichtung wird

Polyvinyllactophenol S. 267
Glyceringelatine nach Kaiser S. 266

zu Seite 234:
Links: Bein und Fuß der Stubenfliege (*Musca domestica*).
Rechts: Honigbiene (*Apis mellifica*), Stechapparat mit Giftdrüsen

In Komposterde leben zahlreiche Vertreter der artenreichen Milben.

Gemisch nach Chamberlain S. 257
Kunstharze S. 268
Polyvinyllactophenol S. 267
Gemisch nach Hoyer S. 267

Mit einiger Wahrscheinlichkeit werden außer den achtbeinigen Akteuren oder ihre Nymphen auch deren Bauteile zu entdecken sein – neben Pollenkörnern, Sporen, Haarresten, Sandkörnern, Fasern und sonstigen Kleinmaterialien, die auch bei Betrachtung im polarisierten Licht erstaunliche Bildeindrücke liefern.

Haarbalgmilbe
(*Demodex folliculorum*)

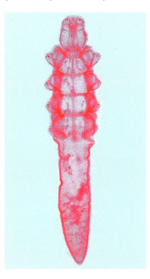

neben den Milben mit Sicherheit auch andere Gliederfüßer erfassen, beispielsweise Larven und Imagines von Insekten wie beispielsweise Springschwänze. Da die Jugendstadien der Milben (= Nymphen) mitunter nur drei Beinpaare aufweisen, könnten sie eventuell mit Kleininsekten verwechselt werden. Die andersartige Körpergliederung ist jedoch ein sicheres Unterscheidungsmerkmal, auch wenn die weitere systematische Zuordnung oder gar Artbestimmung recht schwierig ist.

Für die meisten Untersuchungen genügt es, die Tiere in 70%igem Ethanol zu fixieren. Zur Erhaltung feinerer Strukturen empfiehlt sich eher das ▸ Gemisch nach CHAMBERLAIN. Für die weitere Präparation und Mikroskopie der Spinnentiere gelten im Prinzip die gleichen Verfahren, die oben für die Insekten und deren Einzelorgane benannt wurden. Bei kleineren Arten empfiehlt sich die Totalpräparation, aus der man bereits eine Menge Funktionsmorphologie entnehmen kann. Übersichtsfärbungen sind fast immer entbehrlich. Einschlussmedien für Dauerpräparate sind neben den üblichen ▸ Kunstharzen oder ▸ Polyvinyllactophenol auch die klassischen Gemische nach ▸ HOYER bzw. BERLESE.

Auf dem Teppich und sonstwo Polstermöbel, Betten, Teppiche und andere Wohntextilien sind der Lebensraum der Hausstaubmilben (überwiegend die Arten *Dermatophagoides pteryssinus* und *D. farinae*), die sich überwiegend von Hautschuppen und in gewissem Umfang auch von anderen organischen Staubteilchen ernähren. Obwohl sie als Kulturfolger im Prinzip noch vergleichsweise harmlos sind, gerieten sie in den letzten Jahren vor allem deswegen in Verruf, weil ihre Ausscheidungen heftige Allergien auslösen können. Hausstaubmilben fühlen sich allerdings nur in feuchtwarmem Ambiente wohl. Zum Nachweis untersucht man portionsweise die eventuell mit einem Küchensieb vorgesiebte Beutelfüllung des Staubsaugers: Die auf einen DIN A4-Bogen weißes Schreibpapier durchgefallene Feinfraktion erwärmt man mit einer Schreibtischlampe. Die Milben versuchen daraufhin, sich buchstäblich aus dem Staub zu machen, und bilden leicht erkennbare Hügel. Alternativ funktioniert das Flotationsverfahren: Man rührt eine Staubprobe in eine so genannte Darlington-Lösung (gesättigte Kochsalz-Lösung – Glycerin = 1 : 1), bis alle Teilchen benetzt sind, und dekantiert in eine Petrischale. Aufgrund der Dichte dieser Lösung schwimmen alle organischen Partikel auf. Auch die Staubmilben können dann vom Oberflächenfilm aufgelesen werden.

Weit verbreitet, aber meist unbemerkt sind die Haarbalgmilben (*Demodex folliculorum*), die mit 0,1–0,2 mm Länge zu den kleinsten Arthropoden überhaupt gehören und Haarfollikel sowie Talgdrüsen der menschlichen Gesichtshaut besiedeln. Bis zu vier Individuen leben in einem Haarbalg. Ihr wurmförmig schlanker Körper trägt nur vier Paar zu Stummeln verkürzter Beine. Haarbalgmilben sind streng genommen keine Parasiten, sondern harmlose Kommensalen des Menschen, die sich von den fettigen Sekreten der Hautdrüsen ernähren.

Zum Nachweis von Haarbalgmilben stehen zwei Verfahren zur Verfügung, die auch in der klinischen Praxis eingesetzt werden: Bei der Büroklammer-Methode drückt man mit der spitzwinkligen Seite auf die Gesichtshaut (Stirn, Wange, Kinn), streift die ausgepresste Talgmenge auf einem Objektträger in Paraffinöl (Immersionsöl) aus und untersucht nach Auflegen eines Deckglases. Beim Klebe-Verfahren bringt man auf einen Objektträger einen Tropfen Bastelkleber (z. B. UHU-hart) auf und drückt den Objektträger mit dem Bindemittel direkt auf die Haut. Nach etwa 1 min löst man das Präparat vorsichtig ab, gibt einen Tropfen Immersionsöl hinzu und untersucht nach Auflegen eines Deckglases bei mittlerer Vergrößerung.

Gefährlicher Wegelagerer: Zecken Ein unangenehmes, aber aufschlussreiches Objekt ist beispielsweise die mit vier Beinpaaren ausgestattete Zecke (*Ixodes ricinus*). Die genauere Betrachtung ihrer Mundwerkzeuge verdeutlicht, warum man sie nicht einfach aus der Haut ziehen kann, denn das kräftige, als Saugorgan entwickelte Hypostom ist mit zahlreichen Widerhaken besetzt.

Die Zeckenweibchen legen über 1000 Eier an Pflanzenstängel. Nach 4–10 Wochen schlüpfen daraus Larven, die auf hochwüchsige Pflanzen klettern und sich von dort auf geeignete Wirte (meist ein Säugetier bzw. Mensch) fallen lassen. Alle Entwicklungsstadien können über ein Jahr lang hungern. Der von starkem Juckreiz begleitete Stich der Zecke wäre an sich harmlos, wenn die Tiere nicht eine Anzahl gefährlicher Krankheitserreger übertragen würden, darunter die bakteriellen Erreger der Lyme-Borreliose (*Borrelia burgdorferi*). Aus einer sicher von der Stichstelle entfernten Zecke kann man durch anschließenden Druck mit der Pinzette auf ihren Vorderkörper das etwaige Erregerreservoir nachzuweisen versuchen, indem man die für Bakterien benannten ▸ Färbe- und Nachweisverfahren anwendet.

Kleinkrebse Fast jeder Streifzug mit dem Planktonnetz durch Teich, Weiher oder See erfasst neben einer Vielzahl von Einzellern (Algen, Protozoen) und Rädertieren auch immer eine Menge kleiner Krebse, die in den Gewässern gewöhnlich die zweite Ebene der Nahrungspyramide besetzen. Das Zooplankton der stehenden Binnengewässer besteht außer den fast immer vorhandenen Rädertieren, die man systematisch in das verwandtschaftliche Vorfeld der Würmer stellt, sogar überwiegend aus Kleinkrebsen. Meist sind es die Vertreter der Klassen Ruderfußkrebse (*Copepoda*) und Blattfußkrebse (*Phyllopoda*) mit der Ordnung Wasserflöhe (*Cladocera*). Weniger häufig, aber je nach Gewässertyp immer präsent, sind die Muschelkrebse (*Ostracoda*).

Ruderfußkrebse besitzen keine Schale, aber lange Antennen, die neben den verlängerten Hinterleibsanhängen offenbar als Schwebeeinrichtung dienen. Die Schwimmbewegung geht überwiegend von den ersten vier Beinpaaren aus, die mit kräftigen Muskeln versorgt sind. Bei Beobachtung im polarisierten Licht lassen sich die einzelnen Bänder quergestreifter Muskulatur klar unterscheiden. Die ruckartigen Bewegungen, mit denen die Tiere Raumlage und Aufenthaltsort in der Wassersäule korrigieren, hat ihnen die Bezeichnung Hüpferlinge eingetragen. Die Weibchen tragen zeitweilig zwei (Gattung *Cyclops*) oder nur ein Eipaket (Gattung *Diaptomus*) am Hinterleib. Für die genauere Betrachtung im Mikroskop ist der Bewegungsdrang eventuell störend. Man betäubt die Untersuchungshäftlinge daher mit dem bekannten Wassertier-Narkotikum MS 222, das unter der Bezeichnung m-Aminobenzoesäureethylenester-Methansulfonat über den Fachhandel bezogen werden kann – eine Spur dieser Pulversubstanz/ml genügt (Verdünnung ca. 1:1000 bis 1:10000) vollauf. Die Tiere überstehen die Betäubung schadlos und wachen rasch wieder auf, nachdem man sie in frisches Wasser überführt hat.

Die stupsnasigen und rundbäuchigen Wasserflöhe, die mit ihrem Erscheinungsbild sofort die Sympathie aller Beobachter gewinnen, gehören zu den bekanntesten Planktontieren überhaupt und werden sofort mit dem „Leben im Wassertropfen" identifiziert. Wasserflöhe tragen im Unterschied zu den Hüpferlingen zweiklappige, meist durchsichtige Schalen (nur zwei Arten sind schalenlos), aus denen die langen Ruderantennen (2. Antennenpaar) vor-

Nur in seltenen Fällen rufen Haarbalgmilben Lidentzündungen hervor. An der Entstehung von Akne oder anderen Hautsymptomen sind sie wahrscheinlich nicht beteiligt.

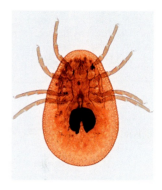

Alle Zecken, hier die Art *Argas persicus*, sind Blutsauger.

Färbeverfahren für Bakterien S. 269f.

Auf den Schalenklappen der Cladoceren, aber auch auf denen der Muschelkrebse siedeln sich nicht selten sessile Wimpertiere an. Vor allem bei Betrachtung im Durchlicht-Dunkelfeld bieten die Winzlinge ausgesprochen hübsche Ansichten.

Links: Rüsselkrebschen
(*Bosmina*) sind saisonal formveränderlich. Rechts: Die
Karpfenlaus (*Argulus foliaceus*)
ist ein parasitischer Kleinkrebs.

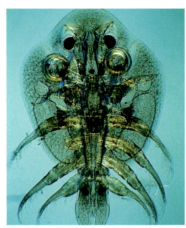

schauen. Leere Schalen findet man in größerer Anzahl auch regelmäßig im
organischen Bodensatz von Teichen. Nach Ruhigstellung mit MS 222 lassen
sich viele Details der einzelnen Organsysteme beobachten.

Der Vertreter einer vierten Klasse Kleinkrebse, der Kiemenschwanzkrebse
(*Branchiura*), verdient Interesse, weil er einige ausgefallene Sonderstrukturen
aufweist: Die stark abgeflachte Karpfenlaus (*Argulus foliaceus*) wird bis 8 mm
lang und lebt zeitweilig als Außenparasit an Fischen und Lurchen. Sie heftet
sich mit paarigen Saugnäpfen an der Haut fest und sticht mit dolchähnlichen
Mundteilen die Blutgefäße ihrer Wirte an. Die Saugnäpfe zeigen bei stärkerer
Vergrößerung eine Anzahl spezieller Strukturen und Klammern, die die An-
heftung unterstützen. Bei Störung lässt der Parasit von seinem Opfer ab und
schwimmt in eleganten Bahnen umher. Die Klassenbezeichnung Kiemen-
schwanzkrebs ist irreführend, denn die blättrig-flossenförmigen Rumpfanhän-
ge dienen nicht der Atmung. Auch *Argulus* kann seinerseits eine Art Wasser-
taxi für sessile Wimpertiere sein.

Hüpferling (*Cyclops*). Die langen
Ruderantennen sind gleichzeitig
Schwebeorgan.

Zum Weiterlesen

▸ **Insekten/Arthropoden generell** BEERENBAUM (1997), DETTNER U. PETERS
(1999), DIXON (1976), FIEDLER U. LIEDER (1994), FOELIX (1992), HONOMICHL
(1998), MEHLHORN U. MEHLHORN (1996), SKIDMORE (1991), STORCH U. WELSCH
(1999), WICHARD U. EISENBEIS (1985), WICHARD U.A. (1995)

▸ **Mikroskopieren von Insekten** ABRAHAM U. KÖNIG (1987), ANKEN U.A. (1990),
BREIDBACH (1980, 1988), FRANZ (1997), FRÜND U. KOTHE (1989), GROEPLER (1990),
HAGENMAIER (1989), HENDEL (1983), JOCHEM (1984), KONTERMANN (1980),
KONTERMANN U. HEINZEL (1987), KRAUTER (1980), LARINK (1984), LAUKÖTTER
(1987), LOIDL (1971), LUSTIG (1973), MATTHES (1988), MÜLLER (1982), PLATZER-
SCHULZ (1974), RIETSCHEL (1981), SCHLEE (1966), THORMANN (1992), WICHARD
(1993), WOELKE U. GÖKE (1984)

▸ **Mikroskopieren von Spinnentieren** BÜRGIS (1979), ELIXMANN (1991),
HIRSCHMANN (1978, 1979, 1985), HIRSCHMANN U. KEMNITZER (1988), KARG
(1993, 1994, 1996), KREISELMAIER U. KREISELMAIER (2002), MÜLLER (1982),
MÜLLER (1982), ROTHERMEL (1987), SCHÜTT (1996)

▸ **Mikroskopie von Kleinkrebsen** ALSHUTH (1987), ANDER (1988), DREWS U.
ZIEMEK (1995), FIORONI (1998), HERBST (1962), KIEFER (1973), MATTHES (1988),
MÜLLER (1976), SAUER (1995), SCHÖDEL (1985), SCHREHARDT (1986), SEIFERT
(1995), SOMMER (1996), STEINECKE (1977), STREBLE U. KRAUTER (2006), VOLLMER
(1952)

zu S. 239:
Lackabdruck S. 260
Kernechtrot-Kombination
S. 283

8.3 Schuppen, Schilde, Federn, Haare

Die Haut ist gleichsam die Verpackung der Tiere und des Menschen, aber auch Durchgangsstation für Empfindungen von außen nach innen und umgekehrt. Von dieser buchstäblich vielfältigen Fassade lassen sich auch ohne aufwändige Histologie einige interessante Facetten erarbeiten.

Bei der Aufzählung der fünf Sinne des Menschen bleibt die vielfältige sensorische Funktion der Haut oft unerwähnt oder wird vereinfachend als Tastsinn angesprochen. Dabei ist die Anzahl der Empfangsstellen recht beachtlich: Auf jeden Quadratzentimeter Haut kommen durchschnittlich 2–3 Wärmepunkte, 12 Kältepunkte, 25 Tastpunkte und 200 Schmerzpunkte neben etwa 5000 sonstigen Sinneskörperchen. Insgesamt steht in der Haut damit ein enorm dichtes Netz an sensorischen Einrichtungen zur Verfügung, die gleichsam zur Punktrasterfahndung befähigen und über alles informieren, was irgendwie hautnah erlebbar ist. Die Haut als wichtiges Stoffwechselorgan verdeutlichen auch die durchschnittlich etwa 15 Talg- und rund 100 Schweißdrüsen auf jedem Quadratzentimeter – Feingefühl auf der ganzen Fläche.

Oberflächliche Sicht Die mikroskopische Untersuchung des Schichtaufbaus der Haut mit ihren vielen Sinneskörperchen ist nur an Mikrotomschnitten möglich, wie sie als Fertigpräparate vom Lehrmittelhandel angeboten werden, denn Freihandschnitte führen nur zu höchst unbefriedigenden Ergebnissen. Allerdings bietet sich für die mikroskopische Analyse die Flächenansicht an, nachdem man einen ▸ Lackabdruck hergestellt hat. Für die Felderhaut besonders geeignet sind Abformmaterialien auf Nitrocellulose-Basis, also Kollodium-Lösung und Zaponlack. Auf jeden Quadratmillimeter Haut – im Bereich etwa des Unterarms – entfallen etwa 6 Felder. Die mittlere Hautfeldgröße bewegt sich demnach im Bereich zwischen 0,15–0,2 mm². Im Unterschied zur Leistenhaut, die als sprichwörtlicher Fingerabdruck Kriminalgeschichte geschrieben hat, ist die Felderhaut nicht unveränderlich. Das Muster der Felderung wandelt sich im Zeitraum von Monaten oder allenfalls von Jahren und kann demnach nicht zur Personenidentifizierung herangezogen werden. An besonders gut merkbaren Hautstellen, beispielsweise solchen mit kennzeichnender Sommersprossenanordnung oder einem Muttermal, kann man den zeitlichen Verlauf der Veränderungen in der individuellen Landkarte mithilfe von Lackabdrücken leicht dokumentieren.

Etagenlösung Die wohl geordnete Schichtstruktur der Haut, wie sie das käufliche, professionell hergestellte Dauerpräparat darstellt, sollte man sich nicht entgehen lassen, denn man betrachtet die eigene feinfühlige Fassade anschließend auch makroskopisch mit anderen Augen. Meist sind die entsprechenden Präparate mit einer ▸ Kombinationsfärbung behandelt, welche die herkömmliche, aber recht umständliche Azanfärbung ersetzt. Die Außenlage besteht aus der – als ▸ Lackfilm abformbaren – Epidermis (epitheliale Bedeckung) und einer meist straffen bindegewebigen Grundlage, der Lederhaut (Corium). Beide Schichten werden vom Unterhautgewebe (Subcutis) unterlagert. Die Subcutis befestigt die Haut am tieferen Gewebe, enthält die versorgenden Blutgefäße und ist von Fettgewebe durchsetzt, das bei unausgewogener Ernährung oder konstitutiv bedingt sehr dick (bis über 10 cm) sein kann.

Erkundungen an Haut und Haar

Felderhaut des Menschen. Unsere Oberhaut besteht nur aus toten Zellverbänden.

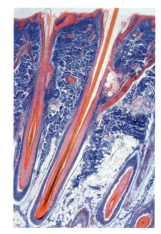

Kopfhaut des Menschen mit Haarbälgen im Schnittbild

Projekt	Haut und ihre Sonderbildungen in verschiedenen Tierklassen
Material	Fischschuppen, Vogelfedern, Säugetierhaare
Was geht ähnlich?	Vergleichbares Material beliebiger Herkunft, Fertigpräparate aus dem Lehrmittelhandel
Methode	Totalpräparate im Hellfeld oder polarisierten Licht
Beobachtung	Aufbau, Leistungsmerkmale und artspezifische Unterschiede

Bei weiblichen Personen ist sie gewöhnlich stärker entwickelt als bei Männern. Die Fettschicht dient nicht allein der Depotbildung, sondern bietet auch Schutz gegen Temperaturgradienten. Daher findet man eine ausgeprägte Fettschicht außer beim Menschen auch bei allen (übrigen) Säugetieren, die im Laufe der Evolution den größten Teil des Haarkleides verloren haben, so etwa Robben, Wale und Flusspferde.

Die durchschnittlich etwa 1 mm dicke Lederhaut besteht aus einem dichten Geflecht von Kollagenfasern. Aus tierischer Lederhaut stellt man durch Fixierung der Kollagenfasern (Gerbvorgang) den Werkstoff Leder her. Dieses Geflecht ist Träger der Elastizität der Haut.

Die Pigmentzellen in der menschlichen Haut sind nicht formveränderlich, verlagern sich aber mit der Zeit in höhere Etagen der Epidermis, weshalb die mühselig angeröstete Urlaubsbräune nach etwa einem Monat wieder verschwunden ist.

Hautpigmentierung – bis zum Schwarzwerden Bei den Wirbeltieren ist die Haut ebenso wie bei vielen Wirbellosen der Träger der Pigmentierung und damit ihres farbigen Erscheinungsbildes. Dafür sind besondere Zellen zuständig, die als Melanoblasten in die Haut einwandern und sich dort zu meist sternförmig verzweigten Melanozyten (manchmal auch Melanophoren genannt) differenzieren. Sie lagern den polymeren Farbstoff Melanin in Form zahlreicher kleiner Granula ein und können bei dichter Beladung daher nahezu schwarz erscheinen. Da diese Zellen mit feinen Hautmuskeln in Verbindung stehen und durch deren Aktion ihre Form verändern können, sind fallweise auch relativ rasche Farbwechsel möglich.

Die Melanozyten lassen sich besonders gut in der Fischhaut mikroskopieren. Besonders geeignete Objekte sind marinierte Fischfilets, beispielsweise Bismarckheringe oder Rollmöpse, bei denen die Säurebehandlung das Gewebe bereits in starkem Maße mazeriert hat. Man zieht ein Stückchen Fischhaut (zum Vergleich der Pigmentierungsdichten vorzugsweise) aus dem Übergangsbereich zwischen hellen und dunkleren Partien ab, spült sie in Wasser gründlich durch und untersucht bei mittlerer Vergrößerung. Die Melanozyten zeigen sich schon bei mittlerer Vergrößerung mit ausgestreckten Verzweigungsarmen (dispergierte Melaningranula) oder stärker zusammengezogen (aggregierte Granula).

(Matjes)Hering (*Clupea harengus*): Sternförmige Melanozyten in der Haut

Von nicht marinierten Fischen lässt sich die Haut am besten im Bereich der Kiemendeckel abziehen.

Schuppen als Hautzähne Wenn die Klassenkennzeichnung nicht schon anderweitig für die Reptilien vergeben wäre, könnte man die Fische geradezu als Schuppentiere etikettieren. Die Fischhaut trägt einen ziemlich dichten Besatz an Schuppen, der bei den einzelnen Verwandtschaftsgruppen unterschiedlich gestaltet ist. Für die mikroskopische Untersuchung bietet sich in den meisten Fällen die Flächenansicht isolierter Schuppen an, da Schnittbilder nur mit größerem technischen Aufwand herzustellen sind. Die Aufsicht-Untersuchung der verschiedenen Schuppentypen erfolgt am besten an kleinen Hautpartien von Material aus der Fischhandlung.

Die zur Klasse der Knorpelfische (*Chondrichthyes*) zusammengefassten Haie und Rochen tragen eine besondere, nur für sie typische Schuppenform, die man auch als Hautzähnchen bezeichnet. Sie tragen ihre Zähne also nicht nur im Gesicht, wie BERTOLT BRECHT in der Dreigroschenoper zutreffend feststellt. Man isoliert sie, indem man ein Hautstückchen aus der Fischhandlung etwa 24 h lang in einer 7%igen Natriumhypochlorit-Lösung mazeriert. Auch Versuche mit ähnlich zusammengesetzten Sanitärreinigern sind aussichtsreich.

Die Hautzähne der Haie, auf die die Schmirgelpapiereigenschaften ihrer Haut zurückgeht, sind die nach einem einheitlichen Bauplan, aber dennoch artspezifisch unterschiedlich geformten Placoidschuppen. Sie bestehen aus einer knöchernen Basalplatte, die sich über einen Hals- oder Kragenabschnitt in einen aus Dentin (Zahnschmelz) aufgebauten Zahn verjüngt. Dessen Spitze weist wie die gefürchtete Rückenflosse immer zum Körperende. Die Basalplatte ist über kräftige Bindegewebsanteile (Sharpeysche Fasern) in der Unterhaut verankert. Nur die Zahnkrone durchbricht die Epidermis. Die Placoidschuppen der Rochen sind nicht in Zahnhals und Zahnkrone untergliedert – die Basalplatte verjüngt sich gleich in eine Dentinspitze. Die Hautbezahnung geht direkt in die Kieferbezahnung über.

Kleidsame Fischschuppen Die Schuppen der Knochenfische (*Osteichthyes*) sind einfach zu präparieren. Man entnimmt sie der Fischhaut mit Skalpell und Pinzette, reibt die Epidermisreste zwischen Daumen und Zeigefinger ab und unersucht in Wasser. Getrocknete Fischschuppen kann man für Vergleichs- oder Demonstrationszwecke auch in ein geglastes Diarähmchen einspannen und projizieren. Eine gesonderte Einfärbung ist entbehrlich. Für die mikroskopische Untersuchung empfiehlt sich polarisiertes Licht.

Großgefleckter Katzenhai (*Scyliorhinus stellaris*): Schuppenzähne vom Placoid-Typ

Zwei Grundformen lassen sich bei den Knochenfischschuppen unterscheiden: Die glattrandigen Rundschuppen (Cycloidschuppen) sind typisch für Fische aus den Ordnungen Karpfen- und Heringsartige. Die Kammschuppen (Ctenoidschuppen) sind in der hinteren Hälfte mehrreihig gezinkt und sind unter den Süßwasserfischen nur bei den Barschartigen verbreitet.

Die Knochenfischschuppen sind gewöhnlich zweischichtig und bestehen aus blättrig strukturierter knöcherner Substanz (Osteinschicht), die von einer durchsichtigen Deckschicht überlagert wird. Am lebenden Tier sind die Schuppen von mehreren übereinander liegenden Epidermiszellen überdeckt, in denen auch Schleimzellen sowie die Melanin führenden Melanozyten eingebettet sind. Die meisten Fische haben eine artspezifische Schuppenform, so dass man diese zur Artbestimmung heranziehen kann.

Links: Kammschuppen des Zanders (*Stizostedion lucioperca*). Rechts: Rundschuppe mit Zuwachsstreifen der Sardelle (*Engraulis encrasiscolus*)

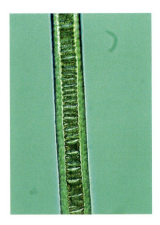

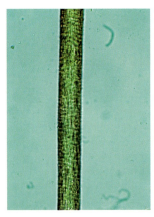

**Links: Deckhaar vom Fuchs
(*Vulpes vulpes*). Rechts: Kopf-
haar des Menschen (*Homo
sapiens*)**

Als doppelbrechende Strukturen
sind Haare außerordentlich
dankbare Objekte für die
Polarisationsmikroskopie.

Lackabdruck S. 260

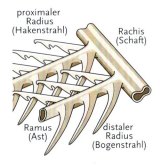

Strukturebenen einer Vogelfeder

Die auf vielen Gemälden dargestellten Engel müssten nach
zoologischen Kategorien
eigentlich Arthropoden sein.

In die Haare geraten Unter den Wirbeltieren
besitzen nur die Säugetiere die Fell aufbauenden Haare und könnten deswegen auch als
Haartiere bezeichnet werden. Für die mikroskopische Untersuchung empfiehlt sich jeweils
eine vergleichende Betrachtung in Luft und in
einem Einschlussmedium (Glycerin, Paraffin-
oder Immersionsöl).

Generell ist ein Säugetier- oder Menschenhaar also ein aus mehreren konzentrischen
Zellschichten hervorgegangener Hornfaden
und in Längsrichtung gegliedert in die schräg
in der Unterhaut (Subcutis) steckenden Haar-
wurzel und den die Epidermis überragenden
Haarschaft mit den drei Zellschichten Cuticula (Epidermis), Haarrinde und
Haarmark (Matrix). Die feinen, sich gegenseitig deckenden Schüppchen der
Cuticula zeigen in Zellform und Zellanordnung ein artspezifisches Muster.

Im Haarstück, das als Luftpräparat betrachtet wird, zeigt sich am ehesten
das feine dachziegelartige Muster der Hornschuppen. An frisch gewaschenen
Haaren sind sie am besten erkennbar. Anhand dieses Schuppenmusters lässt
sich Wolle als tierische Faser in Textilien klar von pflanzlichen Fasern (beispielsweise den etwas verdrillten, aber glatten Samenhaaren der Baumwolle)
oder von synthetischem Material unterscheiden. Auch Seidenfäden zeigen
ein abweichendes Aussehen (vgl. S. 38).

Die Haarrinde besteht überwiegend aus fibrillären Zellen, die dem Haar
seine Reißfestigkeit verleihen, und ist Träger der Haarpigmente. Zellgrenzen
sind nicht mehr erkennbar — allenfalls die feinen, strichförmigen Hohlräume,
in denen sich einmal Zellkerne befanden. Die großen Markzellen des Zentral-
strangs liegen geldrollenartig hintereinander und sind im Alter beim Ergrauen
der Haare zunehmend mit Gasblasen angefüllt.

Wolle in Textilien ist oft stark eingefärbt und lässt dann keine oder nur ungenügend klare Oberflächenstrukturen der einzelnen Haare erkennen. In solchen Fällen kann man zur genaueren Untersuchung auch von Haaren Filmabdrucke herstellen. Die bewährten ▸ Verfahren werden dazu folgendermaßen
abgewandelt: Man verstreicht auf einem sauberen Objektträger mit einem
Deckglas einen Tropfen UHU-Alleskleber. Nach kurzem Antrocknen (ca. 20 sec)
legt man 10–20 Wollfasern (Haare) auf den Klebstofffilm, bedeckt sie mit
einem zweiten Objektträger und drückt sie fest in die Einbettungsmasse ein.
Nach etwa 5 min entfernt man den oben liegenden Objektträger, zieht mit
einer Pinzette die Haare aus dem erstarrten Einbettungsmedium und kann
die Oberflächenabdrucke ohne Deckglas im Hellfeld oder im Phasenkontrast
direkt durchmustern.

Federlesen Insekten waren in der Geschichte des Lebens auf der Erde die
ersten Tiere, die aktiv fliegen konnten. Schon in Gesteinsablagerungen aus
der Steinkohlenzeit (Karbon) vor mehr als 250 Millionen Jahren findet man
größere Insekten mit ausgebildeten Flügeln. Als Flugorgan verwenden diese
Gliederfüßer häutige Anhänge auf der Rückenseite des mittleren und hinteren
Brustsegments. Die Vögel als erfolgreich fliegende Wirbeltiere verwenden
nämlich zum Fliegen ihre umgestaltete Vorderextremität.

Während die Flügelfläche der lange vor den Vögeln existierenden Flug-
saurier aus lebendem Gewebe aufgebaut war und deshalb bei Verletzungen

zumindest zeitweilig unbrauchbar wurde, verwenden die Vogelflügel eine stabile Tragfläche aus einzelnen Federn. Diese sehr leichten Gebilde, die sich entwicklungsgeschichtlich aus den Schuppen der Reptilien ableiten lassen, bestehen nur aus toten, verhornten Zellen, die nicht einzeln repariert werden können. Sie werden daher nach Abnutzung als Ganzes durch die regelmäßige Mauser ersetzt.

In der Befiederung eines Vogel unterscheidet man mehrere Federtypen. Eine typische Konturfeder weist eine feste Längsachse (im unteren verdickten Teil Federkiel, im oberen schlankeren Federschaft genannt) und die davon ausgehende, meist etwas unsymmetrische Federfahne auf. Der untere Teil des Kiels steckt in der Vogelhaut. Dunenfedern zeichnen sich durch eine weithin schlaffe Achse und eine weiche Fahne mit unregelmäßigem Umriss aus. Sie sitzen in dichter Packung unter den Konturfedern und dienen dem Schutz vor Kälte.

Kohlmeise (*Parus major*): Von der Dunen- zur Konturfeder

Eichelhäher (*Garrulus glandarius*): Das intensive Blau des Flügelspiegels ist eine Strukturfarbe.

Haustaube (*Columba livia f. domestica*): Ausschnitt aus einer Konturfeder im polarisierten Licht

Häkchen sorgen für festen Halt zwischen Ästen und Strahlen.

Das mikroskopische Bild zeigt den einzigartigen Aufbau der Federn, wozu man einfach ein Stück Konturfeder von Taube, Wellensittich oder einem anderen Fundstück in Ethanol oder Wasser mit Netzmittelzusatz (zur Vermeidung störender Luftblaseneinschlüsse) untersucht. Die feste Federfahne, die arttypisch gefärbt sein kann, setzt sich aus den rechts und links abgehenden Federästen zusammen. Von diesen zweigen wiederum zwei Reihen Federstrahlen ab. Zur Federspitze gerichtet sind die Hakenstrahlen, die feine Häkchen tragen, nach hinten weisen die meist hakenlosen Bogenstrahlen. Diese sind jedoch an der Oberseite krempenartig umgeschlagen, und in diese Vertiefung rasten die Häkchen der Hakenstrahlen ein. Erst durch diese vielfache Verhakung entsteht die glatte Fahnenfläche einer Konturfeder. Bei den weichen Dunenfedern sind die Federstrahlen nicht verhakt. In Überlappungsbereichen am Flügel tragen auch die Bogenstrahlen kleine Häkchen. So können sie sich mit benachbarten Federn zu einer geschlossenen und belastungsfähigen Tragfläche verbinden. Beim Gefiederputzen ziehen viele Vögel ihre Konturfedern durch den Schnabel und stellen dabei die Grundordnung wieder her.

Zum Weiterlesen HAGENMEIER (1987), KÜHNEL (1999), LIEBICH (1999), POHL (2001), SCHREHARDT (1987), SOBOTTA u. HAMMERSEN (2001), STORCH u. WELSCH (1997), WEHNER u. GEHRING (1995)

8.4 Blutzellen und Blutgruppen

„Blut ist ein ganz besonderer Saft" – sagt Mephisto zu Faust. Was sich im mikroskopischen Bild zunächst nur als chaotische Suspension von Einzellern darstellt, ist in Wirklichkeit ein hoch entwickeltes flüssiges Gewebe mit zahlreichen vitalen Aufgaben.

Bis aufs Blut

Eigenschaften und Aufgaben des Blutes sind ein grundlegendes Thema der Humanbiologie und daher unverzichtbarer Bestandteil auch von mikroskopischen Untersuchungen. Die Cytologie des Blutes steht dabei zunächst im Vordergrund. Zum Selbststudium stellt man sich einen Ausstrich des eigenen Blutes her oder verwendet Fertigpräparate. Vielfach besteht auch die Möglichkeit, anonyme Ausstrichpräparate aus Kliniken zu erhalten, in denen cytologische Untersuchungen zur täglichen Routine gehören.

Blutentnahme aus der seitlichen Fingerbeere

Stichprobe zur Blutgewinnung Sofern nicht eine zufällige kleine Verletzung vorliegt, gewinnt man eine winzige Ausgangsprobe durch Anstechen der Fingerkuppe. Dabei ist unbedingt nach folgenden Arbeitsschritten vorzugehen: Nachdem 1–2 ▸ entfettete und extrem saubere Objektträger bereitliegen, reinigt man eine Fingerkuppe – bei Rechtshändern üblicherweise die des linken Ringfingers – gründlich durch Abreiben mit 96 %igem Ethanol. Der reibende Reinigungsvorgang erzeugt in der Fingerbeere einen kleinen Blutstau (Hyperämie), erkennbar an der leichten Rötung. Nun sticht man mit einer sterilen, frisch ausgepackten Blutlanzette (Haemostilett) aus der Apotheke seitlich (!) etwa in den Übergangsbereich zwischen Felder- und Leistenhaut. Hier ist die Nervenversorgung weniger dicht, so dass der Einstich kaum schmerzhaft wahrgenommen wird. Den ersten austretenden Bluttropfen verwirft man oder gibt ihn für andere Untersuchungen auf einen Objektträger, den zweiten streift man am Ende eines fettfreien Objektträgers ab. Mit einem zweiten Objektträger fertigt man nun einen ▸ Ausstrich an. Dabei ist es wichtig, den zweiten, schräg gehaltenen Objektträger gleichmäßig schnell über den liegenden ersten zu ziehen und den Bluttropfen gleichsam ins Schlepptau zu nehmen. Der fertige Ausstrich sollte gelblich aussehen. Man lässt ihn bis zur Weiterverarbeitung an der Luft etwa 30 min lang trocknen. Erscheint er rötlich, ist er zu dick und muss dann mit neuem Gerät wiederholt werden.

Den lufttrockenen Ausstrich färbt man nach ▸ PAPPENHEIM.

Entfetten von Objektträgern
S. 254
Herstellung eines Ausstrichs
S. 260
Färbung nach Pappenheim
S. 283

Blaublütig – technisch bedingt Hauptanteil des Blutes sind die roten Blutkörperchen (Erythrozyten), denen die wichtige Aufgabe zufällt, mit ihrem roten Farbstoff Hämoglobin den Sauerstoff zu binden und an die inneren Gewebe abzugeben. In der nicht ausgestrichenen Bluttropfenprobe lagern sie sich geldrollenartig zusammen (Hämoglobinnachweis s. S. 33).

Nach der Pappenheimfärbung des Blutausstrichs erscheinen auch die nur in der Masse kräftig roten, sonst eher gelblichen Blutkörperchen betont bläulich – der gefärbte Ausstrich macht jeden Probanden gleichsam blaublütig. Der normale Erythrozyt, auch Normozyt genannt, misst etwa 7,7 µm Durchmesser, ist an den Rändern 1,8–2,4 µm und in der Mitte 1–1,5 µm dick. Wegen dieser besonderen Geometrie erscheint der Rand der Scheibchen im frischen wie im gefärbten Blut immer etwas dunkler. Sofern die Erythrozyten bei der Färbung osmotisch zu stark geschockt wurden, bilden sich zahnradartige

Projekt	Zellige Bestandteile des Wirbeltierblutes
Material	Eigenblutprobe
Was geht ähnlich?	Blutproben von Schlachttieren, Fertigpräparate aus dem Lehrmittelhandel oder aus der klinischen Routine
Methode	Untersuchung der einzelnen Zelltypen im Hellfeld, Übersichtsfärbungen nach MAY-GRÜNWALD/ GIEMSA bzw. PAPPENHEIM
Beobachtung	Zelltypen, Gerinnungsreaktion

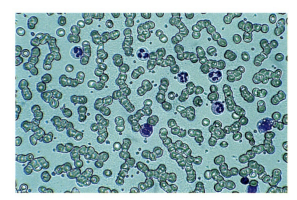
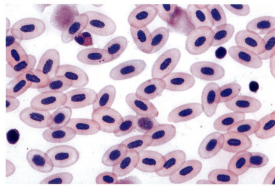

Gestalten aus, die man auch als Stechapfelform bezeichnet. Die Anzahl der roten Blutkörperchen beträgt zwischen $4,5 \times 10^6$ /µl (weibliche Personen) und etwa $5,0 \times 10^6$ /µl (männliche Personen). Da das Blutvolumen (in l) etwa 1/13 des Körpergewichtes (in kg) ausmacht, lässt sich leicht ausrechnen, dass die gesamte für den Sauerstoffaustausch verfügbare Erythrozytenoberfläche eines Erwachsenen bei über 3000 m² (= 0,3 ha) liegt.

Die roten Blutkörperchen enthalten bei den Säugetieren keine Zellkerne und auch keine Zellorganellen mehr. Bei allen anderen Wirbeltieren sind sie dagegen kernhaltig. An Fisch- oder Vogelblut, das beim Auftauen tiefgefrorener Filet- oder Fleischportionen anfällt, lässt sich das leicht nachprüfen. Streng genommen sind die Säugetier-Erythrozyten also keine kompletten Zellen mehr. Insofern ist ihre begriffliche Kennzeichnung als Blutkörperchen zutreffend. Sie bleiben etwa 120 Tage funktionstüchtig und werden über Milz und Leber abgebaut – täglich knapp 1 % des Gesamtbestandes.

Weiße Blutzellen Die von Natur aus weißen Leukozyten sind im Unterschied zu den Erythrozyten kernhaltige Elemente und daher auch bei den Säugetieren echte Zellen. Sie führen kein Hämoglobin und heben sich daher von den roten Blutzellen als farblose Gestalten ab. Ihre Anzahl liegt bei 5000–8000 in 1 µl (mm³) Blutflüssigkeit. Im ungefärbten Blutausstrich sind sie kaum zu erkennen. Sie sind besser auffindbar, wenn man auf einen trockenen Ausstrich einen Tropfen Speiseessig gibt, der die Erythrozyten zerstört und die weißen Blutzellen umso besser hervortreten lässt.

Die weitere Einteilung und Unterscheidung der Leukozyten erfolgt auf der Basis ihrer färberischen

Links: Mensch (*Homo sapiens*): In dickeren Blutausstrichen lagern sich die Erythrozyten geldrollenartig zusammen. Rechts: Grasfrosch (*Rana temporaria*), kernhaltige Erythrozyten

Mensch (*Homo sapiens*): Die verschiedenen Typen weißer Blutzellen sind nur nach spezieller Anfärbung zu unterscheiden. Links unten Lymphozyt, rechts oben basophiler, rechts unten segmentkerniger Granulozyt

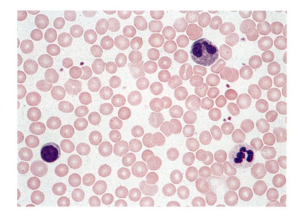

Darstellung, wobei das Aussehen ihrer nach der Pappenheimfärbung kontrastreich violettblauen Zellkerne und die Färbbarkeit ihres Plasmas sowie ihrer Zelleinschlüsse im Vordergrund stehen.

Etwa 75 % der Leukozyten sind Granulozyten, die sich durch einen sehr
unregelmäßig gestalteten Zellkern auszeichnen. Mit rund 8,5 µm Durchmesser sind sie deutlich größer als Erythrozyten. Im funktionierenden Blut können
sie sich amöbenartig fortbewegen und sind auch in der Lage, nach Art der
Amöben Bakterien durch Phagozytose aufzunehmen. Stabkernig nennt man
die Granulozyten, wenn ihr Zellkern nicht zerklüftet ist, segmentkernig, wenn
zumindest eine fadendünne Unterbrechung vorliegt. Die Segmentkernigen
weiblicher Personen tragen meist ein kleines Anhängsel von Trommelschlägel-
gestalt – dieses auch „drum stick" genannte Gebilde ist ein X-Chromosom,
das im Interphasekern ausnahmsweise nicht aufgelöst wird (vgl. S. 84).

Stab- und Segmentkernige bezeichnet man auch als neutrophile Granulozyten. Diesen stehen die Eosinophilen und die Basophilen gegenüber. Bei
eosinophilen (azidophilen) Granulozyten färben sich im Cytoplasma enthal-
tene Granula selektiv leicht rötlich an. Ihr enzymatischer Inhalt ist für den
Abbau der phagozytierten Partikel bedeutsam. Normalerweise sind sie mit
2 – 4 % an den weißen Blutzellen beteiligt. Bei allergischen Reaktionen ist ihr
Anteil stark erhöht. Die Basophilen weisen nach Färbung ein tiefblaues, grob
gekörntes Cytoplasma auf. Auch sie sind bei Allergien gegenüber dem Normal-
wert (ca. 1 %) deutlich erhöht.

Granulozyten und Erythrozyten entstehen im Knochenmark der Röhrenknochen und werden erst von dort in die Blutbahn entlassen. Die übrigen weißen Blutzellen haben ihren Ursprung dagegen in den lymphatischen Organen.
Dazu gehören die mit ungefähr 30 % an der Gesamtzahl der weißen Blutzellen beteiligten Lymphozyten, die ungefähr so groß sind wie Erythrozyten und
durch ihren runden Zellkern auffallen. Bei den Kleinen Lymphozyten füllt er
fast die gesamte Zelle aus, bei den Großen lässt er einen halbmondförmigen
Cytoplasmasaum erkennen. Lymphozyten sind wichtige Bestandteile der
Immunabwehr des Körpers und lassen sich biochemisch weiter unterteilen.
Die mit Durchmessern bis 20 µm größten Blutzellen sind die Monozyten,
deren Plasma sich meist graubläulich zeigt. Sie können das Blutgefäßsystem
aktiv verlassen und – jetzt Makrophagen genannt – auch im Gewebe der
Körperorgane als Abwehreinrichtung aktiv sein.

Eine letzte Gruppe von partikulären Bestandteilen des Blutes sind die
Thrombozyten oder Blutplättchen (ca. 200 000 je µl). Sie stellen jedoch keine
vollständigen Zellen, sondern lediglich Zelltrümmer dar, denen allerdings
wichtige Aufgaben bei der Blutgerinnung zufallen.

Blutgruppen und Immunabwehr Das Immunsystem ist eine der schlag-
kräftigsten Abwehrwaffen des Organismus gegen Fremdstoffe, die im Körper
gegebenenfalls verheerende Wirkungen anrichten. Es setzt eine komplexe
Reihe hoch differenzierter biochemischer Reaktionen ein, und so verwundert
es nicht, dass es im Laufe der Evolution erst relativ spät, nämlich bei den Wirbeltieren, entwickelt wurde. Körperfremde Risikosubstanzen sind beispielsweise ein- oder mehrzellige Lebewesen und deren Stoffwechselprodukte. Auf
solche Stoffe oder selbst auf einfachere chemische Gruppierungen – sofern
sie nur an ausreichend hochmolekulare Trägermoleküle gebunden sind –
spricht das Immunsystem unmittelbar an. Die auslösenden Moleküle oder
Molekülgruppierungen nennt man zusammenfassend (determinante) Antigene. Ihre determinanten Gruppen setzen im Körper die Bildung spezieller

Antikörper in Gang, die zu den antigen wirkenden Materialien wie Schloss und Schlüssel passen.

Auf diesem Reaktionsmuster beruht auch die Unverträglichkeit von Blut bestimmter Gruppenzugehörigkeit. Die beiden Reaktionspartner, Antigen und Antikörper, sind dabei auf verschiedene Blutbestandteile verteilt. Besondere Oberflächeneigenschaften der Erythrozyten wirken als Antigene, die mit den spezifischen, makromolekularen Antikörpern im Serum einer anderen Blutgruppe eine Bindung eingehen und dabei verklumpen (agglutinieren). Im Unterschied zum oben skizzierten Modellablauf einer Immunreaktion werden die gegen Merkmale der Erythrozytenoberfläche gerichteten Antikörper des Serums allerdings nicht erst eigens gebildet, wenn ein solcher Kontakt eintritt – sie sind ausnahmsweise bereits von Geburt an (bzw. kurz darauf) im Blutserum vorhanden. Demnach konstituiert sich eine Blutgruppe aus Eigenschaften der roten Blutzellen und solchen des Blutserums.

Um die vier klassischen, erstmals von dem österreichischen Arzt KARL LANDSTEINER (1868–1943) unterschiedenen Blutgruppen A, B, AB und O zu erhalten, benötigt man nur zwei unterscheidende chemische Eigenschaften der Erythrozytenoberfläche.

Blutgruppenbestimmung Die ausgesprochene Reaktionsspezifität z. B. zwischen Blutzellen vom Typ A und körperfremdem, gegen A gerichtetem Serum (mit Anti-A-Agglutinin) wird in der Blutgruppendiagnostik praktisch eingesetzt. Zur Blutgruppenbestimmung stehen prinzipiell zwei Möglichkeiten zur Verfügung: Einerseits kann mit Testseren bekannter Agglutinin-Eigenschaft (Anti-A, Anti-B, Anti-A+B) die Gruppenzugehörigkeit von Erythrozyten unbekannten Typs ermittelt werden. Zum anderen stehen auch standardisierte Blutzellen A, B, AB und O zur Verfügung, mit deren Hilfe sich die jeweiligen Serumeigenschaften der Testperson ermitteln lassen.

Für die Demonstration des Reaktionsprinzips empfiehlt sich folgendes Vorgehen: Eine zuvor gründlich mit Ethanol (70–96 %ig) gereinigte Fingerbeere wird mit einer sterilen Blutlanzette seitlich angestochen. Den austretenden Blutstropfen nimmt man mit einer Glaskapillare ab und versetzt ihn mit isotonischer („physiologischer") Kochsalzlösung (0,9 %ig), so dass sich eine 20–40 %ige Erythrozytensuspension ergibt. Davon bringt man nebeneinander drei kleine Tropfen auf einen Objektträger und vermischt – jeweils mit einer sauberen Kapillare – mit je einem Tropfen Testserum Anti-A, Anti-B oder Anti-A + B. Die erforderlichen Testseren der Behring-Werke/Marburg können über jede Apotheke bezogen werden. Alternativ kann man auch die im Fachhandel (Apotheken) erhältlichen Eldon-Karten verwenden, auf denen die Antiseren aufgetropft und eingetrocknet wurden.

Siehe auch www.eldoncart.com

Das Testergebnis kann nach etwa 2 min im Mikroskop schon bei geringer Vergrößerung abgelesen werden. Entweder bleibt die Erythrocyten-Serum-Mischung homogen und unverändert (Test negativ), oder es bilden sich recht bald grobflockige Zusammenballungen von roten Blutzellen, die sich von der unveränderten Probe deutlich unterscheiden. In diesem Fall ist das Testergebnis positiv, da zwischen den zusammenpipettierten Reaktionspartnern (Erythrozytensuspension und Testserum) eine Agglutination stattgefunden hat. Die mikroskopische Kontrolle bei stärkerer Vergrößerung zeigt, dass die roten Blutzellen tatsächlich in großen Klumpen miteinander verbunden sind.

Zum Weiterlesen ECKERT (2000), HAUCK u. QUICK (1986), HECKNER u. FREUND (2001), LÖFFLER u. RASTETTER (2000), PENZLIN (1991), STREBLE u. BÄUERLE (2007)

8.5 Quergestreifte Muskulatur

Die Muskelkontraktion ist die Grundlage aller tierischen Bewegungsabläufe. Ihre strukturellen Grundlagen sind daher eine der wichtigsten und interessantesten Fragen der tierischen Funktionsmorphologie. Die dafür zuständige quergestreifte Muskulatur lässt sich sehr einfach präparieren und im mikroskopischen Bild erkunden.

Hierarchie vom Organ bis zum Molekül

Besonders eindrucksvolle Ergebnisse liefert eine Präparation der Flug- oder Beinmuskulatur größerer Insekten. Von solchen Objekten stammt die Mehrzahl der elektronenmikroskopischen Aufnahmen in Schul- und Lehrbüchern. Nicht weniger aufschlussreich sind jedoch die mit denkbar wenig Aufwand durchzuführenden Zupf- und Quetschpräparate von Schlachttierfleisch aus der Metzgerei oder aus dem Fischgeschäft, zumal das Zerlegen von frisch getöteten Wirbeltieren wie Frosch oder Maus im Schulunterricht aus mancherlei Gründen nicht zulässig oder durchführbar ist.

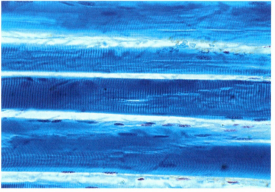

Hausschwein (*Sus scrofa f. domestica*): Muskelfasern mit Querstreifung

Methylenblau S. 270

Alternativ eignet sich auch eine Färbung in Hämatoxylin nach DELAFIELD (S. 275), die einige Minuten benötigt.

Muskelfasern – auf die Spitze getrieben Aus einem fingernagelgroßen Stück rohem Schinken aus einer Scheibe, einem Würfel oder einer vergleichbar kleinen Portion Steakfleisch entnimmt man mit einer sehr spitzen, feinen Pinzette etwas gefasertes Material. Meist genügt auch schon das Abkratzen mit einer Präpariernadel in Faserrichtung der Probe. Die an der Spitze hängenden Kleinstportionen überträgt man in 0,9%ige Kochsalz-Lösung (Ringer-Lösung) oder gewöhnliches Leitungswasser auf einen sauberen Objektträger, wo man sie weiter zerlegt. Diese mechanische Zerkleinerung bereitet gewöhnlich keine Probleme. Sobald die Probe genügend aufgefasert ist, überschichtet man sie mit einem Tropfen stark verdünnter (ca. 3:1) Methylenblau-Lösung, die allenfalls kräftig himmelblau sein sollte. Diese Färbung führt fast augenblicklich zu auswertbaren Ergebnissen.

Nach dem Auflegen eines Deckglases übt man mit der Halterung der Präpariernadel oder der Bleistiftrückseite ein wenig zunächst sanften, dann etwas kräftigeren Druck aus und quetscht dabei – ähnlich wie bei der Präparation von Wurzelspitzen – die Gewebeprobe vorsichtig flach. Die einzelnen Muskelfasern weichen dabei optimal auseinander und breiten sich günstigenfalls in einschichtiger Lage nebeneinander aus. Außerdem werden sie auch etwas abgeflacht und sind dadurch für die mikroskopische Beobachtung besonders gut zugänglich. Nachträgliches Anfärben des Präparates ist wegen des meist nicht unbeträchtlichen Fettgehaltes der Probe sehr erschwert – beim Durchziehen wird das Färbereagenz die Objektregion meist umfließen.

Bauprinzip Kabelstrang Die Betrachtung des Quetschpräparates bei schwacher bis mittlerer Vergrößerung gibt einen guten Überblick über die Strukturelemente eines gewöhnlichen Skelettmuskels. Deutlich sind die einzelnen voneinander getrennten Muskelfasern, die mikroskopischen Baueinheiten des Muskels, als einzelne, voneinander isolierte Kabelstränge zu erkennen. Jede einzelne Muskelfaser wird von einem zarten Bindegewebe

Projekt	Aufbau und Funktion der quergestreiften Skelett-muskulatur
Material	Roher Schinken bzw. rohes Fleisch von Schlacht-tieren (Hühnchen, Rind, Schwein, Shrimps)
Was geht ähnlich?	Roher oder marinierter Fisch, Fertigpräparate aus dem Lehrmittelhandel
Methode	Zupf- und Quetschpräparat von Muskelfasern, Übersichtsfärbung in Methylenblau oder Häma-toxylin nach DELAFIELD
Beobachtung	Musterbildung in den Muskelfasern

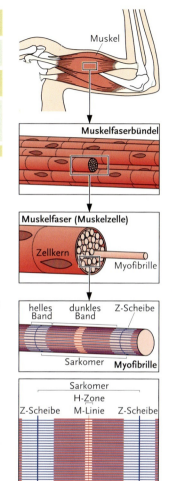

Quergestreifte Muskulatur: Systemhierarchie

(Endomysium) umgeben, von dem nach dieser Präparation jedoch kaum genauer differenzierbare, anhaftende Reste verbleiben. Mehrere Muskelfasern bilden im funktionstüchtigen Skelettmuskel ein Faserbündel (Fasciculus). Es wird auch als Primärbündel bezeichnet und gilt als übergeordnete Funktionseinheit des Muskels. Auch hier gibt es eine bindegewebige Umhüllung, welche die Verschiebbarkeit der einzelnen Faserbündel gegeneinander sicherstellt. Mehrere Primärbündel lassen sich wiederum zu komplexeren Gruppen (= Sekundärbündel) zusammenfassen, die ihrerseits wiederum von kräftigerem Bindegewebe (Perimysium) umgeben werden. Mit dieser Umhüllung tritt auch Nerven und Blutgefäße führendes Gewebe an den Muskel heran und in ihn hinein.

Streifung quer und längs Bei stärkerer Vergrößerung, und eventuell deutlicher beim Beobachten im Phasenkontrast, zeigt sich innerhalb der einzelnen, meist parallel liegenden und immer unverzweigten Muskelfasern eine deutliche Streifung. Die Längsstreifung geht auf die einzelnen Myofibrillen zurück, die innerhalb der Muskelfasern wiederum kabelstrangartig angeordnet sind. Sie sind gewöhnlich nur dann zu sehen, wenn die Faserbündel gut getrennt und die Einzelfasern beim Quetschvorgang auch ein wenig abgeflacht wurden. Viel auffälliger sind jedoch die hellen und dunkleren Querstreifen, die sich periodisch abwechseln und meist geradlinig quer durch die gesamte Muskelfaser ziehen. Mitunter scheint die Querstreifung die Fasern auch schräg und nicht exakt senkrecht zur Längsrichtung zu verlaufen.

Die auffällige Querstreifung entsteht durch die besondere Feinstruktur der Myofibrillen – sie sind demnach die eigentlichen Träger dieser eigenartigen Musterbildung. Zwei verschiedene Filamenttypen sind zu unterscheiden: Jede Streifenperiode weist einerseits einen Bereich auf, in dem nur die vergleichsweise dicken Myosin-Filamente enthalten sind. Sie werden an ihrer jeweiligen

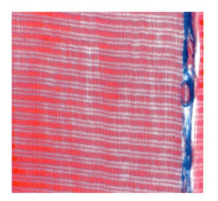

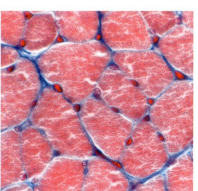

Links: In der Querstreifung der Muskelfasern bildet sich die molekulare Ordnung bis auf die lichtmikroskopische Ebene ab. Rechts: Muskelquerschnitt mit Gruppen von Muskelfasern und Bindegewebe

Die durch den periodischen Wechsel der I- und A-Banden festgelegten Streifen kehren in gleichbleibendem Muster immer wieder. Eine Periode umfasst die Folge Z-I-A-H-M-H-A-I-Z und wird Sarkomer genannt. Man kann im Quetschpräparat leicht nachmessen, dass rund 500 Sarkomeren auf einen Millimeter Muskelfaserlänge gehen – jede Wiederholungsstruktur misst daher etwa 2 µm Länge.

Basis durch ein Protein stabilisiert, das als so genannte M-Linie (M-Streifen) in Erscheinung tritt. Im Lichtmikroskop ist sie gewöhnlich nicht mehr aufzulösen. Diese Zone erscheint bei Beobachtung im polarisierten Licht ziemlich dunkel und ist doppelbrechend (= anisotrop). Sie wird daher auch als A-Bande oder A-Scheibe bezeichnet. Außerhalb der A-Bande schließt sich beidseitig eine optisch weniger aktive, daher meist hell erscheinende und einfach brechende (= isotrope) I-Bande an. In ihr finden sich nur die recht dünnen Aktin-Filamente, der zweite Typ Myofilament. Alle Aktin-Filamente setzen an einer gemeinsamen Basislinie, dem Z-Streifen, an und schieben sich noch etwas in den Bereich der A-Bande hinein, so dass eine kleine Überlappungszone entsteht. Diejenigen Teile der A-Bande, die von der Überlappung mit den Filamenten der I-Bande nicht erfasst werden, bilden die Hensensche Zone, kurz auch H-Zone genannt.

Bei der Muskelkontraktion verändern die einzelnen Myofilamente – obwohl sie immer als kontraktile Strukturbestandteile bezeichnet werden – ihre Absolutlänge nicht, sondern schieben sich lediglich stärker ineinander. Dabei verschwindet die H-Zone fast völlig. Aus der Summe dieser Verschiebungsvorgänge ergibt sich die Verkürzung des kontrahierten Muskels.

Ein hervorragendes Untersuchungsmaterial sind auch Shrimps, Scampi oder anderes Krebsfleisch.

Zellen im Zusammenschluss Die genauere Beobachtung des komplexen Aufbaus des gewöhnlichen Skelettmuskelgewebes und seiner strengen Ordnungshierarchie führt zwangsläufig auf die Frage nach den Zellgrenzen in diesem System. Zellgrenzen oder -areale sind nicht erkennbar. Die Anfärbung mit Methylenblau-Lösung gibt jedoch einen wichtigen Hinweis: Bei Betrachtung mit mittlerer Vergrößerung zeigen sich die beteiligten Zellkerne als länglichelliptische Gebilde. Sie sitzen oberflächennah in ziemlich exakten Längsreihen unmittelbar unter der Plasmahaut (Sarkolemm) der einzelnen Muskelfasern. Jede Muskelfaser enthält zahlreiche (bis einige hundert) Zellkerne – etwa 10 bis 20 Kerne entfallen auf 1 mm Länge. Die einzelne Muskelfaser erweist sich somit als vielkerniges System, das bereits während der Embryonalentwicklung durch die Verschmelzung mehrerer bis zahlreicher Zellen entstand. Jede Faser verkörpert daher eine Art Fusionsplasmodium oder Syncytium.

Methylenblau S. 270

Fett- und Bindegewebe Schnitte durch tierisches Gewebe sind technisch und in der Ausdeutung zumeist wesentlich schwieriger als Schnittpräparate durch pflanzliches Material. Eine bemerkenswerte Ausnahme, die zudem einen genaueren Einblick in die Lagebeziehungen der beteiligten Zellen bietet, ist das Fett- und Bindegewebe, das die quergestreifte Skelettmuskulatur in dünnen Häutchen umgibt. Zur Präparation nimmt man ein möglichst frisches Kalbs- oder Schweineschnitzel und hebt mit Präpariernadel bzw. Pinzette ein dünnes Häutchen des umgebenden durchsichtigen Bindegewebes mit anhängendem Fettgewebe ab. Dann schiebt man einen aus einer Flaschenkorkscheibe geschnittenen Ring darunter, spannt das Häutchen darauf mit Stecknadeln fest und trennt nun mit einem Skalpell vom übrigen Schnitzel ab. Das aufgespannte Gewebehäutchen überträgt man ohne Luftblasen in 5 %iges Formalin und fixiert darin über Nacht. Durch Beschweren der Nadeln unterdrückt man den Auftrieb des Korkscheibchens in der Flüssigkeit. Nach dem Fixieren wird mit

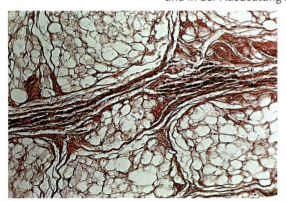

Hausschwein (*Sus scrofa f. domestica*): Bindegewebe mit inselartig eingelagerten Fettzellen

Leitungswasser und dann mit 70%igem Ethanol gespült. Die Fettfärbung erfolgt in ▸ Sudan-Lösungen, die Kernfärbung in ▸ Hämalaun. Eine etwaige Weiterverarbeitung zum Dauerpräparat kann nur durch ▸ Einschließen in ein wasserlösliches Medium erfolgen, da die nötige Entwässerung die Fettfärbung zunichte machen würde.

Sudan-Lösungen S. 276
Hämalaun S. 274f.
Einschluss S. 267

Schon bei mittlerer Vergrößerung zeigen sich die zahlreichen, wie Fliesen angeordneten Fettzellen. Auffällig ist die reichliche Blutgefäßversorgung – sie garantiert im Bedarfsfall einen raschen Abtransport des mobilisierten Depotfettes.

Glatte Muskulatur Die quergestreifte Skelettmuskulatur unterliegt der willentlichen Kontrolle. Muskeln außerhalb des aktiven Bewegungsapparates, die die inneren Organe (beispielsweise Verdauungstrakt und andere Eingeweide) versorgen, sind im Allgemeinen nicht aktiv zu steuern, sondern werden vom so genannten vegetativen Nervensystem kontrolliert. Dazu gehören auch die kleinen, an den Haarbälgen in der Haut ansetzenden Muskeln, die der Haaraufrichtung dienen und beim weitgehend haarlosen Menschen eine „Gänsehaut" hervorrufen. Alle diese nicht der willentlichen Kontrolle unterworfenen Muskeln sind anders aufgebaut als die quergestreifte Muskulatur: Sie bestehen aus einzelnen, spindelförmigen Muskelzellen von etwa 50 bis 200 μm Länge, die einen länglichen Zellkern beherbergen. Man nennt sie wegen ihrer abweichenden Feinstruktur glatte Muskeln. Glatte Muskulatur umkleidet auch die Blutgefäße. Die einzelnen Muskelzellen sind in sehr dünnen Häutchenpräparaten aus dem Fett- und Bindegewebe der quergestreiften Muskulatur eventuell gut zu erkennen.

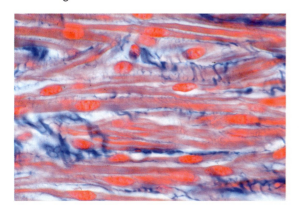 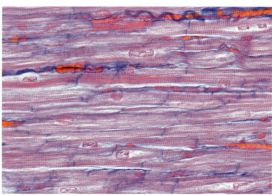

Eine Art Kombination aus glatter und quergestreifter Muskulatur liegt im Herzmuskel vor. Auch hier liegen einzelne Muskelzellen vor, die jedoch eine Querstreifung mit dem gleichen A- und I-Bandenmuster aufweisen wie ein Skelettmuskel. Jede einzelne Herzmuskelzelle ist spindelförmig gestreckt und ca. 100 μm lang. Eine orientierende Übersichtsuntersuchung gelingt an einem Zupf- und Quetschpräparat von einem Schweine-Herzmuskel aus der Metzgerei.

Links: Die Glatte Muskulatur der inneren Organe besteht aus einzelnen Muskelzellen. Rechts: Herzmuskulatur ist aus Einzelzellen mit quer angeordneten Filamentgruppen aufgebaut.

Zum Weiterlesen BARGMANN (1977), BUCHER U. WARTENBERG (1997), HAUCK U. QUICK (1986), JUNQUEIRA U.A. (2001), KÜHNEL (2002), LIEBICH (1999), SEIDEL (1991), SOBOTTA U. HAMMERSEN (2001), STREBLE U. BÄUERLE (2007), WEYRAUCH U.A. (1988)

9 Methodisches und Techniken

Dieser Buchteil listet in numerischer Sortierung eine Anzahl gebräuchlicher und bewährter Arbeitsverfahren auf, die in der Mikroskopie zum Teil schon lange in Gebrauch sind und sozusagen zum Handwerklichen der mikroskopischen Arbeit gehören. Sie repräsentieren gleichermaßen Erfindungsreichtum und Erfahrungsgut vieler Jahrzehnte. Neben rein mechanischen Manipulationen an den Objekten sehen sie auch besondere chemische Eingriffe oder Veränderungen vor, die der Konservierung oder Sichtbarmachung besonderer Strukturen dienen.

Chemikalienbezug Die meisten Chemikalienanbieter liefern – gegen etwaigen Kostenzuschlag – auch Kleinmengen an Privatkunden. Ansonsten kann man sich die benötigten Chemikalien auch über den Chemikalienfachhandel oder eine Apotheke besorgen lassen.
Die lieferbaren Packungsgrößen sind den Katalogen der Substanzanbieter zu entnehmen und können im Internet eingesehen werden unter www.merckvertrieb.de (www.merck.ch), www.chroma.de, www.serva.de sowie www.sigma-aldrich.com. Die hier berücksichtigte Auswahl von Anbietern hat keinen Ausschlusscharakter.

Mengenangaben Die in den nachfolgenden Rezepturen verwendeten Angaben für Masse (Gewicht) sind Gramm (g) oder dessen tausendster Teil Milligramm (mg). Die verwendete Volumeneinheit ist das Liter (l) oder dessen tausendster Teil Milliliter (ml). Die Menge von 1 ml entspricht mit tolerablen Abweichungen der in älteren Rezepturen häufig gebrauchten Angabe Kubikzentimeter (ccm^3). Ebenso verhält es sich beim Mikroliter (μl) im Vergleich zum Kubikmillimeter (mm^3).
Bei den meisten in der Mikroskopie üblichen Lösungen werden nur sehr kleine Gewichtsmengen der Ausgangschemikalien benötigt. Auch Mengen unter 1 g kann man relativ zuverlässig auf einer konventionellen Briefwaage abwiegen. Andererseits bietet der (Lehrmittel-)Fachhandel relativ preiswerte kleine Digitalwaagen an, deren Genauigkeit zwar nicht für analytische Zwecke ausreicht, aber für das Hobbylabor genügt. In kritischen Fällen kann man sich eine kleine Substanzmenge eventuell auch in einer Apotheke abwiegen lassen.

Konzentrationsangaben Die Konzentrationsangaben gehen überwiegend von Gewichtsprozenten aus, bei Lösungen fallweise von der Normalität (N) bzw. Molarität (M). Eine 1%ige wässrige Lösung enthält 1 g zu lösende Substanz in 100 ml (destilliertem) H_2O, wobei für 1 ml Wasser vereinfachend ein Gewicht von 1 g angenommen wird. Eine 1 M Lösung enthält in 1 l die Molekularmasse einer Substanz in g.
Die im Buch verwendeten Schreibweisen berücksichtigen die neueren Konventionen. Die in älteren Rezepturen beispielsweise als Äthanol (Äthylalkohol) oder Äther benannten Verbindungen erscheinen konsequent als Ethanol bzw. Ether. Bei Hinweisen zum

Arbeiten mit Alkohol wird jeweils exakt unterschieden zwischen Ethanol, Propanol (Propylalkohol) oder Isopropanol (Isopropylalkohol). Beim Glycerin wurde die herkömmliche Benennung (statt des neueren Glycerol) beibehalten, ebenso beim Xylol (statt Xylen).

Säurestärke Die meisten empfohlenen Ansätze kommen ohne Berücksichtigung des pH-Wertes aus. Fallweise kann man die Reaktion mit pH-Papier (Universalindikator) prüfen.

Zeitangaben In den Arbeitsanregungen werden die folgenden Symbole für Zeiteinheiten verwendet: d = Tag, h = Stunde, min = Minute, s = Sekunde.

Sicherheitsaspekte Die unten aufgeführten Rezepturen listen jeweils Substanzen auf, die natürlich nicht für die menschliche Ernährung gedacht sind: Viele der benannten Verbindungen sind auch in kleineren Mengen giftig oder zumindest gesundheitsschädlich. Obwohl die hier zusammengestellten Arbeitsanleitungen extrem toxische oder umweltschädigende Chemikalien nach Möglichkeit vermeiden, ist außerordentlich sorgsamer Umgang mit allen benannten Substanzen (unter Beachtung der so genannten R- und S-Regeln, wie sie auch für den naturwissenschaftlichen Unterricht in Schulen und anderen Ausbildungsstätten verbindlich sind) unbedingt erforderlich, auch wenn nicht jedes Mal ein warnender Hinweis auftaucht. Über die mögliche gesundheitliche Gefährdung durch einzelne Verbindungen oder sonstige Gefahrenpotenziale orientieren u. a. auch die Hinweise im Internet unter www.gefahrstoffdaten.de.
Besonders zu berücksichtigen sind folgende Hinweise:
▸ Beim Arbeiten mit Säuren und Laugen ist unbedingt eine Schutzbrille zu tragen. Direkten Kontakt mit Haut bzw. Schleimhäuten unbedingt vermeiden! Bei der Herstellung verdünnter Säuren oder Laugen grundsätzlich das zu verdünnende Reagenz in die benötigte Menge Wasser geben und nicht umgekehrt (Merksatz: „Erst das Wasser, dann die Säure, sonst geschieht das Ungeheure").
▸ Alle Arbeiten mit flüchtigen organischen Lösungsmitteln nur am offenen Fenster durchführen, sofern kein Abzug zur Verfügung steht.
▸ Ausgangschemikalien und angesetzte Lösungen werden grundsätzlich in gut verschließbaren Glasgefäßen aufbewahrt und durch Etikett mit genauer Beschriftung (Inhalt, Konzentration, Datum des Ansetzens) gekennzeichnet.
▸ Laborchemikalien dürfen nicht in Gefäßen wie Saftflaschen, Kaffeedosen o. ä. aufbewahrt werden, die der Verpackung von Lebensmitteln dienen und die Gefahr von Verwechslungen bergen.
▸ Chemieabfälle gehören nicht in den Haushaltsmüll und nicht mehr benötigte Lösungen auf keinen Fall in das Abwasser. Flüchtige Lösungsmittel lässt man an einem sicheren Platz im Freien verdampfen. Alle verbleibenden Substanzreste müssen als Sondermüll entsorgt werden.

9.1 Grundlegende Arbeits- und Präparationstechniken

9.1.1 Zum Umgang mit dem Mikroskop

Mit Ihrem Mikroskop haben Sie ein leistungsfähiges Instrument vor sich, das Ihnen für Jahre oder sogar Jahrzehnte die Türen zu neuen Bereichen des Sehens und Wahrnehmens öffnen wird. Ein paar einfache, aber wichtige Regeln erleichtern Ihnen den Zugang zu diesen faszinierenden Kleinwelten.

▸ Machen Sie sich anhand der beigefügten Abbildung mit dem Aufbau Ihres Mikroskopes und der Benennung der einzelnen Bedienungselemente vertraut. Die meisten marktüblichen Mikroskope auch für den anspruchsvollen Hobbybereich sind – bei aller Verschiedenheit der einzelnen Typen und Bauserien – dem abgebildeten Instrument in allen wesentlichen Teilen vergleichbar.

▸ **Erstes Präparat**
Zum Einüben der Bedienungstechnik benötigen Sie ein Präparat. Für den Start genügt ein Objektträger, auf dem mit Glasschneider oder scharfkantigem Schraubenzieher ein paar Schrammen eingeritzt sind (vgl. S. 26).

▸ **Objektträger auf den Objekttisch**
Legen Sie den Objektträger mit der Schramme nach oben auf den Objekttisch und klemmen Sie ihn in die dort vorhandene Haltevorrichtung (des Kreuztisches) ein.

▸ **Kondensor einrichten**
Den Kondensor drehen Sie bis zum Anschlag nach oben – er kann für die meisten Arbeiten mit dem Mikroskop in dieser Position bleiben.

▸ **Beleuchtung einschalten**
Schalten Sie nun die Mikroskopleuchte ein. An der oberen Kondensorlinse in der Bohrung des Objekttisches erscheint ein kleines, kreisrundes Lichtfeld (= Austrittspupille). In dieses Feld manövrieren Sie die Schramme auf dem Objektträger. Die genauere Einrichtung bzw. Justierung der Beleuchtung nach dem Köhlerschen Verfahren nehmen wir später vor (vgl. 9.4.1).

▸ **Die erste Stufe: Lupen- oder Suchobjektiv**
Nun bringen Sie das kleinste am Mikroskop vorhandene Objektiv (= Lupen- oder Suchobjektiv genannt, meist mit der eingravierten Vergrößerung 3,5fach) durch Drehen am Objektivrevolver in den Strahlengang (senkrecht nach unten). Heben Sie mit dem Grobtrieb den Objekttisch langsam zum oberen Anschlag an.

▸ **Helligkeit regeln**
Schauen Sie nun in das Okular und regeln Sie mit dem Aperturblendenhebel (= Iris- oder Kondensorblendenhebel) eventuell die Helligkeit so nach, dass Ihre Augen nicht als unangenehm empfinden.

▸ **Erst Grob-, dann Feintrieb**
Mit dem Grobtrieb bewegen Sie den Objekttisch nun langsam abwärts, bis die ersten Konturen des Präparates sichtbar werden. Mit dem Feintrieb stellen Sie nach und schauen sich durch Betätigung des Kreuztisches auch in anderen Objektbereichen ein wenig genauer um.

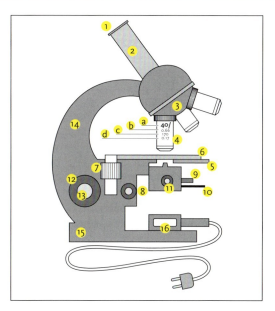

Bau- und Funktionsteile eines Lichtmikroskops. **1** Okular, **2** Tubus, **3** Objektivrevolver, **4** Objektiv mit den Einzelangaben **a** **Eigenvergrößerung**, **b** **numerische Apertur**, **c** **passend für die mechanische Tubuslänge (in mm)**, **d** **empfohlene Deckglasdicke**, **5** Objekttisch, **6** Kreuztisch, **7** x/y-Stellschrauben für Kreuztisch, **8** Kondensor, **9** Justiervorrichtung zum Zentrieren, **10** Aperturblendenhebel, **11** Drehknopf für Zusatzlinse, **12** Grob-, **13** Feintrieb zum Fokussieren, **14** Stativbügel, **15** Stativfuß, **16** Aufsteckleuchte mit Filterhalter

▸ **Abgleich**
Nun können Sie das nächste Objektiv (10fach) in den Strahlengang schalten. An guten Mikroskopen sind die Objektive abgeglichen – der vorher beobachtete Objektbereich liegt auch beim nächsten Objektiv ungefähr in der Mitte und muss nur noch durch Nachstellen am Feintrieb scharf gestellt werden. Außerdem ist nicht zu befürchten, dass das stärker vergrößernde Objektiv auf dem Objektträger „Anstoß erregt". Auch beim Zuschalten noch stärkerer Objektive (40fach, 100fach) ist dieses Problem nicht zu befürchten.

▸ **Vom Kleinen zum Größeren**
Stellen Sie auch später Ihre Präparate zunächst grundsätzlich mit dem Such- oder Lupenobjektiv ein und tasten Sie sich erst anschließend über die weiteren Objektive in stärkere Vergrößerungen voran. Nur so ist zu vermeiden, dass die Frontlinse des 40er- oder 100er-Objektivs in das Präparat versenkt wird und Schaden nimmt.

▸ **Die Welt steht Kopf**
Aufgrund des Strahlengangs im Mikroskop ist das Bild im Gesichtsfeld seitenverkehrt und steht auf

dem Kopf. Wenn man das Präparat auf dem Objekttisch nach rechts bewegt, verlagert sich das Bild nach links. An diesen Sachverhalt gewöhnt man sich allerdings rasch und nimmt ihn nach ein paar Sitzungen gar nicht mehr wahr.

‣ **Offenen Auges sehen**
Halten Sie beim Arbeiten und Beobachten mit dem Mikroskop immer beide Augen geöffnet – auch bei Instrumenten mit nur einem Okular (= monokularer Einblick). Schon nach ein wenig Training werden Sie bemerken, dass Sie keineswegs das nicht am Instrument beobachtende Auge ständig zukneifen müssen, was auf Dauer sehr anstrengend und ermüdend ist. Besonders Geübte können übrigens mit dem einen Auge im Mikroskop beobachten und mit dem anderen eine entstehende Objektzeichnung kontrollieren.

‣ **Entspannter Durchblick**
Betrachten Sie Ihr Präparat immer so, als würden Sie in eine weite Landschaft blicken – d.h. mit völlig entspannter Augenmuskulatur (Ciliarmuskulatur). Im Prinzip schaut man also nicht in ein Mikroskop hinein, sondern durch die Optik hindurch. Es ist somit unnötig, die Augenlinsen wie beim Einfädeln eines Fadens im Nahbereich ständig unter Spannung zu halten. Zum Lockern der Muskeln, die die Augenlinse für die Nahsicht krümmen, schauen Sie am besten einmal aus dem Fenster und in dieser Augeneinstellung durch das Mikroskop.

‣ **Fliegende Flecken**
Beim Arbeiten am Mikroskop werden Sie – wie beim Betrachten eines hellen Himmels – fallweise unregelmäßige dunklere Flecken bemerken, die mit der Augenbewegung über das Gesichtsfeld huschen. Dabei handelt es sich um die Schatten von (vorübergehenden) Schlieren in der Augenflüssigkeit, die das helle Mikroskopierlicht auf die Netzhaut projiziert.

‣ **Verschmutzte Linsen reinigen**
Staub oder andere Verschmutzungen auf Okular und Objektiv (Reste vom Make-up, Fingerabdrücke, Spuren von Farblösungen u.a.) verursachen hoffnungslos unscharfe oder kontrastarme Bilder. Lose anhaftende Verschmutzungen entfernt man mit einem kleinen Blasebalg (in Fotofachgeschäften, dient auch zum Reinigen von Kameras) oder mit einem weichen, fettfreien Malpinsel, den man zuvor mehrfach in Benzin gereinigt hat. Nicht abwischbare oder angekrustete Beläge entfernt man mit
• wenig Wasser (Anhauchen der Linse genügt meistens) und
• einem Mikrofaserputztuch oder Linsenreinigungspapier (in Optikfachgeschäften) bzw. einem nicht fusselnden, bereits häufig gewaschenen Leinentuch. Nur bei hartnäckiger Verschmutzung verwendet man Waschbenzin oder Ether, jedoch niemals Alkohol, weil dieser die Linsenverkittung angreifen könnte.

9.1.2 Frisch- und Dauerpräparat

Mikroskopische Präparate bestehen üblicherweise immer aus vier Teilen, von denen mindestens drei völlig transparent sein müssen: Objektträger (im internationalen Standardmaß 26 x 76 mm), Einbettungs-medium, Objekt und Deckglas (quadratisch 20 x 20 mm oder anderes Maß). Einbettungsmedium ist bei einem Frischpräparat normalerweise Wasser, dessen Brechungsindex (Brechzahl; n_D = 1,33 für gelbes Natriumlicht der Wellenlänge α = 589 nm) für die meisten Objekte recht günstig ist, während Luft (n_D = 1,0002 bei 0 °C und 1,013 bar) sich nur ausnahmsweise eignet. Frischpräparate sind daher in aller Regel gleichzeitig Nasspräparate und können durch verschiedene Verfahren hergestellt werden. Entsprechend unterscheidet man Ausstrich-, Mazerations-, Quetsch-, Schnitt-, Suspensions-, Total- oder Zupfpräparat. Frischpräparate sind für die sofortige Untersuchung gedacht und werden nach Auswertung bzw. Dokumentation (Foto, Zeichnung) gewöhnlich wieder verworfen. Sollen sie auch später noch für eine Nachuntersuchung zur Verfügung stehen, verarbeitet man sie zum Dauerpräparat. Dabei wird das Untersuchungsmedium Wasser gegen ein optisch dichteres mit einem Brechungsindex von n_D = ca. 1,50 ausgetauscht, meist ein anfangs noch flüssiges, in kurzer Zeit aushärtendes Harz, das das gewünschte Objekt unter Erhaltung aller wesentlichen Strukturen gleichsam versiegelt. Für die Herstellung von Frisch- und/oder Dauerpräparaten hat man im Laufe der Zeit eine Vielzahl bewährter Verfahren entwickelt. Einige davon werden in diesem Buch vorgestellt und für den praktischen Einsatz empfohlen. Dauerpräparate erhalten zur späteren Identifizierung ein kleines Etikett mit Angabe des Objektes, des Herstellungsdatums und einer Präparatenummer. Parallel dazu führt man ein Laborbuch, in dem man entsprechend der fortlaufenden Nummerierung alle wichtigen Arbeitsschritte von der Fixierung über die Färbung bis zum Eindeckmedium festhält.

Dauerpräparate, die man nicht selbst herstellen kann oder möchte, bietet der Lehrmittelfachhandel an. Empfehlenswert sind beispielsweise folgende Firmen
• Carolina Biology Supply (www.carolina.com)
• Lieder (www.lieder.de)
• Phywe (www.phywe.de)

9.1.3 Entfetten von Objektträgern

Bei manchen Präparationen müssen die Zellen oder Gewebestückchen optimal auf dem Objektträger haften, etwa wenn sie verschiedenen Färbungsschritten oder anderen histochemischen Behandlungen unterzogen werden sollen. Dafür benötigt man weitgehend fettfreie Objektträger. Laborüblich sind die folgenden Reinigungslösungen
• Chromschwefelsäure: 5 g Kaliumchromat ($K_2Cr_2O_7$) in 50 ml konzentrierte H_2SO_4 (stark ätzend!) vorsichtig lösen
• Salpeter-Schwefelsäure: 5 g Kaliumnitrat (KNO_3) in 50 ml konzentrierte H_2SO_4 (stark ätzend!) vorsichtig lösen
• Nitriersäure: Salpetersäure (HNO, ätzend!) – konzentrierte H_2SO_4 (stark ätzend!) = ca. 1:1
Achtung: Diese Mischungen sind außerordentlich aggressiv und für den Hobby- oder Schulbereich nicht nachdrücklich zu empfehlen.
Hinweis: Für die weitaus meisten Präparate genügt oft bereits die gründliche Reinigung der Glaswaren in einem haushaltsüblichen Netzmittel (Spülmittel), mit

einem Glasreiniger (auf der Basis von Isopropanol) oder in Ethanol (96%ig) – Diethylether = 1:1.

9.1.4 Auflegen eines Deckglases

Nur wenige Präparate wie etwa dünne Bakterien- oder Blutausstriche untersucht man routinemäßig ohne Deckglas. Sonst ist das Auflegen eines Deckglases (Standardformat 18 x 18 mm, 0,17 mm Dicke) völlig unentbehrlich. Dieses Manöver ist jedoch insofern kritisch, als bei falscher Handhabung zusätzlich unnötig viele Luftblasen eingeschlossen werden. Für ein Routinefrischpräparat geht man daher folgendermaßen vor: Auf den gereinigten (eventuell entfetteten, vgl. 9.1.3) Objektträger gibt man mit Pipette oder Glasstab einen Tropfen Wasser, legt das zu untersuchende Objekt ein und setzt das Deckglas mit einer Uhrfederpinzette seitlich im Winkel von etwa 45° an. Anschließend senkt man es langsam ab – damit werden Turbulenzen vermieden, die sonst zur

Anfertigung eines Frischpräparates – vom Säubern des Objektträgers bis zum vorsichtigen Auflegen eines Deckglases

Bildung von Luftblasen jeglicher Größenordnung führen. Überschüssiges Wasser saugt man am Deckglasrand mit Filtrierpapier (Kaffeefilterstreifen, ca. 5 x 1 cm) ab. Vorsichtiger Druck mit der Präpariernadel vertreibt etwaige dennoch vorhandene Luftblasen.
Wichtig: Deckgläser niemals auf der Fläche mit den Fingern anfassen – die dabei aufgedrückten Fingerkuppenspuren stören die mikroskopische Untersuchung des eingeschlossenen Objektes erheblich.

9.1.5 Reagenzien durch ein Präparat ziehen

Um in einem Präparat eine bestimmte chemische Reaktion herbeizuführen oder eine Färbung zu erreichen, kann man die zu verwendende Farblösung auf das betreffende Objekt auftropfen und nach der vorgeschriebenen Einwirkungszeit absaugen oder über die Objektträgerkante ablaufen lassen.
Vielfach wird die folgende auch Durchsaug-Methode genannte Technik angewendet: Man gibt mit der Tropfpipette einen Tropfen des benötigten Reagenz an die Deckglaskante des bereits fertigen Präparates und setzt auf der gegenüberliegenden Deckglasseite einen Filtrierpapierstreifen mit gerader Schnittkante an. Das Wasser aus dem Präparat tritt wegen der sofort wirkenden Kapillarkräfte in das Filtrierpapier ein, während von der anderen Seite das Reagenz (z. B. eine

Farblösung) an das Objekt herantritt.
Als Saughilfen eignen sich auf etwa 5 x 1 cm geradkantig zugeschnittene Streifen von konventionellem Löschpapier aus Schulheften oder handelsübliche Kaffeefilter.

9.1.6 Abstandhalter für Deckgläser

Manche Untersuchungstechniken erfordern es, dass man das Deckglas mit einem Abstandhalter gleichsam ein wenig aufbockt oder stützt, um beispielsweise druckempfindliche Präparate zu schonen oder zu dicke Objekte dennoch rundum mit Beobachtungsmedium einzuschließen. Bewährt als Deckglasstütze haben sich folgende Verfahren:
• Man legt einfach ein weiteres Deckglas neben das Präparat und deckt schräg ab.
• Das Deckglas wird auf kleine Eckfüßchen aus Vaseline, Plastilin oder vergleichbarer Knetmasse gelegt und vorsichtig angedrückt, soweit erforderlich.
• Man schneidet aus kräftigem Papier (dünnem Karton) quadratische oder rechteckige Rähmchen mit Außenabmessung im Deckglas zurecht oder klebt 2 mm breite Streifen von kräftigem Schreibpapier (ca. 90 g/m²) auf.
• Kleine Stücke aus feiner Angelschnur sind in den meisten Einschlussmedien stabil und stören wegen ihrer weitgehenden Durchsichtigkeit kaum.
• Entsprechend kann man auch Stücke dünner, in der Flamme ausgezogener Glasfäden (beispielsweise durch Abschmelzen von Pasteurpipetten) als Stützen für die Deckgläser verwenden.

9.1.7 Dünnschnitte mit Schneidehilfe

Die Anfertigung dünner Schnitte von Hand, beispielsweise durch pflanzliche Gewebe, die so transparent und durchstrahlbar sind, dass man auch tatsächlich Einzelheiten erkennen kann, erfordert ein wenig Übung. Man benötigt dazu eine gewöhnliche Rasierklinge und bei weniger kompakten Proben wie etwa Blättern als Hilfsobjekt zum sicheren Festhalten des Ausgangsmaterials eine Mohrrübe. Die dafür gelegentlich empfohlenen Hartschaumblöckchen (etwa aus Polystyrol bzw. Styropor, auch vergleichbare Bastelmaterialien beispielsweise für Blumengestecke) sind erfahrungsgemäß weitgehend untauglich, weil sie die Rasierklinge schon nach wenigen Schnitten bis zur Unbrauchbarkeit abstumpfen. Man klemmt das zu schneidende Objekt zwischen zwei Längshälften der Mohrrübe und führt zunächst einen beherzten Querschnitt, sodass man eine völlig glatte Oberfläche erhält. Diese muss möglichst exakt rechtwinklig zur

seitlich / von oben

Papierstreifen/Papierrähmchen

an Kante übereinander legen

Plastilin   Angelschnur oder Glasfaden

Verschiedene technische Lösungen für „sperrige" oder besonders druckempfindliche Objekte

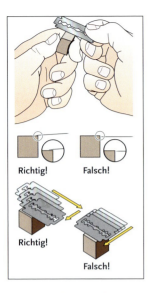

Richtig!   Falsch!

Richtig!

Falsch!

Schneidetechnik: Die Rasier-klinge zieht man in flachem Winkel diagonal durch die Breitseite des Objektes.

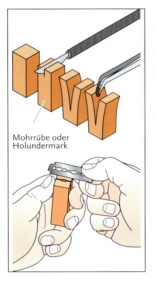

Mohrrübe oder Holundermark

Für dünne Handschnitte ist eine druckfeste Haltehilfe nützlich, in die man das Objekt einklemmt.

Schneidegut bringt man in die andere Öffnung, eventuell eingeklemmt in ein Halteblöckchen aus Mohrrübe, Rettich oder Holundermark. Mit der flach angesetzten Klinge lassen sich nun recht dünne Schnitte abheben. Nach jedem Schnitt bewegt man das zu schneidende Objekt in der Zentralbohrung durch eine leichte Schraubendrehung weiter nach oben.

9.1.9 Aufkleben von Objekten mit Glycerineiweiß

Sehr dünne Schnitte oder Objekte aus Ausstrichen haften für nachfolgende Behandlungsschritte besser, wenn man sie auf den Objektträgern mit Glycerineiweiß (= Eiweißglycerin) aufklebt. Man mischt das Eiweiß eines Hühnereies mit dem gleichen Volumen Glycerin und gibt 1 ml 35%ige Formaldehydlösung als Konservierungsmittel zu. Dieses Gemisch ist haltbar. Auf einen fettfreien Objektträger gibt man mit einer Präpariernadel eine stecknadelkopfgroße Menge Glycerineiweiß und verstreicht sie mit der fettfreien Fingerkuppe.

9.1.10 Aufbewahren von Frischpräparaten

Frischpräparate, die man aus Zeitgründen noch nicht genügend ausführlich untersuchen oder dokumentieren konnte, lassen sich eventuell für wenige Tage in einer feuchten Kammer aufbewahren. Dazu bockt man sie in einer Petrischale oder kleinen Kühlschrankbox auf zwei passend zugeschnittenen Holzstäbchen auf. Den Boden des Aufbewahrungsgefäßes legt man mit einem feuchten Papiertaschentuch aus. Zusätzlich umrandet man das Deckglas leicht mit Glycerin. Einen wirksamen Austrocknungsschutz bietet auch das Einschließen der Präparate in Glycerin-H_2O = 1:1. Außerdem lassen sich Frischpräparate auch durch vollständige Umrandung des Deckglases mit Nagellack zumindest vorübergehend stabilisieren.

9.1.11 Biologische Objekte fixieren

Unter Fixieren versteht man das möglichst rasche Abtöten von Gewebeproben unter weitgehender Erhaltung ihrer mikroskopischen und submikroskopischen Strukturen in speziellen Lösungsmittelgemischen. Die meisten dafür empfohlenen Gemische bestehen aus Ethanol (Alkohol), konzentrierter Essigsäure (= chemisch reiner Eisessig), Formalin (35–40 %ige wässrige Lösung von Formaldehyd). Der Umgang mit diesen Stoffen bedarf der besonderen Sorgfalt. Direkter Kontakt der Haut oder der Schleimhäute mit dem stark giftigen Formalin ist auf jeden Fall zu vermeiden. Auch das Einatmen von Lösungsmitteldämpfen ist gefährlich. Grundsätzlich setzt man immer nur die kleinstmögliche Gebrauchsmenge an. Nicht mehr benötigte Restmengen lässt man an einem sicheren Platz im Freien abdampfen. Auf keinen Fall dürfen sie mit dem Abwasser entsorgt werden.

Neben den nachfolgend benannten Mischungen finden sich in der Literatur (z. B. Burck 1988, Gerlach 1984, Böck 1989, Sanderson 1994) weitere Rezepturen, die beispielsweise auch Chromsäure, Osmiumtetroxid, Quecksilberverbindungen oder andere stark giftige Substanzen verwenden. Für die Zwecke dieses

Längsachse des Objektes liegen. Nun schneidet man bei sehr flach geführter Rasierklinge Serien hauchdünner Scheibchen parallel zu dieser Oberfläche und bringt diese in einen Tropfen Wasser auf den Objektträger. Etwaige störende Gewebereste der Mohrrübe fischt man mit der Präpariernadel oder einem feinen Malpinsel heraus.

Ebenfalls empfehlenswert ist die Verwendung von 5–8 mm dicken Stückchen von getrocknetem Holundermark aus etwa 2–3jährigen Schösslingen des Schwarzen Holunder (*Sambucus nigra*).

9.1.8 Dünnschnitte auf dem Garnrollen-Mikrotom

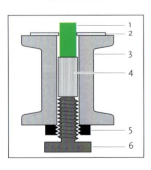

Garnrollen-Mikrotom: 1 Schnittgut (Objekt), 2 aufgeklebte Unterlegscheibe, 3 Garnrolle, 4 Rundholz (Holzdübel), 5 aufgeklebte Schraubenmutter, 6 Maschinenschraube

Der Fachhandel bietet verschiedene und technisch zum Teil aufwändige Schlittenmikrotome für den professionellen Bereich an, mit dem man Dünnschnitte bis fast 2 µm erreichen kann. Für den Hobby- oder Schulbereich genügt oft eine behelfsweise selbst gefertigte Schneidevorrichtung, die ähnlich wie ein Handmikrotom mit Rasierklingen oder Rasiermessern arbeitet. Dazu benötigt man eine leere Garnrolle mit zentraler Bohrung. Auf eine Öffnung klebt man eine genügend große Schraubenmutter, durch die man eine Maschinenschraube mit flachem Gewinde drehen kann. Das

Buches sehen wir von einer generellen Empfehlung solcher für die wissenschaftliche Forschung unentbehrlicher Verfahren aus Sicherheitsgründen ab.

9.1.12 Fixiergemisch nach Carnoy

Für fast alle pflanzlichen Objekte hat sich das Carnoysche Gemisch bewährt. Es dringt rasch in die auf wenige mm Kantenlänge zugeschnittenen Objekte ein.

▸ **Herstellung**
a) AE-Gemisch: Ethanol (96%ig) – Essigsäure = 3 : 1
b) AEC-Gemisch: Ethanol – Essigsäure – Chloroform = 3 : 0,5 : 2
Anstelle der Essigsäure kann man auch die weniger stark quellende reine Propionsäure verwenden.

▸ **Durchführung**
1. Objekte in Gemisch a) oder b) legen.
2. Die Fixierdauer beträgt im Allgemeinen 12–24 h.
3. Nach der Fixierung Objekte färben oder zur längeren Aufbewahrung in Strasburgers Aufbewahrungsflüssigkeit (vgl. 9.1.17) übertragen.

9.1.13 FAE-Gemisch als Allround-Fixiermittel

Die Fixierung von Pflanzenteilen in einem Gemisch aus Formol, Alkohol (Ethanol) und Essigsäure gehört in der botanischen Histologie zu den lange bewährten Standardverfahren. Die gleiche Mischung eignet sich auch hervorragend für tierische Gewebe und ist nach vorliegenden Erfahrungen dem recht giftigen Bouinschen Gemisch nahezu gleichwertig. Die hier angegebene Rezeptur kann man abwandeln, ohne den Fixiererfolg damit in Frage zu stellen.

▸ **Herstellung**
a) Formol – Ethanol (70–96%ig) – Eisessig = 5 : 90 : 5
▸ **Durchführung**
1. Objekte von höchstens 5–10 mm Kantenlänge 24 h lang in Lösung (a) legen.
2. Fixiergemisch anschließend in 90–96%igem Ethanol auswaschen.

Hinweis: Längeres Aufbewahren in der Fixierlösung beeinträchtigt die Strukturerhaltung und Färbbarkeit der Objekte nicht.

9.1.14 Fixiergemisch nach Chamberlain

In der Literatur auch als Formalinalkohol oder nach verschiedenen anderen Autorennamen bezeichnet. Es wird seit Jahrzehnten auch als Fixierlösung für längere Sammelreisen empfohlen.

▸ **Herstellung**
a) Ethanol (70%ig) – Formaldehyd (40%ig) = 50 : 3
▸ **Durchführung**
1. Objekte in Gemisch a) legen.
2. Das Gemisch eignet sich zugleich auch für die Aufbewahrung von Objekten.

9.1.15 Fixiergemisch nach Pfeiffer

Für Süßwasseralgen, Pilze, Flechten, Moose und Farne ist das folgende Gemisch ausgearbeitet worden.

▸ **Herstellung**
a) Formaldehyd (Formalin, 40%ig) – Holzessig (roh) – Methanol = 1 : 1 : 9

Holzessig ist seinerseits ein Stoffgemisch, das neben etwa 12% Essigsäure auch noch wechselnde Anteile von Methanol, Aceton und Methylacetat enthält.

▸ **Durchführung**
1. Objekte in Gemisch a) legen.
2. Die Fixierdauer beträgt 12–24 h.
3. Die Objekte können darin auch für einige Wochen bis zur Weiterbearbeitung aufbewahrt werden.

9.1.16 Fixiergemisch nach Kisser

Grünalgen, Moosblättchen oder andere grüne Kleinobjekte für eine Vergleichssammlung oder für Dauerpräparate fixiert man vorteilhaft im folgenden Gemisch, das die natürliche Grünfärbung weitgehend erhält (Ersatz des Magnesiums im Chlorophyll durch Kupfer-Ionen).

▸ **Herstellung**
a) 90 ml destilliertes H_2O, 8 ml 40%iges Formol, 10 mg Kupferacetat und 5 Tropfen Essig- oder Milchsäure mischen. Die Lösung ist haltbar.
▸ **Durchführung**
1. Moospflänzchen für einige Tage in Lösung a) legen (in Schnappdeckelgläschen, vorteilhaft unterwegs bei Exkursionen). Mehrwöchiger Aufenthalt schadet andererseits auch nicht.
2. Sofern Dauerpräparate angestrebt werden, Moosblättchen entnehmen, in destilliertem H_2O für 15–30 min waschen und in Glyceringelatine (vgl. S. 266) eindecken.

9.1.17 Aufbewahrungsgemisch nach Strasburger

Pflanzliche Objekte, die nach CARNOY, PFEIFFER oder einem anderen Fixiergemisch vorbehandelt wurden, kann man bis zur Weiterverarbeitung zum Fertigpräparat oder zur genaueren Untersuchung in Strasburges Gemisch aufbewahren.

▸ **Herstellung**
Ethanol (96%ig) – Glycerin – H_2O = 1 : 1 : 1
Viele pflanzliche Objekte kann man nach dem Fixieren aber auch ohne nennenswerte Qualitätseinbuße einfach in 70%igem Ethanol aufbewahren.

▸ **Durchführung**
1. Objekte in ein fest verschließbares Glasgefäß mit dem benannten Lösungsmittelgemisch übertragen.
2. In einem dunklen Schrank lagern.

9.1.18 Mazeration von Pflanzenteilen

Unter Mazeration oder Mazerieren versteht man generell die Zerlegung eines Gewebes oder Zellverbandes in seine Einzelzellen. Bei Pflanzen erfolgt dies praktischerweise durch chemische Angriffe auf die Mittellamellen, die nach Auflösung die Zellen freigeben (vgl. 9.1.20).

▸ **Substanzen**
Wasserstoffperoxid (H_2O_2), Schwefelsäure (H_2SO_4)
▸ **Lösungen**
a) 3%iges wässriges oder ethanolisches Wasserstoffperoxid
b) 3%ige wässrige oder ethanolische Schwefelsäure

▸ **Durchführung**
1. Gewebestücke aus krautigen Sprossachsen, Wurzeln und Blattorganen in Carnoyschem Gemisch (9.1.12) oder in FAE-Gemisch (9.1.13) fixieren.
2. Anschließend für ca. 10 h bei 45–50 °C im Wärmeschrank in Lösung a) oder b).

Ergebnis: Die Gewebe zerfallen entweder von selbst oder lassen sich mit der Präpariernadel leicht zerzupfen.

9.1.19 Mazeration von Holz

Zur besseren Unterscheidung der Zelltypen, die sich am Aufbau einer bestimmten Holzart beteiligen, bietet eine Mazeration bessere Einsichtnahmen als dünne Schnitte durch das kompakte Holzgewebe. Der Angriff auf die Mittellamellen der Zellwände erfolgt hier durch eine stärkere chemische Behandlung als beim übrigen Pflanzenmaterial.

▸ **Substanz**
10 %ige Salpetersäure (HNO_3, Vorsicht: stark ätzend!)

▸ **Durchführung**
1. Kleine, etwa splittergroße Proben von frischem oder fixiertem Holz kurz (etwa 1–2 min) in 10 %iger Salpetersäure aufkochen.
2. Mit Leitungswasser die Säure gründlich ausspülen.
3. Der richtige Mazerationsgrad ist erreicht, wenn das Material mit der Präpariernadel auf einem Objektträger leicht zu zerzupfen ist und praktisch von selbst in seine Bestandteile zerfällt.
4. Mazeriertes Material kann man längere Zeit in 70 %igem Ethanol für Kurszwecke oder ähnliche Gelegenheiten aufbewahren.

9.1.20 Mazeration von Chitinteilen

Neben der häufig angewendeten Entfernung der Weichteile von Gliederfüßern (Insekten, Spinnen, Kleinkrebse) mit heißer Kalilauge (KOH, vgl. 9.1.23) lässt sich das ursprünglich zur Präparation von Schneckenreibzungen (Radulae) entwickelte Mazerationsverfahren mit Diethylentriamin nach Krauter (1980) vorteilhaft auch zur Präparation von Insekten oder anderen Gliederfüßern einsetzen. Die Verkochung der Weichteile zu einer bräunlichen Flüssigkeit erfolgt sehr rasch.

▸ **Substanz**
Diethylentriamin, (NH_2CH_2_$CH_2)_2$-NH, (Merck 803274, Fluka 32305)

▸ **Durchführung**
1. Insektenteile (Kopf, Thorax, Abdomen, Extremitäten) aus Alkohol oder frisch in ein 10 ml Becherglas geben und dieses etwa 1 cm hoch mit unverdünntem Diethylentriamin füllen.
2. Uhrglas lose auf das Becherglas legen und Ansatz auf dem Dreifuß vorsichtig bis zum Sieden erhitzen.
3. Objekte je nach Größe 15–60 sec sieden und dann erkalten lassen.
4. In destilliertem H_2O mehrfach auswaschen.
5. Eventuell über eine mehrstufige Alkoholreihe entwässern und in Kunstharz einschließen. Die mazerierten Teile können aber auch in wasserlöslichen Einschlussmedien (z. B. Glyceringelatine) zu Dauerpräparaten verarbeitet werden.

Hinweis: Diethylenamin ätzt und ist ähnlich vorsichtig zu handhaben wie heiße Kalilauge (s. 9.1.23). Beim Umgang mit dieser Substanz immer Schutzbrille tragen!

Sofern genügend Zeit zur Verfügung steht, empfiehlt sich als Alternative das Verfahren nach Zbären (1979). Dabei werden die Insekten(teile) in 10 %ige wässrige Weinsäure eingelegt und verbleiben darin für mehrere Tage bis Wochen. Das Verfahren eignet sich auch für andere tierische Gewebe (beliebige Organstücke).

9.1.21 Schnittaufhellung mit Chloralhydrat

Genügend dünne Handschnitte durch pflanzliche Gewebe lassen sich transparenter machen, indem man den Zellinhalt mit einem Bleichmittel entfernt und damit die Zellwände klarer zum Vorschein bringt. Diese Methode gleicht jedoch nicht die Beobachtungsschwierigkeiten aus, die allein auf zu dicke Schnitte zurückgehen.

▸ **Substanzen**
Chloralhydrat (Trichloracetaldehyd, Merck 1.02425), Glycerin

▸ **Herstellung**
a) 160 g Chloralhydrat in 100 ml H_2O auflösen und 50 ml Glycerin hinzugeben. Die Lösung ist längere Zeit haltbar.

▸ **Durchführung**
1. Schnitte in einige Tropfen von Lösung a) legen und darin unter dem Mikroskop untersuchen.

Vorsicht: Die Lösung darf nicht mit den Metallteilen des Mikroskops in Berührung kommen!
Schnitte in Chloralhydrat kann man – nach etwaiger Färbung – direkt in Glyceringelatine oder Polyvinyllactophenol einbetten.

9.1.22 Aufhellung (Bleichen) tierischer Objekte

Tierische Objekte, vor allem chitinöse Bauteile von Insekten und anderen Arthropoden, sind häufig nicht genügend transparent und müssen vor der Verarbeitung zum Dauerpräparat durchscheinend aufgehellt werden. Dazu hat sich die Verwendung von Methylbenzoat bewährt.

▸ **Substanz**
Methylbenzoat (Benzoesäuremethylester)

▸ **Durchführung**
1. Arthropodenteile (Mundwerkzeuge, Beine, Flügel) zunächst in 70 %igem, dann für etwa 1 h in 96 %igem Ethanol entwässern.
2. Anschließend in reines Methylbenzoat überführen und abwarten, bis sie durchscheinend geworden sind (längerer Aufenthalt in dieser Flüssigkeit schadet nicht).
3. Direkt in ein Eindeckharz der Kategorie B überführen und dieses aushärten lassen.

Eine alternative Methode ist die Aufhellen (Bleichen) mit Wasserstoffperoxid.

▸ **Durchführung**
1. Arthropodenteile in 3%iges Wasserstoffperoxid (H_2O_2) einlegen – je nach Größe 1–4 d.
2. Anschließend in 70 %igem Ethanol auswaschen.

3. Weiterverarbeiten nach Routine-Verfahren mit Entwässern über Alkoholstufen und Einschließen in Kunstharz.

Hinweis: Anstelle von Mazeration (vgl. 9.1.23) empfiehlt sich die Bleichung vor allem für kleine und dunkel gefärbte Objekte, beispielsweise Bücherskorpione, junge Zecken, junge Spinnen, Moosmilben, Urinsekten, Blasenfüße, Larvenköpfe, Staubläuse, Federlinge, Tierläuse, Ameisen, Mücken, Flöhe und alle Insektenmundwerkzeuge.

9.1.23 Mazerieren und Aufhellen mit Kalilauge

Zur Untersuchung von undurchsichtigen Insekten-(teilen), beispielsweise von großen Mundwerkzeugen oder größeren Arthropodenteilen wie Spinnen und Skorpione, Hundert- und Tausendfüßer, Beine, Flügelansätze, Lege- und Stachelapparate, verwendet man eine Behandlung mit heißer Kalilauge, die alle löslichen Proteine (Eiweißkörper) zerstört und damit die Chitinhüllen durchsichtiger macht. Das Verfahren arbeitet rigoros und hat eventuell den Nachteil, dass zartere membranöse Bestandteile unwiderruflich zerstört werden. Ungefährlicher, aber ungleich langwieriger und im Blick auf die Detailerhaltung eventuell zu bevorzugen ist die Mazerationstechnik nach ZBÄREN (1979) in 10 %iger wässriger Weinsäure, in der die zu mazerierenden Teile mehrere Tage bis Wochen verbleiben.

▸ **Lösung**
   a) 5–10 %ige wässrige Kalilauge (KOH)
▸ **Durchführung**
   1. Kleinere Insekten oder ihre Teile in einem Reagenzglas in 1 ml Lösung a) legen.
   2. Einige Minuten lang vorsichtig aufkochen oder im verschlossenen Schnappdeckelglas mehrere Stunden (6, 12 oder 24 h) im Wärmeschrank bzw. auf dem Heizkörper bei 60 °C einwirken lassen, bis die Teile erkennbar aufgehellt sind.
   3. Teile entnehmen und mehrfach innerhalb weniger min mit Leitungswasser spülen.
   4. Teile über eine Ethanolreihe entwässern (50 %, 70 %, 90 %, 96 % bzw. 100 % Isopropanol) – je Stufe etwa 10 min.
   5. Übertragen in Xylol und einschließen in Eukitt oder Malinol. Bei Verwendung von Euparal ist die Xylol-Stufe entbehrlich.

Achtung: Heiße Kalilauge neigt zum Siedeverzug mit explosionsähnlichem Hochspritzen der heißen Lösung. Versprizte Tropfen sind sehr ernst zu nehmen – sie verdauen Insektenproteine ebenso zuverlässig wie die Eiweißstoffe des menschlichen Auges! Bei allen Arbeiten mit KOH unbedingt Schutzbrille tragen und Siedesteinchen verwenden!

9.1.24 Eau de Javelle (Bleichlauge)

Zum Auflösen tierischer Gewebe (organischer Weichstrukturen) oder zum Entfernen von Zellinhalt aus Pflanzengeweben mit massiv verdickten Zellwänden verwendet man vorteilhaft ein Bleichmittel. Bewährt hat sich der Einsatz von Chloralhydrat (9.1.21) und von Eau de Javelle. Die letztere Lösung muss jeweils vor Gebrauch frisch angesetzt werden.

▸ **Substanzen**
   Chlorkalk (CaCl(OCl), aus der Drogerie, luftdicht verschlossen aufbewahren!), Kaliumcarbonat (Pottasche, K_2CO_3), Essigsäure
▸ **Herstellung**
   a) 18 g Chlorkalk in 100 ml H_2O auflösen und 15 min stehen lassen.
   b) 15 g Kaliumcarbonat in 100 ml H_2O auflösen.
   c) Lösung a) und b) in einer größeren Schale vermischen und den entstehenden Niederschlag abfiltrieren. Der Überstand ist die gebrauchsfertige Lösung Eau de Javelle.
   d) Schwach angesäuertes Wasser: 10 ml destilliertes H_2O + 1 Tropfen Essigsäure).
▸ **Durchführung**
   1. Die aufzulösende Gewebeprobe überträgt man in die frisch bereitete Lösung und lässt diese etwa 15–30 min einwirken.
   2. Anschließend wäscht man mit Lösung d) sowie mehrfach mit destilliertem H_2O.

Achtung: Die entstehenden Hypochlorit-Dämpfe sind gesundheitsschädlich, daher nur unter dem Abzug oder am offenen Fenster arbeiten.

Hinweis: Gute Ergebnisse erzielt man objektabhängig auch mit WC-Reiniger entsprechender chemischer Zusammensetzung (z. B. Domestos, 1:5 bis 1:10 mit H_2O verdünnt).

9.1.25 Objekte infiltrieren

Blätter, Stängelparenchyme oder andere pflanzliche Gewebe enthalten in ihren Interzellularen gewöhnlich eine Menge Luft, die bei der Betrachtung von Schnitten erheblich stören kann. Auch beim Fixieren von Gewebestücken kann eingeschlossene Luft den Zutritt der Fixiergemische blockieren oder zumindest einschränken. Zum Entlüften der Interzellularen legt man die zu untersuchenden Blatt- oder Stängelstücke in ein Reagenzglas mit Wasser, gibt einen kleinen Tropfen Netzmittel (haushaltsübliches Spülmittel oder Triton-X100) und setzt einen durchbohrten Gummistopfen mit T-Stück auf. Ein Ende des T-Stückes schließt man an eine Wasserstrahlpumpe an, während man durch Aufdrücken einer Fingerkuppe auf das andere Ende das Vakuum im Reagenzglas reguliert. Die Infiltration war erfolgreich, wenn die Pflanzenteile nicht mehr nach dem Bojenprinzip aufschwimmen, sondern auf den Gefäßboden absinken und dort verbleiben.

Bei fertigen Schnitten genügt oft schon das Einschließen in ein Ethanol-Wasser-Gemisch (etwa 1:2), um lästige Luftblasen zu vertreiben.

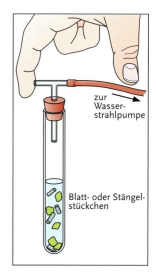

zur Wasserstrahlpumpe

Blatt- oder Stängelstückchen

Zum Entfernen von eingeschlossener Luft aus den Interzellularen in Pflanzengewebe verwendet man ein Reagenzglas mit aufgesetztem T-Stück, das an eine (Wasserstrahl-)Pumpe angeschlossen wird.

9.1.26 Oberflächen abformen: Film- und Lackabdrucke

Von (undurchsichtigen) Objekten mit feiner relief-artiger Oberflächenstruktur wie beispielsweise den Epidermen von Laubblättern lassen sich auf vergleichsweise einfache Weise Abdrucke auf transparenten Kunststoffen oder vergleichbaren Materialien herstellen, die anschließend wie ein konventionelles Präparat mit Kontrast verstärkenden Beobachtungs-verfahren untersucht werden.

▸ **Substanzen**
Verwendbar sind die folgenden Substanzen
- UHU-Alleskleber (verdünnbar mit Essigsäure-methyl- oder -ethylester) bzw. UHU-Hart
- Zaponlack (verdünnbar mit so genannter Nitro-Verdünnung aus dem Malereibedarf)
- Polystyrol-Lösung (Hartschaummasse Styropor in Chloroform oder Xylol (= Xylen) auflösen, bis eine sirupartige Masse entsteht)
- Kollodium-Lösung (etwa 4%ig in Ethanol-Diethyl-ether 1:1, aus der Apotheke, verdünnbar mit Alkohol)
- Gelatine
- Farbloser Nagellack

▸ **Durchführung**
1. Abzuformende Objektfläche von Partikeln reinigen, beispielsweise durch mehrfaches Aufdrücken von Klebeband.
2. Zum besseren späteren Abheben des abformenden Filmhäutchens die Objektstelle mit einer quadratischen oder rechteckigen Maske aus Papier abdecken, die randlich eventuell mit Klebeband fixiert wird. Auch büroübliche Lochverstärkungsringe sind brauchbar.
3. Leicht verdünnten Alleskleber in der Maske auf das Objekt und den Maskenrand träufeln und mit einer glatten (geschliffenen) Objektträgerkante möglichst dünn verteilen.
4. Gründlich trocknen lassen und Maske mit Abformfilm abheben.
5. Lackabdruck direkt mikroskopieren.

Alternativer Arbeitsablauf:
6. Zaponlack, Styropor-Lösung und Kollodium-Lösung mit einem Pinsel direkt und ohne Maske auf die vorgereinigten Oberfläche auftragen.
7. Lackfilm nach dem Aushärten mit der Pinzette vorsichtig abziehen, mit der betreffenden Film-Lösung auf einem sauberen Objektträger festkleben und mikroskopieren.
8. Epidermis eines zu untersuchenden Blattes leicht mit Wasser benetzen und dann unter mäßigem Druck etwa 3–5 min lang gegen kleine Stücke glatter Gelatinefolien pressen. Diese löst sich im Wasser teilweise an und nimmt dabei die Oberflächenbeschaffenheit des als Matrix benutzten Blatt- oder Stängelstücks an. Nach dem Trocknen wie die übrigen Filmabdrucke untersuchen.

9.1.27 Ausstrichpräparat

Unter einem Ausstrich versteht man eine dünn und gleichmäßig aufgetragene Suspension von Zellen (beispielsweise Bakterien, Blutzellen), die man anschließend färbt oder zum Dauerpräparat weiterverarbeitet.

▸ **Durchführung**
1. Tropfen der Untersuchungslösung (Suspension) mit einer Pipette auf das Ende eines fettfreien Objektträgers geben.
2. Zweiten Objektträger mit der (geschliffenen) Kante vor dem Suspensionstropfen im Winkel von etwa 45° aufsetzen und an den Tropfen soweit heranziehen, bis Kontakt besteht und die Flüssigkeit kapillar in den Winkel fließt.
3. Nun den zweiten Objektträger mit gleich bleibender Geschwindigkeit über den Flachliegenden schieben und den Suspensionstropfen dabei ins Schlepptau nehmen (= Ausstrich).
4. Ausstrich staubfrei trocknen lassen und anschließend in Kunstharz einbetten.

Hinweis: Beim Verrühren von Suspensionen auf dem Objektträger zur Vermeidung von Kratzern unbedingt eine abgestumpfte Präpariernadel verwenden oder Berührung mit dem Objektträger vermeiden!

9.1.28 Dünnschliffe von Hartmaterialien

Für das Lichtmikroskop geeignete Dünnschliffe von anorganischen oder organischen Hartstrukturen (Gestein, Skelettbauteile, Knochen, Zähne, Geweihe, Sklerenchyme) stellt man mit Hilfe von handels-üblichem Nass-Schleifpapier oder SiC-Schleifpulver her. Diese Präparation erfordert ein wenig Geduld, lohnt aber mit außergewöhnlich schönen Objektansichten.

▸ **Material**
Nass-Schleifpapier oder SiC-Schleifpulver in den Körnungen 240, 320, 400 und 600, gegebenen-falls auch noch 800 und 1000; Glasplatten (ca. 20 x 20 cm), rutschfeste Gummiunterlage, Objektträger in den Abmessungen 26 x 38 mm, Stempelrohling mit eingefräster Aufnahme dieser Größe

▸ **Durchführung**
1. Mit einer feinzähnigen Bügellaubsäge etwa 3 x 5 mm große, möglichst wenig gewölbte Stücke aus einer Nussschale oder einem Steinkern aussägen.
2. Gesteinsproben oder tierisches Hartmaterial von einem Fachmann (Gemmologe) in etwa 1–1,5 dicke Scheibchen zerlegen lassen.
3. Proben mit einem konventionellen Zweikompo-nentenkleber (je einen Tropfen auf einem anderen Objektträger anmischen) auf Objektträgerhälften von 38 x 26 mm Abmessung kleben.
4. Objektträgerhälfte mit aufgeklebtem Objekt in Stempelrohling (= Holzgriff mit Platte, ohne Stempelprägung) einsetzen.
5. Aufgeklebtes Objekt mit der Fingerspitze in Kreisbahnen über gut befeuchtetes Papier oder SiC-Schleifpulver der Körnung 240 bzw. 320 führen.
6. Bei etwa 0,5 mm Schichtdicke zu feinerer Körnung (400) wechseln.
7. Für jede Körnung eine eigene Schleifunterlage aus Glas über einer rutschfesten Unterlage benutzen.
8. Bei jedem Wechsel der Körnung den Schleifblock gründlich mit Wasser abspülen.
9. Bei der (vor)letzten Körnung 800 Ergebnis mikroskopisch kontrollieren.

9.1.29 Acetolyse von Pollenproben

Für die Untersuchung und Kennzeichnung fossiler oder rezenter Pollen ist meist nur die Morphologie der Pollenaußenwandschichten (Exine) von Bedeutung. Das Acetolyse-Verfahren nach ERDTMANN erhält von einer Probe nur diese beständigen und variantenreich gestalteten Wandanteile des Sporoderms. Bei allen nachfolgenden Arbeitsschritten ist unbedingt eine Schutzbrille zu tragen und unter einem Abzug zu arbeiten!

▸ **Substanzen**
10 %ige Kalilauge (KOH), Essigsäureanhydrid, konzentrierte Schwefelsäure (H_2SO_4)

▸ **Lösungen**
a) Acetolyse-Gemisch: Essigsäureanhydrid : konzentrierte Schwefelsäure = 9 : 1 tropfenweise in Essigsäureanhydrid fließen lassen und vorsichtig durchmischen, da sich der Ansatz stark erhitzt. Auf jeden Fall Wasser vermeiden, da die Mischung damit äußerst heftig reagiert. Unbedingt Schutzbrille tragen!

▸ **Durchführung**
1. 1–2 Spatelspitzen Torf 5 min lang in 10 %iger Kalilauge kochen.
2. Probe durch ein Sieb über einen Trichter in ein Zentrifugenglas geben.
3. Mehrfach mit H_2O waschen.
4. Mit konzentrierter Essigsäure entwässern.
Zwischen diesen Arbeitsschritten jeweils zentrifugieren und nur das Sediment weiterverarbeiten. Wenn keine Zentrifuge verfügbar ist, Proben längere Zeit im Reangenzglas stehen und absetzen lassen, wobei der Rückstand weiterverwendet, der Überstand vorsichtig dekantiert wird.
5. Entwässerte Probe mit Acetolyse-Gemisch versetzen.
6. Reagenzgläser mit Wattebausch verschließen und für 3 min in ein siedendes Wasserbad stellen.
7. Proben zentrifugieren und Überstand abgießen.
8. Mehrfach mit H_2O waschen, Rückstand mit Glycerin aufnehmen.
In dieser Form kann die aufbereitete Probe pollenhaltigen Materials aufbewahrt und untersucht werden.

9.1.30 Einbetten in Polyethylenglycol (PEG)

Die Einbettung (Einblockung) biologischer Objekte in Paraffin oder andere erhärtende Materialen wie die sonst für die elektronenmikroskopische Präparation üblichen Kunststoffe (vgl. VERMATHEN 1993, 1995) gehört nicht zu den hier näher behandelten einführenden Arbeitstechniken der Mikroskopie. Eine Ausnahme bildet lediglich die sehr einfache und unbedingt empfehlenswerte Einbettung in Polyethylenglycol (PEG; Polyglycol), die sehr weiche Objekte zum besseren Schneiden beispielsweise auch für einfache Handmikrotome (z. B. Garnrollenmikrotom 9.1.8) in gut zu handhabende feste Blöckchen überführt. Man kann damit pflanzliches und pilzliches ebenso wie tierisches Material einbetten.
PEG bietet im Unterschied zum Paraffinverfahren den enormen Vorteil, dass die vorherige Entwässerung der Objekte entfällt. Allerdings gehört zum Verfahren eine gewisse Wärmeeinwirkung, die eventuell zu Schrumpfungen oder sonstigen Verformungen im Objekt führen könnte.
PEG besteht aus hochmolekularen, wasserlöslichen Verbindungen, die durch Anlagerung von Ethylenoxid an Ethylenglycol gewonnen werden. Je nach Polymerisationsgrad entstehen flüssige bis halbfeste Sorten mit Molekularmassen zwischen 200 und 20 000, die von den verschiedenen Anbietern dem jeweiligen Handelsnamen als Zusatzbezeichnung angefügt werden. Für die Mikroskopie verwendet man gewöhnlich Typ 1500 (Schmelzpunkt F = 42–48 °C), Typ 1550 (F = 47–52 °C) oder Mischungen mit Typ 2000 (F = 49–52 °C). Der Zusatz von Glycerin verbessert die Schneidbarkeit erheblich (GRUBER 1989, KRAUTER 1979).

▸ **Substanzen**
Polyethylenglycol 1500 (Merck; = Histowachs, Chroma, = Carbowax Union Carbide) oder PEG 1550 (Fluka), Glycerin

▸ **Einbettförmchen**
Blöckchen von etwa 10 mm Durchmesser eignen sich für das Schneiden von Hand oder im Handmikrotom am besten. Entsprechende Gussförmchen stellt man sich aus Alu-Folie her: Folienstreifen (ca. 20 x 80 mm) um einen Rundstab wickeln und mit Klebeband (Tesafilm) befestigen. Dieses Folienröhrchen auf Karton aufkleben.

▸ **Durchtränken**
1. Objekte in kleinen Stücken nach CARNOY oder in FAE fixieren.
2. In H_2O gründlich auswaschen.
3. Anschließend in eine Abdampfschale mit 10 g PEG 1500 (oder 1550), 0,1 g Glycerin und 90 ml H_2O übertragen.
4. Ansatz 3) von oben mit einer Glühbirne erwärmen: Lampenabstand so wählen, dass sich die Lösung auf höchstens 55°C erwärmt.
5. Im Laufe von etwa 24 h verdampft das H_2O, so dass die Objekte nun in der Mischung aus PEG und Glycerin liegen.

▸ **Einbetten**
6. 7,5 g PEG in ein Reagenzglas oder Tablettenröhrchen einwiegen, mit 2 Tropfen Glycerin versetzen und über kleiner Flamme unter ständigem Schütteln zusammenschmelzen.
7. Einbettförmchen randvoll mit dieser Schmelze füllen.
8. Einzubettendes Objekt aus Arbeitsschritt (5) an einer dünnen Nadel in die Mitte des Förmchens aufhängen.
9. Ansatz erkalten lassen, Folienhülle entfernen.
10. Eingebettete Objekte bis zur Weiterverarbeitung über Silicagel in einem geschlossenen Gefäß aufbewahren.

9.1.31 Längen messen mit dem Mikroskop

Längenmessungen unter dem Mikroskop sind eine häufige Alltagsaufgabe, ob die Messung nun der Bestimmung eines Wimpertieres oder einer Pilzspore dient. Für viele mikroskopische Untersuchungen ist es auch wichtig zu wissen, wie groß bei einer bestimmten Okular-/Objektivkombination das tatsächliche Gesichtsfeld ist. Die erforderlichen professionellen Hilfsmittel sind meist recht teuer. Zuverlässige Objekt- und Okularmikrometer kann man sich jedoch selbst herstellen.

▸ **Strichplatte für das Messokular**

Ein professionelles Messokular enthält ein rundes Glasplättchen mit Skala (= Strichplatte), die ungefähr dem Durchmesser der Sehfeldblende entspricht und daher das Gesichtsfeld nahezu überspannt. Meist sind diese Skalen um 10 mm lang und in 100 Teile unterteilt.

Für eine selbst gefertigte Okularstrichplatte lichtet man die in der Abbildung dargestellte Modellskala mit einer 50 mm-Kleinbildkamera aus etwa 80 cm Entfernung ab, um auf dem Film das Negativ einer Skala von 8–10 mm Länge zu erhalten. Als Aufnahmematerial empfiehlt sich ein normaler Dokumentenfilm mit feinem Korn, steiler Gradation, niedriger Empfindlichkeit und folglich gutem Auflösungsvermögen (z. B. Agfaortho 25, im Fachhandel erhältlicher orthochromatischer Sicherheitsfilm mit einem Auflösungsvermögen von 350 Linien/mm, kann bei dunkelrotem Licht verarbeitet werden). Davon fertigt man Kontaktkopien auf dem gleichen Filmtyp an. Diese schneidet man kreisförmig aus und legt sie auf die Sehfeldblende des Okulars. Die Eichung der Strichabstände erfolgt mithilfe des unten beschriebenen Objektmikrometers.

Für manche Messungen, beispielsweise beim Auszählen von Zelldichten in Suspensionen oder Planktonfängen, ist eine Rasterplatte im Okular hilfreich. Man stellt sie ebenso her wie die gewöhnliche Okularstrichplatte, nur wählt man hier statt der Linienfolgen ein Muster aus quadratischen Feldern. Auch hier erfolgt die genaue Eichung mit dem Objektmikrometer.

▸ **Objektmikrometer**

Im Unterschied zur Skalenteilung im Messokular muss das Objektmikrometer eine oder mehrere Markierungen von exakt bekannter Länge aufweisen. Im einfachsten Fall genügt ein Stück maßhaltigen Konstantandrahtes von 0,1 mm = 100 µm Dicke aus dem Lehrmittel- oder Elektronikfachhandel (Einschließen zwischen Objektträger und Deckglas in Flüssigharz). Für eine erste messtechnische Annäherung taugt übrigens auch ein gewöhnliches menschliches Haar: Im Allgemeinen sind Kopfhaare um 100 µm dick.

Ein skaliertes Objektmikrometer stellt man sich ähnlich wie die Okularstrichplatte auf fotografischem Wege oder mit einem Folienkopierer her. Einen 10 cm langen Ausschnitt aus einem genauen Lineal mit Millimetereinteilung kopiert man (ggf. zweistufig) auf 10 % der Ausgangsgröße auf Overheadfolie – die Folienkopie zeigt dann eine 100teilige Maßstrecke von 1 cm Länge. Der Abstand zwischen zwei Teilstrichen beträgt also 10 µm. Den betreffenden Folienbereich schneidet man aus und klebt ihn auf einen Objektträger.

Das Objektmikrometer mit seinen genau festgelegten Dimensionen dient nun dazu, die beliebig gewählte Skala auf der Okularstrichplatte zu eichen. Bei schwacher Vergrößerung stellt man das Objektmikrometer scharf ein und richtet seine Skala mit dem Kreuztisch bzw. durch Drehen des Okulars so ein, dass sie zur Okularstrichplatte parallel verläuft. Jetzt kann man die in ihrer Länge genau bekannte Objektmikrometerskala bzw. das Stückchen Konstantandraht mit der Strichplatte im Messokular vergleichen. Die Ablesung könnte ergeben, dass 1 mm Mikrometerlänge ziemlich genau 60 Einheiten der Messokularskala entspricht. Diese Maßbeziehung 60 Einheiten = 1000 µm oder 10 Einheiten = 166,6 µm gilt jedoch nur für die bei dieser Messung verwendete Objektiv-/Okular-Kombination. Wählt man ein stärker vergrößerndes Objektiv, wird von der Objektmikrometerskala nur noch ein Ausschnitt erfasst. Das abgebildete Ablesebeispiel zeigt, dass nunmehr 0,2 mm des Objektmikrometers exakt auf 100 Einheiten des Okularmikrometers gehen. Folglich gilt für die verwendete Objektiv-/Okular-Kombination: 100 Einheiten = 0,2 mm = 200 µm; 10 Einheiten = 20 µm. Die so erhaltenen Werte hält man in einer Tabelle fest. Die Okularstrichplatte ist damit geeicht – alle im Mikroskop zu ermittelnden Längen werden mit ihrer Hilfe in relativen Einheiten gemessen und anschließend durch Umrechnung der Tabellendaten in metrische Einheiten umgeformt.

Für viele Zwecke ist es sinnvoll, anzugeben, wie groß bei den verschiedenen Objektiven die Fläche des Gesichtsfeldes ist bzw. wie groß der vom Objekt erfasste Ausschnitt tatsächlich ist. Die entsprechenden Zahlen gewinnt man leicht durch Berechnung der Kreisfläche unter Verwendung der Gesichtsfelddurchmesser in µm, die von der Eichung der Okularstrichplatte bekannt sind. Für ein durchschnittliches Schul- oder Kursmikroskop ergeben sich beispielsweise 8,5 mm², 1,53 mm² sowie 0,10 mm² bei Verwendung eines 3,5-, 10- bzw. 40fachen Objektivs mit einem 10fachen Okular. Mit solchen Zahlen kann man berechnen, wie viele Zellen auf einen Quadratzentimeter eines bestimmten Objektes entfallen, wie dicht die Spaltöffnungen eines Laubblattes verteilt sind oder wie der leitende Querschnitt eines Leitbündels im Phloem und Xylem ausfällt.

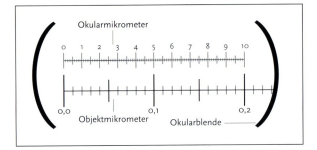

Mit einem Objektmikrometer kann man ein in willkürlich gewählten Einheiten eingeteiltes Okularmikrometer eichen. Die Eichung des Objektmikrometers kann beispielsweise mithilfe von Konstantandraht (0,1 mm, aus dem Elektronikfachgeschäft) erfolgen.

9.1.32 Dicken messen mit dem Mikroskop

Die Dickenmessung von Objekten im Mikroskop ist eine zwar weniger häufig eingesetzte Methode, doch liefert sie interessante Angaben und Vergleichsdaten. Im Prinzip ist sie sogar einfacher als die Längenmessung, da sie mit weniger Zusatztechnik auskommt.

Viele Mikroskope weisen an ihrem Feintrieb eine Mikrometerskala auf – eine komplette Umdrehung entspricht einer Hebung oder Senkung des Objekttisches um etwa 0,4 mm. Für eine grobe Einschätzung der Objektdicke genügt ein solcher Richtwert: Man stellt nacheinander die Ober- und die Unterkanten eines zu messenden Objektes scharf ein, vergleicht die Strichstellungen an der Mikrometerschraube und rechnet über die Höhendifferenz des Objekttisches entsprechend um. Da jedoch die meisten Objekte die Lichtstrahlen beugen und das Ausmaß der Beugung von ihrer optischen Dichte abhängt, muss man zur Korrektur die abgelesenen Mikrometerwerte mit dem Brechungsindex (Brechzahl n_D) des Objektes multiplizieren.

Falls ein Mikroskop keine Mikrometereinteilung am Feintrieb aufweist, kann man sich auf folgende Weise helfen: Mit einer Feinmechaniker-Schieblehre misst man möglichst genau die Dicke eines Objektträgers. Dann markiert man dessen Oberseite im Objektbereich mit einem feinen Strich eines roten Filzschreibers, die Unterseite genau darunter mit einem blauen Strich. Nun wird ermittelt, wie viele Teilumdrehungen am Feintrieb erforderlich sind, um nacheinander die rote und die blaue Filzstiftmarkierung scharf zu sehen. Ist eine Mikrometereinteilung vorhanden, kann man aus der Division des Schieblehrenwertes (Zähler) durch den am Feintrieb festgestellten Wert (Nenner) auch den Brechungsindex des Objektträgerglases ermitteln. Ähnlich lässt sich auch die Dicke von Deckgläsern bestimmen.

Natürlich kann man mit dem Lichtmikroskop auch aufwändige oder komplizierte Messungen durchführen, beispielsweise den genauen Wert der numerischen Apertur der vorhandenen Objektive oder das Auflösungsvermögen mithilfe von Diatomeenschalen bestimmen (vgl. DIETLE 1971, GERLACH 1971).

9.1.33 Absprengen (Ablösen) von Deckgläsern

Bei vielen Präparationsgängen, beispielsweise bei Quetschpräparaten, lässt sich das aufliegende Deckglas für die Entwässerung und den anschließenden Einschluss in ein Kunstharz nicht mehr konventionell entfernen, ohne das gesamte Präparat zu zerstören. Zwei Verfahren helfen in solchen Fällen weiter:

▸ Mit Trockeneis (festes CO_2, Temperatur $-78,9\,°C$) wird das Präparat auf dem Objektträger tiefgefroren. Im vereisten Zustand lässt sich das Deckglas durch seitliches Ansetzen und Anhebeln einer Präpariernadel absprengen. Nach dem Auftauen wird das Präparat der jeweiligen Vorschrift entsprechend weiterverarbeitet.

Trockeneis ist relativ teuer und meist nur in größeren Chargen (>10 kg) zu beziehen. In Elektronikfachmärkten gibt es jedoch preiswerte Kältesprays, die bis auf $-52\,°C$ abkühlen können und gleichermaßen wirksam einzusetzen sind.

▸ Wenn die Deckgläser nach einem Präparationsschritt abzulösen sind, kann man sie zuvor mit einer hauchdünnen Schicht Vaseline einreiben. Anschlie-

ßend legt man das Präparat mit dem Deckglas nach unten in eine Petrischale in 96%iges (eventuell leicht erwärmtes) Ethanol auf zwei Glasstäbe als Abstandhalter. Nach einiger Zeit löst sich das Deckglas ab. Der Objektträger wird entnommen, das Präparat den weiteren Routineprozeduren zum Entwässern bzw. Eindecken zugeführt.

9.1.34 Zeichnen von Präparaten

Wie selbstverständlich taucht bei der mikroskopischen Arbeit der Wunsch auf, die Ergebnisse des Präparierens auch dauerhaft zu dokumentieren, und fast ebenso regelmäßig erscheint das Mikrofoto als Bilddokument schlechthin. Obwohl mit den Mitteln der mikrofotografischen Technik außerordentlich beeindruckende Bilderwelten festzuhalten sind, ist die herkömmliche zeichnerische Bearbeitung eines Präparates keineswegs entbehrlich. Eine Umschau in den modernsten verfügbaren Lehrbüchern bestätigt diese Feststellung: Auf Schemata, Strichzeichnungen oder sonstige grafische Detaildarstellungen kann ein naturkundliches Printmedium auch am Beginn des 21. Jahrhunderts nicht verzichten. In der Vergangenheit war die Zeichnung (oder die zur Lithographie verfeinerte Version) viele Jahrzehnte lang das Dokumentationsmittel schlechthin. ERNST HAECKELS berühmte „Kunstformen der Natur" bieten bewundernswerte Beispiele für die bis zur Perfektion vorangebrachte Wiedergabe von Strukturen und Konstruktionen aus den mikroskopischen Kleinwelten. Heute ergänzen sich Zeichnung und Foto. Während das Foto insbesondere bei den Kontrast verstärkenden Beobachtungsverfahren einen zeichnerisch nicht darstellbaren Gesamteindruck vermittelt, weist die Zeichnung die folgenden bedenkenswerten Positivkriterien auf:

▸ **Richtiges Mikroskopieren ist richtiges Hinsehen**
Das vielfach zitierte „geschulte Auge" (gemeint ist dabei fast immer das durch Erfahrung geübte Gehirn) erfasst Details und Zusammenhänge wesentlich besser als ohne Vorerfahrung. Dazu ist die zeichnerische Bewältigung das beste Training. Mikroskopieren ist ein ständiger, nicht endender Lernprozess.

▸ **Gezeichnetes merkt man sich besser als Gesehenes**
Die meisten Menschen sind so genannte motorische Lerntypen und verinnerlichen Abläufe und Sachverhalte immer dann wesentlich besser und nachhaltiger, wenn sie sie gleichsam mit der Hand erledigt haben.

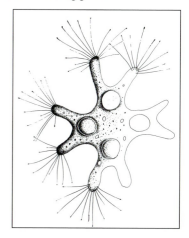

Sauginfusor Trichophrya astaci: **Die Zeichnung zeigt, wie man nach der Festlegung des Umrisses auch die Räumlichkeit der Zelle andeuten kann.**

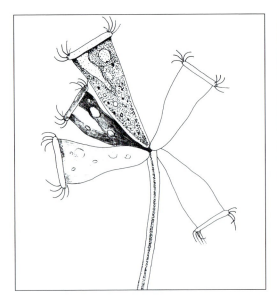

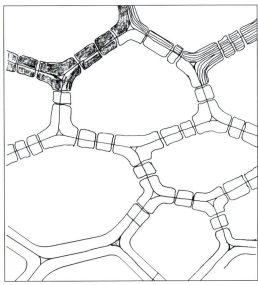

Das Wimpertier *Zoothamnium simplex* besteht meist aus mehreren Zoiden. Für deren zeichnerische Darstellung bieten sich verschiedene Techniken an – vom einfachen Umriss bis zur differenzierteren Wiedergabe von Binnenstrukturen.

Mahonie (*Mahonia aquifolium*), Stängelquerschnitt: Schrittweise Anlage einer Zeichnung von der Bleistiftskizze des Wandverlaufs über die Protokollierung der einzelnen Tüpfelkänale bis zur angedeuteten Dokumentation von Schichten in der Sekundärwand.

Zeichnen am Mikroskop erfordert eine intensive gedanklich-analytische Beschäftigung mit dem Objekt und neben dem verstehenden Durchdringen der Strukturen den praktischen Nachvollzug aller wichtigen Objekteigenschaften.

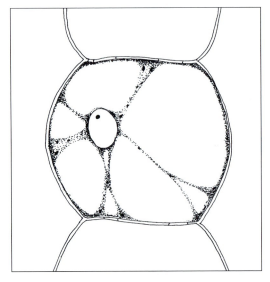

Zebrakraut (*Zebrina pendula*), Zelle eines Staubfadenhaares: Die zarten Cytoplasmabrücken zwischen dem hauchdünnen Wandbelag und der zentralen Kerntasche deutet man durch eine feine Punktierung an.

▸ **Die Zeichnung gibt die Komplettansicht des Objektes wieder**
Jeder Mikrofotograf kennt die unentwegten Konflikte mit den richtigen Bildausschnitten und vor allem mit der Tiefenschärfe, die bei gewölbten Objekten die fotografische Darstellbarkeit enorm einschränkt. Die Zeichnung kann im Unterschied zum Foto durch Kombination mehrerer Abtastebenen ähnlich wie das Rasterelektronenmikroskop auch räumliche Tiefe ohne weiteres wiedergeben und zudem durch Verschieben des Objektes fehlende Anteile außerhalb des Sehfeldes berücksichtigen.

▸ **Die Zeichnung bietet klare Konturen, wo das Foto ein Liniengewirr darstellt**
Jede zeichnerische Darstellung ist in gewissem Umfang eine vereinfachende, idealisierende und in hohem Maße auch interpretierende Wiedergabe des Gesehenen. Wo selbst ein technisch perfektes Foto Beugungssäume, etwaige Präparationsartefakte, staubfeine Verunreinigungen oder das Liniengefüge anderer Schärfeebenen erbarmungslos festhält, kann die Zeichnung die notwendige Abstraktion und Klärung leisten und den Blick auf das Wesentliche lenken.

▸ **Zeichnungen machen unabhängig von fotogenen Objekten**
Für eine brauchbare Zeichnung benötigt man kein brillantes Präparat, sondern kann die besonderen Akzentuierungsmöglichkeiten auch dann nutzen, wenn einmal keine optimale Ausleuchtung vorliegt, irgendwelche Luftblasen trotz aller Mühe nicht aus dem Objekt zu vertreiben sind oder ein Schnitt

schlicht zu dick ausfiel. Ein noch überzeugenderes Argument für die Zeichnung ist, dass sie ohne nennenswerten apparativen Aufwand mit einfachen Hilfsmitteln zu erstellen ist.

Vom Präparat zur Zeichnung Für die praktische Umsetzung eines mikroskopischen Bildes in eine zeichnerische Darstellung sind hilfreiche Apparate ersonnen und konstruiert worden, beispielsweise der Abbesche Zeichentubus, der ein starres und in seinen Proportionen festgelegtes Projektionsbild auf den Arbeitstisch neben dem Mikroskop entwirft. Einen nahezu beliebigen Abbildungsmaßstab erreicht man dagegen mit einem gewöhnlichen Kursmikroskop, das umgekehrt (mit dem Stativ nach oben und Tubus nach unten) an ein Reprostativ montiert ist. Mit einer lichtstarken Mikroskopierleuchte projiziert man in einem abgedunkelten Raum das Bild des Präparates durch den Geradtubus auf die darunter liegende Fläche. Der Abbildungsmaßstab ist deshalb variabel, weil man durch Höhenverstellung des Mikroskops am Reprostativ gleichsam zoomen kann.
Aber auch ohne solche technischen Hilfsmittel sind brauchbare Zeichnungen zu erreichen. Den oft geäußerten Einwand, man sei künstlerisch unbegabt, sollte man nicht weiter vertiefen. Mit Kunst hat das Zeichnen am Mikroskop wenig bis gar nichts zu tun, sondern es ist ein simpler, rasch erlernbarer, technischer Ablauf, der allerdings eines gewissen Übens bedarf. Für die Anfertigung einer einigermaßen akzep-

tablen Handzeichnung, wie sie die Bildbeispiele dieser Seite zeigen, gelten im Prinzip nur wenige Grundregeln:

▸ Idealer, weil hinreichend stabiler Zeichengrund ist jeweils eine Karteikarte DIN A4 weiß/blanco. Für Entwürfe und Reinzeichnungen empfehlenswert sind Bleistifte mittlerer Gradationen (vorzugsweise HB, F, B1).

▸ Für anspruchsvollere Darstellungen verwendet man Tuschefüller, mit denen man (radierbare) Vorentwürfe nacharbeitet, vorzugsweise in den Strichstärken 0,13 bis 0,25 mm. Wenn man eine Tuschezeichnung auf (transparentem) Entwurfpapier anlegt, sind Fehler durch Wegschaben mit einem Skalpell leicht zu beheben.

▸ Die Zeichnung sollte so dimensioniert sein, dass sie auf dem Zeichenkarton etwa einen handflächengroßen Bereich einnimmt und genügend Raum für eine übersichtliche Beschriftung lässt.

▸ Vom Objekt legt man zunächst einen ungefähren Umriss an und trägt dann schrittweise sowie in den passenden Proportionen die Details ein.

▸ Die Begrenzungslinien einer Struktur (z. B. Zellwand) werden nicht gestrichelt wie bei einem künstlerischen Entwurf, sondern als durchgehende, einfache Kontur gezogen.

▸ Dichteunterschiede im Objekt stellt man durch Punktieren bzw. Punktdichtenübergänge dar. Schraffuren sind nur als Hilfsdarstellung im Entwurf- oder Skizzenstadium einer Zeichnung sinnvoll.

▸ Bei Gewebeausschnitten stellt man die jeweils angrenzenden Zellen durch Anschnitte dar und vereinzelt sie nicht zu Einzellern.

▸ Bei komplizierteren Objekten, beispielsweise pflanzlichen Geweben, legt man zunächst das Gerüst der Mittellamellen der Zellwände an und führt dann erst die begrenzenden Konturen der Zellbinnenräume aus.

▸ Zellbestandteile wie Kerne, Plastiden, Vakuolen oder andere Einschlüsse sind jeweils in sich geschlossene Strukturen ohne Haken oder Ringelschwänzchen.

▸ Die für das Verständnis einer Zeichnung wichtigen Beschriftungselemente trägt man als Zahlen bzw. Buchstabensymbole ein oder legt kreuzungsfrei Hinweisstriche an.

▸ Schließlich sollte eine Zeichnung das bearbeitete Objekte, den korrekten Artnamen, die wichtigsten Präparationsschritte und etwaige histochemische Nachweise sowie das Datum und eine etwaige Archivnummer des Präparates vermerken.

Zum Weiterlesen Dalby u. Dalby (1980), Frahm (1995), Honomickl u. a. (1982), Jurzitza (1982), Kraus (1968), Lenzenweger (1994), Rietschel (1973), Schäfer (1974), Steiner (1986), Türler (1975), West (1996)

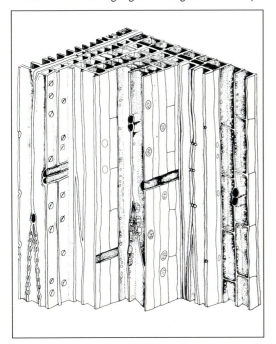

Schirmtanne (*Sciadopitys verticillata*), 3D-Darstellung des Holzes. Aus den verschiedenen Schnittpräparaten (Querschnitt, tangentialer/radialer Längsschnitt) lassen sich die Raumbezüge der einzelnen Zellen rekonstruieren. Die Darstellung geht von einer von rechts oben auftreffenden Objektbeleuchtung aus.

9.2 Objekte einschließen

Während man unter Einbetten den Einschluss eines Objektes in ein anfangs weiches, nach gewisser Zeit aushärtendes Material versteht, das man nach Zurichtung zum Blöckchen mit einem Mikrotom in dünne Schnitte zerlegt, meinen die Begriffe Einschließen oder Eindecken die Versiegelung der fertigen und meist auch gefärbten Schnitte zum Dauerpräparat. Auch dabei kommt ein spezielles, zunächst noch flüssiges Medium zum Einsatz, das von selbst erstarrt oder durch leichte Wärmeeinwirkung polymerisiert. Neben einigen Klassikern wie Glyceringelatine gibt es dafür heute eine Anzahl von natürlichen oder synthetischen Harzen, die folgende Eigenschaften aufweisen:

Medium	Brechungsindex (Brechzahl n_D) bei 20 °C
Luft	1,0
Wasser	1,33
Glycerin:Wasser = 1:1	1,40
Glycerin	1,456
Glyceringelatine	1,474
Euparal	1,48–1,53
Malinol	1,52

▸ Der Brechungsindex (Brechzahl) der verwendeten Einschlussmedien sollte etwa im Bereich von n_D = 1,50 – 1,56 liegen. Bei völlig ungefärbten Präparaten sollten die Brechzahlen des Objektes und des Einschlussmediums möglichst verschieden sein. Im Phasenkontrast erscheint dann auch das Strukturbild umso kontrastreicher und reliefbetonter. Sind die Unterschiede im Brechungsindex sehr gering, ist ein ungefärbtes Präparat im normalen Hellfeld fast nicht sichtbar. Umgekehrt verhält es sich beim gefärbten Präparat: Die Farben leuchten umso brillanter und in ihren Nuancen abgestufter auf, je ähnlicher die Brechungsindices von fixiertem Objekt und Einschlussmedium sind.

▸ Der pH-Wert des verwendeten Einschlussmediums sollte möglichst im neutralen Bereich liegen. Der in früheren Präparationsanleitungen häufig empfohlene Kanadabalsam, Harz aus nordamerikanischen Koniferen wie *Abies lasiocarpa* und einigen anderen Arten, wird heute kaum noch verwendet, weil er zu sehr im sauren Bereich liegt und die meisten Färbungen schon nach kurzer Zeit zerstört.

▸ Die Einschlussmedien sollten auch nach längerer Zeit wasserklar bleiben und beim Erstarren keine Trocken- bzw. Schwundrisse entwickeln. Die Erstarrungszeiten sollten möglichst kurz im Bereich weniger Stunden oder allenfalls Tage liegen. Grundsätzlich lassen sich die heute mehrheitlich verwendeten Einschlussmittel in zwei Kategorien einteilen:

▸ Kategorie A: Umfasst wasserlösliche (wässrige) Eindeckmedien, in die man die fertig gefärbten Schnitte oder vergleichbare kleine Objekte direkt aus wässrigen Lösungen einschließt.

▸ Kategorie B: Bei den wasserunlöslichen (nicht-wässri-

gen) Harzen ist vor dem Eindecken jeweils eine stufige Entwässerung über Alkoholreihen gegebenenfalls bis zum Intermedium Xylol erforderlich.

Generell sollte man die Präparate bis zum völligen Erstarren bzw. Aushärten des verwendeten Mediums waagerecht und staubfrei lagern. Zum besseren Andrücken und Planlegen auf dem Objektträger legt man während dieser Phase ca. 10 g schwere Schraubenmutter auf das Deckglas.

Zur besseren Orientierung der Objekte und Deckgläser auf dem Objektträger (Formatstandardisierung) hat sich die abgebildete Schablone bewährt.

9.2.1 Glyceringelatine nach Kaiser (Kategorie A)

Zur Einbettung wasserhaltiger Objekte hat sich das sehr einfache Verfahren nach KAISER bestens bewährt. Ein kleiner Nachteil dieses Verfahrens besteht darin, dass die Deckgläser nicht (weitgehend) unverrückbar fest sitzen wie etwa bei der Polyvinyl-Methode oder bei Verwendung von Kunstharzen.

Man bezieht das Medium als Fertigmischung (Merck 1.09242, Serva 23310.02) oder stellt es nach folgendem Verfahren selbst her. Die vorgesehene Blattgelatine muss säurefrei sein. Haushaltsübliche Gelatine ist ungeeignet, da sie herstellungsbedingte Reste von SO_2 enthält.

▸ **Herstellung**
a) 10 g Gelatine in 60 ml H_2O etwa 6 h lang quellen lassen.
b) Dann 70 g Glycerin und 0,5 g Phenol hinzugeben.
c) Dieses Gemisch 30 min lang im Wasserbad unter ständigem Umrühren auf höchstens 60 °C erhitzen, bis sich eine klare, homogene Lösung gebildet hat.
d) Mischung heiß in ein Vorratsgefäß füllen.

▸ **Durchführung**
1. Zum Eindecken von Objekten mit einem feinen Spatel jeweils nur kleine Bröckchen in der benötigten Menge entnehmen und auf einen sauberen Objektträger legen.
2. Diese gerade bis zur Verflüssigung über der Flamme erwärmen.
3. Einzubettendes Objekt hineinlegen.
4. Mit Lupe auf etwaige Luftblasen kontrollieren und diese mit einer heißen Präpariernadel aufstechen.
5. Mit einem Deckglas ohne Luftblasen abdecken.
6. Nach einigen Minuten hat sich das Medium wieder verfestigt.

Achtung: Nach mehrfachem oder zu starkem Erhitzen bleibt die Verfestigung aus.

9.2.2 Glyceringelatine nach Kisser (Kategorie A)

Für besondere Zwecke, beispielsweise die Anfertigung von Pollen-Präparaten, wird der Einschluss in eine leicht modifizierte Glyceringelatine empfohlen. Die dafür verwendete Blattgelatine muss säurefrei sein.

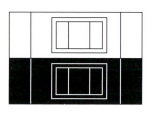

Eine mit schwarzer und weißer Klebefolie hergerichtete Schablone erleichtert die Objektorientierung bei der Anfertigung von Dauerpräparaten.

Haushaltsübliche Gelatine ist meist ungeeignet, da sie herstellungsbedingte Reste von SO_2 enthalten kann.

▸ **Herstellung**
a) 10 g Blattgelatine in 35 ml destilliertem H_2O über Nacht quellen lassen.
b) 30 ml Glycerin (reinst) zugeben.
c) Gemisch bei höchstens 70 °C im Wasserbad erwärmen und Lösung mit Glasstab vorsichtig umrühren.
d) Gemisch so lange warm halten, bis alle Luftblasen entwichen sind.
e) 5 ml gesättigte wässrige Lösung von Phenol in das Gemisch fließen lassen und durch Umschwenken gleichmäßig verteilen.
f) Heißes Gemisch in kleine, dicht verschließbare Weithalsgläser abfüllen.
Nach dem Abkühlen und Erstarren ist die Mischung gebrauchsfertig.

▸ **Durchführung**
Alle weiteren Arbeitsschritte wie unter 9.2.1 durchführen.

9.2.3 Polyvinyllactophenol (Kategorie A)

Dieses vielfach angewandte Einschlussmedium ist wasserlöslich und – da leicht zu verarbeiten – auch für den Amateurbereich sehr empfehlenswert. Außerdem gibt man ihm wegen des etwas günstigeren Brechungsindex zunehmend den Vorzug gegenüber der klassischen Glyceringelatine. Man verwendet es für Planktonorganismen, Kleininsekten, Insektenteile oder Pflanzenschnitte. Die gebrauchsfertige Lösung wird vom Fachhandel angeboten (Chroma 3C-259). Man kann sie aus den Komponenten auch selbst zubereiten:

▸ **Substanzen**
Polyvinylalkohol (Merck 814894, Chroma 3G-111), Glycerin, Milchsäure

▸ **Herstellung**
a) 2 g Polyvinylalkohol mit 7 ml Aceton verrühren.
b) Mischung aus 10 ml destilliertem H_2O, 5 ml Glycerin und 5 ml Milchsäure hinzugeben.
c) Etwa 10 min lang im kochenden Wasserbad erhitzen, bis die Lösung klar geworden ist.

▸ **Durchführung**
1. Das gewünschte Objekte in einen Tropfen des gebrauchsfertigen Gemischs legen.
2. Einschlussmenge nicht zu knapp bemessen, da das Medium beim Aushärten erfahrungsgemäß etwas schrumpft.
3. Nach etwa 24 h ist das Präparat soweit verfestigt, dass man es auch senkrecht lagern kann.

9.2.4 Polyhistol (Kategorie A)

Mithilfe des wasserlöslichen Einschlussmittels Polyhistol lassen sich insbesondere von Pflanzenschnitten sehr einfach Dauerpräparate herstellen.

▸ **Substanz**
Gesättigte, hoch visköse Lösung von Polyhistol in Wasser
Bezug: Carl Roth GmbH & Co., Schoemperlenstraße 1–5, Postfach 10 0121, 76231 Karlsruhe, Tel. 0721-5606-0, vgl. auch www.carl-roth.de

▸ **Durchführung**
1. Gewünschtes Objekt in einen kleinen Tropfen Wasser legen und diesen weitgehend absaugen.
2. Einschlussmittel mit Glasstab oder Pipette auftropfen.
3. Deckglas auflegen.
4. Präparat mehrere Tage (bis 1–2 Wochen) horizontal lagern.
5. Deckglas zusätzlich mit einem Lackring oder mit Kunstharz (Nagellack, Entellan, Eukitt) umranden.

9.2.5 Hydro-Matrix (Kategorie A)

Für den Schul- und Praktikumsbetrieb ebenso wie für den Hobbybereich ist dieses neuere, ungiftige und umweltfreundliche Harz aus neutralen, synthetischen Polymeren sehr empfehlenswert, auch wenn sein Brechungsindex mit $n_D = 1,43$ relativ niedrig liegt. Es eignet sich ebenso als Einschlussmittel für Präparate, die im Fluoreszenzmikroskop untersucht werden sollen, da es keine Eigenfluoreszenz aufweist. Ein Lackring für Dauerpräparate ist nicht erforderlich.

▸ **Substanz**
Hydro-Matrix
Bezug über Micro-Tech-Lab, Hans-Friz-Weg 24, A-8010 Graz, Fax ++43-[0]316 38 62 01, e-mail: office@lmscope.com

▸ **Durchführung**
1. Eindecken wie unter 9.2.4 beschrieben.
2. Die Erstarrungszeit beträgt bei Zimmertemperatur etwa 20 min.

Anmerkung: Nach Hinweisen in der Literatur kann es bei großzelligen, nicht fixierten Objekten zu starken Schrumpfungen kommen, da dieses Einschlussmittel einen hohen osmotischen Wert aufweist.
Hinweis: Vergleichbar ist das Eindeckmittel Aquatex von Merck (Artikel-Nr. 1.08652) mit einem Brechungsindex $n_D = $ ca. 1,4.

9.2.6 Hoyers Gemisch (Kategorie A)

Das nachfolgende, fast schon vergessene Eindeckmittel, das auch unter der Bezeichnung Berlese-Mischung zitiert wird, eignet sich für Dauerpräparate von kleinen Arthropoden (Insekten, Spinnen, Kleinstkrebse) oder ihren Teilen. Das zunächst honigartig zähe Medium erstarrt nur langsam. Eine zusätzliche Umrandung der Deckgläser nach dem Aushärten des Mediums ist empfehlenswert.

▸ **Substanzen**
Gummi arabicum (gepulvert, enthält weniger Verunreinigungen als die Stückware), Glycerin, Chloralhydrat oder Fertiglösung (Chroma 3D-101)

▸ **Durchführung**
1. 30 g Gummi arabicum in 50 ml destilliertem H_2O kalt lösen.
2. Anschließend 20 g Glycerin und 20 g Chloralhydrat zugeben und gründlich verrühren.
3. Generell empfohlen wird Filtrieren der fertigen Lösung, die allerdings häufigen Filterwechsel erfordert und mit großem Materialverlust verbunden ist.
Diese gebrauchsfertige Mischung gut verschlossen aufbewahren.

Hinweis: Ähnlich zusammengesetzt ist die Fauresche Lösung. Sie besteht aus 2 Teilen Glycerin, 3 Teilen Gummi arabicum, 5 Teilen Chloralhydrat und 5 Teilen H_2O. Zur Konservierung setzt man der Mischung etwa Formol zu.

9.2.7 Wasserunlösliche Harze (Kategorie B)

Die meisten dieser Einschlussmittel weisen einen etwas höheren Brechungsindex auf als die wasserlöslichen und sind daher für viele Dauerpräparate das Mittel der Wahl. Außerdem härten sie stärker aus und garantieren so einen optimal festen Sitz der Deckgläser auf dem Objektträger. Vor dem Einschließen müssen die Präparate über Intermedien schonend entwässert werden. Bei Präparaten, die während der Vorbereitung in der Wärme (wie beispielsweise Bakterienausstriche über der Bunsenflamme) getrocknet werden, erübrigt sich dieser Arbeitsgang.

▸ **Substanzen**
  - Euparal (n_D = 1,48)
  Bezug: Carl Roth GmbH & Co., Schoemperlenstraße 1–5, Postfach 10 0121, 76231 Karlsruhe, Tel. 0721-5606-0, vgl. auch www.carl-roth.de
  - Entellan (n_D = 1,50; Merck 1.07960) bzw. Entellan neu (Merck 1.07961)
  - Eukitt (n_D = 1,48)
  Bezug: O. Kindler GmbH & Co., Ziegelhofstraße 214, 79110 Freiburg, Tel. ++49-[0]761-81077, Fax ++49-[0]761-89 2535, email: kindler@t-online.de
  - Malinol (n_D = 1,52; Chroma 3C-242)
  - DePeX (n_D = 1,53; Serva)
  - Merckoglas (n_D = 1,50 – 1,51; Merck 1.03973) und Merckoglas neu (n_D = 1,50, Merck 1.01954)

▸ **Durchführung**
  1. Euparal ist bereits mit 92%igem Ethanol mischbar. Die Objekte kann man direkt aus dieser Ethanol-Stufe in das Einschlussmedium übertragen. Das Medium eignet sich besonders für Chromosomenpräparate, die mit Karmin- oder Orcein-essigsäure gefärbt wurden. Auch Kleinteile von Gliederfüßern werden vorteilhaft darin eingeschlossen. Euparal härtet rasch aus und neigt kaum zu Trockenrissen.
  2. Für Entellan, Entellan neu, Eukitt, Malinol und DePeX ist zwischen der letzten Ethanolstufe und dem Einschlussmedium je eine Isopropanol- und eine Xylolstufe als Intermedium erforderlich (vgl. 9.2.8).

Malinol eignet sich für fast alle Routinepräparate, Entellan/Entellan neu und Eukitt zeichnen sich durch kurze Erstarrungszeiten aus und sind besonders für schwach gefärbte Präparate empfehlenswert.

Hinweis: Dünnschnitte von Objekten, die für die Mikrotomie zuvor in Epoxidharze eingebettet wurden, werden beim Eindecken mit den oben genannten Harzen wellig. Für solche Präparate empfiehlt sich das Einschließen in gewöhnliches Immersionsöl und die anschließende Umrandung der Deckgläser mit Deckglas- bzw. Nagellack.

  3. Merckoglas ist ein Eindeckmittel zur homogenen Beschichtung von Aus- und Abstrichen und wird anstelle eines Deckglases verwendet. Merckoglas neu wird direkt auf das Präparat aufgesprüht.

9.2.8 Entwässerung von Objekten (Alkoholstufen)

Fixierte biologische Materialien, die von den wässrigen Färbelösungen nicht sofort in konzentriertes Ethanol bzw. in Einschlussmittel der Kategorie B übertragen werden dürfen, entwässert man stufenweise und überführt sie dann schrittweise in höhere Konzentrationen, bis sie zuletzt in reinem Ethanol liegen. Dieser Arbeitsgang wird in den entsprechenden Arbeitsanleitungen als Entwässerung über Alkoholstufen bezeichnet. Für mäßig empfindliche Objekte, die wenig schrumpfen, empfiehlt sich der folgende Arbeitsplan. Die Aufenthaltszeit bemisst sich nach der Objektdicke. Wurzelspitzen, Stängelstückchen oder Blattstückchen je Stufe etwa 2 h, fertig gefärbte Dünnschnitte je Stufe dagegen nur etwa 2 – 3 min.

Üblicherweise verwendet man zum Entwässern Ethanol (Ethylalkohol, früher Äthylalkohol genannt). Ebenso geeignet sind aber auch die wesentlich preiswerteren Alkohole n-Propanol/Propylalkohol oder Isopropanol = i-Propanol/Isopropylalkohol). Für die meisten Zwecke genügt es, anstelle von Ethanol bis zum 100%igen Isopropanol auch den wesentlich preiswerteren Brennspiritus zu verwenden.

▸ **Durchführung**
  1. Objekt aus der wässrigen Färbelösung einlegen in
  - 30%igen Alkohol
  - 50%igen
  - 70%igen
  - 80%igen
  - absoluten Alkohol 1 (Ethanol: 96%ig, Propanol/ Isopropanol 100%)
  - absoluten Alkohol 2 (Wiederholung)
  2. Aus absolutem Alkohol übertragen in
  - Xylol 1
  - Xylol 2 (Wiederholung)
  3. Eindecken in Entellan, Eukitt oder Malinol

9.3 Färbe- und Nachweisverfahren

Die nachfolgend empfohlenen sowie die zuvor in den einzelnen Präparationsanregungen enthaltenen Färbeverfahren sind vielfach erprobte und oftmals geradezu klassische Rezepturen. Zahlreiche weitere Arbeitsvorschriften und Abwandlungen finden sich beispielsweise bei BANCROFT u. STEVENS (1992), BÖCK (1989), BOON u. DRIJVER (1996), BRAUNE u. a. (1999), BURCK (1988), GERLACH (1984), LYON (1991), SANDERSON (1994), SMITH u. BRUTON (1979) oder im Internet unter www.aeisner.de.
Nicht alle Verfahren funktionieren bei allen Objekten in der beschriebenen oder erwarteten Weise. Für experimentierfreudige MikroskopikerInnen eröffnet sich hier ein zusätzliches Betätigungsfeld. Bei manchen Verfahren kommt es zu unabsichtlichen oder planmäßigen Überfärbungen. Die so genannten Differenzierungsschritte dienen dann dem Herauslösen überschüssiger Farbstoffe aus dem Präparat und dem Abschwächen von Farbeffekten.

9.3.1 Burrischer Tuscheaustrich

Schwarze Zeichentusche ist im Unterschied zur Schreibtinte keine Farbstofflösung, sondern eine Aufschwemmung feinster Partikel. Man stellt damit außer Bakterienausstrichen auch Schleimhüllen von Einzellern oder fädigen Organismen dar. Diese Methode ist unter der Bezeichnung Burrisches Tuscheverfahren bekannt geworden und schon seit Jahrzehnten im Einsatz.

▸ **Lösung**
Käufliche schwarze Zeichentusche aus dem Schreibwarenfachhandel (z. B. Scriptol)

▸ **Durchführung**
1. Die mit dem Zahnstocher gewonnene Bakterienmasse aus den Zahnzwischenräumen auf dem Objektträger zusammen mit einem Tropfen Zeichentusche und einem kleinen Tropfen Wasser verrühren.
2. Mit einem zweiten, um etwa 45–30 ° gewinkelten Objektträger diese Mischung entsprechend der Abbildung auf S. 44 über den ersten ziehen.
3. Den so erhaltenen Ausstrich an der Luft trocknen. Das Präparat ist nach Trocknung viele Jahre haltbar.

9.3.2 Darstellung von Bakteriengeißeln

Bakteriengeißeln sind relativ schwierige und bei Routinefärbungen von Bakterienzellen normalerweise nicht darstellbare Objekte. Das folgende Verfahren bietet auch diese interessante Beobachtungsmöglichkeit:

▸ **Substanz**
Eisenalaun (Eisen-Ammonium-Alaun)

▸ **Lösungen**
a) 10%ige wässrige Lösung von Eisen-Ammonium-Alaun
b) Hämatoxylin-Lösung nach HEIDENHAIN (Fertiglösung Serva 24420.03, Chroma 2E-022) oder Selbstansatz (vgl. 9.3.26)

▸ **Durchführung**
1. An der Luft getrocknete Bakterienausstriche zwei Mal kurz durch die Flamme ziehen.
2. Anschließend Lösung a) auftropfen und bis zur Dampfbildung erhitzen.
3. Vorgang eventuell mit frischer Lösung a) wiederholen.
4. Dann mit destilliertem Wasser schnell abspritzen.
5. Sofort Lösung b) zugeben und wiederum erhitzen.
6. Anschließend Farblösung abtropfen lassen und mit fließendem Leitungswasser spülen.
7. Den gründlich an der Luft getrockneten Ausstrich kann man sofort in Kunstharz (Entellan, Malinol) einbetten.

9.3.3 Bakteriengeißel-Färbung nach Leifson

Für eine recht kontrastreiche Darstellung der empfindlichen Bakteriengeißeln empfiehlt sich auch das folgende in der professionellen Bakteriologie eingeführte Verfahren:

▸ **Substanzen**
Basisches Fuchsin (Chroma 1B-308), Tannin (Merck 1.59446, Chroma 3E-168), Kaliumaluminiumsulfalt-Dodecahydrat = Kalialaun (Merck 1.01047), Ethanol (96%ig)

▸ **Lösungen**
a) Gesättigte wässrige Alaun-Lösung
b) 20 g Tannin in 80 ml destilliertem H_2O unter leichter Erwärmung auflösen und Ansatz abkühlen lassen.
c) Gesättigte ethanolische Fuchsin-Lösung
d) 96%iges Ethanol
e) 20 ml Lösung a), 10 ml Lösung b), 15 ml Lösung c) sowie 3 ml Lösung d) in dieser Reihenfolge mischen. Diese gebrauchsfertige Farblösung ist in der verschlossenen Vorratsflasche etwa 8 d haltbar.

▸ **Durchführung**
1. Bakteriensuspension auf einen fettfreien Objektträger auftragen und flach ausstreichen.
2. Ausstrich an der Luft staubfrei trocknen lassen.
3. Kurz in der Flamme fixieren.
4. Fixierte Ausstriche für 10 min mit Farblösung e) überschichten und eventuell leicht erwärmen (25–30 °C).
5. Farblösung in kaltem Leitungswasser abspülen.
6. Präparat an der Luft trocknen lassen und gegebenenfalls in Kunstharz einschließen.

9.3.4 Brillantkresylblau für Einzelzellen

Mit diesem Vitalfarbstoff aus der Gruppe der Oxazine kann man Bakterien, Blutplättchen, weiße Blutzellen und Einzeller darstellen. Gefärbt werden die cytoplasmatischen Anteile der Objekte.

▸ **Substanz**
Brillantkresylblau (Merck 1.01368)

▸ **Lösung**
1,5 g Brillantkresylblau in 100 ml H_2O lösen. Diese Stammlösung ist längere Zeit haltbar.

▸ **Durchführung**
1. Objektsuspension mit 1–2 Tropfen stark verdünnter (1:50 bis 1:200) Stammlösung ausstreichen.
2. An der Luft trocknen lassen und unmittelbar beobachten.

9.3.5 Alizarinviridin-Chromalaun

In Algenzellen lassen sich mit dieser Färbung besonders eindrucksvoll die cytoplasmatischen Bestandteile (auch Pyrenoide) darstellen, während die Zellwände meistens ungefärbt bleiben. Auch die sonst schwer anfärbbaren Chloroplasten gewinnen damit eine annähernd natürlich erscheinende Grüntönung zurück. Fertiglösungen sind nahezu unbegrenzt haltbar. Ein Vorteil des Verfahrens ist auch, dass die Färbung in Glyceringelatine nach KAISER hervorragend stabil ist.

▸ **Substanz**
Alizarinviridin-Chromalaun (Fertiglösung Chroma 1A-382) oder Selbstansatz

▸ **Lösungen**
a) 5%ige wässrige Lösung von Chromalaun ansetzen und zum Kochen bringen.
b) 2 g Alizarinviridin unter ständigem Umrühren in der kochenden Lösung a) auflösen.
c) Gemisch erkalten lassen, filtrieren. In einer dicht schließenden Flasche lange haltbar.

▸ **Durchführung**
1. In Pfeifferschem Gemisch fixierte Algen gründlich mit H_2O ausspülen.
2. In gebrauchsfertige Lösung c) übertragen, Färbedauer mindestens 2–4 h.
3. Anschließend mit H_2O solange ausspülen, bis keine Farbe mehr austritt.
4. Einbetten in Glyceringelatine oder in Kunstharz (nach vorheriger Entwässerung).

9.3.6 Plasma-Färbung mit Eosin

Eosin ist chemisch ein Tetrabrom-Fluorescein und dient als nahezu universell einsetzbarer Farbstoff für Cytoplasma oder Gegenfärbungen in Verbindungen mit anderen Reagenzien (vgl. May-Grünwald-Verfahren).

▸ **Substanz**
Eosin Y (Handelbezeichnung auch Eosin yellow oder Eosin wasserlöslich; Chroma 2C-307) oder Fertiglösung (Merck 1.09844)

▸ **Lösung**
a) 0,1%ige Lösung in destilliertem H_2O und je 100 ml Farblösung 1 Tropfen Eisessig zugeben.

▸ **Durchführung**
1. Objekt je nach Dicke und Durchdringbarkeit 5–15 min mit Lösung a) überschichten.
2. anschließend in destilliertem H_2O auswaschen.
3. in 80%igem Ethanol differenzieren.

Hinweis: Handelsübliche rote Schreibtinte, die im schräg auffallenden Licht grünlich fluoresziert, ist gewöhnlich eine auch für die Mikroskopie gebrauchsfertige Eosin-Lösung.

9.3.7 Methylenblau-Lösung

Methylenblau ist ein basischer und in größerer Menge giftiger Farbstoff aus der Gruppe der Thiazine. Die Färbung ist denkbar einfach und im Routinebetrieb eine der wichtigsten Standardmethoden, auch zur Darstellung von Bakterien.

▸ **Substanz**
Methylenblau gibt es als Fertiglösung (Merck 1.15943, Serva 29198.01). Anderenfalls verwendet man die Reinsubstanz (Merck 1.15942, Chroma 1B-431).

▸ **Lösungen**
a) 1%ige Lösung in destilliertem H_2O
b) Man kann mit zufrieden stellendem Erfolg für schnelle Übersichtsfärbungen vielfach auch blaue Schreibtinte aus der Füllerpatrone verwenden, denn diese besteht oft aus Methylenblau. Die gebrauchsfertige Lösung ist viele Monate haltbar.
c) Erstaunlich gute Färbergebnisse bei kleineren Einzellern (auch Bakterien) erhält man bei Verwendung der (heute leider nicht mehr überall erhältlichen) Kopierstifte aus dem Schreibwarenhandel.

▸ **Durchführung**
1. Tropfen der Farbstofflösung durch das Präparat hindurchziehen.
2. Bei etwaiger Überfärbung mit H_2O, Ethanol (70%ig) oder Essigsäure (0,1%ig) differenzieren.

9.3.8 Methylenblau-Lösung nach Löffler

Zur Färbung von Bakterien, Blutzellen und anderen Ausstrichen wird häufig eine Abwandlung der Standardversion der Methylenblaufärbung verwendet.

▸ **Substanzen**
Methylenblau (Merck 1.15942, Serva 29198.01, Chroma 1B-431), Ethanol (96%ig), Kalilauge (10%ig)

▸ **Lösungen**
a) Gesättigte wässrige Lösung von Methylenblau
b) Ethanol (96%ig)
c) Kalilauge (KOH), 0,01%ig
d) Lösungen a) und b) im Verhältnis 1:1 mischen
e) Lösung d) im Verhältnis 1:1 mit Lösung c) mischen (= gebrauchsfertiges Reagenz)
Die gebrauchsfertige Lösung ist längere Zeit haltbar.

▸ **Durchführung**
1. Farblösung auftragen.
2. Eventuell mit destilliertem H_2O, Ethanol (70%ig) oder Essigsäure (0,1%ig) differenzieren.

9.3.9 Methylenblau-Fuchsin-Färbung

Zum raschen Nachweis bzw. Erkennen von Bakterien in beliebigen Präparationen dient die folgende einfache und rasche Färbemethode:

▸ **Substanzen**
Methylenblau-Lösung nach Löffler (vgl. 3.8), basisches Fuchsin (Merck 1.15937, Serva 21916.02, Chroma 1B-308)

▸ **Lösungen**
a) Methylenblau-Lösung nach LÖFFLER
b) 10%ige ethanolische Lösung von basischem Fuchsin, 1:10 mit destilliertem H_2O verdünnt

c) zum Gebrauch 10 ml Lösung a) und 1 ml Lösung
   b) mischen (Mischung ist nur kurze Zeit haltbar)
▸ **Durchführung**
   1. Ausstriche von bakteriellem Material 2–5 min
      in Methanol fixieren und an der Luft trocknen.
   2. Trockenen Ausstrich mit Farbstofflösung c) be-
      decken und etwa 30–60 s lang einwirken lassen.
   3. Mit Leitungswasser abspülen.
   4. Trocknen lassen und eventuell in Kunstharz
      (Entellan, Eukitt, Malinol o. ä.) einbetten.

9.3.10 Methylenblau-Eosin für Cyano-bakterien

Die kontrastbetonende Darstellung von Chromato-
plasma (rot) und Centroplasma (blau) der Cyanobakterien gelingt mit der folgenden einfachen Doppel-
färbung:
▸ **Substanzen**
   Methylenblau (Merck 1.15943, Chroma 1B-431),
   Eosin Y (Chroma 2C-307; 0,5%ige Fertiglösung:
   Merck 1.109844 ist nicht konzentriert genug!)
▸ **Lösungen**
   a) Konzentrierte wässrige Lösung von Methylenblau
      (ca. 10 %ig)
   b) Konzentrierte wässrige Lösung von Eosin Y
      (ca. 3 %ig)
   c) 4 Teile Lösung a) und 1 Teil Lösung b) zur
      gebrauchsfertigen, haltbaren Färbelösung ver-
      mischen.
▸ **Durchführung**
   1. Vorfixierte Zellen für 2–4 min mit Farblösung c)
      überschichten.
   2. Gründlich mit destilliertem H_2O auswaschen.
   3. Für die Weiterverarbeitung zum Dauerpräparat
      entwässern und in Kunstharz einbetten.

9.3.11 Methylblau-Eosin-Färbung (Biazid-Verfahren nach Mann)

Das 1894 von Mann eingeführte Färbeverfahren
eignet sich hervorragend als Protoplasma-Übersichts-
färbung zur feinen farblichen Differenzierung insbesondere von tierischen Zellen oder Geweben, beispielsweise von Muskulatur. Das Cytoplasma färbt
sich violett bis rosa, die Zellkerne blau, ihre Kernkörperchen rot.
▸ **Substanzen**
   Methylblau, (Merck 1.16316, entspricht Anilinblau,
   Chroma 1B-501; Baumwollblau; Chroma 1B-495),
   Eosin Y (Chroma 2C-307, Fertiglösung Merck
   1.09844), Orange G (Merck 1.15925, Chroma
   1B-221)
▸ **Lösungen**
   a) 0,5–1%ige wässrige Lösung von Eosin Y
   b) 1%ige wässrige Lösung von Methylblau
      (Achtung: nicht Methylenblau verwenden!)
   c) 45 ml Lösung a) und 35 ml Lösung b) vermischen
      und 100 ml destilliertes H_2O hinzugeben. Diese
      gebrauchsfertige Lösung ist in der verschlosse-
      nen Vorratsflasche lange haltbar.
   d) 0,01%ige Lösung von Orange G in 70 %igem
      Ethanol
▸ **Durchführung**
   1. Objekte 12–24 h lang in Lösung c) einlegen.

2. Anschließend in Lösung d) 5–10 min lang
   differenzieren.
3. Für die Verarbeitung zu Dauerpräparaten entwässern und in Kunstharz einbetten.

9.3.12 Kernfärbung mit Kresylechtviolett

Mit diesem Ansatz färben sich die Zellkerne violett,
Nissl-Substanzen und andere Membranbestandteile
des Cytoplasmas blau sowie Schleimsubstanzen
rötlich.
▸ **Substanz**
   Kresyl(echt)violett (Merck 1.05235)
▸ **Lösung**
   a) 0,1 g Kresyl(echt)violett in 10 ml destilliertem
      H_2O auflösen
▸ **Durchführung**
   1. Objekt in Ethanol (96 %ig) fixieren.
   2. 5 min in Lösung a) färben.
   3. Anschließend 2–5 min lang in reinem Ethanol
      (96 %ig) soweit differenzieren, bis das Cyto-
      plasma entfärbt ist (unbedingt mikroskopische
      Kontrolle).

9.3.13 Fluorochromierung mit Acridin-orange

Seit der Entwicklung der Fluoreszenzmikroskope ist
diese Färbung wegen ihrer Einfachheit eines der am
häufigsten angewendeten Standardverfahren. Bei
Anregung durch Blaulicht fluoreszieren die meisten
gramnegativen Bakterien grünlich, die grampositiven
kräftiger rötlich.
▸ **Substanz**
   Acridinorange-$ZnCl_2$ (Merck 1.15931, Serva
   10665.03, Chroma 1B-307)
▸ **Lösung**
   a) 0,1 g Acridinorange in 500 ml Leitungswasser
      auflösen. Reagenz jeweils vor Gebrauch frisch
      ansetzen.
▸ **Durchführung**
   1. Frische, nicht ausgetrocknete oder hitzefixier-
      te Ausstriche beispielsweise von Bakterien
      sofort mit einigen Tropfen von Lösung a) be-
      decken.
   2. Farblösung ca. 5–10 min lang einwirken lassen.
   3. Deckglas auflegen und überschüssige Farb-
      lösung mit Filtrierpapier absaugen.

9.3.14 Lugolsche Lösung

Diese Lösung gehört zum unentbehrlichen Standard-
reagenz in jedem mikroskopischen Labor. Man verwendet sie zum Protein- und Stärkenachweis vor allem
in pflanzlichen Präparaten. Proteine (Eiweiße) färben
sich licht gelblichbraun, Stärke (Amylopektin) durch
Bildung einer Iod-Einschlussverbindung intensiv
violettblau bis schwarz.
▸ **Substanzen**
   Kaliumiodid (KI),Iod (elementar) oder Fertiglösung
   (Merck 1.09261, Chroma 3D-072)
▸ **Lösungen**
   a) Zunächst 2 g Kaliumiodid in 100 ml destilliertem
      H_2O auflösen.
   b) Anschließend in a) 1 g elementares Iod lösen.

Alternativ ist häufig auch Iodtinktur in Gebrauch:

► **Lösung**
a) 3 g Kaliumiodid und 7 g Iod nacheinander in 100 ml 92%igem Ethanol auflösen oder Fertiglösung aus der Apotheke.
Die gebrauchsfertigen Lösungen sind längere Zeit haltbar.

► **Durchführung**
Farbstofflösung zum Nachweis von Chloroplastenstärke oder Algenpyrenoiden unverdünnt durch das Objekt mit einem Filtrierpapierstreifchen durchsaugen. Zur Amyloplastenfärbung verwendet man besser eine mit Leitungswasser 3:1 verdünnte Lösung.

9.3.15 Inulin-Nachweis mit Naphthol-Schwefelsäure

Die unterirdischen Speicherorganen mancher Pflanzen, beispielsweise der Korbblütengewächse und der Gräser, lagern keine Stärke (Amylopektin mit Glucose-/Traubenzucker-Bausteinen) ein, sondern das strukturverwandte Inulin, das aus Fructose/Fruchtzucker-Bausteinen aufgebaut ist. Die hier verwendete Nachweisreaktion beruht auf der bekannten Molisch-Probe.

► **Substanzen**
α-Naphthol, 96%iges Ethanol, konzentrierte Schwefelsäure (H_2SO_4, Vorsicht: stark ätzend!)

► **Lösung**
a) 20%ige Lösung von α-Naphthol in 96%igem Ethanol

► **Durchführung**
1. Schnitte mit Lösung a) überschichten.
2. Vorsichtig 2 Tropfen konzentrierte Schwefelsäure hinzugeben.
Die Inulindepots färben sich nach dieser Behandlung violett.

9.3.16 Neutralrot-Lösung

Neutralrot ist ein synthetischer Vitalfarbstoff (zum Beispiel zur Darstellung pflanzlicher Vakuolen), der in der analytischen Chemie auch als Indikatorfarbstoff verwendet wird.

► **Substanz**
Neutralrot (Merck 1.01369, Serva 30305.01, Chroma 1B-469)

► **Lösung**
0,1–0,2 g Neutralrot-Pulver in 100 ml destilliertem H_2O auflösen (= haltbare Stammlösung)

► **Durchführung**
Erst vor Gebrauch einen Teil der Stammlösung im Verhältnis 1: 5 mit gewöhnlichem (leicht alkalischem) Leitungswasser mischen. Dabei schlägt die kirschrote Farbe der Stammlösung nach dunklem Rotbraun um. Diese Gebrauchslösung ist nur wenige Stunden haltbar.

9.3.17 Gerbstoffnachweis mit Eisen(III)-chlorid

Der unangenehme Geschmack vieler Pflanzen(teile) geht auf den Gehalt von Gerbstoffen zurück, die oft in besonderen Vakuolen eingelagert sind. Sie lassen sich mit einer einfachen mikrochemischen Reaktion leicht nachweisen.

► **Substanz**
Eisen(III)-chlorid-Hexahydrat, $FeCl_3 \cdot 6 H_2O$ (Merck 1.03943)

► **Lösung**
a) 16,7 g $FeCl_3 \cdot 6 H_2O$ mit destilliertem H_2O auf 100 ml auffüllen.

► **Durchführung**
1. Schnitte mit Reagens überschichten.
2. Gerbstoffe werden durch blauschwarze oder blaugrünliche Niederschläge sichtbar.

9.3.18 Calciumoxalat-Nachweis mit Schwefelsäure

Die in den Vakuolen vieler Pflanzenzellen enthaltenen Kristalldepots bestehen in den meisten Fällen aus dem Calciumsalz der Oxalsäure, obwohl sehr unterschiedliche Kristallformen (Kristallsand, Solitärkristalle, Raphiden, Drusen) vorkommen. Mit einer einfachen Umkristallisation lässt sich ihre chemische Natur klar erkennen.

► **Substanz**
konzentrierte Schwefelsäure (H_2SO_4, Vorsicht: stark ätzend!)

► **Durchführung**
1. Schnitte in Chloralhydrat aufhellen (vgl. Verfahren 9.1.21).
2. Vorsichtig 1 Tropfen konzentrierte H_2SO_4 durch das Präparat saugen.
3. Etwaige Reagenzienreste von Präparationswerkzeugen oder Mikroskop sofort mit reichlich Wasser entfernen.
4. Bei kleiner Vergrößerung beobachten, wie die Calciumoxalatkristalle randlich allmählich aufrauen und sich schließlich auflösen.
5. An ihrer Stelle bilden sich allmählich dünne Nadeln aus Gips (Calciumsulfat, $CaSO_4$).

9.3.19 Karmin-Essigsäure

Dient zur Darstellung von Zellkernen und Chromosomen. Karmin ist ein Naturfarbstoff von bisher nicht letztlich geklärter chemischer Struktur, den man aus weiblichen Schildläusen der Art *Dactylopius coccuscacti* (Cochenille-Schildläuse) gewinnt. Diese leben auf bestimmten Kakteen, vor allem der Gattung *Opuntia*.

► **Substanzen**
Karmin (Merck 1.15933, Serva 16180.01, Chroma 5A-176), Essigsäure

► **Lösungen**
a) Essigsäure, 45%ig
b) 2 g Karmin in 100 ml Lösung a) auf kleiner Flamme 30 min lang kochen.
c) Lösung nach dem Erkalten filtrieren und im geschlossenen Gefäß aufbewahren.

► **Durchführung**
1. Ausstrich oder Schnittpräparat mit Farbstofflösung überschichten.
2. Deckglas auflegen.
3. Über der Flamme (oder Mikroskopierleuchte) mehrfach kurz bis fast zum Sieden erhitzen.
4. Präparat quetschen und durchmustern.

9.3.20 Orcein-Essigsäure

Orcein ist ein ursprünglich aus Flechten gewonnener Naturfarbstoff und färbt Zellkerne bzw. Chromosomen häufig wesentlich kontrastreicher als Karmin-Essigsäure. Heute ist weithin synthetisches Orcein in Gebrauch.

▸ **Substanz**
Orcein (Merck 1.07100, Chroma 2C-198)
Herstellung und Anwendung erfolgen wie unter 9.3.19 angegeben.

9.3.21 Nigrosin-Färbung

Bei manchen Objekten, beispielsweise bei Algen und Pilzen, lassen sich Zellkerne und Chromosomen kontrastreich mit diesem wenig bekannten, aber empfehlenswerten Farbstoff darstellen.

▸ **Substanz**
Nigrosin (Merck 1.15924, Chroma 1B-161)
▸ **Lösungen**
a) Eisessig : H_2O = 1: 1 verdünnen.
b) Nigrosin 0,2%ig in Lösung a) ansetzen.
▸ **Durchführung**
1. Objekt 5 min lang in Farblösung b) einlegen oder auf dem Objektträger überschichten.
2. Überschüssige Farbe absaugen und Objekt in Wasser untersuchen.

Hinweis: Diese Färbung eignet sich auch anstelle von Karmin- oder Orcein-Essigsäure für Quetschpräparate von Wurzelspitzen oder Zuckmücken-Speicheldrüsen.

9.3.22 Carbolfuchsin-Färbung

Klassische Standardfärbung zur Darstellung von Zellkernen und Chromosomen.

▸ **Substanzen**
Diamantfuchsin (basisches Fuchsin, Merck 1.15937, Serva 21916.02, Chroma 1B-297)
Phenol (Carbol; Merck 1.00206)
▸ **Lösungen**
a) 5 g Diamantfuchsin (basisches Fuchsin) in 100 ml 70 %igem Ethanol lösen (Stammlösung).
b) 10 ml Lösung a) mit 90 ml destilliertem H_2O mischen und 5 g kristallines Phenol einrühren (längere Zeit haltbar).
▸ **Durchführung**
1. Kleinere Farblösungsmenge vor Gebrauch durch ein Faltenfilter auf ein Uhrglas filtrieren.
2. Ausstriche oder Quetschpräparate mit dieser Lösung überschichten und 5 min lang einwirken lassen.
3. Anschließend mit Wasser auswaschen und Präparat an der Luft trocknen lassen.

9.3.23 Feulgensche Nuclealreaktion

Diese wichtige und auch in der Forschung vielfach eingesetzte Methode dient dem Nachweis von Desoxyribonukleinsäure (DNA) in Zellkernen oder im Kernäquivalent von Bakterien. Sie kann auch zur Chromosomenfärbung verwendet werden.

▸ **Substanzen**
Basisches Fuchsin (p-Rosanilin, Merck 1.15937, Serva 21916.02, Chroma 1B-297), Ethanol 96 %ig, Natriumdisulfit ($Na_2S_2O_5$), 1 N Salzsäure (HCl)

▸ **Lösungen**
a) Basisches Fuchsin bis zur Sättigung in 96 %igem Ethanol auflösen.
b) 1 ml Lösung a) in 25 ml einer 1 N Salzsäure geben.
c) Mit 200 ml einer 10 %igen Natriumdisulfit-Lösung auffüllen.
d) Ansatz 24 h stehen lassen und gelegentlich umschütteln. Belichtung vermeiden.
e) Filtrieren und in dunkler Flasche aufbewahren. Die Lösung ist haltbar, solange sie noch keinen Rotstich aufweist.
f) Unmittelbar vor Gebrauch 50 ml einer wässrigen 10 %igen Lösung von Natriumdisulfit mit 100 ml H_2O und 5 ml 1 N HCl vermischen; die Lösung muss deutlich nach SO_2 riechen.
▸ **Durchführung**
1. Vorfixierte Ausstriche, Schnitte oder Quetschpräparate für einige s mit kalter 1 N HCl überschichten.
2. Objektträger anschließend im Wasserbad für ca. 5–10 min in ca. 60 °C heiße 1 N HCl einstellen.
3. Anschließend erneut mit kalter 1 N HCl abspülen.
4. Mit gebrauchsfertigem Feulgen-Reagenz überschichten und 30 min (Ausstriche) bis 4 h (Schnitte) einwirken lassen.
5. überschüssiges Feulgen-Reagenz anschließend entfernen: Objektträger dazu für 15–30 min in Lösung f) stellen und mehrfach leicht schwenken.
6. Objektträger 30–60 min in Leitungswasser stellen und dieses häufig wechseln.

9.3.24 Giemsa-Lösung

Bei manchen Objekten fällt die Feulgen-Reaktion nur schwach aus oder versagt vollends. Zur Darstellung der Kernäquivalente bei Bakterien und der Zellkerne bei Pilzen verwendet man vorteilhaft dieses im Vergleich zur Feulgen-Färbung einfachere Verfahren. Es stellt alle DNA-haltigen Strukturen rotviolett bis tiefblau dar.

▸ **Substanz**
Giemsa-Fertiglösung (Merck 1.09203), 1 N HCl
▸ **Lösungen**
a) 1 N HCl (hinreichend genaue Näherung: 10 ml konzentrierte Salzsäure im Messkolben mit H_2O auf 100 ml auffüllen).
b) Giemsa-Fertiglösung 1:9 mit Leitungswasser von etwa pH 7 (oder einem entsprechenden Phosphat-Puffer) mischen.
▸ **Durchführung**
1. Ausstriche oder Schnitte 1–2 h in Carnoyschem Gemisch (vgl. 9.1.12) fixieren und anschließend in destilliertes H_2O übertragen.
2. Präparate 5–6 min bei 60 °C im Wasserbad in Lösung a) einstellen.
3. HCl mehrfach in Leitungswasser (pH 7) auswaschen.
4. Färbung für 3 h (Bakterien) bzw. 5 h (Pflanzen, Pilze) in Lösung b).
5. In Leitungswasser oder Pufferlösung gründlich abspülen und an der Luft trocknen.
6. Für Dauerpräparate eventuell mit einem Tropfen Xylol bedecken und in Kunstharz (Entellan, Eukitt oder Malinol) einbetten.

9.3.25 Kernfärbung mit Thionin

In Frischpräparaten ergeben Färbungen mit Thionin kräftige, kontrastreich blaue Darstellungen von Zellkernen. Für Dauerpräparate ist die Färbung weniger geeignet, da sie mit der Zeit verblasst.

▸ **Substanz**
Thionin (Merck 1.15929, Serva 36245.02)

▸ **Lösung**
a) 1%ige wässrige (= nahezu gesättigte) Lösung (haltbare Stammlösung)

▸ **Durchführung**
1. Tropfenweise durch Schnittpräparate hindurchziehen oder Objekt in stärker (1:20 mit H_2O) verdünnter Lösung überdecken.
2. Färbedauer 5–10 min, bei verdünnter Lösung materialabhängig eventuell auch bis 24 h.

9.3.26 DNA- und RNA-Nachweis

Innerhalb des Zellkerns (Interphasekern) befinden sich gewöhnlich darstellbare Mengen an RNA, die man mit einer einfachen unterscheidenden Färbung sichtbar machen kann.

▸ **Substanzen**
Methylgrün (Merck 1.15944, Serva 29295.01, Chroma 1A-292), Pyronin G (Merck 1.07518, Serva 35075.01, Chroma 1B-357), geeignet auch Pyronin GS und Y, n-Butanol

▸ **Lösungen**
a) 2%ige wässrige Lösung von Pyronin G, GS oder Y
b) 2%ige wässrige Lösung von Methylgrün
Hinweis: Die Lösung muss frei sein von Methylviolett; eventuell wird diese Begleitsubstanz aus Lösung b) in einem Erlenmeyerkolben so lange mit Chloroform ausgewaschen, bis dieses farblos bleibt.
c) 12,5 ml Lösung a) und 7,5 ml Lösung b) mit 30 ml destilliertem H_2O vermischen (= gebrauchsfertige Lösung).

▸ **Durchführung**
1. Möglichst in Carnoyschem Gemisch (9.1.12) oder FAE-Gemisch (9.1.13) fixierte Schnitte in 96%igem Ethanol auswaschen.
2. Schnitte auf einem Objektträger für 6 min mit Lösung c).
3. Mit Filtrierpapier überschüssige Farblösung absaugen.
4. Mit zwei Mal gewechseltem n-Butanol differenzieren (mikroskopische Kontrolle).

Ergebnis: Die DNA zeigt sich im Zellkern grün, die RNA (vor allem der Kernkörperchen) rot.

9.3.27 Eisenhämatoxylin nach Heidenhain

Die sehr bekannte, aber etwas aufwändige Standardfärbung liefert äußerst kontrastreiche Darstellungen fast aller lichtmikroskopisch sichtbaren Strukturbestandteile einer Zelle. Man wendet sie vorteilhaft an dünnen Schnitten oder allenfalls bei sehr flachen Quetschpräparaten an.

▸ **Substanzen**
Eisenammonium-Alaun (= Eisen-III-ammoniumsulfat, Eisenalaun), Hämatoxylin (Merck 1.15938), Natriumiodat (NaIO₃) oder Fertiglösung (Serva 24420.03, Chroma 2E-022)

▸ **Lösungen**
a) Beizlösung: 500 ml 4%ige wässrige Lösung von Eisenalaun mit 5 ml Eisessig und 6 ml 10%iger Schwefelsäure (H_2SO_4) mischen.
b) Farblösung: 0,5 g Hämatoxylin in 10 ml 92%igem Ethanol oder i-Propanol (2-Propanol) unter leichtem Erwärmen auf einer Kochplatte lösen, anschließend 90 ml destilliertes H_2O zufügen und dann 0,1 g NaIO₃ hinzugeben – die Lösung schlägt augenblicklich nach dunkelrot um. Sie ist die verwendungsfähige und lange haltbare Stammlösung.
c) Differenzierungslösung: 2,5%ige wässrige Eisenalaunlösung oder HCl-Ethanol (1–2 Tropfen konzentrierte HCl in 100 ml 96%igem Ethanol)

▸ **Durchführung**
1. Objekte in H_2O spülen und in Beizlösung a) einlegen (Algen 30 min, Pflanzenschnitte 2–3 h, Pilze 12 h).
2. Beizlösung mit öfters gewechseltem destilliertem H_2O auswaschen.
3. Färben in der 1:1 mit destilliertem H_2O verdünnten Gebrauchslösung b). Färbezeiten: Algen 1 h, Pflanzenschnitte 2–6 h, Pilze 12–24 h.
4. Überschüssige Farblösung dekantieren und mit H_2O gründlich abspülen.
5. Eventuell unter ständiger mikroskopischer Kontrolle differenzieren mit Lösung c).
6. Differenzierungslösung in H_2O gründlich auswaschen.
7. Objekt gegebenenfalls als Dauerpräparat einschließen in wässriges oder – nach Entwässerung – in nicht-wässriges Einschlussmedium.

9.3.28 Hämatoxylin (Hämalaun) nach Mayer

Im Unterschied zur klassischen Hämatoxylinfärbung nach HEIDENHAIN (Verfahren 9.3.27) erfolgen Beizung und Färbung der Objekte beim nachfolgenden Verfahren in der gleichen Lösung. Diese Rezeptur eignet sich besonders zur Darstellung der Zellkerne und des Cytoplasmas von Algen und Pilzen, während die Zellwände gewöhnlich farblos bleiben.

▸ **Substanzen**
Hämatoxylin (Merck 1.15938), Kaliumaluminiumsulfat-Dodecahydrat = Kalialaun (Merck 1.01047), Natriumiodat (NaIO₃), Chloralhydrat, Citronensäure, Ammoniak oder Fertiglösung (Merck 1.09249)

▸ **Lösungen**
a) 1 g Hämatoxylin in 1000 ml 5%iger wässriger Lösung von Kalium-Aluminium-Alaun
b) Lösung a) anschließend mit 0,2 g NaIO₃ als Oxidationsmittel versetzen: Die hellrote Farbe schlägt nach Dunkelrot um (= Stammlösung)
c) In 100 ml dieser Stammlösung 5 g Chloralhydrat und 0,1 g Citronensäure auflösen. Diese gebrauchsfertige Stammlösung ist im gut verschlossenen Vorratsgefäß längere Zeit haltbar.

▸ **Durchführung**
1. Objekte aus der Fixierlösung in destilliertes H_2O übertragen und mehrfach gründlich spülen.
2. Anschließend für 10–15 min in Farblösung c) geben. Mikroskopische Kontrolle: Die Zellkerne müssen deutlich gefärbt sein.

3. Gefärbte Objekte kurz in destilliertem H_2O abspülen und in leicht ammoniakalisches Leitungswasser (oder eine 0,3%ige wässrige Lösung von Natriumhydrogencarbonat, $NaHCO_3$) übertragen.
4. Diese Lösung, in der die Präparate gebläut werden, alle 30 min wechseln.
5. Abspülen in destilliertem H_2O, entwässern und gegebenenfalls in Neutralharz eindecken.

9.3.29 Hämatoxylin (Hämalaun) nach Ehrlich

Diese hervorragend haltbare Lösung, die der berühmte Bakteriologe PAUL EHRLICH in die Wissenschaft einführte, färbt bei tierischen Geweben fast nur die Zellkerne, bei pflanzlichen auch zusätzlich die unverholzten Zellwände.

▸ **Substanzen**
Hämatoxylin (Merck 1.15938), Ethanol, Isopropanol, Glycerin, Kaliumaluminiumsulfat-Dodecahydrat = Kalialaun (Merck 1.01047), Eisessig

▸ **Lösungen**
a) 1 g Hämatoxlin in 50 ml 96%igem Ethanol lösen.
b) 50 ml destilliertes H_2O, 50 ml Glycerin und 1,5 g Kalialaun hinzugeben und länger rühren, damit sich möglichst viel Alaun löst.
c) 5 ml Eisessig zugeben.
d) Lösung in dunkler Flasche nur lose verschlossen (mit Kappe aus Alu-Folie) mindestens 14 d lang reifen lassen. Anschließend ist sie gebrauchsfertig und wird fest verschlossen aufbewahrt. Sie ist mehrere Jahre haltbar. Die gebrauchsfertige Lösung sollte gelegentlich zur Entfernung etwaiger Niederschläge filtriert werden.

▸ **Durchführung**
1. Frische oder vorfixierte Schnitte aus destilliertem H_2O in die Farblösung überführen bzw. damit überschichten und 5–10 min lang einwirken lassen.
2. Anschließend 10–15 min in leicht alkalischem Leitungswasser unter leichtem Schwenken des Objektträgers auswaschen – der Farbton schlägt jetzt um nach Blau.
3. In destilliertem H_2O auswaschen, über Alkoholstufen entwässern und mit Xylol als Intermedium in Kunstharz eindecken.

9.3.30 Hämatoxylin (Hämalaun) nach Delafield

Auch bei diesem Verfahren erfolgt das Beizen und Färben der Objekte in der gleiche Lösung. Im Unterschied zum Verfahren nach MAYER (9.3.28) erfasst die hier beschriebene Färbung außer Cytoplasma und Zellkern auch nicht verholzte und nicht verkorkte Zellwände aus Cellulose oder Pektin intensiv blau. Die Färbung fällt meist etwas diffuser aus als beim Verfahren nach EHRLICH (9.3.29).

▸ **Substanzen**
Hämatoxylin (Merck 1.15938), Ammoniumaluminiumsulfat, Natriumiodat ($NaIO_3$), Glycerin, Methanol (100%ig) oder Fertiglösung (Merck 1.09252)

▸ **Lösung**
a) 1 g Hämatoxylin in 6 ml 92%igem Ethanol oder Isopropanol lösen.

b) Lösung a) in 100 ml gesättigte, wässrige Lösung von Ammoniumaluminiumsulfat (= ca. 4 g in 100 ml H_2O) geben und 0,2 g $NaIO_3$ als Oxidationsmittel zusetzen.
c) Zu Lösung b) 25 ml Glycerin und 25 ml 100%iges Methanol geben. Diese gebrauchsfertige Lösung ist viele Jahre haltbar und sollte gelegentlich zur Entfernung etwaiger Niederschläge filtriert werden.

▸ **Durchführung**
1. Objekte aus der Fixierlösung in destilliertes H_2O übertragen und mehrfach gründlich spülen.
2. In Farblösung c) übertragen und 2–5 min einwirken lassen (objektabhängig, ausprobieren).
3. vorgefärbte Objekte zum Bläuen kurz in destilliertem H_2O abspülen und in leicht ammoniakalisches Leitungswasser (oder eine 0,3%ige wässrige Lösung von Natriumhydrogencarbonat, $NaHCO_3$) übertragen.
4. Diese Lösung alle 30 min wechseln.
5. Abspülen in destilliertem H_2O, entwässern und gegebenenfalls in Neutralharz eindecken.

9.3.31 Rhodamin B

Mit diesem lipophilen Farbstoff ist eine typische Fluorochromierung der Membransysteme in der Zelle – die Farbeffekte lassen sich anschließend nur im Fluoreszenzmikroskop bei Anregung mit kurzwelligem Blaulicht beobachten.

▸ **Substanz**
Rhodamin B (Merck 1.07599, Chroma 1B-367)

▸ **Lösung**
a) 0,01 g Rhodamin B in 100 ml abgekochtem Leitungswasser (möglichst ohne stärkere Chlorzusätze) auflösen oder Pufferlösung von pH 7 verwenden.

▸ **Durchführung**
Objekte (Schnitte oder Ausstriche) für 10 min mit Lösung a) überschichten, dann mit H_2O auswaschen und darin untersuchen. Kernmembranen leuchten hellgelb auf, Mitochondrien stärker goldgelb, das übrige Cytoplasma eher diffus gelblich.

9.3.32 Phloroglucin-HCl

Zum Nachweis der Holzsubstanz Lignin in verholzten pflanzlichen Zellwänden verwendet man die empfindliche und recht spezifisch ablaufende histochemische Reaktion mit Phloroglucin-HCl. Dieses klassische Nachweismittel ist wegen der darin verwendeten konzentrierten Salzsäure jedoch kritisch und durch neuere Färbeverfahren nach ETZOLD (9.3.49), ROESER (9.3.50) oder mit dem sehr empfehlenswerten ACN-Gemisch (9.3.51) vollwertig zu ersetzen.

▸ **Substanzen**
Phloroglucin (Merck 1.07069) oder Fertiglösung (Chroma 3C-259), konzentrierte Salzsäure (HCl; Vorsicht: ätzend)

▸ **Lösungen**
a) 5 g Phloroglucin in 100 ml 96%igem Ethanol lösen.
b) Lösung a) anschließend 1:1 mit konzentrierter HCl versetzen.
Die Lösung ist einige Monate haltbar und nur tauglich, solange sie noch hellgelb ist. Im Zweifelsfall

kann man die Funktionsfähigkeit makroskopisch an billigem (holzhaltigem) Zeitungspapier testen.

▸ **Durchführung**
1. Frischen unfixierten Schnitt mit gebrauchsfertiger Farblösung überschichten.
2. Makroskopisch sichtbare Farbreaktion (Umschlag nach Karminrot) abwarten.
3. Farblösung mit Leitungswasser gründlich auswaschen.
4. Mit Deckglas abdecken und beobachten.

Wichtig: Lignin-Nachweise mit Phloroglucin-HCl grundsätzlich nicht auf dem Objekttisch des Mikroskops durchführen, sondern in genügendem Abstand, denn das Nachweisreagenz setzt ätzende Dämpfe frei, die auch die Mikroskopoptik angreifen.

9.3.33 Rutheniumrot

Die Binnenstrukturen pflanzlicher Zellwände lassen sich sehr vorteilhaft und äußerst differenziert mit dieser bedauerlicherweise nur selten angewendeten Färbung darstellen.

▸ **Substanz**
Rutheniumrot (Merck 1.12319, Serva 34580.01, Chroma 3F-153), Ammoniak-Lösung (NH_3 bzw. NH_4OH)

▸ **Lösungen**
a) 0,01 g Rutheniumrot in 50 ml destilliertem H_2O auflösen.
b) Wenige Tropfen konzentrierte Ammoniak-Lösung zu a) geben.
c) Gebrauchsfertige Lösung in dunkler Vorratsflasche aufbewahren.

▸ **Durchführung**
1. Frischen oder beliebig fixierten Pflanzenschnitt für 5–10 min in Farbstofflösung legen.
2. Anschließend in H_2O auswaschen und differenzieren.
3. Schnitt in Glycerin legen.
4. Beobachtung mit einem kräftigen Grünfilter: Die fein differenzierten Zellwandstrukturen zeigen sich als gut unterscheidbare Grauabstufungen.

9.3.34 Chlorzinkiod-Lösung

Als verhältnismäßig zuverlässiger Nachweis des Zellwandbaustoffs Cellulose gilt die Chlorzinkiod-Reaktion, insbesondere bei Sekundärwänden, die überwiegend oder ausschließlich Cellulose eingelagert haben. Cellulose färbt sich schieferblau an, mit Lignin, Korksubstanz (Suberin) oder Cutin imprägnierte Zellwände dagegen gelblich. Zum makroskopischen Test der Lösung kann man gewöhnliche Watte oder ein blütenweißes Papiertaschentuch verwenden.

▸ **Substanzen**
Kaliumiodid (KI), elementares Iod, Zinkchlorid ($ZnCl_2$) oder Fertigreagenz (Chroma 3D-059)

▸ **Lösungen**
a) 6,5 g Kaliumiodid in 10 ml destilliertem H_2O lösen und anschließend 1,3 g elementares Iod zugeben.
b) 20 g Zinkchlorid zugeben – es bildet sich nun ein kristalliner Niederschlag.
c) Lösung filtrieren. Das Filtrat ist das nur wenige Wochen haltbare Nachweisreagenz.

▸ **Durchführung**
1. Frische oder in Carnoyschem Gemisch fixierte Schnitte ohne Wasser auf dem Objektträger in 1–2 Tropfen der gebrauchsfertigen Lösung einlegen. Die Reaktion tritt je nach Schnittdicke in 5–15 min ein. Der Farbeffekt ist jedoch nicht dauerhaft.

9.3.35 Zellwandfärbung mit Toluidinblau

Einfache und rasche Färbung zur Darstellung von pflanzlichen Zellwände. Verkorkte und verholzte Bereiche färben sich grünblau, mit Cellulose imprägnierte Wandschichten dagegen kräftig rötlich. Die Objekte müssen zuvor 3 min lang in einem FAE-Gemisch (9.1.13) fixiert werden.

▸ **Substanz**
Toluidinblau (Merck 1.15930, Serva 36693.02, Chroma 1B-481)

▸ **Lösung**
a) 0,03 g Toluidinblau in 100 ml Pufferlösung (pH 7) oder vergleichbarem Leitungswasser lösen.

▸ **Durchführung**
1. Vorfixierte Schnitte 1–5 min in Lösung a) übertragen.
2. Farblösung a) anschließend mit Wasser auswaschen.

9.3.36 Fettfärbung mit Sudan-Farbstoffen

Fette und andere lipophile Reservestoffe lassen sich in Schnitten und Totalpräparaten nur dann nachweisen, wenn die Objekte zuvor nicht in einem fettlösenden Lösungsmittel behandelt wurden. Am günstigsten verwendet man daher frische Handschnitte oder Materialien, die in Formol fixiert wurden. Für die gezielte Fettfärbung haben sich vor allem die Sudan-Farbstoffe bewährt, die zur Gruppe der Diazo-Verbindungen gehören.

▸ **Substanzen**
Sudan III (Sudanrot, Ceres III), (Merck 1.12747, Chroma 1A-254), Sudan IV (Scharlachrot; Chroma 1A-262), Sudanschwarz (Merck 1.15928, Chroma 1A-430, Fertiglösung Chroma 2C-228), Ethanol oder Isopropanol, Glycerin

▸ **Lösungen**
a) 0,2 g Sudan III (oder 0,5 g Sudan IV, 0,2 g Sudanschwarz, 1,5 g Sudangrün) in 50 ml Ethanol (96 %ig) oder Isopropanol (100 %ig) lösen.
b) Lösung a) filtrieren.
c) Lösung b) 1:1 mit Glycerin vermischen. Die gebrauchsfertige Lösung ist längere Zeit haltbar.

▸ **Durchführung**
1. Schnitte in Lösung c) einlegen.
2. Objekt über der Flamme (Mikroskopierleuchte) leicht erwärmen, jedoch nicht aufkochen!
3. Nach etwa 15 min ist der optimale Farbton erreicht.

Hinweis: Mit Sudan IV fallen die Färbungen meist deutlich kräftiger aus als mit dem häufiger verwendeten Sudan III. Außerdem erfasst dieser Farbstoff neben Fetten und Wachsen auch Einlagerungen von Cutin und Suberin. Mit Sudan-Farbstoffen behandelte Schnitte kann man für Dauerpräparate nur in Eindeckmittel der Kategorie A einschließen.

9.3.37 Periodsäure-Schiff-Reaktion (PJS-Verfahren)

Mit dieser klassischen Reaktion lassen sich alle möglichen Polysaccharide wie Stärke, Cellulose, Chitin sowie verschiedene Glykoproteine leuchtend violett darstellen. Die Periodsäure setzt an den Polyacchariden bestimmte funktionelle Gruppen frei, mit denen das Schiffsche Reagenz einen Farbkomplex eingeht. Sie eignet sich demnach besonders gut für Amyloplasten (Stärkekörner) und Zellwände.

▸ **Substanzen**
Periodsäure, basisches Fuchsin (p-Rosanilin, Merck 1.15937, Serva 21916.02, Chroma 1B-295), Natriumdisulfit ($Na_2S_2O_5$), Aktivkohle; Schiffsches Reagenz auch als Fertiglösung (Merck 1.09033)

▸ **Lösungen**
a) 0,5 g Periodsäure in 100 ml destilliertem H_2O lösen (Lösung ist viele Jahre haltbar.).
Schiffsches Reagenz
b) 0,5 g basisches Fuchsin mit leichtem Schütteln in 15 ml 1 N HCl lösen (ergibt eine bräunlich-oliv-grünliche Lösung).
c) 0,5 g $Na_2S_2O_5$ in 85 ml destilliertem H_2O lösen.
d) Lösung b) mit Lösung c) vermischen und 24 h ohne Erwärmung oder stärkere Belichtung stehen lassen (Lösung verfärbt sich gelblich).
e) Lösung d) mit 0,5 g Aktivkohle versetzen, etwa 2 min lang kräftig durchschütteln und anschließend mit Papierfilter abfiltrieren (Lösung ist jetzt farblos oder allenfalls hellgelb). Diese gebrauchsfertige Lösung (= Schiffsches Reagenz) ist in einer dunklen Flasche bzw. gut verschlossen im Kühlschrank viele Monate haltbar.
f) unmittelbar vor Gebrauch 50 ml einer wässrigen 10 %igen Lösung von Natriumdisulfit ($Na_2S_2O_5$) mit 100 ml H_2O und 5 ml 1 N HCl vermischen; die Lösung muss deutlich nach SO_2 riechen.

▸ **Durchführung**
1. Schnitte in destilliertes H_2O waschen.
2. Schnitte mit Lösung a) überschichten und 5 min lang einwirken lassen.
3. zuerst mit Leitungswasser, dann mit destilliertem H_2O gründlich spülen.
4. Lösung e) (Schiffsches Reagenz) 30–60 min einwirken lassen.
5. Lösung e) 3 mal gründlich in jeweils neuer Portion von Lösung f) auswaschen.
6. gegebenenfalls entwässern und in Kunstharz einbetten.

9.3.38 Gram-Färbung

Mit dieser klassischen Färbung der bakteriellen Zellwand lassen sich grampositive von gramnegativen Bakterien unterscheiden. Die gebrauchsfertige Lösung kann man unter dem Handelsnamen Grams Kristallviolett-Lösung als Fertigreagenz beziehen (Merck 1.09218).

▸ **Substanzen**
basisches Fuchsin (p-Rosanilin, Diamanfuchsin, Merck 1.15937, Serva 21916.02, Chroma 1B-297), Gentianaviolett (Serva 27335.01, Chroma 2C-142), Methylviolett (Merck 1.15945, Chroma 1B-415) oder Kristallviolett (Merck 1.15940, Chroma 1B-345) oder

Fertiglösung Grams Kristallviolett-Lösung (Merck 1.09218)

▸ **Lösungen**
a) 5 g Farbstoff in 100 ml 70 %igem Ethanol lösen (Stammlösung).
b) 10 ml Lösung a) mit 90 ml destilliertem H_2O mischen und 5 g kristallines Phenol einrühren (längere Zeit haltbar).
c) 5 g basisches Fuchsin in 100 ml 70 %igem Ethanol lösen (Stammlösung).
d) 10 ml Lösung c) wie unter b) angegeben mischen (= Karbolfuchsin-Lösung) und mit destilliertem H_2O 1:10 verdünnen.
e) Lugolsche Lösung (9.3.14)
f) Grams Safranin-Lösung (Fertiglösung Merck 1.09217)

▸ **Durchführung**
1. Einige Tropfen Farblösung a) frisch über ein kleines Faltenfilter auf ein Uhrglas filtrieren.
2. 1–2 Tropfen des Filtrats auf einen hitzefixierten Bakterienausstrich geben und 3 min lang einwirken lassen.
3. überschüssigen Farbstoff über die Objektträgerkante abgießen und mit Lugolscher Lösung e) abspülen.
4. Erneut Lugolsche Lösung (e) auftropfen und zur Farblackbildung 2 min lang einwirken lassen.
5. Objektträger sofort mit 96 %igem Ethanol abspülen, bis nach etwa 20–30 s keine Farbspuren mehr am Objektträger herablaufen.
6. Gegenfärbung: mit verdünnter Carbolfuchsin-Lösung d) 30 s oder mit Grams Safranin-Lösung f) ca. 5 min bedecken.
7. Farblösung abgießen, mit Leitungswasser nachspülen und an der Luft trocknen lassen.

9.3.39 Bismarckbraun

Mit diesem bereits seit 1878 bekannten Verfahren lassen sich Zellkerne sowie saure Polysaccharide (Schleimsubstanzen) anfärben. Die Färbung empfiehlt sich daher insbesondere zur Behandlung von Totalpräparaten oder Schnitten von Braunalgen. Bei zoologischen Objekten wird sie gelegentlich zur Darstellung von Knorpelbestandteilen verwendet.

▸ **Substanz**
Bismarckbraun Y (Chroma 1B-261)

▸ **Lösung**
a) 1g Bismarckbraun in 100 ml 70 %igem Ethanol lösen.
b) Lösung a) anschließend filtrieren.
Die gebrauchsfertige Farblösung b) ist viele Jahre haltbar.

▸ **Durchführung**
1. Vorfixierte Objekte für 30–45 min in Farblösung b) legen.
2. Mikroskopische Kontrolle des objektabhängigen Färbeoptimums – etwaige Überfärbungen sind nach Arbeitsschritt 3 nicht mehr zu korrigieren.
3. Anschließend in 92 %igem Ethanol auswaschen und gegebenenfalls in Kunstharz (vgl. genauere Angaben zu den wasserunlöslichen Einschlussmitteln unter 9.2.7) einschließen.

9.3.40 Janusgrün B (Diazingrün)

Die klassische Reaktion mit dem basischen Farbstoff Janusgrün B aus der Gruppe der Azine dient zum Vitalnachweis von Mitochondrien.

▸ **Substanz**
Janusgrün B (Merck 1.01324, Chroma 1A-156)
▸ **Lösung**
a) 0,05 g Janusgrün B in 100 ml H_2O lösen
▸ **Durchführung**
1. Farblösung a) nur in dünner Schicht auf das Präparat auftropfen (ständige Sauerstoffzufuhr ist wichtig).
2. Ohne Deckglas für etwa 15–30 min in einer feuchten Kammer einwirken lassen.

9.3.41 Opalblau-Färbung (nach Bresslau)

Mit dieser Methode lassen sich die waffelartig skulpturierten Wimperfelder der Ciliaten darstellen, vor allem bei der Gattung *Paramecium*.

▸ **Substanz**
Opalblau (Chroma 1B-509)
▸ **Lösung**
a) Spatelspitze Opalblau in 2–3 ml destilliertem H_2O auflösen.
▸ **Durchführung**
1. Möglichst dichte Kultur mit Paramecien mit Lösung a) auf einem Objektträger vorsichtig verrühren und zu einem dünnen, kräftig blauen Film ausstreichen.
2. Ausstrich an der Luft trocknen lassen und ohne Deckglas mikroskopieren.

9.3.42 Silberliniensystem bei Ciliaten

Die so genannte trockene und im Prinzip schon seit 1926 bekannte Methode der Versilberung stellt Feinbestandteile des komplexen Wimpernapparates der Ciliaten und seiner Verknüpfungselemente dar.

▸ **Substanzen**
Hühnereiweiß, Silbernitrat, Borsäure, Borax, Hydrochinon, Natriumsulfit, Metol (Agfa), Filmentwickler (Rodinal o.ä.), Natronlauge
▸ **Lösungen**
a) 1%ige wässrige Silbernitratlösung ($AgNO_3$)
b) 10 g Borsäure, 10 g Borax, 5 g Hydrochinon, 100 g Natriumsulfit, 2,5 g Metol in dieser Reihenfolge in 1 l destilliertem H_2O (40 °C) auflösen.
c) Filmentwickler unverdünnt
d) 10%ige wässrige Natronlauge (Vorsicht: ätzend!)
e) Reduktionsgemisch: Erst unmittelbar vor Gebrauch 20 ml Lösung b), 1 ml Lösung c) und 1 ml Lösung d) mischen.
▸ **Durchführung**
1. Hühnereiweiß mit der Fingerkuppe hauchdünn auf einen Objektträger auftragen.
2. 1 Tropfen einer möglichst dichten *Paramecium*-Kultur darauf geben und eintrocknen lassen.
3. Präparat nach dem Eintrocknen für 1 min mit Lösung a) überschichten.
4. Mit Leitungswasser abspülen und trocknen lassen.
5. Präparat etwa 1 min lang aus 5 cm Abstand mit einer 40 W-Glühlampe belichten.

6. Präparat 20 min lang mit fertigem Reduktionsgemisch d) überschichten.
7. Reduktionsgemisch zwei Mal kurz mit Leitungswasser und direkt anschließend mit 96 %igem Ethanol waschen.
8. Trocknen lassen und in Eukitt, Euparal o.ä. einschließen.

9.3.43 Methylgrünfärbung von Ciliaten-Zellkernen

Den bekannten Kerndualismus (Groß- und Kleinkern(e) in der gleichen Zelle) stellt man durch Kontrastierung mit Methylgrün-Lösung dar.

▸ **Substanz**
Methylgrün (Merck 1.15944, Serva 29295.01, Chroma 1A-292)
▸ **Lösung**
a) 0,1 g Methylgrün in 100 ml destilliertem H_2O auflösen und 1 ml Eisessig hinzufügen.
▸ **Durchführung**
1. Farblösung durch ein Suspensionspräparat mit einer Paramecien- oder einer anderen Ciliatenkultur hindurchziehen.
2. Der Farbeffekt tritt nach etwa 1–2 min ein.

9.3.44 Toluidin-Safranin nach Boroviczeny

Die Färbung dient der Darstellung von Zellkernen und Kernteilungsstadien bei wachsenden Hefen und anderen Mikropilzen.

▸ **Substanzen**
Toluidinblau (Merck 1.15930, Serva 36693.02, Chroma 1B-481), Safranin (Merck 1.15948, Serva 34598.01), Dikaliumhydrogenphosphat (K_2HPO_4), Kaliumdihydrogenphosphat (KH_2PO_4), Methanol
▸ **Lösungen**
a) 0,1 g Toluidin, 0,05 g Safranin, 0,1 g (K_2HPO_4) und 0,05 g (KH_2PO_4) nacheinander in 20 ml destilliertem H_2O lösen und mit 100 %igem Methanol auf 100 ml auffüllen. Die gebrauchsfertige Farblösung ist lange haltbar.
▸ **Durchführung**
1. Lösung a) auf Ausstriche oder Zupfpräparate geben und etwa 5–8 min einwirken lassen.
2. Anschließend in H_2O auswaschen.
3. An der Luft trocknen lassen und gegebenenfalls in neutrales Kunstharz einschließen.
Die genauen Färbezeiten sind objektabhängig und müssen jeweils erprobt werden.

9.3.45 Lactophenol-Anilinblau für pilzliche Strukturen

Hyphen, Mycele und Sporen oder andere Strukturen von Pilzen in oder auf Wirtspflanzen kann man mit der folgenden Plasmafärbung darstellen, die gleichzeitig das Pflanzengewebe etwas aufhellt. Die gleiche Methode eignet sich auch zur Darstellung von Pollenschläuchen in Griffelgewebe.

▸ **Substanzen**
Glycerin, Milchsäure, Phenol, Anilinblau (entspricht Baumwollblau, Chinablau, Methylblau bzw. Wasserblau, Merck 1.16316, Serva 13645.01, Chroma 1B-501)

▸ **Lösung**
a) 20 ml destilliertes H_2O mit 20 ml Milchsäure und 20 ml Glycerin mischen.
b) in Lösung a) 20 g kristallines Phenol auflösen.
c) in Lösung b) 0,05 g Anilinblau auflösen. Diese Lösung ist das gebrauchsfertige Farbreagenz.

▸ **Durchführung**
1. Nach Carnoy (9.1.12) oder in FAE-Gemisch (9.1.13) vorfixiertes Material mit Farblösung c) überschichten.
2. Die optimale Färbezeit ist vom Objekt abhängig. Fällt die Färbung nur schwach aus, kann man die Schnitte eventuell kurz in der Färbelösung c) erhitzen.

9.3.46 Direkttiefschwarz zur Darstellung von Pilzhyphen

Zur Darstellung von Pilzhyphen und anderen pilzlichen Strukturen bieten sich mehrere bewährte Färbeverfahren an. Außer den Hämatoxylin-Verfahren nach DELAFIELD, EHRLICH oder HEIDENHAIN ist die technisch sehr einfache Färbung mit Direkttiefschwarz besonders empfehlenswert.

▸ **Substanz**
Direkttiefschwarz (Chroma 1B-233)

▸ **Lösung**
a) gesättigte Lösung von Direkttiefschwarz in 70 %igem Ethanol

▸ **Durchführung**
1. Präparate mit Farblösung überschichten und etwa 5 min einwirken lassen.
2. In 80 – 90 %igem Ethanol auswaschen und Färbeergebnis mikroskopisch kontrollieren.
3. Bei zu schwacher Färbung erneut mit Farblösung überschichten.
4. Präparate über Ethanol-Stufen entwässern und in Kunstharz einbetten.

9.3.47 Nachtblau-Färbung

Die Darstellung von Hefezellen mit Routineverfahren wie Methylenblau (9.3.7) ist oft unbefriedigend. Bemerkenswert rasche und satte Färbungen beispielsweise von Bier- oder Weinhefe, aber auch von Wildhefen, sind mit dem zu Unrecht in Vergessenheit geratenen Farbstoff Nachtblau möglich. Die Färbung ist in Glyceringelatine nach KAISER (9.2.1) haltbar. Mit diesem Farbstoff lassen sich auch Bakterien darstellen.

▸ **Substanz**
Nachtblau (Chroma)

▸ **Lösung**
a) 0,1 g Nachtblau in 50–100 ml H_2O unter leichter Erwärmung und ständigem Umrühren lösen.

▸ **Durchführung**
1. Lösung a) unter dem Deckglas durchziehen.
2. Farbsättigung mikroskopisch kontrollieren.
3. Gegebenenfalls mit H_2O differenzieren.

9.3.48 Fungiqual zur Fluorochromierung von Pilzhyphen

Mit einer einfach durchzuführenden Färbung lassen sich Pilze in Gewebeschnitten selektiv anfärben. Dieses Verfahren findet zunehmend in der Diagnostik

pilzlicher Erkrankungen Verwendung. Der Nachweis beruht auf der Reaktion des Fluoreszenzfarbstoffes Fungiqual mit dem Chitin der Pilzzellwände. Die folgende Rezeptur entspricht der von WELTI (1994) angegebenen Modifikation:

▸ **Substanzen**
Fungiqual A (= Uvitex 2B), Bezugsquelle: Dr. Dieter Reinehr, Wolfsheule 10, 79400 Kandern (Fax 07626-6379), Kaliumpermanganat ($KMnO_4$), Kochsalz (NaCl), Kaliumchlorid (KCl), Calciumchlorid ($CaCl_2$), Magnesiumchlorid ($MgCl_2 \cdot 2\,H_2O$), DiH$_2$Onatriumhydrogenphosphat ($Na_2HPO_4 \cdot 2\,H_2O$), Kaliumdihydrogenphosphat (KH_2PO_4), Xylol, Eindeckmittel Fluoromount

▸ **Lösungen**
a) PBS-Lösung: 8 g NaCl, 0,2 g KCl, 0,1 g $CaCl_2$, 0,1 g $MgCl_2 \cdot 6\,H_2O$, 0,1 g $Na_2HPO_4 \cdot 2\,H_2O$ und 0,2 g KH_2PO_4 in 1000 ml destilliertem H_2O lösen
b) Fungiqual A, 1%ige wässrige Lösung
c) $KMnO_4$, 0,5%ige wässrige Lösung

▸ **Durchführung**
1. Frische oder entparaffinierte Schnitte in Lösung a) spülen.
2. Schnitte mit Lösung b) überdecken und 10 – 30 min einwirken lassen.
3. Spülen mit Lösung a).
4. Schnitte für etwa 30 s in Lösung c) eintauchen.
5. Spülen mit Lösung a).
6. Über Alkoholreihe/Xylol entwässern und Einbetten in Kunstharz.

Ergebnis: Pilzstrukturen zeigen sich bei Beobachtung in Auflichtfluoreszenz weißlich-blau auf schwarzem Hintergrund.

9.3.49 Fuchsin-Safranin-Astrablau-Färbung nach Etzold (FSA-Verfahren)

Die Mehrfachfärbung mit Astrablau und Safranin (und/oder Fuchsin) gehört zu den gebräuchlichsten neueren Verfahren in der Pflanzenanatomie. Ursprünglich ging man mit getrennten Lösungen vor. Die Etzold-Modifikation leistet hervorragende Ergebnisse auch im Simultan-Verfahren. Ein für viele Zwecke sehr gut anwendbares Gemisch beruht auf der folgenden Rezeptur:

▸ **Substanzen**
Astrablau (Merck 1.01278, Chroma 1B-163), basisches Fuchsin (Diamantfuchsin, p-Rosanilin (Merck 1.15937, Serva 21916.02, Chroma 1A-308), Safranin, (Merck 1.15948, Serva 34598.01, Chroma 1B-463), Eisessig

▸ **Lösungen**
a) 1 g Astrablau in 50 ml destilliertem H_2O lösen.
b) 1 g Safranin in 50 ml destilliertem H_2O lösen.
c) 1 g basisches Fuchsin in 50 ml destilliertem H_2O lösen.
d) Zu 100 ml destilliertem H_2O gibt man 2 ml Eisessig und dann in beliebiger Reihenfolge 5–10 ml Lösung a), 2 ml Lösung b) und 0,5 ml Lösung c). Die gebrauchsfertige Lösung d) ist in der verschlossenen Flasche viele Jahre lang haltbar.

▸ **Durchführung**
1. Frische oder fixierte Schnitte mit Lösung d) überschichten.

2. Ohne Deckglas über einer kleinen Flamme für wenige s unter leichtem Schwenken bis zum kurzen Aufkochen erhitzen oder 2–4 min bei Zimmertemperatur einwirken lassen.
3. Schnitte zum Nachfärben in der Farblösung belassen und im Mikroskop untersuchen.
4. In destilliertem H_2O ausspülen.
5. Einbetten in wasserlösliches Einschlussmittel (Glyceringelatine, Polyhistol o. ä.).

Ergebnis: Unverholzte Zellwände sind intensiv blau gefärbt, während Holz, Xylem oder Skelerenchym kräftig rötlich erscheinen.

9.3.50 Astrablau-Fuchsin-Färbung nach Roeser

Für botanische Schnitte wird zunehmend die nachfolgend empfohlene Mehrfachfärbung angewendet, die außerordentlich klare und kontrastreiche Ergebnisse erzielt.

▸ **Substanzen**
Astrablau FM (Merck 1.01278, Chroma 1B-163), basisches Fuchsin (Merck 1.15937, Serva 21916.02, Chroma 1B-297), Weinsäure, Isopropanol 70%ig/100%ig, Pikrinsäure (Merck 1.00623)
▸ **Lösungen**
a) 0,5 g Astrablau in 2%iger wässriger Weinsäure lösen.
b) 1 g basisches Fuchsin in 50%igem Ethanol lösen.
c) Verdünnte Pikrinsäure (gesättigte wässrige Lösung, gebrauchsfertig mit H_2O 1:3 verdünnt)
▸ **Durchführung**
1. Schnitte für 5 min in Lösung a) legen.
2. Auswaschen in destilliertem H_2O.
3. Schnitte für 5 min in Lösung b) legen.
4. Auswaschen in destilliertem H_2O.
5. Schnitte in Lösung c) legen.
6. Auswaschen in destilliertem H_2O.
7. Differenzieren in 70%igem Isopropanol (Zeitdauer beliebig).
8. Schnitte zwei Mal 5 min in 100%iges Isopropanol legen.
9. Schnitte 3 min in Xylol legen.
10. Einbetten in Malinol oder Eukitt.

Ergebnis: Verholzte Zellwände sind leuchtend rot angefärbt, unverholzte intensiv blau, verkorkte oder cutinisierte Materialien erscheinen braunrot.

9.3.51 Astrablau-Chrysoidin-Neufuchsin (ACN-Gemisch nach Schmitz)

Das nachfolgend empfohlene Gemisch für eine rasche und haltbare Mehrfachfärbung von Pflanzenschnitten ist im Prinzip eine Vereinfachung der Arbeitsvorschriften von ETZOLD (9.3.49) bzw. ROESER (9.3.50).

▸ **Substanzen**
Astrablau (Chroma 1B-163), Chrysoidin (Chroma 1B-437), Neufuchsin (Merck 104041, Serva 30293.01, Chroma 1B-467)
▸ **Lösungen**
a) 0,1 g Astrablau in 100 ml angesäuertem H_2O (97,5 ml H_2O und 2,5 ml Essigsäure) lösen.
b) 0,1 g Chrysoidin in 100 ml H_2O lösen.
c) 0,1 g Neufuchsin in 100 ml H_2O lösen.

d) Lösungen im Verhältnis a):b):c) = 20:1:1 zusammengeben.
Diese gebrauchsfertige Färbelösung ist längere Zeit haltbar.
▸ **Durchführung**
1. Schnitte durch frisches oder vorfixiertes Material in Lösung d) einlegen oder diese unter dem Deckglas durchziehen.
2. Auswaschen mit H_2O.
3. Gegebenenfalls über Alkoholstufen entwässern und in Kunstharz einbetten.

Ergebnis: Astrablau stellt unverholzte Zellwände kräftig blau dar. Verholzte Zellwände färben sich mit Neufuchsin je nach Verholzungsgrad in Abstufungen rot. Chrysoidin erfasst lipophile Cutin- und Suberinstrukturen der Zellwände und zeigt diese gelborange.

9.3.52 Kallosenachweis mit Resorcinblau

In Frischpräparaten oder Schnitten durch vorfixiertes Material lässt sich der eventuell recht massive Kallosebelag auf den Siebplatten spezifisch mit Resorcinblau nachweisen.

▸ **Substanzen**
Resorcinol (Merck 1.07593), Ammoniak (NH_3)
▸ **Lösungen**
a) 1%ige wässrige Lösung von Resorcinol
b) 100 ml Lösung a) mit 0,1 ml konzentriertem Ammoniak versetzen.
Das gebrauchsfertige Reagens ist nur kurze Zeit haltbar.
▸ **Durchführung**
1. Schnitt für etwa 1 min in Lösung b) legen.
2. Auswaschen in H_2O.
Die Kallose zeigt sich kobaltblau. Dieser Farbnachweis ist allerdings nicht stabil.

9.3.53 Kallosenachweis mit Eosin-Anilinblau

Das Polysaccharid Kallose tritt in bestimmten Pflanzenzellen in spezieller Funktion auf, beispielsweise um Teile der Zellwand bei bestimmten Wachstumsvorgängen zu maskieren. Charakteristisch sind der Kallosebelag auf den Siebplatten des Phloems (besonders bei Gehölzen im Winter) oder Kallosepfropfen in Pollenschläuchen.

▸ **Substanzen**
Eosin G (Merck 1.15935), Anilinblau (Serva 13645.01, Chroma 1B-501), Essigsäure
▸ **Lösungen**
a) 1 g Eosin in 100 ml destilliertem H_2O lösen.
b) 1 g Anilinblau in 100 ml destilliertem H_2O lösen und mit 20 Tropfen Essigsäure versetzen.
c) Kurz vor Gebrauch 5 ml Lösung a) und 1 ml Lösung b) vermischen.
▸ **Durchführung**
1. Schnitte für 10 min in Lösung c) färben.
2. Kurz mit destilliertem H_2O waschen.
3. Eventuell sofort mit 100%igem Isopropanol entwässern und in Kunstharz einbetten.

Ergebnis: Die Kallosebeläge haben sich intensiv blau angefärbt, die übrigen Zellwandbereiche erscheinen rot.

9.3.54 Mäule-Test zum Erkennen von Nadelholz

Aufgrund des unterschiedlichen chemischen Aufbaus lässt sich Nadelholz (Gymnospermenholz) eindeutig von Laubholz (Bedecktsamerholz) unterscheiden. Die Reaktion ist histochemisch an Schnitten oder auch an makroskopischen Holzproben oder auch an Zeitungspapier durchführbar.
Handschnitte legt man dazu für etwa 5 min in eine 1%ige Lösung von Kaliumpermanganat (KMnO$_4$), spült in Wasser kurz ab und legt die Schnitte anschließend für 2 min in halbkonzentrierte Salzsäure. Wenn man sie schließlich in eine etwa 10 %ige wässrige Lösung von Ammoniak überträgt, ist – auch an sehr kleinen Proben – eine zuverlässige Unterscheidung von Laubholz (Angiospermenholz) und Nadelholz (Gymnospermenholz) möglich.

▸ **Substanzen**
Kaliumpermanganat (KMnO$_4$), halbkonzentrierte Salzsäure (HCl, Vorsicht: ätzend!), Ammoniak (NH$_3$)
▸ **Lösungen**
a) 1%ige wässrige Lösung von Kaliumpermanganat
b) halb konzentrierte Salzsäure (konzentrierte HCl 1:1 mit H$_2$O verdünnen; Vorsicht: erst das H$_2$O bemessen, dann die benötigte Säuremenge zugeben)
c) 10 %ige wässrige Lösung von Ammoniak
▸ **Durchführung**
1. Schnitte für etwa 5 min in Lösung a) legen.
2. Kurz in H$_2$O abspülen.
3. Anschließend für 2 min in Lösung b) übertragen.
4. Zuletzt nach kurzem Waschen in Lösung c) übertragen.
Ergebnis: Nur Angiospermenholz (Bedecktsamer-/Laubholz) färbt sich deutlich rot, während Nadelholz (Nacktsamerholz) allenfalls leichte Rosatöne annehmen.

9.3.55 TNBT-Nachweis von Photosystemen

In Pflanzen, die den C-Typ der Photosynthese betreiben, lassen sich auf einfache Weise interessante Unterschiede in den Elektronentransportsystemen der beteiligten Chloroplasten nachweisen. Man verwendet dazu das im oxidierten Zustand farblose Reagenz TNBT (= Tetranitroblau-Tetrazoliumchlorid). Nur bei kompletten e$^-$-Transportsystemen wird es in den Chloroplasten innerhalb kurzer Zeit zu blauschwarzem Diformazan reduziert.

▸ **Substanzen**
Tetranitroblau-Tetrazoliumchlorid (Serva 35935.02), Kaliumdihydrogenphosphat (KH$_2$PO$_4$), Dinatriumhydrogenphosphat-Dihydrat (Na$_2$HPO$_4$ · 2H$_2$O), Saccharose (Haushaltszucker)
▸ **Lösungen**
a) 0,1g wässrige Lösung von TNBT in 100 ml.
b) 1,36 g KH$_2$PO$_4$ in 100 ml destilliertem H$_2$O.
c) 1,78 g Na$_2$HPO$_4$ · 2H$_2$O in 100 ml destilliertem H$_2$O lösen.

d) 89 ml Lösung b) + 1 ml Lösung c) mischen = Phosphat-Puffer pH 6
e) 1,2 g Saccharose in 100 ml destilliertem H$_2$O lösen.
f) 1 Teil Lösung a), 1 Teil Lösung d) und 3 Teile Lösung e) mischen.
Das gebrauchsfertige Reagenz ist einige Tage haltbar.
▸ **Durchführung**
1. Frische Handschnitte bei stark gedämpftem Licht mit einigen Tropfen Lösung f) überschichten.
2. Mit Deckglas abdecken und bei Grünlicht im Mikroskop beobachten.
3. Grünfilter entfernen und Chloroplasten eines dünnen Schnittbereich mit weißem Mikroskopierlicht belichten.
Ergebnis: Nur bei kompletten e$^-$-Transportsystemen (Photosysteme I und II) färben sich die Chloroplasten innnerhalb weniger Minuten kräftig blauschwarz.

9.3.56 TTC-Nachweis von Atmungsenzymen

Künstliche Elektronenakzeptoren, die im oxidierten Zustand farblos, im reduzierten jedoch farbig sind, bieten die Möglichkeiten, den Atmungsstoffwechsel von wachsendem oder anderweitig aktivem pflanzlichen Gewebe sichtbar zu machen, auch wenn sonst (noch) keine auffälligeren Abläufe zu beobachten sind. Das färberische Ergebnis gilt als sicherer Vitalitätsnachweis.

▸ **Substanz**
2,3,5-Triphenyltetrazoliumchlorid (= TTC, Serva 37130)
▸ **Lösung**
1%ige wässrige Lösung von TTC
▸ **Durchführung**
1. Pflanzenteile oder dünne Schnitte auf einem Objektträger in TTC-Lösung legen.
2. Nach etwa 2 h zeigt sich eine kräftige Rotfärbung der stoffwechselaktiven Gewebe.

9.3.57 Pollenfärbung mit basischem Fuchsin

Die meisten Pollenkörner sind aufgrund ihrer (geringen) Eigenfärbung bei Einschluss in Glycerin-Gemische hinreichend kontrastreich. Eine Verbesserung ihres mikroskopischen Erscheinungsbildes leistet das folgende Färbeverfahren.

▸ **Substanzen**
Glycerin, Ethanol, basisches Fuchsin (Merck 1.15937, Serva 21916.02, Chroma 1B-308)
▸ **Lösung**
a) 5 ml Glycerin, 10 ml 96 %iges Ethanol, 15 ml H$_2$O und 3 Tropfen einer gesättigten wässrigen Lösung von basischem Fuchsin mischen. Die Lösung ist haltbar.
▸ **Durchführung**
1. Pollenprobe in einen Tropfen der Farbmischung a) einrühren.
2. Diese Färbung eignet sich besonders gut für eine anschließende Eindeckung der Proben in Glyceringelatine nach Kisser (9.2.2).

9.3.58 Pollen-Kernfärbung mit Chloralkarmin

Pollenkörner, die aus der geöffneten Anthere frei gesetzt und vom Wind oder von Tieren verbreitet werden, sind entweder noch einkernig oder haben schon weitere Kernteilungen durchlaufen. Im letzteren Fall stellen sie dann schon stark reduzierte Gametophyten dar. Zur Bestimmung der Kernzahl dient das folgende Färbereagenz:

‣ **Substanzen**
Karmin (Merck 1.15933, Serva 16180.01, Chroma 5A-176), 92%iges Ethanol, 25%ige HCl, Chloralhydrat (Merck 1.02425)

‣ **Lösungen**
a) 1 g gepulvertes Karmin in 60 ml 92%ige Ethanol und 5 ml 24%ige HCl lösen.
b) Gemisch ca. 30 min lang auf dem Wasserbad sieden lassen.
c) Nach dem Abkühlen 50 g Chloralhydrat zugeben und anschließend filtrieren.
Der filtrierte Ansatz ist lange Zeit haltbar.

‣ **Durchführung**
1. Pollenkörner in einen Tropfen der gebrauchsfertigen Lösung c) streuen.
2. Mit Deckglas abdecken und einige Stunden stehen lassen und gegebenenfalls leicht erwärmen.

Ergebnis: Generative Kerne stärker rötlich, vegetativer Kern meist schwach rötlich gefärbt.

9.3.59 Pollen-Kernfärbung nach Braune und Etzold

Für Übersichtsuntersuchungen der Kernanzahl in frischen Pollenkörnern kann man alternativ zu Verfahren 9.3.58 die folgende Methode anwenden.

‣ **Lösungen**
a) Carnoysches Gemisch (9.1.12) oder FAE-Gemisch (9.1.13)
b) Hämalaun nach MAYER (vgl. 9.3.28)
c) Chloralhydrat-Lösung (vgl. 9.1.21), jedoch mit einem Überschuss Calciumcarbonat ($CaCO_3$) neutralisiert

‣ **Durchführung**
1. Anthere in Lösung a) auf dem Objektträger zerzupfen.
2. Nach Verdunsten des Fixiergemisches einen Tropfen Lösung b) auftragen und Deckglas auflegen.
3. Vom Deckglasrand einen Tropfen Lösung c) in das Präparat ziehen lassen.

Ergebnis: Kerne und eventuell die Chromosomen erscheinen tief dunkelblau.

9.3.60 Proteinnachweis in der Pollenkornwand

Die Zellwand von Pollenkörnern enthält eine Anzahl von Proteinen, die mit der folgenden Färbung spezifisch darzustellen sind:

‣ **Substanzen**
Coomassieblau (Serva 35051.01; Coomassie-Brillantblau, Merck 1.12553), Methanol (45%ig), Essigsäure (12%ig)

‣ **Lösung**
a) 0,2%ige Lösung von Commassieblau in 45%igem Methanol – 12%iger Essigsäure = 1:1

‣ **Durchführung**
1. Frische oder getrocknete Pollenkörner auf doppelseitiges Klebeband streuen und Deckglas auflegen.
2. Protein-Färbelösung vorsichtig unter den Deckglasrand pipettieren.

Ergebnis: Schon nach kurzer Zeit schwellen die Pollenkörner an und setzen ihre Proteine frei. Zunächst erfasst die Blaufärbung nur die Zellwandproteine der Exine, nach einigen Minuten auch die der Intine, besonders im Bereich der Aperturen.

9.3.61 Pollenschlauchfärbung nach Alexander

Pollenschläuche, die durch Griffelgewebe wachsen, lassen sich im mikroskopischen Präparat durch eine selektive Färbung nach dem Lactophenol-Anilinblau-Verfahren darstellen. Die Pollenschläuche färben sich damit blau, während das Griffelgewebe farblos bleibt. Eine kontrastreiche Mehrfachfärbung ist nach dem folgenden, etwas aufwändigeren Verfahren zu erreichen:

‣ **Substanzen**
Milchsäure, Malachitgrün (Merck 1.15942, Serva 2835.03, Chroma), Säurefuchsin (Merck 1.05231, Serva 34597.01, Chroma), wasserlösliches Anilinblau (Serva 13645.01, Chroma 1B-501), Orange G (Merck 1.15925, Chroma 1B-221), Chloralhydrat

‣ **Lösungen**
a) 1 g Malachitgrün in 100 ml H_2O
b) 1 g Säurefuchsin in 100 ml H_2O
c) 1 g Anilinblau in 100 ml H_2O
d) 1 g Lösung von Orange G in 100 ml 50%igem Ethanol
e) 78 ml Milchsäure, 4 ml Lösung a), 6 ml Lösung b), 4 ml Lösung c) und 2 ml Lösung d) mischen sowie 5 g Chloralhydrat hinzugeben. Diese gebrauchsfertige Lösung ist nur kurze Zeit haltbar.

‣ **Durchführung**
1. Griffel in modifiziertem Carnoyschem Gemisch 12 h lang fixieren. Das Fixiergemisch hat die Zusammensetzung Ethanol (96%ig) : Chloroform : Eisessig = 6:4:1.
2. Fixierte Griffel über eine absteigende Alkoholreihe (70%, 50%, 30%, 10%) in einige ml der gebrauchsfertigen Färbelösung e) übertragen.
3. Färbelösung e) 12 h lang bei 45±2°C einwirken lassen.
4. Griffel aus der Färbung in Mazerationsgemisch übertragen und 24 h lang bei 45±2°C einwirken lassen. Das Mazerationsgemisch setzt sich zusammen aus 78 ml Milchsäure, 10 g Phenol, 10 g Chloralhydrat und 2 ml Orange G (1%ig in 50%igem Ethanol).
5. Griffel in einen neue Charge Mazererationsgemisch übertragen und dieses 30 min lang bei 58±2°C einwirken lassen.
6. Mazerierte Griffel zwei Mal in Milchsäure waschen.
7. Griffel in Einschlussmedium (Milchsäure : Glycerin = 1:1) übertragen und vorsichtig quetschen.

Ergebnis: Die Pollenschläuche färben sich dunkelblau, das Griffelgewebe hellgrün bis grünlichblau.

9.3.62 Alizarinrot zum Calcium- bzw. Kalknachweis

Calciumsalze lassen sich mit diesem Farbstoff spezifisch anfärben. Je nach Menge fällt die Färbung kräftig orangerot oder hellrot aus. Grundsätzlich sind neben Calcium auch andere zweiwertige Ionen wie Mg^{2+}, Mn^{2+} oder Fe^{2+} als Chelatbildner für Alizarin geeignet, jedoch kommen diese in den meisten Geweben nicht in genügender Konzentration vor, so dass die Farbreaktion als eindeutiger Hinweis auf Calcium-Verbindungen gilt.

▸ **Substanz**
Alizarinrot S (Merck 1.05229, Chroma 1F-583)
▸ **Lösung**
a) 0,5%ige Lösung von Alizarinrot S in leicht alkalischem Leitungswasser
▸ **Durchführung**
1. Schnitte oder mazerierte Probe gut wässern.
2. Anschließend für 30 – 60 min in Lösung a) einlegen und Färbeergebnis mikroskopisch bei Lupenvergrößerung kontrollieren.
3. Gegebenenfalls Schnitte über Alkoholreihe entwässern (vgl. 9.2.8) und in wasserunlösliches Kunstharz einschließen.

Hinweis: Sehr stark verkalkte Gewebe wie etwa Knochen oder Geweihschliffe färbt man 5 min lang in einer Farbstofflösung, die in leicht angesäuertem destilliertem H_2O (etwa pH 4) angesetzt wurde.

9.3.63 Kernechtrot-Kombinationsfärbung

Diese seit 1953 bekannte Färbung nach STERBA-SCHOBESS, gelegentlich auch als Pseudoazan-Färbung zitiert, liefert in Zupf- und Schnittpräparaten von tierischen Geweben außerordentlich farbenprächtige und auch recht haltbare Ergebnisse.

▸ **Substanzen**
Anilinblau (Chroma 1B-501), Baumwollblau, (Chroma 1B-495), Wasserblau (Chroma 1B-499), Orange G (Merck 1.15925, Chroma 1B-221), Kernechtrot (Merck 1.15939), Weinsäure (kristallin), Phosphorwolframsäure (kristallin = Wolframatophosphorsäure, Merck 1.00583), Kaliumaluminiumsulfalt-Dodecahydrat = Kalialaun (Merck 1.01047), Propanol
▸ **Lösungen**
a) 1,5 g Anilinblau, 2 g Baumwollblau, 1 g Wasserblau, 2 g Orange G, 10 g Kernechtrot, 4 g Weinsäure, 8 g Phosphorwolframsäure und 40 g Kalialaun in einem Mörser gründlich verreiben und durchmischen.
b) 1–2 g dieses Gemischs mit 100 ml destilliertem H_2O kurz aufkochen, rasch abkühlen und mit 2 ml Propanol versetzen.
c) Lösung klar filtrieren.
▸ **Durchführung**
1. Schnitte 20 min in Lösung c) einlegen.
2. Kurz in H_2O abspülen.
3. Für 10 s in 40%igem Propanol differenzieren.
4. Gegebenenfalls in Kunstharz der Kategorie B (9.2.7) einschließen.

Ergebnisse: Drüsensekrete orange bis grünlich, Knochen blau, Knorpel blau bis gelblich, Bindegewebe blau, Zellkerne rot, Cytoplasma blaugrau, Muskulatur rötlichbraun

9.3.64 Boraxkarmin nach Grenacher

Seit JOSEPH VON GERLACH das – ursprünglich nur zur Textilfärbung benutzte – Karmin im Jahre 1858 als Farbstoff für die Mikroskopie entdeckte, gehört dieser Farbstoff zu den Klassikern der Cytologie und Histologie. Bis zur Entwicklung weiterer Verfahren haben mikroskopische Präparationsanleitungen viele Jahrzehnte lang schlicht von „Färbelösung" gesprochen und dabei immer nur das Karmin gemeint. Mit Bor und einigen anderen Kationen bildet Karmin Komplexverbindungen, die Farblacke ergeben und mancherlei Parallelen zu den einzelnen Varianten der Hämatoxylin- bzw. Hämalaun-Färbungen aufweisen. Darauf beruht auch das folgende Verfahren, das sich in der mikroskopischen Technik außerordentlich bewährt hat.

Die Boraxkarminfärbung eignet sich zur Kerndarstellung in pflanzlichen Schnitten ebenso wie für die Totalfärbung kleiner zoologischer Objekte wie Rädertiere, Würmer oder Gliederfüßer.

▸ **Substanzen**
Karmin (Merck 1.15933, Serva 16180.01, Chroma 5A-176), Borax (Natriumtetraborat-Dekahydrat, $Na_2B_4O_7 . 10 H_2O$), 90 %iges Methanol
▸ **Lösungen**
a) 4 g Borax in 100 ml H_2O auflösen.
b) Lösung a) erhitzen und zu der heißen Lösung 3 g zerriebenes Karmin zugeben.
c) Lösung b) erkalten und mit 100 ml 90 %iges Methanol versetzen.
d) Lösung c) mindestens eine Woche stehen lassen und abfiltrieren. Diese Lösung ist das gebrauchsfertige Reagenz und in der verschlossenen Vorratsflasche sehr lange haltbar.
e) Salzsäure-Ethanol (70- bis 96 %iges Ethanol mit 0,5–1% konzentrierter HCl)
▸ **Durchführung**
1. Objekte für einige Tage in 50 %iges, dann in 90 %iges Ethanol bringen.
2. Danach für 1–2 d in Farblösung d) übertragen.
3. Die einheitlich rot durchgefärbten Objekte ohne Auswaschen in Lösung e) übertragen und darin ebenso lange aufbewahren, wie gefärbt wurde bzw. bis keine Farbstoffwolken mehr aufsteigen.
4. Mikroskopische Kontrolle: Die Zellkerne sollten tiefrot, das Cytoplasma nur hellrot erscheinen.
5. Objekte für einige Stunden in 100 %iges Isopropanol übertragen und mehrfach wechseln.
6. Einschließen in Kunstharz (vgl. weitere Angaben unter 9.2.7).

9.3.65 Blutzellfärbung nach Pappenheim

Zur Darstellung und Unterscheidung der weißen Blutzellen (Leukozyten) ist die Färbung nach MAY-GRÜNWALD oder nach GIEMSA eingeführt. Das hier empfohlene klassische Färbeverfahren nach PAPPENHEIM aus der klinischen Praxis kombiniert diese beiden Färbungen.

▸ **Substanzen**
Die zu verwendenden Farblösungen sind kompliziert zusammengesetzt. In diesem Fall lohnt es sich, die käuflichen Fertiglösungen zu verwenden, nämlich May-Grünwald-Lösung (Merck 1.01352) und Giemsa-Lösung (Merck 1.09204). Ferner wird Phosphatstandardpuffer (pH 7,4) benötigt.

▸ **Durchführung**
Einzelne Ausstriche färbt man auf dem Objektträger, mehrere am besten in einer Färbeküvette.

1. Lufttrockene Blutausstriche für 5 min mit konzentrierter May-Grünwald-Lösung überschichten. Lösung nicht eintrocknen lassen!
2. Farblösung über Objektträgerkante abtropfen lassen (dekantieren) und Ausstriche sofort für 1 min mit verdünnter Farblösung (May-Grünwald- Phosphatpuffer = 1:1) überschichten und leicht schwenken.
3. Lösung dekantieren und für 3 min mit unverdünnter Giemsa-Lösung überschichten.
4. Lösung dekantieren und gründlich mit Leitungswasser abspülen.
5. Ausstriche an der Luft trocknen lassen.
6. Nach gründlicher Trocknung einschließen in Euparal oder anderes Kunstharz.

Für Routineuntersuchungen kann man die Ausstriche auch ohne Einschlussmedium und Deckglas durchmustern. Die Färbung ist viele Jahrzehnte haltbar.

9.3.66 Faserbehandlung mit alkalischem Kupferglycerin

Die hier angegebene Lösung dient der sicheren mikroskopischen Unterscheidung von Kunstseide und Rohseide (vgl. KRAUTER 1974).

▸ **Substanzen**
Kupfersulfat, Glycerin , konzentrierte Natronlauge (NaOH, Vorsicht: ätzend!)

▸ **Lösungen**
a) 5 g Kupfersulfat in 50 ml H_2O auflösen.
b) Zu Lösung a) 1 ml Glycerin zugeben.
c) Zu Lösung b) tropfenweise konzentrierte Natronlauge zugeben, bis sich der entstehende Niederschlag wieder auflöst. Diese Lösung ist das gebrauchsfertige Reagenz.

▸ **Durchführung**
1. Zu prüfende Faser in Lösung c) einlegen.
2. Mit Deckglas abdecken und etwaige Veränderungen beobachten.

Vorsicht: Natronlauge und Gebrauchslösung sind ätzend!

9.4 Beobachtungs- und Beleuchtungsverfahren

Die gerätetechnische Seite der Mikroskope und der Peripherieeinrichtungen zur Bilddokumentation (u. a. Mikrofotografie, Videografie) ist ein so komplexes Arbeits- und Erfahrungsfeld, dass man damit ohne Schwierigkeit umfangreiche weitere Bücher bestücken könnte. Die nachfolgenden Angaben beschränken sich daher auf einige grundsätzliche Sachverhalte sowie einige konkrete Tipps für die eigene Arbeit. Sie gehen zudem von der begründeten Annahme aus, dass die Raffinessen und Besonderheiten zur kompetenten Bedienung der modernen Hightech-Mikroskope, wie sie heute auch im Schul- oder Hobbybereich eingesetzt werden, Gegenstand der den jeweiligen Instrumenten beigefügten technischen Anleitungen ist. Ausführliche Darlegungen zur opto-physikalischen Theorie des Mikroskops finden sich beispielsweise in den grundlegenden Übersichtsdarstellungen von BEYER u. RIESENBERG (1988), GERLACH (1976), GÖKE (1988), MICHEL (1981), PATZELT (1974), ROBENEK (1995) oder SCHEUNER u. HUTSCHENREITER (1972) sowie in diversen Firmensonderschriften der Hersteller von Hochleistungsmikroskopen für den Profi- und fortgeschrittenen Amateurbereich (Leica, Nikon, Olympus, Zeiss u. a.).

9.4.1 Köhlersche und Kritische Beleuchtung

Die Maßstabszahl des Objektivs und die Sehfeldzahl des Okulars legen fest, welche Fläche eines mikroskopischen Präparates man überblicken kann. Die Köhlersche Beleuchtung erlaubt nun, ein Sehfeld von genau dieser Bemessung exakt auszuleuchten. Dazu muss das Mikroskop mit einem Kondensor ausgestattet sein, den man exakt in der optischen Achse in der Höhe verstellen und außerdem an Stellschrauben oder einer vergleichbaren Einrichtung justieren kann. Ferner müssen die Leuchtfeldblende und die Kondensorblende (Aperturblende) einstellbar sein. In Kurzform umfasst die Einstellung der Köhlerschen Beleuchtung, zu der es eine umfangreiche physikalische Theorie gibt, die folgenden Schritte:

1. Bild eines mikroskopischen Präparates zunächst noch ohne Rücksicht auf die Beleuchtungsqualität scharf einstellen.
2. Leuchtfeldblende (über der eingebauten oder angesteckten Mikroskopierleuchte) schließen.
3. Rand der Leuchtfeldblende durch Höhenverstellung des Kondensors scharf einstellen.
4. Leuchtfeldblendenöffnung zentrieren.
5. Leuchtfeldblende so weit öffnen, dass das gesamte Gesichtsfeld gerade ausgeleuchtet erscheint.

Bei der Kritischen Beleuchtung, die an einfacheren Mikroskopen (z. B. ohne Leuchtfeldblende, Lichtführung über Plan- oder Konkavspiegel) zum Einsatz kommt, entsteht mithilfe des Kondensors eine Abbildung der Lichtquelle in der Objektebene. Das Aussehen der Lichtquelle, beispielsweise die glühende Drahtwendel, überlagert hier eventuell die Präparate-

strukturen, was sehr störend sein kann. Technisch verhindert man diesen Effekt durch Mattfilter oder durch eine besonders hohe Montage des Kondensors.

Bei der Köhlerschen und der Kritischen Beleuchtung ist es wichtig, die Bildhelligkeit nicht (ausschließlich) über die Kondensorblendenöffnung (Aperturblendenöffnung) zu regulieren, weil sich bei einem stark abgedunkelten Bild gleichzeitig die Auflösung verschlechtert. Vorteilhafter ist es, die Bildhelligkeit über Graufilter oder über den Lampenstrom einzuregeln.

9.4.2 Durchlicht-Hellfeldbeleuchtung

Da die meisten mikroskopischen Präparate durch Schneiden oder andere technische Vorbereitungen sehr dünn und folglich im Allgemeinen auch transparent geworden sind, können sie im Normalbetrieb eines Mikroskops durchstrahlt werden. Weil dabei das Objekt aus dem Hintergrund beleuchtet wird wie ein Dia im Projektor und Seh- bzw. Gesichtsfeld hell erleuchtet erscheinen, spricht man von Durchlichtuntersuchungen bzw. Hellfeldbeleuchtung. Dieses Betrachtungsverfahren entspricht dem Routinebetrieb an jedem Lichtmikroskop. Die Ausnutzung des vollen Leistungsvermögens der Mikroskopoptik, die an modernen Instrumenten bis an die theoretischen Grenzen ausgereift ist, hängt in hohem Maße von der korrekten Beleuchtung des Präparates ab.

Um im Mikroskop ein Objekt sehen zu können, muss dieses eine andere Helligkeit oder eine andere Färbung aufweisen als die Umgebung und somit gegenüber dem umgebenden Hellfeld Kontrast aufweisen. Licht, das durch ein von Natur aus kontrastreiches Objekt tritt (beispielsweise einen durchsichtigen Insektenflügel), wird von den Objektstrukturen teilweise oder ganz absorbiert, während das am Objekt vorbei streichende Licht seine ursprüngliche Helligkeit beibehält. Im Wellenmodell der Lichtstrahlung lässt sich dieser Sachverhalt einfach ausdrücken: Bei Durchgang des Lichtes durch ein kontrastierendes Objekt verringert sich durch Dämpfung die Amplitude des verwendeten Lichtes. Objekte, die diese Eigenschaft aufweisen und sich daher gegen den hellen Bildhintergrund mit dunkleren Konturen oder Farbfeldern abzeichnen, bezeichnet man als Amplitudenobjekte.

Süßwasserrotalge *Batrachospermum macrocarpum* im konventionellen Hellfeld-Durchlicht

9.4.3 Durchlicht-Dunkelfeld

Die Dunkelfeldbeleuchtung erzeugt mithilfe eines speziellen Dunkelfeldkondensors aus dem normalen Mikroskopierlicht einen Strahlengang, bei dem die beleuchtenden Lichtstrahlen wesentlich stärker geneigt sind, als es der Objektivapertur entspricht (Beleuchtungsapertur > Objektivapertur). Ohne Objekt erscheint das Gesichtsfeld daher einheitlich dunkel. Nur solches Licht, das an oder in Objektstrukturen durch Brechung, Beugung oder Reflexion abgelenkt wird, tritt ins Objektiv ein und beteiligt sich an der Bildentstehung. Diese gleichsam indirekte Objekt-

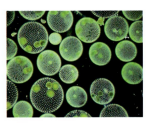

beleuchtung stellt in vielen Fällen sehr feine, sonst kaum wahrnehmbare Konturen erstaunlich klar dar. Ihre Grenzen findet sie allerdings in Objekten, in denen sich mehrere Strukturebenen überlagern und die folglich in der Dunkelfeldansicht ein kaum analysierbares Liniengewirr ergeben.

Kugelalge *Volvox aureus* im Durchlicht-Dunkelfeld

Mit der vergleichsweise einfachen Zentralblende kann man einen konventionellen Hellfeldkondensor leicht in einen mit zufrieden stellenden Ergebnissen arbeitenden Trockendunkelfeldkondensor umrüsten. Man legt dazu ein aus undurchsichtigem Material (schwarzes Papier, Alufolie) passend zugeschnittenes, kreisrundes Scheibchen auf den Filterhalter des Kondensors. Der genaue Durchmesser des Schwarzscheibchens ist eine Sache der Erprobung und Annäherung, da er vom jeweiligen Mikroskoptyp abhängt. Im Allgemeinen beginnt man mit Scheibchen von mindestens 5 mm Durchmesser. Mitunter finden sich exakte Angaben zum erforderlichen Durchmesser der Zentralblende auch in der Bedienungsanleitung des Mikroskops.

9.4.4 Auflicht-Dunkelfeld

Dieses Beleuchtungs- bzw. Untersuchungsverfahren bietet, da nur die auf der Oberseite eines Objektes auftreffenden und dort reflektierten Lichtstrahlen am Bildaufbau beteiligt sind, lediglich eine Oberflächenansicht der Präparate und ist damit der hoch auflösenden Rasterelektronenmikroskopie vergleichbar. In der analytischen Lichtmikroskopie setzt man diese Metho-

Der so genannte Sonnenschliff eines Schraubenkopfes zeigt sich eindrucksvoll im Auflicht-Dunkelfeld

de dagegen kaum ein. Bei Stereomikroskopen (Lupen) ist die Auflicht-Dunkelfeld-Methode jedoch das verbreitetste Beleuchtungsverfahren. Meist erfolgt die Lichtführung von schräg bzw. seitlich oben. Sie erlaubt damit im Bild die Andeutung von Schattenzonen, womit die Plastizität des Objektes vorteilhaft betont wird. Da am Stereomikroskop meist zwei Lichtquellen zur Verfügung stehen, kann man sehr

tiefe Schattenpartien oder unschöne einseitige Schlagschatten auf jeden Fall vermeiden. Die damit zu leistende Kontraststufung ist bei den meisten Objekten durchaus erwünscht. Nur bei glatten und ebenen Objekten verwendet man die völlig schattenfrei arbeitende und technisch relativ aufwändige koaxiale Auflichtbeleuchtung (Ringbeleuchtung).

9.4.5 Schiefe Beleuchtung

Mitunter bieten höchst einfache Veränderungen am Beleuchtungsstrahlengang eine vergleichbare Verbesserung des Objektkontrastes wie technisch aufwändige Nach- oder Umrüstungen. Bereits ausgangs des 19. Jahrhunderts hatte ERNST ABBE einen besonderen Beleuchtungsapparat konstruiert, mit dem man die Achse des Lichtstrahls, der durch den Kondensor in das Objekt tritt, seitlich verschieben kann. Besonders an so genannten Phasenobjekten (vgl. Phasenkontrastverfahren 9.4.7) lassen sich damit Konturbetonungen hervorrufen, die einen plastischen Gesamteindruck (Relief-Effekt) hervorrufen. Die meisten heute marktüblichen Mikroskope besitzen keine Vorrichtungen, um die Kondensorblende kontrolliert exzentrisch zu stellen. Mit einfachen Mitteln ist der Reliefeffekt aber dennoch zu erreichen. Anstelle der früher (z. B. KAUFMANN 1979) empfohlenen Manipulationen wird heute zunehmend mit dem modifizierten Verfahren nach KREUTZ (1995) gearbeitet, das die maximale Apertur des vorhandenen Kondensors nutzt, ein helles, gradientenfreies Bild zulässt und den Schattenwurf der Objekte abmildert. Man verwendet dazu ein normales Mattfilter mit einer schwarzen Abdeckung aus Klebefolie (Bastelbedarf), die eine linsenförmige Fläche freihält. Dieses umgerüstete Filter legt man in den Filterhalter und beobachtet bei geöffneter Aperturblende.

 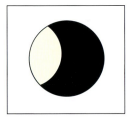

Kieselalge *Tabellaria fenestrata* in schiefer Beleuchtung nach KREUTZ

Blendenzuschnitt für die modifizierte Schiefe Beleuchtung nach KREUTZ

9.4.6 Rheinberg-Beleuchtung

Bis zu Objektiven mit der numerischen Apertur 0,65 (40fach) lässt sich ein interessantes Beleuchtungsverfahren anwenden, bei dem das Präparat optisch eingefärbt wird. Diese Beleuchtung kombiniert Dunkelfeld- und Hellfeldverfahren. Das direkte Beobachtungslicht wird jedoch nicht wie beim Durchlichtdunkelfeld vollständig ausgeblendet, sondern durchläuft Farbfilter. Das verwendete Filter sollte eine möglichst farbdichte Zentralblende und daran anschließende periphere Farbringe aufweisen. Man legt ein entspre-

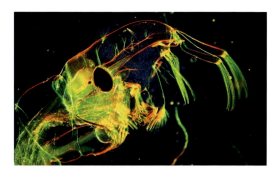

Büschelmückenlarve (*Chaoborus crystallinus*) in Rheinberg-Beleuchtung: Die Farbeffekte bringen zwar meist keinen Erkenntnisgewinn, betonen jedoch den besonderen strukturellen Reiz eines Objektes.

chend beklebtes Klarglasfilter in den Filterhalter unterhalb des Kondensors. Rheinbergfilter stellt man sich vorzugsweise selbst her. Geeignete Materialien sind Farbfolien (Bastelbedarf) oder Malfarben für die Hinterglasmalerei. Hilfreich sind auch Diafilme oder auf dem PC konstruierte Farbsektoren, die man auf Overheadfolie ausdruckt. Die genauen Abmessungen der Zentralblende muss man durch Probieren ermitteln. Sie entspricht der Vorrichtung beim gewöhnlichen Dunkelfeldverfahren. Die Kombination verschiedenfarbiger Foliensegmente ermöglicht zahlreiche, zum Teil sehr überraschende Bildeffekte. Sektorenfilter versehen die Objekte mit Farbsäumen. Bei Verwendung einer blauen Zentralblende mit rotem Außenring erscheinen transparente Objekte wie gereinigte Diatomeenschalen leicht errötet auf blauem Hintergrund. Gerade bei Planktonorganismen lässt sich mit einer solchen optischen Einfärbung der Eindruck einer natürlichen Beobachtungsumgebung hervorrufen.

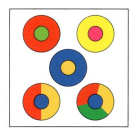

Vorschläge für Rheinberg-Filter

9.4.7 Phasenkontrast

Viele mikroskopische Objekte sind von Natur aus so durchsichtig wie Fensterglas und zeichnen sich daher selbst bei guter Auflösung kaum auf. Dennoch werden auch hier die Lichtwellen beim Objektdurchgang etwas verändert: Die meisten durchsichtigen Objekte weisen einen höheren Brechungsindex (höhere optische Dichte) auf als ihre Umgebung und setzen dem Lichtdurchgang damit einen messbaren Widerstand entgegen. Daher fällt die Lichtgeschwindigkeit im Objekt etwas geringer aus, und entsprechend muss sich auch die Frequenz infolge einer dichtebedingten Stauchung der Wellenzüge geringfügig verändern. Solche Objekte nennt man Phasenobjekte. Während unsere Augen Helligkeitsunterschiede leicht wahrnehmen, können

sie Lichtschwingungen mit verschiedener Phasenlage nicht unterscheiden. Daher muss man das ein Phasenobjekt durchlaufende Licht in ein Amplitudenbild umwandeln. Technisch hat dafür der niederländische Physiker FRITS ZERNIKE in den Jahren 1934/35 (Nobelpreis 1953) mit einem vergleichsweise einfachen, aber genialen Eingriff in den Strahlengang eine hervorragende Lösung gefunden: Das Phasenkontrast-Verfahren (vereinfacht auch Phako-Verfahren genannt) war schon kurz darauf technischer Standard an guten Mikroskopen. Es bildet sehr dünne Objekte und Objektstrukturen mit scharfen Konturen ab, zum Teil auch unter Ausnutzung von hellen Beugungssäumen. Generell erscheinen Objekte mit einem höheren Brechungsindex als das umgebende Medium hell auf dunklerem Hintergrund. Grundsätzlich ist es mit einem technischen Trick auch möglich, das betrachtete Objekt mit einer niedrigeren Brechzahl erscheinen zu lassen. Apparativ unterscheidet man je nach zu Grunde liegender Konstruktion der betreffenden Einrichtungen entsprechend zwischen positivem und negativem Phasenkontrast.

9.4.8 Polarisation

Die Mikroskopierleuchte entlässt in den Bild aufbauenden Strahlengang nur chaotisch schwingende Lichtstrahlen. Geeignete Filter sortieren daraus alle Wellenzüge aus, die ihrer Durchlassrichtung entsprechen, und lassen folglich nur Wellen durchtreten, die in einer ganz bestimmten Richtung schwingen. Solche Lichtwellen einer bevorzugten Schwingungsrichtung nennt man polarisiert. Sie bieten für die Mikroskopie bedeutsame Vorzüge, weil man die Objekte damit gleichsam in anderem Licht betrachten kann. Im polarisierten Licht lassen sich nämlich Informationen über Objektstrukturen gewinnen, die die konventionelle Hellfeldtechnik schlicht verschweigt. Als Nebeneffekt des recht einfach manipulierbaren Beobachtungslichtes ergeben sich zudem auch in formalästhetischer Hinsicht außerordentlich reizvolle und farbenprächtige Bilder. Da nicht einmal alle Mikroskope gehobener Leistungsklassen eine Polarisationseinrichtung aufweisen, bietet

Das Phasenkontrast-Verfahren erzeugt am Objekt helle Säume: *Nostoc commune* mit Heterocysten.

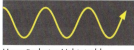

Unveränderter Lichtstrahl

Amplitudenmodulierter Lichtstrahl am Amplitudenobjekt

Phasen- bzw. Frequenzmodulierter Lichtstrahl am Phasenobjekt

Durchsichtige Objekte verändern entweder die Amplitude oder die Frequenz durchtretender Lichtwellen. Entsprechend unterscheidet man Amplituden- und Phasenobjekte.

Gewöhnliche Esche (*Fraxinus excelsior*), Holz tangential: Polarisiertes Licht ruft optische Färbungen hervor, die feine Strukturdetails (beispielsweise die Verlaufsrichtung von Makromolekülkomplexen) erkennen lassen.

sich als Alternative eine einfache Nachrüstung an. Man benötigt lediglich zwei Filter aus linear polarisierendem Material, die man sich aus einer Folie (aus dem Fotofachhandel) selbst zuschneidet. Die Dicke der (weitgehend) biegefesten Folie sollte zwischen 0,6 und 1,0 mm liegen. Eine kreisrunde Filterscheibe (etwa 15–25 mm Durchmesser) bringt man zwischen Objekt und Lichtquelle in den Strahlengang des Mikroskops – vorzugsweise auf den Filterhalter unterhalb des Kondensors. Sie sollte so gut zugänglich angebracht werden, dass man sie während der Beobachtung ständig drehen kann. Die zweite Filterscheibe legt man im Okular auf die Sehfeldblende, in Mikroskopen mit aufgesetztem Fototubus unterhalb des Strahlenteilers. Das untere, im Bereich des Kondensors angebrachte Polfilter (= Polarisator) lässt nur linear polarisiertes Licht in den Strahlengang. Trifft dieses auf seinem weiteren Weg auf das zweite Filter (= Analysator), kann es nur dann ungehindert passieren, wenn dessen Durchlassrichtung parallel zum Polarisator ausgerichtet ist. Bildet die Gitterorientierung beider Polarisationsfilter einen rechten Winkel (= gekreuzte Filterstellung), so findet das vom Polarisator ausgewählte Licht an der zweiten Filterstation eine unüberwindliche Sperre und wird folglich ausgelöscht: Bei exakter Kreuzung der Filter bleibt das Gesichtsfeld des Mikroskops völlig dunkel. In dieser Filterposition finden die Beobachtungen und Routineuntersuchungen mit dem Polarisationsmikroskop statt.
Bereits 1669 entdeckte ERASMUS BARTHOLIN an Kalkspatkristallen die Doppelbrechung. Später lieferte die Theorie der Wellenoptik dafür auch die Erklärung: Der Kristall zerlegt das eindringende Licht in zwei linear polarisierte Wellenzüge, die ihn als zwei Strahlen mit senkrecht aufeinander stehenden Schwingungsrichtungen verlassen. Einer dieser beiden Strahlen folgt dem bekannten Snellius-Brechungsgesetz (= ordentlicher Strahl), der zweite (außerordentliche) nicht. Seine Brechungszahlen hängen lediglich vom Einfallwinkel ab. Materialien mit doppelbrechenden Eigenschaften nennt man anisotrop, nicht doppelbrechende entsprechend isotrop.
Wenn linear polarisiertes Licht auf einen doppelbrechenden Körper trifft, behält es seine ursprüngliche Polarisationsrichtung nicht bei, sondern wird auf die beiden zugelassenen Schwingungsrichtungen verteilt. Im Effekt dreht sich dabei die Polarisationsrichtung des Beobachtungslichtes um einen bestimmten Winkelbetrag. Bei exakt gekreuzter Stellung der Filter ist vom Objekt normalerweise kein Bild sichtbar. Verlässt das Licht jedoch eine doppelbrechende Objektstruktur

mit abweichend orientierter Schwingungsebene, kann es den nachfolgenden Analysator umso besser passieren, je mehr seine Schwingungsrichtung zu dessen Durchlassrichtung einen Winkel von 45° bildet. Durch Interferenz der beteiligten Wellen entstehen nicht nur helle Abbilder der jeweils doppelbrechenden Objektstrukturen, sondern sehr bunte Wiedergaben. Diesen Effekt kann man technisch verstärken, indem man über dem Polarisator zusätzlich noch eine „Verzögerungsfolie" anbringt, die die durchlaufenden Wellenzüge um maximal die halbe Wellenlänge ($\lambda/2$) gegeneinander verstellt und interferieren lässt. Drehen des Polarisators oder des Analysators um Winkelbeträge < 45° entzündet in den betrachteten Objekten ein kaum vorhersagbares und darum umso überraschenderes Feuerwerk. Damit steht nicht nur eine analytische Sonde zum Ausloten objekteigener Materialeigenschaften zur Verfügung, sondern auch ein hervorragendes bildnerisch-gestalterisches Mittel. Besonders geeignete Objekte zur Betrachtung im polarisierten Licht sind neben Kristallen unter anderem Tierhaare (beispielsweise auch die Kleinsäugerhaare aus Eulengewöllen), Vogelfedern, Fischschuppen oder sekundär verdickte pflanzliche Zellwände.
Für alle Untersuchungen im polarisierten Licht ist es nützlich, nicht nur bei exakt gekreuzten Filtern zu beobachten, weil dann ausschließlich die anisotropen Objektbestandteile sichtbar werden. Zur besseren Orientierung in den gerade untersuchten Geweben oder Zellen bzw. in deren Umfeld bringt man Polarisator und Analysator geringfügig aus der genauen Kreuzposition hinaus. Damit erreicht man eine gedämpfte Hellfeldbeleuchtung, die zwar das Feuerwerk der doppelbrechenden Bestandteile ein wenig mindert, dafür aber detaillierte Überblicke zulässt.

9.4.9 Differentieller Interferenzkontrast (DIK)

Bereits beim Phasenkontrastverfahren wurden die für das menschliche Auge normalerweise nicht sichtbaren Unterschiede in den Wellenzüge in wahrnehmbare Hell-Dunkel-Unterschiede umgewandelt. Ähnlich erzeugt auch das Interferenzverfahren aus Gangunterschieden wahrnehmbare Farben. Das am Bildaufbau beteiligte Licht wird in zwei Strahlenbündel aufgeteilt, von denen nur eines im Objekt einen Gangunterschied erfährt und nach Objektdurchgang mit dem Referenzstrahl interferiert: Wellenberg und Wellental löschen sich gegenseitig aus. Da der Versatz der Wellenzüge jedoch gewöhnlich nur kleinere und wechselnde Anteile

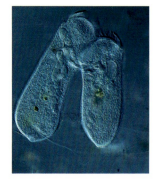

Konjugation beim Trompetentier *Stentor roeseli*: Der Differentielle Interferenzkontrast (DIK) betont die Konturen und lässt die Zellen plastisch hervortreten.

der Wellenlänge beträgt, erfolgt keine komplette Aufhebung. Der das Objekt passierende Rest ergibt ein plastisches Bild (vgl. S. 125 und 126). Besonders häufig im Einsatz ist das so genannte Differential-Interferenzkontrastverfahren nach NOMARSKI (1952), das mit einer besonderen Anordnung von Wollaston-Prismen arbeitet. Die Details sind in der Fachliteratur nachzulesen.

9.4.10 Auflicht-Fluoreszenz

Während die konventionellen Färbemethoden (vgl. 9.3.ff) chemische Eingriffe am Objekt erfordern, arbeiten die rein optischen Kontrastmethoden (z. B. 9.4.6 – 9.4.9) nur mit physikalischen Effekten. Die Fluoreszenzmikroskopie stellt eine Kombination beider Techniken dar. Sie erfordert am Mikroskop eine spezielle Beleuchtungsvorrichtung, die man nicht im Eigenbau herstellen kann.

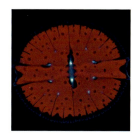

Unter Fluoreszenz versteht man die Eigenschaft bestimmter Stoffe, Licht der eingestrahlten Wellenlänge α_1 zu absorbieren und wieder mit einer größeren Wellenlänge α_2 zu emittieren. Bereits an unbehandelten Schnitten durch pflanzliche oder tierische Gewebe lässt sich nach Anregung mit energiereichem, kurzwelligem Licht eine eindrucksvolle Primärfluoreszenz beobachten. So zeigt beispiels-

Zieralge *Micrasterias denticulata*: Bei Anregung mit kurzwelligem Licht zeigen die Chlorophylle des großen Chloroplasten Autofluoreszenz.

weise das Chlorophyll der Chloroplasten nach Anregung mit Blaulicht eine starke Rotfluoreszenz. Nach gezielter Behandlung mit verschiedenen Stoffen (= Fluorochromen) lassen sich in den Präparaten aber auch Bereiche ohne Primärfluoreszenz darstellen – dann liegt Sekundärfluoreszenz vor. Dieses Darstellungsverfahren wurde von HAITINGER bereits im Jahre 1927 eingeführt. Im professionellen Bereich bzw. in der Forschung häufig eingesetzte Fluorochrome (und ihr Anregungslicht) sind beispielsweise Fluoreszein (blau), Acridinorange (blau), Anilinblau (UV), CalcofluorWhite (UV), Auramin O (UV), DAPI (4',6-Diamidino-2-phenylindol; blau) oder Ethidiumbromid (blau). Entsprechende Versuchsanregungen sind in diesem Buch nur in wenigen Einzelfällen enthalten. Für Routineanwendungen steht eine umfangreiche Fachliteratur zur Verfügung (vgl. GÖKE 1988).

9.4.11 Konfokale Laserscanning-Mikroskopie (CLSM)

Diese neue für den professionellen Einsatz entwickelte Technik leistet im Gegensatz zum konventionellen Lichtmikroskop auch im optischen Bereich eine reale dreidimensionale Auflösung und erlaubt es daher, auch sehr kleine Strukturen wie die Bestandteile einer einzelnen Zelle in den drei Richtungen des Raumes exakt zu vermessen. Durch besondere technische Vorrichtungen wird der in allen Objekten auftretende

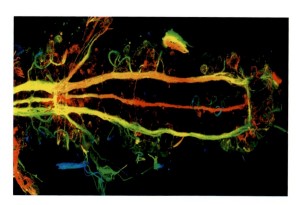

Das Konfokale Laserscanning-Verfahren stellt die vorerst letzte Entwicklung der Lichtmikroskopie dar. Es ermöglicht – nach aufwändiger Vorpräparation mit Fluorochrom-Markierung – durch Farbcodierung dreidimensionale Einblicke in Objektstrukturen, beispielsweise in das hier gezeigte Nervensystem des Vielborstwurms *Parapodrilus psammophilus*.

Streulichtanteil ausgeblendet und somit eine bemerkenswerte Bildschärfe erzielt. In Kombination mit weiteren Verfahren, beispielsweise selektiver Fluoreszenzfärbung, lassen sich somit in völlig neuer und ungewohnter Weise „einleuchtende" Einblicke in die Raumgestalt und Dynamik gewinnen.

9.4.12 Beugungskontrast (BK)

Die zusätzliche Ausstattung eines Mikroskops mit den üblichen Kontrastverfahren (vgl. 9.4.7 PK und/oder 9.4.9 DIK) ist recht kostenaufwändig. Einen überaus brauchbaren Ausweg bietet der von ERHARD MATHIAS unlängst erfundene und vorwiegend für den Eigenbau konzipierte Beugungskontrast. Wie bei den konventionellen Kontrastverfahren werden auch hier durch den nachträglichen Einbau einer einfach herzustellenden Konvergenzblende in das Objektiv die optischen Dichteunterschiede farbloser Präparate in gut unterscheidbare Hell-Dunkel-Unterschiede umgesetzt. Von Natur aus farbige oder gefärbte Objekte werden korrekt dargestellt. Dieses Verfahren eignet sich vor allem für Kondensatoren mit geringer numerischer Apertur (0,65–0,9). Die technischen Details zu diesem empfehlenswerten neuen Verfahren und eine genaue Arbeitsanleitung findet man bei MATHIAS (2006).

Durchlüftungsgewebe (Aerenchym) im Stängel der Flatter-Binse, aufgenommen im Beugungskontrast nach MATHIAS

9.5 Kultur-Verfahren

Nicht alle interessanten Untersuchungsobjekte kann man sich direkt aus der benachbarten Natur oder der engeren häuslichen Umgebung beschaffen. Fallweise ist es daher unumgänglich, sich von bestimmten gewünschten Objekten vorübergehende oder längerfristige Kulturen anzulegen, in denen bestimmte Kleinorganismen entweder angereichert oder für laufende Nachuntersuchungen verfügbar gehalten werden. Aus der Vielzahl der in der Fachliteratur empfohlenen Verfahren werden hier nur einige Standardprozeduren für die wichtigsten Untersuchungen vorgestellt:

9.5.1 Kulturensammlungen

Für die Anzucht von mikroskopischem Untersuchungsmaterial kann man definierte Startkulturen von Bakterien, Algen oder anderen Protisten gegen Rechnung von den folgenden Institutionen beziehen:

▶ **Bakterien:**
Deutsche Sammlung von Mikroorganismen und Zellkulturen (DSMZ), Mascheroder Weg 1b, 38124 Braunschweig, Tel. 0531–26 16 0, Fax -26 16 418, Internet: www.gbf-braunschweig.de

▶ **Cyanobakterien und Algen:**
Sammlung von Algenkulturen (SAG), Pflanzenphysiologisches Institut der Universität Göttingen, Nikolausberger Weg 18, 37073 Göttingen, Tel. 0551-390, Fax -39 78 71, Internet: www.uni-goettingen.de/SAG (SCHLÖSSER 1994, 1997)

▶ **Algen und Protozoen:**
Culture Collection of Algae and Protozoa (CCAP) am Dunstaffnage Marine Laboratory, United Kingdom, Internet www.ipr-helpdesk.org

▶ **Protozoen:**
(*Amoeba, Blepharisma, Paramecium, Stentor*) Dr. Werner Hölters, Am Grünen Weg 24, 50259 Pulheim-Dansweiler, Tel. 02234-98 62 00, Fax -98 62 01.

▶ **Meeresorganismen:**
Für unterrichtliche Zwecke kann man lebende oder fixierte Meeresorganismen (Algen, Wirbellose, Fische) auch bei der Biologischen Anstalt Helgoland (BAH) beziehen: Biologische Anstalt Helgoland in der Alfred-Wegener-Stiftung, Abt. Materialversand, Postfach 180, 27483 Helgoland, Tel. 04725-8190, Internet www.awi-bremerhaven.de/BAH/helgoland-d.html

9.5.2 Erdabkochung zur Algenkultur

Die in gewöhnlicher Gartenerde enthaltenen Stoffe sind eine überaus unübersichtliche Mischung aus mineralischen und organischen Komponenten, die man nicht gezielt zusammenmischen kann. Seit Jahrzehnten verwendet man zur Anreicherung von Kulturmedien für Mikroalgen daher Erdabkochungen, die alle nötigen und im Prinzip schlecht definierten Bestandteile aufweisen.

▶ **Substanz**
Ungedüngte, aber humose Gartenerde

▶ **Durchführung**
1. Gartenerde in einem Erlenmeyerkolben (100–250 ml) im Verhältnis 1:2 mit Wasser überschichten.
2. 1–3 h lang auf 100 °C erhitzen.
3. Nach dem Erkalten filtrieren.
4. 2–5 ml davon zu jeweils 100 ml des verwendeten Kulturmediums geben.

9.5.3 Standard-Kulturmedien für Mikroalgen

Das nachfolgend beschriebene so genannte Bristol-Medium hat sich für die Anzucht von vielen Verwandtschaftsgruppen der Mikroalgen bewährt. Bei manchen Algen oder bestimmten Verwandtschaftskreisen davon wie einigen Kiesel- und Zieralgen ist die Kultur unter Laborbedingungen nach wie vor schwierig und oft wenig erfolgssicher (vgl. auch ENGELS 1995).

▶ **Substanzen**
Natriumnitrat ($NaNO_3$), Calciumchlorid ($CaCl_2$), Magnesiumsulfat ($MgSO_4 \cdot 7\,H_2O$), Dikaliumhydrogenphosphat (K_2HPO_4) Kaliumdihydrogenphosphat (KH_2PO_4), Kochsalz ($NaCl$)

▶ **Durchführung**
1. In jeweils 400 ml H_2O die angegebene Menge der folgenden Nährsalze lösen: 10 g $NaNO_3$, 1 g $CaCl_2$, 1 g $MgSO_4 \cdot 7\,H_2O$, 3 g K_2HPO_4, 7 g KH_2PO_4, 1 g $NaCl$.
2. Von diesen 6 Stammlösungen gibt man je 10 ml in 940 ml destilliertes H_2O und fügt einen Tropfen einer 1%igen wässrigen Lösung von Eisenchlorid ($FeCl_3$) hinzu.
3. Diese gebrauchsfertige Lösung verteilt man auf heiß ausgespülte Kulturgefäße (Erlenmeyerkolben 100–250 ml, Konservengläser o. ä.).
4. Gewünschte Algen überimpfen, Gefäße mit Wattepfropfen oder Deckel verschließen und an einem hellen Platz (kein direktes Sonnenlicht) aufstellen.

9.5.4 Knopsche Lösung für die Algenkultur

Alternativ zum Anzuchtmedium 9.5.3 kann man auch folgende Nährlösung (= Vereinfachte Knopsche Lösung) verwenden:

▶ **Substanzen**
Kaliumnitrat (KNO_3), Calciumnitrat ($Ca(NO_3)_2$), Dikaliumhydrogenphosphat (K_2HPO_4), Magnesiumsulfat ($MgSO_4 \cdot 7\,H_2O$), Eisenchlorid ($FeCl_3$), Kaliumnitrat (KNO_3), Calciumnitrat ($Ca(NO_3)_2$)

▶ **Durchführung**
1. 0,1 g $Ca(NO_3)_2$, 0,2 g K_2HPO_4, 0,1 g $MgSO_4 \cdot 7\,H_2O$, 0,001 g $FeCl_3$ nacheinander in 1000 ml destilliertem H_2O lösen.
2. Diese gebrauchsfertige Lösung auf heiß ausgespülte Kulturgefäße (Erlenmeyerkolben 100–250 ml, Konservengläser o. ä.) verteilen.
3. Alle weiteren Schritte wie oben.

9.5.5 Kultur von Cyanobakterien

▸ **Substanzen**
Kaliumnitrat (KNO_3), Dikaliumhydrogenphosphat
(K_2HPO_4), Magnesiumsulfat ($MgSO_4 \cdot 7\,H_2O$),
Eisen(II)-Ammoniumcitrat
▸ **Durchführung**
1. 5 g KNO_3, 0,1 g K_2HPO_4, 0,05 g $MgSO_4 \cdot 7\,H_2O$ in
   1000 ml destilliertem H_2O auflösen.
2. 10 Tropfen einer 1%igen EisenII-Ammonium-
   citrat-Lösung hinzugeben.
3. Für die Kultur auf Schrägagar Nährstofflösungen
   mit 2% Agar verfestigen (20 g käuflichen Agar
   gegebenenfalls in Wasser etwas vorquellen und
   in 1000 ml Lösung erhitzen – Sterilisation der
   Ansätze im Dampfdrucktopf ist nicht erforderlich).
Wenn diese Chemikalien nicht zur Verfügung stehen
oder beschaffbar sind, kann man notfalls auch ein
Medium mit Blumenflüssigdünger in der jeweils auf
der Vorratsflasche angegebenen Verdünnung für
Gießwasser anlegen.

9.5.6 Kultur von Augenflagellaten

Nach VATER-DOBBERSTEIN u. HILFRICH (1982) sowie
STREBLE u. KRAUTER (2002) empfiehlt sich für die
Dauerkultur von grünen Euglenen (insbesondere
Euglena gracilis) das folgende Verfahren.
▸ **Durchführung**
1. Boden eines Erlenmeyerkolbens (100 ml) finger-
   dick mit Gartenerde bedecken.
2. Ein maximal erbsengroßes Stück Hartkäse
   (Emmentaler, Gouda) hinzugeben.
3. Mit Wasser bis zur Hälfte auffüllen.
4. Ansatz im siedenden Wasserbad etwa 60 min
   lang erhitzen.
5. Nach dem Abkühlen mit Stammkultur von
   Euglena gracilis beimpfen.
6. Mit Wattestopfen verschließen und auf einer
   hellen Fensterbank ohne direktes Sonnenlicht
   aufstellen.
7. Verdunstetes Wasser alle 2–3 Monate auffüllen.
8. Kultur nur jährlich erneuern.

9.5.7 Kultur von Ciliaten

Abgesehen von den räuberischen Arten wie *Didinium
nasutum* sind die meisten Wimpertiere wie *Paramecium* u. a. Bakterienfresser. Kulturansätze müssen
daher sicher stellen, dass im Medium immer genügend Bakterien nachwachsen, und sind insofern kleine
Ökosysteme mit einer gut funktionierenden Nahrungskette.
▸ **Durchführung**
1. Beliebige Glasgefäße (Konservengläser, Petrischalen) zu etwa zwei Dritteln mit abgekochtem
   Leitungswasser oder kohlensäurefreiem Mineralwasser füllen.
2. Je 50 ml Flüssigkeit 1–2 zerdrückte Reis- oder
   Weizenkörner bzw. Haferflocken hinzugeben.
3. Etwa alle 3–4 Wochen dieses Nahrungsangebot
   für die Bakterien ergänzen.
Hinweis: Als Bakterienfutter bewährt haben sich auch
getrocknete Schnitzel der Kohlrübe (Gattung *Brassica*,

nicht Futter- oder Runkelrüben der Gattung *Beta*).
Man zerschneidet eine erntefrische Rüben in kleine
Würfel von etwa 3–5 mm Kantenlänge und trocknet
sie auf Papier in der Sonne. Die trockenen Stückchen
sind mehrere Jahre verwendungsfähig. Je 250 ml
Kulturlösung setzt man 1–2 Rübenwürfel ein.
GÜNKEL (1989) berichtet über beachtliche Erfolge in
der Einzellerkultur aus Aquarienmulm in Petrischalen,
die regelmäßig mit 1(–2) zwischen den Fingerspitzen
zerkrümelten Flocken von üblichem Fischfutter versehen werden. Außerdem kann man mit üblichen
Futterflocken für Aquarienfische in einem 100 ml-
Erlenmeyerkolben auch eine externe Bakterienkultur
ansetzen und von der trüben Lösung, die nach wenigen Tagen vorliegt, portionsweise zu den Einzellerkul-
turen in der Petrischale pipettieren.

9.5.8 Milchkultur von Wimpertieren

STREBLE u. KRAUTER (2002) empfehlen für Bakterien
fressende Wimpertiere aus α- und β-mesosaprobem
Milieu das folgende Kulturverfahren in stark verdünnter Milch:
▸ **Durchführung**
1. Zu 100–250 ml Wasser wenige Tropfen Milch
   geben.
2. Mit einer Startkultur von Wimpertieren beimpfen.
3. Die nächsten Milchtropfen erst wieder zusetzen,
   wenn die Lösung klar geworden ist.

9.5.9 Malzagar zur Kultur von Mikro-pilzen

Zur Beschickung von Fangplatten, mit denen man
Keimzahl und Keimtyp der Luft an verschiedenen Stellen im Haus oder Freiland überprüfen möchte, verwendet man einen Malzagar, auf dem Bakterien meist
nicht besonders gut gedeihen.
▸ **Substanzen**
Malzextrakt (Merck 5391), Pepton aus Casein
(Merck 7213), Agar (Merck 1614)
▸ **Durchführung**
1. 30 g Malzextrakt, 3 g Pepton, 15 g Agar in 1000 ml
   heißem destilliertem H_2O lösen.
2. pH-Wert der noch heißen Lösung auf 5,6 einstellen (Kontrolle mit pH-Indikatorpapier).
3. Heiße Lösung auf Petrischalen verteilen (Füllhöhe etwa 5 mm).
4. Petrischalen in Zeitungspapier einwickeln und
   im Dampfdrucktopf sterilisieren.

9.5.10 Nähragar zur Kultur von Basidio-myceten

Die Schnallenbildung an den Hyphen der Ständerpilze
sind am Schnittpräparat meist nicht gut zu erkennen.
Wesentlich hilfreicher sind dafür Mycele, die man aus
Fruchtkörperstückchen auf Nähragar in Petrischalen
heranzüchtet.
▸ **Substanzen**
Glucose (Traubenzucker), Malzzucker, Pepton
aus Casein (Merck 107216, Serva 48602.04),
Fleischpepton (Serva 48620.04, Chroma 3G-105),
Agar (Merck 1614) oder Sabouroud-Fertigagar
(Merck)

▸ **Durchführung**
1. 10 g Glucose, 10 g Malzzucker, 5 g Caseinpepton, 5 g Fleischpepton und 20 g Agar in 1000 ml heißem destilliertem H_2O lösen.
2. pH-Wert der noch heißen Lösung auf 5,5 – 5,9 einstellen (Kontrolle mit pH-Indikatorpapier).
3. Heiße Lösung auf Petrischalen verteilen (Füllhöhe etwa 5 mm).
4. Petrischalen in Zeitungspapier einwickeln und im Dampfdrucktopf sterilisieren.

9.5.11 Kultur von Moos- und Farnsporen

Die Protonemata von Moosen oder Vorkeime von Farnen sind wegen ihrer Kleinheit im Freiland oft schwer zu finden. Sie lassen sich jedoch vergleichsweise einfach in kleineren Gefäßen auf verschiedenen Substraten kultivieren (vgl. FRAHM 2001).
Generell bezeichnet man kleine, luftdicht verschlossene Gefäße wie Petrischalen, Konservengläser o.ä. als feuchte Kammer, wenn sie mit leicht angenässtem Filtrierpapier (oder Zellstoff) ausgelegt wurden.

▸ **Durchführung**
1. Petrischalen, Kühlschrankdosen oder Erlenmeyerkolben mehrfach mit heißem Wasser ausspülen.
2. Kultursubstrat (Sand, Stücke von porösen Ziegelsteinen, Scherben von Blumentöpfen aus Ton, Presstorfstücke) im Backofen sterilisieren.
3. Kultursubstrat nach dem Abkühlen in Kulturgefäß geben und mit Knopscher Nährlösung (vgl. 9.5.4) oder 10fach verdünntem Blumenflüssigdünger übergießen.
4. Moossporen aus getrockneten Kapseln auf dem Substrat aussäen.
5. Kulturen an einem hellen, aber nicht direkt besonnten Platz bei Zimmertemperatur aufstellen.
6. Nach wenigen Tagen entwickeln sich grünliche Beläge mit jungen Gametophyten.
Anmerkung: Farnsporen keimen gewöhnlich auch zu Prothallien aus, wenn man sie im Blumentopf auf Gartenerde aussät und diesen mit einer Glasscheibe abdeckt.

9.5.12 Pollenschlauch-Keimung im sitzenden Tropfen

Viele Pollenkörner keimen auch auf künstlichem Substrat. Bietet man ihnen eine solche Mischung auf dem Objektträger an, lassen sich Keimung und Pollenschlauchwachstum im Mikroskop verfolgen.

▸ **Substanzen**
Agar, Saccharose (Haushaltszucker), Calciumnitrat ($Ca(NO_3)_2$), Borsäure (HBO_3)
▸ **Nährlösung**
a) Unter Erwärmen 2%ige Agar-Lösung mit 10 % Saccharose, 0,3% Calciumnitrat und 0,008 % Borsäure herstellen.
▸ **Durchführung**
1. Die noch warme Lösung tropfenweise auf sauberen Objektträgern ausbreiten und erstarren lassen.
2. Pollenkörner auf die erkaltete Nährlösung streuen.
3. Keine Deckgläser auflegen, da die stark sauerstoffbedürftige Keimung sonst behindert wird.
4. Ansätze in feuchte Kammer (Petrischale) stellen und alle 10 – 15 min mikroskopisch kontrollieren.

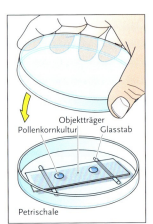

Objektträger
Pollenkornkultur   Glasstab

Petrischale

Anzucht von Objekten (beispielsweise Pollenschläuche) in so genannten „sitzenden Tropfen": Diese befinden sich auf der Unterseite eines in einer feuchten Kammer (Petrischale) aufgebockten Objektträgers.

9.6 Immersion

Trockenobjektive sind alle Mikroskopobjektive, bei denen sich zwischen dem Deckglas eines Präparates und der Frontlinse des Objektivs Luft befindet. Die höchste technisch realisierbare numerische Apertur beträgt A = 0,95, während die theoretische Grenze bei A = 1,0 liegt. Die numerische Apertur ist jedoch erheblich zu steigern, wenn man zwischen Deckglas bzw. Präparat und Frontlinse eine Flüssigkeit bringt und das dafür besonders gerechnete Immersionsobjektiv in diese absenkt. Die Immersionsflüssigkeit liegt dann im Abbildungsstrahlengang. Die Brechzahl (Brechungsindex) n_D des Immersionsmittels geht als Faktor in die Allgemeinformel für die Berechnung der numerischen Apertur ($A = n \sin \alpha$) ein. Bei einem Immersionsöl mit $n_D = 1,51$ sind daher Aperturen zwischen 1,25 und 1,40 möglich. Immersionsobjektive sind meist mit einem schwarzen Ring gekennzeichnet. Außer Spezialobjektiven, die mit organischen Immersionsmitteln arbeiten, gibt es von manchen Mikroskopanbietern auch so genannte Wasserimmersionsobjektive. Bei Fremdanbietern müssen sie – sofern sie Normgewinde aufweisen – eventuell mit Gewinderingen auf die passende Abgleichlänge gebracht werden. Wasserimmersion wendet man beispielsweise an, um größere Probenmengen von Planktonfängen in Petrischalen zu durchmustern (vgl. HIPPE 1995).

Immersionsmittel	Brechungsindex (Brechzahl n_D) bei 20°C
Ethylenglykol	1,432
Paraffinöl	1,482
m-Xylol (m-Xylen)	1,497
Nelkenöl	1,514
synthetisches Immersionsöl	1,515
Zedernholzöl	1,519
Zimtaldehyd	1,622

10 Literatur

Die nachfolgende Zusammenstellung führt Hinweise auf neuere, aber auch auf ältere Veröffentlichungen zusammen. Einige der benannten Buchtitel sind vergriffen, können aber durch jede öffentliche Bibliothek über das Fernleihverfahren bestellt werden. Auch ältere Zeitschriftenjahrgänge sind auf diesem Wege beschaffbar, soweit sie nicht vor Ort zur Verfügung stehen.

Abkürzungsverzeichnis für Zeitschriften:

BiuZ	Biologie in unserer Zeit, Wiley-VCH, Weinheim
NR	Naturwissenschaftliche Rundschau, Wissenschaftliche Verlagsanstalt, Stuttgart
UB	Unterricht Biologie, Friedrich Verlag, Seelze
JPhycol	Journal of Phycology
Mk	Mikrokosmos, Elsevier GmbH
PdN	Praxis der Naturwissenschaften

Hinweise fürs Internet
Diskussionsforen zu Themen der Mikroskopie
www.mikroskopie.de
www.mikroskopie-treff.de
www.mikroskopieren.de

ABRAHAM, R., KONIG, H.: Der Legebohrer der Erzwespe *Nasonia vitripennis*. Mk **64**, 161 (1975).
ADAM, H. CZIHAK, G.: Arbeitsmethoden der makroskopischen und mikroskopischen Anatomie. Gustav Fischer Verlag, Stuttgart 1964.
ADAMS, A. E., MACKENZIE, W. S., GUILFORD, C.: Atlas der Sedimentgesteine in Dünnschliffen. Ferdinand Enke Verlag, Stuttgart 1986.
ADAMS, T. E.: Das Wimpertier *Maryna galeata* – ein Encystierungskünstler. Mk **68**, 243 (1979).
ADEY, W. H., MACINTYRE, I. G.: Crustose coralline algae. A reevaluation in the geological sciences. Geol. Soc. Amer. Bull. **84**, 833 (1973).
AESCHT, E. (HRSG.): Die Urtiere. Eine verborgene Welt. Kataloge des Oberösterreichischen Landesmuseums Nr. 71. Linz 1994.
AGERER, R.: Zur Ökologie der Mykorrhizapilze. Bibliotheca Mycologica **97**, 1-160 (1985).
AICHELE, D., SCHWEGLER, H.: Unsere Moos- und Farnpflanzen. Franckh-Kosmos, Stuttgart 1993.
AIKEN, N. E.: The Biological Origins of Art. Praeger, London 1998.
ALEXANDER, S. K., STRETE, D.: Mikrobiologisches Grundpraktikum. Pearson Studium, München 2006.
ALSHUTH, S.: Anatomische Besonderheiten unserer einheimischen Wasserpflanzen. Mk **75**, 97 (1986).
ALSHUTH, S.: Schuppen einer Stechmücke. Mk **76**, 189 (1987).
ALSHUTH, S.: Die Extremitäten einer Garnele – ein Kapitel Funktionsmorphologie. Mk **76**, 373 (1987).
ALSHUTH, S.: Funkelndes Meeresleuchten. Biolumineszenz mariner Dinoflagellaten. Mk **80**, 372 (1991).
AMATO, J. A.: Von Goldstaub und Wollmäusen. Die Entdeckung des Kleinen und Unsichtbaren. Europa-Verlag, Hamburg 2001.
ANDERS, D.: *Daphnia parvula* und *Daphnia ambigua* – zwei Einwanderer aus Amerika. Mk **77** 206 (1988).
ANKEN, R. H., KAPPEL, T., STREBLE, H.: Die Mundwerkzeuge der Stubenfliege. Mk **82**, 321 (1993).
ANT, H.: Eine einfache Simultanfärbung zur Darstellung der Gonidien im Flechtenthallus. Mk **49**, 28 (1960).
APPELT, H.: Einführung in die mikroskopischen Untersuchungsmethoden. 4. Auf., Akademische Verlagsgesellschaft Athenaion, Potsdam 1959.
AMELINCKX, S. (HRSG.): Handbook of Microscopy. Band I-III. Wiley-VCH, Weinheim 1996.
APPENROTH, K.J.: Die Vielwurzelige Teichlinse. BiuZ **23**, 102 (1993).

BACKHAUS, D.: Fließwasseralgen und ihre Verwendbarkeit als Bioindikatoren. Verh. Ges. f. Ökologie, Sonderband, **149** (1973).
BACKHAUS, G. F., FELDMANN, F.: Arbuskuläre Mykorrhiza in der Pflanzenproduktion. Blackwell Wissenschaft, Berlin 1999.
BAER, H.-W., GRÖNKE, O. (HRSG.): Biologische Arbeitstechniken für Lehrer und Naturfreunde. Volk und Wissen, Berlin 1969.
BANCROFT, J. D., STEVENS, A.: Theory and Practice of Histological Techniques. Churchill, Livingstone 1992.
BANNWARTH, H., KREMER, B. P.: *Acetabularia* – Modellobjekt zellbiologischer Forschung. NR **46**, 300 (1993).
BARGMANN, W.: Histologie und mikroskopische Anatomie des Menschen. 7. Aufl., Georg Thieme Verlag, Stuttgart 1977.
BARTSCH, I: Meeresmilben zwischen Torfmoos. Mk **70**, 300 (1981).
BARTSCH, I.: Stubenfliegen. Mk **79**, 193 (1990).
BAST, E.: Mikrobiologische Methoden, 2. Aufl., Spektrum Akademischer Verlag, Heidelberg 2001.
BAUMANN, W.: Diatomeen im Boden. Vorkommen und Verhalten. Mk **75**, 240 (1986).
BAYERISCHES LANDESAMT FÜR WASSERWIRTSCHAFT (HRSG.): Das mikroskopische Bild bei der biologischen Abwasserreinigung. Informationsberichte 1. München 1999.
BAUMEISTER, W.: Planktonkunde für Jedermann. Eine methodische Einführung. 6. Aufl., Franckhsche Verlagshandlung, Stuttgart 1972.
BAYRHUBER, H., LUCIUS, E. R. (HRSG.): Handbuch der praktischen Mikrobiologie und Biotechnik. Bände 1–3, Schroedel Verlag, Hannover 1992-1997.
BECK, R.: Der Wegbereiter der optischen Industrie Deutschlands. Zum 150. Geburtstag von Ernst Leitz. Mk **82**, 327 (1993).
BECKER, B., GIERTZ-SIEBENLIST, V.: Eine über 1100jährige mitteleuropäische Tannenchronologie. Flora **159**, 310 (1970).
BECKER, B., SCHMIDT, B.: Verlängerung der mitteleuropäischen Eichen-Jahrringchronologie in das zweite vorchristliche Jahrtausend (bis 1462 v. Chr.). Archäologisches Korrespondenzblatt **12**, 101 (1982).

BEERENBAUM, M. R.: Blutsauger, Staatsgründer, Seidenfabrikanten. Die zwiespältige Beziehung zwischen Mensch und Insekt. Spektrum Akademischer Verlag, Heidelberg 1997.

BELL, A. D.: Illustrierte Morphologie der Blütenpflanzen. Eugen Ulmer Verlag, Stuttgart 1994.

BELL, R. A.: Cryptoendolithic algae of hot semiarid lands and deserts. J. Phycol. **29**, 133 (1993).

BELLMANN, H., HAUSMANN, K., JANKE, K., KREMER, B. P., SCHNEIDER, H.: Einzeller und Wirbellose. Steinbachs Naturführer. Mosaik, München 1991.

BENTLEY, B., ELIAS, T. (HRSG.): The Biology of Nectaries. Columbia University Press, New York 1983.

BENTLEY, W. A., HUMPHRIES, W. J.: Snow Crystals. Columbia, New York 1931.

BERG, A., FREUND, H.: Geschichte der Mikroskopie. Leben und Werk großer Forscher. Band I: Biologie. Umschau, Frankfurt 1963.

BERGER, H., FOISSNER, W., KOHMANN, F.: Bestimmung und Ökologie der Mikrosaprobien nach DIN 38 410. Gustav Fischer Verlag, Stuttgart 1997.

BERGER, S., KAEVER, M. J.: Dasycladales. An Illustrated Monograph of a Fascinating Algal Order. Georg Thieme Verlag, Stuttgart 1992.

BERNHARD, P.: MS 222, Betäubungsmittel für niedere Wassertiere. Mk **69**, 96 (1980).

BEUG, H.-J.: Leitfaden der Pollenbestimmung für Mitteleuropa und angrenzende Gebiete. Verlag Dr. Friedrich Pfeil, München 2004.

BEYER, H., RIESENBERG, H.: Handbuch der Mikroskopie, 3. Auflage. Verlag Technik, Berlin 1988.

BICKEL-SANDKÖTTER, S., UFER, M., STEINERT, K., DANE, M.: Lebensräume – Lebensformen. Leben im Salz – Halophile Archaea. BiuZ **25**, 380 (1995).

BIRKENBEIL, H.: Pilzinfektionen beim Hirtentäschelkraut. *Peronospora parasitica* und *Albugo candida*. Mk **64**, 155 (1975).

BIRKENBEIL, H.: Schimmelpilze im Unterricht. Morphologie und Physiologie von *Alternaria tenuis*. Mk **66** 254 (1977).

BIRKENBEIL, H.: Einführung in die praktische Mikrobiologie. Diesterweg, Salle, Sauerländer, Frankfurt 1983.

BLECH, J.: Leben auf dem Menschen. Rowohlt, Reinbek 2000.

BÖCK, P. (HRSG.): Romeis Mikroskopische Technik. 17. Aufl., Urban & Schwarzenberg, München 1989.

BÖRNER, H.: Der Echte Mehltau an Weizen. Mk **86**, 69 (1997).

BOLD, H. C., ALEXOPOULOS, C., DELEVORAS, T.: Morphology of Plants and Fungi. Harper & Row, New York 1980.

BOLD, H. C., WYNNE, M.: Introduction to the Algae. Prentice Hall, Englewood Cliffs N.J. 1985.

BOON, M. E., DRIJVER, J. S.: Routine Cytological Staining Techniques: Theoretical Background and Practice. Macmillan Ltd., Hamshire 1986.

BOURELLY, P.: Les Algues d'Eau Douce. Vol. III: Les Algues Bleues et Rouges. N. Boubee & Cie., Paris 1970.

BOURÉLY, F.: Unsichtbare Welten. Von der Schönheit des Mikrokosmos. Gerstenberg Verlag, Hildesheim 2002.

BOVARD, J.-P.: Dünnschliffe – selbst hergestellt. Mk **68**, 358 (1979).

BOVARD, J.-P.: Bemerkungen über den Seeigel. Mk **70**, 65 (1981).

BOWES, B. G.: Farbatlas Pflanzenanatomie. Formen, Gewebe, Strukturen. Parey, Berlin 2001.

BRADBURY, S.: The Evolution of the Microscope. Pergamon Press, Oxford 1967.

BRANDENBURGER, W.: Parasitische Pilze an Gefäßpflanzen in Europa. Gustav Fischer Verlag, Stuttgart 1985.

BRANTNER, K.: Blasenhaare. Mk **92**, 129 (2003).

BRAUN, H. J.: Bau und Leben der Bäume. Verlag Rombach, Freiburg 1980.

BRAUN, U.: The Powdery Mildews (Erysiphales) of Europe. Gustav Fischer Verlag, Stuttgart 1995.

BRAUNE, W., LEMAN, A., TAUBERT, H.: Pflanzenanatomisches Praktikum. Bd. I: Zur Einführung in die Anatomie der Samenpflanzen, 9. Aufl., Spektrum Akademischer Verlag, Heidelberg 2007.

BRAUNE, W., LEMAN, A., TAUBERT, H.: Pflanzenanatomisches Praktikum. Bd. II: Zur Einführung in den Bau, die Fortpflanzung und die Ontogenie der Niederen Pflanzen, der Bakterien und Pilze. 4. Aufl., Spektrum Akademischer Verlag, Heidelberg 1999.

BRAUNER, K.: Das Brunnenlebermoos. Eine makrofotografische Studie. Mk **79**, 45 (1990).

BRAUS, G. H.: Intrazellularer Verkehr in Hefe. BiuZ **22**, 91 (1991).

BRAVO, L. M.: Studies on the life history of *Prasiola meridionalis*. Phycologia **4**, 177 (1965).

BREIDBACH, 0.: Die Tarsen von Insekten – ein schönes Beispiel von Konvergenz. Mk **69**, 200 (1980).

BREIDBACH, 0.: Das Nervensystem der Insekten. Methoden zur Untersuchung. III. Darstellung einzelner Nervenzellen mit Cobalt. Mk **77**, 284 (1988).

BREITHAUPT, M.: Astrablau-Fuchsin-Färbung nach Roeser. Mk **84**, 235 (1995).

BRESINSKY, A. u. a.: Strasburger Lehrbuch der Botanik. 36. Aufl., Spektrum Akademischer Verlag, Heidelberg 2008.

BROGMUS, H.: Wald-Haarmützenmoos (*Polytrichum formosum*) – Ein großes Moos mit vielen kleinen Wundern. Mk **88**, 373 (1999).

BROOK, A. J.: The Biology of Desmids. Botanical Monographs 16, Blackwell, Oxford 1981.

BRUCKER, G., FLINDT, R., KUNSCH, K.: Biologische Techniken. Quelle & Meyer, Heidelberg 1979.

BRUNNER, H.: Rechts oder links in der Natur und anderswo. Wiley-VCH, Weinheim 1999.

BUCHEN, B., SIEVERS, A.: Sporogenesis and pollen grain formation. In: Kiermayer, O. (Hrsg.), Cytomorphogenesis in Plants. Springer Verlag, Wien 1981.

BUKATSCH, F.: Farbumschläge in Blütenblättern – unter dem Mikroskop verfolgt. Mk **55**, 315 1966).

BUCHER, O., WARTENBERG, H.: Histologie und mikroskopische Anatomie des Menschen. 12. Aufl., Huber Verlag, Göttingen 1997.

BURBA, K.: Johann Dietrich Möller (1844–1907) – Über die Kunst, Diatomeen zu legen. Mk **96**, 7 (2007).

BURCK, H.-C.: Histologische Technik. Leitfaden für die Herstellung mikroskopischer Präparate in Unterricht und Praxis. Georg Thieme Verlag, Stuttgart 1988.

BÜRGIS, H.: Der Spinnapparat unserer Webspinnen.I. Körpergliederung einer Spinne; Ecribellatae. Mk **68**, 53 (1979).

BÜTTNER, J.: An das Licht gebracht. Diagnostik durch Farben. Deutsches Medizinisches Museum, Ingolstadt 1999.

BUXBAUM, F.: Tricks und Kniffe bei der Untersuchung von Blüten. Mk **61**, 282 (1972).

CABIOCH, J.: Etude sur les Corallinacées. I. Caractères généraux de la cytologie. Cahiers de Biologie Marine **12**, 121 (1971).
CABIOCH, J.: Etude sur les Corallinacées. II. La morphogenèse: conséquences systematiques et phylogénétiques. Cahiers de Biologie Marine **13**,137 (1972)
CAMPBELL, N. A.: Biologie. Spektrum Akademischer Verlag, Heidelberg 1997.
CANTER-LUND, H., LUND, J. W. G.: Freshwater Algae. Their microscopic world explored. Biopress Ltd, Bristol 1995.
CAVALIER-SMITH, T.: Kingdom Protozoa and its 18 phyla. Microbiology Reviews **57**, 953-994 (1993).
CLEMENÇON, H.: Gesucht wird: *Blyttiomyces helicus*. Ein parasitischer Wasserpilz befällt Kieferpollen. Mk **58**, 143 (1969).
COX, E. (HRSG.): Phytoflagellates. Elsevier/North Holland, New York 1980.
CRAMER, F.: Chaos und Ordnung. Die komplexe Struktur des Lebendigen. Deutsche Verlagsanstalt, Stuttgart 1988.
CROWE, J.H., CROWE, L.M.: Überleben ohne Wasser. BiuZ 22, **28** (1992).
CYPIONKA, H.: Grundlagen der Mikrobiologie. Springer Verlag, Heidelberg 2006.
CZAJA, A. T.: Die Mikroskopie der Stärkekörner. Handbuch der Stärke in Einzeldarstellungen. Bd. VI-1. Parey, Berlin, Hamburg 1969.
CZIHAK, G., LANGER, H., ZIEGLER, H.: Biologie. Ein Lehrbuch. 6. Auflage, Springer Verlag, Heidelberg 1996.

DAFNI, A.: Pollination – A Practical Approach. Oxford University Press, Oxford 1992.
DAFNI, A., HESSE, M., PACINI, E. (HRSG).: Pollen and Pollination. Springer, Wien, New York 2000.
DALBY, C., DALBY, D. H.: Biological Illustrations. Field Studies **5**, 307 (1980).
D'ARCY, W. G., KEATING, R. C. (HRSG.): The Anther. Form, Function, Phylogeny, Cambridge University Press, Cambrigde 1996.
DARLINGTON, C. D.: Chromosomen-Botanik. Georg Thieme Verlag, Stuttgart 1957.
DARLINGTON, C. D., LACOUR, L. F.: Methoden der Chromosomenuntersuchung. Franckh-Kosmos-Verlag, Stuttgart 1963.
DECKART, K. E. : Die Kunst der Mikroelektronik. Mk **82**, 331 (1993).
DECKART, M. : Schneekristall in farbigem Licht. Selektive Färbung durch Filter. Mk **68**, 22 (1979).
DETHLOFF, H. J.: Hinweise zur Präparation von Moosen. Mk **80**, 346 (1991).
DETHLOFF, H.-J.: Pflanzenviren im Lichtmikroskop. Mk **82**, 193 (1993).
DETHLOFF, H. J.: Zwischen Mikro und Makro – Anregungen für die Lupenfotografie. Mk **83**, 257 (1994).
DETTNER, K., PETERS, W. (HRSG.): Lehrbuch der Entomologie. Spektrum Akademischer Verlag, Heidelberg 1999.
DETTRICH, H.: Bakterien, Hefen, Schimmelpilze. Einführung in die Kleinlebewelt. Franckh-Kosmos-Verlag, Stuttgart 1962.

DEUTSCH, A.: Das Experiment. Sporenbildung beim Schlauchpilz *Neurospora crassa*. BiuZ **23**, 259 (1993).
DEUTSCH, A.: Muster des Lebendigen. Faszination ihrer Entstehung und Simulation. Vieweg Verlagsgesellschaft, Wiesbaden 1994.
DEUTSCHMANN, F., HOHMANN, B., SPRECHER, E., STAHL, E.: Pharmazeutische Biologie. 3. Drogenanalyse I: Morphologie und Anatomie. 3. Aufl., Gustav Fischer Verlag, Stuttgart 1992.
DIERSSEN, K.: Bestimmungsschlüssel für Torfmoose in Norddeutschland. Mitteilungen der AG Geobotanik Schleswig-Holstein und Hamburg **50**, 1 (1996).
DIETLE, H.: Wir prüfen die numerische Apertur. Zwei Diatomeen-Testplatten. Mk **60**, 250 (1971).
DIETLE, H.: Das Mikroskop in der Schule. Handhabung, Beobachtungen, Experimente. Franckh-Kosmos-Verlag, Stuttgart 1974.
DIETRICH, K.: Sporenkeimung beim Schimmelpilz *Phycomyces*. Mk **66**, 304 (1977).
DIXON, A. F. G.: Biologie der Blattläuse. Mit einem Anhang über Schulversuche. Gustav Fischer Verlag, Stuttgart 1976.
DIXON, B.: Der Pilz, der John F. Kennedy zum Präsidenten machte. Spektrum Akademischer Verlag, Heidelberg 1995.
DIXON, P.: Biology of the Rhodophyta. Oliver & Boyd, Edinburgh 1973.
DOBSON, F.S.: Lichens. An Illustrated Guide to the Species of Britain and Ireland. Richmond Publ. Inc., Slough 2000.
DOCZI, G.: Die Kraft der Grenzen. Capricorn, München 1987.
DONNER, J.: Rädertiere (Rotatorien). Einführung in die Kleinlebewelt. Franckh-Kosmos-Verlag, Stuttgart 1973.
DONNER, N.: Honig unter dem Mikroskop – Pollen und Kristalle. Mk **89**, 91 (2000).
DREWS, R.: Konjugation und Zygosporen der Jochalge Spirogyra. Mk **78**, 46 (1989).
DREWS, R.: Färbung und Einbettung einer Desmidiacee. Mk **79**, 93 (1990).
DREWS, R.: Mikroskopieren als Hobby. Faszinierende Einblicke in die Natur. Falken Verlag, Niedernhausen 1992.
DREWS, R.: Wir waren auf dem Mount Hillaby – Radiolarienforschern auf der Spur. Mk **82**, 289 (1993).
DREWS, R.: Mikroskopie attraktiv machen. Mk **85**, 285 (1996).
DREWS, R., ZIEMEK, H. P.: Kleingewässerkunde. Eine praktische Einführung. Quelle & Meyer Verlag, Wiesbaden 1995.
DREWS, R.: Strukturierte Cyanophytenscheiden. Mk **87**, 43 (1998).
DOWE, A.: Räuberische Pilze und andere pilzliche Nematodenfeinde, Neue Brehm-Bücherei. A. Ziemsen Verlag, Wittenberg Lutherstadt 1987.
DOWNTON, W. J. S., BERRY, J. A., TREGUNNA, E. B.: C4-Photosynthesis: non-cyclic electron flow and grana development in bundle sheath chloroplasts. Zeitschrift für Pflanzenphysiologie **63**, 194 (1970).
DUNK, K. VON DER: Moose der Ackerscholle zwischen Ernte und Saat. Mk **62**, 353 (1973).
DUNK, K. VON DER: Das Dach als Lebensraum. 1. Algen und Flechten als Pioniere. Mk **77**, 226 (1988).
DUNK, K., VON DER, DUNK, K., VON DER: Zweierlei Ver-

mehrungsarten beim Lebermosos *Marchantia*. Mk **61**, 74 (1972).

Dunk, K., von der, Dunk, K., von der: Lebermoos und Lindenbaum. Thallophyt und Kormophyt, grundverschieden und doch grundähnlich. Mk **62**, 72 (1973).

Dunk, K., von der, Dunk, K., von der: Lebensraum Moospolster. Mk **68**, 125 (1979).

Dusenbery, D. B.: Verborgene Welten. Verhalten und Ökologie von Mikroorganismen. Spektrum Akademischer Verlag, Heidelberg 1998.

Dutrillaux, B., Couturier, J.: Praktikum der Chromosomenanalyse. Ferdinand Enke Verlag, Stuttgart 1983.

Duve, C. de: Die Zelle. Expeditionen in die Grundstruktur des Lebens. Spektrum Akademischer Verlag, Heidelberg 1992.

Eckert, R.: Tierphysiologie. Georg Thieme Verlag, Stuttgart 2000.

Ehringhaus, A., Trapp, E.: Das Mikroskop. 6. Aufl., Teubner Verlag, Leipzig 1967.

Eikelboom, D. H., van Buijsen, H. J.: Handbuch für die mikroskopische Schlammuntersuchung. Hirthammer Verlag, München 1983.

Eissing, T.: Grundlagen der Dendrochronologie. Arbeitshefte des Thüringischen Landesamtes für Denkmalpflege **2**, 15 (1996).

Elixmann, J. H.: Das Experiment. Untersuchung von Hausstaub. BiuZ **21**, 205 (1991).

Engels, M.: Liste der Sammlung von Conjugaten-Kulturen (SVCK) am Institut für Allgemeine Botanik der Universität Hamburg. Mitteilungen Institut für Allgemeine Botanik Hamburg **25**, 65 (1995).

Erb, B., Matheis, W.: Pilzmikroskopie. Präparation und Untersuchung von Pilzen. Franckh-Kosmos-Verlag, Stuttgart 1983.

Esau, K.: Pflanzenanatomie. Gustav Fischer Verlag, Stuttgart 1969.

Eschrich, W.: Strasburgers Kleines Botanisches Praktikum für Anfänger, 17. Aufl. Gustav Fischer Verlag, Stuttgart 1976.

Eschrich, W.: Gehölze im Winter. Zweige und Knospen. Gustav Fischer Verlag, Stuttgart 1981.

Eschrich, W.: Funktionelle Pflanzenanatomie. Springer Verlag, Berlin, Heidelberg, New York 1995.

Eschrich, W.: Pulveratlas der Drogen der deutschsprachigen Arzneibücher. 8. Aufl., Deutscher Apotheker-Verlag, Stuttgart 2004.

Esser, K.: Kryptogamen I – Blaualgen, Algen, Pilze, Flechten. Springer Verlag, Heidelberg 2000.

Esser, K.: Kryptogamen II – Moose und Farne. Praktikum und Lehrbuch. Springer Verlag, Heidelberg 1991.

Ettl, H.: Grundriß der allgemeinen Algologie. Gustav Fischer Verlag, Jena 1980.

Ettl, H., Gärtner, G.: Syllabus der Boden-, Luft- und Flechtenalgen. Gustav Fischer Verlag Verlag, Stuttgart 1995.

Ettl, H, Gerloff, J., Heynig, H., Mollenhauer, D. (Hrsg.): Süßwasserflora von Mitteleuropa. Bd. 1-24 (bislang 14 Bände erschienen), Gustav Fischer Verlag, Stuttgart 1978ff.

Etzold, H.: Eine kontrastreiche, simultane Mehrfachfärbung für pflanzenanatomische Präparate: Fuchsin-Safranin-Astrablau. Mk **72**, 213 (1983).

Etzold, H.: Simultanfärbung von Pflanzenschnitten mit Fuchsin, Chrysoidin und Astrablau. Mk **91**, 316 (2002).

Faegri, K., Iversen, J.: Bestimmungsschlüssel für die nordwesteuropäische Pollenflora. Gustav Fischer Verlag, Stuttgart 1993.

Faller, A.: Der Körper des Menschen. Einführung in Bau und Funktion. 12. Aufl., Georg Thieme Verlag, Stuttgart 1995.

Feige, G. B., Kremer, B. P.: Flechten – Doppelwesen aus Pilz und Alge. Franckh-Kosmos-Verlag, Stuttgart 1979.

Fiedler, K., Lieder, J.: Mikroskopische Anatomie der Wirbellosen. Gustav Fischer Verlag, Heidelberg 1994.

Filzer, P.: Blütenstaub im Honig. Mk **59**, 129 (1970).

Fischer, N.: Die Masse macht's. Bakterien auf der Spur. Mk **87**, 135 (1998).

Fioroni, P.: Evertebratenlarven des marinen Planktons. Bibliothek Natur & Wissenschaft, Bd. 12, Solingen 1998.

Flemming, H.-C., Wingender, J.: Biofilme – die bevorzugte Lebensform der Bakterien. BiuZ **31**, 169-176 (2001).

Flück, M.: Welcher Pilz ist das? Erkennen, sammeln, verwenden. Franckh-Kosmos, Stuttgart 1995.

Foelix, R.: Biologie der Spinnen. 2. Aufl., Georg Thieme Verlag, Stuttgart 1992.

Foissner, W.: Silberliniensystem und Formbildung. Experimente mit dem Wimpertier *Colpidium*. Mk **59**, 52 (1970).

Foissner, W.: Die Ciliaten astatischer Gewässer. BiuZ **21**, 100 (1991).

Foissner, W.: Protozoen im Belebtschlamm. BiuZ **21**, 326 (1991).

Foissner, W.: Wie baut man billig ein Haus? Mk **83**, 41 (1994).

Foissner, W.: Identification and Ecology of Limnic Plancton Ciliates. Bayerisches Landesamt für Wasserwirtschaft, München 1996.

Follmann, G.: Flechten (Lichenes). Einführung in die Kleinlebewelt. Franckh-Kosmos-Verlag, Stuttgart 1960.

Ford, B. J.: The Leeuwenhoek Legacy. Biopress, Bristol 1991.

Forstinger, H.: Setae – wichtige Merkmale bei der Porlingsbestimmung. Mk **67**, 338 (1978).

Forstinger, H.: Portrait eines Winzigpilzes: *Leptosphaeria eustoma*, der Gräser-Kugelpilz. Mk **73**, 346 (1984).

Frahm, J.-P.: Ein praktisches Einschlußmittel für Mikropräparate von Moosen. Herzogia **5**, 531 (1981).

Frahm, J.-P.: Eine einfache Einrichtung zum Zeichnen mikroskopischer Präparate. Mk **84**, 59 (1995).

Frahm, J.-P.: Biologie der Moose. Spektrum Akademischer Verlag, Heidelberg 2001.

Frahm, J.-P., Frey, W.: Moosflora. UTB 1250, Eugen Ulmer Verlag, Stuttgart 1983.

Franke, H.: Schönheit der Mathematik. NR **43**, 513 (1990).

Franke, W.: Nutzpflanzenkunde. Nutzbare Gewächse der gemäßigten Breiten, Subtropen und Tropen. 6. Aufl., Georg Thieme Verlag, Stuttgart 1997.

Freund, H.: 150 Jahre Entwicklung der Mikroskopie im Überblick. Microscopica Acta **76**, 105 (1974).

Freund, H., Berg, A.: Geschichte der Mikroskopie.

Leben und Werk großer Forscher. Band II: Medizin. Umschau, Frankfurt 1964.

FREUND, H.: Mikroskopie des Holzes und des Papiers. In Freund, H. (Hrsg.), Handbuch der Mikroskopie in der Technik, Bd.V, Umschau Verlag, Frankfurt 1970.

FREY, W., FRAHM, J.P., FISCHER, E., LOBIN, W.: Die Moos- und Farnpflanzen Europas. Gustav Fischer Verlag, Stuttgart 1995.

FREYTAG, S., HAHLBROCK, K.: Abwehrreaktionen von Pflanzen gegen Pilzbefall. BiuZ **22**, 135 (1992).

FRIEDL, T.: Die Systematik und Stammesgeschichte der Grünalgen. BiuZ **28**, 246 (1998).

FRIEDMANN, I.: Geographic and environmental factors controlling life history and morphology in *Prasiola stipitata* Suhr. Österr. Bot. Z. **116**, 203 (1969).

FRIEDRICH, G.: Rotalgen in unseren Gewässern. Niederrheinisches Jahrbuch **24**, 19 (1980).

FRITSCHE, W.: Umwelt-Mikrobiologie. Gustav Fischer Verlag, Stuttgart 1998.

FRITSCHE, W.: Mikrobiologie. 3. Aufl., Spektrum Akademischer Verlag, Stuttgart 2002.

FROHNE, D.: Anatomisch-mikrochemische Drogenanalyse. Ein Leitfaden. Georg Thieme Verlag, Stuttgart 1985.

FROHNE, D., JENSEN, U.: Systematik des Pflanzenreichs. 5. Aufl., Wissenschaftliche Verlagsgesellschaft, Stuttgart 1998.

FRÜND, E., KOTHE, H. W.: Collembolen – immer auf dem Sprung. Bau und Leben der Springschwänze. Mk **78**, 257 (1989).

GALLIKER, P.: Mikrowelt im Wassertropfen. Desertina Verlag, Chur 1998.

GALLIKER, P.: Abenteuer Mikrowelt. Exkursionen in die geheimnisvolle Welt der Kleinstlebewesen. Haupt-Verlag, Bern 2007.

GANGLOFF, P.: Die Bestimmung von Gesteinen mit Hilfe des Mikroskopes. 2. Die Herstellung von Dünnschliffen. Mk **73**, 238 (1984).

GANGLOFF, P.: Granit unter dem Mikroskop. Mk **78** 343 (1989).

GANGLOFF, P.: Vulkangesteine unter dem Mikroskop. Mk **80** 232 (1991).

GANZER, J.: Versuche mit Aufgußtierchen. PdN (Biologie) **41**, 11 (1992).

GÄRTNER, G.: Zur Taxonomie aerophiler grüner Algenanflüge an Baumrinden. Berichte des naturwissenschaftlich-medizinischen Vereins Innsbruck **81**, 51 (1994).

GASSNER, E.: Ein gehäusebildender Ciliat im Plankton des Zürichsees: *Tintinnidium fluviatile*. Mk **61**, 321 (1972).

GASSNER, G., HOHMANN, B., DEUTSCHMANN, F.: Mikroskopische Untersuchung pflanzlicher Lebensmittel. Gustav Fischer Verlag, Stuttgart 1989.

GEESINK, R.: Experimental investigation on marine and freshwater *Bangia* (Rhodophyta) from the Netherlands. Journal of experimental marine Biology and Ecology **11**, 239 (1973).

GEIGER, H.: Schwarmbildung beim Wimpertier *Uronema*. Mk **65**, 306 (1976).

GERLACH, D.: Wir messen die numerische Apertur von Mikroskopobjektiven. Mk **60**, 187 (1971).

GERLACH, D.: Das Lichtmikroskop. Georg Thieme Verlag, Stuttgart 1976.

GERLACH, D.: Botanische Mikrotechnik, 3. Aufl., Georg Thieme Verlag, Stuttgart 1993.

GERLACH, D.: Mikroskopieren – ganz einfach. Das Mikroskop, seine Handhabung, Objekte aus dem Alltag. Franckh-Kosmos-Verlag, Stuttgart 1987.

GERLACH, D: Das Lichtmikroskop. Eine Einführung in Funktion, Handhabung und Spezialverfahren. Georg Thieme Verlag, Stuttgart 1976.

GERLACH, D.: Schnitte durch sehr harte Hölzer. Mk **89**, 359 (2000).

GERLACH, D.: Geschichte der Mikroskopie. Verlag Harry Deutsch, Frankfurt 2009.

GERLACH, D., LIEDER, J.: Taschenatlas zur Pflanzenanatomie. Franckh-Kosmos-Verlag, Stuttgart 1981.

GERLACH, D., LIEDER, J.: Anatomie der blütenlosen Pflanzen. Bakterien, Algen, Pflanzen, Pilze, Flechten, Moose und Farnpflanzen. Franckh-Kosmos-Verlag, Stuttgart 1982.

GESSNER, E.: Mikroskopische Pilze in Kultur. 3. *Arthrobotrys oligospora*, ein nematodenfangender Pilz. Mk **73**, 229 (1984).

GLOEDE, W.: Vom Lesestein zum Elektronenmikroskop. Verlag Technik, Berlin 1986.

GÖKE, G.: Meeresprotozoen. Einführung in die Kleinlebewelt. Franckh-Kosmos-Verlag, Stuttgart 1963.

GÖKE, G.: Gelegte Präparate von Diatomeen, Radiolarien und Foraminiferen. Mk **63**, 223 (1974).

GÖKE, G.: Schöne und seltene Diatomeen. 2. Berühmte Fundstellen im Alttertiär Europas. Mk **67**, 272 (1978).

GÖKE, G.: Einschluss von Diatomeen. Mk **73**, 192 (1984).

GÖKE, G.: Zur Herstellung von Diatomeen-Dauerpräparaten mit Naphrax. Mk **77**, 191 (1988).

GÖKE, G.: Moderne Methoden der Lichtmikroskopie. Vom Durchlicht-Hellfeld bis zum Lasermikoskop. Franckh-Kosmos-Verlag, Stuttgart 1988.

GÖKE, G.: Sklerite von Seegurken als Mikrofossilien. Mk **81**, 321 (1992).

GÖKE, G.: Streifzüge durch die Geschichte der Mikroskopie. Mk **83**, 55 (1994).

GÖKE, G.: Die Verarbeitung von Holzproben zu Mikropräparaten. Mk **89**, 309 (2000).

GÖKE, G.: Gelegte Präparate von Protisten – vergessene und neue Methoden. Mk **92**, 99 (2003).

GÖLTENBOTH, F.: Chromosomenmorphologie. 2. Verarbeitung von Wurzelspitzen zu Quetsch- und Schnittpräparaten. Mk **60**, 273 (1971).

GÖLTENBOTH, F.: Nachweis des Y- und X-Chromosoms mit Hilfe von Fluorochromen. Mk **62**, 197 (1973).

GÖLTENBOTH, F.: „Sex-Chromatin" und „Drumsticks" beim Menschen. Mikroskopische Untersuchung weiblicher und männlicher Zellen. Mk **61**, 154 (1972).

GÖLTENBOTH, F.: Experimentelle Chromosomenuntersuchungen. Quelle & Meyer, Heidelberg 1975.

GÖLTENBOTH, F.: Chromosomenpraktikum. Georg Thieme Verlag, Stuttgart 1978.

GÖRTZ, H. D.: Formen des Zusammenlebens. Symbiose, Parasitismus und andere Vergesellschaftungen von Tieren. Wissenschaftliche Buchgesellschaft, Darmstadt 1988.

GÖRTZ, H.-D. (HRSG.): *Paramecium*. Springer Verlag, Heidelberg 1988.

GOODSELL, D.: Labor Zelle. Molekulare Prozesse des Lebens. Springer Verlag, Heidelberg 1994.

GOPPELSRÖDER, A.: Dickenwachstum der Drachenbaumwurzel. Mk **83**, 361 (1994).

GORBUSHINA, A. A., KRUMBEIN, W. E.: Role of black fungi in color change and biodeterioration of antique marbles. Geomicrobiology Journal **11**, 205 (1993).

GOTTSCHALK, G.: Welt der Bakterien. Die unsichtbaren Beherrscher unseres Planeten. Wiley-Blackwell, Weinheim 2009.

GRAVE, E.: *Didinium nasutum*, ein ungewöhnliches Wimpertier. Mk **71**, 306 (1982).

GREBEL, D.: Warum glänzen die Blütenblätter des Hahnenfußes? Mk **70**, 215 (1981).

GREBEL, D.: Jahresringe subalpiner und alpiner Holzgewächse. Mk **78**, 281 (1989).

GREEN, J. C., LEADBEATER, B.S.C., DIVER, W. L.(HRSG.): The Chromophyte Algae. Oxford Science Publications, Oxford 1989.

GREVEN, H.: Die Bärtierchen. Neue Brehm-Bücherei Bd. 537. Ziemsen-Verlag, Wittenberg Lutherstadt 1979.

GREYSON, R. H.: The Development of Flowers. Oxford University Press. New York, Oxford 1994.

GROEPLER, W.: Embryonalentwicklung der „Steppengrille". II. Entwicklung von der Blastokinese bis zum Schlüpfen. Mk **79**, 106 (1990).

GROLIÈRE, C. A.: A description of some hypotrich ciliates from *Sphagnum* bogs and acid water ponds. Protistologica **11**, 481 (1975).

GROSPIETSCH, T.: Wechseltierchen (Rhizopoden). Einführung in die Kleinlebewelt. Franckh'sche Verlagshandlung, Stuttgart 1972.

GROSS, M.: Exzentriker des Lebens. Zellen zwischen Hitzeschock und Kältestreß. Spektrum Akademischer Verlag, Heidelberg 1997.

GROSSE, W., SCHRÖDER, P.: Pflanzenleben unter anaeroben Umweltbedingungen, die physikalischen Grundlagen und anatomischen Voraussetzungen. Berichte der deutschen Botanischen Gesellschaft **99**, 367 (1986).

GROSSER, D.: Die Hölzer Mitteleuropas. Ein mikrophotographischer Lehratlas. Springer-Verlag, Heidelberg 1977.

GROTKASS, C. HUTTER, I., FELDMANN, F.: Use of arbuscular mycorrhizal fungi to reduce weaning stress of micropropagated *Baptisia tinctoria*. Acta Horticulturae **53**, 305 (2000).

GRUBER, M.: Einbettung von Pflanzenteilen in Polyethylenglykol. Herstellung von perfekten Dünnschnitten mit dem Handmikrotom. Mk **78**, 124 (1989).

GRUBER, M.: Zur Herstellung von Blatt- und Stammquerschnitten von Laubmoosen. Mk **79**, 379 (1990).

GRÜNSFELDER, M.: Makroskopische und mikroskopische Untersuchung von Arzneidrogen. Georg Thieme Verlag, Stuttgart 1991.

GUNNING, B. E. S., STEER, M. W.: Bildatlas zur Biologie der Pflanzenzelle. Struktur und Funktion. 4. Aufl., Gustav Fischer Verlag, Stuttgart 1996.

GÜNKEL, N. G.: Ein eleganter Räuber. Das Wimpertier *Dileptus anser* im Süßwasser-Aquarium. Mk **79**, 186 (1990).

GÜNKEL, N.: Der Fundort Wohnzimmer. Mk **78**, 57 (1989).

GÜNKEL, N. G.: Gemischte Gesellschaft. Mikroorganismen in Algen- und Moospolstern des Aquariums. Mk **80**, 45 (1991).

GÜNKEL, N. G.: Die wichtige Basis. Untersuchungen des Aquarienbodens. Mk **81**, 52 (1992).

GÜNKEL, N. G.: Blick in eine verborgene Welt. Aquaristik aktuell **2**, 41 (1996).

GÜNKEL, N. G.: Kleine Welt hinter Glas – Methoden der Aquarienmikroskopie. Mk **88**, 65 (1999).

HABEREY, M., STOCKEM, W.: *Amoeba proteus*. Morphologie, Zucht und Verhalten. Mk **60**, 33 (1971).

HAGENMEIER, H. E.: Fischschuppen unter dem Mikroskop. Mk **76**, 89 (1987).

HAGENMAIER, H. E.: Die Eizellen der Insekten. Mk **78**, 26 (1989).

HAECKEL, E.: Kunstformen der Natur. Neuausgabe. Prestel Verlag, München 1998.

HAHN, H., MICHAELSEN, I.: Mikroskopische Diagnostik pflanzlicher Nahrungs-, Genuss- und Futtermittel. Springer Verlag, Heidelberg 1996.

HALLER, P.: Ein Spiel aus Farben und Strukturen. Physis **7**, 8 (1991).

HARDER, A., WUNDERLICH, F.: Darmnematoden des Menschen. BiuZ **21**, 37 (1991).

HARTWIG, E., JELINEK, H.: Parasitisch lebende Wimpertiere in Ringelwürmern. Mk **63**, 65 (1974).

HARTWIG, E.: Die Nahrung der Wimpertiere des Sandlückensystems. Mk **62**, 329 (1973).

HAUCK, A.: Einzeller als hochorganisierte Lebewesen – der Kontraktile-Vakuolen-Komplex bei *Paramecium*. Mk **82**, 365 (1993).

HAUCK, A., QUICK, P.: Strukturen des Lebens. Ein Bildatlas zur Biologie und Mikroskopie der Zelle. J. B. Metzler Verlag, Stuttgart 1986.

HÄUSLER, M.: Präparation der Blatt- und Stammquerschnitte von Laubmoosen. Mk **72**, 188 (1983).

HAUSMANN, K., KREMER, B. P. (HRSG.): Extremophile. Mikroorganismen in außergewöhnlichen Lebensräumen. 2. Aufl., Wiley-VCH, Weinheim 1995.

HAUSMANN, K., HÜLSMANN, N., RADEK, R.: Protistology. 3. Aufl., E. Schweizerbart'sche Verlagsbuchhandlung, Stuttgart 2003.

HECKNER, F., FREUND, M.: Praktikum der mikroskopischen Hämatologie. Urban & Fischer, München 2001.

HELDT, H. W.: Pflanzenbiochemie. 2. Aufl., Spektrum Akademischer Verlag, Heidelberg 1999.

HENDEL, R.: Lebenduntersuchungen an *Chaoborus*-Larven. 1. Untersuchungstechnik, Kopf und Rumpf. Mk **72**, 33 (1983).

HENDEL, R.: Lebenduntersuchungen an *Chaoborus*-Larven. 2. Rumpf und Entwicklungsstadien. Mk **72**, 106 (1983).

HENDEL, R.: Infusionsthiere – Goethes mikroskopische Untersuchungen vom Frühjahr 1786. Mk **83**, 337 (1994).

HENDEL, R.: Ein Preisgedicht auf Leeuwenhoek. Mk **85**, 159 (1996).

HENDEL, R., SAAKE, E.: Leeuwenhoek entdeckt die Kryptobiose. Die Untersuchungen an dem Rädertier *Philodina*. Mk **86**, 285 (1997).

HENKEL, K.: Mikrofibel. Download unter www.mikroskopie-muenchen.de.

HENKEL, K.: Schnelle Meßhilfe. Mk **85**, 233 (1996).

HENSELER, A., FRAHM, H.-P.: Untersuchungen zur Stämmchenanatomie dendroider Laubmoose. Nova Hedwigia **71**, 519 (2000).

HENSSEN, A., JAHNS, H. M.: Lichenes. Eine Einführung in die Flechtenkunde. Georg Thieme, Stuttgart 1974.

HERBERT, R. A., SHARP, R. J.: Molecular Biology and

Biotechnology of Extremophiles. Chapman & Hall, New York 1991.
HERBST, H. V.: Blattfußkrebse (Phyllopoden). Einführung in die Kleinlebewelt. Franckh-Kosmos-Verlag, Stuttgart 1962.
HESS, D.: Die Blüte, 2. Aufl., Eugen Ulmer Verlag, Stuttgart 1990.
HEYDEMANN, B., MÜLLER-KARCH, J.: Elementare Kunst. Karl Wachholtz, Neumünster 1989.
HINGLEY, M.: Microscopic life in *Sphagnum*. Naturalist's Handbooks 20, The Richmond Publishing Company, Slough 1993.
HIPPE, E.: Streckbilder. Kunststofffolien im polarisierten Licht. Mk **77**, 103 (1988).
HIPPE, E.: Unterwassermikroskopie. Mk **84**, 164 (1995).
HIPPE, E.: Messen ohne Rechnen. Mk **94**, 180 (2004).
HIRSCHMANN, W.: Geruchsorgane der Zecken. Mk **68**, 176 (1979).
HIRSCHMANN, W.: Neues von der Varroatose. Mk **74**, 287 (1985).
HIRSCHMANN, W., KEMNITZER, F.: Hausstaubmilben. Mk **77**, 117 (1988).
HIRSCHMANN, W.: Zeckenmundwerkzeuge unter dem Raster-Elektronenmikroskop. Mk **67**, 200 (1978).
HOC, S.: Die Moostiere. Neue Brehm-Bücherei Bd. 310. Ziemsen-Verlag, Wittenberg Lutherstadt 1963.
HOC, S.: Die mikroskopische Bestimmung der Pflanzenfasern im Papier. Mk **50**, 45 (1961).
HOC, S.: Oberflächenuntersuchungen mit Lackabdrucken. Adhäsionsmethode mit Celloidin. Mk **64**, 62 (1975).
HOC, S.: Farbeffekte bei farblosen Stärkekörnern. Mk **91**, 281 (2002).
HOC, S.: Die Vielfalt der Stärkekörner im Vergleich. Mk **96**, 238 (2007).
HOEK, C. VAN DEN, JAHNS, H.M., MANN, D. G.: Algen. 3. Aufl., Georg Thieme Verlag, Stuttgart 1993.
HOF, H., DÖRRIES, R., MÜLLER, R. L.: Mikrobiologie. Georg Thieme Verlag, Stuttgart 2000.
HOFMANN, U., SCHWERDTFEGER, M.: Und grün des Lebens goldner Baum. Lustfahrten und Bildungsreisen im Reich der Pflanzen. Edition Nereide. Göttingen 1998.
HOFFMANN, L.: Algae of terrestrial habitats. Botanical Review **55**, 77 (1989).
HOFFMANN, P.: Darstellung der Riesenchromosomen bei tiefgefrorenen *Chironomus*-Larven. Mk **69**, 163 (1980).
HOFFMANN-THOMA, G.: Recyling und Entsorgung in der Pflanzenzelle. BiuZ **31**, 313 (2001).
HOLSTEIN, T.W.: Nematocyten. BiuZ 25, **161** (1995).
HONOMICHL, K.: Biologie und Ökologie der Insekten. 3. Aufl., Gustav Fischer Verlag, Stuttgart 1998.
HONOMICHL, K., RISLER, H., RUPPRECHT, R.: Wissenschaftliches Zeichnen in der Biologie und verwandten Disziplinen. Gustav Fischer Verlag, Stuttgart 1982.
HORIKOSHI, K., GRANT, W. D. (HRSG.): Extremophiles. Microbial Life in Extreme Environments. Wiley-Liss, New York 1998.
HÖRMANN, H.: Moose unter dem Mikroskop: Der Gametophyt. Mk **68**, 286 (1979).
HÖRMANN, H.: Moose unter dem Mikroskop: Der Sporophyt. Mk **68**, 388 (1979).

HORMANN, J.: Kieselalgen aus dem Nordseewatt. Mk **98**, 112 (2009).
HRAUDA, G: Bewohner der Torfmooszone im Rasterelektronenmikroskop. Mk **80**, 139 (1991).
HUBER, B.: Dendrochronologie. In: Handbuch der Mikroskopie in der Technik, Bd. V/l, Umschau-Verlag, Frankfurt 1971.
HUBER, H., LÖFFLER, H., FABER, V.: Methoden der diagnostischen Hämatologie. Springer Verlag, Heidelberg 1994.

ILVESSALO-PFÄFFLI, M.-S.: Fiber Atlas. Identification of Papermaking Fibers. Springer Verlag, Heidelberg 1995.
ISAAC, S., JENNINGS, D.: Kultur von Mikroorganismen. Spektrum Akademischer Verlag, Heidelberg 1996.
ISENBERG, G.: Cytoskelett und Zellmembran. BiuZ **30**, 158 (2000).
ITZEROTT, H. : Scheibenpilze in Moosen. Mk **63**, 293 (1974).

JAENICKE, J., KNIPPENBERG, A., SOBKE, J.: Zellen, Einzeller und andere Mikroben. Schroedel Verlag, Hannover 1982.
JAMIL, H., HAUSMANN, K.: Das Experiment. Lichtmikroskopische Untersuchungen zur Ernährung von *Paramecium*. BiuZ **20**, 55 (1990).
JANKE, K., KREMER, B. P.: Düne, Strand und Wattenmeer. Tiere und Pflanzen unserer Küsten. 7. Aufl., Franckh-Kosmos-Verlag, Stuttgart 2010.
JÄNTSCH, W.: Dauerpräparate mit Glyzeringelatine. Mk **90**, 341 (2001).
JENTZEN, A.: Färbung von Hefezellen mit Nachtblau. Mk **70**, 349 (1981).
JOCHEM, F.: Zur Präparation von Insekten-Mundwerkzeugen. Mk **73**, 127 (1984).
JUNG, A.: Pollen – leicht beschaffbare Studienobjekte. Mk **66**, 384 (1977).
JUNG, A.: Angewandte Mikroskopie. Verlag Grobbel, Fredeburg 1990.
JUNQUEIRA, L. C., CARNEIRO, J., KELLEY, R. O.: Histologie. 5. Aufl., Springer Verlag, Heidelberg 2001.
JURZITZA, G.: Pflanzengewebe unter dem Raster-Elektronenmikroskop. 7. Die Wurzel. Mk **64**, 327 (1975).
JURZITZA, G.: Ein einfaches Verfahren zum Zeichnen von Pflanzenzellen. Mk **71**, 344 (1982).
JURZITZA, G.: Eine polyarche Dikotylenwurzel. Mk **71**, 362 (1982).
JURZITZA, G.: Anatomie der Samenpflanzen. Georg Thieme Verlag, Stuttgart 1987.
KALBE, L.: Kieselalgen in Binnengewässern. Neue Brehm-Bücherei Bd. 467. Ziemsen-Verlag, Wittenberg Lutherstadt 1980.

KAMPHUIS, A.: Biokonvektionsmuster in Kulturen der Alge *Euglena gracilis*. Mk **85**, 83 (1996).
KARG, W.: Erkennen von nützlichen und schädlichen Milben. Mk **82**, 42 (1993).
KARG, W.: Begegnungen mit der Erntemilbe *Neotrombicula autumnalis* Shaw. Mk **83**, 193 (1994).
KARG, W.: Im Boden lebende Raubmilben als Indikatoren für Umweltgifte. Mk **85**, 65 (1996).
KARSTEN, U., KÜHL, M.: Die Mikrobenmatten – das kleinste Ökosystem der Welt. BiuZ **26**, 16 (1996).
KAUFMANN, D., HÜLSMANN, N.: Das Tee-Ei als Proto-

zoenfalle – Anreicherung von Benthosorganismen am Gewässerboden. Mk **95**, 277 (2006).

KAUFMANN, M.: Die schiefe Beleuchtung. Mk **68**, 299 (1979).

KAUSSMANN, B., SCHIEWER, U.: Funktionelle Morphologie und Anatomie der Pflanzen. Gustav Fischer Verlag, Stuttgart 1989.

KEHR, V., KOST, G.: Lebensräume – Lebensformen Mikrohabitat Pflanzengalle. Das Zusammenleben von Gallmücken und Pilzen. BiuZ **29**, 18 (1999).

KIEFER, F.: Ruderfußkrebse (Copepoden). Einführung in die Kleinlebewelt. Franckh-Kosmos-Verlag, Stuttgart 1973.

KIERDORF, H.: Knochen- und Zahndünnschliffe für die Lichtmikroskopie. Mk **83**, 31 (1994).

KIRST, G. O., KREMER, B. P.: Aerenchyme und ihre Gasfüllung. BiuZ **17**, 90 (1987).

KLEIN, H. P., STOCKEM, W.: Nahrungsaufnahme und intrazelluläre Verdauung bei Amöben Teil I: Der endocytotische Stofftransport. BiuZ **25**, 293 (1995).

KLEIN, H. P., STOCKEM, W.: Nahrungsaufnahme und intrazelluläre Verdauung bei Amöben Teil II: Das intrazelluläre Verdauungssystem. BiuZ **25**, 367 (1995).

KLEINIG, H., MAIER, U.: Zellbiologie. Ein Lehrbuch. 4. Aufl., Gustav Fischer Verlag, Stuttgart 1999.

KNOX, B. R.: Pollen and Allergy. Edward Arnolds Publishers Ltd., London 1979.

KÖHLER, M., VÖLGSEN, F.: Geomikrobiologie. Grundlagen und Anwendung. Wiley-VCH, Weinheim 1997.

KOLBE, H. W., WILLEMS, G.: Brand- und Rostpilze. 2. Die Rostpilzgattung *Puccinia*. Mk **79**, 33 (1990).

KONTERMANN, R.: Haftorgane von Insekten. Mk **69**, 362 (1980).

KONTERMANN, R., HEINZEL, G.: Die Bücherlaus *Liposcelis divinatorius*. Mk **76**, 65 (1987).

KOTHE, H. W.: Jochpilze. Eine wenig beachtete Pilzgruppe unter dem Mikroskop. Mk **78**,108 (1989).

KOTHE, H. W.: Brand- und Rostpilze. I. Der Antherenbrand der Nelkengewächse (*Microbotryum violaceum*). Mk **78**, 321 (1989).

KOTHE, H., KOTHE, E.: Pilzgeschichten. Springer Verlag, Heidelberg 1996.

KORNMANN, P., SAHLING, P. H.: Prasiolales (Chlorophyta) von Helgoland. Helgoländer wissenschaftliche Meeresuntersuchungen **26**, 49 (1974).

KRAMER, K. U., SCHNELLER, J. J., WOLLENWEBER, E.: Farne und Farnverwandte. Bau, Systematik, Biologie. Georg Thieme Verlag, Stuttgart 1995.

KRAMMER, K.: Kieselalgen. Biologie, Baupläne der Zellwand, Untersuchungsmethoden. Franckh-Kosmos, Stuttgart 1986.

KRAUS, O.: Eine wenig bekannte Technik des wissenschaftlichen Zeichnens. Natur und Museum **98**, 155 (1968).

KRAUSE, A.: Veränderungen im Artenbestand makroskopischer Süßwasseralgen in Abhängigkeit vom Ausbau des Oberrheins. Schriftenreihe für Vegetationskunde **101**, 227 (1976).

KRAUTER, D.: Eine Modifikation der Färbung mit Eisenhämatoxylin nach Heidenhain. Mk **58**, 352 (1969).

KRAUTER, D.: Eine rasch arbeitende Dreifachfärbung für Paraffinschnitte durch pflanzliches Material. Mk **58**, 315 (1969).

KRAUTER, D.: Mikroskopie im Alltag. 8. Aufl., Franckh'-sche Verlagshandlung, Stuttgart 1974.

KRAUTER, D.: Roesers Astrablau-Fuchsin-Färbung. Mk **65**, 149 (1976).

KRAUTER, D.: Azan und Pseudo-Azan – Die „bunten" Färbungen in der Histologie. Mk **67**, 146 (1978).

KRAUTER, D.: Leitbündel aus der Luftwurzel von *Monstera*. Mk **68**, 96 (1979).

KRAUTER, D.: 110 Jahre Paraffin-Technik. Mk **68**, 285 (1979)

KRAUTER, D.: Eine einfache Methode zur Algenkultur. Mk **68**, 262 (1979).

KRAUTER, D.: Farbstoffe „für den Anfang". Mk **68,** 319 (1979).

KRAUTER, D.: Formol-Alkohol-Essigsäure als Allround-Fixiermittel. Mk **68**, 197 (1979).

KRAUTER, D.: Ein rasch arbeitendes, schonendes Mazerationsmittel für Chitinpräparate: Diäthylentriamin. Mk **69**, 395 (1980).

KRAUTER, D.: Modellversuch zur Wirkung von Aufhellungs- und Einschlußmitteln. Mk **72**, 319 (1983).

KRAUTER, D.: Erfahrungen mit Etzolds FSA-Färbung für Pflanzenschnitte. Mk **74**, 231 (1985).

KRAUTER, D.: Querschnitt durch Röhrenblüten der Sonnenblume. Mk **76**, 383 (1987).

KRAUTER, D.: Ersatz für Xylol? Erfahrungen mit Rotihistol. Mk **78**, 22 (1989).

KRAUTER, D., RÜDT, U.: Einschlussharze für die Mikroskopie. Vor- und Nachteile handelsüblicher Einschlussmedien. Mk **69**, 264 (1980).

KREISELMAIER, K., KREISELMAIER, I.: Du bist nicht allein – Haarbalgmilbe & Co. UB 271, 24 (2002).

KREMER, B. P.: Beobachtungen zur Blattanatomie an Pflanzen mit C_4-Photosynthese. Mk **66** , 315 (1977).

KREMER, B. P.: Luftlebende Grünalgen. Der Formenkreis Trentepohliales. Mk **69**, 188 (1980).

KREMER, B. P.: *Prasiola* – Ökologie und Fortpflanzung einer ungewöhnlichen Grünalge. Mk **70**, 325 (1981).

KREMER, B. P.: Mikrochemische Untersuchungen an Flechten. Mk **72**, 368 (1983).

KREMER, B. P.: Sonderformen unter den Blattorganen: Das Rollblatt. Mk **76**, 153 (1987).

KREMER, B. P.: Die fünf Reiche der Organismen. BiuZ **20**, 104 (1990).

KREMER, B. P.: Das Maß vieler Dinge. Physis **7**, 70 (1991).

KREMER, B. P.: Mikroalgen als Zellgäste. Spektrum der Wissenschaft **3**, 48 (1994).

KREMER, B. P.: Schraubungen, Spiralen und Wendeln im Mikrokosmos. Mk **87**, 65 (1998).

KREMER, B. P.: Bakterien auf Bestellung. Mk **87**, 173 (1998).

KREMER, B. P.: Der Mensch als Lebensraum. Unterrichts-Folienmappe Biologie. Ernst Klett Verlag, Stuttgart 2001.

KREMER, B. P.: Bakterien. Basisartikel. UB 278, 1 (2002).

KREMER, B. P., HAUSMANN, K.: Das Experiment. Lichtspiele mit Polarisationsfiltern. BiuZ **22**, 350 (1992).

KREMER, B. P., FISCHER, N.: Das Experiment: In Grund und Boden. Algen in der Bodenmikroflora. BiuZ **27**, 189 (1997).

KREMER, B. P., BANNWARTH, H.: Pflanzen in Aktion erleben. 100 Experimente und Versuche zur Pflanzenphysiologie. Schneider-Verlag, Baltmannsweiler 2008.

KREMER, B. P., BANNWARTH, H.: Einführung in die

Laborpraxis. Basiskompetenzen für Laborneulinge. Springer-Verlag, Heidelberg 2009.

KREMER, B. P., BANNWARTH, H., SCHULZ, A.: Basiswissen Physik, Chemie und Biochemie – vom Atom bis zur Atmung. 2. Aufl., Springer-Verlag, Heidelberg 2010.

KREUTZ, M.: Eine modifizierte schiefe Beleuchtung. Mk **84**, 197 (1995).

KREUTZ, M.: *Euglena convoluta* – ein seltener Vertreter dieser Flagellaten-Gattung. **85**, 361 (1996).

KRONBERG, I.: Mikrofauna in Moosen und Flechten. Mk **82**, 150 (1993).

KROPP, U.: Leitbündel. Mk **61**, 342 (1972).

KÜCK, U., WOLFF, G.: Botanisches Grundpraktikum. Springer Verlag, Heidelberg 2002.

KÜCK, U., HOFF, B., ENGH, I.: Schimmelpilze. Lebensweise, Nutzen, Schaden, Bekämpfung. 3. Aufl., Springer-Verlag, Heidelberg 2009.

KÜHNEL, W.: Taschenatlas der Zytologie, Histologie und mikroskopischen Anatomie. 10. Aufl., Georg Thieme Verlag, Stuttgart 2002.

KUNZ, H.: Beschalte Amöben an austrocknenden Moosen. Mk **57**, 46 (1968).

LAANE, M. M.: Der Schleimpilz *Physarum polycephalum*. Ein faszinierender Organismus für biologische Experimente. Mk **79**, 197 (1990).

LAANE, M. M., HALVORSUD, R.: Plasmaströmungen und Zelloszillationen im Schleimpilz *Physarum polycephalum*. Mk **82**, 50 (1993).

LAANE, M. M., WAHLSTRÖM, R.: Einfache Bänderungsverfahren für menschliche Chromosomen. Mk **71**, 23 (1982).

LAANE, M. M., WAHLSTRÖM, R.: Polyploidie bei *Tradescantia*. Eine Pflanzensippe mit ungewöhnlich großen Chromosomen. Mk **70**, 241 (1981).

LAANE, M. M.: Einfache Methoden zur Chromosomenuntersuchung. Die Reifeteilung bei Pflanzen und Tieren. Mk **61**, 185 (1972).

LAMPERT, W., SOMMER, U.: Limnoökologie. Georg Thieme Verlag, Stuttgart 1993.

LARINK, 0.: Schuppen – nicht nur bei Schmetterlingen. 3. Mücken, Silberfischchen und Felsenspringer. Mk **73**, 142 (1984).

LARINK, O., WESTHEIDE, W.: Coastal Plankton. Photo Guide for European Seas. Verlag Dr. Friedrich Pfeil, München 2006.

LARSEN, H. F.: *Amoebophilus*. Ein Pilz befällt Amöben. Mk **81**, 36 (1992).

LAUKÖTTER, G. : Neue Methoden zur differenzierten Übersichtsfärbung von Totalpräparaten und Dickschnitten. Mk **76**, 127 (1987)

LECOINTRE, G., LE GUYADER, H.: Biosystematik. Alle Organismen im Überblick. Springer Verlag, Heidelberg 2006.

LEE, R. E.: Phycology. 3. Aufl., Cambridge University Press, Cambridge 1999.

LEE, R. E.: Phycology. 4. Ed., Cambridge University Press, Cambridge 2008.

LEHLE, E.: Wimpertiere und andere Einzeller im Boden eines Fichtenbestandes im Schwarzwald. Mk **81**,193 (1992).

LEHMANN, G., RÖTTGER, R.: Foraminiferen in Küstensalzwiesen. Meeresprotozoen in einem fast terrestrischen Lebensraum. Mk **85**, 135 (1996).

LEHMANN, H., SCHULZ, D.: Die Pflanzenzelle. Struktur und Funktion. Eugen Ulmer Verlag, Stuttgart 1976.

LEIENDECKER, U.: Das Unsichtbare sehen. Mondo Verlag, Vevey 1994.

LEINS, P., ERBAR, C.: Entwicklungsmuster in Blüten und ihre mutmaßlichen phylogenetischen Zusammenhänge. BiuZ **21**, 196 (1991).

LEINS, P., ERBAR, C.: Verschwendung oder Sparsamkeit? Über den Umgang der Blütenpflanzen mit ihren Pollen. BiuZ **29**, 268 (1999).

LEINS, P., ERBAR, C.: Blüte und Frucht. Morphologie, Entwicklungsgeschichte, Phylogenie, Funktion, Ökologie. 2. Aufl., E. Schweizerbart'sche Verlagsbuchhandlung, Stuttgart 2008.

LELLEY, J. I., SCHMITZ, D.: Die Mykorrhiza. Lebensgemeinschaft zwischen Pflanzen und Pilzen. Selbstverlag Gesellschaft für Angewandte Mykologie, Krefeld 1994.

LEMMERICH, J., SPRING, H.: Mikroskopie und Zellbiologie in drei Jahrhunderten. Ausstellungskatalog Second International Congress on Cell Biology, Berlin 1980.

LENZENWEGER, R.: Fädige Zieralgen. Mk **59**, 10 (1970).

LENZENWEGER, R.: Zieralgen – einmal anders gesehen. Mk **59**, 47 (1970).

LENZENWEGER, R.: Mit dem Deckglas auf Protistenfang. Mk **68**, 162 (1979).

LENZENWEGER, R.: Zieralgen (Desmidiaceen). Mk **70**, 79 (1981).

LENZENWEGER, R.: Algen auf Schnee. Mk **75**, 311 (1986).

LENZENWEGER, R: Sie lieben es sauer: Zieralgen vom Großen Arbersee im Bayerischen Wald. Mk **80**, 376 (1991).

LENZENWEGER, R.: Zieralgen aus dem Gartenteich Mk **80**, 112 (1991).

LENZENWEGER, R.: Zieralgenpopulationen und ihre milieubedingten Standorte. Mk **83**, 51(1994).

LENZENWEGER, R.: Das Zeichnen am Mikroskop. Mk **83**, 11 (1994).

LENZENWEGER, R.: Desmidiaceenflora von Österreich. Teil 1. Bibliotheca Phycologica 101, Stuttgart 1996.

LENZENWEGER, R.: Desmidiaceenflora von Österreich. Teil 2. Bibliotheca Phycologica **102**, Stuttgart 1997.

LENZENWEGER, R.: Desmidiaceenflora von Österreich. Teil 3. Bibliotheca Phycologica **104**, Stuttgart 1999.

LENZENWEGER, R.: Moosbewohnende Zieralgen. Mk **89**, 321 (2000).

LEROY, F.: Mikrokosmos. Einblick in die Welt der Zellen. Kleine Senckenbergreihe Bd. 19, Verlag Waldemar Kramer, Frankfurt 1995.

LIBBERT, E.: Allgemeine Biologie. 7. Aufl., Gustav Fischer Verlag, Stuttgart 1991.

LIEBICH, H.-G.: Funktionelle Histologie der Haussäugetiere. Schattauer Verlag, Stuttgart 1999.

LINDAUER, R.: Präparate von quergestreifter Insekten-Muskulatur. Mk **60**, 319 (1971).

LINDAUER, R.: Dauerpräparate von Süßwasseralgen. 8. Methodenübersicht, geordnet nach Algenklassen. Mk **65**, 121 (1976).

LINDAUER, R.: Präparation großflächiger Stücke von Pflanzenepidermen. Mk **67**, 248 (1978).

LINNE VON BERG, K.-H., MELKONIAN, M.: Der Kosmos-Algenführer. Die wichtigsten Süßwasseralgen im Mikroskop. Franckh-Kosmos-Verlag, Stuttgart 2004.

LINSKENS, H.F.: Beobachtung des Infektionsprozesses von Bohnen durch Rostpilze. Mk **82**, 217 (1993).

LÖBENBERG, E., LÖBENBERG, L.: Drogenkunde mit mikroskopischen Übungen. Govi Verlag, Eschborn 1990.

LÖFFLER, H., RASTETTER, J.: Atlas der klinischen Hämatologie. Springer Verlag, Heidelberg 2000.

LOIDL, R.: Der Stachelapparat unserer Honigbiene. Mk **60**, 150 (1971).

LORENZ, P., LORENZ, P.: Einführung in die biologisch-mikroskopische Belebtschlammanalyse. Quelle & Meyer, Wiesbaden 1995.

LÜLLMANN-RAUCH, R.: Histologie. Verstehen, Lernen, Nachschlagen. Georg Thieme Verlag, Stuttgart 2006.

LÜTHJE, E.: Stiel-Übungen. Mk **84**, 335 (1995).

LÜTHJE, E.: Ein mikroskopischer Aufgabenteil in der Abiturklausur. Ökologie und Anatomie trittfester Pflanzen. Mk **81** 56 (1992).

LÜTHJE, E.: Wie *Impatiens* sich blautrinkt... Vitalfärbungen beim Springkraut. Mk **81**, 185 (1992).

LÜTHJE, E.: Das Seegrasblatt – eine botanische Luftmatratze. Mk **84**, 81 (1995).

LÜTHJE, E.: Schnittmuster für Musterschnitte. Teil 1, Querschnitte. MK **85**, 247 (1996).

LÜTHJE, E.: Schnittmuster für Musterschnitte. Teil 2, Flächenpräparate. Mk **85**, 310 (1996).

LÜTHJE, E.: Ein (Oliven-)Blatt aus sommerlichen Tagen. Mk **85**, 201 (1996).

LÜTHJE, E.: Blauer Helm und Flatterbinse – ganz schön abgekratzt. Mk **85**, 343 (1996).

LÜTHJE, E.: Das Experiment: Weiß + Grün = Panaschiert? BiuZ **28**, 181 (1998).

LÜTHJE, E.: Krokus, Alpenveilchen, Schiefblatt – Blattdesign aus Licht und Luft. Mk **87**, 377 (1998).

LÜTHJE, E.: Das Experiment: Die Stärke der Schamblume. BiuZ **30**, 290 (2000).

LÜTHJE, E.: Kristalle in Laubblättern – Botanische Juwelen sichtbar gemacht. Mk **90**, 181 (2001).

LÜTHJE, E.: Die Gelenkzellen im Blatt der Gräser – Motor oder Knautschzone? Mk **90**, 193 (2001).

LÜTHJE, E.: Strand mit Vieren. Ein Gras im Kräftespiel der Gene. Mk **91**, 102 (2002).

LÜTHJE, E.: Blätter, Stärke und Lugol – Was haben die Blätter am Baum zu tun? Mk **91**, 55 (2002).

LÜTHJE, E.: Die Sternhaare der Ölweide. Ein mikrokosmisch-kosmisches Sujet. Mk **93**, 321 (2004).

LÜTTGE, U., KLUGE, M., BAUER, G.: Botanik. Ein grundlegendes Lehrbuch. 5. Aufl., Wiley-VCH, Weinheim 2005.

LUMBSCH, T.: Fortpflanzung und Vermehrung von Flechten. Mk **68**, 366 (1979).

LUSTIG, K.: Mikroskopische Beobachtungen an der Florfliege. Mk **62** 238 (1973).

LYON, H.: Theory and Strategy in Histochemistry: A Guide to the Selection and Understanding of Techniques. Springer Verlag, Heidelberg 1991.

MACKENZIE, W.S., GUILFORD, C.: Atlas gesteinsbildender Mineralien in Dünnschliffen. Ferdinand Enke Verlag, Stuttgart 1981.

MACKENZIE, W. S., DONALDSON, C. H., GUILFORD, C.: Atlas der magmatischen Gesteine in Dünnschliffen. Ferdinand Enke Verlag, Stuttgart 1989.

MADIGAN, M. T., MARTINKO, J. M., PARKER, J.: Mikrobiologie. Spektrum Akademischer Verlag, Heidelberg 2000.

MADIGAN, M. T., MARTINKO, J. M.: Brock Mikrobiologie. 11. Aufl., Pearson Studium, München 2008.

MALZACHER, P.: Eine neue Geißelfärbung für Bakterien mit Eisenhämatoxylin. Mk **67**, 124 (1978).

MANDELBROT, B.: Die fraktale Geometrie der Natur. Birkhäuser Verlag, Basel 1991.

MANDL, A.: Morphologie und Anatomie der Gräser. 2. Halm und Wurzel. Mk **79**, 217 (1990).

MARGULIS, L.: Die andere Evolution. Spektrum Akademischer Verlag, Heidelberg 1999.

MARGULIS, L., SCHWARTZ, K.: Die fünf Reiche der Organismen. Ein Leitfaden. Spektrum der Wissenschaft, Heidelberg 1989.

MARGULIS, L., CORLISS, J. O., MELKONIAN, M., CHAPMAN, D. J.: Handbook of Protoctista. Jones and Bartlett, Boston 1989.

MARGULIS, L., FESTER, R. (HRSG.): Symbiosis as a Source of Evolutionary Innovation. MIT Press, Cambridge/Massachussetts 1991.

MARGULIS, L., SAGAN, D.: Microcosm. Four Billion Years of Microbial Evolution. Allen & Unwin, London 1987.

MARGULIS, L., SAGAN, D.: Leben. Vom Ursprung zur Vielfalt. Spektrum Akademischer Verlag, Heidelberg 1997.

MARKSTRAHLER, U.: Der Strandhafer *Ammophila arenaria* – ein Beispiel für eine optimierte Konstruktionsform. Mk **84**, 225 (1995).

MASUCH, G.: Biologie der Flechten. Quelle & Meyer Verlag, Wiesbaden 1993.

MATHIAS, E.: Beugungskontrast, einfach und effektvoll. BiuZ **36**, 178 (2006).

MATHIAS, E.: Schneekristalle direkt fotografiert. Mk **92**, 343 (2003).

MATHIAS, E.: Zwei optische Kontrastierungsverfahren im Vergleich: Beugungskontrast (BK) und Differentieller Interferenzkonstrast (DIK). Mk **89**, 166 (2000).

MATTHES, D.: Tiersymbiosen und ähnliche Formen der Vergesellschaftung. Gustav Fischer Verlag, Stuttgart 1978.

MATTHES, D.: Seßhafte Wimpertiere auf außergewöhnlichen Trägern. Mk **70**, 263 (1981).

MATTHES, D.: Seßhafte Wimpertiere. Neue Brehm-Bücherei Bd. 55, Ziemsen-Verlag, Wittenberg Lutherstadt 1982.

MATTHES, D.: Wimpertiere in Wiederkäuern und Einhufern. Mk **74**, 372 (1985).

MATTHES, D.: Staubläuse. Mk **77**, 154 (1988).

MATTHES, D., WENZEL, F.: Die Wimpertiere (Ciliata). Einführung in die Kleinlebewelt. Franckh'sche Verlagshandlung, Stuttgart 1966.

MATTHES, D.: Im Süßwasser verbreitete Sauginfusorien. Mk **82**, 219 (1995).

MAYER, M.: Kultur und Präparation der Protozoen. Einführung in die Kleinlebewelt. Franckhsche Verlagshandlung, Stuttgart 1971.

MECKES, O., OTTAWA, N.: Der Mikrokosmos – für Kinder erklärt. Verlag Gruner + Jahr, Hamburg 2003.

MECKES, O., OTTAWA, N.: Die fantastische Welt des Unsichtbaren. Verlag Gruner + Jahr, Hamburg 2002.

MEHLHORN, H., RUTHMANN, A.: Allgemeine Protozoologie. Gustav Fischer Verlag, Stuttgart 1992.

MEHLHORN, B., MEHLHORN, G.: Zecken, Milben, Fliegen, Schaben. Springer Verlag, Heidelberg 1996.

MEINE, W.: Die Bestimmung von Torfmoosen im Hochmoortorf. Mk **69**, 373 (1980).

MEINE, W.: Der Porenapparat von Torfmoosen. Mk **77**, 38 (1988).

MEINESZ, A.: Killer Algae. University of Chicago Press, Chicago 1997

MEISTERFELD, R.: Die horizontale und vertikale Verteilung der Testaceen (Rhizopoda, Testacea) in *Sphagnum*. Archiv für Hydrobiologie **79**, 319 (1977).

MELLER, A.: Einschlußmittel mit hohem Brechungsindex für Diatomeen. Mk **74**, 55 (1985).

MENZEL, D. VUGREK, O.: Muskelproteine in Pflanzenzellen. BiuZ **27**, 195 (1997).

METCALFE, C. R., CHALK, L.: Anatomy of the Dicotyledons. Clarendon Press, Oxford 1950.

MEYER, K.: Auf der Suche nach Leeuwenhoeks Arbeitsmikroskop. Mk **88**, 197 (1999).

MEYER-ROCHOW, V. B.: Fleischfressende Mikropilze. Mit „Fußangeln" und „Leim" auf Beutefang. Mk **65**, 54 (1976).

MEYL, A. H.: Fadenwürmer (Nematoden). Einführung in die Kleinlebewelt. Franckh'sche Verlagshandlung, Stuttgart 1961.

MICHEL, K.: Grundzüge der Theorie des Mikroskops. Wissenschaftliche Verlagsgesellschaft, Stuttgart 1981.

MOBERG, R., HOLMASEN, I.: Flechten von Nord- und Mitteleuropa. Ein Bestimmungsbuch. Gustav Fischer Verlag, Stuttgart 1992.

MOCHMANN, H., KÖHLER, W.: Meilensteine der Bakteriologie. Von Entdeckungen und Entdeckern aus den Gründerjahren der Medizinischen Mikrobiologie. Edition Wötzel, Frankfurt/M. 1997.

MÖLLRING, F. K.: Mikroskopieren von Anfang an. Firmenschrift Zeiss, Oberkochen o. J.

MÖLLRING, F. K.: Mikroskopbeleuchtung nach Köhler. Mk **83**, 109 (1994).

MUDRACK, K., KUNST, S.: Biologie der Abwasserreinigung. Spektrum Akademischer Verlag, Heidelberg 1997.

MÜCKE, W.,, LEMMEN, C.: Schimmelpilze. Vorkommen, Gesundheitsgefahren, Schutzmaßnahmen. Ecomed Verlagsgesellschaft, Landsberg 1999.

MÜLLER, E., LÖFFLER, W.: Mykologie. 5. Aufl., Georg Thieme Verlag, Stuttgart 1992.

MÜLLER, H. G.: *Parthenothrips dracaenae* – ein Schädling unserer Zimmerpflanzen. Mk **71**, 187 (1982).

MÜLLER, H. G.: Weberknechte. Mk **71**, 155 (1982).

MÜLLER, H. G.: Der Kopulationsapparat der Spinnen. Mk **71**, 247 (1982).

MÜLLER, H. G.: Porträt einer Blattlaus: *Aulacorthum circumflexum*. Mk **71**, 363 (1982).

MÜLLER, M.: Nicht nur Fischfutter *Artemia salina*. 1. Larvalperiode. Mk **65**, 325 (1976).

MÜLLER, M.: Nicht nur Fischfutter *Artemia salina*. 2. Erwachsene Artemien. Mk **65**, 363 (1976).

MÜLLER, M. C.: Das leuchtet ein! Vergleich zwischen konventioneller und konfokaler Fluoreszenz-Mikroskopie. Mk **90**, 277 (2001).

MÜLLER, M.: Bisexuelle Fortpflanzung bei der Kugelalge *Volvox aureus*. Mk **78**, 173 (1989).

MÜLLER-KRUMBHAAR, WAGNER, H.-F. (HRSG.): ... und Er würfelt doch. Von der Erforschung des ganz Großen, des ganz Kleinen und der ganz vielen Dinge. Springer Verlag, Heidelberg 2001.

MUNK, K. (Hrsg.): Taschenlehrbuch Biologie: Biochemie/Zellbiologie. Georg Thieme Verlag, Stuttgart 2008.

MSWWF (MINISTERIUM FÜR SCHULE UND WEITERBILDUNG, WISSENSCHAFT UND FORSCHUNG DES LANDES NORDRHEIN-WESTFALEN, HRSG.): Sicherheit im naturwissenschaftlich-technischen Unterricht an allgemeinbildenden Schulen. Ritterbach-Verlag, Frechen 1999.

NABORS, M. N.: Botanik. Pearson Studium, München 2007.

NACHTIGALL, W.: Faszination des Lebendigen. Herder, Freiburg 1980.

NACHTIGALL, W.: Der Bildungswert der Kleinwelt. Mk **86**, 321 (1997).

NACHTIGALL, W.: Hilfsmittel für den Fang von Süßwasser-Mikroorganismen. Mk **86**, 205 (1997).

NACHTIGALL, W.: Leben in der Grenzschicht. BiuZ **30**, 148 (2000).

NACHTIGALL, W.: Mikroskopieren. Technik und Objekte. BLV-Verlagsgesellschaft, München, 3. Aufl. 1998.

NACHTIGALL, W.: Warum sinken kleine Plankter so langsam ab? BiuZ **28**, 137 (1998).

NAGL, W.: The *Phaseolus* suspensor and its polytene chromosomes. Zeitschrift für Pflanzenphysiologie **73**, 1 (1974).

NAPP-ZINN, K.: Anatomie des Blattes. 1. Blattanatomie der Gymnospermen. Handbuch der Pflanzenanatomie Band VIII/I. Gebrüder Borntraeger, Berlin 1966.

NEGRETTI, W.: Schnittverletzungen durch Papier Mk **68**, 310 (1979).

NEGRETTI, W.: Der Pollen der Haselpflanze. Mk **72**, 38 (1983).

NETZEL, H.: Amöben als Baumeister. BiuZ **10**, 183 (1980).

NEUBERT, H., NOWOTTNY, W., BAUMANN, K.: Die Myxomyceten Deutschlands und des angrenzenden Alpenraumes. Bde. I-III, Baumann Verlag, Gomarin-gen 1993-2001.

NEUBERT, W.: Leitbündel aus dem Blattstiel der Pestwurz. Mk **77**, 80 (1988).

NEUBERT, W.: Lebendbeobachtung der Konjugation beim Wimpertierchen *Chilodonella curvidens*. Mk **80**, 200 (1991).

NICK, P.: Kannibalismus beim Flagellaten *Peranema trichophorum* in Populationen großer Dichte. Mk **71**, 103 (1982).

NOLL, R.: Mikroskopische Untersuchung von Belebtschlamm. Mk **90**, 361 (2001).

NOWAK, H. P.: Geschichte des Mikroskops. Selbstverlag, Zürich 1984.

NULTSCH, W.: Allgemeine Botanik. 11. Aufl., Georg Thieme Verlag, Stuttgart 2001.

NULTSCH, W: Mikroskopisch-botanisches Praktikum für Anfänger, 11. Aufl., Georg Thieme, Stuttgart 2001.

NURIDSANY, C.: Wunderwelt der Mikrofotografie. Laterna magica-Verlag, München 1979.

NURIDSANY, C., PÉRENNAU, M.: Wunderbare Verwandlung. Knospe, Blüte, Frucht. Gerstenberg, Hildesheim 1997.

OTT, J.: Lebensräume – Lebensformen. Nematoden und Bakterien. BiuZ **23**, 27 (1993).

OXLADE, C., STOCKLEY, C.: Das Mikroskopierbuch. arsEdition, München 1990.

PAGE, F. C., SIEMENSMA, F. J.: Protozoenfauna, Bd. 2: Nackte Rhizopoda und Heliozoa. Gustav Fischer Verlag, Stuttgart 1991.

PATTERSON, D. J.: Free-Living Freshwater Protozoa. A Colour Guide. John Wiley & Sons, New York 1996.

PATZELT, W.J.: Polarisationsmikroskopie. Firmenschrift Leitz, Wetzlar 1985.

PENTECOST, A.: The distribution of *Euglena mutabilis* in sphagna with reference to the Malham Tarn North Fen. Field Studies **5**, 591 (1982).

PIJL, L. VAN DER: Principles of Dispersal in Higher Plants. Springer Verlag, Heidelberg 1982.

PLATTNER, H., HENTSCHEL, J.: Taschenlehrbuch Zellbiologie. Georg Thieme, Stuttgart 1997.

PLATZER-SCHULZ, I.: Unsere Zuckmücken. Neue Brehm-Bücherei B. 134, Ziemsen-Verlag, Wittenberg Lutherstadt 1974.

POHL, D.; Mikroskopische Beobachtungen an lebender menschlicher Haut. Mk **90**, 370 (2001).

POSTGATE, J.: Mikroben und Menschen. Spektrum Akademischer Verlag, Heidelberg 1994.

PROBST, W.: Die mikroskopische Analyse von Torfmoosen. Mk **73** 280 (1984).

PROBST, W.: Die Wasserspeicherzellen der Torfmoosblättchen. Mk **73**, 314 (1984)

PROBST,W.: Biologie der Moos- und Farnpflanzen. UTB 1418. Quelle & Meyer, Heidelberg 1987.

PUHAN, D.: Anleitung zur Dünnschliffmikroskopie. Ferdinand Enke Verlag, Stuttgart 1994.

PURVES, W. K., SADAVA, D., ORIANS, G. H., HELLER, H. C.: Biologie. Spektrum Akademischer Verlag, Heidelberg 2006.

RADEK, R.: Oxymonadida – eine kleine Ordnung darmbewohnender Flagellaten. Mk 83, **97** (1994).

RADEK, R., HAUSMANN, K.: Symbiontische Flagellaten in der Gärkammer von Termiten. BiuZ **21**, 160 (1991).

RAHFELD, B.: Mikroskopischer Farbatlas pflanzlicher Drogen. Spektrum Akademischer Verlag, Heidelberg 2009.

RAUH, W.: Morphologie der Nutzpflanzen. Reprint der 2. Aufl., Quelle & Meyer Verlag, Wiesbaden 1994.

RAVEN, P. H., EVERT, R.F., EICHHORN, H.: Biologie der Pflanzen. 3. Auflage, Verlag Walter de Gruyter, Berlin, Hamburg 2000.

RAVEN, P. H., EVERT, R. F., CURTIS, H.: Biologie der Pflanzen. 4. Aufl., Walter de Gruyter, Berlin 2006.

REISS, J.: Intrazellulärer Nachweis dehydrierender Enzyme mit Tetrazoliumsalzen – Theorie und Praxis. Mk **57**, 52 (1968).

REISS, J.: Experimentelle Einführung in die Pflanzencytologie und Enzymologie. Quelle & Meyer, Heidelberg 1977.

REISSER, W.: Algae and Symbioses. Plants, Animals, Fungi, Viruses. Interactions Explored. Biopress Ltd., Bristol 1992.

REITZ, M.: Die Alge im System der Pflanzen. Gustav Fischer Verlag, Stuttgart 1986.

RENSING, L., CORNELIUS, G.: Grundlagen der Zellbiologie. Eugen Ulmer Verlag, Stuttgart 1988.

RENSING, L., DEUTSCH, A.: Ordnungsprinzipien periodischer Strukturen. BiuZ **20**, 314 (1990).

RICCI, N.: Verhaltensstudien an Ciliaten. Mk **83**, 367 (1994).

RICHTER, B.: Der Alpenrosenrost – ein interessanter Vertreter der Rostpilze. Mk **80**, 260 (1991).

RICHTER, K.: Die Herkunft des Schönen. Grundzüge einer evolutionären Ästhetik. Verlag Philipp von Zabern, Mainz 1999.

RICHTER, K.: Einführung in die Mikrosublimation. Mk **83**, 81 (1994).

RIEDER, N., SCHMIDT, K.: Morphologische Arbeitsmethoden in der Biologie. VCH Verlagsgesellschaft, Weinheim 1987.

RIETH, A.: Jochalgen (Konjugaten). Einführung in die Kleinlebewelt. Franckh-Kosmos-Verlag, Stuttgart 1961.

RIETSCHEL, P.: Das Zeichnen am Mikroskop. 1. Zeichnung oder Mikrofoto? Mk **62**, 294 (1973).

RIETSCHEL, P.: Das Zeichnen am Mikroskop. 2. Die Zeichentechnik. Mk **62**, 327 (1973).

RIETSCHEL, P.: Das Zeichnen am Mikroskop. 3. Das maßgerechte Zeichnen. Mk **62**, 368 (1973).

RIETSCHEL, P.: Das Zeichnen am Mikroskop. 4. Beispiel: Die Mundteile einer Schabe. Mk **63**, 18 (1973).

RIETSCHEL, P.: Dauerpräparate von Insekten. Mk **70**, 176 (1981).

RITTER, L.: Lupeneindrücke. Deutscher Landwirtschaftsverlag, Berlin 1987.

RITTERBUSCH, A.: Eine einfache Technik zur Untersuchung von Blüten. **Mk** 64, 210 (1975).

ROBENEK, H. (HRSG.): Mikroskopie in Forschung und Praxis. GIT Verlag, Darmstadt 1995.

ROESER, K. R.: Die Nadel der Schwarzkiefer – Massenprodukt und Kunstwerk der Natur. **Mk** 61, 33 (1972).

ROESER, K. R.: Epidermispräparate. **Mk** 65, 25 (1976).

ROESER, K. R.: Die Luftwurzel der Orchidee *Dendrobium*. **Mk** 66, 65 (1977).

ROESER, R.: Darstellung der Pollenentwicklung bei Tradescantia. Mk **92**, 239 (2003).

RÖNNFELD, W.: Foraminiferen. Ein Katalog typischer Formen. Selbstverlag (Institut für Geologie und Paläontologie der Universität Tübingen), Tübingen 2008.

RÖTTGER, R.: Wörterbuch der Protozoologie. 3. Aufl., Shaker Verlag, Aachen 2003.

ROSE, H.: Der Rostpilz *Uromyces pisi* auf Wolfsmilchblättern. **Mk** 73, 351 (1984).

ROST, F., OLDFIELD, R.: Photography with a Microscope. Cambridge Unversity Press, Cambridge 2000.

ROTHERMEL,W.: Spinnennetze als mikroskopische Präparate. **Mk** 76, 57 (1987).

SCHÜTT, K.: Wie Spinnen ihre Netze befestigen. Mk **85**, 274 (1996).

ROUND, F.: The Ecology of Algae. Cambridge University Press, Cambridge 1981.

ROUND, F. E., CRAWFORD, R. M., MANN, D. G.: The Diatoms. Biology and Morphology of the Genera. Cambridge University Press, Cambridge 1996.

RUBNER, A., BERNITZKY, A.-R.: Nematoden-zerstörende Pilze. BiuZ **22**, 97 (1992).

RÜHENBECK, C.: Einige Bemerkungen zur Brownschen Bewegung. Mk **87**, 212 (1998).

RUSKA, E.: The Early Development of electron Lenses and Electron Microscopy. Hirzel Verlag, Stuttgart 1980.

RUTHMANN, A.: Methoden der Zellforschung. Franckh-Kosmos-Verlag, Stuttgart 1966.

RUZICKA, F.: Mikroskopie für den Imker. Selbstverlag, Wien 1993.

RUZICKA, F.: Mikroskopie. Selbstverlag, Wien 1996.

SAGAN, D., MARGULIS, L.: Garden of Microbial Delights. A Practical Guide to the Subvisible World.

Harcourt Brace Jovanovich, Publ., San Diego 1988.

SANDERSON, J. B.: Biological Microtechnique. Royal Microscopical Society, Microscopy Handbooks 28, Bios Scientific Publishers, Oxford 1994.

SANDHALL, A., BERGGREN, H.: Planktonkunde. Franckh-Kosmos-Verlag, Stuttgart 1985.

SANG, H.-P.: Joseph von Fraunhofer – ein Pionier der Mikroskopoptik. Mk **84**, 13 (1995).

SAUER, F.: Tiere und Pflanzen im Wassertropfen. 3. Aufl., Fauna-Verlag, Karlsfeld 1995.

SCHÄFER, W.: Objekt und Bild. Waldemar Kramer Verlag, Frankfurt 1974.

SCHEER, B.: Seide unter dem Mikroskop. Mk **80**, 380 (1991).

SCHERER, S.: Cyanobakterien in Wüstengebieten. BiuZ **21**, 220 (1991).

SCHEUNER, G., HUTSCHENREITER, J.: Polarisationsmikroskopie in der Histophysik. Georg Thieme Verlag, Leipzig 1972.

SCHINDLER, T: Das neue Bild der Zellwand. BiuZ **23**, 113 (1993).

SCHLEE, D.: Präparation und Ermittlung von Meßwerten an Chironomiden (Diptera). Gewässer und Abwässer **41/42**, 169 (1966).

SCHLÖSSER, U. G.: SAG – Sammlung von Algenkulturen at the University of Göttingen. Catalogue of Strains 1994. Botanica Acta **107**, 113 (1994).

SCHLÖSSER, U. G.: Additions to the culture collection of algae since 1994. Botanica Acta **110**, 424 (1997).

SCHMIDT, O.: Holz- und Baumpilze. Biologie, Schäden, Schutz, Nutzen. Springer Verlag, Heidelberg 1994.

SCHMITT, R.: Molekulare Propeller: Bakteriengeißeln und ihr Antrieb. BiuZ **27**, 40 (1997).

SCHMITZ, E. H.: Handbuch zur Geschichte der Optik. Wayenborgh Verlag, Ostende, Bonn 1989.

SCHNEIDER, G.: Gelatinöses Zooplankton – materialsparende Leichtbauweise im Ozean. BiuZ **29**, 90 (1999).

SCHNEIDER, H.: Gehäusebauende peritriche Wimpertiere im Aufwuchs. Mk **75** 243 (1986).

SCHNEIDER, H.: Schwärmerbildung und Schwärmergeburt beim Sauginfusor *Tokophrya quadripartita*. Mk **77**, 292 (1988).

SCHNEIDER, H.: Das Beuteltierchen *Bursaria truncatella*. Mk **78**, 149 (1989).

SCHNEIDER, H.: Das Graue Trompetentier *Stentor roeseli*. Mk **78**, 24 (1989).

SCHNEIDER, H.: Neue Fundstellen der Kranzkugel *Stephanosphaera* in der Pfalz. Mk **78**, 295 (1989).

SCHNEIDER, H.: Euglenen aus einer Wegpfütze. Mk **74**, 33 (1990).

SCHNEIDER, H.: Die Geißelalge *Gonium pectorale*. Mk **79**, 57 (1990).

SCHNEIDER, H.: Ein reizvolles Studienobjekt: Die Polypenlaus *Trichodina pediculus*. Mk **79**, 147 (1990).

SCHNEIDER, H.: *Coleps hirtus* – Aasfresser und Ciliatenräuber. Mk **82**, 357 (1993).

SCHNEIDER, H.: Bilder aus dem Leben des Strauchtierchens *Zoothamnium arbuscula*. Mk **84**, 325 (1995).

SCHNEIDER, H., KREMER, B. P.: Rote Euglenen aus Fischteichen. Mk **88**, 217 (1999).

SCHNEPF, E., NAGL, W.: Über einige Strukturbesonderheiten der Suspensorzellen von *Phaseolus vulgaris*. Protoplasma **69**, 133 (1970).

SCHNEPF, E.: Calciumoxalat-Kristalle in Pflanzen.

Teil 1: Darstellung, Formen und Funktion. Mk **95**, 65 (2006).

SCHNEPF, E.: Calciumoxalat-Kristalle in Pflanzen. Teil 2: Entwicklung und Musterbildung. Mk **95**, 161 (2006).

SCHNEPF, E.: Spaltöffnungen, die Ventile der Blätter. Teil 1: Die Stomata und ihre Amylochloroplasten. Mk **95**, 270 (2006).

SCHNEPF, E.: Spaltöffnungen, die Ventile der Blätter. Teil 2: Entwicklung, Reaktion und Alterung. Mk **95**, 342 (2006).

SCHÖDEL, H.: Epizoische Einzeller auf Flohkrebsen. 3. Besiedler der Coxalplatten und der Mundwerkzeuge. Mk **75**, 5 (1985).

SCHÖDEL, H.: Seßhafte Wimpertiere auf Wasserasseln. Mk **75**, 293 (1986).

SCHÖLLER, H. (HRSG.): Flechten. Geschichte, Biologie, Systematik, Ökologie, Naturschutz und kulturelle Bedeutung. Kleine Senckenberg-Reihe Nr. 27, Waldemar Kramer Verlag, Frankfurt 1997.

SCHÖMMER, F.: Kryptogamenpraktikum. Praktische Anleitung zur Untersuchung der Sporenpflanzen. Franckh'sche Verlagshandlung, Stuttgart 1949.

SCHÖN, G.: Bakterien. Die Welt der kleinsten Lebewesen. Verlag C. H. Beck, München 1999.

SCHÖNBERG, C. H. L.: Schwammnadeln – ein Skelett aus Glas. Mk **90**, 265 (2001).

SCHÖNBORN, W.: Beschalte Amöben. Neue Brehm-Bücherei Bd. 357. Ziemsen-Verlag, Wittenberg Lutherstadt 1966.

SCHOPFER, P.: Erfolgreiche Photosynthese-Spezialisten. Die C4-Pflanzen. BiuZ **3**, 172 (1973).

SCHORR, E.: Pflanzen unter dem Mikroskop. J. B. Metzler Verlag, Stuttgart 1991.

SCHRADER, H. J.: Diatomeen-Legepräparate. Mk **50**, 21 (1961).

SCHREHARDT, A.: Der Salinenkrebs *Artemia*. 2. Die postembryonale Entwicklung. Mk **75**, 334 (1986).

SCHREHARDT, A.: Die Zähne der Haie und Rochen. Mk **76**, 17 (1987).

SCHREITER, J.: Pollenschlauchwachstum auf der Narbe und im Griffelgewebe der Kartoffel. Mk **81**, 223 (1992).

SCHULZ, C. J.: Leuchtbakterien in der Ostsee. BiuZ **23**, 108 (1993).

SCHULZE, E. (HRSG.): Methoden der biologischen Wasseruntersuchung 1. Spektrum Akademischer Verlag, Heidelberg 1996.

SCHUMM, F.: Die Kapselzähne der Moose. Mk **74**, 280 (1985).

SCHUMM, F.: Untersuchung von Leimflechten (Gattung *Collema*). Mk **79**, 225 (1990).

SCHUMM, F.: Untersuchung von Schlauchpilzen (Ascomyceten). 5. Teil. Mk **82**, 161 (1993).

SCHWAB, H.: Süßwassertiere. Ein ökologisches Bestimmungsbuch. Ernst Klett Verlag, Stuttgart 1995.

SCHWANTES, H. O.: Biologie der Pilze. Eugen Ulmer Verlag, Stuttgart 1996.

SCHWEGLER, H. W.: Mikroskopische Untersuchungen an Meeresalgen. Mk **49**, 276 (1960).

SCHWEINGRUBER, F. H.: Mikroskopische Holzanatomie. Verlag Zürcher AG., Zug 1978.

SCHWEINGRUBER, F.: Trees and Wood in Dendrochronology. Springer Verlag, Heidelberg 1995.

SECKBACH, J.: Enigmatic Microorganisms and Life in

Extreme Environments. Kluwer Academic Publications, Rotterdam 1999.

SEEBERGER, M.: Streifzug durch die Geschichte des Mikroskops. Mk **85**, 207 (1996).

SEGERER, A. H., HUBER, R., STETTER, K. O.: Hyperthermophile Prokaryoten. BiuZ **21**, 266 (1991).

SEIDEL, M.: Eine einfache Präparation von Fett- und Bindegewebe der Muskulatur. Mk **80**, 24 (1991).

SEIFERT, H. W.: *Bythotrephes longimanus* – das Langschwanzkrebschen II. Mk **84**, 17 (1995).

SENGBUSCH, P. VON: Botanik. McGraw-Hill, Hamburg/New York 1988 (vgl. auch www.botanik-online.de).

SHIVANNA, K. R., RANGASWAMY, N. S.: Pollen Biology. A Laboratory Manual. Springer Verlag, Heidelberg 1992.

SITTE, P.: Vitalfärbung nach dem Ionenfallen-Prinzip. BiuZ **2**, 192 (1972).

SITTE, P.: Die lebende Zelle als System, Systemelement und Übersystem. Nova Acta Leopoldina 226, 195 (1977).

SITTE, P.: Chromoplasten – bunte Objekte der modernen Zellforschung. BiuZ **7**, 65 (1977).

SITTE, P.: Phylogenetische Aspekte der Zellevolution. Biologische Rundschau **28**, 1 (1990).

SITTE, P.: Die Zelle in der Evolution des Lebens. BiuZ **21**, 85 (1991).

SITTE, P.: Wer erfand den Goldenen Schnitt? Wissenschaft und Fortschritt **42**, 36, 1992.

SITTE, P.: Bioästhetik – Biologie zwischen Erkennen und Erleben. In: Sitte, P. (Hrsg.), Jahrhundertwissenschaft Biologie. Die großen Themen. C. H. Beck, München 1999.

SKIDMORE, P.: Insects of the cow-dung community. Field Studies Council, Occasional Publication No. 21, Montford Bridge 1991.

SMITH, A., BRUTON, J.: Farbatlas histologischer Färbemethoden. Schattauer Verlag, Stuttgart 1979.

SOBOTTA, J., HAMMERSEN, F.: Atlas Histologie. Zytologie, Histologie und Mikroskopische Anatomie. Urban & Fischer, München 2001.

SOMMER, U.: Planktologie. Springer Verlag, Heidelberg 1994.

SOMMER, U.: Algen, Quallen, Wasserfloh. Die Welt des Planktons. Springer Verlag, Heidelberg 1996.

SPANNHOFF, L.: Einführung in die Praxis der Histochemie. Gustav Fischer Verlag, Jena 1967.

SPETA, F., AUBRECHT, G. (HRSG.): Wurzeln. Einblicke in verborgene Welten. Stapfia **50**, 1-391 (1997).

STAHL-BISKUP, E., REICHLING, J.: Anatomie und Histologie der Samenpflanzen. Deutscher Apotheker-Verlag, Stuttgart 1998.

STANLEY, R. G., LINSKENS, H. F.: Pollen. Biologie, Biochemie, Gewinnung und Verwendung. Freund Verlag, Greifenberg 1985.

STEFFENS, F., ARENDHOLZ, W.-R., STORRER, J. G.: Das Experiment. Die Ektomykorrhiza: Eine Symbiose unter der Lupe. BiuZ **24**, 211 (1994).

STEHLI, G.: Mikroskopie für Jedermann. Eine methodische erste Einführung in die Mikroskopie mit praktischen Übungen. Franckh'sche Verlagshandlung, Stuttgart 1957.

STEINECKE, F.: Das Plankton des Süßwassers. Quelle & Meyer, Heidelberg 1972.

STEINER, G.: Zeichnen – des Menschen andere Sprache. Paul Parey, Berlin, Hamburg 1986.

STEINKOHL, H. J.: Zellteilungsvorgang bei der Zieralge *Micrasterias rotata*. Mk **97**, 129 (2008).

STELZER, E. H. K., MERDES, A., MEY, J. DE: Konfokale Fluoreszenzmikroskopie in der Zellbiologie. BiuZ **21**, 19 (1991).

STOCKEM, W.: Nahrungsaufnahme beim Pantoffeltier *Paramecium caudatum*. Versuche zur Phagocytose und Cyclose. Mk **69**, 315 (1980).

STORCH, V., WELSCH, U.: Kurzes Lehrbuch der Zoologie. 8. Auflage, Gustav Fischer Verlag, Stuttgart, Jena 2004.

STORCH, V., WELSCH, U.: Systematische Zoologie. 5. Aufl., Gustav Fischer Verlag, Stuttgart, Jena 2003.

STORCH, V, WELSCH, U.: Kükenthals Leitfaden für das Zoologische Praktkum. 23. Aufl., Spektrum Akademischer Verlag, Heidelberg 1999.

STORCH, V., WELSCH, U., WINK, M.: Evolutionsbiologie. 2. Aufl. Springer Verlag, Heidelberg 2007.

STRACK, D., FESTER, T., HAUSE, B., WALTER, M. H.: Die arbuskuläre Mykorrhiza. BiuZ **31**, 286 (2001).

STRAKA, H.: Pollenanalyse und Vegetationsgeschichte. Neue Brehm-Bücherei Bd. 202. Ziemsen Verlag, Wittenberg Lutherstadt 1970.

STRAKA, H.: Pollenanalyse. BiuZ **3**, 51 und 60 (1973).

STRAKA, H.: Pollen- und Sporenkunde. Grundbegriffe der modernen Biologie, Bd. 13. Gustav Fischer Verlag, Stuttgart 1975.

STRAKA, H.: Der Pollen. Eine Kompaßnadel für die Systematik? NR **39**, 432 (1986).

STRASBURGER, Lehrbuch der Botanik für Hochschulen, 34. Auflage, Gustav Fischer Verlag, Stuttgart 1998.

STREBLE, H.: Frisch- und Dauerpräparate zum Mikroskopieren: Präparationstechniken. PdN (Biologie) 8, 53 (2004).

STREBLE, H., BÄUERLE, A.: Histologie der Tiere. Ein Farbatlas. Spektrum Akademischer Verlag, Heidelberg 2007.

STREBLE, H., KRAUTER, D.: Das Leben im Wassertropfen. 10. Aufl., Franckh-Kosmos-Verlag, Stuttgart 2006.

SUDHAUS, W., REHFELD, K.: Einführung in die Phylogenetik und Systematik. Gustav Fischer Verlag, Stuttgart 1992.

THORMANN, F.: Dünnschliffe für mikroskopische Beobachtungen. Mk **79**, 353 (1990).

THORN, R. G., BARRON, G. L.: Carnivorous mushrooms. Science **224**, 76 (1984).

TROCKENBRODT, M.: Die Wurzelrinden-Struktur der Berg-Ulme (*Ulmus glabra*). Mk **86**, 169 (1997).

TROGER, W.E.: Optische Bestimmung der gesteinsbildenden Mineralien. 2 Bde. E. Schweizerbartsche Verlagsbuchhandlung, Stuttgart 1969/1971.

TÜMPLING, W. VON, FRIEDRICH, G.: Methoden der biologischen Wasseruntersuchung 2. Spektrum Akademischer Verlag, Heidelberg 1999.

TÜRLER, S.: Das Zeichnen in der Pflanzenhistologie. Mk **64**, 310 (1975).

UNTERGASSER, D.: Der Diskusparasit – ein Riesenflagellat. Mk **76**, 134 (1987).

URANIA-PFLANZENREICH: Bd. 4, Viren, Bakterien, Algen, Pilze. Urania-Verlag, Leipzig 1991.

URBASCH, I.: Der Mehltaupilz *Phyllactinia roboris*. Entwicklung und Verbreitungsmechanismus der Fruchtkörper. Mk **68**, 179 (1979).

URBASCH, I.: Mikroskopie pflanzenparasitischer Pilze

mit Hilfe der Lactophenol-Baumwollblau-Färbemetho-de. Mk **68**, 315 (1979).

VANGEROW, E.-F.: Mikropaläontologie für jedermann. Bestimmung und Bearbeitung von Kleinfossilien. Franckh-Kosmos-Verlag, Stuttgart 1981.
VATER-DOBBERSTEIN, B., HILFRICH, H.-G.: Versuche mit Einzellern. Experimentierbuch für Lehrer und Schüler. Franckh-Kosmos-Verlag, Stuttgart 1982.
VÄTH, R.: Robert Hooke und die „Micrographia". Mk **88**, 129 (1999).
VAUCHER, H.: Baumrinden. Ferdinand Enke Verlag, Stuttgart 1990.
VERMATHEN, H.: Zur Entwicklung des Blütenstandes und der Blüte beim Gänseblümchen. Mk **69**, 176 (1980).
VERMATHEN, H.: Vergleichend anatomische Untersuchungen über die Sproßspitze einiger Gefäßpflanzen. 1. Die Sproßspitze des Flieders (*Syringa vulgaris*). Mk **70**, 289 (1981).
VERMATHEN, H.: Vergleichend anatomische Untersuchungen über die Sproßspitze einiger Gefäßpflanzen. 2. Die Sproßspitze der Bergwaldrebe (*Clematis montana*). Mk **71**, 80 (1981).
VERMATHEN, H.: Vergleichend anatomische Untersuchungen über die Sproßspitze einiger Gefäßpflanzen. 3. Die Sproßspitze der Eibe (*Taxus baccata*) und der Kopffeibe (*Cephalotaxus fortuni*). Mk **71**, 289 (1981).
VERMATHEN, H.: Einbettung von Pflanzengewebe in Kunststoffe. Mk **82**, 235 (1993).
VERMATHEN, H.: Modifizierte Einbettung nach Spurr in der botanischen Mikrotechnik. Mk **84**, 205 (1995).
VOLLMER, C.: Wasserflöhe. Neue Brehm-Bücherei B. 45, Ziemsen-Verlag, Wittenberg Lutherstadt 1952.
VOLLMER, C.: Kiemenfuß, Hüpferling und Muschelkrebs. Neue Brehm-Bücherei B. 57, Ziemsen-Verlag, Wittenberg Lutherstadt 1952.
VOSS, H. J.: Das Wimpertier *Spirostomum ambiguum*. Morphologie, Zucht und Verhalten. Mk **74**, 340 (1985).
VOSS, H. J.: Das Wimpertier *Euplotes*. Morphologie und Evolution eines hypotrichen Ciliaten Mk **79**, 17 (1990).
VOSS, H. J.: Zur Dynamik der Geißelregeneration bei Euglena – eine lichtmikroskopische Analyse. PdN (Biologie) **39**, 41-45 (1990).

WASSERMANN, L.: Mikroskopische Untersuchung von Erysiphaceen (Mehltaupilzen). Mk **56** 192 (1967).
WATTENDORFF, J.: Die Blattepidermis von Liliifloren (Asparagales). 1. Anatomie der Epidermis von *Agave americana*, einer an Trockenheit angepaßten dickfleischigen Pflanzen. Mk **73**, 335 (1984).
WATTENDORFF, J.: Die Blattepidermis von Liliifloren (Asparagales). 2. Das Eindringen von Kaliumpermanganat in erwachsene Cuticularmembranen von *Agave* und *Clivia*: Lichtmikroskopische Befunde für eine überall gleich starke reaktionsfähige Cuticularschicht. Mk **74**, 110(1985).
WEBER, H. C.: Schmarotzer. Pflanzen, die von anderen leben. Belser Verlag, Stuttgart 1978.
WEBERLING, F., STÜTZEL, F.: Biologische Systematik. Wissenschaftliche Buchgesellschaft, Darmstadt 1992.
WEBSTER, J.: Pilze. Springer Verlag, Heidelberg 1983.
WEHNER, R., GEHRING, W.: Zoologie. 23. Aufl., Georg Thieme Verlag, Stuttgart 1995.

WEISSENFELS, N.: Biologie und mikroskopische Anatomie der Süßwasserschwämme (Spongillidae). Gustav Fischer Verlag, Stuttgart 1989.
WELTI, P. W.: Pilz-Darstellung an Gewebeschnitten. Mk **83**, 103 (1994).
WENNICKE, H.: Das Experiment. Die mikrobiologische Diagnose von Bakterien. BiuZ **23**, 121 (1993).
WERNER, D. (HRSG.): The Biology of Diatoms. Botanical Monographs 13, University of California Press, Berkeley 1977.
WERNER, D.: Pflanzliche und mikrobielle Symbiosen. Georg Thieme Verlag, Stuttgart 1987.
WESTERKAMP, C.: Pollen in bee-flower relations. Botanica Acta **109**, 323 (1996)
WETTER, C.: Die Flüssigkristalle des Tabakmosaikvirus. BiuZ **15**, 81 (1985).
WEYRAUCH, K.-D., SMOLLICH, A., SCHNORR, B.: Lehratlas der Histologie. Ferdinand Enke Verlag, Stuttgart 1988.
WHEATER, P.R., BURKITT, H. G., DANIELS, V. G.: Funktionelle Histologie. 2. Aufl., Urban und Schwarzenberg, München 1987.
WHITMAN, W. B., COLEMAN, D. C., WIEBE, W. J.: Prokaryotes – the unseen majority. Proceedings of the National Academy of Sciences USA **95**, 6578 (1998).
WICHARD, W.: Das Experiment. Osmoregulation der Köcherfliegenlarve. BiuZ **23**, 192 (1993).
WICHARD, W., EISENBEIS, G.: Atlas zur Biologie der Bodenarthropoden. Gustav Fischer Verlag, Stuttgart 1985.
WICHARD, W., ARENS, W., EISENBEIS, G.: Atlas zur Biologie der Wasserinsekten. Gustav Fischer Verlag, Stuttgart 1995.
WICHTL, M. (HRSG.): Teedrogen. Ein Handbuch für Apotheker und Ärzte. Deutscher Apotheker-Verlag, Stuttgart 1984.
WIERTZ, B.: Schöne Diatomeen der niedersächsischen Kieselgur. Mk **79**, 80 (1990).
WIESNER, J.: Das Experiment. Beobachtungen an Schleimpilzen. BiuZ **22**, 226 (1992).
WIESNER, J.: Kulturversuche mit Schleimpilzen. Mk **83**, 73 (1994).
WILBERT, N.: Ökologische Untersuchungen der Aufwuchs- und Planktonciliaten eines eutrophen Weihers. Archiv für Hydrobiologie **35**, 414 (1969).
WILBERT, N.: Die Wimpertierfauna der pflanzlichen und tierischen Gallerten des Süßwassers. Mk **69**, 182 (1980).
WILBERT, N.: Eine neue Imprägnation der Basalkörper bei Wimpertieren: Silberimprägnation mit Pyridin-Silberkarbonat nach Fernandez-Galiano. Mk **72**, 193 (1983).
WILSON, C.: The Invisible World. Early Modern Philosophy and the Invention of the Microscope. University Press, Princeton 1995.
WIRTH, V., DÜLL, R.: Farbatlas Flechten und Moose. Eugen Ulmer Verlag, Stuttgart 2000.
WOELKE, O., GÖKE, G.: Polyvinyllactophenol – ein bewährtes Einschlußmittel für Milben und Kleininsekten. Mk **73**, 209 (1984).
WOESE, C. J., KANDLER, O., WHEELIS, M. L.: Towards a natural system of organisms: proposal of the domains Archaea, Bacteria and Eucarya. Proceedings of the National Academy of Sciences USA **87**, 4576 (1990).

11   Nützliche Adressen

Kontaktadressen Mikroskopischer Vereinigungen
Die aktualisierte Adressenliste der im deutschsprachigen Raum bestehenden Mikroskopischen Gesellschaften wird jeweils in Heft 1 des laufenden Jahrgangs der Zeitschrift Mikrokosmos veröffentlicht.

Berliner Mikroskopische Gesellschaft e.V. (BMG)
Günther Zahrt, Kyllmannstraße 7a, 12203 Berlin, Tel. 030/83 36 917
Prof. Dr. Klaus Hausmann, FU Berlin, Institut für Biologie/Zoologie, Königin-Luise-Straße 1–3, 14195 Berlin, Tel. 030/83 85 64 75
e-mail: hausmann@zedat.fu-berlin.de
www.berliner-mikroskopische-gesellschaft.de
Mikroskopie-Gruppe Bodensee (MTGB)
Günther Dorn, Mennwangen 13, 88693 Deggenhausertal, info@dorn-konzeption.de
www.mikroskopie-gruppe-bodensee.de
Arbeitsgemeinschaft BONITO e.V. (Limnologie)
Wolfgang M. Richter, Drosselgang 2, 21709 Himmelpforten, Tel. 04144/49 25, bonitorichter@web.de, www.bonito-feldberg.de
Arbeitskreis Mikroskopie im Naturwissenschaftlichen Verein zu Bremen
Klaus Albers, Rennstieg 31, 28205 Bremen, Tel. 0421/49 04 62, kg_albers@gmx.de
www.nwv-bremen.de
Mikroskopischer Freundeskreis Göppingen im Naturkundeverein Göppingen e.V.
AndrKle@gmx.de
people.freenet.de/mikroskopie-goeppingen.de
Mikroskopische Arbeitsgemeinschaft der Naturwissenschaftlichen Vereinigung Hagen e.V.
Jürgen Stahlschmidt, Haferkamp 60, 58093 Hagen, Tel. 02331/5 75 09, www.mikroskopie-hagen.de
Mikrobiologische Vereinigung Hamburg
Dr. Georg Rosenfeld, Nigen-Rägen 3b, 22159 Hamburg, Tel. 040/64 30 677, georg@harald-rosenfeld.de, www.mikrohamburg.de
Mikroskopische Arbeitsgemeinschaft Hannover (MAH)
Karl Brügmann, Woltmannweg 3, 30559 Hannover, Tel. 0511/81 33 33, www.kg-bruegmann.de
Arbeitskreis Mikroskopie im Freundeskreis Botanischer Garten Köln e.V.
Dr. Hartmut Eckau, Homburger Str. 10, 50969 Köln, Tel. 0221/36 01 545
Mikroskopische Arbeitsgemeinschaft Mainfranken
Joachim Stanek, Am Moosrangen 28, 90614 Ammerndorf, Tel. 09127/88 32, info@fstanek.name, www.stanek.name
Mikrobiologische Vereinigung München
Siegfried Hoc, Donaustr. 1A, 82140 Olching, Tel. 08142/24 52, Siegfried-Hoc@t-online.de
Klaus Henkel, Auf der Scheierlwiese 13, 85221 Dachau, Tel. 08131/73 64 04
Klaus.Henkel@weihenstephan.org
www.mikroskopie-muenchen.de

Arbeitskreis Rhein-Main-Neckar
Dr. Detlef Kramer, Institut für Botanik der TU, Schnittspahnstr. 3–5, 64287 Darmstadt, Tel. 06151/16 34 02, kramer@bio.tu-darmstadt.de
www.mikroskopie-rmn.de
Mikroskopische Arbeitsgemeinschaft Stuttgart e.V.
Dipl.-Biol. Klaus Kammerer, Hauffstr. 11, 71732 Tamm, Tel. 07141/60 15 48, Klaus_Kammerer@web.de
www.mikroag-stuttgart.de
Tübinger Mikroskopische Gesellschaft e.V.
PD Dr. Alfons Renz, Zoologisches Institut, Morgenstelle 28, 72074 Tübingen, Tel. 07071/29 70 100
Alfons.Renz@TMG-tuebingen.de
www.TMG-tuebingen.de
Mikroskopische Gesellschaft Wien
Prof. Erich Steiner, Triestinggasse 35, A-1210 Wien
Tel. 0043 (0)1/81 38 446
mikroskopie-wien@chello.at
www.mikroskopie-wien.at
Mikroskopische Gesellschaft Zürich
Felix Kuhn, Waldmeisterstr. 12, CH-8953 Dietikon, Tel. 0041 (0)44/74 20 656, Felix.Kuhn@surfeu.ch

Chemikalien und Farbstoffe (siehe auch S. 252)
Chroma GmbH & Co. KG, www.chroma.de
Euparal
Carl Roth GmbH & Co., Schoemperlenstraße 1–5, Postfach 100121, 76231 Karlsruhe, Tel. 0721/56 06-0
www.carl-roth.de
Hydro-Matrix
Micro-Tech-Lab, Hans-Friz-Weg 24, A-8010 Graz, Fax ++43-[0]316 386201
e-mail: office@lmscope.com

(Bezug auch über den örtlichen Chemikalienhandel oder Apotheken)

Kulturen
Bezugsquellen s. S. 290

Laborbedarf/Zubehör/online-Shops
Die mikroskopische Grundausrüstung bieten per Internet an beispielsweise die Firmen
www.betzold.de
www.biologie-bedarf.de
www.ehlert-partner.de
www.mikroskopier-bedarf.de
www.windaus.de

Mikroskopische Präparate und Diapositive
Johannes Lieder, Laboratorium für Mikroskopie, www.lieder.de

Spezielle Adressen von Bezugsquellen finden Sie bei den entsprechenden Textstellen.

12 Register

Mit 453 Farbfotos von D. Aichele (1; S. 151 u),
K. Baumann (6; S. 133), H. Bellmann (1; S. 39
M), K. E. Deckart (1; S. 286 u), J. Dethloff (2;
S. 43), A. Hauck (10; S. 16, 69 o, 86, 98, 118,
120 or, 120 u, 121 ol, 121 or,123, 128 M, 289 l),
B. Hause (4; S. 148 u), E. Hippe (1; S. 39 o),
R. Hendel (1; S. 235 Mu), U. Höch (1; S. 141 o),
H. W. Kothe (1, S. 151 o), D. Krauter (11; S. 44, 82,
146 or, 175 u, 178 o, 187 u, 192 l, 204 uM, 208,
227 o, 83 l), M. Kreutz (1; S. 286 M), J. Lieder
(105; S. 36 u, 45 l, 45 r, 46, 48, 49, 50 u, 51 o, 51 u,
53 u, 55 l, 55 o, 64 o, 79, 81, 83 r, 83 M, 84, 85,
87 u, 99 u, 124 ol, 124 or, 127, 129 o, 130, 132 ul,
132 ur, 134 u, 135 l, 140 ul, 140 ur, 141 M, 143, 145,
146 u, 146 ol, 149 o, 150 M, 152 M, 154 o, 161 u,
159 o, 160 l, 160 u, 161 o, 161 M, 163, 167 r,
168 ul, 168 o, 169, 170 ol, 170 or, 170 ul, 173,
177 r, 179 M, 182 u, 184 u, 196 ol, 196 or, 197 r,
198 r, 199 M, 199 r, 203, 204 o, 212, 214, 221, 222,
226 o, 229, 231 u, 232 l, 233 l, 233 lM, 233 M,
233 Mr, 236 u, 237, 238 l, 239 u, 245 or, 245 u,
249, 251), E. Lüthje (8; S. 70, 78 o, 195 r, 197 l,
197 M, 215 Mo, 235 Mo, 287 l), E. Mathias (1;
S. 289 u), M. C. Müller (1; S. 289 r), H. Schneider (25; S. 91, 95 o, 96 or, 96 ul, 99 o, 100 ol,
100 or, 100 ul, 100 uM, 101 ol, 101 or, 107 or,
107 M, 120 ol, 125, 126, 128 o, 128 u, 131 o, 286 o,
288 u), H. Streble (2; S. 137, 142 o), F. Thormann
(1; S. 35 o), J. Zbären (3; S. 40, 41), Carl Zeiss
(2; S. 24); alle übrigen Aufnahmen vom
Verfasser (265).

17 Schwarzweiß-Fotos von B. Buchen (1; S. 217
o), J. Dethloff (2; S. 42, 43), Deutsches Museum,
München (2; S. 21, 25), Fraunhofer-Gesellschaft,
München (1; S. 23), A. Hauck (9; S. 86, 123) und
vom Verfasser (2; S. 57, 104).

115 Farb- und Schwarzweiß-Zeichnungen von
Wolfgang Lang (92) und vom Verfasser (23)
sowie 4 Abbildungen aus dem Archiv.

Impressum

Umschlaggestaltung von eStudio Calamar unter
Verwendung einer Aufnahme von Johannes Lieder. Das Bild auf der Vorderseite zeigt ein quer
geschnittenes Leitbündel aus dem Rhizom des
Maiglöckchens.
Die kleinen Bilder auf der Rückseite zeigen,
von links nach rechts, Hundefloh *Cternocephalus
canis* (Aufn. B. P. Kremer), Dünnschliff von
Diabas (Aufn. J. Lieder), Rot-Buche, Holz quer
(Aufn. B. P. Kremer) und Wasserfloh *Bosmina
longirostris* (Aufn. K.-H. Eggert).

Unser gesamtes lieferbares Programm und viele
weitere Informationen zu unseren Büchern,
Spielen, Experimentierkästen, DVDs, Autoren
und Aktivitäten finden Sie unter **www.kosmos.de**

Gedruckt auf chlorfrei gebleichtem Papier

Mix
Produktgruppe aus vorbildlich bewirtschafteten
Wäldern und Recyclingholz oder -fasern
www.fsc.org Zert.-Nr. SGS-COC-004980
© 1996 Forest Stewardship Council
FSC

© 2002, 2010 Franckh-Kosmos Verlags-GmbH
& Co. KG, Stuttgart
Alle Rechte vorbehalten
ISBN 978-3-440-12533-5
Redaktion: Rainer Gerstle
Projektleitung der Neuausgabe: Stefanie Tommes
Grundlayout: eStudio Calamar
Produktion: Lilo Pabel / Markus Schärtlein
Printed in Slovakia / Imprimé en Slovaquie

KOSMOS.
Spannende Einblicke.

Die Welt des Mikrokosmos

Dieses Bestimmungsbuch umfasst alle Gruppen der mikroskopisch kleinen, im Wasser lebenden Pflanzen und Tiere. Mit Hilfe detailgetreu gezeichneten Abbildungen lassen sich Gattungen und Arten einfach bestimmen. Ein Typenschlüssel und die Beschreibung der Gruppen erleichtern es, die vielfältigen Formen richtig einzuordnen.

Streble • Krauter | Das Leben im Wassertropfen
432 S., 1.906 Abb., €/D 29,90
ISBN 978-3-440-11966-2

Das Standardwerk

Wieso gehen Wasserläufer nicht unter? Wie atmen Käfer unter Wasser? Was charakterisiert Bach, Teich und See, und welche Pflanzen und Tier leben dort? Antworten auf alle diese Fragen gibt seit Jahren „der Engelhardt", der beliebteste Gewässerführer. Mit 400 Tieren und Pflanzen im Porträt.

Wolfgang Engelhardt | Was lebt in Tümpel, Bach und Weiher
320 S., 529 Abb., €/D 26,90
ISBN 978-3-440-11373-8

Kleinste Dinge erforschen

Mit diesem Mikroskop können nicht nur klassische mikroskopische Präparate im Durchlicht betrachtet werden. Auch Objekte aus Natur und Alltag können im Auflicht mit Makro-Vergrößerung erforscht werden. Mit umfangreichem Präparierzubehör sowie ausführlicher Anleitung mit vielen praktischen Tipps.

Das große Forscher-Mikroskop
ab 12 Jahren, €/D 119,99*
*unverbindl. Preisempfehlung
Art.-Nr. 636319

Preisänderung vorbehalten

www.kosmos.de/natur

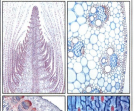
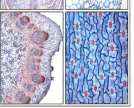
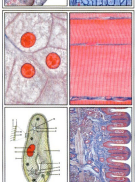
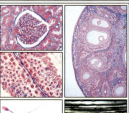

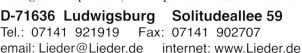